ABRÉGÉ

D'ASTRONOMIE.

ABRÉGÉ
D'ASTRONOMIE,

PAR M. DE LA LANDE,

Lecteur Royal en Mathématiques ; de l'Académie Royale des Sciences de Paris ; de celles de Londres , de Pétersbourg , de Berlin , de Stockolm , de Bologne , &c. Censeur Royal.

A PARIS,

Chez la Veuve DESAINT , rue du Foin S. Jacques.

—————

M. DCC. LXXIV.

AVEC PRIVILEGE DU ROI.

PRÉFACE.

L'ASTRONOMIE que j'ai publiée en 1764 en deux volumes, & en 1771 en trois volumes *in-4°*, étoit destinée non-seulement pour ceux qui commencent, mais pour les Astronomes même de profession : on y trouve toutes les méthodes, les découvertes, les observations, les calculs dont ils font usage, & les tables Astronomiques les plus parfaites.

Mais en donnant ce grand ouvrage au Public, je n'ignorois pas que le plus grand nombre des amateurs le trouveroient trop étendu, & qu'on ne pourroit s'en servir dans les études des Universités; il falloit donc en publier un extrait.

Les Leçons de M. l'Abbé de la Caille font du format & de l'étendue de cet Abrégé, mais elles font trop succintes pour la partie élémentaire, trop abstraites pour les théories astronomiques; on n'y trouve rien sur l'histoire de l'Astronomie, sur les instrumens, sur les observations; ce font les inconvéniens que j'ai voulu éviter. Lorsque ce grand Astronome composa ses Leçons, il avoit pour objet de les expliquer lui-même à ses auditeurs, il ne lui falloit que le texte imprimé ; s'il eût voulu remplir l'objet que je me propose aujourd'hui, il ne m'eût laissé rien à faire.

PRÉFACE.

La méthode & l'ordre de cet Ouvrage font auſſi très-différens de ceux de M. de la Caille : les premiers phénomènes qui doivent frapper les yeux, lorſqu'on examine le Ciel pour la premiere fois, m'ont paru devoir commencer un Traité d'Aſtromie. J'ai conſidéré enſuite les conſéquences qu'en tirèrent les premiers Aſtronomes, toujours très-naturelles, ſouvent très-ingénieuſes, quelquefois fauſſes ; car les premiers Obſervateurs ne furent que des Bergers. Ainſi je n'ai pas commencé mon Livre en ſuppoſant l'Obſervateur au centre du ſoleil, comme a fait M. de la Caille, parce qu'il a fallu deux mille ans pour parvenir à démontrer que le ſoleil étoit le centre des mouvemens céleſtes. Je n'ai pas commencé par la définition des cercles de la Sphère, parce que le Lecteur n'auroit point apperçu la néceſſité de ces cercles & leur origine ; la génération des choſes doit précéder leur définition. Enfin, je n'ai pas commencé par l'Hiſtoire de l'Aſtronomie, il auroit fallu ſuppoſer l'Aſtronomie connue ; mais j'ai tâché de conduire l'Hiſtoire avec la choſe même, en cherchant l'ordre des Inventeurs, & réuniſſant l'Hiſtoire de l'Aſtronomie aux principes de cette Science. J'ai indiqué l'ordre des découvertes lorſque je n'ai pas pu le ſuivre. L'eſprit va toujours de proche en proche ; une invention paroît ordinairement merveilleuſe, parce qu'on n'apperçoit pas la route par laquelle on y eſt parvenu ; mais elle paroît toujours aiſée quand on en rapproche ce qui l'a précédé, & qu'on ſait la route qui a conduit à chaque vérité.

A la suite de ces premieres Obſervations nous verrons paroître les travaux de Copernic , de Tycho, de Képler , de Caſſini , de Newton ; en un mot , des inſtrumens nouveaux, des ſyſtêmes hardis, des découvertes heureuſes , des obſervations délicates ; ces deux ſiècles de lumiere ouvriront le ſpectacle le plus étonnant dont l'eſprit puiſſe jouir ; mais ſi nous prenons ſoin de placer chaque choſe à la ſuite de celle qui lui a donné naiſſance ; ſi nous tranſportons le Lecteur dans la poſition de celui qui aura fait quelque belle découverte , la chaîne reparoîtra , & l'eſprit ſoulagé du fardeau que trop d'admiration impoſe à l'amour-propre , jouira preſque du plaiſir que l'Auteur même dut avoir ; c'eſt donc à montrer les progrès de l'eſprit que la méthode de cet Ouvrage eſt deſtinée ; point de Science où ils ſoient plus admirables & plus ſatisfaiſans.

Quelque envie que j'euſſe de diminuer la ſéchereſſe d'une étude ſi ennuyeuſe, l'exemple de M. de Fontenelle ne m'a point ſéduit ; je n'ai oſé y mêler ni dialogues, ni épiſodes, ni digreſſions ; le goût épuré de notre ſiécle ſemble avoir un peu écarté cette maniere enjouée de préſenter les Sciences. Ceux à qui ce genre de lecture pourroit plaire , trouveront de quoi ſe ſatisfaire dans le *Spectacle de la Nature, T. IV.* On y verra des peintures agréables , des converſations amuſantes , des réflexions qui intéreſſent. La fraîcheur des ombres , le ſilence de la nuit, la douce lumiere du crépuſcule , les feux qui brillent dans le ciel, les diverſes apparences de la lune , tout devient entre les mains de M. Pluche un sujet de peintures agréables. Il rapporte tout au besoin de l'homme, aux attentions de l'Etre suprême sur nos plaisirs & sur nos besoins, & à la gloire du Créateur. Son Livre est un Traité des causes finales, autant qu'un Livre de Physique, & il y a beaucoup de jeunes gens à qui cette lecture fera le plus grand plaisir. Pour moi je n'ai eu pour objet que de parler d'Astronomie, & je me contente d'indiquer à la curiosité du Lecteur, le *Spectacle de la Nature*, la *Théologie Astronomique de Derham*, & les *Dialogues de M. de Fontenelle* sur la pluralité des Mondes.

Mon plus grand soin a été de rendre mes explications faciles à entendre. Je me suis rappellé les difficultés que j'avois rencontrées moi-même autrefois ; je les ai analysées & résolues, & j'ai expliqué avec le plus de détail & de clarté qu'il m'a été possible, les solutions que je m'en étois faites ; j'ai profité aussi des difficultés que m'ont proposé plus d'une fois des personnes qui étudioient ces matières, & l'occasion que j'ai eue de les expliquer avec soin.

Les renvois d'un article à un autre n'y sont point épargnés, ils rendront l'usage de ce Livre plus facile ; ils m'ont évité beaucoup de répétitions, & ils soulageront la mémoire du Lecteur.

Pour lire cet Ouvrage avec fruit, il faut tâcher d'avoir un globe céleste ; il est sur-tout nécessaire pour bien entendre le premier Livre.

La seconde attention qu'il faut avoir dans une semblable lecture, c'est de se rendre chaque proposition assez familiere, pour n'être point étonné qu'elle ait été trouvée, & qu'elle paroisse si natu-relle qu'on eût pu soi-même la présumer, au moyen de ce qui précède ; il ne faut quitter un article qu'après l'avoir compris, ou du moins y revenir bientôt ; c'est le moyen de tout comprendre dans le moindre espace de temps. Mais le conseil le plus important que l'on doive donner à ceux qui étudient les Mathématiques, c'est d'exercer leur imagination beaucoup plus que leur mémoire, c'est de lire peu & de penser beaucoup, de chercher par eux-mêmes les démonstrations, ou du moins d'essayer leurs forces le plus souvent qu'ils pourront ; c'est ainsi qu'on acquiert l'esprit des Mathématiques, le goût de recherches, la facilité de découvrir & d'inventer ; il faut développer soi-même les choses qu'on a lues, en tirer des corollaires, en faire des applications, & ne chercher dans le Livre, s'il est possible, que la confirmation de ce qu'on aura trouvé. Les longs détails dans lesquels je suis entré quelquefois, font pour les Curieux qui n'ont ni l'âge, ni le temps nécessaire pour suivre la méthode que je viens de conseiller.

Je ne suppose d'autres connoissances que celles des élémens ordinaires de Géométrie & seulement dans quelques articles les élémens d'Algebre, tels que ceux de MM. Clairaut, Bezout, Bossut, &c ; mais tous les articles où je suppose l'Algebre font imprimés en *petit Romain*, pour qu'on puisse les passer sans interrompre la lecture des élémens.

Dans cet Abrégé les explications les plus élémentaires font exactement les mêmes que dans mon grand Ouvrage, dont celui-ci eſt l'extrait, ſouvent je me ſers des mêmes termes ; delà on peut conclure que cet abrégé eſt inutile à ceux qui ont les 3 vol. *in*-4°. Cependant beaucoup de Lecteurs ſavent qu'il faut ébaucher par une premiere lecture une étude d'auſſi longue haleine, & ils aimeront peut-être à trouver dans ce petit volume un choix, déja fait par l'Auteur même, de ce qui leur convient , & ce qu'ils auroient eu peine à chercher eux-mêmes dans une étendue ſix fois plus grande.

D'ailleurs j'ai ajouté à la fin de ce Volume une Table nouvelle des dimenſions des planètes & de leurs diſtances, d'après la parallaxe du ſoleil déterminée par le paſſage de Vénus ; elle ſervira déja de ſupplément à mon *Aſtronomie*, en attendant que je publie un autre Supplément *in*-4°. pour être joint à l'ouvrage même.

Avantages de l'Aſtronomie.

En donnant au Public un Traité d'Aſtronomie , en annonçant que cette Science a paru aux plus grands hommes digne d'une étude de toute la vie , on eſt obligé de répondre à cette queſtion : A quoi ſert l'Aſtronomie ? Je pourrrois demander à mon tour : A quoi ſervent tant de choſes inutiles ou dangereuſes , dont on s'occupe journellement ſur la terre ? Mais la digreſſion me méneroit trop loin, je me borne à mon ſujet. L'étude en général eſt un des beſoins de l'humanité ; lorſqu'une fois on éprouve cette curioſité active & pénétrante qui nous porte à pénétrer les merveilles de la Nature , on ne demande plus à quoi fert l'étude ; car elle fert alors à notre bonheur.

L'étude eft d'ailleurs un préfervatif contre le défordre des paffions ; & il me femble qu'il faut fpécialement diftinguer un genre d'étude qui élève l'efprit, qui l'applique fortement, & lui donne par conféquent des armes plus fûres contre les dangers dont je parle. Il ne fuffit pas de connoître le bien, difoit Séneque, de favoir ce qu'on doit à fa patrie, à fa famille, à fes amis, à foi-même, fi l'on n'a pas la force de le faire ; il ne fuffit pas d'établir les préceptes ; il faut écarter les obftacles : *Ut ad præcepta quæ damus poffit animus ire , folvendus eft* , (Epift. 95.). Je ne connois rien qui réuffiffe mieux à cet égard que l'application aux Sciences Mathématiques , & fpécialement à l'Aftronomie. Les merveilles qu'on y découvre captivent l'ame, & l'occupent d'une maniere noble, délicieufe & exempte de danger ; elles élevent l'imagination , elles perfectionnent l'efprit ; elles rempliffent & fatisfont le cœur ; elles éloignent les defirs dangéreux & frivoles ; elles procurent fans ceffe une nouvelle jouiffance.

Les plus grands Philofophes de l'Antiquité parlèrent de l'Aftronomie avec admiration. Diogène Laërce raconte qu'on demandoit à Anaxagore pour quel objet il étoit né ; il répondit que c'étoit pour contempler les aftres. S'il y a dans fa réponfe de l'exagération en faveur de l'Aftronomie, on y voit au moins l'enthoufiafme avec lequel un homme de génie contemploit le fpectacle du Ciel. Platon faifoit auffi le plus grand cas de l'Aftronomie ; voyez ce qu'il en dit dans fon 35e Livre intitulé *Epinomis vel Philofophus*, que Marcile Ficin appelle le Tréfor de Platon : *Nolite ignorare Aftronomiam fapientiffimum quiddam effe*, *&c* ; il va jufqu'à dire dans un autre endroit que les yeux ont été donnés à l'homme à caufe de l'Aftromie : c'étoit peut-être l'idée d'Ovide lorfqu'il difoit :

> *Finxit in effigiem moderantum cuncta Deorum;*
> *Pronaque cùm fpectent animalia cætera terram,*
> *Os homini fublime dedit, cœlúmque tueri*
> *Juffit, & erectos ad fidera tollere vultus.* Met. I. 13.

Pythagore difoit que les hommes ne devroient avoir que deux études, celle de la Nature pour éclairer l'efprit, celle de la Vertu pour régler le cœur. On regarde avec raifon l'étude de la Morale comme la plus néceffaire & la plus digne de l'homme : *A proper ftudy of mankind is man*, dit Pope, mais on fe tromperoit en croyant qu'on peut être véritablement Philofophe fans l'étude des Sciences naturelles. Pour être fage non par foibleffe, mais par principe, il faut favoir réfléchir & penfer fortement; il faut, à force d'étude, s'être affranchi des préjugés qui trompent le jugement, qui s'oppofent au développement de la raifon & de l'efprit. Pythagore ne vouloit point de Difciples qui n'eût étudié les Mathémathiques; on lifoit fur la porte, *nul ici qui ne foit Géomètre*; la morale feroit peu fûre & peu attrayante pour nous, fi elle devoit être fondée fur l'ignorance ou fur l'erreur.

Doit-on compter pour rien l'avantage d'être ga-

ranti par l'étude des malheurs de l'ignorance : Peut-on
envifager, fans un mouvement de compaffion & de
honte, la ftupidité des peuples qui croyoient autrefois qu'en faifant un grand bruit dans une
éclipfe de lune on apportoit du remede aux fouf-
frances de cette Déeffe, ou que les Eclipfes
étoient produites par des Enchanteurs.

Cùm fruftra refonant æra auxiliaria Lunæ. Met. IV. 333.
Cantus & è curru lunam deducere tentat,
Et faceret, fi non æra repulfa fonent. Tib. I. El. 8.

Indépendamment de cette erreur qui dégrade
le peuple, on trouve dans l'Hiftoire plufieurs
traits qui montrent le défavantage que l'ignorance
en Aftronomie donna quelquefois à des Généraux, à des Nations entières. Nicias, Général
des Athéniens, avoit réfolu de quitter la Sicile
avec fon armée ; une éclipfe de lune, dont il
fut frappé, lui fit perdre le moment favorable,
& fut caufe de la mort du Général & de la ruine
de fon armée ; perte fi funefte aux Athéniens,
qu'elle fut l'époque de la décadence de leur patrie. Alexandre même, avant la bataille d'Arbelle,
fut effrayé d'une Eclipfe de lune ; il ordonna
des facrifices au foleil, à la lune, à la terre,
comme aux Divinités qui caufoient ces Eclipfes.

On voit au contraire des Généraux plus inftruits, à qui leurs connoiffances en Aftronomie
ne furent pas inutiles. Périclès conduifoit la flotte
des Athéniens, il arriva une éclipfe de foleil qui
caufa une épouvante générale, le Pilote même
trembloit ; Périclès le raffure par une comparai-

fon familière : il prend le bout de fon manteau &
lui en couvrant les yeux, il lui dit, crois-tu que ce
que je fais là foit un figne de malheur ? non fans
doute répondit le Pilote : cependant c'eft auffi
une éclipfe pour toi , & elle ne diffère de celle
que tu as vue , qu'en ce que la lune étant plus
grande que mon manteau , elle cache le foleil à
un plus grand nombre de perfonnes.

Agathocle, Roi de Syracufe, dans une guerre
d'Afrique, voit auffi dans un jour décifif la terreur
fe répandre dans fon armée à la vue d'une éclipfe ;
il fe préfente à fes foldats , il leur en explique
les caufes , & il diffipe leurs craintes. On raconte
des traits de cette efpece à l'occafion de Sulpi-
tius, & de Dion , Roi de Sicile. Nous verrons
bientôt d'autres exemples du favoir & des connoiffances aftronomiques des plus grands Princes.

Nous lifons un fait également honorable à l'Aftromie dans l'Epître que Roias adreffe à Charles-
Quint , en lui dédiant fes Commentaires fur le
Planifphère. Chriftophe Colomb en commandant
l'armée que Ferdinand , Roi d'Efpagne , avoit
envoyée à la Jamaïque , dans les premiers temps
de la découverte de cette Ifle, fe trouva dans une
difette de vivres fi générale, qu'il ne lui reftoit
aucune efpérance de fauver fon armée, & qu'il
alloit être à la difcrétion des Sauvages : l'approche d'une éclipfe de lune fournit à cet habile
homme un moyen de fortir d'embarras ; il fit dire
aux Chefs des Sauvages que fi dans quelques heures on ne lui envoyoit pas toutes les chofes qu'il
demandoit , il alloit les livrer aux derniers mal-

heurs, & qu'il commenceroit par priver la lune de fa lumière. Les Sauvages méprifèrent d'abord fes menaces ; mais auffi-tôt qu'ils virent que la lune commençoit en effet à difparoître, ils furent frappés de terreur ; ils apportèrent tout ce qu'ils avoient aux pieds du Général , & vinrent eux-mêmes demander grace.

Un des avantages que le progrès de l'Aftronomie a procuré , c'eft d'avoir diffipé les erreurs de l'Aftrologie : combien ne doit-on pas s'applaudir d'avoir perfectionné l'Aftronomie , jufques à affranchir les hommes de cette miférable imbécillité dont ils furent fi long-tems dupes. Je ne puis m'empêcher de rapporter à ce fujet l'aventure de l'année 1186 , qui dut couvrir de honte tous les Aftrologues de toute l'Europe : Chrétiens , Juifs , ou Arabes , tous s'étoient réunis pour annoncer fept ans auparavant, par des lettres qui furent publiées folemnellement dans l'Europe , une conjonction de toutes les Planetes , qui devoit être accompagnée de fi terribles ravages, qu'il y avoit à craindre un bouleverfement univerfel : on s'attendoit à voir la fin du monde : cette année fe paffa néanmoins comme les autres ; mais cent autres menfonges auffi bien avérés; n'auroient pas fuffi pour détacher des hommes ignorans & crédules du préjugé de leur enfance; il a fallu qu'un efprit de Philofophie & de recherche fe répandît parmi les hommes , leur développât l'étendue & les bornes de la Nature , & les accoutumât à ne plus s'effrayer fans examen & fans preuve.

On voit encore de temps en temps la crédulité

du Public accréditer les rêveries de l'ignorance ?
c'eſt ainſi que le vent furieux & la chaleur extraor-
dinaire du 20 Octobre 1736 firent publier dans les
Gazettes que le ſoleil avoit rétrogradé , & il
fallut que les Savans priſſent la peine de détrom-
per le public (*Jour. de Trévoux, Avril* 1737 , *pag.*
692. *Letre Philoſophique pour raſſurer l'Univers, &c* ,
à Paris, chez Prault pere, Quai de Gévres, 1736,
32 pages *in-* 12.). Tout le monde à la fin de
1768 croyoit Saturne perdu , & on le débitoit
dans les écrits périodiques les plus ſenſés , & dans
les compagnies les plus cultivées. Mais ce n'eſt rien
encore en comparaiſon de la ſenſation extravagante
qu'a fait au commencement de Mai 1773 un Mémoire ſur les Comètes ; je n'avois fait que parler
de celles qui dans certains cas pourroient approcher de la terre, & l'on a dit preſque généralement à Paris que j'avois prédit une Comète ex-
traordinaire, & qu'elle alloit occaſionner la fin du
monde. Lorſque la maſſe des connoiſſances répan-
dues dans nos villes ſera plus étendue, on ne verra plus
de rêveries pareilles prendre faveur dans le Public.

Les Comètes furent long-temps, mais dans un
ſens tout différent, un de ces grands objets de
terreur que l'Aſtronomie a enfin diſſipés , même
parmi le Peuple. On eſt fâché de trouver encore
des préjugés auſſi étranges , non-ſeulement dans
Homere (*Iliad.* IV. 75), mais dans le plus beau
Poëme du dernier ſiécle, où elles peuvent éter-
niſer la honte de nos erreurs :

> Qual con le chiome ſanguinoſe horrende
> Splender Cometa ſuol per l'aria aduſta,

Ch'i

Ch'i regni muta e i fieri morti adduce,
E ai purpurei tiranni infausta luce. Jeruf. Lib. VII. 52.

Les charmes de la Poësie font actuellement employés d'une maniere bien plus philofophique &
plus utile ; témoin ce beau paffage de M. de
Voltaire au fujet des Comètes, dans fon Epître à
Madame la Marquife du Châtelet :

> COMETES que l'on craint à l'égal du tonnerre,
> Ceffez d'épouvanter les peuples de la terre ;
> Dans une ellipfe immenfe achevez votre cours,
> Remontez, defcendez près de l'aftre des jours ;
> Lancez vos feux, volez, & revenant fans ceffe,
> Des mondes épuifés ranimez la vieilleffe.

C'eft ainfi que l'étude approfondie & les progrès de la véritable Aftronomie ont diffipé des
préjugés abfurdes, & rétabli notre raifon dans tous
fes droits. Mais ce n'eft point à cela feul que fe
réduit l'utilité de cette Science, elle contribue au
bien général dans plus d'un genre.

On fait affez que la Cofmographie & la Géographie ne peuvent fe paffer de l'Aftronomie. Les
obfervations de la hauteur du Pole apprirent aux
hommes que la Terre étoit ronde ; les éclipfes
de Lune fervirent à connoître les longitudes des
différens pays de la Terre, ou leurs diftances mutuelles d'occident en orient. Nous ne favons pas,
difoit Hipparque (cité par Strabon) fi Alexandrie
eft au nord ou au midi de Babylone fans l'obfervation des climats ; & l'on ne peut favoir fi un pays
eft à l'orient ou à l'occident d'un autre, fans l'obfervation des éclipfes. On voit par l'Alcoran que

b

les Voyageurs traverſoient les déſerts de l'Arabie
en obſervant les aſtres : Dieu, dit-il, nous a donné
les étoiles pour nous ſervir de guides dans l'obſcurité, ſoit ſur terre, ſoit ſur mer ; cela eſt conforme
à ce que rapporte Diodore de Sicile des anciens
Voyageurs.

La découverte des ſatellites de Jupiter a donné
une plus grande perfection à nos Cartes Géographiques & Marines, que n'auroient pu faire dix
mille ans de navigations & de voyages ; & quand
leur théorie ſera encore mieux connue, la
méthode des longitudes ſera plus exacte & plus
facile.

L'étendue de la Méditerranée étoit preſque inconnue vers l'an 1600 ; on la connoît aujourd'hui
auſſi exactement que celle de la France : dans le
Livre de Gemma Friſius *de orbis diviſione* 1530,
on trouve 53° de différence en longitude depuis le
Caire juſqu'à Toléde, au lieu de 35° qu'il y a réellement ; les autres diſtances y ſont étendues à proportion ; nous avons encore 3 à 4 degrés d'incertitude par rapport à l'extrémité de la mer noire,
& avant 1769 on étoit en erreur d'un demi-degré
ſur la longitude de Gibraltar & de Cadix.

C'eſt à l'Aſtronomie que l'on fut redevable des
premieres navigations des Phéniciens, & c'eſt encore à elle que nous devons la découverte du
nouveau Monde. Chriſtophe Colomb avoit une
conoiſſance intime de la ſphère, peut-être plus
que perſonne de ſon temps ; puiſqu'elle lui donna
cette certitude, & lui inſpira cette confiance avec
laquelle il dirigea ſa route vers l'occident ; certain

de

de rejoindre par l'orient le continent de l'Afie , ou d'en trouver un nouveau.

S'il refte actuellement quelque chofe à defirer pour la perfection & la fûreté de la navigation , c'eft de trouver aifément les longitudes en mer ; on les a , quand on veut , par le moyen de la lune (ª) ; & fi les Navigateurs étoient un peu Aftronomes leur eftime ne les tromperoit jamais de 20 lieues , tandis qu'ils font quelquefois à plus de deux cens lieues de leur eftime dans des voyages fort ordinaires : l'incertitude où étoit Milord Anfon fur la pofition de l'Ifle de Juan Fernandez , en l'obligeant de tenir la mer plus long-temps qu'il n'eût été néceffaire , coûta la vie à 80 hommes de fon équipage.

L'utilité de la Marine pour le bien d'un Etat fert donc à prouver celle de l'Aftronomie ; or il me femble qu'il eft difficile à un bon Citoyen de méconnoître aujourd'hui l'utilité de la Marine , fur-tout en France. Le fuccès des Anglois dans la guerre de 1761 , n'a que trop démontré que la Marine feule décide des Empires , de leur puiffance , de leur commerce ; que la paix & la guerre fe décident fur mer , & qu'enfin , comme dit M. le Miere :

> Le trident de Neptune eft le fceptre du monde.

C'eft à peu-près ce que Thémiftocle difoit à Athènes , Pompée à Rome (ᵇ) , Cromwell en

---

(ª) Les Montres marines faites en Angleterre par M. *Harrifon* , en France par M. *Berthoud* & par M. *Leroy* , nous donnent auffi les longitudes à un demi-degré près ; dans l'efpace de deux mois de navigation.

(ᵇ) *Pompeius cujus confilium*

Angleterre, Richelieu & Colbert en France ; il semble sur-tout que le Cardinal de Richelieu (*Testament Politique* , *ch. ix. sect. 5,*), prévoyoit de l'Angleterre ce que nous avons éprouvé.

L'état actuel des Loix & l'administration ecclésiastique se trouvent essentiellement liés avec l'Astronomie, relativement au Calendrier ; S. Augustin en recommandoit l'étude par cette seule considération ; S. Hippolyte s'en étoit occupé autrefois, de même que plusieurs Peres de l'Eglise ; cependant notre Calendrier étoit dans un tel état d'imperfection que les Juifs & les Turcs même avoient lieu d'être étonnés de notre ignorance à cet égard. Nicolas V, Léon X, &c. avoient bien eu le dessein de rétablir l'ordre dans le Calendrier , mais on n'avoit pas alors des Astronomes dont la réputation méritât assez de confiance. Grégoire XIII. siégea dans un temps où les Sciences commençoient à renaître , & il eut seul la gloire de cette réformation en 1582.

L'Agriculture empruntoit autrefois de l'Astronomie ses regles & ses indications : Job , Hésiode, Varron , Eudoxe, Aratus , Ovide , Pline , Columelle , Manilius nous en fournissent mille preuves : les Pléïades , Arcturus , Orion , Sirius donnoient à la Grece & à l'Egypte le signal des différens travaux de la campagne. Le lever de Sirius annonçoit aux Grecs les moissons , aux Egyptiens les débordemens du Nil : on en citeroit bien d'autres

Themistocleum est ; existimat enim qui mare teneat eum necesse rerum potiri ; itaque qui nunquam egit ut Hispaniæ per se tenerentur , na- valis apparatus cura ei semper antiquissima fuit. (Cic. ad Att. L. x. ep. 7.)

exemples, le Calendrier y supplée actuellement ; M. de Gebelin entreprend de prouver, dans un Ouvrage très-favant, que toute la mythologie ancienne fe rapporte à l'Agriculture (*Allégories orientales*, 1773.)

La Chronologie ancienne tire de la connoiffance & du calcul des éclipfes les points les plus fixes qu'on puiffe trouver, & dans les tems qui font plus éloignés l'on ne trouve qu'obfcurité ; la Chronologie Chinoife eft toute appuyée fur les éclipfes, comme le P. Gaubil l'a vérifié : nous n'aurions dans l'Hiftoire des Nations aucune incertitude fur les dates, s'il y avoit toujours eu des Aftronomes : on peut voir fur-tout la liaifon de l'Aftromie & de la Chronologie dans l'*Art de vérifier les dates*, in-folio 1770 ; & dans l'Ouvrage Anglois de Kennedy, *A complete fyftem of aftronomical chronology*; London 1762. in-4°.

C'eft par une éclipfe de Lune qu'on a reconnu l'erreur de date qu'il y a dans l'Ere vulgaire par rapport à la naiffance de J. C. On fait qu'Hérode étoit Roi de Judée ; mais nous favons par Jofeph (*Antiq. Jud.* XVII. 6.) qu'il y eut une éclipfe de Lune immédiatement avant la mort d'Hérode. On trouve cette éclipfe dans la nuit du 12 au 13 Mars de la quatrieme année avant l'Ere vulgaire, enforte que cette Ere devoit être reculée de trois ans au moins.

C'eft par des éclipfes de Soleil que M. Coftard a fixé à l'année 603 avant J. C. la fin de la guerre entre les Lydiens & les Medes, & à l'an 478 l'expédition de Xerxès contre la Grece, que l'on mettoit communément à l'an 480 (*Coftard hift. of aftron.*

p. 236), & qu'il concilie Hérodote & Xénophon
fur la conquête de la Médie par Cyrus.

C'eft encore de l'Aftromie que nous empruntons
la divifion du temps dans les ufages de la vie , &
l'art de régler les horloges & les montres : on
peut dire que l'ordre & la multitude de nos affai-
res , de nos devoirs , de nos amufemens , le goût
de l'exactitude & de la précifion , notre habitude
enfin , nous ont rendu cette mefure du temps prefque indifpenfable , & l'ont mife au nombre des
befoins de la vie.

Si au défaut des horloges & des montres on
trace des méridiennes (art. 155) & des cadrans
folaires, c'eft un nouvel avantage de l'Aftronomie,
puifque la Gnomonique n'eft qu'une application de
la Trigonométrie fphérique & de l'Aftronomie.

La Météréologie, c'eft-à-dire, la connoiffance
des changemens de l'air , des vents , des pluies ,
des féchereffes , des mouvemens du thermometre
& du barometre , a certainement un rapport bien
effentiel & bien immédiat avec la fanté du corps
humain. Il eft très-probable que l'Aftronomie y
feroit d'une utilité fenfible , fi l'on étoit parvenu ,
à force d'obfervations , à trouver les influences
phyfiques du Soleil & de la Lune fur l'atmofphère,
& les révolutions qui en réfultent. Galien avertit
les malades de ne pas fe mettre entre les mains des
Médecins qui ne connoiffent point le cours des
aftres, parce que les médicamens donnés hors des
temps convenables , font inutiles ou nuifibles ; je
ne doute pas qu'il ne voulût parler des principes
de l'Aftrologie judiciaire , & des influences qu'en

imaginoit alors d'après une ignorante superstition ; mais en réduisant tout à sa juste valeur, il paroît que les attractions qui soulèvent deux fois le jour les eaux de l'Océan, peuvent bien influer sur l'état de l'atmosphère. On peut consulter à ce sujet M. Hoffman & M. Mead qui en ont parlé assez au long, & le mot *Crise* dans l'Encyclopédie. Je voudrois que les Médecins consultassent au moins l'expérience à cet égard, & qu'ils examinassent si les crises & les paroxysmes des maladies n'ont pas quelque correspondance avec les situations de la Lune, par rapport à l'équateur, aux syzygies, & aux apsides ; plusieurs Médecins habiles m'en ont paru persuadés, & c'étoit pour les engager à s'en occuper que je donnai, pendant quelques années dans la Gazette de Médecine, le détail des circonstances astronomiques dont on devoit tenir compte.

Ces différens avantages qui se rassemblent en faveur de l'Astronomie, l'ont fait rechercher de tous les temps & chez tous les peuples du monde. Josephe, dans ses Antiquités Judaïques, fait remonter jusqu'à Adam le goût de l'Astronomie, & les premieres découvertes qu'on en y fit. Il nous dit que les descendans de Seth y avoient fait des progrès considérables, & que voulant en conserver la mémoire, ils avoient gravé sur des colonnes de pierre & de brique leurs observations astronomiques. Josephe attribue à Abraham les premieres connoissances des Egyptiens. On voit plusieurs passages astronomiques dans le Livre de Job : *Numquid conjungere valebis micantes stellas Pleyadas, aut gyrum Arcturi poteris diſſipare ? Numquid producis Luciferum in tempore ſuo, & Veſperum ſuper filios terræ conſurgere facis ?* (38. 31.). On attribue auſſi à Moyſe des connoiſſances de même eſpece : du moins S. Etienne dit de lui dans les Actes des Apôtres qu'il étoit verſé *in omni ſapientiâ Ægyptiorum ;* ce qu'on ne doit entendre que de la connoiſſance des aſtres qui avoit rendu les Egyptiens ſi célebres.

Le Sage s'éleve avec raiſon contre ceux que l'admiration des aſtres a portés juſqu'à en faire des Dieux ; mais bien loin d'en condamner l'étude, il la conſeille pour la gloire du Créateur : *Qui horum pulchritudine delectati Deos putaverunt, ſciant quantò his Creator eorum ſpecioſior eſt ; à magnitudine enim ſpeciei & creaturæ cognoſcibiliter poterat Creator horum videri.* (Sap. c. 13.). David trouvoit auſſi dans les aſtres de quoi s'élever à la contemplation de Dieu : *Cœli enarrant gloriam Dei. . . . Videbo cœlos tuos opera digitorum tuorum, Lunam & ſtellas quæ tu fundaſti.* Et nous voyons Derham appeller *Théologie aſtronomique* un Ouvrage où il préſente dans toute leur force, la ſingularité & la grandeur des decouvertes qu'on a faites en Aſtronomie, comme autant de preuves de l'exiſtence de Dieu. Voyez ce que penſoit Ariſtote à ce ſujet, dans le huitieme Livre de ſa Phyſique.

Ceux qui aiment la lecture de l'Hiſtoire ancienne des Phyſiciens & des Poëtes Grecs & Romains, ont ſur-tout beſoin de connoître l'Aſtronomie ; on la retrouve à chaque page dans les Anciens, ſoit pour marquer le temps des labours & des ſemences, ſoit pour les fêtes & les cérémonies religieuſes. Les Poëtes qui ont illuſtré la Grece & l'Italie, & dont les ouvrages ſont actuellement ſûrs de l'immortalité, aimèrent tous & connurent l'Aſtronomie ; quelques-uns en ont même fait un uſage ſi fréquent, qu'on ne ſauroit entendre leurs ouvrages ſans le ſecours de cette Science. Les Commentateurs n'ont pas beaucoup avancé cette partie, & j'ai eu occaſion de remarquer qu'il y auroit encore beaucoup à faire : on le peut voir auſſi par différentes notes que j'ai fournies à M. l'Abbé de l'Iſle pour ſa traduction des Géorgiques, à M. de la Bonnetterie pour ſon édition des Auteurs qui ont écrit *de Re Ruſticâ*, & à M. Poinſinet pour ſa nouvelle traduction de Pline. On peut compter parmi les Grecs qui ont parlé d'Aſtronomie, Homere, Héſiode, Aratus ; parmi les Latins, Lucrece, Horace, Virgile, Ovide, Manilius, Lucain, Claudien ; ils paroiſſent dans pluſieurs endroits de leurs ouvrages, remplis d'admiration pour l'Aſtronomie. Horace nous annonce qu'il veut prendre ſon eſſor vers les aſtres :

> . . . . . Juvat ire per alta
> Aſtra, juvat terris & inani ſede relictis,
> Nube vehi, validique humeris inſidere Atlantis.

Dans un autre endroit il nous raconte les objets de curioſité & de recherches dont il envioit l'occupation à ſon ami :

> Quæ mare compeſcant cauſæ, quid temperet annum,
> Stellæ ſponte ſua juſſæne vagentur & errent,
> Quid premat obſcurum Lunæ, quid proferat orbem.
>   *L. I. ep. 12. ad Iccium.*

Virgile sembloit vouloir renoncer à toute autre étude pour s'occuper des merveilles de l'Aſtronomie :

> Me verò primùm dulces ante omnia Muſæ,
> Quarum ſacra fero, ingenti perculſus amore,
> Accipiant, cœlique vias & ſidera monſtrent,
> Defeƈus Solis varios, Lunæque labores,
> Unde tremor terris, qua vi maria alta tumeſcant
> Objicibus ruptis, rurſuſque in ſe ipſa reſidant ;
> Quid tantùm Oceano properent ſe tingere ſoles
> Hyberni, vel quæ tardis mora noƈibus obſtet . . . .
> Felix qui potuit rerum cognoſcere cauſas. *Georg. II.* 475.

Ovide fait un éloge ſi pompeux des premiers Inventeurs de l'Aſtronomie, que je ne puis me refuſer d'en placer ici une partie :

> Felices animos quibus hæc cognoſcere primis,
> Inque domos ſuperas ſcandere cura fuit,
> Credibile eſt illos pariter vitiiſque lociſque,
> Altiùs humanis exeruiſſe caput.
> Non Venus aut vinum ſublimia peƈora fregit,
> Officiumve fori, militiæve labor,
> Nec levis ambitio, perfuſaque gloria fuco,
> Magnarumve fames ſollicitavit opum.
> Admovere oculis diſtantia ſidera noſtris,
> Ætheraque ingenio ſuppoſuere ſuo.
> Sic petitur cœlum. . . . . . .   *Faſt. I.* 297.

La connoiſſance des aſtres a été ſouvent la ſource de pluſieurs beautés dans les ouvrages des Poëtes anciens : on voit rarement chez eux cette ignorance qui dépare quelques Ouvrages modernes ; telle eſt celle du Poëte qui parlant des deux poles, ſuppoſe que l'un eſt le *Pole brûlant*, & l'autre le *Pole glacé.* (M. de Jarry, *Prix de* 1714.).

La Fontaïne parle de l'Aſtronomie d'une maniere très - noble quand il dit :

> Quand pourront les neuf Sœurs loin des cours & des villes ;
> M'occuper tout entier, & m'apprendre des cieux
> Les divers mouvemens inconnus à nos yeux,
> Les noms & les vertus de ces clartés errantes.
>
> *Songe d'un Habitant du Mogol.*

M. de Voltaire, non-ſeulement le premier Poëte de notre ſiécle, mais le plus inſtruit qu'il y ait peut-être jamais eu, a fait voir dans pluſieurs endroits de ſes Ouvrages, combien il avoit de goût pour la Phyſique céleſte. Dans une Lettre écrite en 1738, il ſembloit imiter les regrets de Virgile & de la Fontaine, & tourner tout ſon goût vers les Sciences ; il compoſa ſur la Phyſique de Newton un Livre qui lui a fait honneur, & il en a fait beaucoup aux Sciences & aux Savans qu'il a célébrés dans les plus beaux vers, ſur-tout à Newton dont il parle ainſi dans une Epître à Madame la Marquiſe du Châtelet :

> Confidens du Très-Haut, Subſtances éternelles,
> Qui parez de vos feux, qui couvrez de vos aîles
> Le trône où votre Maître eſt aſſis parmi vous :
> Parlez ! Du grand Newton n'étiez-vous point jaloux ?

On ne peut comparer à cela que les deux vers de Pope ſur le même ſujet, que je n'oſe traduire de peur de les affoiblir :

> Nature and Nature's laws lay hid in night ;
> God ſaid : let Newton be, ad all was light.

Jamais homme ne fut ſi digne de ces éloges ſublimes, & ſi dignement célébré.

L'indifférence pour le plus beau spectacle de l'univers, a paru étrange aux plus grands Génies que nous ayons eu dans tous les genres ; le Tasse met dans la bouche de Renaud des réflexions qui méritent d'être citées , pour l'instruction de ceux à qui le même reproche peut s'adresser ; c'est dans le temps où marchant, avant le jour, vers la montagne des Oliviers , il contemploit la beauté du Firmament :

> Con gli occhi alzati contemplando intorno,
> Quinci notturne e quindi matutine,
> Bellezze incorruttibili e divine.
> Frà sè stesso pensava , ò quante belle
> Luci il tempio celeste in se raguna !
> Ha il suo gran Sole il di, l'aurate stelle
> Spiega la notte e l'argentata Luna ;
> Ma non è chi vagheggi ò questa ò quelle ;
> E miriam noi torbida luce e bruna ,
> Ch'un girar d'occhi , un balenar di riso
> Scopre in breve confin di fragil viso !
>
> *Jerus. Lib. Cant. XVIII. v. 94.*

Les honneurs rendus de tous les temps & chez tous les Peuples du monde , aux Astronomes célebres , prouvent le cas qu'on a toujours fait de cette Science. L'on a vu en 1695 frapper une médaille à l'honneur de M. Cassini, (elle est figurée dans la Description de la Méridienne de Bologne) ; mais l'Histoire ancienne fournit des traits plus éclatans en faveur de l'Astronomie. Les anciens Rois de Perse & les Prêtres de l'Egypte, se choisissoient parmi les plus habiles dans cette Science. Les Rois de Lacédémone avoient des Astronomes dans leur conseil ; Alexandre en avoit à sa suite dans ses expéditions militaires, & l'on assûre qu'A-riftote lui écrivoit de ne rien faire sans leur avis ; il est vrai que le goût des prédictions y entroit pour beaucoup, mais la véritable Aftronomie en profita. On fait combien Ptolomée Philadelphe, fecond Roi d'Egypte, favorifa cette Science ; on vit de fon temps une multitude d'hommes céle-bres, Hipparque, Callimachus, Apollonius, Ara-tus, Bion, Théocrite, Conon, qui n'étoient point des Aftrologues.

Jules-Céfar fe piquoit d'avoir des connoiffances fingulieres en Aftronomie, comme on le voit par le difcours que Lucain lui fait tenir à Achorée, Prêtre d'Egypte, dans le repas de Cléopatre. Ti-bere étoit fort appliqué à l'Aftronomie, au rap-port de Suetone. L'Empereur Claude prévit que le jour d'un anniverfaire de fa naiffance il devoit arriver une éclipfe ; il craignoit qu'elle n'occafion-nât à Rome des terreurs ou des tumultes, & il en fit faire un avertiffement public, dans lequel il ex-pliquoit les circonftances & les caufes de ce phé-nomene.

L'Aftronomie fut cultivée fpécialement par les Empereurs Adrien & Sévere, par Charlemagne, par Léon V, Empereur de Conftantinople, par Alphonfe X, Roi de Caftille, dont nous avons les tables Alphonfines, par Frédéric II, Empe-reur d'Occident ; celui-ci fit traduire l'Ouvrage de Ptolomée en Latin, & en établit à Naples l'en-feignement public.

On peut voir dans mon Aftronomie combien le Calife Almamon, le Prince Ulug-Beg, & beaucoup d'autres Monarques de l'Afie & de la Chine aimerent l'Aftronomie. On fait, dit le P. Gaubil, que c'eft à l'Aftronomie que la Religion doit fon entrée dans la Chine ; fans l'Aftronomie elle en feroit bannie depuis long-temps, (*T. II, p.* XVI, *& p.* 117.). On cite encore parmi les Héros qui ont chéri cette Science, Mahomet II, Conquérant de l'Empire Grec, l'Empereur Charles - Quint, Charles II, Roi d'Angleterre, & fur-tout Louis XIV ; la protection qu'il accorda aux Sciences, paroît affez dans l'établiffement de l'Académie ; les Aftronomes de Paris furent appellés plus d'une fois à la Cour par la curiofité de ce Prince, & il les honora lui-même de fa préfence (*Hiftoire Célefte, p.* 261.) ; Louis XV leur donne chaque jour de femblables marques de l'intérêt qu'il prend à leurs travaux ; le Roi d'Angleterre s'en occupe lui-même avec plaifir, & vient de fe faire bâtir un très-bel Obfervatoire pour fon ufage au Château de Richemond.

Hévélius, quoique né & établi à Dantzic, y reçut une preuve finguliere de l'eftime que Louis XIV & le grand Colbert avoient pour lui ; ce fut après un affreux incendie qu'il éprouva le 26 Sept. 1679, par la malice d'un de fes domeftiques : M. Colbert, par une lettre datée de S. Germain le 28 Décembre 1679, écrit à Hévélius que le Roi, prenant part à la perte qu'il avoit faite, lui faifoit préfent de 2000 écus. On voit la copie de cette lettre, écrite à la main fur l'exemplaire de la Sélénographie d'Hévélius, qui eft à la Bibliotheque du Roi.

C'eſt avec de pareilles marques de protection & d'eſtime que des Sciences, auſſi ingrates pour ceux qui les cultivent, peuvent ſe ſoutenir & ſe perfectionner. L'établiſſement des Académies de Londres, de Paris, de Berlin, de Péterſbourg, de Stockolm, de Bologne, &c. a ſignalé le goût de pluſieurs Princes & autres perſonnes en places pour les Sciences, & elles ont ſur-tout contribué au progrès de l'Aſtronomie.

Indépendamment de ces Compagnies célebres il y a quatre Etabliſſemens qui ont principalement ſervi à l'Aſtronomie, ſoit en formant des élèves, ſoit en donnant à des aſtronomes déja célèbres, la facilité de ſe livrer à leur goût ; le College Royal de France, le College de Gresham à Londres, & les Fondations d'Oxfort & de Cambridge en Angleterre ; j'en ai parlé aſſez au long dans la Préface de mon *Aſtronomie*, ainſi que de tous les Obſervatoires célebres où il s'eſt fait juſqu'ici des obſervations importantes ; le nombre de ces Obſervatoires s'augmente de jour en jour ; on en projette un à Verſailles même, & nous avons lieu d'eſpérer que l'Aſtronomie fera bientôt les progrès qui exigent un grand nombre de coopérateurs.

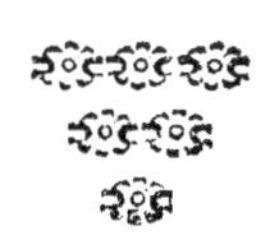

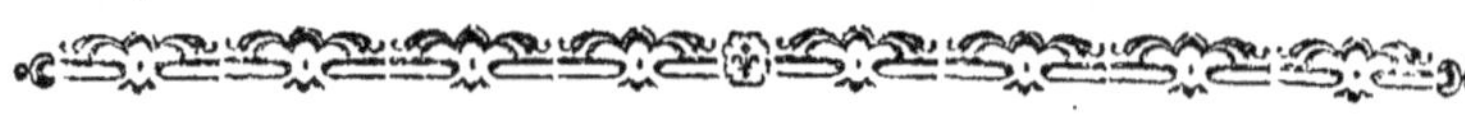

TABLE

des douze Livres qui compofent cet Ouvrage,
& de leurs fubdivifions.

LIVRE PREMIER.

LIVRE SECOND.

Fin de la Table des Livres.

Extrait des Registres de l'Académie Royale des Sciences.

Du 22 Janvier 1774.

MEssieurs LE GENTIL & MESSIER, qui avoient été nommés par l'Académie pour examiner un *Abregé d'Astronomie* par M. DE LA LANDE, en ayant fait leur rapport, l'Académie a jugé cet Ouvrage digne de l'impression, en foi de quoi j'ai signé le présent Certificat. A Paris, le 22 Janvier 1774.

GRANDJEAN DE FOUCHY, Secr. perp. de l'Acad. Royale des Sciences.

ABRÉGÉ
D'ASTRONOMIE.

.LIVRE PREMIER.

'De la Sphère, & des Constellations.

LA méthode la plus simple pour apprendre à connoître le ciel & ses divers mouvemens, consiste à suivre l'ordre naturel des choses qu'on y remarque, & des rapports qui en résultent. Nous voyons tous que le soleil & la lune se levent & se couchent chaque jour ; mais si nous passons une nuit à regarder les autres astres, nous les verrons se lever & se coucher aussi, & nous en tirerons cette conclusion qu'il y a un mouvement commun par lequel les astres en général font le tour de la terre en 24 heures.

2. Si pour considérer plus attentivement les circonstances de ce mouvement diurne, on se place en un lieu élevé, & qu'on regarde autour de soi, on ne pourra s'empêcher de remarquer le cercle le plus apparent, c'est-à-dire l'horizon. Ce vaste contour du ciel qui paroît autour de nous en forme de cercle, & qui termine la vue de tous côtés, quand nous sommes en pleine mer ou dans un lieu élevé, divise le ciel en deux parties ; mais celle qui est au-dessus de l'horizon est la seule visible, elle paroît sous la forme

A

d'un hémisphère ou d'une moitié de boule. Les astres ne font visibles que quand ils parviennent dans cet *hémisphère supérieur ;* & nous disons alors qu'ils se lèvent.

3. Après ce premier cercle, il s'en présente d'autres qui font presque aussi remarquables ; car en examinant le mouvement général des astres, pendant l'espace d'une nuit ou de plusieurs, on remarque bientôt que chaque étoile décrit un cercle dans l'espace d'environ 24 heures : les étoiles qui font plus au Nord, décrivent de plus petits cercles que les autres ; & l'on voit tous ces cercles décrits par différentes étoiles diminuer de plus en plus, aller enfin se perdre & se confondre en un point élevé de la rondeur du ciel, que nous appellons le POLE du monde ; celui que nous voyons est le pole boréal, septentrional ou arctique.

4. Ainsi, pour se former une idée de l'astronomie, il faut d'abord apprendre à connoître le pole du monde, c'est-à-dire, l'endroit du ciel étoilé vers lequel il se trouve placé. On remarque dans le ciel une étoile qui en est fort proche, & qu'on nomme l'ÉTOILE POLAIRE. Cette étoile étant fort près de ce pole fixe, autour duquel les autres étoiles tournent chaque jour, paroît sensiblement dans la même place, à quelle heure & dans quelle saison de l'année qu'on la regarde ; mais elle est la seule dans ce cas-là ; toutes les autres étoiles décrivent des cercles autour de l'étoile polaire, ou plutôt autour du pole, qui est comme le centre du mouvement, ou le moyeu de la roue. Nous ferons voir dans le cours de cet ouvrage (article 400) que ces mouvemens, qui font de pures apparences, proviennent du mouvement de la terre ; mais nous devons nous en tenir d'abord, comme les anciens astronomes, à remarquer les phénomenes, fans remonter à leur caufe ; notre marche en fera plus naturelle & plus facile.

5. L'ÉTOILE POLAIRE pourroit se reconnoître fans autre indication : le lecteur feul & ifolé, qui n'auroit jamais obfervé le ciel, & qui auroit feulement la patience d'examiner, pendant une partie de la nuit, les différentes étoiles, en remarquant leur hauteur & leur pofition par rapport à

des clochers, à des montagnes, ou à d'autres objets remarquables, s'appercevroit bientôt qu'il y a une affez belle étoile qui conferve à très-peu près, pendant toute la nuit, une même fituation, & il reconnoîtroit par-là celle qu'on a dû nommer *Etoile polaire.* Si cette marque ne fuffifoit pas pour la reconnoître, l'obfervateur s'y prendroit de la maniere fuivante.

6. On connoît par-tout cette conftellation, compofée de fept étoiles, repréfentée dans la figure premiere, & que les gens de la campagne nomment le *Charriot de David,* parce qu'elle a en effet quelque apparence de charriot. Parmi les aftronomes elle eft appellée la *grande Ourfe;* fi l'on tire une ligne par les deux étoiles qui font les plus éloignées de la queue, marquées α & β dans la figure premiere, cette ligne prolongée du côté de l'étoile α, paffera fort près de l'étoile polaire, qui eft à peu-près autant éloignée de l'étoile α, que celle-ci l'eft de l'étoile n, qui forme l'extrémité de la queue. L'étoile polaire fera plus élevée en certains temps que la grande ourfe; en d'autres temps elle fera plus baffe : dans le premier cas, la ligne qui doit aller rencontrer l'étoile polaire, devra fe prolonger au-deffus de la grande ourfe; c'eft ce qui arrive lorfqu'au commencement de Novembre on la regarde fur les 10 heures du foir : fi c'étoit au commencemement de Mai à la même heure, on verroit la grande ourfe au plus haut du ciel; & ce feroit en-bas qu'il faudroit prolonger la ligne qui joint les deux étoiles précédentes du carré de la grande ourfe, pour rencontrer l'étoile polaire : d'autres fois enfin l'étoile polaire fera fur le côté; & la ligne dont il s'agit, s'étendra ou à droite ou à gauche de la grande ourfe; mais dans tous les cas, c'eft toujours du côté de l'étoile α, ou du même côté que la convexité de la queue, que doit fe trouver l'étoile polaire; & le pole du monde qui en eft tout proche.

7. Un obfervateur qui connoît dans le ciel la fituation du pole du monde, diftinguera naturellement les Points Cardinaux; le Nord & le Sud, l'Orient & l'Occident,

Premiérement le NORD ou le septentrion , c'est le côté vers lequel on est tourné quand on regarde le pole ; 2° le SUD que nous nommons le midi dans nos climats, c'est le côté opposé ; c'est celui où nous paroît le soleil vers le milieu du jour ; 3° l'ORIENT, le levant, ou l'EST ; 4° l'OCCI-DENT, le couchant, ou l'Ouest ; ces deux derniers sont placés entre les deux autres points du nord & du sud, à égale distance ou à angles droits ; l'un du côté où les astres se lèvent, l'autre du côté où ils se couchent. L'o-rient est à droite quand on regarde le Pole.

8. Le ZENIT est aussi un des points les plus nécessaires à considérer dans le ciel ; & les astronomes en parlent à tout moment : c'est le point qui répond directement au-dessus de notre tête, celui auquel va se diriger le fil à-plomb lorsqu'on y suspend un poids , & que l'on imagine ce fil prolongé vers le haut jusques dans la concavité du ciel.

9. Le zénit étant le point le plus élevé du ciel, il est tou-jours éloigné de 90 degrés ou d'un quart de cercle de tous les points de l'horizon (a). Si donc un astre paroît élevé au-dessus de l'horizon de 60°, il sera éloigné du zénit de 30, car 60 & 30 font les 90° qu'il y a depuis l'horizon jusqu'au zénit ; ainsi nous pourrons dire à l'avenir, que la hauteur d'une étoile est le complément de sa distance au zénit, parce que le complément d'un arc est ce qui lui manque pour aller à 90°.

10. Le NADIR est le point inférieur de la sphère cé-leste ; celui qui est directement opposé au zénit, celui vers lequel se dirige par en-bas un fil à-plomb , par la gravité naturelle. Le nadir & le zénit étant directement opposés l'un à l'autre, si l'on conçoit un cercle qui fasse tout le tour du ciel, en passant par le zénit & par le nadir, il y aura 180°, ou un demi-cercle d'un côté, & autant de l'autre ; nous appellerons *vertical* (184) un cercle allant ainsi du

(a) Nous supposons comme une chose connue , qu'on entend par un degré la trois cent soixantieme partie d'un cercle, & que par conséquent le quart d'un cercle entier est de quatre-vingt-dix degrés.

zénit au nadir, de quel côté qu'il foit; comme on appelle *ligne verticale* celle que marque le fil à-plomb, & dont la direction prolongée haut & bas, va marquer le zénit & le nadir.

11. Toutes les fois qu'on regarde le ciel de quelque endroit bien découvert, on conçoit naturellement qu'en voyant une moitié de globe fur notre tête, il y en a auffi la moitié que nous ne voyons pas. Ainfi l'horizon eft un grand cercle de la fphère qui, pour chaque lieu de la terre, fépare la partie vifible du ciel de celle qui ne l'eft pas.

12. Tel eft l'horizon rationel ou mathématique : nous ne parlerons pas de ce qu'on appelle quelquefois *horizon fenfible*, que l'on confidere comme un plan parallele à l'horizon rationel, & qui touche la furface de la terre : nous ne ferons aucun ufage de celui-ci ; & d'ailleurs il ne differe point de l'horizon rationel, dès qu'il s'agit des aftres qui font fort éloignés de nous ; il en differe feulement à raifon des objets qui nous environnent, & qui bornent la vue quand on n'eft pas en pleine mer ou fur un endroit très-élevé. L'horizon fenfible en pleine mer, quand l'œil eft à cinq pieds de hauteur, s'étend environ à 2300 toifes de diftance (voyez art. 824).

13. L'horizon eft différent pour tous les différens points de la terre : chaque pays, chaque obfervateur a donc le fien ; & quand nous changeons de place, nous changeons d'horizon. L'obfervateur placé en *A*, (*fig. 2*) a pour horizon *H O* ; s'il s'avançoit de 10° au point *B* fon horizon deviendroit *R I*, & feroit avec le précédent un angle qui feroit auffi de 10°.

14. Ayant bien remarqué du côté du nord le lieu du pole boréal ou feptentrional, élevé au-deffus de l'horizon, il eft aifé de concevoir qu'il y en a un autre du côté du midi, qu'on a appellé *Pole méridional*, *auftral* ou *antarctique*, oppofé au premier, & abaiffé d'autant au-deffous de l'horizon. A Paris, le pole boréal eft élevé d'environ 49° ; le pole auftral eft abaiffé d'autant : ces deux poles

font les extrémités d'une ligne droite qu'on imagine aller de l'un à l'autre, & qui s'appelle l'AXE du monde, parce que c'est en effet autour de cette ligne comme axe ou essieu, que tout le ciel paroît tourner chaque jour.

15. Lorsqu'on connoît les deux extrémités de l'axe ou de l'essieu, il est aisé de concevoir la roue ou le cercle qui est dans le milieu ; & ce sera l'EQUATEUR : il suffira d'imaginer un cercle placé dans le milieu de l'axe, & également éloigné des deux poles du monde. Soit un cercle *H P Z E O R Q H* (*fig.* 3), qui passe par les poles & qui représente la circonférence d'un vertical (art. 10) *P* le pole boréal, *R* le pole austral qui lui est opposé, *P R* l'axe du monde : la ligne *E Q* représentera le diametre de l'équateur, ou du cercle qui passe à égales distances des deux poles, & dont le plan est perpendiculaire à l'axe, comme le plan d'une roue est perpendiculaire à son essieu : ainsi l'on doit concevoir sur le diametre *E Q* un cercle qui soit perpendiculaire au plan de la figure, dont la moitié soit au-dessus de ce plan, & l'autre moitié au-dessous. Ce cercle sera l'équateur. Ce fut-là véritablement le premier cercle que les anciens astronomes se figurèrent, & auquel les Caldéens & les Egyptiens rapportoient tous les astres, du temps d'Hérodote, 450 ans avant J. C. La situation de l'équateur, ainsi placé à égale distance des deux poles, fait qu'on peut dire en général & indifféremment, que la sphère avec son équateur *E Q*, tourne autour de l'axe *P R*, ou autour des poles *P* & *R* de l'équateur. La figure 6 représente aussi l'équateur *E F Q G E* vu en perspective, & situé entre les poles *P* & *R*.

16. C'est ce mouvement diurne autour de l'axe & des poles du monde qui est exprimé dans les vers suivans de Manilius (ª).

> Aëra per gelidum tenuis deducitur axis,
> Libratumque gerit diverso cardine mundum ;
> Sidereus medium circa quem volvitur orbis,
> Æternofque rotat cursus immotus. . . . *L. I. v.* 179.

(*a*) Le poëme de Manilius renferme une ample description des cercles de la sphère, des signes du zodiaque, des vertus qu'on leur attribuoit & des saisons. Ceux qui aimeront ce genre de poësie doivent lire aussi les poëmes de Buchanam, du Pere Boscovich & de M. Stay.

Le pole boréal , ou le pole arctique eſt déſigné dans Lucain & Manilius par le voiſinage de la grande ourſe qu'on appelloit Arctos.

Axis inocciduus geminâ clariſſimus Arcto. *Luc. VIII.* 175.
Alter in adverſum poſitus ſuccedit ad Arctos. *Man. il. I.* 68 2

Et Virgile déſigne la différence des poles , dont l'un eſt élevé du côté du nord , l'autre abaiſſé au midi , en diſant :

Hic vertex nobis ſemper ſublimis , at illum
Sub pedibus Styx atra videt , manelque profundi. *Georg. I.* 142.

17. De même qu'on a appellé les points *P* & *R* poles de l'équateur, parce que l'équateur eſt à égales diſtances de l'un & de l'autre ; on appelle en général POLES d'un cercle les deux points de la ſphère qui ſont les plus éloignés de ce cercle, ou ceux qui ſont ſitués ſur une ligne perpendiculaire au plan du même cercle, & paſſant par ſon centre. Ainſi le zénit eſt le pole de l'horizon ; il en eſt de même de tout autre cercle : ſon pole en eſt toujours éloigné de 90° en tout ſens.

18. La ligne qui paſſe par les deux poles d'un cercle, s'appelle auſſi en général l'AXE de ce cercle : par exemple, la ligne verticale eſt l'axe de l'horizon. Il ne faut pas confondre l'axe avec le diametre d'un cercle ; ce ſont deux choſes tout-à-fait différentes : le diametre eſt tiré dans le plan même du cercle, mais l'axe s'élève perpendiculairement des deux côtés, & hors de ce plan ; il n'a qu'un ſeul point de commun avec le cercle, & c'eſt au centre même du cercle, où l'axe le traverſe.

19. Après avoir examiné chaque jour les points où le ſoleil ſe lève & ſe couche, on ſera naturellement tenté d'appeller milieu du jour, méridien, ou milieu du ciel, l'endroit où il eſt quand, après avoir monté au plus haut de ſa courſe, il commence à deſcendre ; c'eſt-à-dire, le point où eſt ſa plus grande élévation dans le milieu du jour. Si l'on remarque de même tous les aſtres qui ſe lèvent & ſe couchent, on verra qu'ils ſont à leur plus grande hauteur

dans le mileu de l'intervalle du lever au coucher, quoique plus ou moins élevés ; & l'on dira de même qu'ils sont dans le méridien. Mais ce point est différemment élevé pour les différens astres, & même pour le soleil, que nous voyons tantôt plus haut, tantôt plus bas à midi ; l'on imaginera donc un grand cercle, tel que $HPZEORQH$ passant par le zénit, par le nadir, & par les poles, & ce sera le méridien. Il est ainsi appellé, parce qu'il marque le milieu du jour quand le soleil y arrive : chaque point de ce cercle est également éloigné de l'horizon à droite & à gauche ; ensorte que tous les astres entre leur lever & leur coucher se trouveront dans le méridien une fois au dessus de l'horizon, & une fois au-dessous après leur coucher. Leur circulation diurne est donc partagée en quatre parties égales, depuis leur lever jusqu'à leur passage au méridien, depuis le passage au méridien jusqu'au coucher, depuis le coucher jusqu'au passage inférieur par le même cercle, & depuis ce passage à la partie intérieure du méridien, jusqu'au lever du jour suivant.

Le cercle du méridien partage tout le ciel en deux hémisphères, dont l'un est à l'orient, & l'autre à l'occident. On appelle l'un *hémisphère oriental*, & l'autre *hémisphère occidental*. Le méridien passe aussi par les deux poles du monde, puisqu'il partage en deux parties tous les cercles que les astres décrivent autour des poles.

20. Le méridien d'un pays situé plus à l'orient ou plus à l'occident que Paris est différent du méridien de Paris ; & l'observateur qui marche vers l'orient ou vers l'occident change de méridien. de toute la quantité dont il avance vers l'orient ou l'occident, puisque son méridien passe toujours par son nouveau zénit, & par les deux poles du monde. Ainsi de Paris à Brest, il y a environ 7°, dont Paris est plus oriental que Brest, & par conséquent le méridien de Paris diffère de 7° de celui de Brest. Il n'y a qu'un moyen de changer de place sans changer de méridien ; c'est d'aller directement vers le nord ou vers le sud, c'est à-dire, vers un des poles.

21. Tous les méridiens des différens pays de la terre se réuniffent & fe coupent aux deux poles du monde, puifqu'ils font tous menés d'un pole à l'autre (19); ils font tous coupés en deux parties égales par l'équateur, puifque l'équateur eft par-tout à égale diftance des deux poles ; ils font tous perpendiculaires à l'équateur. Mais quand l'obfervateur placé dans un lieu fixe , parle du méridien, il doit toujours entendre le méridien du lieu où il eft ; celui qui paffe par fon zénit , & que l'on conçoit comme fixe auffi bien que l'horizon.

22. Après avoir établi dans la fphère célefte , trois cercles principaux , l'horizon, l'équateur & le méridien ; l'obfervateur doit rapporter à ces cercles tous les aftres qu'il obferve. C'eft d'abord à l'horizon qu'il eft forcé , pour ainfi dire , de les comparer ; car un aftre n'eft vifible que quand il s'élève au-deffus de l'horizon : le foleil ne nous donne le jour , la lune n'éclaire nos belles nuits , qu'après avoir furmonté ce cercle terminateur ; & plus un aftre s'élève au-deffus de l'horizon , plus nous avons long-temps à le voir. Cette élévation d'un aftre au-deffus de l'horizon eft donc un des phénomènes auxquels il étoit le plus naturel de s'attacher ; ainfi l'une des premieres obfervations qu'on ait eu à faire , c'étoit de mefurer la HAUTEUR d'un aftre fur l'horizon.

23. Soit un obfervateur O, (*fig.* 4) dont Z eft le zénit , & $H O R$ l'horizon ; puifqu'il eft convenu , entre les aftronomes de tous les temps , de divifer le cercle en 360° , on comptera néceffairement 90° depuis Z jufqu'en R ; car $Z R$ eft le quart du cercle ou de la circonférence entiere ; ainfi une étoile qui paroîtroit en Z auroit 90° de hauteur ; celle qui feroit en A à égale diftance de l'horizon R , & du zénit Z , en auroit 45 , & ainfi des autres.

24. L'obfervateur O qui veut mefurer ces hauteurs n'a qu'à former un quart-de-cercle $B D$, de carton, de bois ou de métal, le divifer en 90 parties , placer un des côtés $B O$ verticalement, au moyen d'un fil à-plomb , & dans cet état remarquer , en mettant l'œil au centre O, fur quel

point *C* répond l'aftre *A* ; le nombre de degrés compris entre *D* & *C* fur fon inftrument, fera le même que celui des degrés *A R* de la fphère célefte, qui marquent la hauteur de l'aftre *A* au-deffus de l'horizon. En effet, fi l'arc *D C* eft la huitieme partie d'une circonférence entiere ou la moitié de *B D* fur le petit inftrument, l'arc célefte *A R* fera auffi la moitié de *Z R* ; ainfi l'un & l'autre feront de 45°. Les degrés ne font autre chofe que des parties aliquotes ou des portions de la circonférence entiere, & il y en a 90 dans le quart d'un très-petit cercle, comme dans le quart d'un très-grand, tout comme il y a deux moitiés ou quatre quarts dans un objet quelconque, grand ou petit ; c'eft fur cette confidération qu'eft fondée la MESURE DES ANGLES, dont nous ferons fans ceffe ufage, puifque toutes nos mefures dans le ciel, confifteront en degrés, ou en parties de cercle.

25. Les aftronomes difpofent d'une maniere plus commode le quart de cercle qu'ils emploient à mefurer les hauteurs : ils placent un des côtés *B O* (*fig.* 5), de maniere qu'il foit dirigé vers l'étoile *A*, dont ils veulent mefurer la hauteur ; au centre *O* de cet inftrument, eft fufpendu librement un fil à-plomb *O E D*, alors l'arc *E G* du quart-de-cercle que l'on emploie, compris entre le fil à plomb & le rayon *O G*, aura autant de degrés que l'arc *A R*, qui eft la hauteur de l'aftre *A* au-deffus de l'horizon *O R* ; car la ligne verticale *Z O E D* fait avec le rayon de l'étoile *B O A* un angle, dont la mefure eft l'arc *Z A* d'un côté, & de l'autre l'arc *B E* qui lui eft femblable, & a le même nombre de degrés ; c'eft ce que nous appellerons *la diftance au zénit* ; or, l'arc *Z A* eft le complément de l'arc *A R*, comme *B E* eft le complément de *E G* ; ainfi l'arc *A R* eft femblable à l'arc *G E*, donc ce dernier arc exprime la hauteur de l'aftre, auffi bien que l'arc *A R*. Telle eft la maniere dont les aftronomes procèdent dans cette obfervation fondamentale & qui revient fans ceffe ; il ne s'agit, pour obferver la hauteur d'un aftre au-deffus de l'horizon, que de diriger un des côtés *B O* du quart-de-cercle *B E G* vers l'aftre fup-

posé en *A*, & de voir combien le fil à-plomb *Z O E D*, suspendu librement au centre *O* de l'instrument, intercepte de degrés, en comptant de l'autre rayon *O G* de l'instrument, c'est-à-dire, de combien est l'arc *G E*. C'est là-dessus qu'est fondé l'usage du quart-de-cercle astronomique, dont nous ferons une description détaillée en parlant des fondemens de l'astronomie, (331) mais dont il étoit nécessaire de donner une idée dès à présent.

26. La MESURE DES ANGLES, faite par le moyen d'un quart-de-cercle ou d'une autre portion quelconque de circonférence, est la base de toute l'astronomie : en effet un astronome veut connoître les mouvemens & les révolutions des corps célestes, & assigner en tout temps la situation *apparente* de tous les astres, les uns par rapport aux autres ; il suffit pour cela de savoir qu'à partir d'un point donné dans le ciel, un astre est avancé plus qu'un autre, d'un nombre de degrés, ou d'une portion quelconque de la circonférence. Ce n'est point en lieues, en toises, ou autres mesures absolues, que nous avons besoin de connoître ces mouvemens apparens, nous y parviendrons bien ensuite (585) ; mais il ne fut d'abord question parmi les anciens astronomes, & nous ne traitons nous-mêmes dans ce premier livre, que des mouvemens relatifs & apparens, qui s'expriment en degrés, minutes & secondes, ou en portions de cercle, & qui suffisent pour représenter en tout temps l'état du ciel tel qu'il paroît à nos yeux.

On observe, par exemple, qu'un astre est éloigné d'un autre de la moitié du ciel, c'est-à-dire, de 180°, en sorte qu'il lui est diamétralement opposé ; c'est la plus grande de toutes les distances apparentes ; s'il se trouve un troisieme astre à la moitié de cet intervalle, & qui paroisse entre les deux autres, nous dirons qu'il est à 90° ou un quart-de-cercle de chacun d'eux ; nous mesurons également 30°, 15°, 5° de distance apparente entre d'autres astres, & toutes ces mesures se font en présentant aux objets que l'on observe un arc de cercle, comme *B D* (*fig.* 4), dont le centre soit à notre œil *O*, & dont la partie *C D* soit semblable à la partie *A R* de la circonférence célefte, que nous voulons mefurer. Ainfi , quand nous dirons, par exemple, que la lune a un demi-degré ou 30 minutes de diametre, cela voudra dire qu'elle occupe la moitié de la trois cent foixantieme partie d'une circonférence , dont notre œil eft le centre ; ou, ce qui revient au même, que fi elle étoit répétée 720 fois autour de nous , ou qu'il y eût 720 lunes à la fuite l'une de l'autre, cela feroit tout le tour du ciel.

27. Tandis que la fphère entiere tourne fur fes deux poles *P* & *R* (*fig. 6*), les points fitués dans l'équateur *EQ*, décrivent un cercle qui eft de la grandeur même de la fphère, c'eft-à-dire, qui forme l'un des grands cercles, & dont le centre *C* eft aufli le centre de la fphère ; mais les points qui font plus près du pole, comme le point *A*, décrivent des cercles moindres ; tel eft le cercle *A B*, dont le centre eft au point *D* de l'axe *P R*, & qui paroît ovale dans la figure, parce que nous le fuppofons vu en perfpective & de côté. Ce font ces petits cercles qu'on appelle les *paralleles à l'équateur*, ou fimplement les PARALLELES. Chaque point du ciel, placé hors de l'équateur, décrit un parallele qui diminue de grandeur à mefure que ce point eft plus éloigné de l'équateur. (art. 4.)

Tous ces paralleles *A B* font coupés en deux parties égales par le cercle *H B P A O* ; car leur centre *D* & leur pole *P* fe trouvant dans le plan du méridien, ce plan les traverfe par le centre , & par conféquent les coupe en deux parties égales (19) ; ainfi l'aftre qui placé d'abord au point *A* dans le méridien, décrit par fon mouvement diurne le parallele *A B*, fera aufli long-temps à la droite qu'à la gauche du méridien, & ce cercle partagera la durée de la révolution diurne en deux parties égales.

28. Si le parallele *A B* que décrit l'étoile, eft tout entier au-deffus de l'horizon *H O*, on la verra paffer deux fois le jour au méridien, d'abord en *A*, puis 12 heures après en *B* : fa plus grande élévation au-deffus de l'horizon, fera dans fon paffage fupérieur en *A* , & fa plus petite hau-

teur dans son passage inférieur en *B*. Mais si le parallele de l'étoile se trouve n'avoir qu'une petite portion au-dessus de l'horizon, comme le parallele *M N L*, dont la partie supérieure *M N* élevée sur l'horizon, est beaucoup moindre que la partie invisible *N L*, on ne verra l'étoile que pendant la plus petite partie des 24 heures.

29. Il y a cette différence entre les *grands cercles* de la sphère & les *petits cercles*, que les plans des grands cercles passant tous par le centre de la sphère, la coupent en deux parties égales, au lieu que les petits cercles, tels que *A B*, coupent la sphère en deux segmens, dont l'un est le plus petit, comme *A P B*, & l'autre le plus grand, comme *A E M O R L Q B*.

30. Une autre différence qu'on doit remarquer entre les grands cercles & les petits, c'est qu'un grand cercle coupe nécessairement tous les autres grands cercles en deux parties égales, au lieu qu'un petit cercle est souvent coupé par un grand cercle en deux parties inégales ; la raison est évidente, si l'on considere que deux grands cercles ayant chacun leur centre au centre de la sphère, l'un des cercles passe par le centre de l'autre ; ils ont donc un diamètre commun, qu'on appelle *la Commune Section* de leurs deux plans : or il est de la nature d'un diamètre de couper le cercle en deux parties égales ; ainsi chaque cercle est coupé par l'autre, suivant son diamètre même & en deux parties égales. Au contraire, le petit cercle étant éloigné du centre du globe, peut non-seulement être coupé en deux portions inégales, mais encore ne l'être point du tout par un grand cercle du même globe. Ce sont-là les premiers axiomes de la Trigonométrie-Sphérique, dont il faut lire les traités, quand on veut faire quelques progrès dans l'astronomie ; mais les notions que nous en donnerons ici seront suffisantes pour l'intelligence de ce livre.

Nous verrons, en parlant de la Sphère Armillaire (100), qu'on y distingue principalement six grands cercles & quatre petits ; l'ordre des observations nous a conduit à distinguer déja trois grands cercles appellés l'*Horizon*, l'*Équateur* & le *Méridien*. Nous avons parlé en général des petits cercles appellés *paralleles à l'équateur*, nous parlerons des autres à mesure que les phénomènes l'exigeront.

Trouver la hauteur du Pole par le moyen des Etoiles.

31. LA DISPOSITION des trois grands cercles de la sphère, l'équateur, l'horizon & le méridien, doit former déformais la base de toutes nos observations ; nous y rapporterons les astres pour en déterminer la situation & les mouvemens. Ainsi la premiere chose que nous devons faire, est de connoître leur situation réciproque, de savoir comment l'équateur est placé par rapport à notre horizon ; combien le pole est élevé du côté du nord ; combien l'équateur est élevé du côté du midi.

32. Puisque l'équateur n'est autre chose que le cercle sur lequel se fait le mouvement diurne, c'est ce mouvement qui doit déterminer l'équateur ; & puisque ce mouvement se fait autour des poles, il servira aussi à les reconnoître. Si l'étoile polaire, dont nous avons parlé, étoit précisément & exactement située au pole du monde, en sorte qu'elle pût en étre la marque sûre & permanente, il suffiroit d'en mesurer la hauteur (23), & l'on auroit la hauteur du pole, mais cette étoile en est à 2°. Il est vrai qu'on a peine à distinguer si elle a changé de place , quand on ne la regarde qu'à la vue simple , & sans avoir devant les yeux quelque terme fixe auquel on puisse la comparer ; mais avec des instrumens , & une attention suivie , on reconnoît qu'elle décrit aussi bien que les autres étoiles un petit cercle autour du pole. Cependant si l'étoile polaire ne marque pas immédiatement le point du ciel où est le pole , du moins le milieu du cercle qu'elle décrit chaque jour , en doit donner la plus sûre indication.

33. L'étoile A (*fig. 3 & 6*) décrivant autour du pole P un cercle AB , si cette étoile est à 2′ du pole, l'arc AP fera de 2°, aussi bien que l'arc PB , & l'arc entier APB , qui marque la largeur du parallele, fera de 4°; ainsi l'étoile

étant au méridien en *A*, dans la partie supérieure de son parallele, aura une hauteur *A H* au dessus de l'horizon, plus grande de 4° que la hauteur *B H* de cette même étoile, lorsque 12 heures après elle sera au-dessous du pole ; la différence *A B* de ces deux hauteurs sera donc de 4°. Suppofons actuellement qu'on ait observé la hauteur de l'étoile en *A* & sa hauteur en *B*, il faudra, pour avoir la hauteur du pole *P*, partager en deux la différence *A B* des deux hauteurs ; la moitié de cette différence sera *P B*, on l'ajoutera avec la plus petite hauteur *H B* de l'étoile, & l'on aura *H P* qui eft la hauteur du pole. Par exemple, si l'étoile polaire obfervée à Paris, a d'abord 47°, & enfuite 51° de hauteur, la différence étant 4°, on en prendra la moitié, c'eft à dire, 2°, ce fera la diftance de l'étoile au pole ; ces 2° ajoutés à 47°, qui eft la plus petite hauteur de l'étoile, donneront la hauteur du pole, qui fera par conféquent de 49° ; ou, ce qui revient au même, on prendra la moitié de la fomme des deux hauteurs 51 & 47, & l'on trouvera 49°. C'eft ainfi que les étoiles circompolaires, ou voifines du pole, fervent à trouver fa hauteur.

34. La hauteur du pole & la hauteur de l'équateur font enfemble 90°, en forte que la premiere étant connue, on a néceffairement la feconde. Soit *P* le pole, & *E* l'équateur, *P H* la hauteur du pole, *E O* celle de l'équateur, le demi-cercle *H Z O* eft la partie vifible du ciel qui a 180°. Si l'on en retranche le quart-de-cercle *P Z E* qui eft la diftance du pole à l'équateur, c'eft à-dire, 90°, il en doit refter néceffairement 90 autres ; donc les arcs *H P* & *E O*, qui reftent après avoir ôté *P Z E*, font enfemble 90° : *donc la hauteur du pole* H P *eft le* COMPLÉMENT (ᵃ) *de la hauteur de l'équateur* E O.

35. De-là il fuit que la hauteur de l'équateur eft égale à la diftance du pole au zénit, c'eft-à-dire, à *P Z* ; car *Z H* eft de 90°, puifque du zénit à l'horizon il y a néceffairement un quart-de-cercle ; ainfi *H P* eft le complément de

---

(*a*) On appelle *Complément d'un arc*, ce qui lui manque pour faire 90 degrés, & *Supplément* ce qui lui manque pour aller à 180 degrés.

P Z : mais nous venons de voir dans l'article précédent, que *H P* est le complément de *E O*, donc *P Z* est égal à *E O*, c'est-à-dire , que la distance du pole au zénit est égale à la hauteur de l'équateur.

36. Il est évident par la même raison , que la distance *Z E* du zénit à l'équateur est égale à la hauteur du pole *P H* ; car *Z H* & *P E* font chacun de 90° : si vous en retranchez la partie commune *P Z* , il restera deux arcs égaux *P H* & *Z E* , c'est-à-dire , la hauteur du pole & la distance de l'équateur au zénit.

De la grandeur de la Terre.

37. L'observation de la hauteur du pole & de la hauteur de l'équateur, ou, si l'on veut , de la hauteur méridienne du soleil en différens pays, fut la premiere chose qui dut apprendre aux hommes que la terre étoit ronde. Ce fut d'abord par l'ombre du soleil que l'on détermina les différences de hauteurs du pole ; plus on avançoit vers le nord , plus ces ombres mesurées le même jour se trouvoient longues ; ce qui prouvoit que la hauteur du soleil au-dessus de l'horizon étoit devenue plus petite, & que l'observateur situé vers le nord n'étoit pas sur le même plan que l'observateur situé vers le midi , on dut en conclure que la terre étoit arrondie.

38. L'ombre de la terre dans les éclipses de lune paroît toujours ronde ; les vaisseaux vus de loin en pleine mer , disparoissent par degrés ; on les voit descendre & se perdre peu-à peu , par la courbure de la surface des eaux. Telles furent les marques auxquelles les anciens philosophes reconnurent la courbure & la rondeur de la terre.

39. Après avoir ainsi reconnu la rondeur de la terre , on se servit du même moyen pour connoître sa grandeur : & le changement des latitudes & des hauteurs , soit du pole, soit des astres , servit à connoître l'étendue de notre globee en en mesurant une petite partie. Posidonius observa, il y a 1900 ans , que l'étoile appellée Canopus, qui pas-

soit

ſoit au méridien d'Alexandrie, à la hauteur d'une 48ᵉ partie du cercle, ou de 7° ½, ne s'élevoit preſque pas à Rhodes, mais qu'elle paſſoit à l'horizon, & ne faiſoit qu'y paroître ; il ſuivoit de-là que ces deux villes (ſituées d'ailleurs ſous le même méridien ou à peu près) étoient éloignées de ia 48ᵉ partie du cercle ; d'un autre côté leur diſtance itinéraire en ligne droite étoit de 3250 ſtades , ſuivant Eratoſthène , cité par Pline & Strabon , ainſi prenant 48 fois ce nombre de ſtades , on trouva que les 360° de la terre faiſoient 180000 ſtades ; c'eſt ainſi que Ptolomée le ſuppoſe dans ſa géographie compoſée environ cent ans après J. C. Si l'on évalue le ſtade Egyptien avec M. le Roy (*Ruines des monumens de la Grece, p. 55*) à 114 toiſes $\frac{13}{100}$, on aura pour la circonférence de la terre 8999 lieues, chacune de 2283 toiſes , ce qui s'éloigne bien peu de la meſure conſtatée par l'Académie , qui eſt d'environ 9000 lieues. (802)

40. Autre exemple : on trouve en allant vers le nord que la latitude d'Amiens eſt plus grande que celle de Paris d'un degré , ou que le ſoleil à midi eſt d'un degré plus bas à Amiens qu'à Paris , c'eſt une preuve que la terre a un degré de courbure depuis Paris juſqu'à Amiens ; or cette diſtance meſurée en allant toujours du midi au nord, s'eſt trouvée de 25 lieues, chacune de 2283 toiſes (802); donc un degré de la terre , ou la 360ᵉ partie de toute ſa circonférence, a 25 lieues d'étendue ; d'où il ſuit que la circonférence entiere ou le tour de la terre vaut 9000 lieues ; car 25 fois 360 font 9000. Lorſqu'on voit les aſtres augmenter d'un degré en hauteur , c'eſt une preuve que notre zénit & notre horizon ont changé d'un degré ; car ce ſont les termes fixes auxquels ſe rapportent nos obſervations des hauteurs ; ſi notre zénit a changé d'un degré , il a fait la 360ᵉ partie du cercle ou du tour entier de la ſphère ; & ſi 25 lieues de chemin du midi au nord le font changer d'un degré, les 9000 lieues le feroient changer de 360° , c'eſt-à-dire , lui feroient faire

B

le tour du ciel, tandis que nous ferions celui de la terre; donc la terre a 9000 lieues de circuit.

Des Latitudes Géographiques ou Terreſtres.

41. L'ÉQUATEUR & les poles que nous avons remarqués dans le ciel, ſe remarquent également ſur la terre; car le point de la terre qui a pour zénit le pole du ciel, s'appelle naturellement le pole de la terre; & tout de même que l'équateur céleſte détermine les ſaiſons, celui de la terre détermine la température & le degré de chaleur ou de froid, qu'on éprouve en différens pays.

42. On dut remarquer d'abord les étoiles qui dans le ciel répondoient à l'équateur, c'eſt-à-dire, étoient préciſément à égales diſtances des deux poles céleſtes : voyageant enſuite ſur la terre, on vit en allant vers le midi, que ces étoiles ſe rapprochoient de la verticale, & paſſoient au méridien plus près du zénit, à meſure qu'on ſe trouvoit dans des pays plus méridionaux.

43. On comprit qu'en avançant encore, on parviendroit dans les endroits de la terre, où ces étoiles paſſent exactement par le zénit, & où les deux poles ſont dans l'horizon; en effet dans ce cas-là on eſt évidemment ſous l'équateur céleſte, ou bien ſur l'équateur terreſtre; car l'un correſpond à l'autre, ils ſont dans un ſeul & même plan, parce que l'équateur céleſte détermine l'autre; & qu'en voyant paſſer le ſoleil ſur ſa tête, quand il eſt à même diſtance des deux poles, c'eſt-à-dire, dans l'équateur, on pourroit dire : Je ſuis ſous l'équateur céleſte, ou bien : Je ſuis ſur l'équateur de la terre.

44. L'équateur terreſtre ou la *Ligne équinoxiale*, fait tout le tour de la terre, paſſe au milieu de l'Afrique, dans les états peu connus du Macoco & du Monoémugi, traverſe la mer des Indes, les iſles de Sumatra & de Borneo, & la vaſte étendue de la mer Pacifique; l'équateur paſſe enſuite au travers de l'Amérique Méridionale, de-

puis la province de Quito au Pérou, juſqu'à l'embouchure de la riviere des Amazones. Nous diſons que les pays qui ſont ſur cette ligne, n'ont aucune *latitude*, parce que l'on appelle *Latitude* les diſtances à l'équateur. A meſure qu'on quitte l'équateur pour avancer vers les poles, ſoit au ſeptentrion, ſoit au midi, on avance en latitude ; lorſqu'on eſt à un degré, ou à 25 lieues de l'équateur, on a un degré de latitude.

La LATITUDE ou la diſtance à l'équateur ſe meſure ou vers le midi ou vers le nord : on appelle *Latitude Septentrionale*, ou latitude nord, la diſtance à l'équateur, pour les pays qui ſont du côté du nord, & *Latitude Méridionale*, ou latitude ſud, celle qui eſt comptée de l'autre côté de la ligne.

45. Les pays qui ſont à moitié chemin de l'équateur au pole, ont donc 45° de latitude ; telle eſt la ville de Bordeaux ; telles ſont encore Sarlat, Aurillac, le Puy, Valence, Briançon, Turin, Caſal & Plaiſance, Mantoue, Rovigo, & les Bouches du Pô ; en Aſie, Aſtracan, la Tartarie Chinoiſe & la Terre d'Yeço. On ne ſauroit avoir plus de 90° de latitude ; car il n'y a que 90° entre l'équateur, d'où on les compte, & les poles où toutes les latitudes finiſſent & ſe confondent en un point.

46. La hauteur du pole, dont nous avons parlé (art. 33) eſt égale à la latitude du lieu ; car la latitude n'eſt autre choſe que la diſtance d'un pays à l'équateur terreſtre, ou la diſtance de ſon zénit à l'équateur céleſte, c'eſt-à-dire, ZE, mais ZE eſt égal à PH (36) ; donc *la latitude eſt égale à la hauteur du pole.*

Des Longitudes Géographiques (ᵃ).

47. Après avoir meſuré les diſtances du midi au nord, ſous le nom de *latitudes*, il a été néceſſaire de meſurer les diſtances dans l'autre ſens, c'eſt-à dire, d'occident en orient ;

(ᵃ) Géographie vient de Γῆ, *terre*, & de Γράϕω, *j'écris*, parce que c'eſt la deſcription de la terre.

& on les a appellées LONGITUDES, parce que la longueur des pays connus étoit plus grande dans ce sens-là que du midi au nord, lorsque les premiers géographes ont établi leurs mesures, il y a 1800 ans..

Pour mesurer les longitudes, on conçoit plusieurs cercles perpendiculaires à l'équateur, & passant par les deux poles de la terre, tels que les cercles *PAR*, *PSR*, que l'on voit sur le globe de la figure 12. Ce sont les méridiens terrestres ; tous les pays qui sont sur un même méridien, ont la même longitude.

48. Le PREMIER MÉRIDIEN, celui d'où l'on part pour compter les longitudes, est une chose arbitraire & de pure convention, parce que le ciel ne donne aucun terme fixe sur la terre pour les longitudes, au lieu que l'équateur en fournit un pour compter les latitudes. On a varié sur le choix d'un premier méridien, & encore actuellement la chose n'est pas bien fixe parmi les géographes. Voyez le P. Riccioli (*Geographia reformata*, pag. 385).

49. La déclaration du 25 Avril 1634, fixa notre premier méridien à l'extrémité de l'isle de Fer, la plus occidentale des isles Canaries. Le bourg principal de cette isle est à 19° 53′ 45″ à l'occident de Paris ; mais M. de l'Isle, notre plus fameux géographe, ayant supposé pour plus de facilité & en nombres ronds, que Paris étoit à 20° de longitude, les géographes de France ont suivi son exemple ; ainsi dans la plupart de nos cartes *on établit le premier méridien universel à 20° du meridien de Paris, du côté de l'occident* ; & l'on continue de compter les longitudes terrestres vers l'orient jusqu'à 360°, en faisant tout le tour de la terre.

50. Cependant les astronomes François qui déterminent communément les longitudes par la comparaison des observations faites à Paris, avec celles des différens lieux de la terre, ont une autre maniere de compter. Ils prennent, non pas en degrés, mais en temps, la différence des méridiens, ou la différence de longitude entre Paris & les autres pays ; 15° de longitude font une heure, parce que

les 24 heures du jour font tout le tour de la terre ; chaque degré fait 4′ de temps ; & au lieu de dire , par exemple , que Poitiers eſt à 18° de longitude , parce que cette ville eſt de 2° plus occidentale que Paris , ils diſent que la différence des méridiens eſt de 8′, occidentale. C'eſt ainſi que Ptolomée en uſa par rapport à Alexandrie, les Arabes pour Tolede , Copernic pour Frawenberg , Reinhold pour Koniſberg , Tycho & Képler pour Uranibourg , les Hollandois pour Amſterdam, & les Anglois pour Gréenwich , où eſt l'obſervatoire royal d'Angleterre.

51. Les différences des méridiens nous font juger de celles des heures que l'on compte en même temps dans ces différens pays. Un obſervateur qui s'avanceroit à 15° de Paris , du côté de l'orient , par exemple , à Vienne en Autriche , compteroit environ une heure de plus qu'à Paris , parce qu'allant au-devant du ſoleil qui tourne chaque jour de l'orient à l'occident , il le verroit une heure plutôt que nous. En continuant d'avancer ainſi vers l'orient de 15 en 15° , il gagneroit une heure à chaque fois ; & s'il faiſoit le tour entier de la terre , il ſe trouveroit , en arrivant à Paris , avoir gagné 24 heures , & compteroit un jour de plus que nous ; il ſeroit au lundi , tandis que nous ſerions encore au dimanche.

52. Un autre obſervateur qui s'avanceroit du côté du couchant , retarderoit de la même quantité , & revenant à Paris après le tour du monde , il ne compteroit que Samedi lorſque nous ſerions au dimanche. On éprouvera cette ſingularité dans la maniere de compter , toutes les fois qu'on verra arriver un vaiſſeau qui aura fait le tour du monde , en continuant de compter les jours dans le même ordre , ſans s'aſſujettir au calendrier des pays où il aura paſſé.

53. Par la même raiſon , les habitans des iſles de la mer du Sud qui ſont éloignés de 12 heures de notre méridien , doivent voir les voyageurs qui viennent des Indes & ceux qui leur viennent de l'Amérique , compter différemment les jours de la ſemaine , les premiers ayant un jour de plus que les autres ; car ſuppoſant qu'il eſt dimanche

à midi pour Paris, ceux qui font dans les Indes, difent qu'il y a 6 heures que dimanche eft commencé ; & ceux qui font en Amérique, difent qu'il s'en faut au contraire plufieurs heures. Cela parut très-fingulier à nos anciens voyageurs qu'on accufa d'abord de s'etre trompés dans leur calcul & d'avoir perdu le fil de leurs almanacs. Dampier étant allé à Mendanao par l'oueft trouva qu'on y comptoit un jour de plus que lui. (Voyez les Voyages de Dampier, Tome I.) Varenius dit même qu'à Macao, ville maritime de la Chine, les Portugais comptent habituellement un jour de plus que les Efpagnols ne comptent aux Philippines, les premiers font au dimanche tandis que les feconds ne comptent que famedi, quoiqu'ils foient peu éloignés les uns des autres ; cela vient de ce que les Portugais établis à Macao y font allés par le Cap de Bonne-Efpérance ou par l'orient, & que les Efpagnols font allés aux Philippines par l'occident, c'eft-à-dire, en partant de l'Amérique & traverfant la mer du Sud.

54. C'eft une chofe des plus néceffaires, mais en même-temps des plus difficiles dans l'aftronomie, la géographie & la navigation, que de trouver les longitudes : il s'agit de favoir, par exemple, combien le méridien de la Martinique eft éloigné de celui de Paris, ou combien il faut faire de degrés vers l'occident pour arriver à la Martinique : la méthode que les aftronomes emploient, confifte à chercher dans le ciel un phénomène ou un fignal qui puiffe être apperçu au même inftant de Paris & de la Martinique; par exemple, le moment où commence une éclipfe de lune : s'il eft minuit à la Martinique quand l'éclipfe y commence, & que dans ce même moment on ait compté 4^h $13'$ du matin à Paris, nous fommes affurés qu'il y a 4^h $13'$ de temps, ce qui fait un arc de $63°$ $15'$, du méridien de Paris au méridien de la Martinique. En effet, le foleil emploie 24 heures à faire le tour du globe, & une heure à faire $15°$: fi les habitans de la Martinique avoient le midi plus tard que nous d'une heure, nous ferions affurés par-là même, qu'ils font à $15°$ de nous vers l'occident ; mais ils l'ont

plus tard que nous de 4ʰ 13′, fuivant l'obfervation ; ils font donc plus avancés de 63° ¼, qui répondent à 4ʰ 13′, à raifon de 15° pour chaque heure, & d'un degré pour 4′ de temps.

Du mouvement propre de la Lune & de fes phafes.

55. Après avoir obfervé le mouvement diurne commun à tous les aftres, comme le premier de tous les phénomènes céleftes que les hommes ont dû remarquer, même fans aucune efpece d'application, nous pafferons au mouvement *propre*, ou mouvement particulier des planètes qui fe fait en fens contraire, c'eft-à-dire, vers l'orient. Le plus fimple & le plus fenfible de tous ces mouvemens propres, celui qui dût frapper le plus tous les yeux, fut le mouvement de la lune. Tous les mois cet aftre change de figure & fait le tour du ciel dans un fens contraire à celui du mouvement général ; & tandis que chaque jour la lune paroît fe lever & fe coucher comme tous les autres aftres en allant d'orient en occident, elle retarde chaque jour & femble refter en arriere des étoiles, ou reculer vers l'orient d'environ 13°. Ce mouvement particulier par lequel la lune fe retîre peu à peu vers l'orient, dans le temps même qu'elle va comme les autres aftres vers le couchant, s'appelle *le mouvement propre*, ou mouvement périodique, & c'eft un mouvement réel qui a lieu dans cette planète. Il eft fi confidérable que dans 27 jours la lune qui aura paru d'abord auprès de quelque belle étoile, s'en détache, s'en éloigne, & fait le tour du ciel à contre-fens du mouvement diurne ou commun ; elle revient au bout des 27 jours fe replacer à côté de la même étoile ; à la fin du premier jour elle s'en étoit éloignée de 13° ou un peu plus ; le fecond jour elle en étoit à 26°, le troifieme à 39, &c ; enfin après 27 jours elle s'en étoit éloignée de 360°, & par conféquent elle eft revenue la joindre par le côté oppofé ; ainfi elle fe retrouve au même point où elle paroiffoit le mois d'auparavant, après avoir

paru répondre succeſſivement aux étoiles qui ſont autour du ciel.

56. Les phaſes (ᵃ) de la lune ou les diverſes apparences de ſa lumiere furent des phénomènes encore plus remarquables & plus ſenſibles à tous les yeux ; après avoir paru pendant toute la nuit ſous une forme ronde, large & brillante que nous appellons la pleine lune, elle perd peu à-peu de ſa lumiere, de ſa largeur & de ſon diſque apparent, elle ſe lève plus tard, elle n'éclaire plus que pendant la moitié de la nuit, elle devient *dichotome* (ᵇ) & reſſemble à un cercle dont on auroit coupé la moitié ; quelques jours après continuant de ſe rapprocher du ſoleil, ce n'eſt plus qu'un croiſſant qui paroît le matin à l'orient avant que le ſoleil ſe lève, les cornes vers le haut, oppoſées au ſoleil, mais qui diminuant peu à peu de grandeur & de lumiere ſe perd dans les rayons du ſoleil, & diſparoît enfin totalement.

57. La lune, après avoir diſparu totalement pendant 3 ou 4 jours, reparoît le ſoir à l'occident après le coucher du ſoleil, ſous la forme d'un croiſſant dont les pointes ſont toujours vers le haut, ou à l'oppoſite du ſoleil ; mais continuant d'avancer vers l'orient & de s'éloigner du ſoleil par ſon mouvement propre, elle augmente de grandeur & de lumiere ; ſon croiſſant eſt plus fort, on la voit plus aiſément & plus long-temps. Elle devient enſuite comme un demi-cercle & paroît en quartier, ou en quadrature, lorſqu'elle s'eſt éloignée du ſoleil de 90° ; c'eſt ce qu'on appelle premier quartier ; enfin 7 à 8 jours après elle reparoît pleine, ronde & lumineuſe comme elle étoit un mois auparavant, elle paſſe alors au méridien à minuit, & l'on voit qu'elle eſt oppoſée au ſoleil.

58. Ce ſont ces phaſes & ces aſpects de la lune qui occaſionnerent autrefois l'uſage de compter par mois & par ſemaines de ſept jours (542), à cauſe du retour des phaſes de la lune en un mois, & parce que la lune tous

---

(a) Φάσις, *Apparitio ;* Ce ſont les différentes manieres dont la lune paroît à nos yeux.
(b) Δίκερως, *bicornis ;* Τόμος, *fruſtum ſectione ablatum.*

les sept jours environ paroît, pour ainsi dire, sous une forme nouvelle ; aussi les premiers peuples du monde se servirent de la lune pour compter les temps ; il n'y avoit dans le ciel aucun signal dont les différences, les alternatives & les époques fussent plus remarquables, & il est probable que tous ces peuples avoient puisé dans la plus haute antiquité, & comme dans la source commune du genre humain, ou dans un instinct également naturel à tous, cette maniere de distribuer leurs exercices & de fixer leurs assemblées par le moyen de la lune. (Voyez *le Spectacle de la nature*, Tome IV, page 283) : nous en parlerons plus au long dans le IVᵉ livre, nous y expliquerons les phases de la lune, & nous ferons voir qu'elles sont produites par la lumiere du soleil qui éclaire toujours la moitié de la lune. Si nous n'appercevons souvent qu'une petite partie de cet hémisphère éclairé, & si nous le perdons même de vue tous les mois, c'est parce que la lune étant presque pour lors entre le soleil & nous, elle tourne vers le soleil son hémisphère lumineux, & vers nous son hémisphère obscur ; or un objet qui n'est point éclairé ne peut être apperçu, à moins que ce ne soit un corps de lumiere comme le soleil.

Du Mouvement annuel & de l'Ecliptique.

59. Le mouvement propre de la lune est le plus prompt & le plus remarquable de tous ceux que l'on observe dans le ciel ; mais il en est un encore plus important pour nous, c'est le mouvement périodique ou annuel que le soleil paroit avoir, qu'on appelle aussi mouvement propre du soleil ; c'est après le mouvement diurne, un des phénomènes les plus frappans, puisque la différence des saisons, les chaleurs de l'été & les rigueurs de l'hyver en dépendent aussi bien que la longueur des jours & des nuits qui varie si fort dans le cours d'une année. Ce mouvement n'est en lui-même qu'une apparence (400), & il provient du mou-

vement annuel de la terre ; mais il ne s'agit encore que d'examiner les phénomènes & les apparences, avant que de nous élever à la contemplation des causes qui les produisent.

60. Si l'on remarque le soir du côté de l'occident quelque étoile fixe après le coucher du soleil, & qu'on la considere attentivement plusieurs jours de suite à la même heure, on la verra de jour en jour plus près du soleil ; en sorte qu'elle disparoîtra à la fin , & sera effacée par les rayons & la lumiere du soleil, dont elle étoit assez loin quelques jours auparavant. Il sera aisé en même temps de reconnoître que c'est le soleil qui s'est approché de l'étoile, & que ce n'est pas l'étoile qui s'est approchée du soleil. En effet , voyant que toutes les étoiles se levent & se couchent tous les jours aux mêmes points de l'horizon, vis-à-vis des mêmes objets terrestres, qu'elles sont toujours aux mêmes distances , tandis que le soleil change continuellement les points de son lever & de son coucher & sa distance aux étoiles, voyant d'ailleurs chaque étoile se lever tous les jours environ 4′ plutôt que le jour précédent , c'est ce que nous appellons l'accélération diurne des étoiles (350), on ne doutera pas que le soleil seul n'ait changé de place par rapport à l'étoile, & ne se soit rapproché d'elle. Cette observation peut se faire en tout temps , mais il faut prendre garde à ne pas confondre une étoile fixe avec une planète : nous apprendrons bientôt la maniere de les distinguer (83).

61. Le premier phénomène que présente le mouvement propre du soleil est donc celui-ci : *le soleil se rapproche de jour en jour des étoiles qui sont plus orientales que lui ;* c'est-à-dire, qu'il s'avance chaque jour vers l'orient : ainsi le mouvement propre du soleil se fait d'occident en orient : tous les jours il est d'environ un degré, & au bout de 365 jours on revoit l'étoile vers le couchant, à la même heure & au même endroit où elle paroissoit l'année précédente à pareil jour ; c'est à-dire , que le soleil est

revenu se placer au même point par rapport à l'étoile ; il aura donc fait une révolution : c'est ce que nous appellons le *mouvement annuel.*

62. Pour combiner le mouvement annuel avec le mouvement diurne du soleil , imaginons un grand globe, ou, si l'on veut, une grosse boule, traversée au centre, ou diamétralement, par un *axe* ou aissieu, qui soit soutenu à ses extrémités dans les points P & R (*fig.* 12) ; & qu'on fasse tourner ce globe, on aura une idée du mouvement diurne de la sphère. Si l'on place un insecte en S , à égale distance des deux poles P & R , il sera obligé de tourner avec le globe, & il décrira l'*équateur A S Q :* si l'on en place un autre en B , plus près d'un des poles que de l'autre , il décrira un *parallele B C,* dont la circonférence est plus petite. Mais tandis que ce globe tourne dans un sens, l'insecte que nous supposons en S, pourroit aussi marcher insensiblement dans le sens opposé ; il imiteroit alors le mouvement annuel ou propre du soleil, qui s'avance peu à peu vers l'orient , pendant qu'il est emporté chaque jour avec tout le ciel & d'un mouvement commun, vers l'occident. Ces deux mouvemens sont fort bien exprimés dans ces quatre vers d'Ovide :

> Adde quod assiduâ rapitur vertigine cœlum ,
> Sideraque alta trahit, celerique volumine torquet ;
> Nitor in adversum ; nec me (qui cætera) vincit
> Impetus ; & rapido contrarius evehor orbi. *Metam.* II. 70.

63. Ce mouvement annuel , ou mouvement propre du soleil , qui se fait d'occident en orient, est donc contraire au mouvement diurne , au mouvement commun de tout le ciel , qui se fait vers l'occident , & que nous avons expliqué en commençant. Chaque jour , le soleil, aussi bien que les étoiles, fait une révolution autour de nous, du levant au couchant, ou d'orient en occident ; mais pendant ce temps-là le soleil fait environ un degré en sens contraire , ou d'occident en orient, & répond successivement à différentes étoiles.

64. La trace de ce mouvement annuel , observée avec

foin, s'eft trouvée être un cercle ; & ce cercle a été appellé ECLIPTIQUE (ª) ; il a fallu d'abord en déterminer la
fituation : c'eft la premiere recherche que les anciens Aftronomes aient faite, & nous allons les fuivre ou les deviner,
s'il eft poffible, dans leur marche.

L'écliptique, la route apparente & annuelle du foleil,
eft différente de l'équateur ou du cercle diurne, dont
nous avons indiqué la pofition (15). Les premiers Caldéens qui obfervèrent à Babylone, avoient l'équateur
élevé de 54.° ; & fi le foleil avoit fait fon mouvement
annuel en fuivant l'équateur, il auroit paru tous les jours
à midi élevé de 54°. Bien loin de là, ils appercevoient en
été que le foleil s'élevoit de 24° au-deffus de l'équateur,
& defcendoit en hyver de 24° au-deffous, en forte que
fa hauteur vers le milieu du jour, ou fa hauteur méridienne (19) étoit de 78° en été, & de 30° feulement
en hyver ; d'où il fuivoit évidemment que l'écliptique
étoit un cercle différent de l'équateur de 24°. Ce cercle
devoit feulement traverfer ou couper l'équateur en deux
points diamétralement oppofés ; car on obfervoit deux
fois l'année, au printemps & en automne, que la hauteur
du foleil à midi étoit précifément égale à la hauteur de
l'équateur, c'eft-à-dire, de 54° ; d'où il fuivoit que dans
ces deux jours-là le foleil étoit dans l'équateur même,
dont 3 mois auparavant il avoit été éloigné de 24°.

65. Ainfi l'écliptique, la trace du mouvement annuel
du foleil, eft un cercle de la fphère, qui coupe l'équateur
en deux points, mais qui s'en éloigne enfuite de 24° au
nord & au midi. Et comme ces deux diftances font égales,
on dut en conclure que l'écliptique étoit un grand cercle
de la fphère ; car c'eft la propriété des grands cercles de
fe couper en deux parties égales (30). Il s'agiffoit enfuite
de déterminer dans la voûte célefte & parmi les étoiles
fixes, la route ou la trace de l'écliptique, & de reconnoître les étoiles par lefquelles devoit paffer le foleil

(ª) Du mot grec Ἐκλείπω, deficio, parce que la lune eft toujours dans l'écliptique,
à très-peu près, lorfqu'il y a éclipfe de lune ou de foleil.

à chaque jour de l'année, pour être en état de repréfenter ce cercle folaire fur le globe où nous avons tracé l'équateur (15).

66. Pour cet effet on dut remarquer d'abord qu'il y avoit deux jours dans l'année, éloignés de fix mois l'un de l'autre, où le foleil fe trouvoit avoir 54° de hauteur méridienne, & par conféquent la même hauteur que l'équateur. On appella ces deux jours-là *jours des équinoxes*, parce que le foleil décrivant ces jours-là l'équateur, étoit 12 heures au-deffus de l'horizon, & 12 heures au-deffous, c'eft-à-dire, que le jour étoit égal à la nuit ; l'un a été appellé équinoxe du printemps, parce qu'il arrive à la fin de l'hyver, l'autre eft l'équinoxe d'automne.

67. Ayant remarqué, le jour de l'équinoxe du printemps, quelle étoile ou quel point du ciel paffoit au méridien, 12 heures après le foleil, ou à minuit, à la même hauteur que le foleil, c'eft-à-dire, à la hauteur de l'équateur, on étoit fûr de connoître le point oppofé au foleil, c'eft-à-dire, l'équinoxe d'automne, & l'endroit où devoit fe trouver le foleil fix mois après, en tráverfant l'équateur dans le point oppofé.

C'eft ainfi qu'on a dû reconnoître & remarquer dans le ciel le point équinoxial d'automne, quand le foleil étoit dans celui du printemps, & celui du printemps quand le foleil étoit parvenu à l'équinoxe d'automne, ou dans le point oppofé ; par-là on a appris à diftinguer dans le ciel étoilé ces deux points effentiels dans l'Aftronomie.

68. Les points de l'écliptique fitués entre les équinoxes, & dans lefquels fe trouve le foleil lorfqu'il eft le plus éloigné de l'équateur ont été appellés folftices (*folis ftationes*) parce que le foleil étant arrivé à ce plus grand éloignement, femble être quelques jours à la même diftance de l'équateur, fans s'en éloigner ni s'en rapprocher, du moins fenfiblement, c'eft ce qui arrive le 21 de Juin & le 21 de Décembre.

Ainfi tout eft déterminé à l'égard de l'écliptique : nous

connoiſſons les deux points équinoxiaux où ce cercle traverſe l'équateur ; nous ſavons qu'il s'en éloigne enſuite au-deſſus & au-deſſous, au nord & au midi, dans les ſolſtices, & cet éloignement, étoit autrefois de 24° ; il ne manque donc rien pour tracer dans le ciel la route annuelle ou le grand cercle de l'écliptique : nous parlerons bientôt de la diviſion de ce cercle en 12 ſignes (art. 76).

69. Ayant formé un globe artificiel, tel que celui qui eſt repréſenté dans la figure 12, & marqué ſur ce globe les étoiles dont on avoit remarqué les poſitions ; après y avoir tracé l'équateur & les poles (15), on fut en état de tracer auſſi l'écliptique, & de remarquer les étoiles parmi leſquelles ce cercle devoit paſſer ; c'eſt ce que firent les plus anciens Aſtronomes.

De l'obliquité de l'Ecliptique, & des Tropiques (a).

70. La diſtance ou l'arc d'environ 24° compris entre l'équateur & l'écliptique dans les points ſolſtitiaux, s'appelle l'OBLIQUITÉ DE L'ECLIPTIQUE. Il a fallu, pour connoître cette obliquité, obſerver combien le ſoleil en été s'élevoit au-deſſus de l'équateur, & combien en hyver il s'abaiſſoit au-deſſous (64), ou, ſi l'on veut, il a fallu remarquer combien le ſoleil étoit plus élevé à midi en été qu'il ne l'étoit à midi en hyver ; & ayant trouvé 47° de différence, la moitié de cette différence, ou $23°\frac{1}{2}$, a donné la plus grande diſtance entre l'écliptique & l'équateur. Nous n'avons pas actuellement même d'autre méthode, pour déterminer l'obliquité de l'écliptique.

71. Cette obliquité de l'écliptique étoit, il y a 2000 ans, d'environ 24° ; elle n'eſt plus aujourd'hui que de 23° 28′, & diminue d'environ une minute tous les 100 ans. (art. 758).

72. Les anciens, pour déterminer l'obliquité de l'é-

(a) Les Tropiques tirent leur nom du mot grec Τρέπω, *verto*, parce que le ſoleil arrivé aux tropiques, ſemble retourner ſur ſes pas, ou du moins vers l'équateur.

cliptique , obfervoient les ombres folftitiales du foleil. Soit AB (*fig.* 7) un Gnomon (a), un ftyle quelconque élevé verticalement , comme étoit l'obélifque du champ de Mars à Rome , ou une ouverture A faite dans un mur AB pour laiffer paffer un rayon du foleil ; foit SAE le rayon au folftice d'hyver, BE l'ombre du foleil ; OAC le rayon du folftice d'été, & BC l'ombre folftitiale la plus courte ; dans le triangle ABC, rectangle en B, & dont on connoît les côtés AB, BC, il eft aifé de trouver, ou par le moyen d'un compas , ou par les regles de la Trigonométrie , le nombre de degrés que contient l'angle ACB ou OCB, qui exprime la hauteur du foleil au folftice d'été ; on en fera autant pour le triangle ABE, & l'on aura l'angle E, égal à la hauteur du foleil au folftice d'hyver. C'eft ainfi que , fuivant Pythæas cité par Strabon & Ptolomée , d'après Hipparque, la hauteur AB du gnomon étoit à la longueur de l'ombre en été à Bizance & à Marfeille 250 ans avant Jefus – Chrift , comme 120 font à $41\frac{4}{5}$, d'où Gaffendi conclut l'obliquité de l'écliptique d'environ 23° 52' pour ce temps-là.

73. Chacun des paralleles à l'équateur que le foleil paroît décrire de jour en jour par fon mouvement diurne, eft autant éloigné de l'équateur que le point de l'écliptique où fe trouve le foleil ; quand le foleil eft éloigné de 10° de l'équateur, ou qu'il a 10° de déclinaifon, il décrit un parallele qui s'éloigne de l'équateur de 10°, & paffe au zénit de tous les pays de la terre qui ont 10° de latitude. Quand il eft parvenu à fon plus grand éloignement B, qui eft de $23°\frac{1}{2}$, il décrit un parallele BC (*fig.* 12) le plus éloigné de l'équateur , le plus petit qu'il puiffe décrire, c'eft celui-là qu'on appelle *Tropique*, du mot grec qui fignifie *je retourne*. Il y a un tropique de chaque côté de l'équateur ; l'un fe nomme le *Tropique du Cancer*, parce que le foleil décrit celui-ci le jour du folftice d'été, en-

---

(a) Τρόπμων, Regle droite, Style droite.
(b) Les plus fameux gnomons qui aient fervi à cette ufage font ceux de Bologne, de Saint Sulpice, de Florence, Paris, de & de Rome,

trant dans le figne du cancer; l'autre s'appelle le *Tropique du Capricorne*, parce qu'il eft décrit au temps du folftice d'hyver où le foleil entre dans le capricorne. Ainfi les tropiques comprennent tout l'efpace dans lequel peut fe trouver le foleil, & cet efpace eft de 47°. Les tropiques touchent l'écliptique, & fe confondent avec ce cercle dans les points folftitiaux.

74. Le tropique du cancer paffe fur la terre un peu au-delà du Mont Atlas, fur la côte occidentale de l'Afrique, puis à Syene en Ethiopie, de-là fur la Mer rouge, le Mont Sinaï, fur la Mecque, patrie de Mahomet, fur l'Arabie heureufe, l'extrémité de la Perfe, les Indes, la Chine, la Mer pacifique, le Mexique & l'ifle de Cuba. Le tropique du capricorne paffe dans le pays des Hottentots en Afrique, dans le Bréfil, le Paraguay & le Pérou.

75. Quand nous difons que le foleil décrit chaque jour un parallele à l'équateur, nous fuppofons que fa déclinaifon foit la même pendant les 24 heures, & qu'il refte au même point de l'écliptique, ou du moins à même diftance de l'équateur; cela n'eft pas rigoureufement exact, puifque le foleil change continuellement de diftance à l'équateur, & par conféquent fe trouve à chaque inftant dans un parallele différent; il décrit plutôt une fpirale qu'un cercle; mais pour fimplifier les expreffions & les idées, on fuppofe dans les premiers élémens d'Aftronomie que le mouvement diurne du foleil fe faffe dans un cercle parallele à l'équateur; c'eft-à-dire, qu'on regarde comme infenfible la petite quantité dont le foleil fe rapproche d'un des poles, dans l'efpace de 24 heures.

Mouvement du Soleil.

76. Pour compter & mefurer les mouvemens du foleil & des autres corps céleftes, il falloit néceffairement choifir dans le ciel un point d'où l'on pût partir, & auquel on pût tout rapporter. Le retour des faifons, qui étoit pour

les

les hommes la chofe la plus remarquable & la plus inté-
reffante de toute l'Aftronomie fixa ce point de départ.
Le foleil , par fon cours annuel dans l'écliptique, revenoit chaque année traverfer l'équateur , & redonner le
printemps aux campagnes (66) ; ce renouvellement de
la nature fervit à marquer le commencement de l'année ,
& les aftronomes fe fervirent, pour commencer leurs mefures , du point où arrivoit ce changement, c'eft-à-dire ,
du point d'interfection de l'écliptique & de l'équateur. On
appelle donc LONGITUDE la diftance du foleil au point
équinoxial, comptée le long de l'écliptique. Quand le foleil
a parcouru 30° de l'écliptique par fon mouvement annuel
en partant de l'équinoxe, on dit qu'il a 30°, ou un figne
de longitude, & ainfi de fuite jufqu'à 12 fignes. Les 30
premiers degrés font compris fous le nom de *Bélier* qu'on
repréfente par ce caractere ♈ ; les 30 degrés qui fuivent
forment le *Taureau* ♉ , après quoi viennent les *Gemeaux* ♊ ,
l'*Ecreviffe* ♋ , le *Lion* ♌ , la *Vierge* ♍ , la *Balance* ♎ , le
Scorpion ♏ , le *Sagittaire* ♐ , le *Capricorne* ♑ , le *Verfeau* ♒ ,
les *Poiffons* ♓ , comme l'indiquent les deux vers fuivans :

> Sunt Aries , Taurus , Gemini, Cancer, Leo , Virgo,
> Libraque , Scorpius, Arcitenens, Caper , Amphora , Pifces.

77. Ces 12 fignes, dont les noms appartiennent aux
douze portions de l'écliptique comptées depuis l'équinoxe ,
font différens des *Conftellations* ou figures étoilées qui
portent les mêmes noms (230); on diftingue le figne
du Bélier de la conftellation du Bélier ; l'un n'eft autre
chofe que la premiere douzieme ou les 30 premiers degrés du cercle de l'écliptique , l'autre eft un affemblage
d'étoiles, qui, à la vérité , répondoit autrefois dans le
ciel au même endroit que le figne du Bélier , auquel il a
donné fon nom, mais qui eft actuellement beaucoup plus
avancé, comme nous le dirons en parlant de la preceffion
des équinoxes (319).

78. Pour déterminer la longitude du foleil , les premiers aftronomes n'eurent pas befoin d'autre chofe , que

des deux folftices & des deux équinoxes : ces quatre obfervations partageoient l'année en quatre faifons ; on examinoit par le moyen des ombres, la plus petite hauteur du foleil, on avoit le folftice d'été ; la plus grande hauteur indiquoit le folftice d'hyver ; & la hauteur intermédiaire ou moyenne entre les deux hauteurs folftitiales, ou la hauteur de l'équateur, indiquoit les jours des équinoxes ; ces obfervations firent connoître aux premiers obfervateurs, quelle étoit la longueur de l'année exprimée en jours, & en même temps elle leur fit connoître à quels jours de l'année civile le foleil fe trouvoit au commencement de chaque figne.

79. Nous obfervons actuellement que le foleil entre dans le Bélier le 20 de Mars, dans le Taureau le 20 Avril, dans les Gemeaux le 21 Mai, dans le Cancer le 21 Juin, dans le Lion le 22 Juillet, dans la Vierge le 23 Août, dans la Balance le 23 Septembre, dans le Scorpion le 23 Octobre, dans le Sagittaire le 22 Novembre, dans le Capricorne le 21 Décembre, dans le Verfeau le 19 Janvier, dans les Poiffons le 18 Février ; cela fuffit pour montrer comment on marque fur les globes la correfpondance des jours avec les fignes du zodiaque, & pour trouver le jour de l'année où le foleil répond à chaque degré des 12 fignes.

80. Les quatre obfervations des équinoxes & des folftices fuffifoient pour faire connoître aux anciens obfervateurs, quelle étoit la longueur de l'année exprimée en jours, c'eft-à-dire, combien de fois le foleil fe levoit & fe couchoit entre deux équinoxes du printemps, ou entre deux folftices ; ils pouvoient auffi reconnoître le mouvement annuel ou le mouvement propre du foleil (60), en remarquant les étoiles dont il fe rapprochoit fucceffivement dans le cours d'une année ; il ne fut pas difficile de voir qu'il falloit 365 jours pour ramener le foleil vers les mêmes étoiles, c'eft-à-dire, qu'il fe couchoit & fe levoit 365 fois avant que de fe retrouver au même point du ciel. Il fallut bien des années, peut-être

bien des siecles, pour remarquer qu'il y avoit environ 6 heures de plus, c'est-à-dire, que tous les quatre ans, à pareil jour, on voyoit le soleil un peu moins avancé vers l'étoile, à laquelle on avoit imaginé de le comparer, & cela d'un degré, ou de la valeur d'un jour : ce retard devint ensuite plus sensible ; & au bout de soixante ans on dût voir le soleil arriver à l'étoile 15 jours plus tard qu'il n'auroit dû faire, si chaque retour eût été exactement de 365 jours.

81. Le retour des saisons fut un moyen encore plus naturel & plus sensible de déterminer la durée des révolutions du soleil : les anciens astronomes observoient le retour du soleil à l'équinoxe, c'est-à-dire, son passage dans l'équateur (78) ; ils voyoient qu'en 60 années, de 365 jours chacune, le soleil ne revenoit point précisément à l'équateur, & qu'il lui falloit environ 15 jours de plus : il s'ensuivoit naturellement que la durée de sa période étoit, non pas de 365ʲ exactement, mais de 365ʲ & 6 heures.

82. On a observé depuis ce temps-là plus souvent & plus exactement les équinoxes ; ainsi l'on a déterminé la longueur de l'année avec plus de précision ; on l'a trouvée de 365ʲ 5ʰ48′ 45″ (art. 315). L'incertitude ne va pas à 3 ou 4 secondes de temps. Mais il faut bien remarquer que c'est ici la durée de l'année *tropique*, ou du retour des saisons ; car l'année *sidérale*, c'est-à-dire , celle qui ramene le soleil à une même étoile, est plus longue, étant de 365ʲ 6ʰ 9′ 10″. On en verra la raison lorsqu'il sera question de la précession des équinoxes (321).

Des Planètes en général.

83. Le premier de tous les mouvemens célestes que les hommes apperçurent fut le mouvement diurne (2), commun à tout le ciel ; les mouvemens propres du soleil & de la lune furent ensuite les plus faciles à remarquer ; enfin, des observations plus répétées, plus assidues, firent voir que parmi les astres qui brillent dans une belle nuit,

il y en avoit six dont le mouvement propre se faisoit aussi remarquer, & on les appella PLANÈTES ([a]). Leurs noms sont *Mercure* ☿, *Venus* ♀, *Mars* ♂, *Jupiter* ♃, & *Saturne* ♄. Ces planètes sont quelquefois plus brillantes que les étoiles, mais d'une lumiere tranquille, & sans aucune scintillation (excepté peut-être Vénus) tandis que les étoiles fixes répandent une lumiere éclatante & vive, dont la scintillation, c'est-à-dire, le frémissement, annonce que les étoiles sont des corps lumineux par eux-mêmes, des especes de soleils, que l'éloignement seul nous fait paroître très-petits.

84. Les planètes seront faciles à distinguer dans le ciel, lorsqu'on aura reconnu les 12 constellations du zodiaque, dont nous parlerons ci-après (230) ; car il n'y a dans ces 12 constellations que quatre étoiles de la premiere grandeur, *Aldebaran*, *Regulus*, *l'Epi* & *Antarès* qui ressemblent aux planètes par leur éclat. Lorsqu'on connoît la situation de ces quatre étoiles, on distingue bientôt une planète d'une étoile fixe, dès qu'on voit la premiere aux environs de l'écliptique ; mais pour distinguer laquelle des six planètes on apperçoit, il faut savoir calculer sa situation actuelle (442).

85. Les planètes parcourent le zodiaque aussi-bien que le soleil, par un mouvement propre à chacune, & décrivent des orbites fort approchantes de l'écliptique ; car Vénus, qui s'en écarte le plus, n'a jamais au-delà de $8° \frac{1}{3}$ de latitude ou de distance à l'écliptique. Les révolutions périodiques des planètes ou les temps qu'elles emploient à revenir au même point du ciel, sont faciles à déterminer, en observant leurs retours à une étoile ; en voici les durées, d'après les observations les plus récentes, car les anciens s'étoient trompés de beaucoup dans les durées de ces révolutions. Mercure, $87^j\ 23^h$; la lune $27^j\ 7^h\ 43'$; Vénus, $224^j\ 17^h$; le soleil, $365^j\ 6^h$; Mars 1 an $321^j\ 23^h$; Jupiter, 11 années communes 317^j ; & Saturne, 29 ans 177^j. Nous verrons bientôt la maniere de les trouver

---

(a) Πλανήτης *erraticus*, parce que ce sont des astres errans dans le ciel.

exactement par rapport aux équinoxes (454).

Des Ascensions droites, Déclinaisons, Longitudes & Latitudes des Astres.

86. Quand les premiers astronomes eurent reconnu les planètes & les durées de leurs révolutions, ils voulurent partager ces révolutions en différentes parties, & assigner à chaque planète une place pour chaque jour en partant du point fixe que l'on avoit choisi, c'est-à-dire, de la section du Bélier ou du point équinoxial (76) ; mais le cercle que décrit le soleil par son mouvement annuel, ne servit d'abord qu'à mesurer la marche du soleil ; on trouva qu'il étoit facile de rapporter à l'équateur les mouvemens des autres planètes, & on employa véritablement l'équateur à cet usage, de la maniere suivante.

87. Supposons qu'on ait reconnu dans le ciel une étoile qui soit voisine de l'équinoxe ou du point où se coupent les deux cercles de l'écliptique & de l'équateur, & qu'on veuille par son moyen déterminer les positions des autres étoiles, la méthode la plus simple sera de suivre l'équateur tout autour du ciel, à mesure que les astres se succèdent par le mouvement diurne ; on appelle les intervalles de l'un à l'autre, *différences d'ascension droite*. La raison de cette dénomination, est que quand on suppose la sphère droite, c'est-à-dire, l'équateur à angles droits sur l'horizon, comme cela auroit lieu si nous étions situés sous l'équateur ou sous la ligne équinoxiale, les astres se lèvent tout droit, & non point obliquement ; alors les étoiles qui sont plus avancées vers l'orient de 15° que la premiere étoile d'où l'on est parti, se lèvent une heure plus tard : on dit alors que leur différence d'ascension droite est de 15° ou d'une heure.

88. Dans une sphère oblique où l'équateur est incliné à l'horizon, comme dans toute l'Europe, ce n'est pas le lever des étoiles qu'il faut choisir, mais leur passage au méridien ; ce cercle étant toujours perpendiculaire à l'é-

quateur, toutes les étoiles qui répondent perpendiculairement au même point de l'équateur, passent au méridien
ensemble ; & nous disons que leur ascension droite est la
même, parce qu'elles se lèveroient toutes en même temps
si nous étions sous l'équateur.

89. Soit *E Q* (*fig.* 17) une portion de l'équateur ; *Z M*
le méridien ; les étoiles *A*, *B*, qui passent par le méridien
avec le point *M* de l'équateur ont leur ascension droite
marquée par ce point *M* ; & si ce point de l'équateur
passe au méridien une heure plus tard que le point équinoxial, nous dirons que toutes ces étoiles ont une heure
ou 15° d'ascension droite ; celles qui passeront deux heures
plus tard que la première étoile du Bélier auront par rapport à elle 30° de différence d'ascension droite : ainsi L'AS-
CENSION DROITE d'un astre est sa distance à l'équinoxe
comptée sur l'équateur.

90. Si l'on connoît l'ascension droite d'une étoile ou
sa distance à l'équinoxe comptée le long de l'équateur,
on trouvera aisément celles de toutes les autres étoiles,
en observant combien elles passent au méridien plus tard
que la première ; les intervalles de temps convertis en
degrés à raison de 15° par heure, donneront leurs différences d'ascension droite, qui étant ajoutées à celle de la
première étoile que l'on connoît, donneront les ascensions
droites de toutes les autres. Il est vrai que nous supposons ici qu'on reconnoisse dans le ciel le point équinoxial,
ou qu'on connoisse bien d'avance l'ascension droite de la
première étoile ; on verra ci-après la maniere de la trouver exactement (316).

91. Lorsqu'on voit plusieurs étoiles passer ensemble par
le méridien, quoiqu'elles aient toutes la même ascension
droite, elles sont plus élevées les unes que les autres ;
l'une paroît en *A*, l'autre en *B*, & leur distance à l'é-
quateur *E M Q*, s'appelle DÉCLINAISON : ainsi *B M* est la
déclinaison de l'étoile *B* ; *A M* est la déclinaison de l'étoile *A*.
Si l'on observe l'étoile *A* passant dans le méridien à 51°
de hauteur (23) & que l'on connoisse la hauteur de l'é-

quateur de 41° (33), on en conclura naturellement que l'étoile est plus haute de 10° que l'équateur, ou qu'elle a 10° de déclinaison. Quand l'étoile est au-dessus de l'équateur, ou du côté du nord, on dit que sa déclinaison est BORÉALE ou septentrionale ; mais quand elle est au-dessous, plus basse que l'équateur, ou du côté du midi, on dit que sa déclinaison est AUSTRALE ou méridionale.

92. Par la même raison, l'on appelle CERCLES DE DÉCLINAISON, tous les cercles qui passant par les deux poles du monde, font perpendiculaires à l'équateur. Ces cercles, font des *méridiens* quand on les considère sur la surface de la terre; ce font des CERCLES HORAIRES quand on n'examine que leur distance au méridien, parce qu'ils indiquent l'heure qu'il est : ces noms de cercles de déclinaison, de méridiens, ou de cercles horaires, se prennent souvent l'un pour l'autre ; mais le sens propre de ces trois dénominations est relatif à trois usages différens ; la première se rapporte à l'équateur ; la seconde aux longitudes géographiques & terrestres ; la troisieme à la distance des astres par rapport au méridien d'un observateur, comme nous l'expliquerons en parlant du temps vrai (201).

93 Le mouvement diurne de tous les astres nous a fourni une méthode simple & naturelle de les rapporter à l'équateur, de marquer leurs situations le long de ce cercle céleste, c'est-à-dire, leurs ascensions droites, & leurs distances à ce cercle ou leurs déclinaisons. Si l'on veut préférer l'écliptique (64) en rapportant chaque étoile au point de l'écliptique où elle répond perpendiculairement, comme cela se pratique depuis long-temps parmi les astronomes, on appellera LONGITUDES ces distances ainsi mesurées le long de l'écliptique, en partant toujours du même point équinoxial, comme nous l'avons fait pour le soleil (76).

94. Soit ♈ Q (*fig.* 18) l'équateur, ♈ C l'écliptique inclinée à l'équateur de 23° ½, S une étoile qui répond perpendiculairement au point M de l'équateur; si l'on tire

également un arc de cercle *S E B* perpendiculaire fur l'é-
cliptique, le point *B* marquera le point de l'écliptique auquel fe rapporte l'étoile *S*, & l'arc de l'écliptique ♈ *B*
fera la longitude de l'étoile ; ainfi *la longitude d'un aftre
eft l'arc ou la diftance entre l'équinoxe & le point de l'é-
cliptique, auquel cet aftre répond perpendiculairement.*

95. Entre plufieurs aftres qui répondent au même point
de l'écliptique, les uns en font plus voifins que les autres ; ils ont différentes LATITUDES, c'eft-à-dire, différentes diftances à l'écliptique. Si l'étoile placée en *S*, eft
éloignée de l'écliptique ♈ *B C* d'une quantité *S B* mefurée
perpendiculairement, on dit que la latitude eft *S B ;* fi elle
étoit placée en *E*, elle auroit la même longitude, mais fa
latitude *E B* feroit moindre.

96. Les cercles tracés fur la furface du globe perpendiculairement à l'écliptique, tels que *S B* s'appellent CER-
CLES DE LATITUDES, parce qu'ils fervent en effet à
compter les latitudes, en même temps qu'ils fervent à
marquer les longitudes fur l'écliptique.

97. Les obfervations que font les aftronomes fur la
pofition des aftres, procèdent toujours par afcenfion droite
& déclinaifon : ils n'emploient prefque jamais d'autre méthode pour déterminer les fituations & les mouvemens des
planètes, parce que l'équateur & le méridien font les cercles les plus familiers, les plus conftans, les plus aifés à
déterminer & à reconnoître; ce qui rend les mefures plus
naturelles, plus faciles, & plus exactes (89).

98. Cependant les aftronomes comptent enfuite les
mouvemens des planètes par longitudes & latitudes, c'eft-
à-dire, qu'ils les rapportent à l'écliptique dans toutes leurs
tables aftronomiques ; la raifon en eft également naturelle;
c'eft dans l'écliptique où le foleil paroît fe mouvoir, il eft
accompagné de toutes les planètes dont les orbites font
très proches de l'écliptique : les calculs font donc plus
fimples en rapportant les planètes à ce cercle dont elles
font toujours peu écartées ; leurs inégalités paroiffent
moindres ; on trouve plus d'uniformité, plus de facilité,

plus de briéveté dans les tables aftronomiques : c'étoit bien affez pour faire préférer les longitudes & les latitudes lorfqu'il s'agiffoit de calculs, comme l'on préfère les afcenfions droites & les déclinaifons lorfqu'il eft queftion d'obferver.

99. Ainfi dans la pratique ordinaire, on obferve l'afcenfion droite & la déclinaifon d'un aftre; mais avant que de l'inférer dans les tables générales des mouvemens céleftes, on en conclut la longitude & la latitude par la Trigonométrie fphèrique (318).

De la Sphère Armillaire.

100. Jufqu'ici nous n'avons entendu fous le nom de fphère célefte, que la concavité apparente du ciel, figurée en forme de globe ; car une boule quelconque peut être appellée fphère, & fervir à repréfenter les cercles & les mouvemens dont nous avons parlé. Cependant l'ufage s'eft introduit d'appeller *fphère*, ou plutôt SPHÈRE ARMILLAIRE, un inftrment compofé de plufieurs cercles évidés & placés les uns fur les autres, à peu-près comme on conçoit les cercles de la fphère célefte ; cette fphère armillaire eft repréfentée en grand dans la Planche feconde, figure 11. Son nom vient de celui d'*Armille*, qui fignifie un anneau ou un colier, parce qu'en effet les cercles de la fphère en ont, pour ainfi dire, la forme.

101. L'horizon eft le cercle *A G B*, (*fig.* 11) pofé fur 4 foutiens qui font attachés au pied de la fphère.

Le méridien eft le cercle *A Z B*, élevé verticalement fur l'horizon, qui eft retenu par en bas dans une entaille faite au pied de l'inftrment, & par les côtés dans deux entailles faites fur l'horizon au nord & au midi : ces deux cercles font fixes.

102. Les cercles mobiles forment un affemblage ou une efpece de charpente qui tourne fur un axe *P R* ; ou en diftingue quatre grands, l'équateur (15), l'écliptique (64), & les deux colures ; on appelle colure des folftices

un grand cercle paſſant par les poles du monde ou de l'é-
quateur, & par les points ſolſtitiaux ; c'eſt un méridien
auquel on a donné un nom particulier ; il eſt auſſi le plus
remarquable de tous, parce qu'il ſert à meſurer l'obliquité
de l'écliptique, & qu'il eſt à la fois cercle de déclinaiſon
& cercle de latitude. Tous les aſtres placés ſur ce colure
ont 90° ou 170° d'aſcenſion droite & de longitude. Le
colure des équinoxes eſt perpendiculaire au premier, il
paſſe auſſi par les poles du monde & par les points équinoxiaux ; il ſert à compter les aſcenſions droites par les
angles qu'il fait avec tous les autres méridiens ou cercles
de déclinaiſon. Tous les aſtres placés ſur ce colure ont
zéro ou 130° d'aſcenſion droite, mais leurs longitudes
varient. L'on voit ſur le même aſſemblage quatre petits
cercles, ſavoir les deux tropiques HM, DI (73), &
les deux cercles *polaires* XV, SO, qui ſont éloignés des
poles du monde de 23° $\frac{1}{2}$, autant que les tropiques le
ſont de l'équateur ; ils ſont inutiles dans l'aſtronomie, mais
ils ſervent aux Géographes à indiquer les pays de la terre
qui ſont ſitués dans les zones glaciales (140).

103. Le ZODIAQUE ([a]) eſt une bande céleſte HI, qu'on
place ordinairement dans la ſphère armillaire ; elle a en-
viron 17° $\frac{1}{3}$ de largeur, c'eſt-à-dire, 8° $\frac{2}{3}$ de chaque côté
de l'écliptique ; on n'en fait point mention dans l'aſtro-
nomie, elle ſert ſeulement à indiquer l'eſpace dans lequel
ſont renfermées les planètes, qui s'éloignent de l'écliptique
tout au plus de 8 ou 9°.

104. On place auſſi ſur la ſphère une *Roſette KL* ou
petit cercle diviſé en 24 heures, qui ſert à réſoudre différens problèmes d'une maniere commode & ſans aucun
calcul, comme nous l'expliquerons en parlant du globe céleſte (171 & *ſuiv.*). La roſette eſt fixée ſur le méridien,
elle a ſon centre au pole de la ſphère ; l'extrémité P de
l'axe eſt par conſéquent au centre de la roſette ; elle porte
une aiguille qui tourne à meſure qu'on fait tourner la

___

(a) Zôdion animal, parce que les figures ou portions du Zodiaque portent les
noms de pluſieurs animaux.

fphère, mais fans que le cadran ou la rofette change de place ; enfin on voit le foleil & la lune portés fur deux bras qui tournent l'un autour du pole de l'écliptique, & l'autre autour d'un point qui en diffère de 5° (565).

105. L'invention de la fphère armillaire, eft certainement auffi ancienne que celle de l'aftronomie même. On l'attribue à Atlas , que l'on croit avoir vécu 1600 ans avant Jefus-Chrift, à Hercule & à Mufæus , 12 à 1300 ans avant Jefus-Chrift ; mais il eft plus naturel de croire qu'elle vint de Babylone ou de l'Egypte. La fphère d'Archimede , qui fut dans la fuite fi fameufe , ne fe bornoit pas à repréfenter les cercles de la fphère ; c'étoit un *planètaire* ou une machine propre à repréfenter auffi les mouvemens des planètes dans un globe de verre , & que Claudien a célébré (*Epig.* 3).

C'eft encore de la fphère artificielle d'Archimede que parlent Ovide & Statius :

Arte Syracufia fufpenfus in aëre claufo. *Faſt. IV.*
Stat globus immenfi parva figura poli. *Stat.*

De la Sphère droite , oblique & parallèle.

106. On diftingue trois pofitions différentes de 1 afphère armillaire , pour repréfenter trois fortes de fituations dans les différens pays de la terre , la fphère *droite*, la fphère *oblique*, la fphère *parallele* , fuivant que l'équateur coupe l'horizon à angles droits , qu'il le coupe obliquement, ou qu'il lui eft parallele : les apparences du mouvement diurne font fort différentes dans ces trois pofitions , qui font repréfentées dans les figures 9, 10 & 13 , & nous allons en donner une idée. Il eft néceffaire d'avertir auparavant , qu'en parlant du foleil nous parlerons de fon centre feulement , fans faire attention à fon diamètre ou à fa largeur. Il y a auffi deux caufes qui contribuent à rendre le jour plus long qu'il ne devroit l'être par la pofition de la fphère ; l'une eft la *réfraction* des rayons, l'autre eft la lumière crépufculaire.

107. La réfraction fait que les rayons du soleil se plient & se détournent en traversant l'atmosphère (738), de maniere à arriver vers nous plutôt qu'ils n'y feroient venus par la ligne droite ; cette réfraction est telle que quand le bord supérieur du soleil est véritablement à l'horizon, en sorte qu'il ne fasse que paroître, le disque entier étant encore sous l'horizon, la réfraction l'élève assez pour qu'il paroisse tout entier au-dessus, c'est-à-dire, qu'alors son bord inférieur paroît toucher l'horizon, & l'effet de la réfraction égale à peu-près la grandeur même du diamètre solaire. Il faut 4 à 5 minutes dans nos climats pour que le soleil s'élève de la quantité d'un demi-degré, en sorte que la durée du jour artificiel y est augmentée de plus d'un demi quart-d'heure par cet effet de la réfraction ; il devient beaucoup plus considérable en avançant vers les zones glaciales ; & sous le pole même on a, par le seul effet de la réfraction, environ 67 heures de jour, plus qu'on n'auroit sans elle.

108. La seconde cause qui donne de la lumière dans les pays où la position de la sphère ne semble indiquer que les ténèbres, c'est la lumière crépusculaire (752). Cette lumière douce & tranquille de l'aurore, qu'on voit s'augmenter peu à peu le matin avant le lever du soleil, & diminuer le soir, dès que le soleil est couché, est produite par la dispersion des rayons dans la masse de l'air, qui les réfléchit de toutes parts. Le crépuscule dure toute la nuit au mois de Juin à Paris & dans les pays qui ont plus de 48° $\frac{1}{2}$ de latitude ; ceux qui habiteroient sous le pole, auroient un crépuscule de sept semaines, en sorte que la durée des ténèbres pour ce point-là est diminuée de 14 semaines, par l'effet des crépuscules, qui ont lieu sans que le soleil y paroisse sur l'horizon. Nous ferons abstraction de ces deux causes dans les articles suivans ; & ce que nous avons à dire des circonstances du jour dans les trois positions de la sphère, doit s'entendre de celui que donne le soleil quand son centre est véritablement à l'horizon.

109. La Sphère droite, c'est-à-dire, celle où l'équateur *E V* (*fig.* 10) est perpendiculaire à l'horizon *H O* & le coupe à angles droits, a lieu pour ceux qui habitent sous l'équateur ou ligne équinoxiale, comme à Quito dans l'Amérique méridionale : là les deux poles font toujours dans l'horizon ; tous les paralleles à l'équateur, comme *P A*, font coupés par l'horizon en deux parties égales, que le foleil parcourt chacune en douze heures ; ainfi les jours font égaux entr'eux, & égaux aux nuits, pendant toute l'année.

110. Le foleil paffe deux fois l'année par le zénit, favoir le 20 Mars & le 23 Septembre, jours auxquels le foleil décrit l'équateur, parce que l'équateur paffe toujours par le zénit de ces pays-là. On peut en conclure qu'ils ont comme deux étés & deux printemps ; car il ne faut pas parler d'hyver dans des pays où le foleil lance des rayons prefque toujours perpendiculaires.

On doit cependant obferver que la chaleur, qui y eft extrême fur les rivages & dans les fonds, fe change en une agréable température lorfqu'on s'élève de 12 à 15 cents toifes au-deffus du niveau de la mer, & que fur des montagnes de 2500 toifes ou au-delà on éprouve, quoique dans la zone torride, un froid infupportable & une neige éternelle.

111. Dans la fphère droite, on a le foleil du côté du nord, & l'ombre du côté du midi, pendant la moitié de l'année, depuis le 20 Mars jufqu'au 23 Septembre : on a le foleil du côté du midi, & l'ombre du côté du nord, pendant les fix autres mois de l'année ; & dans les deux jours d'équinoxes, l'ombre difparoît totalement à l'heure de midi, le foleil étant au zénit.

112. Toutes les étoiles y montent fur l'horizon dans l'efpace de 24 heures, puifqu'en faifant leur révolution elles font 12 heures fur l'horizon, & 12 heures au-deffous ; au lieu que dans les autres pofitions de la fphère il y a toujours une partie des étoiles qui ne fe lève jamais.

113. Enfin, on y voit le foleil & tous les aftres s'é-

lever perpendiculairement au-deſſus de l'horizon, comme Lucain le raconte, en parlant du voyage de Caton en Lybie : *Non obliqua meant*, &c. *Pharſ. IX. 533.*

Il faut cependant obſerver que l'application de Lucain n'eſt pas bien exacte ; car le voyage de Caton n'étoit que vers le temple de Jupiter Ammon, ſitué près du tropique du cancer, & non point ſous l'équateur.

114. La SPHÈRE OBLIQUE a lieu pour tous les pays de la terre qui ne ſont ſitués ni ſous l'équateur, ni ſous les poles ; ſoit qu'on les prenne dans l'hémiſphère boréal, du côté du pole arctique (ᵃ), c'eſt-à-dire, dans les latitudes boréales, comme la nôtre, ou dans l'hémiſphère auſtral qui a le pole antarctique élevé ſur l'horizon, (*fig. 8 & 9*).

Dans la ſphère oblique, on a l'équateur ſitué obliquement par rapport à l'horizon ; les paralleles à l'équateur ſont coupés inégalement par l'horizon ; le jour n'eſt égal à la nuit que le 20 Mars & le 23 de Septembre, jours des équinoxes, le ſoleil décrivant alors l'équateur qui eſt toujours coupé en deux parties égales par l'horizon.

115. Dans les pays ſeptentrionaux, tels que l'Europe, on a les plus longs jours tant que le ſoleil eſt dans les ſix premiers ſignes, le Bélier, le Taureau, les Gémeaux, l'Ecreviſſe, le Lion & la Vierge (76), parce qu'alors ſa déclinaiſon eſt ſeptentrionale, & qu'il décrit les paralleles, comme *A B* (*fig.* 8), qui ont leur plus grande portion *A D* au-deſſus de l'horizon. Dans les pays méridionaux, comme dans une partie de l'Afrique & de l'Amérique méridionale, les plus longs jours arrivent quand le ſoleil eſt dans les ſix derniers ſignes, qui ſont les ſignes méridionaux, parce qu'alors le ſoleil décrit les paralleles dont les plus grandes portions ſont au-deſſus de l'horizon. Car l'axe du monde *P R* paſſe par les centres *K, C, N* de tous les paralleles : or la partie méridionale *C R* de l'axe eſt élevée au-deſſus de l'horizon dans les pays méridionaux (*fig.* 9), donc les paralleles y ont leur centre au-deſſus de l'ho-

(ᵃ) Ce nom lui vient du voiſinage de l'Ourſe, appellée Ἄρκτος par les Grecs.

rizon ; donc les *arcs diurnes* de ces paralleles font plus grands que les arcs nocturnes ; donc les jours y font plus longs que les nuits, quand le foleil eft dans les fignes mé-ridionaux.

116. Les arcs fupérieurs ou les arcs diurnes des paralleles, font d'autant plus grands, par rapport à leurs arcs nocturnes, qu'ils approchent davantage du pole élevé ; ainfi le parallele dont le diamètre eft *I G* (*fig. 3.*), a fa partie diurne *G Y* beaucoup plus grande par rapport à fa partie nocturne *I Y*, que le parallele *K L*, dont *K N* & *N L* font les deux portions ; parce que l'axe du monde *R C P* s'éloignant de plus en plus de l'horizon *O H*, le centre *X* du parallele *G I* eft plus élevé que le centre *V* du parallele *K L* ; ainfi le premier fe dégage plus de l'horizon ; fa portion *Y I* cou-pée par l'horizon devient plus petite, & lorfque le foleil y eft parvenu, il eft moins de temps fous l'horizon.

117. L'arc diurne du tropique du cancer eft donc le plus grand de tous les arcs diurnes du foleil, pour les pays feptentrionaux ; puifque le tropique du cancer eft de tous les paralleles celui qui eft le plus avancé vers le nord ; c'eft pourquoi le jour le plus long de l'année eft celui où le foleil décrit le tropique du cancer, c'eft-à-dire, le jour du folftice d'été : par la même raifon, la nuit la plus longue eft celle du folftice d'hyver, le 21 Décembre dans nos régions boréales.

118. Dans la fphère oblique on a, comme dans la fphère droite, le jour égal à la nuit dans le temps des équi-noxes, parce qu'alors le foleil décrit l'équateur, & que l'équateur eft toujours coupé en deux parties égales par un horizon quelconque, fuivant la propriété des grands cercles de la fphère qui paffent tous par le centre, & y font coupés de tous fens en deux parties égales (29).

119. Dans la fphère oblique des pays feptentrionaux en deçà du tropique du cancer, le foleil monte depuis le 21 Décembre, jour du folftice d'hyver, jufqu'au 21 Juin, jour du folftice d'été, parce qu'il fe rapproche du nord tous les jours d'une petite quantité : les jours croiffent

& les nuits diminuent, parce que les arcs diurnes des paralleles deviennent plus confidérables : on appelle *fignes afcendans* ceux que le foleil parcourt alors, c'eft-à-dire, le *Capricorne*, le *Verfeau*, les *Poiffons*, le *Bélier*, le *Taureau* & les *Gémeaux* : ce nom de fignes afcendans eft fort ufité dans l'aftronomie, parce qu'il y a beaucoup de circonftances où l'on eft obligé de diftinguer les fignes afcendans des fignes defcendans.

120. Les jours également éloignés du même folftice font égaux ; ainfi le 20 de Mai & le 23 de Juillet le foleil fe couche également à 7ʰ 43′ à Paris, parce que la déclinaifon du foleil (91) étant d'environ 20° dans l'un comme dans l'autre, c'eft-à-dire, le foleil étant éloigné de 20° de l'équateur, il décrit le même parallele, foit le 20 Mai en s'éloignant de l'équateur pour monter vers le tropique, foit le 23 Juillet en fe rapprochant de l'équateur après le folftice d'été.

121. Quand le foleil, au lieu d'avoir 20° de déclinaifon boréale, comme dans le cas dont nous venons de parler, a 20° de déclinaifon auftrale, ce qui arrive le 21 de Novembre & le 20 de Janvier, ou à peu-près, la longueur du jour eft de la quantité qu'étoit la longueur de la nuit dans le premier cas, & la durée de la nuit eft égale à la durée qu'avoit le jour quand le foleil décrivoit le parallele femblable au nord de l'équateur ; parce qu'à 20° de part & d'autre de l'équateur, les paralleles font égaux & également coupés par l'horizon, mais dans un ordre renverfé : fi le parallele MDL (*fig.* 3) eft auffi éloigné de l'équateur ECQ vers le midi, que le parallele $KVNL$ en eft éloigné vers le nord, c'eft-à-dire, fi CW eft égale à CV, alors la quantité DM fera égale à la quantité LN, parce que les triangles CDW & CVN feront égaux ; mais WL eft égale à VL, puifque les paralleles font à égales diftances de l'équateur ; donc les parties reftantes DM & NL feront égales, c'eft-à-dire, que l'arc diurne de l'un des paralleles fera égal à l'arc nocturne de l'autre, & que la nuit du 20 Mai fera égale au jour du 20 Janvier. Il en

eft

eſt de même de tous les autres jours du printemps & de l'automne, qu'on peut comparer à des jours correſpondans de l'été & de l'hyver ; & l'on trouvera la même égalité, quand il y aura égale diſtance du ſoleil à l'équateur ; la ſeule différence qu'on y trouve, eſt celle qui provient des réfractions, & elle peut aller à quelques minutes, comme nous en avons averti (107).

122. Deux pays ſitués à des latitudes égales, l'un au nord de l'équateur, l'autre au midi, ont des ſaiſons toujours oppoſées ; le printemps de l'un eſt l'automne pour l'autre : l'été du premier fait l'hyver du ſecond, parce que les arcs diurnes du côté du nord ſont égaux aux arcs nocturnes du côté du midi, ſi l'on prend les mêmes jours : en effet, comparons la figure 8 avec la figure 9 ; dans l'une le pole ſeptentrional *P* eſt élevé au-deſſus de l'horizon ; dans l'autre c'eſt le pole méridional *R* : le parallele *G L*, dans les deux figures, eſt au midi de l'équateur ; mais dans la figure 8 le midi eſt en bas, & dans la figure 9 il eſt en haut : dans la figure 8 l'arc diurne *G M* eſt plus petit que l'arc nocturne *M L* ; au lieu que dans la figure 9 l'arc diurne *G M* eſt le plus grand ; l'arc nocturne *M L* de la figure 8 eſt égal à l'arc diurne *G M* de la figure 9, c'eſt-à-dire, que les pays qui ſont, par exemple, à 30° de latitude boréale, ont la durée du jour égale à la durée de la nuit de ceux qui ſont à 30° au midi, & que l'hyver a lieu pour les uns en même temps que l'été pour les autres.

123. Les pays ſitués ſous le même parallele du même côté de l'équateur, ont la même durée du jour, la même ſaiſon, à quelle diſtance qu'ils ſoient les uns des autres, parce qu'ayant la même hauteur du pole, & l'axe du monde étant placé de la même façon ſur l'horizon de chacun, tous les paralleles y ſont coupés de la même maniere ; ainſi l'Eſpagne & le Japon, Naples & Pékin, qui ſont à la même latitude du côté du nord, ſont à la même température, ont les mêmes ſaiſons & la même durée du jour, dans le même temps de l'année, quoiqu'à 2000 lieues l'un de l'autre.

La seule différence qu'il peut y avoir vient des forêts, des montagnes & des rivieres, qui favorisent ou contrarient l'effet de la chaleur du soleil (130).

124. La Sphère parallele est celle qui a lieu quand l'horizon est parallele à l'équateur, c'est-à-dire, que l'équateur même sert d'horizon : il n'y a sur la terre que deux points où elle ait lieu, c'est-à-dire, les deux poles; & comme ces deux points sont inhabités & inhabitables, nous dirons peu de chose sur cette partie.

Dans la sphère parallele (*fig.* 13), on a le pole céleste *P* à son zénit; l'année y est composée d'un jour & d'une nuit, tous deux à peu-près de six mois : tant que le soleil est, par exemple, dans les six signes septentrionaux, le pole boréal est éclairé sans interruption ; tous les paralleles que le soleil décrit depuis l'équateur jusqu'au tropique du cancer *T R*, sont au-dessus de l'horizon, & lui sont paralleles : ainsi chaque jour le soleil fait le tour du ciel, sans changer de hauteur, sans s'approcher ni s'éloigner de l'horizon, du moins sensiblement. Dès que le soleil, après l'équinoxe d'automne, passe dans les signes méridionaux, il ne reparoît plus sur l'horizon ; les parallèles qu'il décrit sont en entier dans l'hémisphère inférieur & invisible, & l'on est pour six mois dans l'obscurité.

Il en faut seulement excepter le crépuscule qui commence environ 52 jours avant que le soleil arrive à l'équateur, & paroisse sur l'horizon, & qui ne cesse que cinquante-trois jours après la disparition totale du disque solaire (ᵃ).

125. Chaque jour un habitant du pole verroit les ombres tourner autour de lui sans changer de longueur, avec une marche uniformément circulaire. Il suffiroit, pour y faire un cadran horizontal, de diviser un cercle en 24 parties égales ; mais le midi est une chose indéterminée sous la

---

(a) Il y auroit aussi une petite différence entre les habitans du pole boréal & ceux du pole austral, en ce que les premiers verroient le soleil 8 jours de plus que les autres; parce que le soleil, à raison de l'alongement de son orbite, est 8 jours de plus dans les signes septentrionaux, que dans les signes méridionaux, à cause de l'excentricité de l'orbite terrestre (305).

sphère parallele ; il n'y a aucun point du ciel d'où l'on soit obligé de compter les heures par préférence ; le méridien (19) y est une chose de convention. On pourroit dire pendant six mois de l'année qu'il est midi, & pendant les six autres mois qu'il est minuit.

Sous le pole on ne peut pas dire à quel point l'aiguille aimantée se dirigeroit, ni quel nom on donneroit aux vents ; à moins qu'on ne dise que tous les vents seroient des vents du midi pour l'observateur placé au pole nord, & que tous seroient des vents du nord pour un observateur situé au pole austral de la terre (a).

126. Dans la sphère parallele, les étoiles ne se couchent jamais, elles sont toujours à la même hauteur au-dessus de l'horizon, la moitié du ciel est toujours visible, & les étoiles situées dans l'autre hémisphère ne paroissent jamais, les premieres tournent sans cesse au-dessus, les secondes au-dessous de l'horizon.

Des Saisons & des Climats.

127. *Plus la sphere est oblique, plus la chaleur diminue, & plus les saisons deviennent inégales.* Les rayons du soleil qui produisent la chaleur & animent toute la nature, n'ont jamais plus de force que lorsqu'ils arrivent perpendiculairement à nous ; ils ont moins d'air à traverser, & ils se répandent avec plus de force dans les interstices de la terre & de tous les corps qui nous environnent, pour y fomenter la chaleur. Plus on est avancé vers un des poles, & plus les rayons du soleil viennent obliquement : lorsqu'on est à 45° de latitude, & que le soleil est dans l'équateur, il ne s'élève que de 45°, à midi même ; en général, la hauteur du soleil, le jour de l'équinoxe, est toujous le complément de la latitude, & fait avec elle 90° (35) : ainsi, plus vous augmentez la latitude d'un

(a) Voyez au sujet des vents, de leurs noms, de leurs phénomènes & de leurs causes, la Géographie de *Varenius* ; les Elémens de Physique de *Muffenbrock*, traduits en 1769, par M. Sigaud de la Fond.

pays & l'obliquité de la sphère, plus vous diminuez la hauteur du soleil dans l'équinoxe ; plus vous éloignez ses rayons de la perpendiculaire ou de la ligne de votre zénit, plus vous diminuez la chaleur. Il est vrai que le soleil en été s'élève plus haut que l'équateur, mais en hyver il s'abaisse de la même quantité ; ainsi l'inégalité n'en devient que plus grande pour les saisons, & la chaleur diminue toujours quand la hauteur de l'équateur devient plus petite.

C'est pour cela qu'au Sénégal, sur la côté d'Afrique, on a vu le thermomètre, divisé à la façon de M. de Réaumur, monter à plus de $38°$ au-dessus de la congélation ; mais à Paris, il ne monte communément qu'à 28 ou $29°$, dans les plus grandes chaleur : dans la Sibérie, il ne monte pas si haut en été, & il descend en certains endroits jusqu'à $70°$ au-dessous de la glace ; tandis que le plus grand froid de 1709 à Paris, n'a pas été à plus de $15° \frac{1}{2}$ au-dessous du terme de la congélation (*Mém. de l'Acad.* 1749. *pag.* 11).

128. La construction du thermomètre est une chose sur laquelle on a tant varié, que je crois utile de fixer ici sa graduation. Je suivrai M. de Luc, qui nous a donné le meilleur ouvrage sur les baromètres & les thermomètres ([a]). J'appelle avec lui thermomètre de Réaumur un thermomètre de mercure, qui marque $80°$, dans de l'eau qui bout depuis quelque temps, & lorsque le baromètre est à 27 pouces ; il marque $29 \frac{2}{10}$ à la chaleur du corps humain, comme sous les aisselles, lorsqu'il y a resté une heure ; $9 \frac{6}{10}$ dans la température constante des caves profondes de l'Observatoire ; o dans la glace qui fond, ou dans la glace mêlée avec l'eau ; & 17 au-dessous de la congélation dans un mélange de deux parties de glace qui fond, & d'une partie de sel marin. Les thermomètres d'esprit-de-vin faits autrefois par Réaumur, marquent $100° \frac{4}{10}$ à l'eau bouillante, 80 à la chaleur de l'esprit-de-vin la plus grande qu'il puisse supporter sans bouillir, & à laquelle il revient dès que les bouillons sont passés, $32 \frac{1}{2}$ à la chaleur naturelle du corps humain, $10 \frac{1}{4}$ dans les caves de l'Observatoire ; o dans

____

([a]) Recherches sur les modifications de l'atmosphère, A Genève 1772, 2 vol in-4°.

l'eau qui géle, & 15 au-deſſous de la congélation dans un mélange de deux parties de glace qui fond, & d'une partie de ſel marin. Dans ce mélange-ci, le thermomètre de mercure marque 17, & c'eſt-à-peu-près le plus grand froid de Paris. Nous ſuppoſons de l'eſprit-de-vin tel que Réaumur l'employoit; ſavoir, cinq parties d'eſprit-de-vin diſtillé au bain de ſable, après avoir enflammé la poudre, & mêlé avec une partie d'eau.

129. Si l'on diviſe l'intervalle fondamental qu'il y a de la glace à l'eau bouillante en 180 parties au lieu de la diviſer en 80, qu'on marque 212 au point de l'eau bouillante, & 32 à celui de la glace qui fond, on aura la diviſion que Fahrenheit a donnée en 1724; elle eſt la plus ſuivie en Angleterre & dans le nord, mais en l'employant on s'eſt ſouvent éloigné des principes de l'Auteur, tout comme en France de ceux de Réaumur. Je ne parle ici que des thermomètres de mercure; l'eſprit-de-vin a une marche trop inégale. En ſuppoſant des thermomètres de mercure & d'eſprit-de-vin qui ſoient d'accord à la glace & à l'eau bouillante, l'eſprit-de-vin rectifié & capable de brûler la poudre, n'eſt qu'à $25° \frac{1}{2}$ quand le thermomètre de mercure en marque 30.

130. Parmi les cauſes de la chaleur ou du froid, il faut compter principalement la qualité du ſol & la hauteur du niveau où l'on habite. Sur les côtes d'Afrique, on a plus chaud que par-tout ailleurs, parce que les ſables s'embraſent plus facilement que les forêts, les eaux & les montagnes, & parce qu'on y eſt preſque au niveau de la mer : le Canada eſt plus froid que la France, quoiqu'à pareille latitude, parce que le pays eſt plus couvert de bois, moins cultivé, moins peuplé, moins deſſéché. Quito, quoique placée dans le milieu de la zone torride, y jouit d'un printemps perpétuel, parce que cette ville eſt élevée au-deſſus du niveau de la mer de plus de 1400 toiſes : là on eſt délivré de la chaleur que produit une forte réflexion des rayons ſur tous les objets environnans; chaleur qui eſt toujours plus vive que celle des rayons directs. C'eſt

auffi pour cela qu'il fait plus chaud après le folftice d'été, que dans le temps même du folftice, parce que la concentration de chaleur augmente dans tous les corps.

131. L'éloignement & la proximité du foleil influent bien moins fur la chaleur : le foleil eft moins éloigné de la terre au mois de Décembre qu'au mois de Juin ; la différence va à 370 fois le diamètre de la terre, c'eft-à-dire, à plus d'un million de lieues, & cela n'empêche pas que nous n'ayons notre plus fort hiver dans le temps même où le foleil eft plus près de nous. Mais la principale caufe de la chaleur de l'été, c'eft la durée du temps que le foleil refte fur l'horizon en été, & la direction de fes rayons, qui approche plus d'être perpendiculaire à notre horizon vers le milieu du jour, & qui traverfe une moindre quantité d'air.

132. LES CLIMATS font les parties de la terre où la grandeur du jour eft différente : on a diftingué 23 ou 24 climats d'heures & 6 climats de mois. Le premier climat d'heure, fuivant Sacrobofco d'après les anciens, eft l'efpace compris entre le parallèle ou le plus long jour d'été à 12 heures & trois quarts, c'eft-à-dire, trois quarts-d'heure de plus que fous l'équateur, & le parallèle, ou le plus long jour eft de $13^{h}\frac{1}{4}$, c'eft-à-dire, que le milieu du premier climat a 13^{h} de jour au folftice d'été, & que fon étendue renferme tous les pays qui ont entre $12^{h}\frac{3}{4}$ & $13^{h}\frac{1}{4}$ de jour. Le milieu du fecond climat a $13^{h}\frac{1}{2}$ de jour ; le milieu du troifième climat a 14^{h}, comme cela arrive à Alexandrie d'Egypte ; le quatrième climat a $14^{h}\frac{1}{2}$, il paffe à Rhodes & à Babylone ; le cinquième a 15^{h}, il paffe à Rome ; le fixième, 15^{h} 30′, il paffe à Venife & à Milan ; le feptième, 16^{h}, il paffe à Paris, &c. (*Clavius in fpheram*, p. 288).

133. Cette divifion des climats eft la même que celle des anciens ; mais ils ne comptoient que fept climats, dont les milieux avoient 13^{h}, $13^{h}\frac{1}{2}$, 14^{h}, &c. de jour, jufqu'à 16 feulement, où étoit le milieu du feptième climat, à 48° 40′ de latitude ; ils n'étendoient pas fort loin leurs connoiffances géographiques, & connoiffoient peu de terres fous de plus grandes latitudes.

134. On trouveroit de même les six climats de mois, c'est-à-dire, les pays où le plus long jour est d'un mois, de deux mois, de trois mois. On y trouveroit que le premier climat de mois finit à 67° ½ de latitude, parce que le jour y dure un mois, & ainsi de suite jusqu'au pole qui termine le sixième & dernier climat de mois, parce que le jour y dure pendant six mois, mais les astronomes ne font point usage de ces dénominations de climats.

Des Zones Terrestres.

135. Ce que nous avons dit des latitudes terrestres & des positions de la sphère (41 ; 106), conduit à la division que les géographes ont faite de la surface de la terre en cinq Zones (a) ou bandes circulaires, qui sont la Zone torride, les deux Zones tempérées, & les deux Zones glaciales.

136. La Zone torride *KMLLK* (*fig. 3.*) est celle qui s'étend à 23° ½ de part & d'autre de l'équateur, elle comprend tous les pays situés entre les deux tropiques, & dans lesquels on peut avoir le soleil au zénit.

137. Les Zones tempérées *ABLK* & *MLTS* s'étendent à 43° de chaque tropique ; l'une au nord du tropique du Cancer, l'autre au midi du tropique du Capricorne ; elles comprennent les pays qui n'ont jamais le soleil à leur zénit, & qui ne le perdent jamais de vue en hyver. Les pays situés à 66° ½ de latitude boréale, n'ont l'équateur élevé que de 23° ½ (34) ; ainsi, quand le soleil au solstice d'hiver est à 23° ½ au-dessous de l'équateur, il cesse de s'élever au-dessus de l'horizon, & il ne fait que paroître dans l'horizon même, au moment de midi.

138. Au-delà de 66° ½ de latitude, il arrive un temps où l'on ne voit point du tout le soleil, aux environs du solstice d'hyver, mais aussi l'on y voit le soleil pendant les 24 heures entières au solstice d'été. Homere paroît indiquer ce jour continu à l'occasion de Læstrigons (*Odyss. K. v.* 82) & nous en parlerons plus au long en expliquant les usages du globe artificiel (221). C'est-là que commence la *Zone glaciale* ou

(a) *Zôn, Cingulum,* ceinture.

D iv

zone froide, qui s'étend jusqu'au pole. La zone glaciale arctique est habitée, car la Laponie & la Sibérie en font partie; le reste n'est qu'une vaste mer qui s'étend jusqu'au pole. La zone glaciale du midi est absolument inconnue; on est occupé actuellement à tâcher d'en découvrir quelques parties.

139. La surface & l'étendue de terre ou de mer que comprend chaque zone glaciale est 6 fois moindre que celle de chaque zone tempérée, & la zone torride n'est que les trois quarts de la somme des deux zones tempérées; car la surface totale de la terre étant supposée, partagée en 23 parties, celles des zones glaciales, tempérées, & torrides font de 1, 6 & 9 respectivement; les cinq ensemble font les 23 parties du total, mais chacune de ces unités vaut 1124372 lieues carrées, (823).

140. Le *Cercle polaire* (102), est un petit cercle de la sphère terrestre *AB* (*fig.* 3.) parallèle à l'équateur, passant à 66° ½ de latitude boréale, dont la circonférence comprend tout l'espace *APB* que nous venons d'appeller zone glaciale; il y a deux cercles polaires *AB*, *ST*, ainsi que deux zones glaciales; l'un vers le pole arctique ou septentrional, l'autre vers le pole antarctique ou méridional de la terre, (102).

141. On trouve dans Virgile & dans Ovide la description exacte des cinq zones dont nous venons de parler.

Quinque tenent cœlum zonæ: quarum una corusco
Semper sole rubens, & torrida semper ab igne;
Quam circum extremæ dextrâ lævaque trabuntur,
Cœruleâ glacie concretæ, atque imbribus atris;
Has inter mediamque, duæ mortalibus ægris
Munere conceſſæ Divûm, & via secta per ambas,
Obliquus quà se signorum verteret ordo. *Geor. I.* 233.

Utque duæ dextrâ cœlum, totidemque sinistrâ
Parte secant zonæ, quinta est ardentior illis?
Sic onus inclusum numero distinxit eodem
Cura Dei, totidemque plagæ tellure premuntur,
Quarum quæ media est, non est habitabilis æstu:
Nix tegit alta duas: totidem inter utramque locavit
Temperiemque dedit, miſtâ cum frigore flammâ. *Metam. I.* 45.

142. Lucain observe avec raison que dans la zone tempérée boréale on a toujours l'ombre à droite, ou au nord, en regardant le couchant; au lieu qu'on a dans certain temps

les ombres vers le midi, c'est-à-dire à gauche en regardant le couchant, dès qu'on est dans la zone torride.

> Ignotum vobis, Arabes, venistis in orbem,
> Umbras mirati nemorum non ire sinistras. *Pharf. III.* 247.

143. Il nous apprend aussi qu'à *Syene*, ville d'Egypte située sous le tropique, l'ombre du soleil disparoissoit à midi le jour du solstice, & ne s'étendoit ni à droite ni à gauche.

> Umbras nusquam flectente Syene. I. 587.

144. La situation des ombres à midi a été le sujet d'une subdivision géographique des habitans de la terre en Hétérosciens ([a]), Périsciens & Amphisciens ou Asciens. Les *Hétérosciens* sont ceux dont les ombres méridiennes sont toujours tournées du côté du même pole; tels sont les habitans des zones tempérées: ainsi dans nos régions l'ombre d'un corps vertical se dirige toujours à midi vers le nord, parce qu'elle est toujours opposée au soleil, qui est du côté du midi.

145. Les *Périsciens* sont ceux dont les ombres tournent en 24 heures vers tous les points de l'horizon; ce sont les habitans des zones froides, pour qui le soleil ne se couche point pendant un certain temps de l'année (138); lorsqu'il est du côté du midi, les ombres vont vers le nord, & lorsqu'il est du côté du nord au-dessous du pole, il rejette l'ombre vers le midi, & ainsi du reste.

146. Les *Amphisciens* sont ceux dont les ombres méridiennes sont tantôt au nord & tantôt au sud: tels sont les habitans de la zone torride. Mais afin que cette définition comprît aussi ceux qui habitent sous le tropique même, Varenius, dans sa Géographie générale, y substitue le mot *Asciens*, cela veut dire ceux pour qui l'ombre devient totalement nulle à un ou deux jours de l'année; le soleil étant alors au zénit. On divise les Asciens en deux sortes; les *Asciens Amphisciens*, pour qui l'ombre s'étend quelquefois vers le nord & quelquefois vers le midi, & disparoît deux fois l'an-

---

([a]) Dans Strabon (vers la fin du second livre de sa Géographie, page 135) ils sont appellés Ἑτερόσκιοι, περίσκιοι & Ἄμφίσκιοι, d'après Posidonius. Ces mots sont formés de σκιά, *umbra*, avec les prépositions relatives à chaque signification.

née ; les *Afciens Héterofciens*, dont les ombres font toujours du même côté, & difparoiffent feulement une fois, c'eft-à-dire le jour où le foleil arrive dans le tropique fous lequel ces peuples font fitués.

Des Antipodes.

147. DEUX PAYS de la terre, éloignés diamétralement l'un de l'autre, c'eft-à-dire, placés aux deux extrémités d'une ligne droite qui pafferoit par le centre de la terre, font ANTIPODES l'un de l'autre : ainfi la ville de Lima au Pérou, eft à-peu-près antipode de celle de Siam dans les Indes, comme cela fe voit par les latitudes & longitudes qu'on y a obfervées : de même Buenos-aires en Amérique, eft antipode de Pékin, capitale de la Chine. L'Efpagne a fes antipodes dans la nouvelle Zélande. Paris & tout le refte de l'Europe ont leurs antipodes dans la Mer du fud, aux environs de la nouvelle Zélande ; c'eft une des Terres auftrales que l'on connoiffoit à peine avant le voyage autour du monde de M. de Bougainville & celui de MM. Banks, Solander & Cook, fait en 1769.

148. Depuis plus de deux mille ans qu'on connoît la rondeur de la terre, les Savans n'ont point douté qu'il n'y eût des peuples antipodes les uns des autres ; ce n'a été que dans les temps d'une ftupide ignorance, où toutes les lumieres des Mathématiques étoient éteintes fur la terre, qu'on a pû douter de leur exiftence ; Képler dit qu'un Evêque nommé Virgile fut dépofé pour avoir parlé trop affirmativement des Antipodes, mais Riccioli foutient que cela n'eft pas exact. (*Voyez Baronius, année* 744. *Riccioli, Almageftum II.* 490).

149. Les Antipodes ont le même plan pour horizon ; l'un voit la face fupérieure du plan, & l'autre fa face inférieure. Un aftre fe lève pour l'un quand il fe couche pour l'autre ; le jour le plus long de l'année pour le premier eft le plus court pour le fecond ; l'un a l'hiver quand l'autre a l'été ; le printemps concourt de même avec l'automne, le midi avec le minuit, le matin avec le foir, le jour avec la nuit ; le pole qui eft élevé pour l'un eft abaiffé pour l'autre ; les étoiles que

l'un voit toujours ne paroiffent jamais pour l'autre ; celles qui s'élèvent très-peu d'un côté s'abaiffent auffi très-peu de l'autre. Si tous les deux fe tournent vers l'équateur, l'un voit les aftres fe lever à fa droite, l'autre les voit fe lever à fa gauche.

150. Les peuples qui fans être diamétralement oppofés font cependant, l'un au midi & l'autre au nord de l'équateur, fur le même demi-cercle du méridien & à des latitudes égales, s'appellent *Antœciens* ; ils ont midi & les autres heures au même inftant l'un que l'autre ; mais l'hiver des uns a lieu en même temps que l'été des autres, & le printemps des premiers avec l'automne des feconds. Les jours des uns font égaux aux nuits des autres ; quand les jours croiffent pour ceux-ci, ils décroiffent pour ceux-là ; le pole qui eft élevé pour les premiers, eft abaiffé pour les feconds de la même quantité ; les étoiles que les premiers voyent toujours, ne paroiffent jamais pour les autres, & lorfqu'ils regardent le foleil à midi, ils ont la face tournée l'un contre l'autre, à moins que le foleil ne foit plus éloigné de l'équateur qu'un des deux fpectateurs.

151. Ceux qui font fur le même parallèle, mais dans des points oppofés, s'appellent *Périœciens* ; l'un compte midi lorfque l'autre a minuit ; mais étant du même côté de l'équateur, ils ont les mêmes faifons & dans les mêmes temps ; ils voyent les mêmes étoiles refter perpétuellement fur l'horizon : les aftres fe lèvent au même point & à la même diftance de la méridienne, & reftent le même temps fur l'horizon. Le jour de l'équinoxe, le foleil fe lève pour l'un au moment qu'il fe couche pour l'autre. Quand le foleil eft du côté du pole élevé, c'eft-à-dire pendant le printemps & l'été, il fe lève pour l'un avant de fe coucher pour l'autre, enforte qu'il y a un intervalle de temps, pendant lequel les deux Périœciens voient le foleil en même temps. Au contraire, pendant l'automne & l'hiver il y a une portion de la nuit commune à tous les deux, c'eft-à-dire, un temps où ni l'un ni l'autre ne voient le foleil.

Ainfi les Antipodes de Paris font les Périœciens de fes

Antœciens, & ils font Antœciens à l'égard des Périœciens de Paris; nos Périœciens font au fud-eft de Kamtfchatka, extrémité orientale de l'Afie; nos Antœciens font dans les terres auftrales, au midi du cap de Bonne-Efpérance, lieux inconnus jufqu'à préfent.

152. Il y aura peut-être des perfonnes qui auront peine à fe figurer comment les hommes peuvent habiter des pays antipodes, enforte que leurs pieds fe regardent. Il femble au premier abord que les uns ou les autres doivent avoir la tête en bas, c'eft à-dire être placés dans une fituation renverfée, & contre l'état naturel. Mais pour rectifier fes idées là-deffus, on n'a qu'à examiner pourquoi nous fommes debout fur la furface du globe, nos pieds tournés vers la terre, & la tête élevée vers le ciel: pourquoi nous retombons fans ceffe à cette première fituation, dès qu'un effort ou un mouvement étranger nous en a détournés. Cette force avec laquelle tous les corps defcendent vers la terre, foit qu'on l'appelle *pefanteur*, *gravité* ou *attraction*, quoique fa caufe nous foit inconnue, fe manifefte dans tous les points de notre globe: partout les corps graves tendent vers le centre de la terre, par un effort conftant & inaltérable; par-tout on dit que ce qui tombe vers la terre defcend, & qu'on monte en s'en éloignant. Ainfi le corps A, (*fig.* 14.) attiré vers le centre C du globe terreftre, fuivant la ligne ABC, ou le corps E, attiré dans un fens contraire, fuivant la ligne EDC, tombent & defcendent tous deux vers la terre, parce que leur fituation naturelle eft de s'approcher du centre C. Un habitant placé en B, verra tomber la pluie vers lui de A en B, & celui qui eft à fes antipodes en D, verra venir la pluie fur la terre de E en D; ce font, à la vérité, des directions différentes, mais elles font également naturelles, parce que le centre C de la terre eft le terme commun, le point de réunion & de tendance de la pluie & de tous les autres corps graves.

153. J'ai oui des Commençans demander pourquoi, fi le corps A defcend de A en B, l'autre ne defcend pas pareillement de D en E & en F; ils ne s'étoient pas encore accoutumés à obferver que le corps A ne defcend vers B, que parce

qu'il eſt forcé de ſe rapprocher de la terre , au lieu que le corps *E* n'a plus rien du côté de *F* qui puiſſe le déterminer à ſe mouvoir , aucune force, aucune loi, aucun objet , aucune cauſe de mouvement ; il n'a de rapport qu'avec la terre , c'eſt-là qu'eſt ſa propenſion naturelle , c'eſt la cauſe & le terme de ſon mouvement ; & en allant de *E* vers *D* , il obéit à la même cauſe, il ſe meut de la même manière , il ſuit la même loi que le corps *A*, en deſcendant vers *B* : ainſi l'on peut dire que deux corps tombent & deſcendent l'un & l'autre , quoiqu'ils aillent en deux ſens oppoſés ; c'eſt *tomber* que de s'approcher de la terre. Nous traiterons fort au long de cette loi générale de la peſanteur dans le livre XII. art. 980.

154. Il ſe trouve auſſi des perſonnes qui demandent comment les étoiles ſont ſuſpendues, d'où vient que le ſoleil ne tombe pas ſur nous, auſſi-bien que les corps terreſtres que nous voyons , & qu'eſt-ce qui tient la terre à ſa place ? Pour prévenir cette difficulté , il importe de s'accoutumer de bonne heure à cette idée très-phyſique & très-ſimple, que les corps ne changent point de place ſans une cauſe motrice : les étoiles ne ſont point ſuſpendues & n'ont pas beſoin de l'être , parce que rien ne les déplace ; il ſuffit qu'elles ſoient en un lieu pour y être toujours ; il ne faut du ſoutien qu'aux choſes qui ont une diſpoſition à tomber vers un endroit , & les étoiles n'ont aucune tendance vers la terre ; elles en ſont trop éloignées.

TRACER UNE LIGNE MERIDIENNE.

155. La définition du méridien & des parallèles (19. 27.) fait voir que le méridien coupe en deux parties égales & ſemblables tous les arcs diurnes des parallèles à l'équateur : le ſoleil, en paroiſſant ſur l'horizon, s'élève par degrés, en décrivant ſenſiblement un parallèle à l'équateur , il parvient à midi au plus haut du ciel, & redeſcend vers le couchant avec la même vîteſſe , par les mêmes degrés, & dans le même temps qu'il a employé à s'élever juſqu'au méridien : ainſi le méridien partage la durée de l'apparition du ſoleil en deux

parties égales, & marque en même temps la plus grande hauteur du soleil.

156. De-là il suit qu'on a deux manières de reconnoître la direction du méridien, & de savoir le moment où le soleil y arrive, c'est-à-dire l'heure de midi : la première consiste à examiner le moment où le soleil est le plus élevé, & cesse de monter, & où les ombres des corps qu'il éclaire sont les plus courtes ; alors l'ombre d'un piquet ou d'un style placé verticalement, ou celle d'un fil à plomb, indiquera la direction du méridien, & formera ce qu'on appelle la Ligne Méridienne, & la section des plans de l'horizon & du méridien.

Cette méthode seroit exacte, si l'on pouvoit reconnoître avec assez de précision le moment de la plus grande hauteur ; mais aux environs de midi, & lorsque la hauteur approche de son *maximum* ou de sa plus grande quantité, le progrès est si lent, qu'il faudroit une extrême précision pour obtenir quelque exactitude dans cette observation : il faut donc recourir à un autre moyen pour tracer une méridienne ; c'est la seconde méthode que je vais expliquer.

157. Cette méthode consiste à remarquer l'ombre du soleil levant, & l'ombre du soleil couchant, ces deux ombres sont aussi éloignées du méridien l'une que l'autre ; ainsi le milieu de ces deux ombres doit donner celle du midi. Soit le cercle $SMCBDA$ (*fig.* 15.) qui représente la circonférence de l'horizon, S le soleil levant, C le soleil couchant, P le pied d'un style ou d'un piquet dressé perpendiculairement à l'horizon, PB l'ombre du style quand le soleil se lève, PA l'ombre du même style au soleil couchant ; si l'on partage l'angle SPC ou l'arc SC en deux parties égales au point M, la ligne MPD sera la ligne méridienne, puisque le soleil se levant en S & se couchant en C, est nécessairement à des distances égales du méridien qui passe en M. Cette méthode ne peut se pratiquer sans un horizon extrêmement découvert, & je ne l'indique ici que pour exprimer mieux l'objet qu'on se propose, & l'idée sur laquelle est fondée la méthode générale de tracer une méridienne : c'est la troisième méthode que je vais expliquer.

158. Cette méthode , qu'on eſt obligé d'employer , ſubſtitue aux deux points de l'horizon dont nous venons de parler , deux autres points qui ſoient auſſi élevés l'un que l'autre , l'un avant midi & l'autre après. Si au lieu de marquer l'ombre du ſoleil , lorſqu'il étoit à l'horizon même , en *S* & en *C*, on la marque une demi-heure après ſon lever , & enſuite une demi-heure avant ſon coucher , on aura deux autres ombres *P F*, *P G* plus voiſines du méridien & plus courtes , mais toujours à diſtances égales du méridien : il ſuffira de prendre le milieu *H* des deux ombres pour avoir la ligne méridienne *P H D*.

159. Ainſi , l'on peut en général décrire du centre *P* un arc tel que *F G*, obſerver le moment où l'ombre du matin ſera en *F*, & celle du ſoir en *G* ſur le même arc , (parce qu'alors on ſera ſûr que la hauteur du ſoleil a été la même dans les deux inſtans , & par conſéquent ſes diſtances au méridien parfaitement égales) ; ces deux ombres devant être à même diſtance du méridien , on partagera l'intervalle ou l'arc *F G* en deux parties égales , & l'on trouvera également un point *H* où doit paſſer la méridienne *P H D* , tirée par le pied du ſtyle *P*.

Pour plus de préciſion , l'on peut décrire pluſieurs cercles concentriques , dont chacun en particulier donnera un des points de la méridienne ; & tous ces points pris enſemble , détermineront encore plus exactement la ligne entière que l'on cherche ([a]).

160. Enfin , on peut , au lieu du ſtyle que je ſuppoſe placé en *P* , ſe ſervir d'un inſtrument très-portatif & très-commode. C'eſt une plaque *P* (*fig.* 16) , d'environ trois pouces , percée d'un petit trou d'épingle , qui laiſſe paſſer un rayon ſolaire ; elle eſt élevée ſur un pied de 7 à 8 pouces *A B* , & le rayon tombe ſur la plaque *B D* du pied , ou ſur une table placée de niveau. Du point *C* qui répond perpendiculaire-

---

(a) Cette méthode eſt ſujette à quelques ſecondes d'erreur , hors le temps des ſolſtices , parce que le ſoleil ne reſte pas exactement ſur le même parallèle pendant toute la journée. Nous aurons égard à cette petite inégalité dans le livre ſuivant (326.) cela eſt inutile dans l'uſage ordinaire.

ment au-deſſous du trou, & qui eſt déſigné par un à plomb TC, on décrit pluſieurs cercles concentriques ; on marque ſur chaque cercle le point lumineux du matin K, & celui du ſoir L. Le milieu H de l'intervalle donne la méridienne CH.

161. Si la plaque P eſt recouverte d'un grand carton, le point lumineux n'en devient que plus ſenſible & plus vif, ce qui fait un des avantages de ce petit inſtrument : d'ailleurs, on y trouve l'avantage de pouvoir placer de niveau la table même par le moyen de l'inſtrument ; en ſuſpendant en P un fil à plomb, où il y ait une pointe, elle devra répondre exactement au point C, ſi l'inſtrument eſt bien fait, & que la table ſoit exactement de niveau : ainſi, l'inſtrument ſervira de vérification. On peut auſſi, lorſqu'on manque de fil à plomb & de niveau, verſer de l'eau ſur le plan, on appercevra auſſi-tôt de quel côté il incline, & cela ſuffira pour le redreſſer avec des calles ou petits coins de bois, juſqu'à ce qu'on voye que l'eau reſte à l'endroit où on la verſe, & ne coule ni d'un côté ni de l'autre.

On verra dans la ſuite de cet ouvrage (322) que le même principe dont nous venons de parler, produit encore la méthode des *hauteurs correſpondantes*, employée par tous les aſtronomes, pour avoir le moment du midi, avec la plus ſcrupuleuſe exactitude.

162. La ligne méridienne eſt le premier fondement d'un obſervatoire ; la plupart des obſervations ſuppoſent une excellente méridienne ; car c'eſt ſur les hauteurs priſes dans le méridien, & ſur les paſſages au méridien que ſont fondées toutes les théories aſtronomiques ; auſſi, dit-on que les aſtronomes ſont tournés ſans ceſſe vers le midi, comme les géographes vers le nord, les prêtres vers l'orient, & les poëtes vers le couchant.

> Ad Boream terræ, ſed cœli Menſor ad auſtrum ;
> Præco Dei exortum videt, occaſumque Poëta.

163. On peut tracer une méridienne, par le moyen de l'étoile polaire, auſſi-bien que par la méthode précédente, peut-être même avec plus d'exactitude. L'étoile polaire n'étant

tant éloignée du pole que d'environ 2 degrés, elle désigne toujours à peu-près le côté du nord, en quel temps qu'on l'observe ; mais si l'on choisit à peu-près le temps où elle est dans le méridien, quand on s'y tromperoit même de plusieurs minutes, on aura, par le moyen de cette étoile, la direction du méridien, avec une très-grande précision ; il suffira d'élever deux fils à plomb, le long desquels on puisse bornoyer, c'est-à-dire, viser ou s'aligner à l'étoile.

164. Pour choisir le temps où l'étoile polaire est exactement dans le méridien, on peut calculer l'heure & la minute du passage, par la méthode qui sera expliquée ci-après (363). Mais il y a une manière commode pour trouver, sans aucun calcul, le temps où l'étoile polaire passe au méridien. Il suffit d'observer le temps où elle est dans le vertical de l'étoile *ε* de la grande ourse ; c'est la premiere des trois étoiles de la queue, ou celle qui est la plus voisine du carré de la grande ourse (*fig.* 1). On a reconnu que cette étoile est opposée à l'étoile polaire, de façon qu'elles passent au méridien ensemble, l'une au-dessus du pole, l'autre au-dessous ; ainsi quand elles sont l'une au-dessous de l'autre, ou qu'elles sont ensemble dans un même vertical, dans un même à plomb, on est sûr qu'elles sont toutes les deux au méridien : si dans ce moment on aligne deux fils ou deux règles verticales vers ces deux étoiles, les deux objets ainsi alignés feront dans le méridien, & marqueront sur le pavé la direction de la méridienne.

165. On peut employer, au lieu de deux fils à plomb, trois ou quatre mêches foiblement allumées, dont deux feront placées d'avance dans un même vertical, au moyen d'un fil à plomb : la troisième ou la plus proche de l'œil fera mobile, & elle pourra s'aligner avec les autres vers l'étoile polaire. On peut se servir aussi d'une planche percée de deux trous, par lesquels on puisse voir les deux étoiles à la fois dans un même à plomb, tandis qu'une autre planche plus près de l'œil fervira à s'aligner & à mettre l'œil dans le vertical des deux étoiles : un mur qui feroit bien d'àplomb ferviroit au même ufage, mais il s'en trouve rarement.

E

166. Cette opération peut se faire, sur-tout dans le crépuscule, au mois de Mai & au mois de Juin, avec deux fils à plomb, de manière à ne pas se tromper d'une minute sur le temps où ces deux étoiles passent dans le même vertical ; & une minute d'erreur ne feroit pas quatre secondes de temps sur le moment du midi, qu'on observeroit ensuite par le moyen de cette méridienne.

167. Pour parler avec plus de précision, je dois observer que ces deux étoiles passoient exactement ensemble dans le méridien au mois de Juillet 1751 ; mais l'étoile ϵ de la grande ourse devance l'autre de $1' 13'' \frac{1}{2}$ tous les dix ans ; & au mois de Juin 1773, elle passera $2' 42''$ plutôt que l'étoile polaire. Si donc on aspiroit dans cette opération à une extrême exactitude, il faudroit d'abord s'assurer, par le moyen des deux fils à plomb, du moment où les deux étoiles ont passé dans le même vertical ; attendre ensuite deux minutes & 42 secondes, & diriger alors les deux fils à plomb à l'étoile polaire seule, sans égard à l'étoile ϵ qui aura déja passé au-delà du méridien & du vertical ; mais cette petite différence est insensible dans la pratique.

Du Globe céleste artificiel, et de ses usages.

168. Un globe destiné à représenter les constellations & les mouvemens planétaires, l'écliptique, l'équateur, les cercles de latitude, les cercles de déclinaison, le méridien & l'horizon, s'appelle globe céleste.

Celui que nous avons représenté (fig. 12) est entourré comme la sphère, d'un horizon HO & d'un méridien PZR, il tourne sur un axe PR. On y marque les étoiles suivant leurs ascensions droites & leurs déclinaisons observées (90, 91), en examinant pendant la nuit les étoiles, qui à leur passage au méridien, ont la même hauteur que l'équateur, ou qui passent un degré, deux degrés, &c. plus ou moins haut que l'équateur.

On trace ensuite sur ce globe un autre cercle qui coupe l'équateur aux deux points équinoxiaux que l'on a remarqués parmi les étoiles (67), & qui s'en éloigne de 23° ¼ de part & d'autre, c'est l'écliptique (64) ; les deux points de l'écliptique les plus éloignés de l'équateur sont les *solstices ou des points solsticiaux* (68).

Les deux colures dont nous avons parlé ci-dessus (102) doivent se tracer sur le globe, d'un pole à l'autre, l'un par les équinoxes, l'autre par les solstices, comme dans ia sphere.

Tous les cercles passant par les poles du monde & coupant perpendiculairement l'équateur, s'appellent *cercles de déclinaison;* ils servent à mesurer soit les déclinaisons ou les distances à l'équateur, soit les ascensions droites ; car tous les astres qui sont sur un même cercle de déclinaison ont la même ascension droite. Ainsi les colures, les méridiens, les cercles horaires sont aussi des cercles de déclinaison (92).

169. On peut remarquer sur le globe L'ASCENSION OBLI-QUE d'un astre ; c'est la distance du point équinoxial au point de l'équateur qui se lève en même temps que l'astre : soit *H E Z P O* (*fig.* 20.) le méridien, *P* le pole du monde, *H O* l'horizon, *E C* l'équateur, *S* un astre qui se lève dans l'horizon ; le point *B* de l'équateur est celui qui marque l'ascension droite de l'astre *S;* mais le point de l'équateur qui marque l'ascension oblique de l'étoile est en *C*, parce que le point *C* est celui qui se lève en même temps que l'étoile ; *B C* est la différence entre l'ascension droite & l'ascension oblique ; les anciens astronomes l'appelloient DIFFÉRENCE ASCENSIONNELLE, mais actuellement on n'en fait presque plus d'usage.

170. Les problêmes que l'on peut résoudre par le moyen d'un globe ou d'une sphère, ne sont pas de simples exercices d'amusement ; il faudroit à la vérité, pour y trouver quelqu'exactitude, avoir un globe très-grand, tourné avec soin, encore devroit-on préférer le calcul trigonométrique dont nous parlerons dans le livre suivant ; mais en étudiant pour la premiere fois les principes de l'astronomie, il est très-utile de s'exercer sur le globe ou sur la sphère armillaire, pour en bien comprendre les mouvemens & pouvoir

les rapporter fans peine aux objets céleftes. Je dis qu'on peut fe fervir du globe ou de la fphère, car il n'y a d'autre différence, fi ce n'eft que la fphère, eft évidée & percée à jour, tandis que le globe eft plein & folide, pour qu'on puiffe marquer à fa furface les différentes conftellations, fuivant leurs longitudes & latitudes (44, 48). Nous parlerons bientôt auffi du globe terreftre (214).

171. *CONNOISSANT la latitude d'un pays de la terre & le lieu du foleil à chaque jour de l'année, trouver l'heure du lever & du coucher du foleil.*

Suppofons que Paris eft le lieu donné, dont la latitude eft de 49°, & que l'on veuille favoir pour le 20 Avril l'heure du lever & du coucher du foleil. 1°. Il faut tourner le méridien, fans le fortir de fes entailles & de fon fupport, de manière que le pole foit élevé de 49° au-deffus de l'horizon, c'eft-à-dire qu'il y ait 49° depuis le pole jufqu'à l'horizon, ou que le 49e degré foit dans l'horizon. 2°. Il faut chercher quel eft le degré de l'écliptique répondant au jour donné ; ces degrés font marqués pour l'ordinaire un à un, vis-à-vis des jours correfpondans, fur le cercle de l'horizon, d'après l'entrée du foleil à chaque figne indiqué ci-deffus (79). Dans le cas propofé, l'on trouve que c'eft le premier degré du taureau qui répond au 20 Avril. 3°. L'on place daus le méridien le degré trouvé, c'eft-à-dire le degré de l'écliptique où eft le foleil ; on met fur le midi l'aiguille de la rofette *P*, (*fig.* 12.) qui étant placée fur l'axe, à frottement dur, peut être mife où l'on veut, & y refter malgré le mouvement du globe, ainfi que dans la fphère (*fig.* 11.) La raifon de cette opération eft que l'on doit toujours compter midi à Paris lorfque le degré de l'écliptique où fe trouve le foleil, c'eft-à-dire le foleil lui-même, eft dans le méridien. 4°. On tourne la fphère du côté de l'orient, jufqu'à ce que le degré du jour donné, ou le premier degré du Taureau, foit dans l'horizon ; on voit l'aiguille de la rofette fur 5 heures, ce qui nous apprend que le foleil fe lève alors à 5 heures. Si l'on tourne de même la sphère vers le couchant, jusqu'à ce que le même degré de l'écliptique où est supposé le soleil, arrive dans l'horizon, on verra que l'aiguille de la rosette qui tourne avec son axe est arrivée sur 7 heures, ce qui fera connoître que le soleil ce jour-là doit se coucher à 7 heures. Cette opération fait voir aussi que la durée du jour est de 14 heures; car l'aiguille parcourt un espace de 14 heures tandis que le point de l'écliptique sur lequel nous avons opéré va de la partie orientale à la partie occidentale de l'horizon. Nous expliquerons la manière de calculer rigoureusement le lever & le coucher des astres (367).

La raison de cette pratique tient à ce que nous avons dit sur la division du jour en 24 heures; puisque le mouvement diurne se fait uniformément chaque jour autour de l'axe & des poles du monde, il est évident que l'aiguille de la rosette qui suit le même mouvement, parcourt à chaque révolution les 24 heures du cadran, & qu'elle marque 6 heures quand la sphère a fait le quart de son tour, & ainsi des autres heures à proportion; par conséquent la sphère étant placée dans la position qui convient au lieu & au jour donné, & ayant le même mouvement que le ciel, la rosette suit le mouvement du globe; elle marque donc les heures du lever & du coucher du soleil.

172. Par une opération inverse, l'on trouvera quelle est la latitude d'un pays, si l'on sait à quelle heure le soleil s'y couche à un certain jour de l'année. Ayant marqué le lieu du soleil sur l'écliptique, & placé l'aiguille de la rosette sur midi, ce point étant dans le méridien, on tournera le globe jusqu'à ce que l'aiguille soit arrivée à l'heure où l'on sait que le soleil se couche; alors on élevera le pole du globe jusqu'à ce que le point de l'écliptique où est le soleil soit dans l'horizon, & l'on aura la hauteur du pole ou la latitude du lieu cherché; c'est ainsi que nous jugeons que l'ancienne Babylone étoit à 36 degrés de latitude, parce que nous voyons dans Ptolomée que le soleil s'y couchoit à $4^h \, 48'$ vers le temps du solstice d'hiver, le soleil ayant 9 signes de longitude.

E iij

173. *Trouver quels font les deux jours de l'année où le foleil fe lève à une heure marquée.*

Suppofons qu'on demande les jours où le foleil fe lève à 5ʰ à Paris : on placera le pole à la hauteur de 49°, qui eft celle de Paris, on conduira fous le méridien un des colures, & l'on mettra l'aiguille polaire ou horaire fur midi. On tournera le globe vers l'orient, jufqu'à ce que l'aiguille foit fur 5 heures, & l'on marquera le point où le colure coupe l'horizon il eft évident que fi le foleil étoit dans ce point-là, ou à une femblable déclinaifon, il fe leveroit à 5 heures ; il faut donc favoir quels font les jours de l'année où il a cette même déclinaifon. On conduira fous le méridien le point du colure qui fe trouvoit dans l'horizon, & l'on verra fur le méridien que cette déclinaifon eft de 13° ; on remarquera ce point du méridien, & faifant tourner le globe, on verra 2 points de l'écliptique paffer au même point du méridien, c'eft-à-dire à 13° de déclinaifon ; ce feront les points cherchés, qui fe trouveront être le fecond degré du taureau & le 28ᵉ degré du lion, & l'on trouvera les jours correfpondans à ces deux points (art. 79) ; favoir, le 21 Avril & le 24 Août.

174. *Trouver quels font les points de l'horizon où le foleil fe lève à chaque jour.*

Ayant remarqué fur l'écliptique la longitude du foleil pour le jour donné, & la fphère étant auffi élevée à la hauteur du pole du lieu dont il s'agit, on conduira le point de l'écliptique à l'horizon, & l'on examinera combien ce point de l'horizon, auquel répond le foleil, s'éloigne du point de l'orient ou de l'occident : on trouveroit à Paris pour le 21 de Juin, que les points où le foleil fe lève & fe couche font à 38° des points cardinaux de l'eft & de l'oueft, & cela du côté du nord ; ceux où le foleil fe lève & fe couche le 21 Décembre font à 36°½ des mêmes points cardinaux de l'eft & de l'oueft, mais du côté du midi. Ainfi depuis le cou-

chant d'été jusqu'au couchant d'hiver, il y a 74° ½ de diftance : cette quantité est encore plus grande quand l'on
avance vers le nord ; mais elle diminue, au contraire, pour
les pays méridionaux, ensorte que sous l'équateur on ne
trouve plus que 47 degrés de différence entre les points où le
soleil se lève dans les deux solstices.

175. L'AMPLITUDE *ortive* n'est autre chose que l'arc de
l'horizon compris entre le point où le soleil se lève, & le vrai
point d'orient ; *l'amplitude occase* est la distance du point
d'occident à celui où se couche le soleil ; on trouvera ci-après
la manière de la calculer (369).

176. TROUVER *l'ascension droite du soleil pour un certain jour.*

Il faut d'abord savoir quel est son lieu dans l'écliptique
pour ce jour-là, (79) & conduisant dans le méridien le point
de l'écliptique où se rencontre le soleil, on voit le point de
l'équateur qui est en même temps dans le méridien ; le chiffre
marqué vers ce point de l'équateur indique son ascension
droite ou la distance du soleil à l'équinoxe comptée sur l'é-
quateur d'occident en orient. Ainsi le 20 Avril le soleil étant
au premier degré du taureau, c'est-à-dire, sa longitude étant
de 30°, l'on verra que l'ascension droite est d'environ 28°.

177. TROUVER *à une heure quelconque l'ascension droite du milieu du ciel.*

On cherchera pour le jour donné quel est le lieu du soleil
dans l'écliptique (79) ; l'on aménera ce point de l'écliptique
sous le méridien, & l'on placera l'aiguille polaire sur midi ;
ensuite on fera tourner le globe jusqu'à ce que l'aiguille arrive sur l'heure donnée, & dans cette position le point de
l'écliptique situé sous le méridien sera le *point culminant* de
l'écliptique ; celui de l'équateur, qui sera également dans le
méridien, marquera *l'ascension droite du milieu du ciel,* &

celle de toutes les étoiles qu'on verra fur le globe le long du méridien, au même inftant.

178. Cette méthode peut fervir à reconnoître les étoiles dans le ciel, lorfqu'ayant tracé une méridienne (155) on fe tournera vers le midi, & qu'on aura reconnu fur le globe quelles font les conftellations fituées dans le méridien, & à quelles hauteurs elles font au-deffus de l'horizon.

179. La déclinaison du foleil ou d'un autre aftre fe trouvera de même par le moyen du globe, en conduifant fous le méridien l'aftre dont il s'agit; le nombre de degrés compris entre cet aftre & l'équateur, compté fur la circonférence du méridien, marquera la déclinaifon de cet aftre; elle fera boréale fi l'aftre eft au-deffus de l'équateur dans nos régions feptentrionales; auftrale s'il eft moins élevé que l'équateur, ou du côté du pole méridional,

180. Quand on ne connoît que la déclinaifon du foleil, on peut trouver par la même raifon fur le globe, le lieu qu'il occupe dans l'écliptique, pourvu que fur les quatre quarts de l'écliptique on prenne celui qui convient à la faifon où l'on eft: fi par exemple on a obfervé le 16 Avril la hauteur du foleil de 51 degrés; c'eft-à-dire de 10° au-deffus de l'équateur, ce qui fait 10° de déclinaifon, l'on verra qu'en faifant avancer le premier quart de l'écliptique, ou celui du printemps, fous le méridien, le point qui s'y trouve à 10° de l'équateur eft le 26ᵉ degré du bélier; c'eft le lieu du foleil ce jour-là. Ainfi l'on trouveroit quel eft le jour où une femblable obfervation auroit été faite, par la feule hauteur ou par la déclinaifon obfervée; pourvu que l'on fût dans quelle faifon, parce qu'il y a toujours au printemps & en été deux jours où le foleil a la même déclinaifon.

181. La hauteur du foleil peut faire trouver par la même raifon la latitude du lieu où l'obfervation a été faite, fi l'on fait quelle eft la déclinaifon du foleil ce jour-là. Je fuppofe que le 16 Avril on ait obfervé la hauteur du foleil dans le méridien de 51°, on trouvera la déclinaifon ce jour-là de 10° feptentrionale, par le moyen indiqué dans l'article 179, d'où il fuit que l'équateur eft élevé de 41°, & que la hauteur

du pole eſt de 49°, complément de 41° (34). Si la déclinaiſon du ſoleil étoit méridionale, il faudroit l'ajouter à la
hauteur obſervée pour avoir celle de l'équateur ; nous ſuppoſons encore l'obſervateur au nord de l'équateur, & le ſoleil du côté du midi, comme on l'a toujours en Europe. On
fait un grand uſage de cette méthode pour la géographie &
la navigation.

182. Si le lieu de l'obſervation étoit ſous une latitude
auſtrale, on feroit le contraire de ce que nous avons pref-
crit ; on ajouteroit la hauteur obſervée avec la déclinaiſon
ſeptentrionale, & l'on retrancheroit la déclinaiſon auſtrale
de la hauteur obſervée, pour avoir la hauteur de l'équateur.

183. Si l'on étoit entre les deux tropiques, & que le ſoleil
fût plus éloigné de l'équateur que l'obſervateur, il faudroit
prendre le ſupplément à 180 degrés, de la hauteur obſervée,
avant que d'en retrancher la déclinaiſon du ſoleil : ces ſortes
d'exceptions aux règles de la ſphère s'apperçoivent par la
ſeule inſpection du globe, ſi aiſément, que nous nous dif-
penſerons à l'avenir de les remarquer, pour n'être pas d'une
ennuieuſe prolixité.

184. Le vertical d'un aſtre eſt un grand cercle, qui
partant du zénit, deſcend perpendiculairement à l'horizon,
& paſſe par le centre de l'aſtre (10). On ſe ſert des verticaux
pour marquer les hauteurs, parce que la hauteur d'un aſtre
au-deſſus de l'horizon n'eſt autre choſe que l'arc du vertical,
compris entre l'aſtre & l'horizon ; on s'en ſert auſſi pour
marquer l'azimut, c'eſt-à-dire l'arc de l'horizon compris
entre le point du midi & le point de l'horizon auquel un
aſtre répond perpendiculairement, ainſi *ZDF* (*fig.* 20), eſt
le vertical de l'aſtre *D* dont *DF* eſt la hauteur, & *HF* l'a-
zimut.

185. On ajoute quelquefois aux globes céleſtes un quart
de cercle de même rayon que le globe, & qui s'applique immédiatement ſur ſa circonférence, depuis le zénit juſqu'à
l'horizon ; on le voit repréſenté en *ZV* (*fig.* 12). Il ſert à pluſieurs uſages, comme on le verra par les problêmes ſuivans ;

mais quand le vertical y manque, on peut y suppléer avec un compas & une équerre; le compas sert à prendre le nombre de degrés dont on a besoin pour la hauteur d'un astre; l'équerre sert à mettre les deux branches du compas dans un plan qui soit vertical, ou perpendiculaire à l'horizon du globe.

186. *TROUVER à quelle heure le soleil doit avoir un certain degré d'azimut à un jour donné.*

Ayant placé le pole & l'aiguille de la rosette comme dans les problêmes précédens (171), on mettra le vertical mobile sur le degré de l'horizon qui marque l'azimut, & l'on amènera le lieu du soleil sous ce vertical; l'aiguille marquera l'heure qu'il est quand le soleil a le degré donné d'azimut. Par exemple le 23 Avril, le lieu du soleil étant à 3° du taureau, on demande à quelle heure le soleil aura 75° d'azimut : on trouvera 8ʰ du matin. Du côté du couchant à 6ʰ 30′ du soir, il se trouvera dans la partie occidentale du même vertical, à 75° du méridien du côté du nord; mais alors on dit qu'il a 105′ d'azimut, à compter du point de l'horizon qui est vers le midi.

187. C'est par le moyen de l'azimut qu'on peut trouver l'heure où un mur commence à être éclairé, ou finit de l'être à un jour donné, en supposant qu'on connoisse l'angle qu'il fait avec la méridienne, ce qu'on appelle la déclinaison du plan, que je suppose vertical. Si le mur décline de 75° du midi à l'orient, il s'agit de trouver par le problême précédent, à quelle heure le soleil aura 75° d'azimut du côté de l'orient au jour donné, & à quelle heure il aura 105° d'azimut du côté du couchant; ce seront les heures où la surface méridionale de la muraille doit commencer & finir d'être éclairée; on a par conséquent la première & la dernière heure qu'on pourra voir sur un cadran solaire, déclinant du midi vers l'orient de 75 degrés.

188. LES ÉTOILES qui sont rapportées sur les globes célestes y ont été marquées par le moyen de la hauteur méri-

dienne, & de l'heure où on les voyoit paffer par le méridien, comme nous l'avons déja indiqué art. 88 & 92, & comme on le verra plus au long (art. 231).

189. En faifant tourner le globe célefte, on verra quelles font les étoiles qui paffent par le zénit du lieu donné, ce font celles dont la déclinaifon eft égale à la latitude géographique du pays où l'on eft; car fi une étoile a 49° de déclinaifon, le zénit de Paris étant auffi à 49° de l'équateur, l'étoile doit fe trouver au zénit dans le moment où elle paffe par le méridien.

190. On verra par la même raifon quelles font les étoiles qui ne fe couchent point à Paris, ce font celles qui font moins éloignées du pole que le pole ne l'eft de l'horizon, c'eft-à-dire à Paris celles qui ne font pas à 49° du pole, ou qui ont plus de 41° de déclinaifon; telles font les deux Ourfes, le Dragon, Céphée, Andromède, Perfée, la Chèvre, &c. dont nous parlerons ci-après.

On reconnoîtra de même fur le globe les étoiles qui font vers le midi à plus de 41° de déclinaifon auftrale, ou à moins de 49° du pole antarctique, ou méridional, & l'on verra qu'elles ne paroiffent point à Paris, & qu'elles ne fe lèvent jamais pour nous.

191. Le quart de cercle mobile qui s'applique fur la circonférence du globe, & qui eft repréfenté en *Z V* (*fig.* 12) peut fervir à marquer la place d'une planète, quand on connoît fa longitude & fa latitude par le moyen des éphémérides (200); pour cela on met le pole de l'écliptique dans le méridien, & l'on attache le cercle mobile à l'endroit du méridien où répond le pole de l'écliptique; il repréfente alors un cercle de latitude, parce qu'il eft perpendiculaire à l'écliptique; on fait tourner ce cercle autour du pole de l'écliptique jufqu'à ce qu'il touche le point de l'écliptique où l'on fait que la planète doit répondre par fa longitude; & l'on marque le long de ce cercle de latitude un point qui foit éloigné de l'écliptique autant que la planète a de latitude, ce point eft le vrai lieu de la planète fur le globe célefte.

Si c'eft une étoile déja marquée fur le globe dont on veuille connoître la longitude & la latitude, on fera tourner le cercle de latitude autour du pole de l'écliptique, jusqu'à ce qu'il passe sur l'étoile, on verra le lieu où ce même cercle coupera l'écliptique, & ce sera la longitude ou le lieu de l'étoile sur l'écliptique; on comptera aussi le nombre des degrés de ce cercle mobile compris entre l'écliptique & l'étoile, & ce sera la latitude de l'étoile.

192. *TROUVER quelle est la hauteur d'un astre à un instant donné.*

On remarquera sur le globe le lieu du soleil dans l'écliptique pour le jour donné (171) & le lieu de l'astre dont on cherche la hauteur (191); on placera sous le méridien le lieu du soleil, & on mettra l'aiguille de la rosette sur le midi; ensuite on tournera le globe jusqu'à ce que l'aiguille marque sur la rosette l'heure donnée pour laquelle on cherche la hauteur; alors approchant le vertical (185) de l'endroit où l'astre est marqué, on verra sur quel degré du vertical il répond, & l'on aura sa hauteur.

193. Comme la rosette des globes est ordinairement fort petite, & donneroit peu d'exactitude dans cette opération, on peut s'en passer par la méthode suivante. On convertira en degrés l'heure donnée, pour savoir de combien le soleil étoit éloigné du méridien; par exemple, à 9 heures du matin il s'en faut trois heures que le soleil ne soit dans le méridien; ces trois heures valent 45° de l'équateur, parce qu'elles font la sixième partie des 24 heures, comme les 45° font la sixième partie du cercle. On examinera quel étoit le point de l'équateur qui se trouvoit avec le soleil dans le méridien; on éloignera ce point-là de 45° du méridien, vers l'orient, parce que c'est le matin, en comptant ces 45° le long de l'équateur : le globe étant arrêté dans cette situation, on remarquera la place de l'étoile; on en approchera le cercle vertical, & l'on verra sur quel degré de hauteur elle répond.

Les astronomes eux-mêmes se servent quelquefois d'un globe céleste pour trouver la hauteur des astres à un instant donné, lorsqu'ils n'ont pas besoin d'une extrême précision;

par exemple, quand il ne s'agit que de chercher un aftre en plein jour par le moyen de fa hauteur, ou de favoir quel eft le petit accourciffement que la réfraction a pû produire fur la diftance obfervée entre deux aftres : on peut s'en fervir auffi avec avantage pour chercher la pofition des étoiles dans des temps reculés, lorfqu'on trouve dans les Poëtes anciens des paffages qui font difficiles à comprendre fans ce fecours.

194. On trouvera par la même méthode à quelle heure l'aftre aura une hauteur donnée, en mettant le lieu de l'aftre fur le degré du vertical, & regardant à quelle heure la rofette répond, pourvu que la rofette ait été fur le midi quand le lieu du foleil étoit au méridien. On cherche auffi par ce moyen le commencement & la fin du crépufcule (108), puifqu'il ne s'agit que de trouver à quelle heure le foleil fera de 18° au deffous de l'horizon, foit avant fon lever, foit apres fon coucher (753).

195. On peut avec un globe favoir l'heure qu'il eft au foleil, & cela de deux manières. 1°. par le moyen de la hauteur du foleil. Je fuppofe qu'on ait dirigé un quart de cercle (25) vers le foleil, & qu'on ait mefuré fa hauteur, ou qu'on fe foit fervi d'un gnomon (72) en mefurant fon ombre : connoiffant la hauteur du foleil, on élèvera fur le globe à pareille hauteur au-deffus de l'horizon, le point de l'écliptique où eft le foleil ce jour-là, & l'aiguille de la rofette, que je fuppofe avoir été mife fur midi comme dans le problême précédent (192) marquera l'heure qu'il eft.

La feconde manière de trouver l'heure qu'il eft, n'exige que l'infpection de l'ombre feule du globe ; je fuppofe qu'il foit orienté, ou dirigé de manière que fon méridien foit aligné fur une méridienne (156, 227), & en plein foleil ; il y aura la moitié du globe qui fera lumineufe, & la moitié fera dans l'obfcurité ; fi les points de l'équateur où fe joignent l'hémifphère obfcur & l'hémifphère eclairé tombent dans l'horizon même, c'eft une preuve qu'il eft midi ; s'ils en font à 15 degrés le long de l'équateur, c'eft une preuve qu'il eft une heure ; à 30°, il eft deux heures, & ainfi de fuite ; je suppose que le soleil est à l'occident, c'est-à-dire, que la partie éclairée s'éloigne du point de l'équateur, qui est à l'orient ; autrement c'est 11 heures du matin, 10 heures, &c.

196. *TROUVER l'heure de la culmination ou du passage d'une étoile par le méridien.*

1°. On marquera sur le globe le lieu du soleil & celui de l'étoile. 2°. On placera le soleil dans le méridien, & l'on mettra sur midi l'aiguille de la rosette. 3°. On amènera le lieu de l'étoile sous le méridien, & l'aiguille de la rosette marquera l'heure qu'il est, au moment où l'étoile passe par le méridien.

Si au lieu d'une étoile vous amenez sous le méridien le point équinoxial, vous aurez ce que les astronomes appellent l'heure du passage de l'équinoxe par le méridien, dont on trouvera une table ci-après (231).

197. On peut obtenir dans cette opération comme dans les suivantes, une exactitude plus grande qu'en y employant la petite rosette, car l'on y distingue à peine un quart-d'heure, tandis que sur un globe de 9 pouces de diamètre, on peut trouver, à 4 minutes près, l'heure du passage au méridien de même que le lever d'une étoile. Pour trouver le passage, on remarquera le point de l'équateur où répond le soleil placé dans le méridien, & ensuite le point de l'équateur où répond l'étoile placée à son tour dans le méridien ; on comptera la différence ou l'intervalle de ces deux points de l'équateur, c'est-à-dire la différence d'ascension droite entre le soleil & l'étoile, & l'on aura un nombre de degrés, qui, converti en temps, à raison de 4 minutes de temps pour chaque degré, ou d'une heure pour 15°, donnera l'heure qu'il est, si c'est après midi : ou bien l'on aura ce qu'il s'en faut pour aller à midi, si l'étoile passe le matin, c'est-à-dire, si l'on voit que le soleil passe au méridien après l'étoile, en faisant tourner le globe toujours d'orient en occident.

198. *Trouver quel jour une étoile se lève à une certaine heure.*

Ayant placé le pole à la hauteur du lieu, & l'étoile dans l'horizon oriental, on mettra l'aiguille sur l'heure donnée, vers l'orient si c'est une des heures du matin ; ensuite faisant tourner le globe jusqu'à ce que l'aiguille arrive sur le midi ou sur xii^h au haut de la rosette, on verra quel est le lieu de l'écliptique situé dans le méridien ; l'on saura quel jour le soleil est dans ce point de l'écliptique ; ce sera le jour où l'étoile devra se lever à l'heure donnée. Par exemple, si l'on suppose que *Sirius* se lève à 7 heures du soir à Paris, on trouvera le soleil à 11° du capricorne, ce qui répond au premier de Janvier ; c'est le jour où Sirius se lève à 7 heures du soir à Paris.

199. Par la même raison, sachant quel est le lieu du soleil pour un jour donné, l'on trouvera quelle heure il est quand le soleil se leve : ayant placé le style ou l'aiguille sur midi quand le lieu du soleil étoit au méridien, on conduira l'étoile à l'horizon du côté de l'orient, & l'aiguille marquera l'heure qu'il est.

200. Le lever & le coucher des étoiles ou des planètes se trouveroit aussi sur le globe sans le secours de la rosette, en conduisant d'abord le lieu du soleil sous le méridien, & ensuite le lieu de l'étoile dans l'horizon du côté de l'orient, ou du côté de l'occident, pour voir quel est le point de l'équateur qui passe alors au méridien.

Exemple. Le 13 Octobre 1764, on veut trouver, par le moyen du globe, & plus exactement que par la rosette, à quelle heure Saturne doit passer au méridien, & à quelle heure il doit se coucher : on marquera sur le globe le lieu du soleil, qui est à 20° de la balance, après l'équinoxe d'automne ; & conduisant le soleil sous le méridien, on marquera le lieu de l'équateur qui y répond. On marquera encore sur le globe le lieu de Saturne, supposé connu par l'observation, par les tables astronomiques, par les éphémérides, ou par le moyen du livre de la *Connoiſſance des Temps*, que l'Académie des Sciences publie chaque année depuis 1679 pour l'utilité des aſtronomes & des navigateurs (ᵃ), on aura le lieu de Saturne à 50° de l'équinoxe du printemps, & 20 ½ au ſud de l'écliptique ; on conduira ce point du ciel ſous le méridien, & l'on marquera ſur le globe le point de l'équateur qui y répond ; la diſtance de ces deux points de l'équateur, dont l'un appartient au ſoleil & l'autre à la planète, ſe trouve de 150° qui valent 10ʰ, à raiſon de 15° par heure ; & comme Saturne paſſe alors au méridien avant le ſoleil, ainſi qu'on le verra en faiſant tourner le globe vers l'occident, il s'enſuit qu'il étoit 2h du matin, lorſque Saturne a paſſé au méridien, parce qu'il s'en falloit 10ʰ que le ſoleil n'y fût arrivé.

Conduiſant enſuite Saturne à l'horizon du côté de l'orient, on marquera le point de l'équateur qui dans ce moment paſſe au méridien, & l'on verra qu'il eſt éloigné de celui où répond le ſoleil, d'environ 100°, celui du ſoleil étant le plus occidental des deux ; ce qui fera voir que l'heure du lever de Saturne eſt à 6ʰ 40′ du ſoir ; car 90° font 6ʰ, & 10° font 40′ de temps.

201. Cette pratique eſt fondée ſur ce que les arcs de l'équateur ſont la meſure la plus naturelle du temps : quand le ſoleil eſt éloigné du méridien de 15°, il eſt une heure ; & quand il eſt éloigné de 100°, il eſt 6ʰ 40′ ; parce que le mouvement diurne ſe faiſant uniformément ſur l'équateur, il paſſe réguliérement au méridien à chaque heure, la 24ᵉ partie de la circonférence entière de l'équateur : auſſi le Temps vrai, ou l'heure vraie dans le ſens précis & exact de l'aſtronomie, n'eſt autre choſe que l'arc de l'équateur, compris entre le méridien & le cercle de déclinaiſon qui paſſe par le ſoleil, converti en temps à raiſon de 15° par heure. On verra dans la ſuite que le plus ſouvent, à la place de cet arc de l'équateur, on ſubſtitue l'angle au pole meſuré par cet arc, & qu'on appelle Angle horaire (366), & cet angle

(a) J'en ai publié 15 volumes, depuis celui de 1760 juſqu'à celui de 1774 incluſivement. J'ai mis ſous preſſe le ſeptieme volume des *Ephémérides* de l'Académie, qui s'étend depuis 1775 juſqu'en 1784.

horaire

horaire à la place de l'heure même, c'est-à-dire, qu'au lieu d'une heure on met 15°, au lieu de deux heures 30°, &c.

202. Le mouvement diurne qui s'achève en 24 heures, & par lequel 360° de la sphère traversent le méridien, étant subdivisé en 24 parties ; chacune vaut une heure, & répond à 15°, car 15° font la 24ᵉ partie de 360 ; en continuant de subdiviser on pourra trouver de même les parties du temps qui répondent aux parties du cercle ; 1ᵈ vaudra 4′ de temps ; une minute de degré vaudra quatre secondes de temps. C'est ainsi que l'on trouve les longitudes en mer par le moyen de l'heure qu'il est sur le vaisseau, & de l'heure qu'il est dans le lieu du départ (54) : je suppose qu'on ait une de ces montres marines qui dans deux mois de navigation ne varient pas de deux minutes (ᵃ) ; l'ayant mise à l'heure en partant du port, on y voit tous les jours l'heure qu'il est dans ce port ; on voit aussi par le soleil l'heure qu'il est sur le vaisseau ; quand la différence est de 6 heures, on est assuré d'être à 90° du méridien d'où l'on est parti, & où la montre des longitudes a été mise à l'heure.

203. Les étoiles circompolaires dans leur révolution diurne, se rencontrent souvent dans le même vertical, c'est un problème d'une application utile, que de trouver à quelle heure elles doivent ainsi se trouver l'une au-dessous de l'autre ; car en observant leur passage on a une maniere de trouver l'heure qu'il est : ce problème a même lieu pour d'autres étoiles remarquables, quoiqu'assez éloignées du pole, telles que *Arcturus* & *l'Epi de la Vierge*. Pour trouver l'heure où arrive ce passage, on place le globe à la hauteur du pole ; on le tourne sur son axe jusqu'à ce que les deux étoiles proposées soient dans le vertical mobile dont je suppose que le globe est accompagné, & l'on voit par l'aiguille de la rosette, l'heure cherchée, en supposant toujours qu'elle ait été mise sur midi lorsque le lieu du soleil étoit dans le méridien.

(ᵃ) M. Harrison en Angleterre, M. Berthoud & M. le Roy en France, ont déja fait de ces montres, qui ont été éprouvées en mer avec le plus grand succès, & qui donnent la longitude du vaisseau à un demi-degré près au bout de deux mois de navigation.

F

204. Si l'on veut opérer plus exactement, on mettra le lieu du soleil dans le méridien, & l'on examinera sur l'équateur quelle est son ascension droite; on placera les deux étoiles dans le même vertical, & l'on remarquera l'ascension droite du milieu du ciel ou du point de l'équateur qui se trouvera dans le méridien, la différence des deux ascensions droites, convertie en temps à raison d'une heure pour 15 dégrés, & de 4 minutes pour chaque dégré, donnera l'heure cherchée. C'est ainsi qu'on peut construire une figure telle qu'on l'a vue long-temps pour Paris dans la connoissance des temps, qui sert à connoître l'heure qu'il est. On voit les principales étoiles circompolaires, & la quantité qu'il faut ajouter pour chaque étoile au passage de l'équinoxe, afin d'avoir l'heure qu'il est au moment où l'on voit l'étoile répondre perpendiculairement au-dessous de l'étoile polaire; par exemple la derniere étoile de la queue de la grande ourse marquée ʮ dans la figure 1ᵉ, étant au-dessous de l'étoile polaire, il y a 1ʰ 33′ que l'équinoxe a passé par le méridien (196).

205. *TROUVER quel jour une Etoile cessera de paroître le soir, après le coucher du Soleil. C'est le jour de son coucher héliaque.*

Les anciens avoient déja remarqué qu'une étoile de la premiere grandeur, telle que *Sirius* ou le *Grand Chien*, peut s'appercevoir du côté du couchant, pourvu que le soleil soit à 10 ou 12 degrés au dessous de l'horizon; on mettra donc l'étoile à l'horizon du côté du couchant, & l'on examinera quel est le point de l'écliptique situé verticalement à 10° sous l'horizon. Ce point de l'écliptique étant connu, l'on trouvera le jour où le soleil y étoit (79), & ce sera le jour du coucher héliaque ou de la disparition de l'étoile; le soleil étant plus près d'elle le lendemain, elle devra se trouver enveloppée dans la lumière du crépuscule, & dans les rayons du soleil, & l'on cessera de l'appercevoir.

206. Suppofons que l'on cherche le coucher héliaque de *Sirius* fous la latitude de Paris en 1750; on placera le globe à 49° de hauteur, on mettra cette étoile à l'horizon du côté du couchant, on avancera le quart de cercle mobile jufqu'à ce qu'il coupe l'écliptique à 10° au-deffous de l'horizon, le point de l'écliptique abaiffé de 10 degrés, ou celui que touchera le 10e degré du vertical, fe trouvera être le 19e degré du taureau; c'eft le degré qu'occupe le foleil le 5 de Mai; on faura donc que le coucher héliaque de Sirius arrive le 5 de Mai à Paris.

207. On trouvera de même quel jour l'étoile reparoîtra le matin avant le lever du foleil, c'eft-à-dire fon lever héliaque. Pour cela il faut mettre l'étoile dans l'horizon du côté de l'orient, & voir quel eft le point de l'écliptique fitué à 10° au-deffous de l'horizon le long du vertical; le jour où le foleil fe trouvera dans ce point de l'écliptique fera le jour du lever héliaque de l'étoile. L'on faifoit autrefois un grand ufage de ces fortes de phénomènes; mais le globe feul peut fuffire dans bien des cas, fur-tout quand il ne s'agit que d'entendre les anciens auteurs; on peut par cette fimple opération éclaircir des paffages qui feroient difficiles à entendre fans le fecours du globe.

208. L'année cynique des Egyptiens commençoit au lever héliaque de Sirius; mais pour ce qui eft de leur année civile qui étoit continuellement de 365 jours, elle ne pouvoit pas s'accorder avec l'année naturelle, & tous les quatre ans le lever héliaque de Sirius devoit arriver un jour plus tard dans l'année civile. Après un efpace de 1460 ans que Cenforinus appelle la grande année des Egyptiens, l'année naturelle fe trouvoit commencer au même point de l'année civile; ainfi l'an 1322 avant J. C. & l'an 138 après J. C. le lever de Sirius fe trouva arriver le premier jour du mois *Thoth*, ou le premier jour de l'année civile, qui répondoit au 20 Juillet; c'eft cette période *caniculaire* ou *fothiaque* de 1460 ans dont on trouve des veftiges dans quelques anciens Auteurs.

Au lieu de 1460 années ce n'étoit réellement que 1425

années Égyptiennes mais les Anciens n'avoient pas fur ces objets une aufli grande précifion.

209. Lorfqu'on calcule le lever de Sirius pour l'année 138, où commence la période fothiaque, on trouve la longitude du foleil 3ˢ 24ˈ le premier jour où Sirius paroiffant à l'horizon le matin, fe trouvoit affez dégagé du foleil pour pouvoir être apperçu : c'eft la longitude que le foleil a maintenant le 16 de Juillet. On trouve cette longitude plus petite de 12° $\frac{1}{4}$ en remontant 1460 ans plutôt, ou au commencement de la période précédente.

210. Quoique le lever héliaque des étoiles fût le plus remarquable parmi les Anciens, ils diftinguoient encore plufieurs autres efpèces de levers & de couchers (*Gemini elementa*) ; les modernes, à leur imitation, ont diftingué le lever *cofmique* qu'on peut appeller le lever du matin ; & le coucher *cofmique* ou coucher du matin , auffi-bien que le lever & le coucher *acroniques*, qui font le lever & le coucher du foir. Le moment du lever du foleil regle le lever ou le coucher *cofmique* : lorfque des étoiles fe levent avec le foleil ou fe couchent au foleil levant, on dit qu'elles fe levent ou fe couchent *cofmiquement* ; mais quand les étoiles fe levent ou fe couchent le foir au moment où fe couche le foleil, on dit que c'eft le lever ou le coucher *acronique* ; d'où il fuit que le coucher acronique fuit à 12 ou 15 jours près le coucher héliaque, du moins pour les étoiles voifines de l'écliptique , & que le lever cofmique précède de quelques jours le lever héliaque.

211. On trouve des exemples de ces fortes de levers dans les Poëtes latins , & fur-tout dans les Faftes d'Ovide. Il parle par exemple, du lever héliaque de la conftellation du Dauphin à l'époque du 9 de Janvier.

Interea Delphin clarum fuper æquora fidus
Tollitur & patriis exerit ora vadis. I. 457.

La conftellation du Dauphin fe levoit vers les fix heures du matin dans cette faifon-là, c'eft-à-dire, affez long-temps

avant le foleil pour pouvoir être obfervée le matin , & c'é-
toit à peu-près le commencement de fon apparition , ou fon
lever héliaque. Au contraire il place au 10 de Juin le lever
acronique , en difant :

Navita puppe fedens , Delphina videbimus inquit
Humida cum pulfo nox erit orta die VI. 470.

212. Le coucher cofmique paroît indiqué pour le premier Avril au matin.

Dum loquor , elatæ metuendus acumine caudæ
Scorpios, in virides præcipitatur aquas. IV. 163.

C'eft cependant au 15 Avril qu'on le trouve par le calcul, au temps de Céfar, pour l'étoile *Antarès ;* mais on
trouve dans les Auteurs latins de grandes variétés fur ces
fortes de calculs, qu'ils empruntoient fouvent de divers fiècles & de divers pays.

213. Pour faire fur les planètes les opérations que
nous avons faites dans tous les problémes précédens fur
les étoiles fixes, il faut fuppofer qu'on ait pris dans les
Ephémérides ou dans la *Connoiffance des Temps* (200) la
longitude & la latitude de la planète, & qu'on l'ait marquée
fur le globe à la place qui lui convient ; on fera pour-lors
fur la planète ce que nous avons expliqué pour les étoiles
fixes.

Du Globe terreftre artificiel , & de fes ufages.

214. LE GLOBE TERRESTRE artificiel , eft fait pour repréfenter la terre , fes villes , fes continens & fes mers. On ré-
fout par le moyen de ce globe différens problêmes relatifs à
la terre , comme nous en avons réfolus pour les aftres , dans
les articles précédens.

En faifant tourner un globe on amène un lieu quelconque
de la terre, comme Paris , fous le méridien univerfel fixe ,
de cuivre ou de carton, qui environne le globe , & dans
lequel paffent les pivots de l'axe ; ce méridien eft alors çelui

de Paris & il répond à tous les pays qui ont midi ou minuit au même inftant que Paris ; midi fi le foleil y eft levé, minuit s'il eft couché ; mais fi c'eft un pays où le foleil ne fe couche point, on peut appeller minuit l'heure du paffage par le méridien au-deffous du pole. Il n'y a que les deux poles même pour lefquels il n'y a ni midi ni minuit, on ne peut y diftinguer les heures, mais feulement les mois & les années.

215 Connoiffant l'heure qu'il eft à Paris, on peut trouver quelle heure il eft dans un autre pays quelconque, par le moyen du globe terreftre artificiel ; je fuppofe qu'il foit 9 heures du matin à Paris, je commence par mettre Paris fous le méridien du globe terreftre,& en même temps l'aiguille de la rofette fur 9 heures du matin, c'eft-à-dire du côté de l'orient ; pour ne pas s'y tromper, il faut avoir foin d'écrire fur la rofette, orient & occident, comme il eft écrit fur l'horizon ; je fais tourner le globe jufqu'à ce que l'autre ville dont il s'agit, par exemple *Jérufalem*, foit fous le méridien ; je regarde alors quelle heure marque l'aiguille de la rofette, & je trouve 11 heures & un quart, ce qui m'apprend qu'il eft 11 heures & un quart à Jérufalem lorfqu'il eft 9 heures à Paris.

Toutes les villes d'Afie comptent de même plus qu'à Paris, tandis que celles qui font fituées à l'occident, telles que les villes d'Amérique, comptent moins qu'à Paris ; ainfi quand il eft midi à Paris, il n'eft que $5^h 16'$ du matin à Mexico, c'eft-à-dire $6^h 44'$ de moins qu'à Paris, mais à Pékin il eft déja $7^h 36'$ du foir.

216. Pour trouver la latitude d'un lieu fur le globe, on le place fous le méridien du globe, & l'on y voit fur ce méridien le degré de latitude cherché. A l'égard de la longitude du lieu, elle eft marquée par le point de l'équateur qui fe trouve fous le méridien en même temps que ce lieu-là.

217. Quand on connoît la latitude d'un lieu de la terre, il faut placer le globe à la hauteur qui lui convient, c'eft-àdire, élever le pole au-deffus de l'horizon d'un nombre de degrés qui foit égal à la latitude du lieu, par exemple de 49°. pour Paris ; cela fe fait par le moyen des degrés qui fonr

marqués sur le méridien, à commencer du pole jusqu'à l'équateur. Si le pays dont il s'agit est dans l'hémisphère austral, c'est le pole antarctique ou méridional qu'il faut élever sur l'horizon.

218. On trouve tous les pays de la terre qui ont la même latitude, & par conséquent la même température qu'un lieu donné, tel que Paris, en faisant faire un tour au globe terrestre, & remarquant tous les lieux qui passent successivement sous le point du méridien marqué 49, qui est la latitude de Paris; si l'on tient un crayon fixé sur ce point-là, il tracera sur le globe le parallèle de Paris, où sont tous les points que l'on cherche.

219. Pour trouver les pays de la terre qui peuvent avoir le soleil à leur zénit, & connoître les jours où cela doit arriver, on considérera que tous les pays qui ont moins de $23° \frac{1}{2}$ de latitude, ont le soleil verticalement deux fois l'année; quand on a choisi un lieu à volonté, & qu'on a examiné quelle est sa latitude, en le conduisant sous le méridien, on fait tourner le globe, & l'on voit quels sont les deux points de l'écliptique qui passent au même endroit du méridien; les jours où le soleil est dans l'un de ces points sont ceux où il paroît au zénit à l'instant du midi; l'un de ces deux jours est avant le solstice d'été, & l'autre après; la déclinaison du soleil, dans ces deux jours-là, étant égale à la latitude géographique ou terrestre du lieu dont il s'agit.

220. On trouvera de même pour chaque jour de l'année quels sont les pays qui ont le soleil au zénit; car ayant amené sous le méridien le point de l'écliptique où est le soleil ce jour-là, on y verra sa déclinaison; & tous les pays qui auront une latitude égale à cette déclinaison, auront le soleil vertical dans le cours de la journée; tous les points de la terre qui passeront sous le point du méridien auquel le lieu du soleil répondoit en passant par le méridien, satisferont au problême.

221. On trouvera encore pour chaque jour de l'année quels sont les pays où le soleil ne se couche point, c'est-à-dire, où son centre paroît à l'horizon à minuit, enforte que

ce soir le premier jour où le soleil ne se couche pas dans ce point-là. Pour cet effet, on marquera le point de l'écliptique où est le soleil au jour donné, & la déclinaison de ce point sera le complément à 90° de la latitude des pays cherchés. Par exemple, le 11 Mai le soleil a 18° de déclinaison, & les pays qui ont 72° de latitude voient le centre du soleil raser l'horizon. En effet, le soleil étant à 18 degrés de l'équateur, il est à 72° du pole, c'est-à-dire aussi éloigné du pole que le pole l'est de l'horizon ; donc à minuit il doit être sous le pole & dans l'horizon même. Dans tous les jours suivans il restera sur l'horizon, & ne se couchera plus, puisqu'il s'éloignera de plus en plus de l'équateur jusqu'au premier Août, qu'il rasera de nouveau l'horizon de ce lieu-là, en se rapprochant de l'equateur.

222. Par la même raison, le premier jour où le soleil aura une déclinaison australe égale à 18°, ou au complément de la latitude boréale des mêmes pays, le soleil ne se levera plus, & ce sera le dernier jour où il paroîtra dans l'horizon. C'est le 13 de Novembre que le soleil disparoît, & cela dure jusqu'au 28 Janvier suivant, que le centre du soleil recommence à se montrer dans l'horizon à midi, étant parvenu à 18° de déclinaison australe ou méridionale. Nous en avons déja parlé à l'article des zones glaciales (138)

223. Les pays qui sont dans la zone glaciale depuis 66° $\frac{1}{2}$ de latitude jusqu'au pole, ont le soleil sur l'horizon pendant un nombre de jours qui est plus grand à mesure que la latitude augmente (138). Pour savoir à chaque latitude quel est ce nombre de jours, on élevera le pole de la quantité qui convient à cette latitude ; on le fera tourner ensuite en tenant un crayon dans l'horizon, au point du nord ; ce crayon tracera sur le globe un parallèle à l'équateur, qui coupera l'écliptique en deux points, & y fera deux segmens ; le plus petit segment indiquera l'arc de l'écliptique décrit par le soleil pendant tout le temps qu'il sera sans se coucher ou sans toucher l'horizon du lieu donné. En effet, les deux points que l'on a marqués sur l'écliptique par cette opération, sont ceux où se trouvoit le soleil quand il passoit précisément à

l'horizon du côté du nord, ou quand ſa déclinaiſon étoit égale au complément de la hauteur du pole ; ainſi dans tous les points de l'écliptique ſitués à une plus grande déclinaiſon, il n'y aura point de coucher du ſoleil pour le lieu propoſé : c'eſt ainſi qu'on peut former la table des climats de mois dont nous avons parlé (134).

224. Si l'on place le crayon dans le point oppoſé de l'horizon, c'eſt-à-dire du côté du midi, il tracera une autre parallèle ; celui-ci coupant auſſi l'écliptique en deux points également éloignés du ſolſtice d'hiver, marquera tout le chemin que le ſoleil doit faire ſans ſe lever & ſans paroître ſur l'horizon du lieu propoſé ; ce nombre de degrés fera connoître le nombre de jours, en conſultant la table où les jours du mois ſont écrits vis-à-vis des degrés correſpondans de l'écliptique : cette table ſe met ordinairement ſur l'horizon des globes, comme nous l'avons déja remarqué (171).

225. On peut voir un bien plus grand nombre de queſtions & de problêmes relatifs à la ſituation des différens pays de la terre, aux heures, aux jours, aux mois, aux ſaiſons, dans la Géographie générale de VARENIUS, (à Paris chez *Vincent*) ; ouvrage élémentaire qui fut fait en Hollande vers le milieu du dernier ſiècle, mais dont on a fait en Angleterre & en France pluſieurs éditions différentes. On y trouve avec un long détail, tous les problêmes de la ſphère qui regardent le mouvement diurne le mouvement annuel, & la ſituation des différens pays. On en trouvera beaucoup auſſi dans *l'Uſage des Globes* de Bion.

226. Les globes d'une certaine grandeur ont ſur leur pied une bouſſole qui ſert à les orienter ; mais pour cet effet il faut connoître la déclinaiſon de l'aiguille aimantée, pour le temps & pour le lieu donné. Cette déclinaiſon pour Paris eſt en 1773 de 20° à l'oueſt, & depuis deux ans elle paroît conſtante ; mais elle a augmenté juſqu'ici à Paris d'un degré tous les ſix ans. J'ai donné dans mon *Expoſition du calcul aſtronomique*, une table de cette déclinaiſon pour les différens pays de la terre.

227. Sachant donc que la déclinaiſon de l'aiguille eſt de

20° à l'occident de la méridienne, il faut tourner le pied du globe jufqu'à ce que l'aiguille tombe fur le 20e degré de la bouffole du côté du couchant, alors la ligne principale de la bouffole, marquée d'une fleur de lys, & qui doit être parallèle au méridien du globe, fe trouvant dirigée exacte-ment du nord au fud, & le globe étant fuppofé à la hauteur du pole, il fera orienté comme la fphère ; & c'eft ainfi qu'il faudroit le placer pour trouver l'heure qu'il eft (195).

228. Si l'on veut auffi le difpofer comme il convient à une certaine heure, on placera fous le méridien le degré de l'é-cliptique où eft le foleil pour le jour donné ; on mettra l'ai-guille de la rofette fur midi ; on fera tourner le globe jufqu'à ce que cette aiguille foit fur l'heure donnée, & le globe fera difpofé convenablement pour y reconnoître quelles font les étoiles qui font dans le méridien, ou celles qui fe levent & qui fe couchent dans le pays où l'on eft, celles qu'on peut appercevoir & celles qui font fous l'horizon.

DES CONSTELLATIONS.

229. Le nombre des étoiles qu'on apperçoit dans une belle nuit eft fi confidérable, qu'on auroit peine à les dif-tinguer & à les reconnoître fans une méthode qui aide la mé-moire ; c'eft pourquoi l'on a divifé le ciel en plufieurs gran-des parties ou conftellations, telles que la grande ourfe & les fignes du zodiaque dont nous avons déja parlé (76).

Plufieurs caufes contribuerent dans l'antiquité à faire di-vifer le ciel en différentes conftellations ; quelques reffem-blances vagues purent y faire imaginer une couronne, un charriot, une croix, un triangle, &c. On eut befoin, pour les reconnoître de faire une divifion méthodique des diffé-rentes parties du ciel. On voulut confacrer la mémoire des perfonnages célèbres. Enfin l'on crut reconnoître des pro-priétés, des influences, des rapports ; ce furent autant de caufes qui occafionnerent la formation des conftellations, & qui en déterminerent les noms.

230. Les Grecs n'avoient formé que 48 conftellations, qui comprenoient 1022 étoiles, & il paroît que leurs déno-

minations remontent à environ 1200 ans avant J. C. à l'exception peut être des noms des douze fignes du zodiaque, qui paroiffent avoir une origine égyptienne & peuvent etre plus anciens. Les modernes ont ajouté diverfes conftellations aux anciennes. Les catalogues de Flamfteed & de M. de la Caille raffemblés, contiennent près de cinq mille étoiles. M. de la Caille, après avoir dreffé fon grand catalogue des étoiles auftrales en 1751, a formé 14 nouvelles conftellations, qui ne font point dans le catalogue Britannique de Flamfteed. Toutes ces conftellations, au nombre de 100, fe trouveront dans la Table fuivante.

231. Parmi le grand nombre d'étoiles qui compofent ces

Table des cent Conftellations qu'on repréfente fur les Globes céleftes.

12 Conftellations du zodiaque.	Suite des 23 Conftellations boréales.	22 Conftel. ajout. par Hevelius, le *P. Anthelme, Halley, &c.*	Suite des conftellations auftrales.
Le Bélier. Le Taureau. Les Gemeaux. L'Ecreviffe. Le Lion. La Vierge. La Balance. Le Scorpion. Le Sagittaire. Le Capricorne. Le Verfeau. Les Poiffons. *3 Conftellations boréales des anciens.* La grande Ourfe. La petite Ourfe. Le Dragon. Céphée. Caffiopée. Andromede. Perfée. Pégafe. le petit Cheval. Le Triangle boréal. Le Cocher. La Chévelure de Bérénice. Le Bouvier. La Couronne boréal.	Le Serpenraire ou Ophiucus. Le Serpent. Hercule. L'Aigle. Antinous. La Flèche. La Lyre. Le Cygne. Le Dauphin. *15 Conftellations auftrales des Anciens.* Orion. La Baleine. L'Eridan. Le Lievre. Le grand Chien. Le petit Chien. L'Hydre femelle. La Coupe. Le Corbeau. Le Centaure. Le Loup. L'Autel. Le Poiffon auftral. Le Navire. La Couronne auftrale.	La Giraffe, ou Ca-Méleopard. Le Fleuve du Jourd. Le Fleuve du Tygre. Le Sceptre & la Fleur de lys. La Colombe. La Licorne ou *Monoceros.* La Croix. Le Sextant d'Uranie. Le Rhomboïde. Les Chiens de chaffe. Le petit Lion. Le Linx. Le Renard. L'Oie. L'Ecu de Sobieski. Le petit Triangle. Cerbere. Le Rameau. Le Lézard. *Stellio.* Le Mont Ménale. Le Cœur de Char. II. Le Chêne de Ch. II. *14 Conftell. auftral. de Theodori, Bayer.* L'Indien. La Grue.	Le Phénix. L'Ab. ou la Mouche. Le Triangle auftral. L'oifeau de Paradis. Le Paon. Le Toucan. L'Hydre mâle. La Dorade. Le Poiffon volant. Le Caméléon. *On y remarque encore le grand Nuage & le petit Nuage.* *14 Conftell. auftral. de M. de la Caille.* L'Attelier du Sculpt. Le Fourn. de Chym. L'Horloge aftrono. Le Réticule Rhomb. Le Burin du Grav. Le Chev. du Peintre. La Bouffole. La Machine pneum. L'Octant de réflex. Le Compas. L'équerre & la règle. Le Télefcope. Le Microfcope. La Mont. de la Table.

100 conftellations, on diftingue plufieurs grandeurs, premiere, feconde, troifieme, quatrieme, cinquieme, fixieme, feptieme ; mais les étoiles de feptieme grandeur ne s'apperçoivent pas fans le fecours des lunettes d'approche.

On compte ordinairement quinze étoiles de la premiere grandeur, *Sirius* ou la gueule du grand chien, *l'épaule d'Orion*, le pied d'Orion ou *Rigel*, l'œil du taureau *Aldébaran*, *la Chèvre*, *la Lyre*, *Arcturus*, le cœur du Scorpion ou *Antarès*, *l'Epi de la Vierge*, le cœur du Lion ou *Regulus*, *Procyon*, *Fomahant* ; & deux que nous ne voyons jamais en Europe, *Canopus* & *Acharnar*. Il y a des aftronomes qui mettent au même rang le cœur de l'Hydre, la queue du Lion & la queue du Cygne.

232. Pour apprendre à connoître les différentes conftellations par leurs figures, leurs fituations & leurs noms, le plus fimple eft d'employer un globe ou des cartes céleftes, comme celles de Flamfteed, de Senex, d'Hevelius, du P. Pardies, ou les deux grands hémifphères de M. Robert de Vaugondi ; mais voici une Table qui facilitera la connoiffance des plus belles étoiles en montrant l'heure où elles paffent au méridien le premier jour de chaque mois, & leur hauteur pour Paris.

La dernière colonne de cette table contient l'heure du paffage de l'équinoxe au méridien (*a*), à laquelle on ajoute l'afcenfion droite d'une étoile quelconque, ou fa diftance au point équinoxial, convertie en temps, pour avoir l'heure de fon paffage au méridien (365). La hauteur méridienne de chaque étoile fe trouve en tête de la colonne, & au-deffous du nom de l'étoile.

233. Exemple. Le premier Octobre je veux connoître dans le ciel l'étoile appellée *Sirius*, ou le grand Chien ; je vois dans la table précédente qu'elle paffe au méridien le premier Octobre à 18^h 2$'$, c'eft-à-dire le 2 Octobre à 6^h 2$'$ du matin, & que fa hauteur méridienne pour Paris eft de 24°.

___

(*a*) Je n'entends pas fous ce terme le vrai moment du paffage ; mais la quantité dont l'équinoxe eft éloigné du méridien à midi, convertie en temps, à raifon de 15° par heure, ou le complément de l'afcenfion droite du foleil ; mais à l'égard des étoiles, c'eft le véritable moment de leur paffage que j'ai voulu calculer (365).

HEURES DU PASSAGE AU MÉRIDIEN

des principales Etoiles pour le premier jour de chaque mois, avec leur hauteur méridienne pour Paris.

MOIS.	Aldébaran.	La Chèvre.	α d'Orion.	Sirius.	Procyon.	Régulus.
	Hauteur.	*Hauteur.*	*Hauteur.*	*Hauteur.*	*Hauteur.*	*Hauteur.*
	$57^d 12'$	$86^d 54'$	$39^d 46'$	$24^d 45'$	$47^d 3'$	$54^d 15'$
JANV.	$9^h 32'$	$10^h 9'$	$10^h 34$	$11^h 44'$	$12^h 36'$	$15^h 4'$
FÉVR.	7 20	7 57	8 22	9 32	10 25	12 53
MARS.	5 32	6 9	6 34	7 44	8 36	11 4
AVRIL.	3 39	4 16	4 41	5 51	6 43	9 11
MAI.	1 48	2 25	2 50	4 0	4 52	7 20
JUIN.	23 41	0 22	0 47	1 57	2 50	5 18
JUILL.	21 37	22 14	22 39	23 49	0 46	3 14
AOUT.	19 33	20 10	20 35	21 45	22 37	1 10
SEPT.	17 37	18 15	18 39	19 50	20 43	23 10
OCTOB.	15 50	16 27	16 51	18 2	18 54	21 22
NOV.	13 54	14 30	14 55	16 5	16 58	19 26
DÉC.	11 50	12 27	12 51	14 2	14 54	17 22

MOIS.	L'Epi.	Arcturus.	Antarès.	La Lyre.	Fomahant	Passage de l'équinoxe au méridien.
	Hauteur.	*Hauteur.*	*Hauteur.*	*Hauteur.*	*Hauteur.*	
	$31^d 13'$	$61^d 34'$	$1^d 16'$	$79^d 45'$	$10^d 22'$	
JANV.	$18^h 21'$	$19^h 13'$	$21^h 23'$	$23^h 36'$	$3^h 55$	$5^h 11$
FÉVR.	16 9	17 1	19 11	21 24	1 43	2 59
MARS.	14 21	15 13	17 23	19 36	23 51	1 10
AVRIL.	12 28	13 20	15 30	17 43	21 58	23 17
MAI.	10 37	11 29	13 39	15 52	20 7	21 25
JUIN.	8 34	9 26	11 36	13 50	18 5	19 23
JUILL.	6 30	7 22	9 32	11 46	16 1	17 18
AOUT.	4 26	5 18	7 28	9 41	13 56	15 14
SEPT.	2 30	3 22	5 32	7 46	12 1	13 18
OCT.	0 42	1 34	3 44	5 58	10 13	11 30
NOV.	22 43	23 34	1 48	4 2	8 17	9 33
DÉC.	20 38	21 30	23 40	1 58	6 13	7 29

45′ ; je place un quart-de-cercle dans le plan du méridien à 6ʰ 2′ du matin, & je le mets à la hauteur de 24° ¾ ; j'apperçois à l'inſtant que ce quart-de-cercle eſt dirigé vers une belle étoile, & je reconnois que c'eſt-là Sirius.

J'ai choiſi une année moyenne entre deux biſſextiles, enſorte qu'il ne peut pas y avoir deux minutes de différence entre l'obſervation & la table, même en différentes années. Cette table ſervira de même à trouver l'heure qu'il eſt quand on aura appris à connoître les étoiles, & qu'on ſaura de quel côté eſt le méridien.

Les hauteurs que j'ai marquées au deſſus du nom de chaque étoile, diminuent quand on avance vers le nord, & augmentent ſi l'on s'éloigne vers le midi ; ainſi chacun peut les réduire à la latitude du lieu qu'il habite par l'addition ou la ſouſtraction de la différence entre cette latitude & celle de Paris, quarante huit degrés cinquante minutes. Ainſi à Marſeille, où il y a quarante-trois degrés dix-huit minutes de latitude, c'eſt-à-dire, cinq degrés de moins qu'à Paris, la hauteur d'Aldébaran, au lieu d'être de 57 degrés 12 min. devient 62 degrés 44 min.

234. Il faut obſerver que les temps marqués dans la table précédente, ſont des temps comptés aſtronomiquement, c'eſt-à-dire, d'un midi à l'autre pendant 24 heures ; ainſi quand on voit dans la première colonne que l'étoile *Aldébaran* paſſe au méridien le premier Juin à 23ʰ 41′, cela veut dire dans l'uſage ordinaire, le 2 Juin à 11ʰ 41′ du matin, parce que le premier de Juin ne commence qu'à midi de ce jour-là, ſuivant les aſtronomes, & il ne finit, ſuivant eux, qu'à midi du lendemain, lorſque dans la ſociété il y a déja 12 heures que l'on compte le 2 de Juin, temps civil.

235. Cette méthode pour reconnoître les étoiles de la première grandeur, pourroit s'appliquer à toutes les autres ; mais elle eſt longue, & exige peut-être trop d'aſſujettiſſement, ſur-tout en hiver. J'ai donc cru devoir indiquer ici quelques alignemens propres à faire reconnoître les principales conſtellations ; ce ſera un petit ſecours offert à la curioſité de ceux qui ſont dépourvus de globes, de planiſphères & d'inſ-

trumens. On doit être d'abord prévenu que ces alignemens ne sauroient avoir une exactitude & une précision bien rigoureuse ; mais quand il ne s'agit que de reconnoître la forme d'une constellation, il suffit que les alignemens indiquent à peu-près le lieu où elle est, pour qu'on ne prenne jamais une constellation pour l'autre.

Méthode des Alignemens.

236. Je suppose que dans une soirée d hiver, au mois de Janvier ou de Février, on soit dans un lieu dégagé vers les 7 ou 8 heures du soir, on verra du côté du midi, du moins en Europe, la grande constellation d'ORION ; elle est formée de 3 étoiles de la seconde grandeur, qui sont fort près l'une de l'autre, sur une ligne droite, & dans le milieu d'un très-grand quadrilatère ; on en voit la forme dans la figure 19, & sans avoir vu cette figure, il est impossible de méconnoître cette constellation après les caractères que je viens d'indiquer.

237. Ces trois étoiles, qu'on appelle le *Baudrier d'Orion*, vulgairement les *trois Rois* ou *le Rateau*, indiquent par leur direction d'un côté *Sirius*, & de l'autre les *Pléïades*. Sirius, la plus belle étoile du ciel, se fait remarquer par sa scintillation & son éclat ; elle est du côté de l'orient ou du sud-est, par rapport à Orion.

238. Les Pléïades sont du côté de l'occident en tirant vers le nord ; c'est un groupe d'étoiles qui se distingue faciment ; il est d'ailleurs sur le prolongement de la ligne menée de Sirius par le milieu des étoiles du baudrier d'Orion ; & la direction de ces trois étoiles du baudrier, qui tend presque vers les Pléïades, ou un peu plus au midi, les fera connoître aisément ; elles sont sur le dos du Taureau.

239. ALDEBARAN, ou *Palilicium*, qui forme l'œil du Taureau, est une étoile de la première grandeur, située fort près des Pléïades, sur la ligne menée de l'épaule occidentale d'Orion γ aux Pléïades (*a*). PROCYON ou le petit

(*a*) Tous les astronomes se servent de lettres grecques pour désigner les étoiles, d'après les cartes célestes ou l'*Uranométrie* de Bayer, publiée en 1603.

Chien, est une étoile de la première grandeur, située au nord de Sirius, & plus orientale qu'Orion ; elle fait avec Sirius & le baudrier d'Orion, un triangle presque équilatéral, & cela suffit pour la distinguer.

240. Arcturus, qui est la principale étoile du Bouvier, est une étoile de la première grandeur, pour laquelle nous nous servirons de la grande Ourse (*fig.* 1.), plutôt que d'Orion ; elle est presque désignée par la queue de la grande Ourse (6), dont elle n'est éloignée que de 31°. Les 2 dernières étoiles de la grande Ourse ζ & η (*fig.* 1), forment une ligne qui va presque se diriger vers Arcturus.

241. Les Gémeaux sont deux étoiles de la seconde grandeur, assez proches l'une de l'autre, situées dans le milieu de l'espace qu'il y a entre Orion & la grande Ourse. On les distinguera encore par le moyen d'Orion;car en tirant une ligne de Rigel ou β d'Orion, qui est la plus occidentale & la plus méridionale de son grand quadrilatère, par l'étoile ζ, qui est la troisième ou la plus orientale des trois du baudrier, elle se dirige aussi vers les deux têtes des Gémeaux. Enfin, les deux premieres étoiles de la queue de la grande Ourse ζ, ϵ, (*fig.* 1) avec la diagonale du carré menée par δ & β, forme une ligne qui va encore se diriger vers les deux têtes des Gémeaux, après avoir passé sur une des pattes de la grande Ourse.

242. Cette ligne prolongée au-delà des têtes des Gémeaux, passe sur les pieds des Gémeaux, qui sont quatre étoiles sur une ligne droite perpendiculaire à la première. Enfin, cette même ligne tirée de la grande Ourse aux Gémeaux, étant prolongée au-delà des pieds des Gémeaux, va aboutir à l'épaule orientale d'Orion, c'est-à-dire, à l'étoile α qui est la plus orientale & la plus boréale du grand quadrilatère d'Orion (236).

243. La ligne menée de Rigel par l'épaule occidentale d'Orion γ, va rencontrer vers le nord la corne australe du Taureau ζ, de troisième grandeur, à même distance de γ d'Orion que celle-ci l'est de Rigel, c'est environ 14°. La corne boréale du Taureau β est de seconde grandeur ; elle

est

est sur la ligne menée par l'épaule orientale α , & par la corne australe ζ, a 8° de celle-ci. L'écliptique passe entre les deux cornes du Taureau.

244. La constellation du LION peut se reconnoître par les deux étoiles précédentes α & β du carré de la grande Ourse (*fig.* 1) ; car ces deux étoiles qui nous ont servi à trouver l'étoile polaire du côté du nord (6) , indiquent par leur alignement le Lion du côté du midi à 45° de la grande Ourse. Le Lion est un grand trapèze, où l'on remarque sur-tout une étoile de la première grandeur, appellée *Régulus* ou le cœur du Lion.

245. Le cœur du Lion est sur la ligne menée de Rigel par Procyon, mais à 37° de celui-ci ; ainsi l'on a une seconde manière de le reconnoître. La queue du Lion β est une étoile de la seconde grandeur, située un peu au midi de la ligne qui va de Régulus à Arcturus : elle est à 15° de Régulus vers l'orient.

246. Le CANCER ou l'Ecrévisse , est une constellation formée de petites étoiles qui sont difficiles à distinguer. La nébuleuse du Cancer est un amas d'étoiles , moins sensible que celui des Pléïades ; on le rencontre à peu-près en allant du milieu des Gémaux au cœur du Lion , ou de Procyon à la queue de la grande Ourse.

247. Au midi des trois étoiles du baudrier d'Orion , on voit une traînée d'étoiles qui forme ce qu'on appelle l'épée , & la nébuleuse d'Orion (296) : la direction de ces étoiles prolongée sur l'étoile ε, au milieu du Baudrier, va passer sur la corne australe ζ du Taureau , & ensuite sur le milieu de la constellation du COCHER ; c'est un grand pentagone irrégulier , dont la partie la plus septentrionale a une étoile de la première grandeur , appellée la CHÈVRE. On rencontre aussi la Chèvre par le moyen d'une ligne menée sur les deux étoiles δ & α, les plus boréales du carré de la grande Ourse.

248. Le BÉLIER , la première des douze constellations du zodiaque, est formée principalement de deux étoiles de troisième grandeur , assez voisines l'une de l'autre , dont la plus

G

occidentale ε eſt accompagnée d'une plus petite étoile de 4ᵉ grandeur, appellée γ, ou *la première étoile du Bélier*, parce qu'elle étoit autrefois la plus près du point équinoxial ; on reconnoît cette conſtellation par une ligne menée de *Procyon* à *Aldébaran*, qui va ſe diriger vers le Bélier, 36° plus loin qu'Aldébaran.

249. La Ceinture de Persée eſt compoſée de 3 étoiles, dont une de la ſeconde grandeur, paſſe à peu-près au zénit de Paris. Elles forment comme un arc courbé vers la grande Ourſe ; la ligne tirée de l'étoile polaire aux Pléiades, paſſe ſur la ceinture de Perſée, & ſuffit pour la reconnoître, mais on y peut encore employer un autre alignement, celui des Gémeaux & de la Chèvre, dont la ligne ſe dirige vers la ceinture de Perſée. La ligne menée du baudrier d'Orion par Aldébaran, va ſur la tête de Méduſe β, que Perſée tient dans ſa main.

250. Le Cygne eſt une conſtellation fort remarquable, où il y a une étoile de la ſeconde grandeur ; cette conſtellation a la forme d'une grande croix ; la ligne menée des Gémeaux à l'étoile polaire, va rencontrer le Cygne de l'autre côté, & à pareille diſtance de l'étoile polaire. Cette remarque ne ſert que dans les temps de l'année où on les voit en même temps ſur l'horizon. Nous donnerons ci-après un autre alignement pour le Cygne (256).

251. Le carré de Pégase eſt formé par quatre étoiles de ſeconde grandeur, la plus boréale des quatre de ce carré forme la *tête d'Andromède* : la ligne tirée des deux précédentes de la grande Ourſe β & α, par l'étoile polaire, va paſſer au-delà du pole, ſur le milieu du carré de Pégaſe. La ligne menée du baudrier d'Orion par le Bélier, va ſur la tête d'Andromède ; la ligne menée des Pléiades par le Bélier, va ſur l'aîle de Pégaſe γ, ou *Algénib*, qui eſt une des quatre du carré ; les deux autres ſont à l'occident ; la plus boréale des deux occidentales eſt β, *Scheat* ; la plus méridionale, α ou *Markab*.

252. Cassiopée eſt une conſtellation directement oppoſée a la grande Ourſe par rapport à l'étoile polaire, enſorte

que la ligne ou le cercle qui va du milieu de la grande Ourse ou de l'étoile ε, par l'étoile polaire, va passer au milieu de Cassiopée de l'autre côté du pole. Cette constellation est formée de six à sept étoiles en forme d'un *y*, ou, si l'on veut, d'une chaise renversée ; cette forme est assez équivoque, mais les étoiles de Cassiopée se font suffisamment remarquer, plusieurs étant de la seconde grandeur.

253. Céphée est une constellation comprise entre l'étoile polaire, Cassiopée & le Cygne. La ligne menée de l'étoile polaire a la queue du Cygne α, passe près des étoiles β & α de Céphée, l'une sur le ventre & l'autre sur l'épaule en les laissant toutes deux un peu du côté de Cassiopée. Avant que d'arriver à β, on laisse plus loin du même côté l'étoile γ, qui est sur la ligne menée des Gardes de la petite Ourse par le milieu de Cassiopée.

254. LA PETITE OURSE a presque la même figure que la grande Ourse, & lui est parallèle, mais dans une situation renversée. L'étoile polaire (6), qui est de la troisième grandeur, fait l'extrémité de la queue ; les quatre étoiles suivantes sont fort petites, n'étant que de la quatrième grandeur, mais les deux dernières du carré sont encore de troisième grandeur ; on les appelle les *Gardes* de la petite Ourse ; elles sont sur la ligne menée par le centre du carré de la grande Ourse, perpendiculairement à ses deux grands côtés.

255. LE DRAGON a une partie entre la Lyre & la petite Ourse, où les quatre étoiles de sa tête font un losange assez visible ; sa queue est entre l'étoile polaire & le carré de la grande Ourse. La ligne menée par les deux Gardes de la petite Ourse β & γ, va se diriger vers l'étoile η du Dragon (qui est marquée par erreur ε dans le planisphère de Senex.) Cette étoile est entre θ, plus méridionale, & ζ plus boréale, sur une même ligne qui se dirige presque vers le pole de l'écliptique (281), & un peu plus loin vers δ & ε du Dragon, pour aller traverser ensuite la constellation de Céphée, entre β & α.

256. L'une des diagonales du carré de Pégase se dirige au nord-ouest vers la queue du Cygne α ; l'autre diagonale

du carré de Pégafe fe dirige au nord-eft vers la ceinture de Perfée ; elle paffe d'abord vers l'étoile β de la ceinture d'ANDROMÈDE, & enfuite vers l'étoile γ au pied d'Andromède. Ces deux étoiles β & γ, de feconde grandeur, divifent en trois parties égales l'efpace compris entre la tête d'Andromède & la ceinture de Perfée ; la ligne qui les joint paffe entre Caffiopée & le Bélier.

257. LES CONSTELLATIONS qui paroiffent le foir en été n'ont pas de caractères auffi marqués que celles d'hiver ; mais on les reconnoîtra par le moyen des précédentes. Quand le milieu de la queue de la grande Ourfe, ou l'étoile ζ, eft dans le méridien au-deffus de l'étoile polaire, & au plus haut du ciel, ce qui arrive à 9ʰ du foir à la fin de Mai, on voit *l'épi de la* VIERGE dans le méridien du côté du midi, à 31° de hauteur à Paris ; c'eft une étoile de la première grandeur. La diagonale du carré de la grande Ourfe menée par α & γ, va marquer auffi à peu-près cette étoile par fa direction, quoiqu'elle en foit éloignée de 68°. Enfin, cette étoile fait à peu-près un triangle équilatéral avec Arcturus & la queue du Lion, dont elle eft éloignée d'environ 33° (244).

258. On voit alors un peu à droite & plus bas que l'épi de la Vierge, un trapèze formé par les 4 principales étoiles du CORBEAU, qui font auffi fur la ligne menée par la Lyre & l'épi de la Vierge.

259. La ligne menée des dernières étoiles du carré de la grande Ourfe δ & γ, par le cœur du Lion, *Regulus*, va rencontrer à 22° plus au midi, *le cœur de l'Hydre femelle.* Sa tête eft au midi de l'Ecreviffe, entre Procyon & Régulus, ou un peu plus méridionale. L'Hydre s'étend depuis le petit Chien jufqu'au deffous de l'épi de la Vierge.

260. LA COUPE eft fituée entre l'Hydre & le Corbeau, à l'occident de celui-ci ; le trapèze formé par les quatre principales étoiles de la coupe eft affez remarquable.

261. LA LYRE eft une étoile de la première grandeur, l'une des plus brillantes de tout le ciel, qui fait prefque un triangle rectangle avec Arcturus & l'étoile polaire, l'angle droit étant vers l'orient, à la Lyre.

262. LA COURONNE eſt une petite conſtellation, ſituée près d'Arcturus, ſur la ligne menée d'Arcturus à la Lyre. On la reconnoît facilement par les ſept étoiles en forme de demi-cercle dont elle eſt compoſée : il y en a une de la ſeconde grandeur. Les deux premières étoiles de la queue de la grande Ourſe ε & ζ, forment une direction qui va rencontrer auſſi la Couronne.

263. L'AIGLE contient une belle étoile de la ſeconde grandeur, qui eſt au midi de la Lyre & du Cygne ; on la diſtingue facilement, parce qu'elle èſt entre deux autres étoiles β & γ, de troiſième grandeur, qui forment une ligne droite avec la belle étoile, & qui en ſont fort proches.

264. ANTINOUS eſt une petite conſtellation ſituée au-deſſous de l'Aigle.

265. La ligne ou le grand cercle qui paſſe par Régulus & l'épi de la Vierge, (c'eſt à peu-près l'écliptique) va rencontrer plus à l'orient la conſtellation du SCORPION, qui eſt fort remarquable ; elle eſt compoſée de trois étoiles au front du Scorpion, dont une eſt de la ſeconde grandeur, qui forment un grand arc du nord au ſud, & d'une étoile plus orientale, qui eſt comme le centre de l'arc ; cette étoile eſt de la première grandeur, & s'appelle ANTARÈS ou le cœur du Scorpion. Les étoiles du front, en commençant par le nord, ſont β, δ, π, ρ.

266. LA BALANCE contient deux étoiles de ſeconde grandeur, qui en forment les deux baſſins ; la ligne de ces deux étoiles eſt à peu-près perpendiculaire ſur le milieu de celle qui eſt menée depuis Arcturus juſqu'au front du Scorpion, c'eſt-à-dire qu'elles ſont placées dans le milieu de l'intervalle, quoiqu'un peu à l'occident de cette ligne. Le Baſſin auſtral eſt entre l'épi de la Vierge & Antarès, toutes trois étant fort près de l'écliptique ; il y a 21 degrés ¼ entre l'épi & le baſſin auſtral, & 24 ½ entre celle-ci & Antarès.

267. LE SAGITTAIRE eſt une conſtellation qui ſuit le Scorpion, c'eſt-a-dire, qui eſt un peu à l'orient ; elle eſt ſur la direction de l'épi de la Vierge & d'Antarès, qui ſuit à

peu-près l'écliptique. Le Sagittaire contient plusieurs étoiles de troisième grandeur, qui forment un grand trapèze, & deux étoiles du trapèze en forment un plus petit, avec deux autres étoiles ; mais ce second trapèze est dans un sens perpendiculaire au premier.

268. Cette constellation est aussi marquée par une ligne menée depuis le milieu du Cygne sur le milieu de l'Aigle, car le Sagittaire est environ 35° au midi de l'Aigle, comme le Cygne est au nord de l'Aigle. Le Sagittaire est encore indiqué par la diagonale du carré de Pégase, menée de la tête d'Andromède par α de Pégase, & prolongée du côté du midi ; c'est cette diagonale, qui, prolongée du côté du nord, indiquoit la ceinture de Persée (256.)

269. Le cercle mené depuis Antarès jusqu'à l'étoile polaire, traverse d'abord la constellation d'OPHIUCUS ou du Serpentaire, & plus haut rencontre celle d'HERCULE. Ces deux constellations étant un peu difficiles à débrouiller, je vais les suivre avec quelque détail. La ligne menée depuis Antarès jusqu'à la Lyre, passe entre les deux têtes d'Hercule & d'Ophiucus, qui sont deux étoiles de seconde grandeur, fort proches l'une de l'autre, dont la ligne se dirige vers la Couronne. La plus méridionale & la plus orientale des deux est la tête d'Ophiucus.

270. La ligne menée par ces deux têtes va rencontrer γ d'Hercule 13° plus loin, & l'étoile β d'Hercule est à 3° au nord-est de γ. La ligne menée de γ à β d'Hercule, va rencontrer ϵ d'Hercule vers le nord, & α du Serpent vers le midi, ou plutôt vers le sud-ouest ; celle-ci forme aussi un triangle équilatéral avec la tête d'Hercule & la Couronne. La ligne tirée de la tête d'Ophiucus au bassin austral de la Balance, passe sur les étoiles ϵ & δ, l'une de la quatrième grandeur, l'autre de la troisième, qui sont à 1° $\frac{1}{3}$ l'une de l'autre, sur une direction perpendiculaire au milieu de cette ligne ; l'étoile δ est la plus septentrionale & la plus occidentale. Ces étoiles se dirigent au sud-est vers ζ au genou occidental d'Hercule, qui est à 7° $\frac{1}{2}$ de ϵ, & presque vers η au genou oriental, qui est 9° $\frac{1}{2}$ plus loin que ζ, du côté du nord-

ouest. Ces étoiles δ & ε se dirigent un peu au-dessous de α du Serpent ; le groupe de ces deux étoiles δ & ε d'Ophiucus, fait à peu-près un triangle équilatéral avec β de la Balance ou le bassin boréal, & α du Serpent. Près de celle-ci est δ du Serpent, 4° ½ au nord-ouest, & ε qui est 2° au sud est. La direction de ces trois étoiles indique encore δ & ε d'Ophiucus, qui sont à 10° de ε du Serpent.

271. Les étoiles β & γ, sur l'épaule orientale d'Ophiucus, sont sur la ligne menée de la tête d'Hercule à celle du Sagittaire (267), sur le même méridien que la tête d'Ophiucus ; β est à 8°, & γ à 10° plus au midi que la tête d'Ophiucus ; leur direction passe entre les deux têtes d'Ophiucus & d'Hercule.

272. La ligne menée de la tête d'Hercule à celle d'Ophiucus, se dirige vers θ, extrémité de la queue du Serpent, qui est à 21° de la tête d'Ophiucus, vers l'occident ; c'est une étoile changeante (291), que nous désignerons encore ci-après (276).

273. La ligne menée des étoiles les plus orientales de la Couronne, qui regardent la Lyre, jusqu'à α du Serpent, passe sur la tête du Serpent entre γ & β de troisième grandeur : celle-ci est la plus occidentale des deux. Le pied occidental d'Ophiucus est entre Antarès & β, ou la boréale au front du Scorpion. Son pied oriental est entre Antarès & μ, qui est la supérieure & l'occidentale, ou précédente de l'arc du Sagittaire : ses deux pieds sont sur l'écliptique même.

274. Le CAPRICORNE est marqué par le prolongement de la ligne qui passe par la Lyre & l'Aigle ; il y a deux étoiles de troisième grandeur α & β, à deux degrés l'une de l'autre, placées sur le prolongement de cette ligne, qui marquent la tête du Capricorne ; & à 20° delà, du côté de l'orient, deux autres étoiles γ & δ, situées de l'orient à l'occident à 2° l'une de l'autre, marquent la queue du Capricorne.

275. FOMAHANT, ou la bouche du Poisson austral, étoile de la première grandeur, est indiquée par la ligne menée

de l'Aigle à la queue du Capricorne, & prolongée 20° au-delà. Tycho l'appelle *Fomahant*. M. Hyde *Pham-Al-Hut*, Flamsteed l'appelle *Fomalhaut*.

276. Le Dauphin est une petite constellation située environ 15° à l'orient de l'Aigle, formée par un losange de quatre étoiles de la troisième grandeur. La ligne menée du Dauphin par le milieu des trois étoiles de l'Aigle, perpendiculairement à la ligne que forment ces étoiles, va passer vers θ, extrémité de la queue du Serpent, du côté de l'occident (272).

277. Le Verseau est désigné par une ligne menée de la Lyre sur le Dauphin, prolongée vers le midi, à la même distance du Dauphin que le Dauphin de l'Aigle, c'est à-dire environ à 30° : le Verseau est un peu à l'orient de cette ligne. En allant du Dauphin à Fomahant, on traverse dans toute sa longueur la constellation du Verseau, & l'on passe d'abord entre les deux épaules α & β, qui sont deux étoiles de troisième grandeur, à 10° l'une de l'autre, les plus remarquables de toute cette constellation.

278. La Baleine est une grande constellation, située au midi du Bélier, au-dessous de l'espace qui est entre les Pléïades & le carré de Pégase. La ligne menée de la ceinture d'Andromède entre les deux étoiles du Bélier, va passer sur l'étoile α à la mâchoire de la Baleine, qui est une étoile de la seconde grandeur, à 25° des deux cornes du Bélier. La ligne menée de la Chèvre par les Pléïades, va passer aussi vers α de la Baleine. La ligne menée par Aldébaran & la mâchoire de la Baleine, va passer sur la queue β de la Baleine, autre étoile de seconde grandeur, qui est à 42° plus loin, tout près de l'eau du Verseau.

279 Les Poissons qui forment le douzième signe du zodiaque sont peu remarquables dans le ciel ; l'un des poissons est placé le long du côté méridional du carré de Pégase (251), sous α & γ de Pégase ; l'autre Poisson est placé à l'orient du carré de Pégase, entre la tête d'Andromède & la tête du Bélier. L'étoile α au nœud du lien des Poissons, qui est de la troisième grandeur, est située sur la lignée me-

née du pied d'Andromède par la tête du Bélier , & sur celle menée des pieds des Gémeaux par Aldébaran , à 30° à l'occident de celle-ci ; elle fait aussi un triangle-rectangle avec α de la Baleine & β ou γ du Bélier , au midi de celles-ci ; c'est l'étoile la plus remarquable de la constellation des Poissons.

280. Je ne conduirai pas plus loin ce détail des constellations ; les autres étant plus petites & moins remarquables , on aura besoin des cartes célestes pour les bien distinguer (232).

281. Après avoir appris à connoître le pole du monde (5), on doit être curieux de distinguer aussi le pole de l'écliptique , puisque c'est un des points les plus remarquables dans le ciel. Le pole boréal de l'écliptique est situé dans la constellation du Dragon , sur la ligne menée par les deux suivantes γ & δ de la grande Ourse ; il fait un triangle presque équilatéral avec la Lyre & α du Cygne ; il est aussi sur la ligne menée par les deux précédentes du carré de la grande Ourse & par les gardes de la petite Ourse (254), 3ᵈ au-delà de l'étoile ε du Dragon, qui est à peu-près sur la même ligne que les étoiles θ , η , ζ , ε , φ du Dragon , dont la direction s'étend d'Arcturus à Céphée & Cassiopée. L'étoile η est celle vers laquelle se dirigent les Gardes de la petite Ourse. Enfin , le pole de l'écliptique fait un triangle-rectangle & isoscèle avec l'étoile polaire & β de la petite Ourse , qui est la plus septentrionale des deux dernières de la petite Ourse , l'angle droit est à l'étoile β.

282. Pour se mettre à portée d'estimer en degrés les distances des étoiles , il faut les mesurer sur le globe, on y verra par exemple qu'Arcturus est éloigné de 30° 29′ de la dernière étoile η de la queue de la grande Ourse ; les deux extrêmes des 3 étoiles du baudrier d'Orion , sont éloignées de 2° ¾ ; les deux épaules sont distantes de 7° ; Aldébaran est éloigné de Sirius de 46° : d'ailleurs j'en ai indiqué plusieurs dans les articles précédens.

Des Étoiles Changeantes & des Nébuleuses.

283. L'Histoire fait mention de plusieurs étoiles remarquables & nouvelles qui ont paru, & disparu ensuite totalement; nous en connoissons encore actuellement qui disparoissent de temps à autre, qui augmentent de grandeur & diminuent ensuite sensiblement. Il y en a d'autres qui ont été décrites par les anciens, comme des étoiles remarquables, & qui ne paroissent plus; d'autres enfin, qui paroissent constamment aujourd'hui, quoiqu'elles n'ayent pas été décrites par les anciens; mais on peut attribuer une partie de ces différences à leur inattention, ou à l'erreur du catalogue des anciens, qui ne nous a été conservé qu'avec beaucoup de fautes, dans l'Almageste de Ptolomée.

284. Les plus anciens auteurs, tels qu'Homère, Attalus & Géminus, ne comptoient que six Pléïades; Simonide, Varron, Pline, Aratus, Hipparque & Ptolomée dans le texe Grec, les mettent au nombre de sept, & l'on prétendit que la septième avoit paru avant l'embrasement de Troye; mais cette différence a pu venir de la difficulté de les distinguer, & de les compter à la vue simple.

285. L'histoire raconte plus précisément des apparitions d'étoiles nouvelles, 125 ans avant J. C. au temps d'Hipparque : (*Voyez* Pline, *l. II. c.* 24. 26); & au temps de l'Empereur Hadrien, 130 ans après J. C.

286. Fortunio Liceti, Médecin célèbre, mort à Padoue en 1656, a composé un Traité *de novis Astris*, où l'on peut trouver une ample érudition sur les étoiles nouvelles, dont les anciens ont parlé. Il rapporte page 259, que Cuspinianus observa une étoile nouvelle l'an 389, près de l'Aigle; qu'elle parut aussi brillante que Vénus pendant trois semaines, & disparut ensuite. Il en cite plusieurs autres de différens siècles.

287. Mais une des plus fameuses de toutes les étoiles nouvelles a été celle de 1572 : elle fut remarquée au commencement de Novembre, faisant un rhombe parfait avec les

étoiles α, β, γ, de la conftellation de Cafliopée. Cette étoile parut dès le commencement fort éclatante, comme fi elle fe fût formée tout-à-coup avec tout fon éclat; elle furpaffoit Sirius, la plus brillante des étoiles, & même Jupiter lorfqu'il eft périgée : on l'apperçevoit même pendant le jour. Dès le mois de Décembre 1572, elle commença à diminuer jufqu'au mois de Mars 1574, qu'on la perdit de vue. Elle n'avoit aucune parallaxe fenfible (441) ni aucun mouvement propre apparent; d'où il eft aifé de conclure qu'elle étoit beaucoup plus loin de nous que Saturne, la plus éloignée de toutes les planètes; fans quoi elle auroit eu une parallaxe annuelle fenfible; elle n'avoit point de chevelure comme les comètes; mais elle brilloit comme les étoiles fixes.

288. La nouvelle étoile du Serpentaire, qui parut le 10 Octobre 1604, fut à peu-près auffi brillante que celle de 1572. Képler affure qu'elle n'avoit aucune parallaxe ni aucun mouvement par rapport aux autres étoiles; d'ou il paroît qu'elle étoit auffi beaucoup au-deffus de la fphère de Saturne; car la parallaxe annuelle produite par le mouvement de la terre, l'eût fait varier en apparence de plufieurs degrés, fi elle eût été à la diftance de Saturne (447).

289. On a obfervé dans le Cygne trois étoiles changeantes : la plus remarquable des trois eft celle qui eft appellée χ dans Bayer, & dont on obferve encore les variations. M. Kirch remarqua en 1686 ces diverfités de lumiere. Dans la fuite, M. Maraldi & M. Caffini ayant obfervé plufieurs fois cette étoile, trouverent la période de fon plus grand éclat de 405 jours. Voici les temps où elle fera la plus brillante d'ici à quelques années; le 29 Avril 1773, 9 Juin 1774, 19 Juillet 1775, le 27 Août 1776, 7 Octobre 1777 (*Mém. Acad.* 1759. p. 247). On doit obferver que ces retours font fujets à des inégalités phyfiques.

290. La deuxieme changeante du Cygne eft fituée près de l'étoile γ qui eft dans la poitrine. Elle fut découverte par Képler en 1600; pendant 19 ans qu'il l'obferva, elle parut toujours de la même grandeur, n'étant pas tout-à-fait fi

grande que γ à la poitrine du Cygne, mais plus que celle qui est dans le bec. M. Cassini l'observa de nouveau en 1655; Hevelius en 1665; en 1677, 1682 & en 1715, elle n'étoit que comme une étoile de sixieme grandeur.

291. La troisieme changeante du Cygne fut découverte le 10 Juin 1670 par le P. Anthelme, près la tête du Cygne du côté de la fléche; elle étoit de 3e grandeur; mais le 10 Août elle n'étoit plus que de 6e. Il la revit le 17 Mars 1671, & la jugea de 4e grandeur. M. Cassini y remarqua cette année-là plusieurs variations. Elle n'a pas reparu depuis 1672.

M. Cassini le fils a parlé de plusieurs autres étoiles, ou qui sont perdues, ou qui paroissent changeantes ou nouvelles, telles que des étoiles de Cassiopée, de l'Eridan, de la Baleine, &c. (*Elém. d'Astron. p. 73.*)

292. Il est difficile de se former une idée nette de la cause qui peut faire changer & disparoître les étoiles, ou nous en montrer de nouvelles. Le P. Riccioli croyoit que peut-être il y avoit des étoiles qui n'étoient pas lumineuses dans toute leur étendue, & dont la partie obscure pouvoit se tourner vers nous, plus ou moins par une rotation des étoiles (931).

M. de Maupertuis, dans son *Discours sur les différ. figur. des astres*, publié à Paris en 1732, ayant fait voir que le mouvement de rotation d'un astre sur son axe peut produire dans cet astre un aplatissement considérable, s'en sert pour expliquer le phénomène des étoiles nouvelles. Si quelqu'une de ces étoiles aplaties a autour d'elle quelque grosse planète dans une orbite fort excentrique, & inclinée au plan de l'équateur de l'étoile, l'attraction de la planète, lorsqu'elle approchera de son périhélie, changera l'inclinaison de l'étoile plate, qui par-là nous paroîtra plus ou moins lumineuse. Une étoile que nous n'appercevrions point, parce qu'elle nous présentoit le tranchant, peut être visible quand elle nous présentera une partie de son disque; c'est ainsi qu'on peut rendre raison du changement de grandeur qu'on a observé dans quelques étoiles, de leurs disparitions, de leurs retours, quoique l'hypothèse d'abord paroisse peu vraisemblable.

293. LA VOIE LACTÉE eſt une blancheur irréguliere qui ſemble faire le tour du ciel en forme de ceinture. On l'a appellée Cercle de Junon, Chemin de S. Jacques, &c. Démocrite jugea autrefois que la blancheur de cette trace céleſte devoit être produite par une multitude d'étoiles trop petites pour être apperçues diſtinctement ; c'étoit le ſentiment de Manilius. Si cela eſt probable, il faut convenir au moins que cela n'eſt pas démontré ; on voit avec les téleſcopes des étoiles dans toutes les parties du ciel, à peuprès comme dans la voie lactée. On trouvera la voie lactée tracée ſur mon nouveau globe céleſte, plus exactement qu'elle ne l'avoit été juſqu'à préſent.

294. De même que la voie lactée forme une blancheur autour du ciel, on trouve auſſi dans d'autres parties, où la voie lactée ne s'étend point, de petites blancheurs qui, à la vue ſimple, reſſemblent à des étoiles peu lumineuſes, & qui dans le téleſcope font une blancheur large & irrégulière, dans laquelle on ne trouve point d'étoiles, ou des eſpaces mêlés de cette blancheur & de petites étoiles ; c'eſt ce qu'on appelle proprement NÉBULEUSES ; car il y en a quelquesunes qui, dans la lunette, ne paroiſſent autre choſe que des amas de petites étoiles.

295. La premiere nébuleuſe proprement dite qu'on découvrit après l'invention des lunettes d'approche, fut celle d'Andromède, remarquée en 1612 par Simon Marius : elle ne paroît à la vue ſimple que comme un nuage ; mais dans la lunette, elle paroiſſoit formée par trois rayons, blancs, pâles, irréguliers, qui étoient plus clairs en approchant du centre. M. le Gentil dit qu'elle change de forme. (*Mém.* 1759. *p* 445. 465.) Elle occupe environ un quart de degré. Boulliaud eſt perſuadé qu'elle avoit été vue plus de 600 ans auparavant.

296. La nébuleuſe d'Orion eſt au-deſſous du Baudrier ou des trois Rois (247). C'eſt la plus remarquable de toutes les nébuleuſes. Cependant M. Huygens fut le premier qui l'obſerva, par hafard en 1656 ; elle eſt d'une figure irrégulière, alongée & courbe ; ſa blancheur eſt vive dans la lu-

nette, & l'on n'y diftingue cependant que fept petites étoiles dans une clarté pâle, mais uniforme. Il y a encore plufieurs autres nébuleufes : celles du Sagittaire, d'Antinoüs, d'Hercule, du Centaure, d'Andromède, du Serpentaire, du Sagittaire, &c. M. l'Abbé de la Caille, en travaillant à fon catalogue des étoiles auftrales qu'il a obfervées au Cap de Bonne-Efpérance, en a remarqué 42 dont il a donné la pofition, & M. Meffier en a obfervé plufieurs dans l'hémifphère boréal.

297. LA LUMIÈRE ZODIACALE que M. de Mairan compare à celle des nébuleufes, eft une clarté ou une blancheur fouvent affez femblable à celle de la voie lactée. On l'apperçoit après le coucher du foleil, fur-tout au commencement de Mars, en forme de pyramide ou de fufeau dont le foleil eft la bafe ; elle a plus de 100° de longueur : il paroît que cette lumière n'eft que l'atmofphère du foleil ; elle a une fituation femblable à celle de l'équateur folaire (959), & paroît en forme de fphéroïde applati comme l'exige la rotation du foleil (945). Cette lumière zodiacale eft amplement décrite dans le *Traité des Aurores boréales* par M. de Mairan, imprimé en 1751 & en 1754.

298. LES AURORES BORÉALES, qui font le fujet principal de cet ouvrage, font un phénomène lumineux, ainfi nommé parce qu'il a coutume de paroître du côté du nord ou de la partie boréale du ciel, & que fa lumière, lorfqu'elle eft proche de l'horizon, reffemble à celle du point du jour ou à l'aurore.

On voit fouvent de ces Aurores boréales dans les pays du nord ; on en obferve rarement en Italie. On en vit une fameufe le 19 Octobre 1726 à Paris, qui fut fuivie de plufieurs autres : elles porterent M. de Mairan à rechercher la caufe de ces phénomènes, & il penfa l'avoir trouvée dans la lumière zodiacale (297) ou atmofphère du foleil, qui venant à rencontrer les parties fupérieures de notre air, y dépofe quelques particules lumineufes qui tombent dans l'atmofphère terreftre, à plus ou moins de profondeur, felon que fa pefanteur fpécifique eft plus ou moins grande.

299. Mais les Aurores boréales me femblent avoir bien plus de rapport avec les phénomènes électriques ; elles font varier fenfiblement la direction de l'aiguille aimantée ; elles électrifent des pointes ifolées, placées dans de grands tubes de verre ; on affure même avoir entendu dans les Aurores boréales un pétillement femblable à celui des étincelles électriques. Suivant les rapports qu'on obferve entre la matière de l'aiman & celle de l'électricité, je ne ferois point étonné que la matière électrique fe portât vers le nord, & fortît par les poles de la terre, vers les parties fur-tout où il y a le plus de minéraux ; dans ce cas, elle pourroit produire les aurores boréales, qui font en effet prefque continuelles dans les régions feptentrionales, comme on le voit dans la *Figure de la terre de MM. de Maupertuis*, &c.

Nous n'avons renfermé dans ce 1er livre que les premiers principes de la fphère & la connoiffance la plus fimple des conftellations & des étoiles fixes ; le détail de leurs mouvemens, foit réels foit apparens, fe trouvera dans le livre VII, à peu-près dans l'ordre des temps où l'on s'en eft occupé, ou de la difficulté qu'on doit trouver à en fuivre les détails.

LIVRE SECOND.

FONDEMENS DE L'ASTRONOMIE, ET SYSTEMES DU MONDE.

300. LES premiers fondemens de l'astronomie sont ceux dont l'application doit être la plus générale, & influer le plus sur tout le reste de cet ouvrage. J'ai renfermé sous ce titre, 1°. la recherche des mouvemens du soleil, auquel nous sommes obligés de rapporter tous les autres mouvemens ; 2°. les positions des étoiles fixes qui servent à connoître exactement celles de tous les autres astres ; 3° la mesure du temps, ses inégalités, & son équation, qui est un préliminaire de tout calcul astronomique ; 4°. la manière de trouver l'heure du passage au méridien, du lever & du coucher d'un astre ; enfin, j'y ai joint, à mesure que l'occasion s'en est présentée, les problêmes qui sont les plus usités dans l'Astronomie sphérique.

301. Il sembleroit qu'on ne peut lire cette partie sans connoître un peu les règles de la trigonométrie sphérique, ou savoir du moins les employer, c'est-à-dire, faire une règle de trois par le moyen des sinus & des logarithmes ; mais on peut avoir une idée assez complette de l'astronomie, sans en exécuter les calculs, & l'on peut encore les exécuter même sans connoître les démonstrations de la trigonométrie sphérique. On les trouvera dans les traités de M. de Parcieux, de M. Mauduit, d'Ozanam, de Rivard, de la Caille & de M. Bezout. comme dans mon grand ouvrage d'astronomie, & après une première lecture des principes de cette science, on pourra s'exercer sur la trigonométrie sphérique pour relire l'astronomie avec plus de fruit, sur-tout dans le cas où l'on se proposeroit d'approfondir cette science & d'en faire des applications.

302.

302. Il importe feulement de bien remarquer trois chofes avant que d'entrer en matière. 1°. Les angles fphériques
dans le ciel font formées par la rencontre de deux grands
cercles, & font mefurés par un autre arc de grand cercle,
qui auroit fon pole dans le fommet de l'angle que l'on me-
fure ; ainfi l'angle Υ, (*fig.* 18) formé par l'équateur ΥQ,
& par l'écliptique ΥC, eft de la même quantité que l'arc
CQ décrit à 90° du fommet Υ ; l'arc eft la mefure de l'angle. 2°. Les arcs perpendiculaires à un grand cercle vont
tous fe rencontrer au pole de ce cercle. 3°. Dans tout triangle fphérique, dont on connoît trois chofes prifes à volonté
parmi les trois côtés ou les trois angles, on peut toujours
trouver les trois autres par les règles de la trigonométrie
fphérique. Ces notions fuffifent pour entendre ce que nous
avons à dire dans ce livre ; je n'ai pas voulu embarraffer
les commencemens de ce traité par un détail ennuyeux de
formules & de calculs.

Du mouvement & des inégalités du Soleil.

303. L'Observateur qui veut lui feul former un cours
d'obfervations, & fuivre les progrès des anciens aftronomes
dans leurs recherches, doit commencer par déterminer la
hauteur du pole, ou la latitude du lieu où il eft (33) ; il reconnoîtra la direction de l'écliptique ou du cercle que décrit
le foleil en un an ; enfin il reconnoîtra les points où l'écliptique coupe l'équateur (66), l'angle qu'elle fait avec ce
cercle, ou la quantité dont elle s'éloigne de l'équateur dans
les points folftitiaux (70) ; il fera pour-lors en état de déterminer le progrès du foleil dans l'écliptique, & les points où
il fe trouve chaque jour ; c'eft la première efpèce d'obfer-
fervations dont il ait befoin.

Soit EQ (*fig.* 21) l'équateur, HO l'horizon, ES l'é-
cliptique inclinée en E de 23° $\frac{1}{2}$ fur l'équateur ; S le foleil à
midi au moment qu'il paffe par le meridien SAB ; fi j'ob-
ferve (art. 23), de combien de degrés eft fa hauteur au-
deffus de l'horizon, c'eft-à-dire que je mefure l'arc SB, &

H

que j'en retranche la hauteur *A B* de l'équateur, qui est toujours la même, (à Paris de 41 deg. 10′) je connoîtrai *S A*, distance du soleil à l'équateur, que l'on appelle *Déclinaison du soleil* (91) ; or, dans le triangle sphérique *S E A*, formé par des arcs de l'équateur, de l'écliptique & du méridien, on connoît l'angle *E* de 23° ½, & le côté opposé *S A*, qui est la déclinaison du soleil, avec l'angle *A* qui est droit, parce que les méridiens sont nécessairement perpendiculaires à l'équateur (21) ; on trouvera par la trigonométrie sphérique l'hypothénuse *E S*, qui est la longitude du soleil, c'est-à-dire, sa distance au point équinoxial *E*, mesurée le long de l'écliptique.

304. Exemple. Le 22 Mars 1752, à l'observatoire royal de Berlin, avec un quart-de-cercle de 5 pieds de rayon, j'observai la hauteur du bord du soleil, & je conclus de mon observation, que la hauteur vraie du centre du soleil étoit de 38° 22′ 27″ ; j'avois déterminé précédemment la hauteur de l'équateur de 37° 28′ 30″ ; celle-ci étant ôtée de celle du soleil, il reste 0° 53′ 57″ pour la déclinaison vraie du soleil, & supposant pour l'obliquité de l'écliptique 23° 28′ 11″, j'ai fait cette proportion pour résoudre le triangle sphérique *E S A* : le sinus de 23° 28′ 11″, ou de l'angle *E*, est au sinus de 53′ 57″, qui est le côté *A S*, comme le sinus total, qui est toujours l'unité, est au sinus de l'hypothénuse *E S*, ou de la longitude du soleil, qui s'est trouvée par cette proportion être de 2° 14′ 47″.

305. Le côté *E S* trouvé par cette proportion n'est que la distance à l'équinoxe le plus prochain *E* ; si l'observation avoit été faite au mois de Septembre, dans le temps que le soleil se rapproche de l'équateur & que sa déclinaison va en diminuant, le résultat de notre proportion seroit seulement la distance à l'équinoxe d'automne mesurée le long de l'écliptique. Soit ♈ *DKCB* ♎ *N R*, *fig.* 22, l'équateur développé en ligne droite, ♈ *H* ♎ ♑ l'écliptique dont la première moitié ♈ *H* ♎ étant au-dessus ou au nord de l'équateur, a une déclinaison boréale, tandis que les six derniers signes ♎ ♑ *R* ont une déclinaison australe ; si le soleil étoit en *G*

avec une déclinaison *BG*, la règle précédente auroit fait trouver l'hypothénuſe *G* ♎, & ſon ſupplément a ſix ſignes, ♈ *SHG* ſeroit la longitude du ſoleil. Si la déclinaiſon du ſo-leil étoit auſtrale, telle que *AF*, la hauteur ſeroit moindre que la hauteur de l'équateur, du moins dans nos régions ſeptentrionales ; il faudroit retrancher la hauteur obſervée de la hauteur de l'équateur pour avoir la déclinaiſon ; l'hy-pothénuſe trouvée par l'analogie précédente ſeroit ♎ *A* diſtance à l'équinoxe d'automne, & il faudroit y ajouter 180° ou le demi-cercle entier ♈ *H* ♎ pour avoir la longitude du leil comptée depuis l'équinoxe du printemps ou depuis le Bélier, c'eſt à dire l'arc ♈ *H* ♎ *A*.

Enfin, ſi la déclinaiſon du ſoleil étant encore auſtrale étoit comme *P Q*, entre le ſolſtice d'hiver ♑ & l'équinoxe du printemps *R*, on ne trouveroit par notre règle que l'hy-pothénuſe *P R*, & il faudroit prendre ſon complément à 12 ſignes ou à 360° pour avoir la longitude entière ♈ *SHG AP* comptée d'occident en orient depuis le point d'où l'on étoit parti pour compter les longitudes.

306. Telle eſt la méthode dont les anciens aſtronomes ſe ſont ſervis pour trouver chaque jour la longitude du ſoleil, par le moyen de ſa hauteur & de ſa déclinaiſon, (Coper-nic, *liv. II. c.* 14.). Les aſtronomes modernes ont cherché le moyen de ſupprimer dans cette méthode la néceſſité de connoître la hauteur de l'équateur, & par conſéquent la dé-clinaiſon du ſoleil ; ſuivant la méthode de Flamſteed ſuivie par M, de la Caille & par tous les aſtronomes, on compare le ſoleil à une étoile *E* ou *L* (*fig.* 22) lorſqu'il eſt dans le même parallèle que l'étoile, ou du moins qu'il en eſt égale-ment éloigné ; par ces deux obſervations faites à 4 ou 5 mois l'une de l'autre, on a ces différences d'aſcenſions droi-tes *BC* & *CD*, c'eſt-à-dire le mouvement total *B D* dont la moitié *BK* eſt le complément de *B* ♎ ou ♈ *D*, c'eſt-à-dire de l'aſcenſion droite du ſoleil.

C'eſt ainſi qu'on détermine le lieu du ſoleil, & par conſé-quent ſes inégalités : connoiſſant la durée de l'année ſolaire (80), c'eſt-à-dire le temps qu'il emploie à décrire 360°,

H ij

il eſt aiſé de trouver combien de degrés de longitude il doit avoir tous les jours de l'année, & de voir ſi cela eſt d'accord avec les degrés de la vraie longitude obſervée de jour à autre. On dut trouver bientòt qu'en effet le ſoleil étoit quelquefois plus avancé d'environ 2° qu'il n'auroit dû l'être, en ſuivant cette longitude moyenne, égale ou uniforme, diſtribuée proportionnellement ſur tous les jours de l'année, & que ſix mois après la longitude vraie étoit au contraire moins avancée, ou plus petite de 2° que la longit. moyenne.

307. Lorſqu'on partage 360° ou 1296000″ en 365 $\frac{1}{4}$ parties, on trouve que le ſoleil doit faire 59′ 8″ & $\frac{3}{10}$ par jour, ainſi en additionnant cette quantité 365 fois de ſuite, il eſt aiſé de trouver par chaque jour combien de degrés & de minutes doit avoir la longitude du ſoleil, en ſuppoſant qu'elle croiſſe réguliérement & d'une manière uniforme', c'eſt-à-dire, tous les jours d'une même quantité : la longitude ainſi trouvée pour chaque jour, par l'addition ſucceſſive du mouvement diurne ou de 59′ 8″, s'appellera déformais LONGITUDE MOYENNE.

308. Lorſque les aſtronomes eurent obſervé pendant une année de ſuite, en ſuivant la méthode précédente (303), le lieu vrai du ſoleil dans l'écliptique tous les jours à midi, ils virent que cette longitude vraie obſervée n'étoit pas toujours égale à la longitude moyenne calculée par avance pour chaque jour : la longitude vraie du ſoleil n'eſt égale à la longitude moyenne que vers le commencement de Janvier & de Juillet ; elle eſt plus grande au mois d'Avril d'environ 2°, ou plus exactement 1° 55′ 31″, c'eſt-à-dire, que le premier Avril le ſoleil eſt réellement au point où il devroit être le 3, ou deux jours après, s'il avoit avancé uniformément dans l'écliptique depuis le premier de Janvier, & ſi ſa longitude vraie étoit toujours égale à ſa longitude moyenne ; au contraire vers le commencement d'Octobre, la longitude vraie eſt moins avancée de la même quantité que n'eſt la longitude moyennè : cette inégalité du ſoleil, ou cette différence s'appelle EQUATION DE L'ORBITE ou *équation du centre.*

309. La première idée que l'on dut avoir de la cause de cette inégalité, fut qu'elle étoit seulement apparente. Le soleil, disoient les premiers Philosophes, doit décrire un cercle, puisque c'est la plus parfaite de toutes les figures, & il doit le décrire uniformément, puisque le mouvement uniforme est le plus parfait de tous ; mais si la terre où nous sommes placés, n'est pas le centre de ce cercle, dès-lors les parties du cercle les plus éloignées de nous, paroissent plus petites que les portions les plus voisines, & le mouvement du soleil nous paroît plus lent dans les parties les plus éloignées. Soit *E* (*fig.* 23) le centre du cercle *NAPB* que décrit le soleil chaque année, & *F* un autre point où la terre soit placée ; le soleil étant en *N*, sera plus éloigné de nous que lorsqu'il sera en *P*, les espaces qu'il parcourt chaque jour nous paroîtront plus petits, & le soleil sera plus long-temps à parcourir la portion *BA* que la partie *CD*, quoique l'une & l'autre nous paroisse être de 90°, étant mesurées par des angles droits *BFA*, *CFD*.

Si l'on tire par le centre *E* les lignes *GE*, *HE*, qui fassent aussi des angles droits, on verra bien que le quart de la révolution moyenne s'acheve de *G* en *H*, quoique le quart de la révolution vraie n'ait lieu que de *A* en *B*, les arcs *BH* & *AG* marquent l'inégalité du soleil.

310. Le point *N* du grand orbe qui est le plus éloigné de la terre, s'appelle Apogée (*a*), & le point opposé *P*, où il est le plus près de nous, se nomme Périgée (*b*) la quantité *E F*, ou la distance entre le centre de l'orbite & le point où est supposé l'observateur, s'appelle l'Excentricité du soleil ; la distance du soleil à son apogée s'appelle l'Anomalie (*c*), c'est par exemple l'arc *A N* lorsque le soleil est en *A*. Quand nous aurons démontré dans le livre suivant que c'est véritablement la terre qui décrit une orbite semblable autour du soleil, nous appellerons Aphé-

---

(*a*) Ἄπω, *longè*, *procul*.
(*b*] Περὶ, *propter*. Γῆ, *Terra*.
(*c*) Ἀνώμαλις ; *inequalis*, *Anomalie*, signifie proprement en astronomie, l'*indication* ou l'*argument* de l'inégalité.

Lie (*a*), le point *N* où la terre sera la plus éloignée du soleil *F*, & Perihél e le point *P* qui en sera le plus près.

On donne aussi en général le nom d'Apsides (*b*) aux deux points extrêmes *N* & *P* d'une orbite lorsqu'on les considere relativement au point *F* où l'observateur est placé, & autour duquel se fait le mouvement.

311. Ce que nous venons d'expliquer par un cercle excentrique, peut s'expliquer tout de même par un cercle *homocentrique*, c'est-à-dire dont le centre répond au centre même de la terre, chargé d'un épicycle. Soit *F* (*fig.* 24), le centre du cercle *ABL* que le soleil est supposé décrire autour de la terre placée au centre ; *GHK* un petit cercle appellé épicycle, dont le centre *B* parcourt uniformément la circonférence *ABL* d'occident en orient, tandis que le soleil lui-même parcourt l'épicycle en sens contraire de *G* en *H*, ou d'orient en occident. On suppose que le point *G* de l'épicycle qu'on appelle l'apogée, parce qu'il est le plus éloigné de la terre, se soit trouvé sur le rayon *FA* au commencement du mouvement ; on prend l'arc *GH* du même nombre de degrés que l'arc *AB*, & le point *H* est le lieu où l'on suppose le soleil, tandis que le point *B* est le centre de l'épicycle. Si nous prenons ensuite *FE* parallèle & égale à *BH*, & que du point *E*, comme centre, nous décrivions un autre cercle *NHPC*, dont le rayon *EH* soit égal à *FB* ou *FA* ; ce cercle *NHC* sera précisément la même chose que l'excentrique décrit par le soleil dans l'hypothèse précédent (309), tel que le supposoit Ptolomée ; l'angle *NEH* est le même dans les deux cas, c'est le mouvement vrai & uniforme du soleil égal à l'arc *NH*, tandis que le mouvement vu du point *F*, est plus petit, parce que la distance *FN* du soleil dans l'apogée est plus grande que la distance *FP* dans le Périgée ; l'arc *NH* décrit sur l'excentrique dans la première hypothèse, est le

---

( ] Ἀπὸ, *longè*, περὶ, *propè*, Ἥλιος,   parce que les Apsides sont les points où
sol.   l'orbite se replie, pour ainsi dire, en chan-
(*b*) *Apside* vient de Ἄψις, *curvatura*   geant de direction.
in rotam, qui signifie aussi une tortue,

même que l'arc *AB* décrit par le centre de l'épicycle dans la seconde hypothèse ; l'un & l'autre est proportionel au temps, c'est-à-dire, augmente de 59′ 8″ par jour : l'inégalité dans la première hypothèse consiste en ce que l'arc *NH* est vu du point *F*, au lieu d'être vu de son centre *E* ; & dans l'hypothèse des épicycles, c'est toujours la quantité *NH* vue du point *F*, qui est le véritable arc décrit par le soleil, puisqu'il étoit en *N* au commencement du mouvement, & qu'il se trouve parvenu en *H*. Ainsi l'on expliquoit également dans ces deux hypothèses l'inégalité apparente du soleil, vue de la terre, en supposant le mouvement du soleil circulaire & uniforme.

312. Cette inégalité du soleil, que tous les anciens expliquoient par le moyen d'une orbite excentrique, ou d'un épicycle, fut également observée dans les planètes, qui toutes ont en effet des orbites excentriques ; mais ce n'est que dans le temps de leurs conjonctions & de leurs oppositions au soleil, c'est-à-dire quand elles font du même côté que le soleil ou directement opposées, que l'on peut mesurer cette inégalité. Toutes les fois qu'elles font à droite ou à gauche du soleil, & qu'elles ne font pas, par rapport à nous, dans la même ligne que cet astre, les planètes ont pour nous une autre inégalité, encore plus considérable : elle vient de ce que nous ne sommes point dans le soleil, auquel se rapportent réellement leurs orbites, & autour duquel elles tournent ; mais les anciens, qui ne connoissoient pas cette explication, & qui ne comprenoient rien à la cause de cette *seconde inégalité*, se contentoient de l'expliquer par un second épicycle, ou bien par un cercle excentrique qu'ils chargeoient d'un épicycle (380).

313. La hauteur méridienne du soleil qui a servi à déterminer sa longitude (303), peut servir également à trouver son ascension droite : lorsqu'on connoît la déclinaison *AS* (*fig.* 21), on peut dans le triangle *SEA*, où l'on connoît trois choses, trouver egalement le côté *AE*, qui est la distance du soleil à l'équinoxe comptée sur l'équateur, & l'angle *S* formé par l'écliptique *ES* & par le cercle de déclinaison

SA ; le complément de ce dernier angle est l'angle du cercle de latitude & du cercle de déclinaison , que l'on appelle *angle de position*.

314. Quand on connoît tous les jours ou la longitude ou l'ascension droite du soleil, il est aisé de voir le jour & l'heure où arrive l'équinoxe, c'est-à-dire où le soleil a zéro pour longitude , & où son ascension droite & sa déclinaison sont également nulles. Les anciens observoient les équinoxes par le moyen d'un cercle ou anneau de bronze qui étoit incliné comme l'équateur, & dont la concavité cessoit d'être éclairée le jour que le soleil étoit dans le plan de l'équateur.

315. La durée de l'année est encore une suite de la détermination des équinoxes, car l'intervalle entre un équinoxe & celui de l'année suivante est la durée de l'*année solaire* ou du retour des saisons. Si l'on prend deux équinoxes observés à mille ans l'un de l'autre, & qu'on partage l'intervalle total en mille parties, on aura plus exactement la longueur de l'année ; c'est ainsi que je l'ai trouvée de 365 jours 5^h 48' 45". Nous parlerons ci-après de l'année sydérale qui se rapporte aux étoiles & non aux équinoxes, ce qui fait une petite différence pour les retours du soleil (321).

316. L'ascension droite du soleil trouvée immédiatement par la méthode précédente, sert à trouver celles des étoiles , & à former nos catalogues. En effet , pour connoître la longitude d'une étoile ou d'un astre quelconque, il faut en observer d'abord l'ascension droite & la déclinaison. Pour connoître l'ascension droite d'un astre, il suffit de le comparer avec le soleil, dont l'ascension droite peut être connue tous les jours par la méthode de l'art. 313 , ou bien avec une des étoiles qu'on a déterminées en même temps. Ainsi le problême se réduit à trouver l'ascension droite du soleil ; c'est ici le terme fixe donné par la nature, d'où il faut absolument partir , & auquel on doit tout rapporter. En effet les longitudes se comptent d'un point qui n'est donné & connu que par le mouvement du soleil, (puisque que c'est l'intersection de la route du soleil avec l'équateur) ; ce point n'est pas marqué dans le ciel, c'est le soleil qui nous en in-

dique la place : ce n'eſt donc que par le moyen du ſoleil qu'on peut déterminer la diſtance d'un aſtre au point équinoxial, en déterminant ſéparément la diſtance de l'aſtre au ſoleil, & celle du ſoleil à l'équinoxe.

317. Quend on connoît exactement l'aſcenſion droite du ſoleil ou d'une étoile, on obſerve la différence entre ſon paſſage au méridien & celui des autres étoiles, & l'on en conclut l'aſcenſion droite de chacune. Pour avoir l'heure du paſſage au méridien d'une étoile, ou la différence entre le temps de ſon paſſage & celui d'une autre étoile, on pourroit ſe ſervir d'une méridienne ſur laquelle on auroit élevé des fils à plomb; mais on ſe ſert actuellement de la méthode des hauteurs correſpondantes (322) ou bien d'une lunette méridienne qui tourne autour d'un axe horizontal, ſans quitter le plan du méridien.

Pour avoir la déclinaiſon d'une étoile, il ſuffit d'obſerver ſa hauteur méridienne, & de prendre la différence entre cette hauteur & celle de l'équateur, ainſi que nous l'avons fait pour le ſoleil (303).

318. Connoiſſant l'aſcenſion droite & la déclinaiſon d'un aſtre, on trouvera ſa longitude & ſa latitude par la trigonométrie ſphérique; mais à cauſe de l'uſage des ſinus, il faut avoir ſoin de prendre, au lieu de l'aſcenſion droite donnée, la diſtance au plus prochain équinoxe (305).

Soit *AE* (*fig. 25*) l'aſcenſion droite d'un aſtre quelconque, ou ſa diſtance au plus prochain équinoxe, comptée ſur l'équateur & moindre que 90°; *AS* la déclinaiſon du même aſtre, ou ſa diſtance à l'équateur, *EC* l'écliptique, *SB* la latitude cherchée de l'aſtre *S*, meſurée par un arc perpendiculaire à l'écliptique, & *EB* ſa longitude, ou plutôt ſa diſtance à l'équinoxe le plus prochain, comptée ſur l'écliptique; on imaginera un grand cercle *ES*, allant du point équinoxial à l'étoile, pour former un triangle ſphérique *SEA*, rectangle en *A*, avec l'aſcenſion droite & la déclinaiſon de l'aſtre, & un autre triangle ſphérique *SBE* rectangle en *B* avec la longitude & la latitude du même aſtre. On réſoudra d'abord le triangle *SAE*, rectangle en *A*, dans lequel on connoît les deux côtés , & l'on trouvera l'angle *SEA* & l'hypothénufe *SE*. Par le moyen de l'angle *SEA* & de l'angle *BEA* , qui eft l'obliquité de l'écliptique de $23°\frac{1}{2}$, on formera l'angle *SEB* , qui fera leur différence, fi le point *S* & le point *B* font tous les deux au-deffus ou tous les deux au-deffous de l'équateur *EA* , au contraire l'angle *SEB* fera la fomme de l'angle *SEA* & de l'obliquité *AEB* , fi l'aftre *S* & le point *B* de l'écliptique qui lui répond , font l'un au nord & l'autre au midi de l'équateur , comme dans la fig. 26. Lorfqu'on aura formé l'angle *SEB* , on s'en fervira avec l'hypothénufe *SE* pour connoître la longitude *EB* & la latitude *BS* , d'une étoile rapportée à l'écliptique , c'eft ainfi que l'on a conftruit les catalogues d'étoiles où font marquées les longitudes & les latitudes de chacune , en fignes , degrés , minutes & fecondes. Les plus confidérables font le catalogue Britannique de *Flamfteed* , & celui des étoiles auftrales de *la Caille*.

En même temps qu'on calcule la longitude d'une étoile , il eft facile de calculer l'angle de pofition *BSA* ou *BSF* , formé par le cercle de latitude *BS* & le cercle de déclinaifon *SA*. On le trouveroit également par la figure 27 , en fuppofant que *PZ* foit le colure des folftices , *P* le pole du monde & *Z* le pole de l'écliptique , l'angle *P* le complément de l'afcenfion droite , l'angle *Z* le complément de la longitude , *PS* le complément de la déclinaifon , *ZS* le complément de la latitude ; ainfi l'on peut prendre trois de ces quantités pour trouver l'angle de pofition *PSZ*.

319. Lorfqu'on eut ainfi déterminé les pofitions des différentes étoiles , on ne tarda pas à reconnoître que leurs longitudes augmentoient peu à peu. Hipparque de Rhodes , le plus célebre des anciens aftronomes , reconnut 128 ans avant l'ere vulgaire , que les longitudes des étoiles , par rapport aux équinoxes , étoient plus grandes que fuivant les obfervations de Tymocharès & d'Ariftylle , 294 ans avant J. C. & fuivant la fphère d'Eudoxe , qui avoit écrit 400 ans avant J. C. mais dont la fphère fe rapportoit à des fiècles encore plus éloignés. Ce changement des étoiles en longi-

tude est bien plus sensible aujourd'hui, quand on compare le catalogue de Ptolomée avec les nôtres, ou les observations qu'il rapporte avec celles que nous faisons.

L'épi de la Vierge, suivant les observations d'Hipparque, 128 ans avant J. C. précédoit de 6 degrés l'équinoxe d'automne, c'est-à-dire, que sa longitude étoit de .. $5^s\ 24^d\ 0^m$.

Mais on trouve pour 1750 cette longitude.. $6^s\ 20^d\ 21^m$.

La différence ou l'augmentation est de . . . $26^d\ 21^m$.

320 Après un grand nombre de comparaisons semblables, je trouve que le changement des étoiles, ou la précession des équinoxes est de $1^d\ 23'\ 10''$ par siècle, & que la révolution totale des étoiles, ou plutôt celle des équinoxes par rapport aux étoiles, est de 25972 ans. Cette quantité n'est pas parfaitement uniforme, on trouve quelque différence d'un siècle à l'autre (758).

321. Les étoiles n'étant pas toujours à la même distance des équinoxes, & s'en éloignant chaque année de $50''$, le soleil ne revient aux mêmes étoiles que $20'$ plus tard qu'aux équinoxes, parce qu'il lui faut $20'$ pour faire $50''$; ce retour est ce qu'on appelle l'*année sydérale*, & sa durée est de $365^j\ 6^h\ 9'\ 11''$, tandis que le retour des saisons, qu'on appelle aussi *année tropique*, n'est que de $365^j\ 5^h\ 48'\ 45''\ \frac{1}{2}$; c'est cette année tropique dont on se sert pour former les années civiles, qui sont de 365 jours, & quelquefois de 366.

De la Méthode des Hauteurs correspondantes.

322. Les différences d'ascension droite étant le fondement de la méthode par laquelle nous venons de déterminer les lieux du soleil & des étoiles fixes (316), il est nécessaire d'expliquer ici la méthode la plus naturelle & la plus exacte qu'on ait pour déterminer ces différences d'ascension droite, ou les différences des passages au méridien entre deux astres, c'est-à-dire, pour déterminer le moment où chacun des deux astres a passé par le méridien.

On a vu, à l'occasion de la manière de tracer une méridienne (155), que les aftres font également élevés une heure avant le paffage au méridien & une heure après ; ainfi pour avoir rigoureufement le temps où un aftre a paffé au méridien, il fuffit d'obferver, par le moyen d'une horloge à pendule, le moment où il s'eft trouvé à une certaine hauteur vers l'orient en montant & avant fon paffage par le méridien, & d'obferver enfuite le temps où il fe trouve à une hauteur égale en defcendant vers le couchant après le paffage au méridien : le milieu entre ces deux inftans à l'horloge, fera le temps que l'horloge marquoit quand l'aftre a été dans le méridien.

323. Suppofons que le bord du foleil ait été obfervé le matin avec le quart-de-cercle, dont nous donnerons bientôt la defcription, & qu'on ait trouvé fa hauteur de 21° lorfque l'horloge marquoit 8ʰ 50′ 10″; fuppofons que plufieurs heures après, & le foleil ayant paffé au méridien, on retrouve encore fa hauteur de 21° vers le couchant, au moment où l'horloge marque 2ʰ 50′ 30″ ; il s'agit de favoir combien il y a de temps écoulé entre 8ʰ 50′ 10″ du matin, & 2ʰ 50′ 30″ du foir ; on prendra le milieu de cet intervalle, & ce fera le moment du midi, fur l'horloge dont on s'eft fervi, foit qu'elle fût bien à l'heure, ou qu'elle n'y fût pas.

324. Pour prendre le milieu entre ces deux inftans, il faut, fuivant une règle de la plus fimple arithmétique, ajouter enfemble les deux nombres, & prendre la moitié de la fomme ; mais au lieu de 2 heures après midi il faut écrire 14 heures, parce que l'horloge doit être fuppofée avoir marqué de fuite les heures dans l'ordre naturel depuis 8 heures jufqu'à 14, au lieu que dans le fait & par l'ufage de l'horlogerie, elle a fini à 12 pour recommencer 1, 2, &c. Cette irrégularité de l'horloge dérangeroit le calcul, fi l'on n'y avoit pas égard.

Heure où le bord du foleil étoit à 21° le matin, 8ʰ 50′ 10″
Heure où le bord étoit à 21° le foir 14 50 30

Somme des deux nombres . . . . 23ʰ 40′ 40″
Moitié de la fomme 11 50 20

Ainsi quand le soleil étoit dans le méridien à sa plus grande hauteur, & à distances égales des deux hauteurs observées, l'horloge marquoit 11^h 50′ 20″, c'est-à-dire qu'elle étoit en retard sur le soleil de 9′ 40″. Les astronomes s'inquiètent peu que leurs horloges avancent ou retardent, pourvu qu'ils connoissent exactement la quantité de l'avancement ou du retard, & ils la connoissent toujours par la méthode précédente. Cette opération n'a pas besoin d'être démontrée ; on voit assez que de 8^h 50′ 10″ à 11^h 50′ 20″, il y a 3^h 0′ 10″ d'intervalle, & qu'il y a la même distance entre 11^h 50′ 20″ & 2^h 50′ 30″ du soir.

325. On ne se contente pas ordinairement de prendre une seule fois le matin la hauteur du bord du soleil, & une fois le soir, pour déterminer l'instant du midi ; on en prend huit ou dix le matin & autant le soir sur le même bord du soleil & sur les mêmes degrés correspondans, on compare chaque hauteur du matin avec celle du soir, qui a été prise au même degré, & l'on a autant de résultats différens qu'il y a de degrés ou de hauteurs comparées. Si l'on avoit rigoureusement bien opéré, on trouveroit par chacune le même résultat ; mais il est rare qu'il n'y ait pas de différence d'une seconde, alors on prend le milieu entre tous les résultats, en les additionnant ensemble & divisant la somme par le nombre des résultats.

326. L'OPÉRATION précédente suppose que le soleil ait décrit le matin & le soir un seul & même parallèle, que son arc montant ait été parfaitement égal à son arc descendant, c'est à-dire, qu'il ait été depuis neuf heures du matin jusqu'à trois heures du soir, à la même distance de l'équateur, afin que son angle horaire (201) ait été le même à la même hauteur. Cependant cette supposition n'est pas rigoureusement exacte, car le soleil décrivant tous les jours obliquement dans l'écliptique un arc d'environ 1 degré, il s'approche ou s'éloigne nécessairement un peu de l'équateur, & la quantité va quelquefois à une minute de degré par heure.

327. On a vu (119) que l'arc diurne du parallèle que décrit un astre dans la sphere oblique, est d'autant plus grand

que l'aftre eft plus près du pole élevé, c'eft-à-dire par rapport à nous, plus feptentrional; il en eft de même de l'arc
SEMI-DIURNE, c'eft à-dire de l'arc du parallèle compris entre
le méridien & l'horizon : fi le foleil en fe couchant eft plus
près du pole qu'il ne l'étoit en fe levant, l'arc femi-diurne du
foir eft plus grand que l'arc femi-diurne du matin, c'eft-à-dire,
qu'il y a eu plus de temps depuis le midi jufqu'à fon coucher, qu'il n'y en avoit eu depuis le lever jufqu'à midi; ainfi
le midi vrai ne s'eft pas trouvé à égales diftances entre le lever
& le coucher; il ne fuffiroit donc pas de prendre un milieu
entre le lever & le coucher du foleil, pour avoir le moment du
midi. En prenant ce milieu, l'on feroit la même chofe que fi
l'on ajoutoit enfemble les deux arcs femi-diurnes exprimés en
temps, & que l'on prît la moitié de la fomme, comme nous
venons de le faire (324). Mais s'il y a dans le vrai un des
deux nombtes plus grand que l'autre de 40″, la demi-fomme
devra être plus grande de 20″ que le premier nombre, &
l'on aura dans le réfultat 20″ de trop; il faudroit donc ôter
20″ (dans le cas où le foleil s'eft rapproché du pole élevé),
de la demi-fomme, ou du milieu trouvé entre le lever & le
coucher, pour avoir le moment du vrai midi. Le milieu pris
entre les deux inftans approche également du lever & du
coucher; il en eft à des diftances égales, puifqu'on a pris
exactement un milieu; mais le méridien eft plus près du foleil levant, le foleil eft donc arrivé au méridien plutôt qu'il
n'eft arrivé au point qui tient le milieu entre le lever & le
coucher, il faut donc retrancher quelque chofe de ce milieu
pour avoir le moment du midi vrai.

328. Ce que nous venons de dire du lever & du coucher
du foleil, il le faut dire d'une hauteur quelconque, par
exemple, d'un cercle parallèle à l'horizon imaginé à 21^d de
hauteur; le temps qu'emploira le foleil à aller depuis ce
cercle de 21^d parallèle à l'horizon jufqu'au méridien, fera
moindre que le temps employé à aller depuis le méridien
jufqu'au même cercle du côté du foir, fi le foleil dans cet
intervalle s'eft rapproché du pole élevé : au lieu des arcs femi-diurnes, dont nous venons de parler, ce feront ici les

angles horaires (201) qui augmenteront ; ainsi il faudra ôter quelque chose du milieu pris entre les temps de deux hauteurs égales pour avoir le midi vrai. Ce seroit le contraire si le soleil, au lieu de s'être rapproché du nord, s'en étoit éloigné du matin au soir, l'angle horaire du soir seroit plus petit que celui du matin, & il faudroit ajouter une petite quantité à l'instant du milieu pour avoir celui du midi.

329. Soit P le pole élevé (*fig.* 27), Z le zénit, S le soleil, $ASBC$, un cercle parallèle à l'horizon, ensorte que le point B & le point S soient à la même hauteur ; PS la distance du soleil au pole le matin, PB sa distance au pole devenue plus petite le soir. Au moment où le soleil sera parvenu le soir au point B, que je suppose élevé de $21°$, comme dans l'observation du matin, l'angle horaire du soir ZPB, ou la distance du soleil & de son cercle horaire PB au méridien PZA, sera plus grand que l'angle horaire du matin ZPS; on a donc deux triangles ZPS, ZPB, qui ont chacun le côté commun PZ & les côtés égaux ZS, ZB, tous les deux de $69°$, puisqu'ils font le complément de la hauteur, qui est de $21°$ dans les deux cas ; les côtés PS & PB font différens de la quantité dont la déclinaison du soleil a changé dans l'intervalle des deux hauteurs ; si l'on résout séparément ces deux triangles pour trouver les deux angles horaires ZPS, ZPB, on les trouvera différens ; la moitié de leur différence réduite en temps à raison de 15^d par heure, fera la correction qu'il faudra faire au temps du milieu des deux hauteurs égales pour avoir le véritable instant du midi.

330. Par exemple, au commencement de Mars, où le soleil change de déclinaison de $22'$ $53''$ par jour, si l'on prend des hauteurs à 9 heures du matin & à 3 heures du soir, on trouvera $20''$ à ôter de l'heure trouvée par les hauteurs correspondantes. Il y a des formules pour trouver cette équation du midi sans résoudre les deux triangles ; mais il suffit d'avoir indiqué la méthode la plus facile à comprendre.

Description du quart-de-cercle mobile.

331. Le principal instrument d'astronomie & celui qui sert pour les hauteurs correspondantes dont nous venons de parler, est le quart-de-cercle mobile ; c'est de tous nos instrumens celui dont l'usage est le plus ancien, le plus général, le plus indispensable, le plus commode : c'est pourquoi je vais en donner ici la description ; on a déja vu la manière dont il faut concevoir l'usage du quart-de-cercle pour mesurer des hauteurs (23) : il ne s'agit plus que des détails de l'instrument, porté à sa dernière perfection.

Je suppose un quart-de-cercle de trois pieds de rayon, *CBA* (*planche V. fig.* 33). Le limbe qui forme la circonférence *ADB* est assemblé avec le centre *C* par trois règles de fer *CA*, *CD*, *CB*, de deux pouces de large, fortifiées chacune par derrière d'une règle de champ qui en empêche la flexion. Vers le centre de gravité *X* de la masse entière du quart-de-cercle, est fixé un axe ou cylindre de deux pouces de diamètre sur 5 à 6 pouces de long, perpendiculairement au plan de l'instrument ; ce cylindre entre dans une douille, c'est-à-dire dans un cylindre creux *E* représenté séparément en *EE* (*fig.* 37) ; cette pièce qu'on appelle *le genou*, est composée non-seulement d'une douille horizontale *EE*, mais d'un autre cylindre *e*, fondu tout d'une pièce avec la douille, & que l'on place verticalement en *n* sur le pied de l'instrument sur lequel il tourne librement. Pour empêcher que le quart-de-cercle ne sorte de sa place, on applique derrière la douille ou le canon *E* (*fig.* 35) une plaque de fer qui recouvre le tout ; cette plaque est arrêtée par une forte vis, qui pénètre dans l'axe du quart-de-cercle, & qui tourne avec cet axe sans lui permettre de sortir de la douille.

Le double genou représenté en *VST* (*fig.* 37) ne sert que dans les cas où l'on veut placer le quart-de-cercle horizontalement, ou l'incliner à l'horizon pour prendre des angles sur le terrein.

Il y a des vis de pression au-dessus de la douille horizontale

tale *E*, & à côté de la douille verticale *F*, comme on le voit au deſſous de *p*, avec leſquelles on preſſe le canon dans ſa douille lorſqu'on veut fixer le quart de-cercle à une hauteur donnée, ou dans un vertical déterminé, & l'empêcher de tourner.

332. Vers l'un des rayons *CB* du quart-de-cercle, on fixe une lunette *GM*; c'eſt une découverte importante que M. Picard fit en 1667 pour les quarts-de-cercles : cette lunette paſſe dans une douille de cuivre, fixée en *G* par des rebords ou empattemens, où paſſent de fortes vis qui l'aſſujettiſſent inébranlablement ſur la carcaſſe de l'inſtrument ; à l'autre extrémité *M* eſt la boîte du micromètre (534), fixée auſſi par des empattemens. A l'égard du tuyau qui s'étend de *G* en *M*, il n'importe de quelle manière il ſoit fait, ce n'eſt que pour donner de l'obſcurité dans la lunette : la ſolidité en eſt indifférente ; mais celle des deux pièces *G*, *M*, qui portent les verres, eſt eſſentielle, parce que leur ſolidité aſſure celle de l'axe optique de la lunette, qui doit étre exactement parallèle au plan de l'inſtrument, & au premier rayon qui paſſe par le point *B* de 90°.

333. Au centre *C* de l'inſtrument, eſt un cylindre de cuivre exactement tourné, qui porte à ſon centre un point très-délicat & très-fin. Dans ce point, on place la pointe d'une aiguille, ſur laquelle on fait paſſer la boucle du fil à plomb; on voit ſéparément en *AA* (*fig.* 34) le cylindre, ainſi que l'aiguille placée au centre, qui y eſt ſupportée par une pièce d'acier *a* recourbée, & percée d'un trou, au travers duquel paſſe l'aiguille pour aller ſe loger au centre du cylindre. Quand elle y eſt bien placée, on a ſoin de la ſerrer dans le trou de la pièce *a* avec une vis de preſſion qui paroît au-deſſus de *a*. Autour de l'aiguille *a*, l'on fait une boucle avec un cheveu ou un fil d'argent très-fin ; à cette boucle placée tout contre le cylindre du centre, on ſuſpend le fil-à-plomb chargé d'un poids que l'on voit en *q* (*fig.* 33); ce fil marque ſur la diviſion du limbe le degré de la hauteur à laquelle eſt dirigée la lunette *MG*. L'extrémité du cylindre *AA* (*fig.* 34), qui porte le point du centre & la

pointe de l'aiguille , doit être un peu arrondie ou convexe , pour que le fil n'y éprouve pas un trop grand frottement. On peut aussi mettre à la place de l'aiguille *a* une vis qui se termine en une pointe très-fine , & qui tourne dans la pièce *a* , comme dans une espèce de pont.

334. Autour du cylindre qui porte le centre du quart-de-cercle , il y a une plaque de cuivre plus large , ronde , fixée sur la charpente de l'instrument. Sur cette pièce est suspendu le *garde-filet CH* (*fig.* 33) ; c'est une longue boîte de cuivre , mince , soutenue vers le centre , autour duquel elle tourne pour se mettre toujours d'à-plomb , & contenir le fil à-plomb ou le cheveu qui pend du centre pour marquer la division. Ce garde-filet a une longue porte qui se ferme avec deux petits crochets , pour garantir mieux le fil de l'a-gitation de l'air ; on la voit ouverte sur la gauche. A la par-tie inférieure *H* est une boîte plus large : il y a des astro-nomes qui y placent un vase d'eau où trempe le poids du fil à-plomb , afin que la résistance de l'eau diminue les oscillations & en abrege la durée. La boîte inférieure a une porte *Z* où est attaché un microscope & une lampe à deux meches ; la lampe sert à éclairer le limbe & le fil à-plomb , pour voir sur quelle division il répond ; le microscope sert à grossir les points , pour mettre facilement & exactement le fil du quart-de-cercle sur le point que l'on veut.

335. La verge de conduite ou *verge de rappel LKI* est une addition utile introduite pour mettre le fil sur tel point du limbe que l'on veut ; on la voit représentée séparément en *IL* (*fig.* 35 & 36) , avec tous ses détails ; mais il faut supposer que la partie *L* (*fig.* 35) , est placée au-dessus & sur le prolongement de la partie *I* (*fig.* 36). La tringle a trois pieds de long , elle est logée par ses deux bouts dans deux boîtes de cuivre *I* , *L*. Quand elle est arrêtée en *I* (*fig* 33) , au moyen de la vis de pression *c* qui l'empêche de glisser dans la boîte *I* , l'extrémité inférieure sert de point d'appui : en tournant l'écrou qui est en *B* , l'on fait monter la boîte *L* , qui est fixée par une pièce ou mâchoire *r* , derrière le quart-de-cercle , à la règle de champ du limbe , par le

moyen d'une cheville qui traverse & la mâchoire & la règle de champ ; en faisant mouvoir ainsi la boîte *L*, on fait avancer le quart-de-cercle.

336. La manière dont l'écrou *B* est tenu sur la boîte *L*, paroît assez dans la fig. 35. Cette boîte est évidée par en haut ; à sa base supérieure est pratiquée une rainure dans laquelle tourne un écrou, qui y est retenu par le moyen d'un collet, ou qui est seulement rivé par-dessous au dedans de la boîte. Cet écrou, qui tient nécessairement à la boîte, avance quand on le tourne sur la vis *B* qui est à l'extrémité de la verge, parce que celle-ci est fixée par son autre extrémité ; l'écrou fait avancer aussi le quart-de-cercle qui est obligé de suivre la boîte *L*, fixée par la partie *r* sur l'instrument.

337. A l'extrémité inférieure *I* de la verge de rappel, on a pratiqué un semblable mouvement, pour que l'observateur qui est occupé à regarder le fil à-plomb en *q*, puisse faire tourner le quart-de-cercle d'une petite quantité, & le mettre exactement sur celui des points de la division qui approche le plus de la hauteur de l'astre qu'on se propose d'observer. Pour cet effet, la boîte *I* (*fig.* 36), est fixée sur une pièce coudée de fer ou de cuivre *f*, qui passe dans une autre boîte *g*, & se termine par une autre vis *m*, qui est prise dans un écrou, arrêté par un collet sur la base de la boîte *g* dans laquelle il tourne librement ; en faisant tourner l'écrou *m*, on fait avancer la vis, la pièce *f* & la boîte *I*, dans laquelle est serrée la verge de rappel, par une vis de pression *c* : cette verge est obligée d'avancer & de faire mouvoir avec elle le quart-de-cercle.

338. Le montant *ON* ou pied du quart-de-cercle est un arbre de fer de deux pouces de diamètre sur 3 pieds & demi de hauteur, il se termine par un carré, qui passe au travers des barres *P*, *P*, qui font les traverses du pied. Dans ce carré l'on passe une clavette au-dessous de *Q* ; aussi-tôt que les quatre arcs-boutans *R* ont été mis en place, on serre cette clavette *Q* à coups de marteau, cela fait descendre l'arbre *NO* sur les arcs-boutans, & forme un assemblage

ferme & invariable de l'arbre avec ſes arcs-boutans R & ſes traverſes PP.

339. Pour caler l'inſtrument ou le mettre droit, on employe les 4 vis que l'on voit aux extrémités P, P, des traverſes du pied ; elles ſont de cuivre, & ont un pouce de diamètre ; elles ſervent à ſoutenir le pied de l'inſtrument, à l'incliner, à rendre ſon arbre ON exactement vertical, de manière qu'on puiſſe faire tourner le quart-de-cercle ſur ſon pied ſans que le plan ceſſe d'être vertical, du moins ſenſiblement. Ces vis portent ſur des coquilles de fer, qui ſervent par leur frottement à empêcher que le quart-de-cercle ne change de place quand on tourne la vis.

340. Le cercle azimutal ph, a 6 pouces de diamètre ; il eſt fixé à une douille de cuivre qui eſt attachée ſur le pied de l'inſtrument ; le canon F du genou porte à ſon extrémité inférieure une alidade k, qui tourne avec le quart de-cercle, tandis que la plaque azimutale eſt fixe ; l'alidade marque par ſon mouvement le degré d'azimut, ou le point de l'horizon auquel le plan eſt dirigé, du moins à peu-près.

341. Le limbe ADB du quart-de-cercle eſt la pièce la plus eſſentielle, il a deux pouces de large, ſon épaiſſeur qui eſt de quatre lignes eſt formée de deux lames ; une de fer & l'autre de cuivre ; il eſt important que le limbe de cuivre ſoit bien dreſſé, & que toutes ſes parties ſoient dans un ſeul & même plan avec le point du centre. Pour parvenir à cette opération difficile, on ſe ſert d'une règle qu'on fait tourner autour d'un grand axe, & l'on voit ſi, malgré ſon mouvement, l'extrémité de la règle eſt toujours également proche du limbe dans tous ſes points. On peut auſſi reconnoître ſi le limbe d'un inſtrument eſt dans un ſeul & unique plan, en établiſſant un canal plein d'eau qui parte du centre, & touche la circonférence ; on y place une eſpèce de petite barque, dont le mat eſt un fil de fer recourbé, & qui touchant preſque le centre & le limbe, indique par ſa diſtance en divers points ſi tous ſont dans le même plan ; c'eſt ainſi que l'on nivelle les grandes méridiennes.

342. Les diviſions les plus ordinaires conſiſtent en des

points très-fins marqués de dix en dix minutes , mais que je n'ai pu indiquer que de deux en deux degrés dans la figure. Le fil du micromètre *M* fuffit pour tenir lieu des minutes intermédiaires. Lorfqu'on n'a point de micromètre, on divife le limbe en minutes par des *tranfverfales* que l'on voit dans la figure 38, l'arc *AB* & l'arc *CD* étant chacun de dix minutes , & la ligne *AC* étant divifée en dix parties égales, fi l'on tire une tranfverfale *AD* avec dix cercles concentriques dans l'intervalle *AC*, le fil à plomb *AC* marquera une minute, fix minutes , &c. fuivant qu'il tombera fur la première interfection *a* ou fur la fixième *f*.

343. En Angleterre les quarts-de cercles mobiles ont une alidade ou lunette mobile ; enforte que le limbe du quart-de-cercle ne change point , & que la lunette feule tourne autour du centre, comme dans un quart-de-cercle mural (c'eft-à-dire fixé contre un mur) , dont les aftronomes font aufli un ufage fréquent. On fe contente alors d'employer un fil à plomb , qui pend fur le dernier point de la divifion, ou du moins qui eft parallèle au rayon vertical de 90° ; quelquefois même on n'y employe qu'un niveau, dont l'ufage eft plus commode que celui du fil à plomb , fans être moins exact quand le niveau eft bien fait : dans ce cas-là on eft obligé d'employer un *vernier*.

344. Cette divifion fut imaginée en 1631 à l'imitation d'une autre divifion donnée par Nonnius en 1542. L'auteur fut Pierre Vernier, dont on donne le nom à cette partie de nos inftrumens. Le vernier eft une alidade ou pièce de cuivre *AB* (*fig.* 39) qui gliffe fur le limbe d'un quart-de-cercle, & dont les divifions en nombres pairs correfpondent à un nombre impair de la divifion du limbe : fi le vernier eft divifé en 20 parties égales , il fera placé fous une portion de 21 parties du quart-de-cercle, il procurera le moyen de divifer chacune de celles-ci en 20 parties : en effet fi l'on pouffe l'alidade d'un vingtième de divifion, l'on verra concourir la feconde divifion du vernier avec une divifion du limbe; & fi l'on voit concourir la troifième, on fera certain

d'avoir avancé l'alidade de deux parties ou de deux ving-
tièmes de division.

De la Mesure du Temps.

345. Le soleil étant l'objet le plus frappant de l'univers
entier, il a été pris dans tous les siècles & chez tous les peuples du monde, pour la mesure naturelle du temps ; les jours
marqués par ses apparitions ont été les premières portions
de temps qu'on ait entrepris de compter. Dans la suite les
mois lunaires, & enfin les années solaires, ont servi à compter les temps éloignés, comme les heures ont été introduites
pour subdiviser les jours, & exprimer les petits intervalles
de temps.

Tous ces intervalles sont supposés d'abord égaux entre
eux : les 24 heures du jour sont 24 intervalles égaux, les
heures d'aujourd'hui doivent être égales à celles d'hier, & le
mouvement diurne du soleil autour de la terre, qui se partage en 24 parties égales, doit être supposé uniforme pour
former tous les jours 24 portions égales, dont chacune répond à 15° de l'équateur ou de l'angle au pole (202).

Ce changement diurne est produit, comme nous le ferons
voir bientôt par la rotation de la terre autour de son axe,
rotation qui est supposée uniforme, parce que l'on n'a point
encore apperçu de phénomènes qui puissent y dénoter
quelque inégalité, on la suppose même parfaitement égale,
soit pour le temps où nous sommes, soit pour les siècles
passés.

346. Le soleil, par son mouvement propre d'occident
vers l'orient, avance tous les jours d'environ un degré ou
59' 8″, par rapport aux étoiles fixes (61 , 307) ; ainsi
quand une étoile qui avoit passé au méridien à midi & avec le
soleil, paroît avoir fait le tour du ciel, & qu'elle est revenue
au méridien le jour suivant, le soleil n'y est pas encore,
ayant avancé d'un degré vers l'orient ; il est éloigné de l'é-
toile, & par conséquent du méridien d'un degré, & comme

il lui faut environ 4 minutes de temps pour parcourir un degré (202), par le mouvement diurne, le foleil paffera par notre méridien 4′ plus tard que l'étoile, ou fi l'on veut, l'étoile y paffera 4′ plutôt que le foleil ; car le foleil étant l'objet le plus frappant, c'eft à lui que nous rapportons tout, c'eft fon retour qui fait nos 24ʰ ; & nous difons que les étoiles reviennent au méridien en 23ʰ 56′, tandis que le foleil y revient au bout de 24 heures. Les horloges à pendule, qu'on appelle fouvent par abréviation *des Pendules*, & dont on fe fert dans la fociété, font réglées fur le moyen mouvement du foleil, marquent les heures folaires moyennes, c'eft-à-dire, qu'au bout de chaque année ces horloges doivent fe retrouver d'accord avec le foleil, comme elles l'étoient au commencement de l'année, & tous les jours marquer 23ʰ 56′, dans l'intervalle du paffage d'une étoile par le méridien au paffage fuivant. La plupart des aftronomes règlent les leurs de même, afin que l'horloge puiffe indiquer toujours à peu-près l'heure qu'il eft, pour les ufages de la fociété, & donner à-peu-près le temps vrai des différentes obfervations qu'ils ont à faire. Cependant les étoiles étant fixes, tandis que le foleil avance ou paroît avancer tous les jours d'un degré, plus ou moins, le retour de l'étoile au méridien feroit une mefure bien plus fixe, bien plus égale que le retour du foleil ; c'eft le retour de l'étoile qui nous indique le mouvement entier de la fphère & la rotation complete de la terre ; auffi y a-t-il eu des aftronomes célèbres, tels que M. de l'Ifle, M. de la Caille, qui régloient leurs horloges fur les étoiles, & qui pour cela les faifoient avancer de 4′ tous les jours fur le foleil. Ils y trouvoient un avantage, c'eft que quand il s'eft écoulé une heure fur cette horloge, on eft fûr qu'il a paffé par le méridien 15ᵈ de la fphère étoilée, & l'on a ainfi les différences d'afcenfion droite entre les aftres qu'on obferve, en convertiffant à raifon de 15° par heure les temps qu'on a obfervés entre leurs paffages ; c'eft ce que nous appellons le *temps du premier mobile*, dont une heure fait toujours 15° du ciel par le

I iv

mouvement diurne & commun, qu'on appelloit autrefois le *Premier mobile.*

347. LES HEURES SOLAIRES font plus longues que les heures du premier mobile, puifque le foleil emploie 4′ de plus qu'une étoile à revenir au méridien; parlons d'abord des heures folaires moyennes, c'eft-à-dire de celles que le foleil indique quand on fait abftraction des inégalités de fon mouvement (308); nous parlerons bientôt aufli des heures folaires vraies, qui n'ont pas la même uniformité (362.)

348. Les 24 heures répondent à 360° 59′ 8″, puifqu'en 24 heures folaires moyennes, non-feulement l'étoile revient au méridien, ce qui complette les 360°; mais le foleil lui-même, qui avoit fait 59′ 8″ en fens contraire, y arrive à fon tour, ce qui termine les 24 heures folaires moyennes. Une horloge réglée fur ces 24 heures n'indique plus 15° par heure, mais 15° 2′ 8″, qui eft la 24.ᵉ partie de 360° 59′ 8″, & ainfi des autres parties du temps; c'eft ce qu'on appelle *convertir les heures folaires moyennes en degrés;* on trouve une table pour cet effet dans la *Connoiffance des Temps* de chaque année, & elle eft d'un ufage continuel pour les aftronomes dont les horloges fuivent les heures folaires moyennes; car ils obfervent les différences d'afcenfion droite d'un aftre à l'autre, en prenant pour chaque heure de leur horloge 15° 2′ 8″ de la fphère étoilée.

349. Les horloges réglées fur les heures du premier mobile, & qui fuivent le mouvement diurne des étoiles, ou la rotation véritable de la terre (346), avancent tous les jours de 3′ 56″ à midi moyen, fur le moyen mouvement du foleil, & ne marquent jamais l'heure du foleil, fi ce n'eft le jour de l'équinoxe : on trouve un avantage dans cette manière de régler une horloge, c'eft que les étoiles paffent tous les jours au méridien à la même heure comptée fur l'horloge, au lieu qu'elles y paffoient 3′ 56″ plutôt fur les autres horloges, mais ce *plutôt* étoit relatif au foleil, fur lequel l'on a coutume de régler les horloges ordinaires; c'eft une extrême facilité pour ceux qui obfervent beaucoup d'étoiles

au méridien, que d'appercevoir d'un coup d'œil sur l'horloge quelle est l'ascension droite de l'étoile qui va passer; mais aussi l'on y trouve l'inconvénient d'être obligé de faire une règle de trois pour savoir quel est le temps vrai de chaque observation, & pour se préparer à observer le passage du soleil & de chaque planète au méridien.

350 L'ACCÉLÉRATION diurne des étoiles fixes est la quantité dont une étoile précède chaque jour le soleil, comptée en temps solaire moyen, à l'instant où l'étoile passe au méridien; c'est la quantité dont il s'en faut alors que le soleil ne soit arrivé au méridien, ou le temps qu'il lui faut pour parcourir encore les 59' 8" dont il avance vers l'orient, par rapport à l'étoile en 24 heures solaires moyennes. Cette accélération se trouve en faisant cette proportion : 360° 59' 8" ⅓ font à 24^h, comme 360° font à 23^h 56' 4", 098 (*a*) ; temps que l'étoile emploie à décrire les 360° ou à revenir au méridien ; pour aller à 24^h, il reste 3' 55" 902, c'est l'accélération diurne des étoiles. Les 59' 8" que je viens d'employer pour le mouvement diurne du soleil font moindres de 0", 1264, que le mouvement qu'on emploie dans les tables astronomiques de 59' 8" 3305, par rapport aux équinoxes, parce que dans le calcul de l'accélération, c'est le mouvement par rapport aux étoiles dont on doit faire usage, & celui-ci est plus petit, parce qu'il est la différence entre le mouvement du soleil & celui des étoiles (320).

351. L'horloge réglée sur les étoiles fixes ou sur le premier mobile, marque toujours 0^h 0' 0" au moment où l'équinoxe passe au méridien, & marque toujours l'ascension droite du POINT CULMINANT (177), c'est-à-dire, du point de l'écliptique qui est dans le méridien, réduite en temps à raison de 15^d par heure ; ainsi au moment que le soleil est dans le méridien, l'horloge des étoiles marque l'ascension droite du soleil en temps, & il suffit, pour savoir quelle heure elle marquera chaque jour à midi, de convertir en temps l'ascension droite du soleil pour ce jour-là. On trouve

(*a*) Les chiffres que nous plaçons quelquefois après les secondes font des fractions décimales, dixièmes, centièmes, millièmes, &c. de secondes.

chaque année dans le Livre de la *Connoissance des Temps*, une colonne qui a pour titre, *Distance de l'équinoxe au soleil*, & qui n'est autre chose que le complément à 24 heures de l'ascension droite du soleil ; il suffira donc à ceux qui auront ce livre entre les mains, de prendre chaque jour le complément à 24 heures de la distance de l'équinoxe au soleil, & ce sera l'heure de l'horloge à midi. Ainsi, le premier Janvier la distance de l'équinoxe est $5^h 11'$ (233), son complément est $18^h 49'$, c'est l'heure que l'horloge doit marquer à midi, ou plutôt $6^h 49'$; puisque dans l'usage on ne met que 12 heures sur les cadrans.

352. Les heures solaires vraies diffèrent aussi des heures solaires moyennes ; mais la différence ne va jamais au-delà de 30 secondes ; nous en parlerons après avoir expliqué la différence qu'il y a entre le temps moyen & le temps vrai (362).

Trouver le Temps vrai d'une Observation.

353. Après avoir vu le moyen de chercher l'heure vraie du midi, par des hauteurs correspondantes du soleil (322), l'on aura aisément l'heure vraie de toute autre observation : je suppose que l'on ait trouvé par cette méthode que le premier Janvier une horloge marquoit à midi $0^h 3' 57''$, & que le lendemain ou le 2 Janvier on ait encore trouvé par la même méthode, que l'horloge marquoit $0^h 4' 45''$ à midi, c'est-à-dire $48''$ de plus que la veille ; dans ce cas-là on voit que l'horloge avançoit de $48''$ par jour sur le soleil, elle faisoit 24^h & $48''$, tandis qu'elle ne devoit faire que 24^h $0' 0''$ juste, par rapport au temps vrai. Supposons actuellement qu'on ait observé le soir un phénomène céleste, par exemple, le commencement d'une éclipse, lorsque l'horloge marquoit $9^h 30' 57''$, il s'agit de savoir quel est le temps vrai qui répond à cette heure de l'horloge ; on prendra d'abord la différence entre $0^h 3' 57''$ & $9^h 30' 57''$, & l'on trouvera que l'éclipse est arrivée $9^h 27' 0''$ plus tard sur l'horloge que le midi vrai. Mais puisque l'horloge avance de

48″ par jour ou pendant qu'elle marque 24ʰ 0′ 48″, on fera cette règle de trois : 24ʰ 0′ 48″ font à 48″, comme 9ʰ 27′ 0″, dont l'obſervation eſt arrivée plus tard ſur l'horloge que le midi de l'horloge, font à 19″, quantité dont elle a dû avancer entre midi & l'obſervation dont il s'agit ; on ajoutera ces 19″ avec 0ʰ 3′ 57″ que marquoit l'horloge à midi, puiſque l'avancement augmente d'un jour à l'autre, & l'on aura 0ʰ 4′ 16″, quantité dont l'horloge avançoit à l'heure de l'obſervation ; c'eſt ce qu'il faut ôter de l'heure qu'elle marquoit au moment de l'obſervation, c'eſt-à-dire, 9ʰ 30′ 57″, & il reſte 9ʰ 26′ 41″ pour le temps vrai cherché.

354. Il eſt indifférent pour les aſtronomes que l'horloge ſoit à l'heure ou n'y ſoit pas, que les heures en ſoient plus longues ou plus courtes que les 24 heures du ſoleil ; que l'horloge marque l'heure qu'il eſt, ou qu'elle ne la marque pas ; la méthode que nous venons d'indiquer, fait trouver dans tous les cas la quantité dont l'horloge avance ou retarde au moment de l'obſervation, & les aſtronomes n'ont pas beſoin d'autre choſe. Tout ce qu'on ſuppoſe néceſſairement dans ce calcul, c'eſt l'uniformité du mouvement de l'horloge ; ſi dans 24 heures elle avance de 48″, il faut que dans 12 heures elle avance de 24″, ſans quoi l'uniformité ne s'y trouveroit plus, & ſon mouvement ne pourroit plus ſervir à meſurer le mouvement diurne des aſtres qui eſt uniforme, ou du moins que l'on ſuppoſe tel (345).

De l'Equation du Temps.

355. JUSQU'ICI nous n'avons parlé que du TEMPS VRAI ou temps apparent que nous obſervons par des hauteurs correſpondantes, du temps qui eſt marqué par le ſoleil ſur nos méridiennes & nos cadrans, & qui s'emploie dans les différens uſages de la ſociété, auſſi-bien que dans l'aſtronomie. Nous avons ſuppoſé que le ſoleil revenoit au méridien au bout de 24ʰ, & qu'il employoit le même temps à y revenir d'un midi au ſuivant, que de celui-ci au troiſième ; les anciens aſtronomes dûrent s'en tenir long-temps à cette ſup-

pofition ; mais en obfervant plus exactement, on remarqua bientôt que le foleil n'avoit pas une marche uniforme (308), & que le temps vrai mefuré par cette marche inégale, ne pouvoit pas être régulier & égal. Ainfi le foleil n'eft pas, à proprement parler, une jufte mefure du temps, & l'heure vraie qu'il indique ne peut pas fervir à mefurer le temps dont l'effence eft l'égalité ; mais le temps vrai ayant l'avantage de pouvoir être obfervé en tout temps, nous nous en fervirons d'abord, pour trouver enfuite un *temps moyen* & uniforme, qui puiffe être employé dans nos calculs.

356. Le Temps moyen ou égal, eft celui que marqueroit à chaque inftant une horloge abfolument parfaite, qui dans le cours d'une année auroit continué de marcher fans aucune inégalité, en marquant midi le premier & le dernier jour de l'année, au même inftant où le foleil eft dans le méridien ; cette horloge n'a pas dû marquer également midi à tous les autres jours intermédiaires, avec le foleil, car il faudroit pour cela que le foleil eût été tous les jours avec la même viteffe, ce qui n'arrive point (308).

Quand le foleil quitte le méridien, & y retourne le lendemain, il a décrit 360° en apparence, mais véritablement il a parcouru non-feulement les 360°, qui font une révolution entière de tout le ciel étoilé, mais encore un degré de plus, qui eft la quantité dont le foleil s'eft avancé vers l'orient parmi les étoiles fixes, dans l'intervalle de fon retour au méridien, & qu'il a parcouru de plus pour arriver au méridien (61, 346).

357. Pour que tous les retours du foleil au méridien fuffent égaux, il faudroit que ce mouvement propre du foleil vers l'orient fût tous les jours de la même quantité, c'eft-à-dire, de 59′ 8″ ; mais à caufe des inégalités dont nous avons parlé, il arrive qu'au commencement de Juillet le foleil ne fait que 57′ 11″ par jour vers l'orient, & qu'au commencement de Janvier il fait 61′ 11″, c'eft-à-dire, 4′ de plus qu'au mois de Juillet, le long de l'écliptique par fon mouvement propre. Telle eft la première caufe qui rend les jours inégaux ; l'on compte toujours 24 heures

d'un midi à l'autre, mais ces 24 heures feront plus longues quand le foleil aura fait 61′ 11″, que quand il n'aura fait que 57′ 11″ vers l'orient, parce qu'il fera obligé de parcourir 4′ de plus par le mouvement diurne d'orient en occident avant que d'arriver au méridien.

358. A cette première caufe qui dépend de l'inégalité du mouvement folaire dans l'écliptique, il s'enjoint une autre qui dépend de la fituation de l'écliptique : il ne fuffit pas que le mouvement propre du foleil fur l'écliptique foit égal pour rendre les jours égaux, il faut que ce mouvement foit égal par rapport à l'équateur & par rapport au méridien où il s'obferve ; la durée des 24 heures dépend en partie de la petite quantité dont le foleil avance chaque jour vers l'orient ; mais cette quantité devroit être mefurée fur l'équateur, parce que c'eft autour de l'équateur que fe comptent les heures ; ce n'eft donc pas feulement fon mouvement propre qu'il faut confidérer par rapport à l'inégalité des jours, mais c'eft ce mouvement rapporté à l'équateur ; & fi le foleil avoit un mouvement tel qu'il continua de répondre perpendiculairement au même endroit de l'équateur, l'équation du temps n'exifteroit point, puifque les retours au méridien féroient égaux.

359. Soit O le foleil (*fig.* 21), SB le méridien auquel le foleil doit arriver lorfque le point O fera plus avancé, & que le point Q de l'équateur fera arrivé au point A du méridien, enforte que OQ foit un cercle horaire qui à midi fera confondu fur le méridien SA ; quelle que foit la longueur de l'arc OS de l'écliptique, cet arc n'emploira à paffer que le temps qui eft mefuré par l'arc AQ de l'équateur, c'eft-à-dire, que fi l'arc AQ eft d'un degré, il faudra quatre minutes à l'arc SO, grand ou petit, pour traverfer le méridien ; fa fituation oblique ou inclinée, peut rendre fa longueur OS plus grande que celle de l'arc AQ ; fa diftance à l'équateur peut auffi faire que l'arc OS foit plus petit que l'arc AQ, parce qu'il eft compris entre deux cercles de déclinaifon SA & OQ, qui font perpendiculaires à l'équateur EAQ, & qui vont fe rencontrer au pôle, enforte que leur diftance eft

moindre vers *O* que vers *Q* ; mais c'est toujours l'arc *AQ* de l'équateur qui règle le temps employé par le soleil à venir du point *O* jusqu'au méridien *SAB*.

360. Pour combiner ensemble ces deux causes qui rendent inégaux les retours du soleil au méridien, concevons un soleil moyen & uniforme qui tourne dans l'équateur, de manière à faire chaque jour $59'\ 8''$ (307), & les $360°$ en même temps que le soleil par son mouvement propre, c'est-à-dire, dans l'espace d'un an, & qu'il parte de l'équinoxe du printemps au moment où la longitude moyenne du soleil est zéro ; toutes les fois que ce soleil moyen arrivera au méridien, nous dirons qu'il est midi moyen, & si le soleil vrai se trouve plus ou moins avancé, enforte qu'il soit plus ou moins de midi, nous appellerons la différence Equation du Temps.

361. L'ascension droite moyenne du soleil se trouve marquée par le lieu de ce soleil moyen qui tourne uniformément dans l'équateur ; l'ascension droite vraie du soleil, celle qui est marquée par le cercle de déclinaison qui passe par le vrai lieu du soleil, peut différer de plus de 4 degrés de la moyenne, par les deux causes dont nous avons parlé (357, 358) ; le soleil vrai peut passer un quart-d'heure plutôt ou plus tard que le soleil moyen ; l'équation du temps va même jusqu'à $0^{\rm h}\ 16'\ 10''$, ou à peu-près, le premier de Novembre.

Il suit de ces principes que la différence entre l'ascension droite moyenne du soleil & son ascension droite vraie, convertie en temps, donnera l'équation du temps ; mais l'ascension droite moyenne est nécessairement de la même quantité que la longitude moyenne, puisque l'une & l'autre commencent & finissent à l'équinoxe, sont toujours proportionnelles au temps, & augmentent chaque jour de $59'\ 8''$, ainsi *l'équation du temps est la différence entre la longitude moyenne & l'ascension droite vraie du soleil, convertie en temps.*

Mais comme nous ne pouvons dans la pratique trouver cette différence que par une double opération, & d'après

deux principes différens (357, 358), il s'enfuit que l'é-
quation du temps a deux parties ; la première eft la différence entre la longitude moyenne & la longitude vraie, ou
l'équation de l'orbite (308, 497) convertie en temps ; la
feconde eft la différence entre la longitude vraie & l'afcenfion droite vraie, auffi convertie en temps : on trouve des
tables de l'une & de l'autre partie jointes à toutes les tables
du foleil.

3 62. La première partie, ou la première table qui a pour
argument l'anomalie du foleil, ou fa diftance à l'apogée, va
jufqu'à 7' 42" de temps lorfque le foleil eft dans fes moyennes diftances, c'eft-à-dire, à 3 & à 9 fignes d'anomalie
moyenne ; cette partie eft chaque année la même, parce que
l'équation du centre eft toujours de 1^d 55' 31" 6 ; mais le
temps de l'année où elle arrive n'eft pas toujours le même,
parce que le foleil arrive chaque année un peu plus tard à
fon apogée, à caufe du mouvement de cet apogée (514).

La feconde partie de l'équation du temps qui a pour argument la longitude vraie du foleil, va jufqu'à 9' 53", 7,
lorfque le foleil eft vers 46° $\frac{1}{4}$ des équinoxes ; mais comme
cette partie dépend de l'obliquité de l'écliptique dont la
quantité diminue peu à peu, cette partie de l'équation du
temps diminue de 0", 014 pour chaque feconde de diminution de l'obliquité de l'écliptique, ce qui fait 1" de temps
dans l'efpace d'environ 71 ans ; il feroit aifé de s'en affurer en
calculant la différence entre *ES* & *EA* (*fig.* 21), lorfque *ES*
de 46° $\frac{1}{4}$; car cette différence eft alors de 2^d 28' 24", 8 ;
en fuppofant l'angle *E* de 23° 28' 20", ce qui fait 9' 53", 7
de temps ; on aura une équation plus petite quand on diminuera l'angle *E*.

La combinaifon de ces deux caufes d'équation, qui s'augmentent ou fe détruifent réciproquement, forme *l'équation
du temps*, qui ne paffe jamais 16' 12", & qui eft nulle quatre
fois l'année.

Cette équation du temps, qui change quelquefois de 30"
par jour, fait que les 24 heures folaires vraies different des
24 heures folaires moyennes, tantôt en plus, tantôt en

moins, les heures folaires vraies font plus longues à la fin de Décembre qu'à la fin de Mars de 2 fecondes chacune.

Des Paſſages au Méridien, du lever & du coucher des Aſtres.

363. LE PASSAGE d'une étoile au méridien ſe calcule par le moyen de ſa différence d'aſcenſion droite entre le ſoleil & l'étoile : en effet, pour trouver l'heure où l'étoile doit paſſer, il ſuffit de ſavoir de combien elle a ſuivi le ſoleil, ou de combien ſon aſcenſion droite ſurpaſſe celle du ſoleil ; ſi cette différence eſt de 15° au moment où elle paſſe dans le méridien, on eſt ſûr qu'il eſt une heure de temps vrai, qu'il y a une heure que le ſoleil a paſſé au méridien, c'eſt-à-dire que l'étoile paſſe à une heure ; tel eſt l'eſprit de la méthode générale, à laquelle il eſt néceſſaire d'ajouter quelques conſidérations.

Toutes les aſcenſions droites qu'on trouve dans le catalogue des étoiles, & qui y ſont exprimées en degrés, minutes & ſecondes de degrés, étant converties en temps, ſi l'on en retranche l'aſcenſion droite du ſoleil, auſſi convertie en temps, pour un jour donné l'on aura l'heure du paſſage de chacune de ces étoiles pour ce jour-là. On a vu en quoi conſiſte la converſion des degrés en temps (202).

364. Soit ♈ (*fig. 29.*) l'équinoxe du printemps, que je mets toujours à l'occident ou à la droite dans toutes mes figures, M une étoile dans le méridien, ♈M l'aſcenſion droite de l'étoile en M comptée de l'occident vers l'orient, ou de droite à gauche quand on regarde le midi ; ♈☉ l'aſcenſion droite du ſoleil ; M☉ leur différence, ou l'aſcenſion droite de l'étoile moins celle du ſoleil ; cette diſtance M☉ du ſoleil au méridien marque toujours l'heure, ou le temps vrai (201) ; cette diſtance eſt de 15° à une heure, de 30° à deux heures. La figure fait voir que pour avoir l'heure du paſſage au méridien, il ſuffit de retrancher l'aſcenſion droite du ſoleil pour le même inſtant de celle de l'étoile, la différence M☉, diſtance du ſoleil au méridien, étant convertie

temps, est l'heure cherchée. Pour éviter les conversions de temps en degrés & de degrés en temps, les astronomes ont coutume d'employer ces ascensions droites du soleil & des étoiles déja réduites en temps.

365. On demande le passage de la Lyre au méridien le premier Mai 1760, compté astronomiquement, c'est-à-dire, le passage qui suivra le midi du premier Mai dans l'espace de 24 heures. Je suppose l'ascension droite apparente de la Lyre pour ce jour-là 277° 12′ 1″, qui convertie en temps est de 18ʰ 28′ 49″; la distance de l'équinoxe au soleil le 1ᵉʳ Mai à midi, tirée des éphémérides, ou le complément de l'ascension droite du soleil, de 21ʰ 23′ 51″: j'ajoute l'ascension droite de la Lyre avec la distance de l'équinoxe, la somme est 39ʰ 53′; j'en retranche 24ʰ qui font un jour entier, & j'ai 15ʰ 53′ pour l'heure cherchée. Cette première règle d'approximation pourroit être défectueuse de 4′ si l'étoile passoit à 23ʰ, parce que la différence d'ascension droite a été prise pour midi, & non pour 23 heures; c'est à l'heure même où l'étoile est dans le méridien, que la différence d'ascension droite donne le temps vrai ; mais le changement n'est pas considérable dans l'espace de quelques heures, si ce n'est pour la lune; dans ce cas on en est quitte pour refaire le calcul une seconde fois, afin de corriger l'erreur de la première opération.

On se fait quelquefois de ce calcul une idée qui n'est pas exacte : on dit, par exemple, l'équinoxe passoit au méridien le 1ᵉʳ Mai à 21ʰ 24′, la Lyre passoit 18ʰ 29′ plus tard, donc elle passoit le 2 Mai à 15ʰ 53′. Cela seroit juste, si tous ces temps-là étoient des temps solaires vrais ; mais comme ce temps solaire est trop inégal en différens mois de l'année, on préfere de convertir les ascensions droites en temps du premier mobile, & dès-lors il n'est pas exact de dire que l'équinoxe passoit au méridien à 21ʰ 24′, & que la Lyre y passoit 18ʰ 29′ après; il y a quelques minutes de différence, & l'on lève tous les embarras en calculant la différence des ascensions droites pour l'heure même où l'étoile est dans le méridien, comme je l'ai expliqué. Il est vrai que des-lors on suppose connue la chose même qu'on veut chercher, c'est-à-dire l'heure du passage; mais on la suppose connue à-peu près, & on la cherche exactement; or pour la connoître à peu près, on n'a pas besoin des considérations que je viens de détailler, il ne faut qu'ajouter la distance de l'équinoxe au soleil, & l'ascension droite de l'étoile.

366. L'ANGLE HORAIRE d'un astre est l'angle au pole formé par le méridien du lieu de l'observateur & le cercle de déclinaison qui passe par l'astre dont il s'agit; c'est encore, si l'on veut, l'arc de l'équateur compris entre le méridien & le cercle horaire de l'astre; c'est la distance de l'astre au méridien. Cet angle horaire est essentiel dans les calculs astronomiques pour trouver la hauteur d'un astre à un moment donné, son azimut & son angle parallactique.

Soit QEM l'équateur (*fig.* 30), MCD le méridien, M le milieu du ciel, ME l'arc de l'équateur qui mesure l'angle horaire, ou la distance d'une étoile au méridien, comptée d'un passage par le méridien à l'autre, c'est-à-dire d'orient en occident jusqu'à 360°; $\Upsilon \odot$ est l'ascension droite du soleil, $\odot M$ est l'angle horaire du soleil mesuré par le temps vrai donné; on les ajoutera pour avoir ΥM ascension droite du milieu du ciel, dont on ôtera l'ascension droite ΥE de l'étoile, & l'on aura l'arc ME, qui mesure l'angle horaire de l'étoile d'où résulte la règle suivante : *le temps vrai réduit en degrés ,, moins la différence des ascensions droites (qui est celle de l' astre moins celle du soleil) sera l'angle horaire de l'astre, compté jusqu'à 24 heures, & d'orient vers l'occident.* Cela revient au même que d'ajouter l'ascension droite du soleil avec le temps vrai réduit en degrés, & d'en ôter l'ascension droite de l'astre, pour avoir l'angle horaire.

367. Lorsqu'une planète ou une étoile est précisément dans l'horizon, sa distance au méridien ou son angle horaire (366) s'appelle *arc semi-diurne*, & c'est la première chose qu'il faut connoître pour calculer l'heure du lever ou du coucher des astres (171). Soit HZO (*fig.* 31.) la moitié du méridien, HO la moitié de l'horizon, EQ la moitié de l'équateur, P le pole, Z le zénit; L un astre placé à l'hori

 son au moment de son lever ; *ZL* sa distance au zénit qui est de 90° ; j'entends sa distance apparente, car la distance au zénit nous paroît augmentée par la parallaxe, & diminuée par la réfraction, dont nous parlerons dans la suite ; *PL* est la distance vraie de l'astre au pole boréal du monde ; c'est le complément de sa distance à l'équateur, ou de sa déclinaison *LA*, si elle est boréale ; mais c'est la somme de 90° & de cette déclinaison, si elle est australe. L'arc *PZ* est la distance du pole au zénit dans le lieu où l'on est, c'est-à-dire, le complément de la latit. *ZE* ou de la hauteur du pole *PO* ; les trois côtés *PL*, *PZ* & *ZL* du triangle *PZL* étant connus, on en peut tirer la valeur de l'angle *P* par les règles de la trigonométrie sphérique ; cet angle *P* ou *ZPL* est l'angle horaire de l'astre ; c'est sa distance au méridien dans le moment où il se lève, ou son arc sémi-diurne ; quand l'arc sémi-diurne du soleil est de 8^h, on est sûr que le soleil se levera à 4^h du matin. De même pour trouver l'heure du coucher du soleil, il suffit d'avoir l'arc semi diurne du soir, c'est l'heure même du coucher du soleil ; car si l'arc semi-diurne est de 4^h 5$'$, comme cela arrive le 21 Décembre à Paris, on est sûr que le soleil se couchera à 4^h 5$'$; la raison est évidente : puisque le soleil étant en *L* dans l'horizon, l'arc semi-diurne *EA* de l'équateur ou l'arc *ML* du parallèle mesure l'angle horaire *P*, ce même angle *P* marque aussi le temps vrai, donc l'arc semi-diurne est lui même le temps vrai du coucher du soleil. Ainsi pour calculer exactement le lever du soleil, il suffit d'avoir sa déclinaison pour le moment où il se leve, & de faire le côté *ZL* de 90° 32$'\frac{1}{2}$, parce que la réfraction horizontale fait paroître le soleil trop élevé de 32$\frac{1}{2}$ (744). Sa parallaxe n'étant que 8$''$ 5 peut ici se négliger. A l'égard des planètes & des autres étoiles fixes, il faut connoître l'heure du passage au méridien (363) aussi-bien que la déclinaison de la planète, & quand on a trouvé l'arc semi-diurne, on l'ajoute avec le passage au méridien pour savoir l'heure du coucher de la planète ou de l'étoile ; on le retranche pour avoir le lever.

368. Les calculs des éclipses, & ceux de beaucoup d'ob-

fervations , exigent que l'on connoiffe la HAUTEUR d'un
aftre au-deffus de l'horizon pour un moment donné ; on la
trouve en fuppofant également connues les quantités fuivantes , 1°, la diftance du pole au zénit, ou le complément
de la latitude du lieu ; 2°, la diftance de l'aftre au pole, égale
à 90° plus ou moins la déclinaifon ; 3°, l'angle horaire formé au pole du monde par le méridien du lieu , & par le
cercle de déclinaifon qui paffe par l'aftre : cet angle horaire,
quand il s'agit du foleil pour l'après-midi, eft égal à l'heure
donnée, convertie à raifon de 15° par heure : mais pour le
matin , c'eft fon complément à 12^h, converti également en
degrés. Quand il s'agit d'une étoile, c'eft l'afcenfion droite
du foleil, moins celle de l'étoile, ajoutée avec le temps vrai
réduit en degrés (366). Il faut alors réfoudre le triangle
PZS (*fig.* 31), dans lequel on connoît deux côtés & l'angle
compris, favoir le côté PZ, complément de la latitude du
lieu , PS complément de la déclinaifon de l'aftre , & l'angle
P compris entre ces côtés, ou l'angle horaire , on trouvera le
côté ZS oppofé à l'angle connu , dont le complément a 90°,
eft la hauteur SL de l'aftre au-deffus de l'horizon.

369. L'angle formé par le vertical & par le cercle de déclinaifon , ou cercle horaire d'un aftre, s'appelle quelquefois
angle parallactique , parce qu'il fert principalement à calculer les parallaxes, tel eft l'angle PSZ (*fig.* 31). On peut le
trouver en réfolvant le triangle PZS avec les mêmes données.

Dans le même triangle PZS, connoiffant l'angle horaire
P & les deux côtés adjacens PZ & PS, on trouvera l'angle PZS ou l'angle HZL, qui eft l'*azimut* ; il eft égal à
l'arc LH de l'horizon compris entre le point du midi H & le
point L de l'horizon auquel l'aftre répond perpendiculairement.

L'AMPLITUDE eft l'arc de l'horizon QL, compris entre le
vrai point d'orient Q & le point où fe leve l'aftre L (175) ;
cette amplitude fe trouve de même que l'azimut , puifqu'elle
eft la différence ou la fomme de 90° , & de l'azimut d'un
aftre qui eft dans l'horizon.

DU SYSTEME DU MONDE.

370. La question du mouvement de la terre est un des objets qui ont été les plus discutés parmi les astronomes; cependant elle n'étoit pas difficile pour de véritables Physiciens : mais la peine que les esprits ont toujours à s'élever au-dessus de leurs anciens préjugés, ensuite le scrupule malentendu des Théologiens, ont retardé long-temps le progrès de la lumière ; enfin depuis environ un siècle il n'y a pas eu d'astronome un peu distingué, qui se soit refusé à l'évidence du *système de Copernic* ; c'est donc celui-là que j'appellerai le *système du monde*, & je ne parlerai des autres, que parce que l'histoire des progrès de l'esprit est toujours lié avec l'histoire de ses erreurs.

371. Le système du monde (*a*) comprend les planètes principales, les satellites & les comètes : les planètes principales sont, 1°, le soleil, ou la terre à la place du soleil dans le système de Copernic ; 2°, Mercure ; 3°, Vénus ; 4°, Mars ; 5°, Jupiter ; 6°, Saturne : leurs élémens particuliers, ou les détails de chacun, feront la matière du livre suivant ; il ne s'agit ici que de leur disposition générale. La lune est réputée un satellite par rapport à la terre ; & comme elle a des inégalités d'une espèce toute différente, elle fera seule la matière du livre IV. La théorie des satellites de Jupiter & de Saturne sera expliquée dans le IXe livre, & celle des comètes dans le Xe.

372. Mais avant que de parler de la véritable situation des orbites planétaires, qui pour être connue exigeoit des observations & des réflexions approfondies, nous parlerons de ce qu'il y a de plus apparent & de plus simple à concevoir, & d'abord de l'hypothèse ancienne, imaginée pour représenter le mouvement annuel du soleil ; c'est le système suivant lequel Ptolomée & plusieurs anciens astronomes expliquoient la disposition générale du monde ; nous viendrons

___
(*a*) Σύστημα, Constitutio, Collectio, c'est-à-dire l'arrangement & l'assemblage des corps célestes.

enfuite au fyftème de Copernic, & nous donnerons les preuves des mouvemens réels de la terre, dont il importe au Lecteur d'etre bien convaincu, avant que de paffer à la théorie des planètes. Le fyftème de Tycho-Brahé, poftérieur à celui de Copernic, fe trouvera réfuté par les preuves même de celui-ci ; enfin, les phénomènes qui réfultent du mouvement de la terre, viendront naturellement à la fuite des preuves de ce mouvement.

573. Les anciens philofophes qui connoiffoient très-peu les circonftances du mouvement des planètes, n'avoient pas de moyens évidens pour connoître la véritable difpofition de leurs orbites, & ils varièrent beaucoup fur ce fujet. Pythagore & quelques-uns de fes difciples fuppoferent d'abord la terre immobile au centre du monde, comme chacun eft porté à le croire avant que d'avoir difcuté les preuves du contraire ; il eft vrai que dans la fuite, plufieurs difciples de Pythagore s'écartèrent de ce fentiment, firent de la terre une planète, & placerent le foleil immobile au centre du monde. Mais Platon fit revivre le fyftème de l'immobilité de la terre ; Eudoxe, Calippus, Ariftote, Archimède, Hipparque, Sofigènes, Cicéron, Vitruve, Pline, Macrobe & Ptolomée fuivirent ce fentiment, (Riccioli, *Almageftum*, t. II. p. 276, 279). On peut voir dans Pline, (*lib. II. c. 22.*) & dans Cenforinus, (*de die natali, cap.* 13.) la manière dont Pythagore appliquoit les intervalles des tons à ceux des diftances des planètes à la terre.

374. Ptolomée qui écrivit environ l'an 140 de J. C. ou vers les premières années de l'Empereur Antonin, eft celui qui a donné fon nom à ce fyftème, parce que fon *Almagefte* eft le feul livre détaillé qui nous foit parvenu de l'ancienne aftronomie : il effaie de prouver dans deux chapitres de cet ouvrage que la terre eft véritablement immobile au centre du monde, & il place les autres planètes autour d'elle dans l'ordre fuivant : la Lune, Mercure, Vénus, le Soleil, Mars, Jupiter & Saturne ; fa principale raifon pour placer Mercure & Vénus au-deffous du Soleil, étoit de fuivre en cela le fyftème le plus ancien, & de placer le Soleil au milieu des planè-

tes, enfin de le placer entre celles qui ne s'en écartent jamais
que juſqu'à un certain point (Mercure & Vénus), & celles
qui lui paroiſſent quelquefois oppoſées. Pour ce qui eſt de
l'ordre des trois autres planètes ; il penſa qu'elles devoient
être d'autant plus près de nous, qu'elles tournoient en moins
de temps ; cette loi étoit du moins indiquée par l'exemple
de la lune, qui tournant beaucoup plus vîte que le ſoleil,
étoit évidemment plus près de nous, puiſqu'elle éclipſoit
ſi ſouvent le ſoleil : il voyoit auſſi que Saturne étoit
la moins lumineuſe de toutes les planètes, ce qui la faiſoit
préſumer la plus éloignée, en même temps qu'elle étoit la
plus lente de toutes. C'eſt à cela que je réduis les neuf raiſons
apportées par le P. Riccioli dans ſon *Almageſtum novum*,
(*T. II. pag.* 279.) en faveur de cette partie du ſyſtême de
Ptolomée.

Le ſyſtème de Ptolomée eſt repréſenté dans la figure 40,
d'après le IXe livre de l'Almageſte de Ptolomée ; chaque
planète y eſt marquée ſur ſon orbite par le ſigne qui lui convient (83) ; enſorte que cette figure n'a beſoin d'aucune
explication.

375. Platon avoit changé quelque choſe au ſyſtème de
Pythagore ; pluſieurs auteurs diſent qu'il mettoit Mercure &
Vénus au-delà du Soleil ; ſa raiſon, diſent-ils, étoit que
Vénus & Mercure n'avoient jamais éclipſé le ſoleil, ce qui
devoit arriver ſi ces planètes étoient, auſſi bien que la lune,
plus baſſes que le ſoleil. Ce ſyſtème fut ſoutenu par *Théon*
dans ſon Commentaire ſur l'Almageſte, & enſuite par *Géber*
le ſeul, entre les auteurs Arabes, qui ſe ſoit écarté du ſyſtème
de Ptolomée.

376. Les premiers obſervateurs remarquerent certaine-
nement que Vénus ne s'écartoit jamais du ſoleil que d'environ 45°, mais il étoit très-naturel de croire que ſi elle eût
tourné comme le ſoleil autour de la terre, elle auroit paru
très-ſouvent oppoſée au ſoleil, ou éloignée de lui de 180° ;
auſſi les Egyptiens imaginerent que Vénus devoit tourner
autour du ſoleil comme dans un épicycle, au moyen de quoi
ils expliquoient très-bien pourquoi elle paroiſſoit plus ou

moins brillante dans certains temps, sans jamais cesser d'accompagner le soleil, & il en étoit de même de Mercure. C'est Macrobe qui raconte avec éloge ce sentiment des anciens Egyptiens, (*Somn. Scip. lib. I. cap.* 19).

377. Cicéron, en faisant parler Scipion sur le système du monde, paroît dire que les orbites de Vénus & de Mercure accompagnent & suivent le soleil ; *hunc ut comites sequuntur Veneris alter, alter Mercurii cursus* (*Somn. Scip.*).

Vitruve dit formellement que Mercure & Vénus entourent le soleil, & tournent autour de son centre, ce qui produit leurs stations & leurs rétrogradations apparentes (*Archit. lib. IX. c.* 4) ; ensorte qu'on peut le regarder comme un des anciens qui ont soutenu ce système des Egyptiens.

378. Martianus Capella, auteur que l'on croit avoir vécu dans le cinquième siècle, développe encore mieux ce système, & il y a un chapitre exprès de ses mélanges, dont voici le titre : *Quod tellus non sit centrum omnibus planetis* ; il explique très-bien dans ce chapitre que les orbites de Vénus & de Mercure n'environnent point la terre, mais seulement le soleil qui est au centre de leurs cercles ; que ces planètes sont quelquefois au-delà du soleil, quelquefois en-deçà ; que dans le premier cas Mercure est moins éloigné de nous que Vénus ; que dans l'autre il est plus loin de nous. Ce système des Egyptiens fut le principe des belles idées de Copernic sur le système général du monde : indépendamment de la preuve tirée de la proximité constante de Vénus au soleil, on y trouvoit l'avantage de rendre raison de ces inégalités appellées *stations & retrogradations*, sans la ressource absurde des épicycles.

Le système des Egyptiens est représenté dans la figure 41, tel que nous venons de le décrire ; la terre est placée au centre de la figure, elle est environnée par les orbites de la lune & du soleil ; le globe du soleil en décrivant son orbite, est environné & accompagné des orbites de Mercure & de Venus. Au-dessus du soleil sont les trois autres orbites, placées comme dans le système de Ptolomée (374), & désignées par les caractères dont nous avons donné l'explication (83).

379. L'hypothèse des Egyptiens satisfaisoit aux inégalités les plus remarquables de Mercure & de Venus : à l'égard de Mars, Jupiter & Saturne, il restoit dans ces planètes des inégalités bien étranges à expliquer, soit dans le système de Ptolomée, soit dans celui des Egyptiens. Toutes les fois que ces planètes approchent de leur conjonction avec le soleil, ou qu'elles sont dans la même région du ciel, elles ont un mouvement propre (85), prompt & direct, c'est-à-dire vers l'orient ; elles paroissent petites & fort éloignées de nous ; lorsqu'elles sont opposées au soleil ou à 180° de cet astre ; elles paroissent plus grosses, plus brillantes, elles paroissent reculer vers l'occident, & leur mouvement propre paroît *rétrograde* (392). Dans les temps intermédiaires, elles sont *stationnaires*, paroissent immobiles dans le ciel, & d'une grandeur moyenne. Ces inégalités revenant toujours les mêmes toutes les fois que les planètes paroissoient à même distance du soleil, il sembloit à quelques philosophes que les aspects & les rayons du soleil avoient une force ou une influence qui produisoient dans les planètes toutes ces alternatives, qui étoient en effet toujours les mêmes quand les planètes étoient à même aspect, à même élongation ou distance apparente par rapport au soleil ; c'est ce qu'ils appelloient la deuxième inégalité, la première étant de même espèce que celle du soleil, & n'ayant lieu toute seule que dans les oppositions.

380. Pour que le lecteur pût comparer la simplicité du système de Copernic avec l'absurde complication du système de Ptolomée, il faudroit rapporter l'hypothèse de la seconde inégalité des planètes selon Ptolomée, au moyen de l'épicycle porté sur un excentrique ; mais il vaut mieux passer à des choses plus satisfaisantes ; il suffira de dire que chaque planète étant en conjonction avec le lieu moyen du soleil, étoit supposée partir du sommet ou de l'apogée de son épicycle ; elle employoit à parcourir cet épicycle tout le temps qui s'observe entre une conjonction moyenne & la suivante, c'est-à-dire le temps d'une révolution synodique ; (454) Saturne un an & 13 jours, suivant les anciens ; Ju-

piter, un an & 34 jours; Mars, deux ans & 59 jours; Vénus, un an & 219 jours; Mercure, 116 jours, tandis que chaque épicycle parcouroit le cercle appellé pour-lors déférent pendant la durée de la révolution périodique de la planète (85 , 454).

Je ne parlerai pas des exceptions que ces règles éprouvoient, des suppositions qu'il falloit y ajouter pour expliquer le mouvement des apsides ; on trouveroit tout cela, si l'on en étoit curieux, dans le premier tome de l'Almageste du P. Riccioli, expliqué avec un détail immense & une extrême exactitude.

381. Copernic, qui préféroit les cercles concentriques aux excentriques, se servoit d'un premier épicycle pour la première inégalité, & en faisant tourner le centre d'un second épicycle sur la circonférence du premier, il auroit pu exprimer la seconde inégalité; mais on va voir avec quel succès il rejetta celle-ci sur le mouvement de la terre.

Toutes les planètes décrivoient leurs épicycles, suivant les anciens, précisément dans l'intervalle de temps qu'il leur falloit pour revenir en conjonction avec le soleil. La *seconde inégalité* paroissoit donc dépendre du soleil; ainsi elle dut inspirer l'idée d'examiner si un œil placé dans le soleil ne pourroit pas voir les choses dans un ordre plus simple, & si le soleil ne seroit pas le véritable centre de tous ces mouvemens, qui avoient tant de rapport avec lui; on avoit eu recours à cet expédient pour sauver les inégalités de Mercure & de Vénus, il étoit naturel d'y recourir pour les autres planètes.

Du Système de Copernic.

382. Ce fut l'embarras que trouva Copernic dans les hypothèses des anciens pour expliquer la seconde inégalité des planètes (380), qui lui fit souhaiter de pouvoir les simplifier, ou en imaginer une qui fût moins absurde & moins compliquée ; il nous apprend dans la préface de son livre *de Revolutionibus Orbium*, que dans cette intention il avoit commencé par lire tout ce qu'il avoit pu trouver là-dessus

dans les anciens philosophes, pour savoir s'il n'y en avoit aucun qui eût attribué à la sphère d'autres mouvemens que ceux dont on parloit depuis si long-temps dans les écoles ; voici ce qu'il y trouva de plus remarquable.

Cicéron dit que *Nicetas* de Syracuse, au rapport de Théophraste, avoit pensé que le ciel, le soleil, la lune, les étoiles, ne tournoient point chaque jour autour de la terre, mais que la terre seule tournant sur son axe avec une très-grande vîtesse, faisoit paroître tout le reste en mouvement. Plutarque raconte aussi que *Philolaüs* le Pythagoricien vouloit que la terre eût un mouvement annuel autour du soleil dans un cercle oblique, tel que celui qu'on attribuoit au soleil. *Héraclide* de Pont, & *Ecphantus* Pythagoricien, attribuoient, à la vérité, un mouvement à la terre, mais seulement sur son axe, semblable à celui d'une roue. Héraclide & les autres Pythagoriciens soutenoient que chaque étoile étoit un monde qui avoit, comme le nôtre, une terre, une atmosphère & une étendue immense de matière éthérée : Ariftote, (*de cœlo, lib. II. cap.* 13.), dit aussi que les philosophes d'Italie appellés *Pythagoriciens*, plaçoient le feu au milieu de l'univers, & mettoient la terre au nombre des planètes qui tournoient autour du soleil comme leur centre commun.

383. Diogène Laërce dans la vie de Philolaüs, dit que les uns lui attribuoient la première idée du mouvement de la terre, & que les autres l'attribuoient à Nicetas : Philolaüs avoit été disciple de Pythagore, & vivoit environ 450 ans avant J. C. On peut ajouter à ces idées sublimes des plus anciens philosophes, les passages où *Séneque* explique de la manière la plus philosophique, les rétrogradations des planètes ; « il s'est trouvé des philosophes qui nous ont dit, » vous vous trompez, en croyant qu'il y ait des astres qni » rétrogradent & qui s'arrêtent, cette bisarrerie ne peut avoir » lieu dans les corps célestes ; ils vont du côté où ils ont été » jettés ; ils ne suspendent jamais leurs cours, ils ne changent » jamais leur direction ; pourquoi donc paroissent-ils quel- » quefois retourner en arrière ; c'est le soleil qui en est cause :

» leurs orbes ou leurs cercles font placés de manière à nous
» tromper dans certains temps ; tout ainſi qu'on croit fou-
» vent immobile un vaiſſeau qui va pourtant à pleines
» voiles ». (*Sen. quæſt. nat. l. VII. c.* 25 & 26).

Des autorités ſi poſitives donnèrent de la confiance à Copernic , & lui firent admettre d'abord le mouvement diurne,
ou le mouvement de rotation de la terre ſur ſon axe ; ce
ſimple mouvement retranchoit de la phyſique des centaines
de mouvemens à chaque jour ; la ſimplicité de cette hypothèſe ſuffiſoit pour la rendre vraiſemblable , & c'eſt une véritable démonſtration pour tout homme qui veut s'affranchir
des préjugés de ſon enfance.

384. En effet, quand on voit cette concavité immenſe de
tout le ciel remplie d'une multitude d'étoiles, qui ſont toutes
à des diſtances prodigieuſes de nous , des planètes qui ont
toutes des mouvemens contraires à ce mouvement de tous
les jours ; quand on réfléchit à la petiteſſe de la terre , en
comparaiſon de toutes ces énormes diſtances, il devient impoſſible de concevoir que tout cela puiſſe tourner à la fois
d'un mouvement commun, régulier & conſtant en 24 heures
de temps , autour d'un atôme tel que la terre. Non-ſeulement le mouvement diurne de tous les aſtres en 24 heures
autour de la terre eſt une choſe peu vraiſemblable , j'oſe dire
qu'elle eſt abſurde, & qu'il faut être aveuglé par le préjugé
ou l'ignorance pour pouvoir ſe prêter à cette idée. Toutes
ces planètes qui ſont à des diſtances ſi différentes , & dont
les mouvemens propres ſont ſi différens les uns des autres :
toutes ces comètes qui ſemblent n'avoir preſque aucune reſſemblance avec les autres corps céleſtes ; toutes ces étoiles
fixes que les lunettes nous font voir par millions dans toutes
les parties du ciel; tous ces corps, dis-je, qui n'ont aucun
rapport les uns avec les autres, qui diffèrent tout autant
que le ciel & la terre, qui ſont indépendans l'un de l'autre,
& à des diſtances que l'imagination a peine à concevoir , ſe
réuniroient donc pour tourner chaque jour tous enſemble,
& comme tout d'une pièce, autour d'un axe ou eſſieu, lequel
même change de place. Cette égalité dans le mouvement de

rant de corps, fi inégaux d'ailleurs à tous égards, devoit feule indiquer aux philofophes qu'il n'y avoit rien de réel dans les mouvemens diurnes, & quand on y réfléchit, elle prouve la rotation da la terre d'une manière qui ne laiffe point de foupçon, & à laquelle il n'y a point de replique.

Enfin, depuis qu'à l'aide des lunettes, nous voyons fans aucune efpèce d'incertitude le Soleil & Jupiter tourner fur leur axe (970) il eft encore plus difficile de révoquer en doute la rotation de la terre, qui eft inconteftablement moins groffe que le foleil.

385. Les anciens étoient obligés de fuppofer des fphères folides & tranfparentes comme le cryftal, où ils enchâffoient tous les aftres, & ils faifoient tourner ces calottes fphériques les unes dans les autres; le P. Riccioli même eft obligé d'y avoir recours (*Almag. nov. II.* 288). Mais depuis qu'on a vu les planètes fe rapprocher vifiblement de nous, & s'en éloigner enfuite; depuis qu'on a vu des comètes defcendre fi près de la terre, & remonter enfuite à perte de vue, les cieux folides font une abfurdité démontrée; il devient donc également abfurde de fuppofer que le foleil entier puiffe tourner tous les jours & tout à la fois, tandis qu'il eft compofé de tant de milliers de pièces détachées, fans qu'aucune paroiffe jamais recevoir plus ou moins de mouvement que les autres, même en décrivant des cercles qui font tous de grandeurs différentes, à moins qu'on n'y applique des intelligences conductrices, occupées fans ceffe à empêcher l'effet des loix du mouvement qui font établies d'ailleurs dans toute la nature.

386. Le P. Riccioli oppofe à tout cela des paffages de l'Ecriture-Sainte, où il eft dit que le foleil fe leve & fe couche (410). Il propofe enfuite 77 argumens contre le mouvement de la terre, & réfute 49 argumens qu'il fuppofe que l'on peut faire en faveur du fyftème de Copernic: de toutes les preuves qu'il produit contre le mouvement de la terre, les feules qui me paroiffent mériter quelque confidération, fe réduifent toutes à l'argument de Ptolomée, (*Al-*

mag. lib. I.), que Buchanan a exprimé dans les vers suivans ;

> Ipsæ etiam volucres tranantes aëra leni
> Remigio alarum , celeri vertigine terræ
> Abreptas gemerent sylvas, nidosque tenellâ
> Cum sobole, & carâ forsan cum conjuge ; nec se
> Auderet zephiro solus committere turtur. *Sphæra*, **L. I.**

« Les oiseaux dans les airs, verroient la terre & les forêts
» fuir sous leurs pieds ; ils verroient leurs nids, leurs petits,
» & peut-être leurs femelles, entraînés par le mouvement
» diurne de la terre vers l'orient ; la tourterelle n'oseroit ja-
» mais s'éloigner de la surface de la terre par la crainte de
» perdre sa demeure ».

387. Copernic, (*L. I. c. 8.*), Képler, Ptolomée, lui-même
y avoient déja répondu ; il est impossible que des corps terrestres, & que l'atmosphère de la terre, qui depuis tant de
siècles tiennent à la terre, & tournent avec elle, n'en ayent
pas reçu un mouvement commun, une impression & une direction communes ; la terre tourne avec tout ce qui lui appartient, & tout se passe sur la terre mobile comme si elle
étoit en repos. Il est étonnant que Tycho, le P. Riccioli,
& tous ceux qui ont répété le même argument sous tant de
formes différentes, n'aient pas sçu que lorsqu'on joue aux
boulles ou au billard dans le vaisseau qui va le plus vîte, le
choc des corps s'y fait avec la même force dans un sens que
dans l'autre, & que lorsqu'on jette une pierre du haut du mât
d'un vaisseau en mouvement, elle tombe directement au pied
du mât, comme quand le vaisseau étoit en repos : le mouvement
du vaisseau est communiqué d'avance au mât, à la pierre, &
à tout ce qui existe dans le vaisseau, ensorte que tout arrive
dans ce navire comme s'il étoit immobile : il n'y a que le
choc des obstacles étrangers qui fait qu'on en apperçoit le
mouvement lorsqu'on est dans le navire ; mais comme la
terre ne rencontre aucun obstacle étranger, il n'y a absolument rien dans la Nature, ni sur la terre, qui puisse par sa

réſiſtance, par ſon mouvement, ou par ſon choc, nous faire appercevoir le mouvement de la terre. Ce mouvement eſt commun à tous les corps terreſtres ; ils ont beau s'élever en l'air, ils ont reçu d'avance l'impreſſion du mouvement de la terre, ſa direction & ſa vîteſſe, & lors même qu'ils ſont au plus haut de l'atmoſphère, ils continuent à ſe mouvoir comme la terre. Un boulet de canon qui ſeroit lancé perpendiculairement vers le zénit, retomberoit dans la bouche du canon, quoique pendant le temps que le boulet étoit en l'air, le canon ait avancé vers l'orient avec la terre de pluſieurs lieues ; (il doit faire ſix lieues & un quart par minute, ſous l'équateur) : la raiſon en eſt évidente ; ce boulet en s'élevant en l'air, n'a rien perdu de la vîteſſe que le mouvement de la terre lui a communiquée ; ces deux impreſſions ne ſont point contraires ; il peut faire une lieue vers le haut pendant qu'il en fait ſix vers l'orient ; ſon mouvement dans l'eſpace abſolu eſt la diagonale d'un parallélogramme, dont un côté a une lieue, & l'autre ſix, il retombera par ſa peſanteur naturelle, en ſuivant une autre diagonale, & il retrouvera le canon qui n'a point ceſſé d'être ſitué, auſſi-bien que le boulet, ſur la ligne qui va du centre de la terre juſqu'au ſommet de la ligne où il a été lancé.

388. Pour que le boulet reſtât en l'air ſur une même ligne perpendiculaire au point d'où il étoit parti, ſans tourner avec la terre, il faudroit qu'il y eût une cauſe en l'air qui détruiſît l'impreſſion générale que ce boulet avoit reçue par le mouvement de la terre ; mais nous n'en connoiſſons aucune ; le boulet doit donc continuer de tourner autour du centre de la terre, lors même qu'il s'en éloigne par l'impulſion de la poudre : la première & la plus générale des loix du mouvement, eſt qu'un corps déterminé une fois à ſe mouvoir dans une direction, continue uniformément & ſur la même ligne, s'il n'y a pas de cauſe qui retarde ou anéantiſſe ſon mouvement ; cette loi s'obſerve & ſe vérifie partout ; il n'eſt donc pas étonnant que les oiſeaux, les nuages, les boulets, continuent d'avoir le même mouvement que la terre, lors même qu'ils s'en éloignent.

389. Mais si les corps terrestres ne peuvent décéler le mouvement de la terre, tout ce qui est éloigné de la terre nous fait appercevoir ce mouvement : nous sommes sur un vaisseau qui se meut paisiblement sans que nous nous en appercevions, mais celui qui est sur le vaisseau voit les côtes & les villes s'éloigner de lui, *provehimur portu , terræque urbesque recedunt* ; nous voyons de même les planètes, les étoiles & tout le ciel sans aucune exception, se mouvoir du même sens, & tout ce qui est hors de la terre nous avertit de notre mouvement.

390. Tandis que l'on ne voit contre le système de Copernic aucune espèce d'argument, nous avons au contraire une preuve bien physique & bien démonstrative de sa rotation diurne, par la diminution de pesanteur des corps qui sont sous l'équateur ; diminution qui est proportionnelle à la force centrifuge qui naît de la rotation de la terre, (816, 1011) & qui produit la figure aplatie de la terre, qui est encore une autre preuve du mouvement diurne. L'aberration des étoiles (783), & l'attraction universelle dont nous donnerons tant de preuves dans le livre XII. sont encore des démonstrations physiques & positives du mouvement de la terre.

391. Le mouvement diurne de la terre sur son axe une fois admis, il devenoit plus facile d'admettre un second mouvement de la terre dans l'écliptique ; celui-ci étoit indiqué par le phénomène des stations & des rétrogradations des planètes (380), qui deviennent de pures apparences, quand on admet le mouvement de la terre, & qui sont des singularités inexplicables dans chaque planète, lorsqu'on suppose la terre immobile.

392. C'est un phénomène observé dès le temps d'Hipparque dans toutes les planètes, qu'après avoir paru se mouvoir quelque temps d'occident en orient, suivant l'ordre des signes, elles s'arrêtent peu-à-peu & rétrogradent ensuite (379). La rétrogradation de Saturne dure environ 136 ou 140 jours sur une année, ou plutôt sur un retour à sa conjonction ; celle de Jupiter 118 ou 122 ; celle de Mars, entre

59 & 79 ; celle de Vénus 42 ou 44 ; celle de Mercure 22 jours fur 115 que dure fa révolution fynodique. L'arc de rétrogradation eft de 6 à 7° pour Saturne, de 10° pour Jupiter ; il va de 10 à 19° pour Mars, il eft de 16° pour Vénus, il eft entre 9 & 16° pour Mercure. Ces rétrogradations reviennent toutes les fois que les planètes fe trouvent en conjonction avec le foleil, c'eft-à-dire, qu'elles dépendent du mouvement annuel du foleil. Pour les expliquer dans le fyftème de Ptolomée, il falloit faire mouvoir chaque planète dans un épicycle par un mouvement qui dépendoit de la longueur de l'année, & qui étoit différent pour chaque planète (380) ; toute cette complication difparoît dans le fyftème de Copernic ; ainfi cet aftronome devoit être bien plus porté à l'admettre que les anciens Pythagoriciens, qui ne connoiffoient pas ces inégalités des planètes. & ce fut en effet la première raifon qu'eut Copernic de chercher vers l'an 1507 d'autres hypothèfes que celles de Ptolomée, pour expliquer les mouvemens planétaires : fon livre parut en 1543, & dès le temps de Galilée & de Képler, en 1600, tout ce qu'il y avoit de plus habile dans l'aftronomie, étoit du même fentiment que Copernic, & ne doutoit plus du mouvement de la terre : tous les progrès que l'on a fait enfuite dans l'aftronomie ont produit fur cette matière de nouvelles démonftrations ; il n'y a plus aucune raifon de douter, ni aucune objection raifonnable à faire contre le mouvement de la terre.

393. Le fyftème de Copernic eft repréfenté dans la figure 42 ; le foleil eft au centre du monde ; les planètes tournent autour de lui dans l'ordre fuivant ; Mercure, Vénus, la Terre, Mars, Jupiter & Saturne, à des diftances du foleil qui font entr'elles, comme les nombres 4, 7, 10, 15, 52 & 95, quoiqu'on n'ait pas obfervé ces proportions dans la figure. Ces nombres, qui font les plus fimples & les plus faciles à retenir, font tels que chaque unité vaut un peu plus de trois millions de lieues, de 25 au degré, ou de 2263 toifes chacune ; on verra bientôt la manière de trouver ces diftances (450.) On voit dans la même figure que la

L

terre est environnée par l'orbite de la lune qu'elle entraîne avec elle, ainsi que Jupiter est entouré par les 4 orbites de ses satellites, & Saturne par 5 autres satellites, dont nous parlerons dans le IXe livre.

Je parlerai de l'explication des phénomènes qui résultent de ce système (412), après que celui de Tycho m'aura donné l'occasion de démontrer encore mieux la vérité du système de Copernic, qui sera la base de tout le reste de cet ouvrage.

Du Système de Tycho-Brahé.

394. Nous ne parlons du système de Tycho qu'après avoir parlé de celui de Copernic, pour suivre l'ordre des temps & celui des ouvrages qui ont été faits là-dessus ; il est vrai que le système de Tycho a du rapport avec celui de Ptolomée, puisque l'un & l'autre adoptent le mouvement du soleil, & supposent la terre fixe ; mais il a encore plus de rapport avec le système de Copernic, puisque dans tous les deux les cinq planètes tournent autour du soleil, & que Tycho s'est conformé à cet égard aux démonstrations de Copernic, sans lequel il ne se seroit point élevé aussi haut.

Le système de Tycho est représenté dans la figure 43 que j'ai tirée de son ouvrage sur la comète de 1577, imprimé à la suite de ses Lettres astronomiques, & qui est intitulé : *Tychonis-Brahe Dani de mundi ætherei recentioribus phænomenis, liber secundus.* La terre T est placée au centre de la figure ; elle est environnée d'abord par l'orbite de la lune, & ensuite par celle du soleil. Autour du soleil S, comme centre, sont décrits cinq autres cercles pour représenter les orbites de Mercure, de Vénus, de Mars, de Jupiter & de Saturne ; & le soleil accompagné de toutes ces orbites, est supposé tourner autour de la terre T, qui est cependant beaucoup plus près de lui que les orbites de Jupiter & de Saturne. Je n'ai point représenté dans cette figure les satellites de Jupiter & de Saturne, de même que je n'ai point observé les proportions qui ont lieu dans les grandeurs des orbites, pour ne pas faire une trop grande figure.

395. Le système de Tycho-Brahé avoit été déja soutenu, du moins en partie, par les Egyptiens (376). Tycho ayant reconnu comme eux que Vénus & Mercure tournoient évidemment autour du soleil, crut qu'il en pouvoit être de même des trois autres planètes; la conclusion étoit assez naturelle, elle rendoit uniforme les hypothèses de toutes les planètes, & supprimoit tous les épicycles de la seconde inégalité, par le seul mouvement du soleil.

Tycho-Brahé avoit une raison de plus pour soutenir ce système; Copernic avoit démontré 50 ans avant lui, que l'on expliquoit de la manière la plus naturelle & la plus simple les phénomènes bizarres & singuliers des stations & rétrogradations de toutes les planètes, en les faisant tourner toutes autour du soleil; Tycho-Brahé étoit trop éclairé pour ne pas voir la beauté, la simplicité, & par conséquent la vérité de ce système; mais son respect pour quelques passages de l'écriture qu'il interprétoit mal, l'empechoit d'adopter le mouvement de la terre; enfin, il avoit à peine à concevoir ce déplacement de notre globe; accoutumé avec le vulgaire à le considérer comme la base éternelle & le fondement immobile de toute stabilité; il conserva donc tout ce qu'il put du système de Copernic, c'est-à-dire le mouvement de toutes les planètes autour du soleil, mais il fit tourner le soleil lui-même, accompagné de toutes ces planètes autour de la terre.

396. Tycho ne vouloit pas cependant qu'on crût qu'il n'avoit fait que retourner le système de Copernic pour former le sien : voici à quelle occasion il dit l'avoir imaginé : il observa soigneusement en 1582 Mars en opposition; il jugea qu'il étoit plus près de nous que le soleil, & dès-lors les hypothèses de Ptolomée ne pouvoient plus avoir lieu, car suivant Ptolomée, Mars devoit être plus loin que le soleil. D'un autre côté, Tycho crut remarquer que les comètes observées en opposition par rapport au soleil, n'étoient point affectées du mouvement annuel de la terre, comme cela devoit arriver dans le système de Copernic; cela lui fit rejetter l'hypothèse de Copernic, & dès-lors il ne resta plus d'autres moyens

d'expliquer la proximité de Mars à la terre, si ce n'est par le système qu'il proposa.

Dans l'ouvrage qu'il fit à l'occasion de la comète de 1577, Tycho parle fort au long de son système, imaginé vers 1582. « J'avois remarqué, dit-il, que l'ancien système de Ptolo-
» mée n'étoit point naturel ; la multitude des épicycles dont
» il se sert pour expliquer les mouvemens des planètes par
» rapport au soleil, leurs stations & leurs rétrogradations,
» & une partie de leurs inégalités apparentes, est superflue;
» ces hypothèses même pêchent contre les principes de l'art,
» en supposant ces mouvemens égaux, non autour de leur
» centre propre & naturel, mais autour d'un point étran-
» ger, c'est-à-dire, d'un autre cercle excentrique, qu'on
» appelle l'*équant*. Mais aussi je n'approuvois pas cette
» nouveauté introduite par le grand Copernic, à l'exemple
» d'Aristarque de Samos, dont parle Archimède dans son
» livre de *Arenæ numero*, adressé à Gédion, Roi de Sicile ;
» quoiqu'elle corrige de la manière la plus savante tout ce
» qu'il y a d'inutile & de défectueux dans le système de
» Ptolomée, & qu'elle ne renferme rien qui soit contre les
» principes des mathématiques : cette lourde masse de la
» terre, si peu propre au mouvement, ne sauroit être ainsi
» déplacée & agitée d'une triple manière, comme le seroient
» ces corps célestes, sans choquer les principes de la physi-
» que ; l'autorité des Saintes Ecritures s'y oppose ; je parle-
» rai ailleurs de ces divers inconvéniens, comme aussi de
» celui qu'il y auroit à supposer un espace immense entre
» l'orbite de Saturne & la huitième sphère, qui ne seroit oc-
» cupé par aucun astre. Je voyois donc que des deux côtés
» il y avoit des absurdités ; je me mis à examiner sérieuse-
» ment s'il y avoit quelqu'hypothèse qui fût parfaitement
» d'accord avec les phénomènes & les principes mathémati-
» ques, sans répugner à la physique, & sans encourir les
» censures de la théologie ; je réussis au-delà de mes espé-
» rances, & je trouvai enfin une manière de disposer les
» révolutions célestes, qui remédie à tous les inconvéniens,
» & dont je vais faire part aux amateurs de la physique cé-
» leste.

» Je pense d'abord qu'il faut décidément & sans aucun
» doute, placer la terre immobile au centre du monde, en
» suivant le sentiment des anciens astronomes ou physiciens,
» & le témoignage de l'Ecriture : je n'admets point avec Pto-
» lomée & les anciens, que la terre soit le centre des orbes
» du second mobile ; mais je pense que les mouvemens cé-
« lestes sont disposés de manière que la lune & le soleil seu-
» lement avec la huitième sphère, la plus éloignée de tou-
» tes, & qui renferme toutes les autres, aient le centre de
» leur mouvement vers la terre ; les cinq autres planètes
» tourneront autour du soleil comme autour de leur chef
» & de leur Roi, & le soleil sera sans cesse au milieu de
» leurs orbes, qui l'accompagneront dans son mouvement
» annuel . . . . . . Ainsi le soleil sera la règle & le terme de
» toutes ces révolutions ; & comme Apollon au milieu des
» Muses, il réglera seul toute l'harmonie céleste de ces mou-
» vemens dont il est environné ».

397. En même temps que Tycho regardoit le mouvement
de la terre comme un paradoxe de théologie & de physique,
il reconnoissoit son utilité en astronomie, comme on peut en
juger par ce qu'il en dit dans ses progymnasmes, (*T. I. p. 661*):
« J'avoue, dit-il, que les révolutions des cinq planètes que
» les anciens attribuoient à des épicycles, s'expliquent ai-
» sément & à peu de frais, par le simple mouvement de la
» terre ; que les anciens mathématiciens ont adopté bien des
» absurdités & des contradictions que Copernic a sauvées,
» & qu'il satisfait même un peu plus exactement aux appa-
» rences célestes ». Mais on voit ensuite que Tycho regardoit le témoignage de l'Ecriture-Sainte comme le plus grand
obstacle au système de Copernic.

398. On voit encore dans une lettre de Tycho à Rothmann, mathématicien du Landgrave, en date du 21 Février
1589, ce que pensoit Tycho du système de Copernic :
« Lorsque je traiterai, dit-il, *ex professo*, des mouvemens
» célestes, je ferai voir que mes hypothèses satisfont exac-
» tement aux apparences célestes, qu'elles sont de beaucoup
» préférables à celles de Ptolomée & de Copernic, & s'ac-

» cordent mieux avec la vérité ; mais fi elles vous déplaifent
» fi fort, fi vous aimez mieux faire tourner la terre & les
» mers accompagnées de la lune, par un mouvement an-
» nuel ; & donner un triple mouvement à un corps fimple &
» unique ; fi vous voulez que cette terre , quoique fi peu
» propre au mouvement, & fi fort au-deffous des aftres ,
» foit cependant portée elle-même comme un aftre dans la
» région éthérée, vous êtes bien le maître . . . . Mais n'eft-ce
» pas confondre les chofes d'ici-bas avec les chofes céleftes,
» & renverfer de fond en comble tout l'ordre de la nature ?
» Ne vous y trompez pas cependant, en croyant que Co-
» pernic ait fuffifamment répondu aux abfurdités phyfiques
» qui réfultent de fon hypothèfe : je vous démontrerai quel-
» que jour que tout ce que vous dites pour le défendre , ne
» fuffit pas pour mettre la chofe hors de doute ; vous êtes
» encore moins recevable dans l'interprétation que vous
» donnez des paffages de l'Ecriture qui font contraires à
» votre fyftème , &c. » (*Epift. aftron. pag.* 147). Tycho
s'efforce alors de prouver à fon ami que l'Ecriture-Sainte
eft incompatible avec le fyftème de Copernic.

399. Longomontanus , aftronome célèbre qui vécut pendant dix ans chez Tycho-Brahé à Uranibourg , dont Tycho fait mention d'une manière honorable, & qui contribua
à l'édition de fes Œuvres , ne put fe réfoudre à admettre tout-
à-fait le fentiment de Tycho ; il admit le mouvement de
rotation , (*Aftronomia Danica pag.* 161. 220.), pour éviter de donner à toute la machine célefte cette vîteffe in-
croyable du mouvement diurne, qui par fa force centrifuge
difperferoit bientôt les étoiles & les planètes, à moins qu'on
ne fuppofât les cieux folides (385), comme le P. Riccioli
eft obligé de le faire (*Almag. novum II.* 288) , ou des intelligences conductrices. Il en eft de même d'Origan dans l'E-
pître dédicatoire de fes Ephémérides , & d'Argoli dans fon
Pandofium , c. 3. Il y a moins de difficulté à propofer contre
ce fyftème , que contre celui de Tycho-Brahé ; mais on a vu
que le mouvement annuel eft auffi évident que le mouvement
diurne (392).

Objections contre le système de Copernic.

400. Tous les motifs tirés de la simplicité de l'élégance du système de Copernic , & du parfait accord qu'on trouve dans toute l'astronomie en l'adoptant , équivalent à une démonstration pour tout physicien qui n'est pas prévenu d'avance contre la possibilité du mouvement de la terre ; il s'agit donc de répondre aux difficultés qu'on peut former contre ce mouvement , & dès-lors il ne restera presque rien à desirer pour nos preuves ; elles ne formeront peut-être pas une démonstration mathématique , mais bien un corps de preuves physiques équivalentes à une démonstration , surtout quand on y ajoutera les preuves directes que l'on a du mouvement de la terre (384. 390. 409.)

Je réponds sur-tout avec plaisir aux objections de Tycho Brahé contre le système de Copernic , parce que son témoignage est d'un si grand poids , sa réputation en astronomie mérite tant de respect , qu'il nous importe pour le système de Copernic de montrer que si Tycho avoit eu moins de préjugés , & s'il eût été instruit de ce qu'on a observé depuis sa mort , il ne seroit demeuré presque aucune des objections qu'il faisoit contre ce système.

401. Il demande à Rothmann (*Epist. astron. pag.* 167) , comment il se peut faire qu'un boulet jetté du haut d'une tour , tombe toujours exactement dans le point qui lui répond perpendiculairement au pied de la tour ; si la terre a un mouvement diurne , la tour doit avancer vers l'orient , & s'éloigner beaucoup du boulet avant qu'il soit arrivé au bas de la tour : mais on sçait aujourd'hui , par les premiers principes de la mécanique & par l'expérience des vaisseaux , que le boulet ne doit point quitter la tour (387).

402. On ne peut imaginer , dira-t-on , que la terre se renverse tous les jours , & que dans douze heures nous aurons la tête en-bas ; mais il est démontré par l'expérience des voyageurs que nous avons des antipodes , qui ont les pieds tournés vers les nôtres (147) ; ainsi nous serons pla-

cés dans douze heures comme ils le font actuellement ; l'un n'est pas plus difficile à concevoir que l'autre.

403. La terre, difoit Tycho (398) eft une maffe lourde, inerte, vile & groffière, peu propre au mouvement, qui ne femble faite que pour être le fondement inébranlable de toute ftabilité ; vous voulez en faire un aftre & la promener dans les airs, c'eft une prétention trop étrange. Mais qu'y a-t-il de folide dans ce raifonnement de Tycho ? N'y voit-on pas au contraire un homme prévenu d'une manière populaire pour les idées qu'il a reçues dans fon enfance ? Pourquoi la terre qui eft beaucoup plus petite que le foleil, fuivant les obfervations & les démonftrations même de Tycho, feroit-elle moins propre au mouvement que le foleil ? Pourquoi feroit-elle plus vile & plus groffière que les planètes, qui font opaques & obfcures comme la terre, quand le foleil ne les éclaire pas, qui font la plupart au moins auffi groffes que la terre, de l'aveu même de Tycho, & qui font rondes comme la terre.

404. Tycho étoit chocqué de la diftance énorme à laquelle doivent fe trouver les étoiles dans le fyftème de Copernic, pour que l'orbe annuel de la terre y paroiffe comme infenfible (768) : il n'eft pas vraifemblable, dit-il, que l'efpace compris depuis le foleil jufqu'à Saturne, foit 700 fois plus petit que la diftance des étoiles fixes, fans qu'il y ait d'autres aftres dans l'intervalle ; c'eft cependant ce qu'il faut fuppofer : d'ailleurs les étoiles de la troifième grandeur, dont le diamètre apparent eft d'une minute, feroient égales à l'orbe annuel de la terre tout entier, fi elles ont feulement une parallaxe annuelle, d'une demi-minute : que fera-ce des étoiles de la première grandeur qui ont 2 ou 3 minutes de diamètre apparent ?

Ces objeétions de Tycho n'auroient peut-être pas eu lieu dans ce fiècle-ci ; il auroit appris que les comètes, par des orbites beaucoup plus grandes que celle de Saturne, rempliffent une partie de cet efpace immenfe dont le vide lui paroiffoit inconcevable ; il auroit fu par la découverte des lunettes, que le diamètre apparent des étoiles de la première

grandeur n'eſt pas d'une ſeconde (769) , & qu'ainſi l'on n'eſt
point obligé de les ſuppoſer d'une grandeur ſi prodigieuſe.
Mais quand il faudroit admettre un intervalle immenſe vide
d'étoiles & de planètes , & convenir que les étoiles fixes que
nous appercevons , ſont incomparablement plus groſſes que
le ſoleil, je ne vois pas qu'il en réſultât rien de poſitif contre
le ſyſtème de Copernic ; les étoiles plus rapprochées & plus
petites dans le ſyſtème de Tycho, ſont une choſe trop indifférente pour former une preuve en ſa faveur, puiſque
nous n'avons d'ailleurs aucune idée de leur grandeur réelle ,
non plus que de leur diſtance.

405. Tycho demande encore comment on peut concevoir le mouvement du parallélifme de l'axe de la terre , &
comment un ſeul & même corps peut avoir ainſi deux mouvemens différens , l'un qui tranſporte le centre du globe , &
l'autre qui change la poſition de ſon axe. Mais le paralléliſme de l'axe de la terre n'eſt point un mouvement particulier, comme le ſuppoſe Tycho , qui en fait toujours ce qu'il
appelle *un troiſième mouvement de la terre ;* c'eſt une ſituation
de l'axe, qui ne change point, parce qu'il n'y a aucune cauſe
qui la faſſe changer ; il ſuffit que l'axe ait été dirigé une
fois vers un point du ciel pour qu'il continue d'y être toujours dirigé (417), quoique la terre ait un mouvement annuel ſuivant une certaine direction : il n'y a aucune raiſon
phyſique ni mathématique, d'où l'on puiſſe conclure que
l'axe du mouvement diurne ſe dirigera perpendiculairement
à l'orbe annuel : il n'y a entre ces deux mouvemens aucune
connexion ni dépendance : dans le temps que toutes les parties de la terre ſont lancées du même côté par un mouvement
de projection, elles acquierent toutes des vîteſſes & des directions parallèles & égales ; cela ne change donc rien à la
ſituation qu'elles ont l'une par rapport à l'autre, & à celle
qu'elles doivent continuer d'avoir. Ainſi l'on peut ſuppoſer
que la terre, (qui d'abord auroit tourné autour d'un axe
immobile) , ſoit lancée dans une direction quelconque ;
toutes les parties recevant la même impreſſion , il y a une
compenſation entiere des parties ſupérieures aux parties in-

férieures, & elles confervent toutes le mouvement de rotation qu'elles avoient auparavant, c'eft à-dire, que chaque particule fe meut dans une direction parallèle à celle qu'elle fuivoit d'abord quand la terre étoit fixe. Lorfqu'une toupie tourne fur la table par un mouvement de rotation qui lui a été imprimé, cette table peut être tranfportée, & même lancée de haut en bas, de droite à gauche, obliquement, circulairement, fans qu'il en réfulte aucune différence dans le mouvement de la toupie; on peut lancer cette toupie fuivant la direction qu'on voudra, fans qu'elle ceffe pour cela de tourner fur le même axe. Un boulet qui fort du canon, tourne prefque toujours fur fon axe, mais tantôt dans un fens, tantôt dans l'autre, fuivant la nature des obftacles qu'il aura éprouvés avant de fortir du canon; cela n'eft point incompatible avec l'explofion, & n'en dépend aucunement. Voyez les *nouveaux principes d'artillerie* de Robins, traduits par M. Dupuy en 1771.

406. Tycho croyoit trouver dans les comètes une objection très-forte contre le fyftème de Copernic, en difant qu'elles n'étoient point affectées par le mouvement annuel de la terre. Il paroît même que dans le temps où Tycho fongea en 1582 à former une hypothèfe pour expliquer la proximité de Mars à la terre, la raifon qui lui fit rejetter le fyftême Copernic, fut que les comètes ne paroiffoient point affectées par des inégalités apparentes, telles qu'il devoit y en avoir fi la terre avoit eu un mouvement annuel. Cette raifon étoit grave affurément; fi elle eût été vraie, elle eût été fans réplique, mais Tycho avoit obfervé peu de comètes; s'il eût vu celle de 1681, dont la route eft fi compliquée & fi bizarre en apparence, que M. Caffini en fit deux comètes différentes, mais devient une courbe exacte & régulière quand on tient compte du mouvement de la terre; s'il eût vu ces comètes dont la route tortueufe eft repréfentée avec la derniere précifion par une feule courbe décrite autour du foleil, & combinée avec le mouvement de la terre, comme on le verra dans le dixieme livre, il eût changé probablement de langage, & ce qui fut pour lui une raifon de

rejetter le fyftème de Copernic, en eût été au contraire la plus forte démonftration.

407. Tycho étoit obligé, pour faire tourner les planètes autour du foleil, d'imaginer une efpèce de force centrale, ou de tendance vers cet aftre : « Quelle eft, je vous prie, » écrit-il à Rothmann, (*Epift. aftron. pag.* 148.) la matiere » ténace, par laquelle certains corps, comme le fer & l'ai- » man, s'uniffent & fe cherchent mutuellement, malgré les » corps interpofés ? Si cette force a lieu naturellement dans » les corps terreftres inanimés, pourquoi ne l'imagineroit- » on pas dans les corps céleftes, que les Platoniciens & les » Philofophes les plus fages ont regardés comme étant, pour » ainfi dire, animés ou doués d'une vertu divine : lifez atten- » tivement Pline à la fin du feizième chapitre de fon fecond » livre fur la caufe des ftations & des rétrogradations des » trois planètes fupérieures ; ce qu'il en dit, quoiqu'obfcur & » même abfurde, mérite quelque attention, & fait voir que » parmi les plus anciens mathématiciens, & ceux même qui » ont placé la terre immobile au centre du monde, il y en » a eu qui n'ont point employé les épicycles, mais ont cru » que ces apparences, par une certaine caufe occulte, pou- » voient fe rapporter au foleil, & s'expliquer par leur dé- » pendance du foleil, fans qu'il y eût entre le foleil & les » planètes aucune matiere capable de les unir enfemble ».

Tycho concevoit donc une certaine force de connexion entre les planètes & le foleil, comme on l'admet générale-ment aujourd'hui (999) ; or cette force s'étend jufqu'à Sa-turne, c'eft-à-dire, bien au-delà de la terre. Comment donc imaginer que la force du foleil capable de retenir des pla-nètes plus groffes que la terre & à de plus grandes diftances, ne pût cependant rien fur celle-ci, & qu'au contraire le foleil armé de ce vafte cortége, & étendant fa force jufqu'aux extrémités de ce fyftème immenfe, fut cependant forcé de tourner fans ceffe autour d'une terre plus petite & moins éloignée que les planètes fur lefquelles il étend fon action : il eft clair que c'eft dans le fyftème de Tycho-Brahé une vé-ritable abfurdité.

408. En matiere de phyfique on ne fauroit donner une démonftration rigoureufe & précife, comme dans la géométrie pure : fi un homme placé fortuitement, & pour la premiere fois, dans un vaiffeau & fur un fleuve, s'étoit perfuadé d'avance fortement par quelque motif de prévention, que ce vaiffeau eft immobile, on auroit beau lui montrer la terre, les arbres & le rivage en mouvement, lui dire que tout cela ne fauroit être emporté à la fois du même fens, que le mouvement feul de fon navire eft la caufe de toutes ces apparences, & fuffit pour expliquer tous les mouvemens qu'il apperçoit ; s'il ne l'a jamais éprouvé lui-même en defcendant à terre, s'il n'a point vu de bâtiment avancer fur l'eau, s'il a oui dire cent fois le contraire, il pourra toujours vous répondre que peut-être vous avez raifon, mais qu'il n'a jamais éprouvé fi cela eft bien vrai. Tel eft le cas du phyficien qui voudroit démontrer au peuple le mouvement de la terre ; il lui fera voir des milliers d'étoiles qui paroiffent toutes avancer du même fens, quoiqu'elles foient à des diftances prodigieufes les unes des autres ; il lui dira qu'on ne peut même imaginer une caufe commune pour tant de corps ifolés & indépendans les uns des autres, capable de les entraîner à la fois, & de leur faire faire un tour entier tous les jours autour d'une petite maffe de terre, que l'on n'appercevroit pas fi l'on étoit placé vers une étoile : le phyficien lui dira encore qu'un feul mouvement de rotation dans le petit globe de la terre, qui n'a que 1432 lieues de rayon, fuffit pour caufer cette infinité de mouvemens apparens : tout cela ne fauroit convaincre ceux qui n'ont pas affez de phyfique pour éloigner les préjugés ; ce n'eft pas une démonftration proprement dite, on n'en fauroit avoir en phyfique ; mais le phyficien ne les exige pas, & il lui fuffit d'avoir une foule de raifons à propofer, tandis qu'on ne fauroit lui faire une feule objection phyfique contre le mouvement de la terre.

409. Cependant on doit regarder comme des démonftrations directes & pofitives du mouvement de la terre, le phénomène de l'aberration des étoiles (liv. VII), la figure aplatie de la terre (liv. VIII), l'accourciffement du pendule

vers l'équateur (807), & tous les phénomènes qui prou‑
vent l'attraction générale des corps céleftes , (Voyez le
XIIe livre); parce que cette loi ne fauroit fubfifter fans le
mouvement de la terre ; c'eft le premier fondement de toute
aftronomie & de toute phyfique célefte. Ainfi l'on peut dire
qu'un traité d'aftronomie eft lui-même l'affemblage de mille
preuves différentes du mouvement de la terre ; l'enchaînement
de toutes les parties de cet ouvrage fe trouveroit rompu , &
leur cohérence défunie , fi l'on ceffoit d'admettre ce mou‑
vement.

410. Le P. Riccioli emploie plus de 200 pages *in-fol.* dans
le fecond volume de fon *Almagefte*, à differter fur le fyftème
de Copernic ; il emploie fur-tout les témoignages facrés qui
y font préfentés dans toute leur force ; il n'y a rien de re‑
marquable parmi ces argumens qui ne foit renfermé dans
ce que l'on a vu aux articles précédens. Il infifte beaucoup
auffi fur les témoignages de l'Ecriture, qu'on nous a fi férieu‑
fement oppofés : Jofué, c. 10, v. 13 ; Pf. 92, v. 1 ; Pf. 103,
v. 5 ; Eccléfiafte, c. 1, v. 5 ; Ifaïe, c. 34, v. 8 ; Juges, c.
5. v. 20 ; 3e livre d'Efdras, c. 4, v. 38 ; mais quand on les
lit fans préjugé, on y voit un langage ordinaire, qui ne
pouvoit être différent fans devenir inintelligible, & l'on n'y
voit rien qui paroiffe tenir au dogme ni à la phyfique. Du
refte plufieurs auteurs eccléfiaftiques ont accumulé des rai‑
fonnemens de toute efpèce, pour faire fentir que les diffé‑
rens paffages de l'Ecriture où il eft parlé du mouvement du
foleil, peuvent s'entendre de celui de la terre fans leur faire
violence. Il y auroit un zèle bien étrange à prétendre ex‑
clure des Livres faints toutes les expreffions qui font reçues
dans la fociété. Au refte la Cour de Rome n'a plus de fcru‑
pule à cet égard. On a même ôté de la derniere édition de
l'*Index* l'article qui concernoit tous les livres où l'on fou‑
tient le mouvement de la terre, & lorfque j'étois à Rome je
vis qu'il y avoit lieu d'efpérer que bientôt on rendroit plus
expreffément aux phyficiens toute liberté à cet égard.

411. La conclufion naturelle de tout ce qui précède, eft
que le fyftème de Copernic eft le feul qu'on puiffe admettre ;

il eſt prouvé autant qu'une choſe phyſique peut l'être. Ainſi la terre tourne véritablement ſur ſon axe & autour du ſoleil de même que les autres planètes , & il n'y a aucune objection phyſique ni morale à faire contre ces deux mouvemens ; cela ſera encore mieux démontré après que nous aurons expliqué tous les phénomènes de l'aſtronomie par le moyen de ce double mouvement.

Explication des phénomènes dans le ſyſtème de Copernic.

412. LE MOUVEMENT DIURNE de tout le ciel s'explique avec une extrême facilité dans le ſyſtème de Copernic ; on a vu (384) que c'étoit la principale raiſon qui l'avoit fait admettre ; il ſuffit en effet que nous tournions autour de l'axe de la terre , d'occident en orient , pour que tous les aſtres paroiſſent tourner au contraire d'orient en occident. Soit *BDAE* (*fig.* 44) le globe de la terre ; *BA* l'axe de la terre dirigé vers le point *P* du ciel , *DE* le parallèle circulaire que décrit un point *D* de la terre par ſon mouvement diurne ; *F* eſt le point de la ſphère céleſte qui répont verticalement au point *D* de la terre , *G* le point qui répond verticalement au point *E* ; la ligne *CDF* , qui eſt la ligne du zénit ou la verticale du point *D* , tourne avec ce point autour du centre *C* & de l'axe *CP* ; elle décrit par ce mouvement la ſurface d'un cône, dont le ſommet eſt au centre *C* de la terre , & dont la baſe s'étend de *F* en *G* ; le cercle céleſte *FG* parallèle à l'équateur , eſt la baſe du cône que décrit la ligne du zénit *CDF* ; il n'eſt pas dans le même plan que le parallèle terreſtre *DE* , mais il lui correſpond eſſentiellement , puiſque tous les points de ce parallèle céleſte *FG* ſont éloignés du pole céleſte *P* du même nombre de degrés que le point *D* eſt éloigné du pole *A* de la terre : la ligne du zénit *CDF* rencontrera dans les 24^h tous les points du ciel qui ſont à la même diſtance du pole *P* , c'eſt-à-dire , tous les points qui ſont ſur le parallèle céleſte *FHG* , & ils paroîtront tous à ſon zénit. C'eſt ainſi qu'à Paris nous voyons ſucceſſivement paſſer au zénit les conſtellations de Caſſiopée, d'Andromède , de Perſée,

du Cocher, de la grande Ourse & du Dragon, parce que notre verticale ou la ligne de notre zénit va les rencontrer tour à tour, & se placer sur ces différentes constellations, qui sont toutes à 41^d du pole du monde P, ou du point vers lequel est dirigé l'axe CA de notre mouvement diurne.

413. LE MOUVEMENT ANNUEL s'explique avec la même facilité dans le système de Copernic ; tout ce que nous avons dit du mouvement apparent du soleil dans l'écliptique (309 & *suiv.*) a lieu en conséquence du mouvement de la terre : quand la terre est dans le Bélier, le soleil paroît dans la Balance, qui est le signe opposé ; la terre avance de 30^d, & se place dans le Taureau, le soleil paroît avancer d'autant ; nous le voyons dans le Scorpion, & le lieu apparent du soleil est toujours opposé de 180^d, ou de six signes au lieu apparent de la terre. Ainsi dans la figure 47 soit S le soleil ; TR l'orbite de la terre, ♈ ♋ ♎ ♑ le cercle céleste appellé *écliptique*, dans lequel on imagine les douze signes à une distance infinie de nous ; le soleil S paroît répondre en ♎ quand la terre est en T, parce que le rayon visuel mené de la terre au soleil s'étend vers le signe ♎, & nous disons qu'alors le soleil est dans la Balance ; mais si la terre T étoit vue du soleil S suivant le rayon ST♈, elle paroîtroit en ♈, c'est-à-dire, dans le Bélier. Le lieu de la terre dans l'écliptique est donc toujours diamétralement opposé à celui du soleil ; la terre ne sauroit changer de situation que le soleil ne paroisse changer d'autant, & il doit paroître toujours dans le signe opposé à celui de la terre. Ainsi la terre décrivant une orbite annuelle TR, qui la fait répondre successivement à tous les points ♈ ♋, &c elle verra le soleil répondre lui-même à tous les points de l'écliptique ; par conséquent le mouvement annuel de la terre produira le mouvement apparent du soleil, tel que nous l'observons, & tel qu'il a été expliqué dans le premier livre, art. 59 & *suiv.*

414. LE CHANGEMENT DES SAISONS s'explique très-bien dans le système de Copernic au moyen de l'inclinaison & du parallélisme constant de l'axe de la terre ; mais ceci exige plus d'attention, & c'est de tous les phénomènes celui qui

prouve mieux le génie de Copernic. Le phénomène des saisons se réduit à ceci : les pays de la terre situés sous le tropique du Cancer, ou à 23° ½ de latitude septentrionale, comme sont à peu-près l'ancienne ville de Syène, celles de Canton & de Chandernagor, voient le soleil passer par leur zénit à midi dans le temps du solstice d'été, ainsi que tous les pays qui sont à même latitude ou à même distance de l'équateur. Au contraire, ceux qui sont à 23° ½ de latitude méridionale par-delà l'équateur, & sous le tropique du Capricorne, comme Rio-Janéiro, dans le Brésil, ont le soleil au zénit le 21 Décembre, quand le soleil est dans le solstice d'hiver. Pour que cet effet ait lieu avec le mouvement de la terre, il nous suffit de la placer de maniere que le rayon solaire dirigé vers le centre de la terre passe dans le premier cas sur un des tropiques terrestres, qui est celui de Chandernagor ; & dans le second cas, sur le tropique opposé, qui est celui de Rio-Janéiro.

Soit S le soleil, (*fig.* 46), C & D deux points diamétralement opposés de l'orbe annuel de la terre ; le point C où elle se trouve le 21 Juin, & le point D où elle se trouve le 21 de Décembre ; EF le diamètre de l'équateur terrestre, GH le diamètre du tropique de Chandernagor, IK le diamètre du tropique de Rio-Janéiro ; si l'axe PA de la terre est incliné de maniere que l'équateur EF fasse un angle de 23° ½ avec le rayon solaire SC, c'est-à-dire, avec l'écliptique, (car le rayon solaire est toujours dans l'écliptique), l'angle HCF, ou l'arc HF étant de 23° ½, le rayon solaire aboutira au point H de la terre éloigné de l'équateur F de la même quantité, de 23° ½, c'est-à-dire, que Chandernagor & tous les points du même parallèle auront le soleil à leur zénit ce jour-là. Si au contraire l'axe PA étoit droit, ou perpendiculaire au rayon solaire SC, le diamètre ECF de l'équateur se dirigeroit suivant CS, & se confondroit avec lui ; le soleil seroit donc perpendiculaire sur les lieux qui sont dans l'équateur terrestre, & alors les pays situés sous l'équateur (44) auroient le soleil à leur zénit ; mais l'inclinaison de l'axe PA qui fait avec le diamètre CSD de l'écliptique, ou avec le

rayon

rayon ſolaire *SHC*, un angle *PCH* de 66° ½, eſt cauſe que le rayon ſolaire aboutit perpendiculairement en un point *H* de la terre différent du point *F* de l'équateur. Tous les pays ſitués ſur le cercle dont *GH* eſt le diamètre, c'eſt-à-dire, ſous le tropique du Cancer, en tournant ce jour-là autour de l'axe *PA*, paſſeront à leur tour au point *H*, ils auront tous le ſoleil perpendiculairement à leur zénit en paſſant en *H* ſous le rayon ſolaire *SH*; c'eſt ce qui doit arriver ſuivant les règles du mouvement diurne, tel qu'on l'on l'obſerve (4, 73 & 412).

La terre ſix mois après ſe trouvera de l'autre côté du ſoleil, dans le point *D* diamétralement oppoſé au point *C*, ce qui arrive dans le ſolſtice d'hiver, le 21 Décembre : ſuppoſons alors que l'axe *TB* ſoit ſitué comme il l'étoit dans le premier cas, c'eſt-à dire, que *TB* ſoit parallèle à l'axe *PA* de la ſituation précédente, enſorte qu'il ſoit incliné du même ſens & vers le même côté du ciel, qu'il l'étoit ſix mois auparavant, le tropique du Cancer *GH* ſera dans la ſituation *LM*, & le rayon ſolaire *SRD*, au lieu d'aboutir au tropique du cancer en *L*, comme dans le premier cas, répondra en *R* au tropique *RV*, qui eſt celui de Rio-Janéiro, c'eſt-à-dire, des pays ſitués à 23° ½ de latitude méridionale ; ce jour-là tous les pays ſitués ſous ce tropique dont le diamètre eſt *RV*, paſſeront ſucceſſivement au point *R* en tournant autour de l'axe *TB*, ils auront tous le ſoleil à leur zénit, ainſi le ſoleil aura véritablement décrit le parallèle de 23° ½, comme cela doit être ſuivant la règle du mouvement diurne (27, 73, 412).

415. Lorſque le ſoleil répondoit au tropique du Cancer, & qu'il étoit ſitué perpendiculairement ſur le point *H*, tous les pays ſitués du côté du pole arctique *P*, ou dans l'hémiſphère boréal de la terre, avoient leur été ; mais le rayon ſolaire étant devenu perpendiculaire en *R* ſur le tropique auſtral ou tropique du Capricorne, les pays ſitués ſur *LM*, & tous ceux qui ſont au nord du côté du pole arctique *T*, ont leur hiver, parce qu'ils reçoivent obliquement le rayon ſolaire, & que le ſoleil eſt éloigné de leur zénit ou du point *L*, de

47° qui eſt la quantité de l'arc *RL* ; ce ſont les pays méridionaux ſitués ſur le parallele *RV* , & du côté du pole auſtral
& antarctique *B* , qui ont leur été ; comme les pays ſeptentrionaux l'avoient au mois de Juin, quand la terre étoit
en *C*.

416. Ainſi le parallélifme de l'axe de la terre, ou des
lignes *PA*, *TB*, une fois ſuppoſé, l'on explique très-exac-
tement & très-ſimplement les changemens de l'hiver à l'été :
à l'égard du printemps & de l'automne, on doit bien ſentir
qu'ils auront lieu dans le paſſage de l'hiver à l'été & de l'été
à l'hiver ; le rayon ſolaire qui rencontroit la terre à 23° au
nord de l'équateur, ne peut pas la rencontrer enſuite 23° à $\frac{1}{2}$
au midi de l'équateur , qu'il n'ait rencontré ſucceſſivement
les points qui ſont entre deux ; on le verra facilement en
faiſant tourner autour d'une table un globe, ou ſeulement
un jonc dont l'axe ſoit incliné, par exemple, toujours vers
le midi ; un flambeau mis au milieu de la table éclairera perpendiculairement l'une des extrémités, enſuite le milieu,
puis l'autre extrémité, ſuivant que le corps ſe trouvera à
l'une des extrémités de la table ou à l'autre extrémité, ou
au milieu ; ainſi l'axe étant toujours ſuppoſé parallele à lui-
même, quand la terre ſera dans les ſignes du Bélier & de
la Balance, au mois de Mars & de Septembre , le rayon ſolaire répondra perpendiculairement ſur un point de l'équateur , puiſque dans les mois de Juin & de Décembre il répondoit au nord & au midi de l'équateur.

417. Copernic qui le premier imagina cette explication
des ſaiſons par le mouvement de la terre, (*De Revolutioni-*
bus, *lib. I. cap.* 11.), appelle ce parallélifme de l'axe un troiſiéme mouvement, ou mouvement de déclinaiſon contraire
au mouvement annuel : il arrive, dit-il, que par ces deux
mouvemens égaux & qui ſe contrarient mutuellement, l'axe
de la terre & ſon équateur ſont toujours dirigés de la même
maniere & vers le même côté du ciel. Mais Copernic auroit
bien pu ſe diſpenſer de nommer cela un troiſiéme mouvement ; la méchanique nous fait voir plutôt que le parallélifme
de l'axe n'eſt que la négation d'un troiſiéme mouvement, il

en faudroit un pour que l'axe ceſſât d'être parallele à lui-même, comme je l'ai expliqué art. 405.

418. Pluſieurs perſonnes ont repréſenté par des machines planétaires le mouvement annuel de la terre autour du ſoleil, & le mouvement diurne, ſur ſon axe conſtamment parallele à lui-même : on trouve une machine de cette eſpece décrite par *N.colas Muler*, dans l'édition qu'il a donnée en 1617 du livre de Copernic, pag. 29, dans Ferguſon, (*Aſtronomy explained*, 1764. *pl. VI.*), & il n'eſt pas difficile d'en imaginer de différentes eſpeces (*a*); mais il ſuffit pour repréſenter le paralléliſme de l'axe de la terre, que ſon axe ſoit placé fixement ſur une poulie ; & qu'au centre du ſoleil on ait placé une poulie égale à l'autre, avec un cordon ſans fin qui paſſe ſur ces deux poulies en les ſerrant l'une & l'autre ; alors on pourra faire tourner la terre tout autour du ſoleil, ſans que ſon axe ceſſe d'être incliné & dirigé vers la même région du ciel, & parallele à lui-même ; dans ce cas on emploie un mouvement particulier pour maintenir le paralléliſme, mais dans le ciel c'eſt un effet naturel, & qui n'exige rien de particulier.

419. Avant que d'expliquer les autres changemens que produit dans le ciel le mouvement de la terre, il eſt eſſentiel de bien comprendre la propoſition ſuivante. *Si l'œil de l'Obſervateur, tranſporté par le mouvement annuel de la terre, continue de voir ſucceſſivement un même aſtre ſur des rayons paralleles entre eux, l'aſtre paroîtra n'avoir eu aucun mouvement.* Je ſuppoſe que l'obſervateur placé en O, (*fig.* 45.), voit un aſtre par le rayon OS, & qu'étant arrivé en *P* il le voit par un autre rayon *PM* parallele au précédent, je dis que pendant tout le temps que l'œil a mis à aller de O en P, l'aſtre ne lui paroît avoir eu aucun mouvement, c'eſt-à-dire, qu'il le voit dans la même ſituation, dans la même région du ciel, & qu'il jugera l'aſtre immobile ou ſtationnaire. En effet, comme nous ne pouvons juger de la ſituation d'un aſtre qu'en le comparant à quelque point du ciel, à quelque

<hr>

(*a*) On en trouve à Paris chez Paſſemant, au Louvre ; chez Vaugondi, quai de l'Horloge ; & chez Fortin, rue de la Harpe.

objet, à quelque aftre, à quelque plan, ou à quelque ligne, foit *OPR* la ligne, ou la direction primitive que nous prenons pour terme de comparaifon; l'angle *SOR* & l'angle *MPR* font parfaitement égaux, puifque *OS* eft parallele à *PM* par la fuppofition; donc, la diftance apparente de *S* & de *M*; par rapport au terme de comparaifon *OPR*, fera dans les deux cas de 90°. Cette diftance étant la même, nous n'aurons aucun indice, aucune apparence de mouvement dans l'objet *S*; nous ne pourrons donc faire autrement que de le juger immobile.

Pour peu qu'on y réfléchiffe, on fentira qu'il eft évident, comme nous l'avons fuppofé, qu'on ne peut appercevoir le mouvement d'un objet que par comparaifon à un autre: fi j'étois feul dans l'univers avec un aftre *S*, & que nous fuffions tranfportés enfemble d'un mouvement commun au travers des efpaces imaginaires, il feroit impoffible que je puffe reconnoître ou appercevoir ce changement; car quel indice en aurois-je?

420. On demandera maintenant quel eft l'objet de comparaifon dont il faut fe fervir; on demandera s'il y a un terme fixe, tel que la ligne *OR*, auquel un aftronome puiffe comparer les aftres, pour juger s'ils ont quelque mouvement apparent: nous répondrons qu'il y a plufieurs de ces termes fixes; tels font d'abord le plan de l'équateur ou celui de l'écliptique, lorfqu'il s'agit des étoiles fixes: comme ces plans font fixes, ou que du moins on connoît très-bien leurs variations, on y rapporte les variations apparentes des étoiles fixes, pour avoir la quantité & la mefure de ces variations.

421. Le point équinoxial, ou la ligne menée au premier point du Bélier, eft encore un terme fixe de comparaifon repréfenté par la ligne *OR*, & l'on s'en fert auffi pour les planètes: toutes les fois que le rayon *SO*, qui marque le lieu de l'écliptique où eft l'étoile, fera un angle droit avec la ligne *OR*, qui va vers l'équinoxe, nous jugerons néceffairement que l'aftre a 90° de longitude; cette longitude ne changera point tant que l'angle *MPR* fera égal à l'angle *SOR*; nous

jugerons l'aftre *ftationaire*, pendant tout le temps que l'angle P continuera de paroître égal à l'angle O, c'eft-à dire, que la planète continuera d'avoir 90° de longitude, rapportée à l'écliptique.

Mouvemens des Planètes vus de la Terre.

422. APRÈS avoir prouvé que les planètes principales, aufli-bien que la terre, tournent autour du foleil, il eft néceffaire d'expliquer les phénomenes, ou les apparences qui réfultent de ce mouvement ; mais une partie de ces irrégularités vient de l'inclinaifon des orbites planétaires par rapport à l'écliptique, ainfi nous commencerons par expliquer les effets de cette inclinaifon.

Lorfqu'on obferve les planètes dans leurs révolutions périodiques, au travers des étoiles fixes, on apperçoit qu'elles ne répondent pas tout à-fait aux mêmes points du ciel, lorfqu'elles paffent à la même longitude & vers les mêmes étoiles ; une planète qui aura paffé au nord, ou au-deffus d'une étoile, pourra dans la révolution fuivante paffer au-deffous de la même étoile, & être plus ou moins éloignée de l'écliptique, c'eft-à-dire, avoir plus ou moins de latitude. D'ailleurs les planètes font tantôt au nord de l'écliptique, & tantôt au midi, & cela va jufqu'à 9° ou environ ; ce qui prouve que les orbites planétaires ne font pas dans le plan de l'écliptique, mais qu'elles lui font inclinées. En effet, fi les planètes tournoient toutes dans le même plan que la terre, nous les verrions toujours décrire dans le ciel la même trace, & rencontrer les mêmes étoiles, fans avoir aucune latitude, ou diftance à l'écliptique ; au contraire nous obfervons fans ceffe les planètes au-deffus ou au-deffous de l'écliptique, qu'elles traverfent feulement deux fois à chaque révolution ; ainfi il eft démontré par l'obfervation que les orbites des planètes font inclinées à l'écliptique. Il eft également démontré que les orbites planétaires font des plans qui paffent par le centre du foleil, puifqu'on voit qu'elles s'écartent toujours également au nord & au midi.

423. Les orbites des planètes étant toutes dans des plans différens & différemment inclinés , il a été nécessaire de rapporter ces divers mouvemens à un même plan pour pouvoir les calculer tous par une méthode uniforme : on a choisi, pour cet effet, le plan de l'écliptique, ainsi que nous l'avons expliqué (98), & cela pour deux raisons : la première, c'est que le soleil étant le plus remarquable de tous les astres , celui que l'on observe le plus facilement en tout temps , il est plus naturel de le choisir pour terme de comparaison, & de rapporter à son orbite celles des autres planètes ; la seconde raison de cette préférence est que les orbites planétaires s'écartent peu de l'écliptique, & font avec elle de très-petits angles , ensorte que les réductions sont moindres & plus commodes que si l'on rapportoit les orbites à un autre plan, comme seroit celui de l'équateur , auquel on avoit coutume autrefois de rapporter tous les mouvemens célestes.

424. UN PLAN en général est une surface sur laquelle on peut tracer en tout sens une ligne droite : c'est la définition la plus exacte qu'on en puisse donner ; car une surface n'est plus un plan , si une ligne droite ne s'y confond & ne s'y réunit pas dans tous ses points & en tout sens : de cette définition l'on peut aisément tirer toutes les propriétés des plans , telles qu'elles se trouvent dans le XIe livre des Elémens d'Euclide , mais il me suffira de rappeler ici celles dont nous ferons le plus d'usage dans cet article.

Un plan incliné sur un autre , le coupe suivant une ligne droite, qu'on appelle la *commune section* ; ainsi le plan *DABC*, planche VII. fig. 48 , & le plan *FABE* passant tous deux par la ligne *AB* qui leur est commune , on nommera cette ligne *AB* , la *commune section* de ces deux plans.

425. Si lorsque deux plans se coupent, on tire dans chacun de ces plans une ligne droite perpendiculaire à la commune section en un même point, ces deux lignes feront entr'elles un angle égal à l'inclinaison des deux plans ; en effet, nous n'avons aucune maniere plus naturelle de mesurer l'angle d'inclinaison des deux plans, que de prendre l'inclinai-

fon des lignes dont ces plans font formés; mais il faut choifir des lignes perpendiculaires à la feċtion ; fans quoi il n'y
auroit rien de déterminé , les lignes obliques pouvant faire
des angles de plus en plus petits à volonté.

Soit un plan *ABCD* , incliné fur un autre plan *ABEF* , enforte que *AB* foit leur commune feċtion, & que les lignes
EB , *CB* foient perpendiculaires fur la feċtion *AB* , elles feront entr'elles un angle *CBE* , que l'on prend pour mefure
de l'angle d'inclinaifon de ces deux plans ; fi l'on prennoit
deux autres lignes *BG* & *BH* faifant avec la feċtion *AB* des
angles aigus, l'angle *GBH* compris entre ces deux lignes ,
feroit toujours plus petit que l'angle *CBE* ; il le feroit d'autant plus que les points G & H approcheroient davantage de
la feċtion *BA*, & il n'y auroit rien de déterminé pour la
mefure de l'inclinaifon des deux plans. D'ailleurs la mefure
des angles doit être uniforme & croître également pour un
mouvement égal des plans : or les lignes perpendiculaires à
la commune feċtion font les feules qui parcourent des efpaces égaux , & correfpondans à un mouvement égal d'un
point quelconque du plan, ainfi nous fuppofons comme une
chofe néceffaire & évidente, que *l'angle de deux plans eſt*
égal à celui que forment deux lignes de ces plans , perpendicu-
laires à leur commune feċtion.

426. On rapporte à l'écliptique l'orbite d'une planète vue
du foleil , en la confidérant comme un grand cercle de la
fphère , de la même maniere que nous avons rapporté l'é-
cliptique à l'équateur (94). Soit *ALN* l'écliptique , *(fig.* 49),
APMN l'orbite d'une planète , *P* le lieu de cette planète, *PL*
un arc du cercle de latitude qui paffe par le centre de la planète , & tombe perpendiculairement fur l'écliptique *ALN*;
le point *L* fera le lieu de la planète réduit à l'écliptique , fur
lequel fe marque la longitude de la planète. Les points *A* &
N où l'orbite de la planète traverfe l'écliptique , font les
Nœuds de la planète. Le nœud *A* où fe trouve la planète
quand elle paffe du midi au nord de l'écliptique , s'appelle
Nœud ascendant , parce qu'alors la planète monte vers
le pole qui pour nous eſt le plus élevé ; le nœud *N* où paffe

la planète pour retourner au midi de l'écliptique, est le Nœud descendant, on le marque ainsi ☋, dans les livres d'astronomie, & le nœud ascendant est figuré par le caractère ☊. La maniere de trouver par l'observation le lieu du nœud sera expliquée ci-après (516).

427. L'arc PL du cercle de latitude, compris entre le lieu P de la planète & l'écliptique, s'appelle *la latitude de la planète*; si les arcs AP, AL & PL ont leur centre au centre du soleil, la latitude PL est celle qu'on observeroit si l'on étoit au centre du soleil, nommée *latitude héliocentrique* (a); mais si l'on rapporte la planète à des cercles dont le centre soit supposé au centre de la terre, alors l'arc PL s'appelle *latitude géocentrique*. La latitude héliocentrique PL est nommée aussi *inclinaison* par quelques auteurs, tels que M. de la Hire & M. Halley, mais j'appellerai toujours INCLINAISON l'angle A que fait l'orbite AP avec l'écliptique AL, & *latitude héliocentrique* la distance à l'écliptique, vue du soleil.

428. L'arc AP de l'orbite d'une planète, compté depuis le nœud ascendant vers l'orient, s'appelle *argument de latitude*, parce que de cette quantité AP dépend la latitude PL. Pour avoir l'argument de latitude, on retranche le lieu du nœud du lieu de la planète, la différence est l'argument de latitude.

Je dis que c'est le lieu du nœud qu'il faut retrancher du lieu de la planète, & non pas celui-ci du premier ; & je dois faire à cette occasion une remarque à laquelle il faudra recourir dans beaucoup d'autres circonstances : l'argument de la latitude est la quantité dont la planète est plus avancée en longitude que son nœud ascendant ; c'est le chemin qu'elle a fait depuis son passage par le nœud, ou l'excès de sa longitude actuelle sur la longitude qu'elle avoit en passant par son nœud ; si donc on ôte de sa longitude actuelle celle du nœud, on aura cet excès cherché. Il arrive souvent que la longitude du nœud que nous devons retrancher, est plus grande que celle de la planète dont il faut la retrancher; alors on ajoute à celle-ci douze signes pour pouvoir faire

(a) ἥλιος, *sol*, γῆ, *terra*, κέντρον, *centrum*.

la fouftraction , en anticipant fur le cercle décrit précédemment par la planète.

429. La latitude des planètes eft boréale dans les fix premiers fignes de l'argument de latitude ; en effet , lorfque la planète parcourt le demi-cercle *APMN* qui eft au nord de l'écliptique , en partant du nœud afcendant *A* (426) , fa latitude eft évidemment boréale , & fon argument de latitude moindre que 180°. Après avoir parcouru 6 fignes ou 180° , la planète paffe par fon nœud defcendant *N* , elle fe trouve au midi de l'écliptique , fa latitude eft auftrale , & fon argument de latitude furpaffe fix fignes.

430. Pour calculer la latitude d'une planète , quand on a fon argument de latitude & l'angle d'inclinaifon , formé par l'orbite de la planète fur l'écliptique , il fuffit de réfoudre le triangle *APL* dont on connoît l'hypothénufe *AP* & l'angle *A* , on cherche le côté *PL* oppofé à l'angle connu ; c'eft la latitude de la planète.

431. LA RÉDUCTION A L'ÉCLIPTIQUE eft la différence entre l'argument de latitude , & la diftance de la planète au nœud , comptée fur l'écliptique , c'eft-à dire , la différence entre *AP* & *AL*. Ainfi pour calculer la réduction à l'écliptique , il fuffit de réfoudre le triangle *APL* par les regles de la trigonométrie fphérique , & de chercher *l'arc* AL *de l'écliptique*. Cet arc fera plus petit que l'argument de la latitude *AP* de la quantité de la réduction à l'écliptique.

432. Cette réduction fe retranche de l'argument de la latitude *AP* , pour avoir *AL* fur l'écliptique , quand la diftance *AP* eft moindre que 90° ; mais dans le fecond quart de l'argument , l'hypothénufe *Ap* devient plus petite que l'arc *Al* de l'écliptique, & il faut alors ajouter la réduction ; en effet, puifque *APMN* & *ALON* font chacun un demi-cercle , & que dans le petit triangle *Npl* , *Np* qui eft l'hypothénufe furpaffe *Nl*, il faut que le fupplément *Ap* de l'hypothénufe foit plus petit que le fupplément *Al* du côté *Nl ;* donc , il faut ajouter la différence , qui eft la réduction , avec l'argument de la latitude *Ap* dans le fecond quart de cet argument , depuis 3 jufqu'à 6 fignes ; dans le troifiéme quart de l'argument de la

titude, c'eſt-à-dire, au-delà du point *N*, la réduction ſera ſouſtractive comme dans le premier & dans le quatriéme quart, c'eſt-à-dire. Lorſque l'argument ſurpaſſera 9 ſignes, la réduction ſe retrouvera additive comme elle l'étoit depuis 3 juſqu'à ſix ſignes. La réduction à l'écliptique eſt nulle dans les *limites*, c'eſt-à-dire, à 90° du nœud, comme en *M*, car l'arc *AM*, auſſi bien que l'arc *AO*, ſont exactement de 90°; cela ne paroît pas dans la figure, parce que le demi-cercle *AON* y eſt repréſenté par une ligne droite, tandis que le demi cercle *AMN* y eſt repréſenté par une ligne courbe, mais l'imagination ou le globe y ſuppléent facilement.

433. Les longitudes qui ſont dans les tables aſtronomiques, ſont comptées ſur l'orbite de chaque planète de la maniere ſuivante : ſuppoſons que le point *C* de l'écliptique ſoit le point équinoxial d'où l'on compte les longitudes, & qu'on ait pris un arc *AB* de l'orbite égal à l'arc *AC* de l'écliptique, le point *B* eſt celui d'où les époques ſont comptées, enſorte que quand la planète eſt en *P*, ſa longitude eſt l'arc *BAP*, ou la ſomme des arcs *CA* & *AP*, & ſa longitude réduite à l'écliptique eſt l'arc *CAL*.

434. Lorſque la réduction à l'écliptique a été ajoutée à la longitude de la planète dans ſon orbite ou retranchée ſuivant les cas, on a la longitude réduite à l'écliptique, & c'eſt celle que les aſtronomes emploient ordinairement dans leurs calculs.

435. Quand on conſidere l'orbite d'une planète comme une circonférence tracée dans la concavité du ciel, ainſi que nous venons de le faire, on ne veut pas dire & on ne ſuppoſe pas que la planète parcoure réellement une circonférence de cercle ; nous ferons voir au contraire que c'eſt une ellipſe ſouvent très-alongée (468); mais tous les points d'une orbite planétaire, vus d'un point quelconque placé dans l'intérieur de cette orbite, & dans le même plan, ſe rapportent dans la ſphere céleſte & dans la région des fixes, à des points qui étant tous dans le plan d'un grand cercle (422), y forment la trace d'une circonférence, à quelle diſtance que ces points puiſſent être du point où

eſt l'obſervateur ; les diſtances réelles ne s'apprécient point à l'œil, mais les angles ſous leſquels paroiſſent les mouvemens des planètes, nous les font toujours enviſager, & nous les font paroître comme s'ils ſe faiſoient dans des cercles.

436. Après avoir conſidéré l'orbite d'une planète comme un grand cercle qui ſeroit vu de ſon propre centre, examinons-la ſous un autre point de vue, c'eſt-à-dire, par rapport à la terre, pour pouvoir tenir compte des changemens que la théorie précédente éprouve à cauſe du mouvemenr de la terre.

Soit *S* le ſoleil (*fig. 50*), *TRN* l'écliptique ou l'orbite annuelle de la terre, dont le plan paſſe par le ſoleil ; *AMDP* une orbite planétaire dont le plan paſſe auſſi par le ſoleil, mais s'incline ſur celui de l'écliptique, & le coupe ſur la commune ſection *ADN* ; il faut concevoir que la partie *AOD* eſt relevée au-deſſus du plan de notre figure, & que la partie *DMA* eſt plongée au deſſous du papier ; la planète au point *A* de ſon orbite eſt dans le plan même de l'écliptique, elle eſt ſur la ligne *ADN* commune aux deux plans, & qui s'étend en *N* dans l'écliptique, auſſi-bien que dans l'orbite de la planète ; mais en quittant le point *A* la planète s'élève au-deſſus de la figure que nous ſuppoſons repréſenter le plan de l'écliptique, elle s'éleve de plus en plus juſqu'à ce qu'elle arrive au point *O* où ſon orbite eſt la plus éloignée de l'écliptique.

437. Ce point lè plus éloigné eſt ce qu'on appelle la *limite* boréale ; après l'avoir paſſé, la planète deſcend en *D* où elle traverſe de nouveau le plan de l'écliptique ; & plongeant alors au-deſſous de l'écliptique, elle décrit la portion inférieure *DMA*, qu'il faut imaginer abaiſſée de quelques degrés au-deſſous de notre plan. Le point *A* par lequel une planète paſſe pour s'élever du côté du pole ſeptentrional au nord de l'écliptique, eſt le *Nœud aſcendant* (426) ; le point *D* par lequel elle paſſe pour aller dans la partie méridionale *DMA*, eſt le *Nœud deſcendant* ; la diſtance de la planète *P* à ſon nœud aſcendant, c'eſt-à-

dire, l'arc *AP* de son orbite, ou plutôt l'angle au soleil *ASP*, s'appelle *argument de latitude*.

438. La partie *AOD* de l'orbite étant conçue relevée au-dessus du plan de la figure, on imaginera une perpendiculaire *PL* tirée du point *P*, où se trouvera la planète, jusques sur le plan de la figure, qui est le plan de l'écliptique; *PL* sera la hauteur perpendiculaire de la planète au-dessus du plan de l'écliptique, l'angle *PSL* sous lequel paroît, vue du soleil, cette distance pependiculaire de la planète à l'écliptique, est la *latitude héliocentrique* (427); l'angle *PTL* sous lequel paroît cette même ligne vue de la terre *T*, est la *latitude géocentrique*, la ligne *SP* est la vraie distance de la planète au soleil, ou son rayon vecteur; la ligne *SL* est sa *distance accourcie*, (*distantia curtata*), ou la distance réduite à l'écliptique; de même *PT* est la vraie distance de la planète à la terre, *LT* est la distance accourcie de la planète à la terre. La ligne *PL* étant perpendiculaire sur le plan de l'écliptique, elle est nécessairement perpendiculaire sur toutes les lignes de ce plan, & par conséquent sur *TL*; ainsi l'angle *PLT* est un angle droit; il suffit de se bien représenter la ligne *PL* tombant à-plomb sur la figure, & l'on verra que les triangles *PLS*, *PLT*, sont tous deux rectangles au point *L* qui est celui où aboutit la perpendiculaire *PL* abaissée sur le plan de l'écliptique.

439. De même que l'arc *AP*, ou l'angle *ASP*, argument de latitude, est la distance de la planète à son nœud comptée sur l'orbite, ainsi l'angle *ASL* est la distance de la planète au nœud réduite au plan de l'écliptique; cette distance prise par rapport au nœud le plus proche, est plus petite que la distance mesurée sur l'orbite (431), ou plus petite que l'angle *ASP*, parce que la ligne *PL* qui tombe perpendiculairement sur le plan de l'écliptique, a son extrémité *L* plus près de la ligne des nœuds *ASN*, que son sommet *P*, ce qui rend l'angle *ASL* plus petit que l'angle *ASP*; la différence de ces deux distances au nœud, l'une sur l'écliptique & l'autre sur l'orbite, s'appelle la *réduction à l'écliptique* (431).

440. Nous avons démontré que les planètes tournent au-

tour du foleil (411) ; nous verrons dans le livre fuivant la maniere de trouver les dimenfions de leurs orbites par des obfervations rapportées au foleil ; mais comme c'eft fur la terre que nous obfervons, il s'agit d'examiner dès-à-préfent ce qui réfulte de cette tranfpofition , & ce que nous devons faire pour rapporter au foleil des obfervations faites fur la terre.

Puifque nous fommes fort éloignés du foleil, nous ne pouvons appercevoir ni rapporter les planètes à l'endroit auquel nous les rapporterions fi nous étions dans le foleil , & la longitude que nous obfervons dans une planète , n'eft prefque jamais celle que nous obferverions fi nous étions dans le foleil : la longitude vue de la terre , s'appelle *longitude géocentrique*, celle qu'on obferveroit fi l'on étoit placé au centre du foleil, s'appelle longitude héliocentrique. Nous avons expliqué ces deux mots (427).

441. LA PARALLAXE ANNUELLE ou la parallaxe du grand orbe , *proftaphærefis orbis* , eft la différence de ces deux longitudes , & c'eft le premier phénomène que produit notre éloignement du foleil & du centre des mouvemens planétaires. Soit S le foleil, (*fig.* 50 & 51) , L le lieu d'une planète dans l'écliptique , & T la terre dans fon orbite TNR ; l'angle TLS formé par la diftance accourcie SL de la planète au foleil, & par la ligne TL menée de la terre au lieu L de la planète réduit à l'écliptique , s'appelle la *parallaxe annuelle* ; cet angle TLS eft la différence entre la longitude héliocentrique & la longitude géocentrique ; car fi l'on tire la ligne SF parallele à TL , elle marquera dans le ciel la même longitude que la ligne TL (419) , c'eft-à-dire , la longitude géocentrique de la planète L : or, l'angle LSF qui eft égal à fon alterne SLT , eft la différence entre la longitude marquée par SF & la longitude héliocentrique marquée par SL ; donc l'angle SLT , ou la parallaxe annuelle , eft la différence entre la longitude géocentrique & la longitude héliocentrique ; c'eft auffi l'angle formé dans le plan de l'écliptique par les diftances accourcies d'une planète au foleil & à la terre , c'eft-à-dire SL & TL.

442. Lorſqu'on connoît l'orbite d'une planète par le moyen des obſervations rapportées au ſoleil , & des méthodes qui ſeront expliquées dans le livre ſuivant, on eſt en état de trouver pour un temps quelconque la longitude héliocentrique d'une planète , & ſon rayon vecteur ou ſa diſtance au centre du ſoleil ; ſi dans le même temps on connoît auſſi la longitude héliocentrique de la terre , qui eſt toujours à 6 lignes de celle du ſoleil, avec la diſtance du ſoleil à la terre , on aura tout ce qui eſt néceſſaire pour calculer la longitude de la planète vue de la terre. Soit $SΓ$ la diſtance du ſoleil à la terre , SL la diſtance accourcie de la planète au ſoleil, l'angle TSL égal à la différence des longitudes de la planète P & de la terre $Γ$, vues du ſoleil, qu'on appelle *commutation* ; la réſolution du triangle TSL dont on connoît 2 côtés, & l'angle compris fera connoître l'angle à la terre, ou l'angle STL qu'on appelle *angle d'élongation* ; cette élongation étant ôtée de la longitude du ſoleil, ſi la planète eſt à l'occident ou à la droite du ſoleil , donnera la *longitude géocentrique* de la planète , & le point de l'écliptique céleſte où répond la ligne TL , menée de la terre au lieu L de la planète réduit à l'écliptique.

On peut trouver à-peu-près avec une figure & un compas le lieu d'une planète vu de la terre, en formant le triangle STL , pourvu qu'on connoiſſe les longitudes de chaque planète vues du ſoleil pour une ſeule époque, comme elles ſont dans la table ci-jointe pour le commencement de 1772 , avec la durée de la révolution qui ramene la planète au même point de ſon orbite (85). On place la terre T & la planète P ſuivant leurs longitudes héliocentriques , en diviſant les cercles AP , $SΓ$ en ſignes & degrés, & prenant le point A pour le point équinoxial ; on tire la ligne TP & la ligne SF parallele à TP , le degré ſur lequel tombe la ligne SF eſt la longitude *géocentrique* de la planète P.

	S.	D.	M.	S.
☉	9	10	40	24
☽	7	13	48	48
☿	0	19	32	5
♀	10	21	20	37
♂	9	3	25	29
♃	10	12	7	1
♄	4	19	46	30

443. La latitude géocentrique ou l'angle LTP ſe trouvera par la proportion ſuivante : *Le ſinus de la commutation*

est au sinus de l'élongation, comme la tangente de la latitude héliocentrique est à la tangente de la latitude géocentrique.

DÉMONSTRATION. Dans le triangle PLS rectangle en L (438), on a cette proportion $SL : LP :: R :$ tang. PSL ; dans le triangle PLT aussi rectangle en L, on a une semblable proportion $TL : LP :: R :$ tang. LTP ; la premiere proportion donne cette équation $LP . R = SL .$ tang. PSL, & la seconde, $LP . R = TL$ tang. LTP ; donc SL tang. $PSL = TL$ tang. LTP, d'où l'on tire cette autre proportion, $TL : SL ::$ tang $PSL :$ tang LTP ; mais dans tout triangle rectiligne TLS les côtés sont entre eux comme les sinus des angles opposés, c'est-à-dire, que $TL : SL ::$ sin. $LST :$ sin. LTS, donc sin. $LST :$ sin. $LTS ::$ tang. $PSL :$ tang LTP, latitude géocentrique de la planète.

444. LA DISTANCE A LA TERRE, telle que PT, est souvent nécessaire dans nos calculs : pour la trouver on commence par chercher la distance accourcie, ou la distance de la planète au soleil réduite à l'écliptique SL ; il suffit pour cela de multiplier le rayon vecteur SP, ou la vraie distance de la planète au soleil dans son orbite, par le cosinus de la latitude héliocentrique, ou de l'angle PSL ; en effet, la ligne PL étant perpendiculaire sur le plan de l'écliptique (438), le triangle SLP est rectangle en L ; ainsi l'on a par la trigonométrie ordinaire $R : SP ::$ sin. SPL, ou cos. $PSL :$ SL ; ainsi comme le rayon est toujours pris pour unité, on a $SL = SP$. cos. PSL.

Dans le triangle LST on connoît tous les angles avec le côté SL distance accourcie du soleil à la planète ; on fera donc cette proportion, sin. $STL : SL ::$ sin. $LST : TL$, *c'est-à-dire, le sinus de l'élongation est au sinus de la commutation, comme la distance accourcie de la planète au soleil est à la distance de la planète à la terre.*

445. Enfin, cette distance accourcie TL, étant divisée par le cosinus de la latitude géocentrique LTP, donnera la distance vraie TP de la planète à la terre ; par la même raison que la distance vraie étant multipliée par le cosinus de la lati-

tude héliocentrique, donnoit la distance accourcie de la planète au soleil.

446. C'est la plus grande latitude géocentrique (443) des planètes qui détermine ce qu'on appelle communément la *largeur du Zodiaque*; Vénus est de toutes les planètes celle qui peut avoir la plus grande latitude, à cause de sa proximité à la terre, lorsque sa conjonction inférieure arrive dans ses limites, & qu'en même temps la terre est périhélie. Sa latitude en 1700 alloit à 8° 40′, suivant les éphémérides de ce temps-là, & elle peut aller jusqu'à 9° $\frac{1}{4}$, ainsi la largeur du Zodiaque est au moins de 17° $\frac{1}{3}$ dans ce siecle-ci; elle sera encore un peu plus grande lorsque les *limites* ou les plus grandes latitudes de Vénus, son aphélie & le périhélie de la terre concourront à rendre la distance de Vénus à la terre encore plus petite, & sa latitude géocentrique plus grande.

447. Les inégalités que le mouvement de la terre dans son orbite fait paroître dans le mouvement des planètes, c'est à dire, les parallaxes annuelles ont servi à trouver leurs distances. Aussi-tôt que Copernic eut reconnu avec quelle simplicité son hypothèse expliquoit les rétrogradations des planètes, il vit bien que plus la rétrogradation seroit considérable, plus elle supposeroit de proximité dans la planète, & que cette rétrogradation feroit connoître la quantité de la distance; les rétrogradations dépendent de la parallaxe annuelle du grand orbe; c'est donc celle-ci qu'il est utile d'observer lorsqu'elle est la plus grande; voici la maniere dont Copernic s'y prenoit.

448. Copernic observa le 25 Février 1514, à 5 heures du matin, la longitude de Saturne 209°; supposant S le centre du soleil (*fig.* 51), T la terre, P Saturne, il trouvoit par le calcul des moyens mouvemens observés dans les oppositions, & des équations de Saturne & de la terre déja déterminées, que si la terre eût été en K, Saturne auroit dû nous paroître à 203° 16′, c'étoit sa longitude vue du soleil; la différence de 5° 44′ étoit l'angle KPT, que Copernic ap-

pelloit

pelloit *commutation*, que Ptolomée avoit appellé *proftapha-rcfis orbis*, & que nous nommons aujourd'hui *parallaxe an-nuelle* (441); l'angle *TSK* ou *TSP*, différence entre le lieu de Saturne P vu du foleil, & le lieu de la terre *I* calculé pour le même temps, étoit de 67° 35', (c'eft ce qu'on ap-pelle aujourd'hui commutation') l'angle *T* étoit donc de 106° 41'; connoiffant tous les angles de ce triangle on a le rap-port entre les côtés *SL* & *SF*, c'eft-à-dire entre la diftance de la terre au foleil & celle de Saturne au Soleil; ce rapport fe trouvoit être celui de 1 à 9 $\frac{6}{10}$ environ, c'eft-à-dire, que Saturne étoit 9 $\frac{1}{2}$ plus éloigné du foleil *S* que la terre *T*. (*Coper. de revolutionibus, l. V. c. 9*).

449. Il en eft de même de toute autre planè e; lorfqu'on a obfervé plufieurs fois fon oppofition au foleil, ou fa lon-gitude dans le temps où elle eft la même vue de la terre ou vue du foleil, comme lorfque le foleil *S*, la terre *K*, & la planète P font fur une même ligne, on eft en état de cal-culer exactement cette longitude vue du foleil, pour le temps où la terre eft à 90° de-là, c'eft-à-dire vers *I*, & ou l'angle de commutation *PSI*=90°; fi l'on obferve alor; la longi-tude de la planète vue de la terre, on la trouvera différente de plufieurs degrés, & cette quantité fera l'angle *SPI*, paral-laxe annuelle de la planète P. C'eft le point *L* ou le lieu réduit à l'écliptique dont on doit faire ufage pour plus d'exactitude.

450. Lorfqu'on connoît l'angle *SLI* & l'angle *LSI*, qui eft la différence entre la longitude de la terre connue pour le même inftant, & celle de la planète calculée précédem-ment, on fuppofe *ST* égale à l'unité, & réfolvant le triangle *SIL*, on trouve *SL* qui eft la dif-tance de la planète au foleil, ou le rayon de fon orbe en parties de cette unité ou de la diftance du foleil à la terre; c'eft ainfi qu'on a trouvé les nombres 4, 7, 10, 15, 52, 95, qui expriment les diftances des fix planètes au foleil, ou du moins leurs rapports; elles font avec plus d'exactitude dans la table ci-deffus. Les valeurs

Planètes.	Diftance moyenne les planètes au foleil.
Mercure.	38710
Venus.	72333
La Terre.	100000
Mars.	152369
Jupiter.	520098
Saturne.	953937

N

abſolues de ces nombres en lieues, ne peuvent ſe connoître que par les méthodes dont nous parlerons dans le livre IV à l'occaſion de la parallaxe du ſoleil ; mais on les trouvera dans une table qui eſt à la fin de cet ouvrage.

451. La méthode que nous venons d'expliquer, employée autrefois par Copernic, ſervit enſuite à Képler pour trouver les diſtances des planètes par le moyen de leurs révolutions & de leurs parallaxes annuelles, & lui fit reconnoître cette belle loi dont nous parlerons bientôt, que les carrés des temps ſont comme les cubes des diſtances (469). Il nous ſuffit d'avoir fait obſerver ici que le ſyſtème de Copernic, une fois démontré, donne un moyen de connoître les diſtances des planètes au ſoleil, ou du moins leurs rapports avec celle de la terre.

452. L'on prouve de même que les étoiles nouvelles de 1572 & de 1604, étoient placées beaucoup au-delà du ſyſtème ſolaire (287) ; en effet, dans l'eſpace de trois mois que la terre met à aller de K en T, la parallaxe annuelle SPT, qui pour Saturne alloit à $5° \frac{3}{4}$ (448), & qui n'a pas été d'une minute pour ces étoiles, prouve qu'elles étoient 345 fois au moins plus éloignées de nous que Saturne.

Des Révolutions planétaires.

453. Ayant démontré en quoi conſiſte la ſeconde inégalité des planètes, & la maniere d'en éviter l'effet, il eſt temps de parler des révolutions moyennes des planètes, ſoit par rapport à un point fixe, ſoit par rapport à la terre. La durée de ces révolutions des planètes qu'il faut connoître pour parvenir aux parallaxes annuelles, ne peut ſe déterminer exactement que par le moyen des conjonctions & des oppoſitions des planètes au ſoleil. En effet, puiſque c'eſt autour du centre du ſoleil que les planètes tournent, c'eſt autour de lui que leurs révolutions doivent être comptées, & c'eſt au ſoleil qu'il faut les rapporter ; mais les conjonctions & les oppoſitions ſont les ſeuls points où le lieu d'une planète vu de la terre, ſoit ſur la même ligne que le lieu vu

du foleil, & où l'on puiffe avoir directement le lieu vu du foleil ; ce font donc là les circonftances qu il faut employer à ces recherches.

454. Les conjonctions & les oppofitions des planètes qui nous fervent à déterminer les durées de leurs révolutions moyennes , doivent être prifes à de très-grandes diftances les unes des autres, pour que l'effet des équations ou des inégalités périodiques difparoiffe & qu'il foit abforbé par le grand nombre de révolutions fur lefquelles il fe trouvera ré-parti , comme nous l'avons fait pour le foleil (315). Les comparaifons des anciennes obfervations rapportées dans l'*Almagefte* de Ptolomée , ont été faites dans le plus grand détail par M. Caffini dans fes *Elemens d'aftronomie* , impri-més à Paris en 1740 ; il a rapporté les anciennes obferva-tions , il les a réduites , calculées & difcutées , & il en a con clu les révolutions tropiques , c'eft-à-dire les retours à l'é quinoxe pour chaque planète.

On trouvera dans une table à la fin de cet ouvrage le réfultat des comparaifons femblables, que j'ai faites pour mes nouvelles tables : j'y ajouterai les révolutions fydéra-les (321) & les révolutions fynodiques ou les retours au foleil, qui ramenent pour nous les conjonctions & les oppo-fitions moyennes des planètes au foleil (557).

Des Equations féculaires.

455. Les inégalités périodiques dont nous avons déja parlé (308), & dont on verra bientôt le calcul (497) dans des orbites elliptiques, fe rétabliffent à chaque révolu-tion ; elles n'empêchent point que ces révolutions ne foient égales quand on confidere le retour de la planète au même point de fon orbite ; cependant en comparant les obferva-tions faites en divers fiecles , on a obfervé un rallentiffement dans le mouvement moyen de Saturne , & une accélération dans ceux de Jupiter & de la Lune.

Képler écrivoit en 1625 qu'ayant examiné les obferva-
N ij

tions de Regiomontanus & de Waltherus, faites vers 1460 & 1500, il avoit trouvé conftamment les lieux de Jupiter & de Saturne plus ou moins avancés qu'ils ne devroient l'être felon les moyens mouvemens déterminés par les anciennes obfervations de Ptolomée & celles de Tycho faites vers 1600. Après avoir difcuté cette matiere, & prenant un milieu entre plufieurs obfervations, faites dans différens fiecles, j'ai trouvé qu'il falloit fuppofer l'équation de Saturne de $5°\,13'\,20''$ pour l'efpace de 2000 ans, ou $47''$ pour le premier fiecle. Celle de Jupiter de $3°\,23'\,20''$, ou de $30''$ pour un fiecle ; on fuppofe qu'elle va en croiffant comme le carré des temps, ainfi que l'accélération des graves (986).

456. Le mouvement moyen de Saturne en différens fiecles a d'autres inégalités qui ne peuvent s'expliquer même par les équations féculaires ; fa révolution moyenne eft différente d'elle-même, fuivant les circonftances où on l'obferve ; fans que l'attraction de Jupiter qu'on avoit cru devoir influer feule fur fes mouvemens, puiffe produire une pareille différence : cette inégalité finguliere que j'ai découverte en 1766, eft expliquée fort au long dans les Mémoires de l'Académie pour la même année.

Mon réfultat eft qu'indépendamment de l'attraction de Jupiter, il y a dans Saturne une inégalité dont la caufe doit être différente ; qui dans les mêmes configurations avec Jupiter, produit un effet plus grand que celui qui réfulte des plus grandes variétés dans la pofition de Jupiter par rapport à Saturne, & qui eft fenfible, fur-tout depuis le commencement de ce fiecle. J'ignore quelle en eft la caufe ; peut-être eft-ce l'action de quelque comète qui en aura paffé très-près ; mais le fait dont on ne fauroit douter, c'eft que les dernieres révolutions de Saturne different entre elles de plus d'une femaine, même en mettant à part toutes les inégalités connues, fans qu'une fi grande différence puiffe être produite, ni par l'action de Jupiter, ni par aucune des caufes que nous connoiffons. Auffi mes tables de Saturne, qui depuis 1740 jufqu'en 1770, ne s'écartoient jamais de l'obfervation que d'une ou deux minutes, s'en écartent déja en 1773 de six minutes, ce qui annonce un retardement sensible depuis trois ans. Il faudra bien du temps avant qu'on parvienne à démêler tous ces dérangemens : Saturne dans l'espace de 30 ans ne faisant qu'une seule révolution, ce n'est qu'après plusieurs siecles qu'on en aura un nombre suffisant pour reconnoître leurs variétés & leurs dérangemens.

Retours des Planètes aux mêmes situations.

457. La position apparente d'une planète vue de la terre, dépend non-seulement du lieu où elle se trouve réellement, mais encore de l'endroit d'où elle est vue, c'est-à-dire, du lieu de la terre ; car en vertu de la parallaxe annuelle (441) une planète située en un seul & même lieu, peut paroître plus orientale, si la terre est plus occidentale ; elle peut même paroître dans un lieu totalement opposé. Ainsi pour qu'une planète revienne pour nous à la même longitude où elle s'est trouvée une fois, il faut que la planète & la terre soient chacune au même point de son orbite, c'est-à-dire, à la même longitude ; alors le lieu de la planète, sa latitude vue de la terre, aussi-bien que le passage au méridien, le lever & le coucher se trouvent les mêmes qu'auparavant, & recommencent dans le même ordre.

S'il étoit facile de trouver pour les planètes de semblables périodes, le travail de ceux qui calculent les éphémérides & le livre de la *connoissance des temps*, seroit fort diminué à cet égard ; mais ces périodes sont ou fort longues ou fort imparfaites : en voici cependant un essai, qui peut être utile à ceux qui calculent des éphémérides.

458. Mercure doit se retrouver presque à la même place par rapport à la terre après 13 ans & 3 jours ; ce sera seulement 13 ans & 2 jours s'il se trouve 4 bissextiles dans les 13 années ; parce que dans cet intervalle il fait 54 révolutions avec 2°.55' de plus, & la terre 13 révolutions avec 2° 59' de plus.

459. Vénus, après un espace de 8 ans, se trouve à 1° 32'

feulement du lieu où elle étoit, & la terre fe trouve 4′ plus loin, enforte que la fituation apparente de Vénus approche beaucoup d'être la même deux jours auparavant.

460. Mars en 15 ans moins 18 jours fe trouve avoir une fituation apparente à peu-près femblable ; ce feroit 15 ans moins 19 jours, s'il y avoit 4 biffextiles dans les 15 années. Il y a une période encore plus exacte pour Mars, mais elle eft de 79 ans & 4j, ou un jour de moins s'il y a 20 biffextiles.

461. Pour Jupiter, c'eft 83 ans, en fuppofant qu'il n'y ait que 20 biffextiles dans cet intervalle ; s'il y en avoit 21, ce feroit 83 ans moins un jour. La période de 12 années & 5j jours approche encore beaucoup de cette exactitude.

462. Saturne, en 59 ans & 2 jours, change de 1°45′, & la terre de 1° 41 ; par ce moyen Saturne & la terre fe trouvent pour ainfi dire à la même anomalie, à la même diftance du foleil & à la même diftance entr'eux : ce feroit 59 ans & 3 jours s'il fe trouvoit dans l'intervalle une année féculaire comme 1700, dont on fupprime la biffextile fuivant la règle du Calendrier Grégorien.

Le 29 Septembre 1702, Saturne étoit en oppofition à 8ʰ ¼ du foir avec 0ˢ 6° de longitude, le 31 Septembre 1761 au matin il s'eft retrouvé en oppofition ayant 1° 55′ de longitude, de plus qu'en 1702, & feulement 2′ de plus en latitude. Il en eft de même du 15 Juillet 1696 au 18 Juillet 1755. On remarquera feulement dans cette derniere comparaifon que l'intervalle eft 59 ans 3 jours, parce que l'année 1700 a été plus courte qu'à l'ordinaire, à caufe du retranchement d'une biffextile dans les années féculaires.

Stations & rétrogradations des Planètes.

463. Les planètes inférieures, Mercure & Vénus, tournent autour du foleil en moins de temps que la terre ; dèslors elles doivent paroître directes dans leurs conjonctions fupérieures, & rétrogrades dans leurs conjonctions inférieures. Soit *TB* l'orbite de la terre (*fig.* 50), & *AMDO* l'orbite de Vénus ou de Mercure ; lorfque la terre eft en *B*,

& que Vénus se trouve en *M* dans la conjonction supérieure, c'est-à-dire, au delà du soleil, elle paroît aller, comme elle va réellement, d'occident en orient, c'est-à-dire, vers la gauche, de *M* vers *D* ; mais si la terre étant en *B*, Vénus se trouve en *O* dans sa conjonction inférieure, elle nous paroîtra aller à droite, parce qu'elle va de *O* en *P* plus vîte que la terre ne va de *B* en *T* ; ainsi Vénus sera rétrograde, en apparence, dans sa conjonction inférieure ; car, quoiqu'elle aille véritablement du même sens que lorsqu'elle étoit en *M*, elle va par rapport à nous en sens contraire ; elle avançoit vers la gauche de *M* en *D* dans le premier cas, & dans le second elle semble aller vers la droite en avançant de *O* en *P*, donc alors elle paroît avancer contre l'ordre des signes ; mais cela vient uniquement de ce que nous comparons & rapportons les planètes à des points de la sphère étoilée qui sont plus éloignés de nous.

464. Entre le mouvement direct & le mouvement rétrograde il y a nécessairement un instant qui forme le passage, c'est-à-dire un temps où la planète paroît *stationaire* ; elle cesse alors d'être directe, elle est prête à être rétrograde, mais elle n'est ni l'un ni l'autre, elle est dans le point de réunion où se touchent les arcs de direction & de rétrogradation, & c'est ce point qu'il faut déterminer, si l'on veut connoître l'étendue de la rétrogradation.

Si la terre étoit fixe en *B*, Vénus nous paroîtroit stationaire lorsqu'elle seroit sur la tangente *BC*, menée de la terre à l'orbite de la planète ; car il y a dans ce point *C* un petit arc de l'orbite qui se réunit & se confond avec la tangente *BC*, & tandis que la planète parcourt ce petit arc de son orbite, elle reste pour nous sur la même ligne, sur le même rayon, & répond au même point du ciel, si l'on suppose la terre fixe en *B*.

465. La terre ayant un mouvement de *B* vers *T*, cela suffit pour que la planète paroisse en avoir un en sens contraire & vers la gauche, quoiqu'elle soit sur la tangente *BC* ; mais quelque temps après il arrivera que le mouvement *CH* (*fig.* 52) de la planète, & le mouvement *IK* de la terre pendant le même temps, seront tels que les rayons visuels

10. KL, feront paralleles entr'eux ; alors la planète nous paroîtra pendant tout ce temps-là répondre au même point de l'écliptique, elle nous paroîtra ftationaire ; car on a vu (459) que toutes les lignes droites paralleles tirées de notre œil dans le ciel, font pour nous comme une feule & même ligne dirigée à une même longitude, ou à un même lieu du ciel.

466. Pour déterminer la quantité de la direction & de la rétrogradation des planètes, il s'agit principalement de connoître le point & le moment où elles font ftationaires ; ce problême eft difficile, quand on veut confidérer les inégalités de la planète & de la terre ; mais on fe contente de prendre les éphémérides où les longitudes des planètes font calculées pour tous les jours, & l'on voit les points où la longitude s'eft trouvée la même deux jours de fuite ; l'intervalle de ces deux points, où le temps qui les fépare, divife la révolution en deux parties, qui font la durée de la direction & celle de la rétrogradation ; elles varient beaucoup fuivant la diftance de chaque planète : la plus grande durée de la rétrogradation eft à peu-près de 22 jours pour Mercure, de 43 pour Vénus, de 80 pour Mars, de 122 pour Jupiter & de 141 pour Saturne, dans l'intervalle d'une conjonction à l'autre, ou d'une révolution fynodique (454). On peut voir des folutions de ce problême des rétrogradations dans les Mémoires de l'Académie de Péterfbourg, & dans mon *Aftronomie*.

LIVRE III.

Théorie du mouvement des Planètes autour du Soleil.

467. Lorsque Képler eut bien compris la certitude du fyftème de Copernic, il ne fongea plus qu'à s'en fervir pour connoître les diftances des planètes au foleil , & les loix de leur mouvement autour du foleil ; il y réuffit au-delà de fes efpérances , puifqu'il découvrit en effet les trois chofes les plus importantes qu'il y ait dans la phyfique célefte , & que nous appellons encore les LOIX DE KÉPLER.

1°. Que les orbites des planètes font des ellipfes dont le foyer eft au centre du foleil.

2°. Qu'elles décrivent ces ellipfes avec des vîteffes telles que les aires font toujours proportionnelles aux temps.

3°. Que les carrés des temps de leurs révolutions font comme les cubes de leurs diftances au foleil.

468. Pour trouver la figure des orbites planétaires , Képler s'attacha fpécialement à l'orbite de Mars , parce qu'elle eft plus voifine de la terre , & que fon excentricité eft confidérable , & il chercha le moyen de trouver les diftances de Mars au foleil en divers points de fon orbite, en prenant toujours la diftance de la terre au foleil pour bafe & pour échelle commune : il fe fervit pour cela de la parallaxe annuelle de Mars, ou de l'angle SPT (*fig.* 51) déduit des obfervations, comme nous l'avons expliqué ci-deffus pour Saturne, d'après Copernic (448); il détermina de la même maniere la diftance de Mars au foleil dans fon aphélie & dans fon périhélie, l'une de 16678 parties , l'autre de 13850, en fuppofant toujours la diftance moyenne de la terre au foleil d-10000 ; ainfi la diftance moyenne de Mars étoitde 152640

& l'excentricité de 1414. Il choisit ensuite trois autres distances vers les côtés de l'orbite, entre l'aphélie & le périhélie, telles que *SM*, *SD* (*fig.* 55.) : il les détermina par les observations de Tycho en suivant la même méthode. Ces distances de Mars au soleil se trouverent toutes plus petites qu'elles n'eussent été dans une orbite circulaire, de la même excentricité, & du même rayon, comme le cercle circonscrit *AMP* ; il s'ensuivoit naturellement que l'orbite de Mars étoit plus étroite qu'un cercle, qu'elle rentroit sur les côtés, & qu'elle étoit en forme d'ovale ; c'est la conclusion qu'il en tire à la page 213 de son grand & bel ouvrage intitulé *Astronomia nova..... traddita commentariis de stella martis*, 1609.

469. Les distances des planètes ainsi déterminées conduisirent Képler à chercher quel rapport il y avoit entre les distances & les durées des révolutions. Pourquoi, disoit-il, Jupiter, qui est cinq fois plus éloigné du soleil que la terre, & qui n'a que cinq fois plus de chemin à faire, emploie-t-il 12 fois plus de temps à le parcourir, c'est-à-dire 12 ans. Les rapports des temps font plus grands que ceux des orbites ; mais n'y auroit-il pas quelques puissances ou quelques racines de ces nombres qui pussent être d'accord.

Ce fut le 8 Mars 1618 qu'il lui vint à l'esprit pour la premiere fois de comparer les puissances des différens nombres qui exprimoient les durées des révolutions des planètes & leurs distances ; il compara donc au hazard des carrés, des cubes, &c. il essaya même les carrés des temps avec les cubes des distances ; mais trop de vivacité ou d'impatience l'égara dans quelque faute de calcul ; il se trompa cette premiere fois ; il crut trouver que la proportion n'avoit pas lieu, & rejetta cette belle idée comme fausse & inutile. Ce ne fut que le 15 Mai suivant qu'il revint à cette idée, en recommençant les mêmes essais & les mêmes comparaisons ; il calcula mieux, & il reconnut qu'il y avoit réellement un rapport égal & constant entre les carrés des temps périodiques de deux planètes quelconques, & les cubes de leurs distances moyennes au soleil : il fut si enchanté de cette découverte, qu'à peine il fe fioit à fes calculs ; il croyoit fe faire illufion & avoir fuppofé ce qu'il falloit chercher ; il n'ofoit qu'à peine fe perfuader qu'il eût enfin trouvé une vérité cherchée pendant 17 ans. (*Harmonices, liv. V. pag.* 189). Qu'auroit-il dit, s'il eût pu prévoir les conféquences admirables qu'on a fu tirer de cette loi ? puifque c'eft cette règle qui a fait découvrir celle de l'attraction (1012).

470. La diftance de la terre au foleil eft à celle de Jupiter au foleil, comme 10 eft à 52 ; leurs cubes font par conféquent comme 1 eft à 140 ; or, les durées de leurs révolutions font de 365 $\frac{1}{4}$ & de 4332 $\frac{1}{3}$ jours, dont les carrés en négligeant les derniers chiffres, font encore comme 1 eft à 140 ; donc, le rapport eft de même de part & d'autre ; le carré du temps périodique de Jupiter eft 140 fois plus grand que le carré du temps périodique de la terre, & le cube de la diftance moyenne de Jupiter au foleil eft 140 fois plus grand que le cube de la diftance moyenne de la terre, c'eft en quoi confifte l'égalité des rapports. Si l'on prend plus exactement les révolutions fydérales (454) & les diftances (450), on aura 140, 6874 pour le nombre exact qui exprime combien le carré de la révolution de Jupiter, & le cube de fa diftance contiennent ceux de la terre. Cette loi fe vérifie également quand on compare les diftances des fatellites de Jupiter & de Saturne avec les durées de leurs révolutions, & l'on verra dans le XIIe livre, que de cette loi donnée par obfervation, il s'enfuivoit néceffairement que la force centrale, ou la gravité des planètes vers le foleil étoit en raifon inverfe du carré de la diftance, c'eft-à-dire, la plus belle découverte de Newton, qui dut fans doute fon origine à celle de Képler.

471. Je me fuis même fervi de cette loi pour trouver les diftances moyennes des planètes qui font dans la table de l'article 450, & je les crois plus exactes que celles qu'on déduiroit des obfervations à la manière de Képler, quoique celles-ci nous aient appris la règle, dont nous faifons ufage en abandonnant même les obfervations.

472. Une autre loi générale du mouvement des planètes

également importante dans l'aftronomie, eft que *les aires font proportionnelles au temps* ; c'eft encore une des découvertes de Képler ; cependant il ne démontroit cette vérité que d'une maniere incomplète ; Newton a fait voir le premier qu'elle étoit une fuite néceffaire des loix générales du mouvement.

Képler étoit perfuadé que le mouvement circulaire des planètes étoit produit par une certaine force émanée du foleil, qui les forçoit à tourner autour de l'axe du foleil, comme il y tournoit lui-même. Il confidéroit que puifque les planètes les plus éloignées tournoient plus lentement que les planètes les plus proches du foleil, il falloit que la force motrice fût plus petite à une plus grande diftance, & cela le conduifit à établir non-feulement la force d'*inertie*, dont il a parlé le premier, mais encore la règle des aires proportionnelles aux temps.

473. Képler démontre d'abord dans fa nouvelle phyfique célefte, que le mouvement des planètes dans les apfides eft proportionnel à leur diftance au foleil, même dans l'hypothèfe de Ptolomée (309), c'eft à dire, qu'en prenant un arc de l'excentrique vers l'aphélie, & un autre arc de même longueur vers le périhélie, la planète eft plus long-temps dans l'arc aphélie, à proportion que la diftance aphélie eft plus grande ; ou, ce qui revient au même, que les aires décrites dans le même temps font égales.

474. Soit E (*fig.* 53,) un point autour duquel le mouvement paroîtroit uniforme (309), & qui, fuivant Ptolomée, étoit différent du centre de l'excentrique, S le centre du foleil à même diftance du centre C que le point E ; ayant tiré deux lignes MEO, NEP, l'arc MN & l'arc OP font parcourus dans le même temps fuivant cette hypothèfe, puifque les angles en E font égaux ; fi du point S on tire les lignes SO, SP, & les lignes SN, SM ; elles formeront des fecteurs égaux OSP, NSM : en effet, fuppofant les arcs MN & OP extrêmement petits, on aura par les triangles femblables NEM, OEP, cette proportion $MN : OP :: ER : EQ$, donc $MN. EQ = OP. ER$; mais $EQ = SR$ & $ER = SQ$; donc $MN.$

$SR = OP$. SQ ; donc le fecteur SNM eft égal au fecteur OSP : donc dans l'hypothèfe même des anciens fi l'on prend deux arcs MN & OP, décrits par une planète dans des temps égaux, on aura au point S des aires égales.

475. De ce que la planète emploie plus de temps dans fon aphélie à parcourir un même arc, Képler conclut en général, que plus la planète eft éloignée du centre du foleil , plus elle eft foiblement animée par la force motrice qui la fait tourner autour du foleil , ainfi que cela s'eft vérifié depuis la découverte de la loi d'attraction.

476. Lorfque Képler paffe à la confidération des orbes elliptiques , il tranfporte à l'ellipfe les propriétés qu'il n'avoit démontrées que pour le cercle excentrique , fans y employer de nouvelle démonftration ; ainfi la loi des aires proportionnelles au temps n'étoit prouvée qu'imparfaitement , elle ne pouvoit paffer jufqu'alors que comme une approximation commode, facile dans la pratique , & juftifiée par l'accord du calcul avec l'obfervation.

Mais lorfqu'on confidere les orbites planétaires comme formées par le concours de deux forces & de deux directions différentes, dont l'une eft de fa nature uniforme & conftante, dès-lors les aires deviennent néceffairement & rigoureufement proportionnelles aux temps , comme nous le démontrerons bientôt (480).

477. On prouve très-bien aujourd'hui , par l'obfervation des diamètres du foleil , que les aires font proportionnelles aux temps vers les apfides , ou , ce qui revient au même , que le mouvement du foleil eft d'autant plus lent qu'il eft plus éloigné de la terre. Le diamètre du foleil eft de $31'\,31''$ en été, & de $32'\,36''$ en hiver, fuivant les obfervations que j'ai faites avec le plus grand foin ; cela prouve que la diftance du foleil en hiver eft à fa diftance en été, comme $31'31''$ eft à $32'\,36''$; car les grandeurs apparentes d'un objet éloigné font en raifon inverfe de fes diftances : le mouvement horaire du foleil en hiver eft de $2'\,33''$; or $32'\,36'' : 31'\,31'' : : 2'\,33'' : 2'\,28''$; ainfi le mouvement horaire du foleil devroit être de $2'\,28''$ en été, fi ce mouvement horaire étoit

en lui-même conftant & uniforme, & que fes différences ne dépendiffent que de l'éloignement du foleil; cependant, par l'obfervation, ce mouvement horaire ne fe trouve que de 2′ 23″; il eft plus petit qu'il ne devroit être dans cette fuppofition : donc, outre les 5″ de différence qu'il doit y avoir entre les mouvemens horaires du foleil en été & en hiver à caufe de fes différentes diftances, il y a encore une différence réelle de 5″, qui ne provient pas des diftances, mais qui eft un ralentiffement véritable dans le mouvement apparent du foleil, donc, le mouvement réel de la terre eft effectivement plus lent dans l'aphélie que dans le périhélie. On voit même qu'il eft en raifon inverfe des diftances, puifque l'on trouve 2′ 23″, au lieu de 2′ 28″ qu'il y auroit, en fuppofant le mouvement uniforme, c'eft-à-dire, 5″ pour l'excès du mouvement horaire en hiver fur le mouvement en été, indépendamment des 5″ qu'il doit y avoir, à raifon de la diftance du foleil qui eft moindre en hiver ; or 2′ 23″ eft à 2′ 28″, comme 31′ 31″ eft à 32′ 36″, c'eft-à-dire, comme le diamètre en été eft au diamètre en hiver, ou comme la diftance en hiver eft à la diftance en été ; donc le mouvement du foleil en été eft au mouvement qu'il paroîtroit avoir s'il alloit toujours uniformément, en raifon inverfe de fa diftance.

478. La loi des aires proportionnelles au temps ayant été démontrée par Képler pour le cas de l'aphélie & du périhélie, & vérifiée d'ailleurs par un accord général qui fe trouve entre les obfervations & le calcul tiré de cette loi, nous pourrions la regarder comme prouvée aftronomiquement, n'ayant pas encore traité des caufes qui doivent produire cette loi ; cependant nous allons démontrer en peu de mots, 1°. que les planètes tournent autour du foleil en vertu d'une force centrale ou attractive, dirigée au foyer de l'ellipfe ; 2°. que cette force une fois fuppofée, il s'enfuit que les aires font proportionnelles au temps ; ce fera une connoiffance élémentaire qui préparera le lecteur à la phyfique célefte, dont nous traiterons dans le XIIe livre.

479. C'eft la premiere loi du mouvement prouvée par

l'expérience, & admife par tous les mathématiciens, même du temps d'Anaxagore, qu'un corps ayant parcouru une ligne droite uniformément dans l'efpace d'une minute, parcourroit une autre ligne droite fur la même direction dans la minute fuivante, fi rien ne s'y oppofoit; ainfi la planète P (*fig.* 54), ayant été une feule fois uniformément de P en Q fur la ligne droite PQ, elle continueroit à fe mouvoir de Q en F fur la même direction PQF, en parcourant un efpace QF égal à PQ uniformément, & dans le même efpace de temps. Cependant les planètes décrivent des ellipfes, & non pas des lignes droites, elles courbent fans cefle leur route du côté du foleil, & reviennent après une révolution reprendre la même route à la même diftance du foleil; il y a donc dans le foleil une force capable de détourner à chaque inftant une planète de la ligne droite qu'elle venoit de décrire l'inftant précédent. Nous examinerons la mefure & la quantité de cette force dans le XIIe livre, où nous traiterons de l'attraction; il nous fuffit ici de faire voir que cette force centrale exifte, puifque fans elle les planètes ne pourroient décrire que des lignes droites, & jamais ne reviendroient aux mêmes lieux, comme elles le font, en décrivant fans cefle une courbe qui environne le foleil.

La feconde loi du mouvement que je fuppofe encore connue & démontrée, parce qu'elle fe trouve dans tous les livres de mécanique, ou de dynamique, eft celle-ci : un corps pouffé à la fois par deux forces différentes, dont les directions font un angle, & dont chacune pourroit lui faire parcourir en une minute un des côtés d'un parallélogramme, en décrira la diagonale dans la même minute. La planète arrivée en Q eft pouffée vers le foleil, fuivant la direction QS, avec une force qui feule feroit capable de lui faire parcourir en une minute une ligne droite telle que QG, tandis qu'au même inftant elle eft follicitée à parcourir en une minute une ligne QF égale à PQ, en vertu de la première loi du mouvement ; fi fur les lignes QG & QF on forme un parallélogramme $GQFR$, la planète parcourra la diagonale QR dans la même minute. Il ne faut que ces feuls principes pour démontrer que la loi des aires proportionnelles au temps, doit avoir lieu dans toutes les planètes. Voici à peu-près la démonstration de Newton, (*Philoſophiæ natur. principia mathemat. l. I. ſec. II prop.* 1).

480. Je conſidere une planète en un point quelconque Q de ſon orbite, venant de parcourir l'inſtant d'auparavant une très-petite portion PQ de cette orbite, que l'on peut prendre pour une ligne droite ; la planète parvenue de P en Q, & le rayon de ſon orbite ayant paſſé de SP en SQ, a décrit l'aire SPQ en une minute de temps ; dansje dis que la minute ſuivante elle décrira une aire SQR égale à SPQ, ou un triangle égal en ſurface à SPQ, enſorte que l'aire décrite par le rayon vecteur, ſera égale en temps égal. En effet, ſi la planète livrée à elle-même, eût continué à ſe mouvoir de Q en F, elle auroit décrit une aire QSF égale à l'aire PSQ, parce que ces deux triangles ſont égaux, ayant des baſes égales PQ & QF, & la même hauteur : mais à cauſe de la force centrale qui attire la planète vers le ſoleil, ce ſera l'aire QSR, (à la place de l'aire QSF), qui ſera décrite par la planète ; or, les triangles QSR, QSF, ſont encore égaux, parce qu'ils ont la même baſe QS, & ſont compris entre les mêmes paralleles FR & QS ; donc l'aire QSR eſt auſſi égale à l'aire PSQ : ainſi il eſt démontré que la petite aire décrite dans la premiere minute, eſt égale à la petite aire décrite dans la minute ſuivante ; & procédant ainſi de minute en minute dans toute la durée de la révolution, on démontrera avec la même facilité que la même planète décrira éternellement la même aire dans le même temps, à quelque diſtance du ſoleil qu'elle parvienne, tant qu'il ne ſurviendra pas une force étrangere qui puiſſe troubler l'égalité entre QF & PQ, c'eſt à-dire, entre la ligne qu'une planète vient de parcourir, & celle qu'elle tend à parcourir dans la minute ſuivante.

481. Ainſi la loi des aires proportionnelles aux temps eſt prouvée non-ſeulement par l'obſervation, c'eſt-à dire, par l'accord général des calculs fondés ſur cette loi, avec les obſervations, mais encore par la nature même des deux forces

qui

qui animent les planètes : nous allons donc paſſer au calcul du mouvement des planètes dans les orbites elliptiques, pour être en état d'aſſigner en tout temps le point de ſon orbite où une planète doit ſe trouver en vertu de la loi précédente.

Du Mouvement Elliptique.

482. **Définitions.** Le *rayon vecteur* d'une planète eſt la ligne tirée du centre du ſoleil au centre de la planète, ou la diſtance de la planète au foyer de ſon ellipſe. Soit *AMDP* (*fig.* 55), l'orbite elliptique d'une planète décrite autour du foyer *S*, où eſt placé le ſoleil (468), *M* le lieu actuel d'une planète pour un inſtant donné, la ligne *SM* ſera le rayon vecteur.

La ligne des apſides, ou le grand axe de l'ellipſe marque l'aphélie & le périhélie de la planète (310) : l'**Aphélie**, ou l'apſide ſupérieure, eſt le point de l'orbite où la planète eſt la plus éloignée du ſoleil ; tel eſt le ſommet *A* du grand axe *AP*, le plus éloigné du foyer *S*. Le **Périhélie**, ou l'apſide inférieure, eſt le point de l'orbite où la planète eſt la plus proche du ſoleil ; telle eſt l'extrémité inférieure P du grand axe *AP*, la plus voiſine du foyer *S* où réſide le ſoleil.

L'**Anomalie** en général eſt la diſtance d'une planète à ſon aphélie ; mais il y a pluſieurs manieres de conſidérer cette diſtance.

L'**Anomalie vraie** eſt l'angle formé au foyer de l'ellipſe par le rayon vecteur & par la ligne des apſides ; tel eſt l'angle *ASM* formé par le grand axe *AS* & par le rayon vecteur *SM*.

L'**Anomalie excentrique** eſt l'angle formé au centre de l'ellipſe, par le grand axe & par le rayon d'un cercle circonſcrit, mené à l'extrémité de l'ordonnée qui paſſe par le lieu vrai de la planète. Ainſi ayant décrit un cercle *ANP* ſur le grand axe *AP* de l'orbite, comme diamètre, on tirera l'ordonnée *RMN* par le point *M*, où eſt ſuppoſée la planète ; & à l'extrémité *N* de cette ordonnée on menera le rayon *CN*.

c'eſt celui qui déterminera l'anomalie excentrique *AN* ou *ACN*.

L'ANOMALIE MOYENNE eſt la diſtance à l'aphélie ſuppo-ſée proportionnelle au temps ; c'eſt celle qui augmente uni-formément & également depuis l'aphélie juſqu'au périhélie ; ainſi une planète qui emploîroit ſix mois à aller de *A* en P, auroit à la fin du premier mois 30° d'anomalie moyenne, 60° à la fin du ſecond, & ainſi de ſuite, en augmentant toujours proportionnellement au temps. Si l'on prend une ligne *CX* pour marquer l'anomalie moyenne, en ſuppoſant que cette ligne tourne uniformément autour du centre *C*, la ligne *CX* ſera d'abord plus avancée que la ligne *CN*, parce que *AN* croît plus lentement vers l'aphélie où le mouvement de la planète eſt moindre que le mouvement moyen, & cet avan-cement augmentera tant que la vîteſſe de la planète ſera moindre que ſa vîteſſe moyenne ; enſuite le point *N* ſe rap-prochera du point *X*, juſqu'à ce qu'au périhélie P ils ſe réu-niſſent enſemble ; là les trois anomalies ſe confondent, & ſont également de 180 degrés.

La différence entre l'anomalie vraie & l'anomalie moyenne forme l'équation de l'orbite ou l'équation du centre.

483. Puiſque l'anomalie moyenne eſt proportionnelle au temps, & qu'elle eſt une portion du temps de la révolution, elle peut être meſurée par toute quantité qui aura un progrès uniforme : ainſi non-ſeulement l'arc *AX*, l'angle *ACX*, & le ſecteur ou l'aire circulaire *ACX* peuvent s'appeller *Anomalie moyenne*, mais encore le ſecteur elliptique, ou l'aire *ASM*, formée par le rayon vecteur *SM*, le grand axe *SA* & l'arc d'el-lipſe *AM* : en effet, les aires décrites par le rayon vecteur *SM*, étant proportionnelles aux temps (472), le ſecteur *AMS* ſera la ſixieme partie de la ſurface elliptique *AMDPA* au bout du premier mois, (dans la ſuppoſition de l'article pré-cédent) il en ſera par conſéquent le tiers au bout de deux mois, & toujours ainſi uniformément ; enſorte que la ſur-face, ou l'aire elliptique ſera la quantité proportionnelle au temps, une fraction égale à la fraction du temps, ou à l'a-nomalie moyenne : ainſi l'on pourra dire à la fin du premier

mois, que l'anomalie moyenne eſt 30°, ou en général, qu'elle eſt un douzieme ; car alors les 30° ſont la douzieme partie du cercle, le temps employé à le parcourir ſera la douzieme partie du temps de la révolution entiere ; & enfin l'aire *AMS* ſera la douzieme partie de l'aire entiere de l'ellipſe ; mais ordinairement c'eſt en degrés que nous exprimons l'anomalie moyenne.

484. Képler ayant trouvé que les planètes décrivoient des ellipſes avec des aires proportionnelles au temps, il ne lui reſtoit plus que d'en conclure le vrai lieu d'une planète pour un temps donné. Lorſqu'on connoît la durée de la révolution de la planète, par exemple, celle de Mercure, qui eſt de 86 jours, & qu'on demande le lieu de Mercure au bout de deux jours, c'eſt-à-dire, de la 43ᵉ partie de ſa révolution, on ſait dès-lors que l'aire du ſecteur *ASM* compris entre l'aphélie & le rayon vecteur *SM*, eſt la 43ᵉ partie de la ſurface de l'ellipſe ; cette portion du temps, ou cette portion de l'ellipſe eſt proprement l'*anomalie moyenne*, que l'on peut auſſi exprimer en degrés, en prenant la 43ᵉ partie des 360° ou du cercle entier : car on a vu que nous pouvons appeller indifféremment *anomalie moyenne*, une portion du temps, une portion de l'ellipſe, une portion de la circonférence du cercle ; c'eſt toujours une fraction qui eſt donnée, quand on cherche le lieu d'une planète, mais c'eſt en degrés que nous la prendrons ci-après, pour ſuivre la forme uſitée dans les tables aſtronomiques, où toutes les anomalies & toutes les équations s'expriment en degrés, minutes & ſecondes.

485. Lorſqu'on connoît l'anomalie moyenne, ou la ſurface du ſecteur *ASM*, il s'agit de trouver l'anomalie vraie, ou l'angle *ASM* de ce ſecteur. Képler ſentit bien la difficulté de ce problême : *étant donnée l'anomalie moyenne, trouver l'anomalie vraie*, même dans un cercle, car la difficulté eſt à-peu-près la même que dans l'ellipſe ; il ſe contenta d'inviter les géomètres à en chercher la ſolution, ſans eſpérer qu'on la pût trouver d'une maniere directe, parce qu'elle

suppose, ainsi qu'on le verra bientôt, le rapport entre les arcs & leurs sinus, qui n'est donné que par approximation.

486. Pour simplifier la question, l'on renverse le problème & l'on suppose connue l'anomalie vraie pour en déduire l'anomalie moyenne; cette méthode est plus courte, souvent plus exacte, & tient toujours lieu dans la pratique, de la méthode directe. Cette méthode indirecte a été employée avec succès par M. l'Abbé de la Caille dans ses recherches sur le Soleil; elle est fondée sur les deux théorèmes suivans, que nous allons démontrer d'une manière très-simple.

487. LEMME I. *Dans une ellipse AMP, à laquelle on a circonscrit un cercle ANP; CX étant la ligne de l'anomalie moyenne (482), M le vrai lieu de la planète, RMN l'ordonnée qui passe par le lieu de la planète; le secteur circulaire ANSA est toujours égal au secteur circulaire ACX de l'anomalie moyenne.*

DÉMONSTRATION. Soit T le temps entier de la révolution de la planète, & t le temps qu'elle a employé à aller de A en M, on aura par la règle des aires proportionnelles aux temps, t est à T comme le secteur AMS est à la surface de l'ellipse : de même, puisque ACX est l'anomalie moyenne, on aura t est à T comme ACX est à la surface du cercle; donc AMS est à ACX comme la surface de l'ellipse est à la surface du cercle. Mais par la propriété de l'ellipse, démontrée dans tous les livres de sections coniques AMS est à ANS, comme la surface de l'ellipse est à la surface du cercle; nous avons donc deux proportions qui ont trois termes communs, savoir AMS, la surface de l'ellipse & la surface du cercle; le terme qui paroit différent est donc nécessairement le même; donc ACX & ANS sont égaux entre eux. C. Q. F. D.

488. LEMME II. Dans tout triangle rectangle MRS (*fig.* 55,) si l'angle RSM est divisé en deux parties égales, la tangente de la moitié de l'angle RSM sera égale à $\dfrac{RM}{RS + SM}$. Car ayant pris $SB = SM$, on aura l'angle B égal à la moitié de l'angle S, & la tangente de l'angle $B = \dfrac{RM}{RB} = \dfrac{RM}{RS+SB} = \dfrac{RM}{RS+SM}$.

489. LEMME III. Le rayon vecteur SM est égal à $\dfrac{PR \cdot SA}{CA} - SR$; & si l'on fait $CA = a$, $CR = x$, $CS = c$, on aura le rayon vecteur
$$SM = \frac{(a+x)(a+e) - a(c+x)}{a},$$
ou ce qui revient au même $\dfrac{a^2 + ex}{a}$. Par la propriété la plus connue de l'ellipse, on a $SM + FM = 2a$, supposons $SM = a + z$, & $FM = a - z$, on a RM^2 ou $y^2 = SM^2 - SR^2 = aa + 2az + zz - ee - 2ex - xx = SM^2 - SR^2 = aa - 2az + zz - ee + 2ex - xx$; égalant ces deux valeurs, on a $2az - 2ex = -2az + 2ex$.

$x = \dfrac{ex}{a}$, donc $SM = a + \dfrac{ex}{a}$, ou ce qui revient au même, $SM = \dfrac{PR \cdot SA}{CA} = SR$.

490. THEOREM. *LA RACINE CARRÉE de la distance périhélie est à la racine carrée de la distance aphélie, comme la tangente de la moitié de l'anomalie vraie est à la tangente de la moitié de l'anomalie excentrique.*

Dans les triangles rectangles MSR & NCR, en employant les expressions tirées de l'article 488, on a cette proportion : tang. $\frac{1}{2}$ MSR : tang. $\frac{1}{2}$ NCR $\dfrac{RM}{SR + SM}$: $\dfrac{RN}{CR + CN}$; si l'on met à la place du rapport de RM à RN celui de CD à CA qui lui est égal par la propriété de l'ellipse, & à la place de $SR + SM$ sa valeur $PR \cdot \dfrac{SA}{CA}$, (489) ; & enfin PR à la place de $CR + CN$, on changera la proportion en celle-ci : tang. $\frac{1}{2}$ MSR : tang. $\frac{1}{2}$ NCR :: $\dfrac{CD \cdot CA}{PR \cdot SA}$: $\dfrac{CA}{TR}$ :: $CD : SA$; :: $\sqrt{aa - ee}$: $a + e$ :: $\sqrt{a - e}$: $\sqrt{a + e}$, en divisant les deux derniers termes par $\sqrt{a + e}$; ainsi l'on aura $T . \frac{1}{2} MSR : T . \frac{1}{2} NCR$ :: $\sqrt{a - e}$: $\sqrt{a + e}$, :: $\sqrt{PS}$: $\sqrt{SA}$: c'est-à-dire la tangente de la moitié de l'anomalie vraie ASM est à la tangente de la moitié de l'anomalie excentrique ACN, comme la racine carrée de la distance périhélie PS est à celle de la distance aphélie AS. C. Q. F. D.

491. *LA DIFFÉRENCE entre l'anomalie excentrique & l'anomalie moyenne est égale au produit de l'excentricité par le sinus de l'anomalie excentrique.*

DÉMONSTRATION. Le secteur circulaire $ANSA$, est égal au secteur de l'anomalie moyenne ACX (487) ; si l'on ôte de tous deux la partie commune ACN, on aura le secteur NCX égal au triangle CNS. La surface du secteur circulaire NCX est égale au produit de CN par la moitié de l'arc NX ; la surface du triangle CNS est égale au produit de CN par la moitié de la hauteur ST, qui est une perpendiculaire abaissée du foyer S sur la base NC, prolongée au-delà du centre C ; ainsi les deux surfaces étant égales, & ayant un des produisans CN qui est commun à toutes deux, les autres produisans sont aussi égaux ; donc l'arc NX est égal à la ligne droite ST ; mais dans le triangle STC, rectangle en T, l'on a $ST = CS . $ sin. TCS, par les règles de la trigonométrie rectiligne ; donc $NX = CS . $ sin. $TCS = CS . $ sin. ACN ; donc la différence NX entre l'anomalie excentrique AN & l'anomalie moyenne AX, est égale au produit de l'excentricité CS par le sinus de l'anomalie excentrique ACN. C. Q. F. D.

492. C'est en minutes & secondes qu'on a coutume d'exprimer toutes les anomalies des planètes ; ainsi pour trouver la différence en secondes entre l'anomalie moyenne & l'anomalie excentrique, il faut que l'ex-

centricité foit auſſi exprimée en ſecondes. Si l'excentricité de la planète
eſt exprimée en parties de même eſpèce que la diſtance moyenne, on
dira la diſtance moyenne eſt à l'excentricité, comme le nombre de
206265″ que contient le rayon d'un cercle, ou environ 57° eſt au nombre de ſecondes que l'excentricité contient. Si cette excentricité eſt donnée en fraction de la diſtance moyenne de cette même planète, il ſuffira
de la multiplier par les 206264″, 8 qui font l'arc de 57° égal au rayon,
pour a oir cette excentricité en ſecondes.

493. Au moyen des deux théorêmes (490, 491), on
trouve facilement l'anomalie moyenne quand on a l'anomalie vraie : mais le problême eſſentiel conſiſte à trouver l'a-
nomalie vraie quand on a la moyenne. Il y a pluſieurs manieres d'y parvenir directement, quoique par approximation ;
mais nous préférons dans l'uſage ordinaire de ſuppoſer une
anomalie vraie quelconque, & de la convertir en moyenne
par les règles précédentes ; ſi celle que l'on trouve par ce
moyen n'eſt pas egale à celle qui étoit donnée, c'eſt une
preuve que la ſuppoſition n'eſt pas exacte, & l'on fait une
autre ſuppoſition d'anomalie vraie, juſqu'à ce qu'on ait ſuppoſé une anomalie vraie qui produiſe exactement l'anomalie
moyenne donnée. Les tables qui ſont déja toutes faites pour
chaque planète & pour chaque degré d'anomalie, rendent ces
ſuppoſitions faciles à trouver preſque du premier coup.

494. Quand on a trouvé l'anomalie vraie, il eſt aiſé de
trouver la diſtance au ſoleil ou le rayon vecteur SM par la proportion ſuiv. *le ſinus de l'anomalie vraie eſt au ſinus de l'anomalie excentrique, comme la moitié du petit axe eſt au rayon vecteur.* En effet ayant tiré la ligne NQ (*fig.* 55), parallele au
rayon vecteur MS, on a par les triangles ſemblables cette
proportion $SM : QN :: RM : RN :: CD : CK$ ou CN ; donc
$SM : CD :: QN : CN ::$ ſin. $QCN :$ ſin. $CQN ::$ ſin. $RCN :$ ſin.
RSM ; donc ſin. $CSM :$ ſin. $NCS :: CD : SM$; c'eſt le rayon
vecteur dans l'hypothèſe de Képler, & telle eſt la proportion dont je me ſuis ſervi pour calculer mes tables des diſtances des planètes à chaque degré d'anomalie.

495. L'HYPOTHÈSE elliptique ſimple dont on fait uſage
quand on n'a pas beſoin d'une très-grande préciſion, ſimpli-
fie beaucoup le calcul, puiſqu'elle fait trouver l'anomalie

vraie par une simple proportion. Boulliaud fit voir en 1645 que le mouvement d'une planète dans une orbite elliptique, est sensiblement uniforme quand on le suppose vu du foyer supérieur *F* de l'ellipse; Sethward en 1656 donna une méthode fort simple pour calculer l'anomalie vraie dans ce cas-là. On prolongera *FL* (*fig.* 56), de maniere que *LE* soit égale à *LS*, & l'on joindra *SE*; on aura un triangle *SFE*, dans lequel, suivant la propriété ordinaire, la demi-somme de deux côtés, tels que *FE* & *FS* est à leur demi-différence comme la tangente de la demi-somme des angles adjacens *S*, *E*, est à la tangente de leur demi-différence. Substituons d'autres dénominations à la place de ces quatre termes : la demi-somme de *FS* & de *FE* est la même chose que la distance aphélie *SA*; car *FE*, ou bien *FL* avec *LS*, égale le grand axe; donc *FE* avec *FS* vaut le grand axe avec deux fois l'excentricité, & en prenant la moitié du total, la demi-somme de *FE* & de *FS* se trouve être le demi-axe avec l'excentricité, c'est-à-dire *SA*. On verra facilement que leur demi-différence est égale à *SP*. La demi-somme des angles *E* & *S* est la moitié de l'angle externe *AFE*, ou de l'anomalie moyenne ; enfin leur demi-différence est la moitié de l'anomalie vraie *FSL*, puisque la différence entre l'angle *FSE* & l'angle *LSE* (égal à *LES*), n'est autre chose que *FSL*; donc la proportion précédente se réduit à celle-ci : *la distance aphélie est à la distance périhélie, comme la tangente de la moitié de l'anomalie moyenne est à la tang. de la moitié de l'anomalie vraie.*

Le rayon vecteur *SL* se trouve avec la même facilité au moyen du triangle *SLF*, en disant le sinus de l'équation de l'orbite *FLS* est à la double excentricité *FS*, comme le sinus de l'angle *F* ou de l'anomalie moyenne est à la distance de la planète au soleil, dans l'hypothèse elliptique simple.

De l'Equation de l'Orbite.

496. Nous pouvons, en considérant la figure 56, appercevoir toutes les propriétés du mouvement inégal des pla-

nètes & de l'équation de l'orbite. 1°. Cette équation est nulle en *A*, c'est-à-dire dans l'apside supérieure, (aphélie ou apogée), puisque vers ce point-là le lieu moyen & le lieu vrai sont confondus, les *FL* & *SL* coïncident. En partant de l'apside supérieure, leur différence augmente rapidement, parce que la vîtesse vraie étant la plus petite en *A*, diffère le plus de la vîtesse moyenne : 2°. cette différence s'accumule chaque jour, tant que la vîtesse vraie est moindre que la vîtesse moyenne ; lorsqu'elles sont égales, il se trouve un point *B* vers trois signes & quelques degrés d'anomalie moyenne où la différence qui a augmenté jusqu'alors, est devenue la plus grande, & où l'équation ou l'angle *FLS* cesse d'augmenter, étant presque la même pendant quelque temps, pour diminuer ensuite jusqu'à l'apside inférieure, (soit périhélie, soit périgée) où le lieu vrai & le lieu moyen se retrouvent d'accord une seconde fois : 3°. l'équation est soustractive, se retranche du lieu moyen ou de l'anomalie moyenne *AFL* dans les six premiers signes pour avoir le lieu vrai, parce que la vîtesse moyenne en partant de l'apside supérieure, est plus grande que la vîtesse vraie ; ainsi le lieu moyen est plus avancé ; il faut donc ôter de la longitude moyenne la quantité de l'équation pour avoir le lieu vrai. Le contraire arrive après le passage en P, où la vîtesse vraie est la plus grande.

497. La plus grande équation peut se trouver par un calcul rigoureux, aussi-bien que le degré d'anomalie moyenne où arrive cette plus grande équation ; pour cela il suffit de trouver le point *M*, (*fig.* 57), dans lequel arrive la vîtesse moyenne. En effet, dès que la planète est arrivée au point où sa vîtesse angulaire *DFR* (c'est-à-dire l'angle qu'elle parcourt vue du soleil) est égale à la vîtesse moyenne, (par exemple, de 59' 8" par jour si c'est la terre), la longitude moyenne cesse d'anticiper sur la longitude vraie ; elle en diffère alors le plus qu'il est possible, parce que jusqu'à ce moment la vîtesse réelle qui étoit plus petite, faisoit retarder tous les jours le lieu vrai sur le lieu moyen ; mais dès que la vîtesse vraie est devenue égale à la vîtesse moyenne, elle est prête à la surpasser, elle va commencer à regagner ce qu'elle avoit perdu

jufqu'alors, le lieu vrai fe rapproche du lieu moyen, & l'équation de l'orbite diminue. Ainfi toute la difficulté confifte à trouver le point *M*, & l'anomalie vraie *AFM* de la planète au moment où fa vîteffe eft égale à la vîteffe angulaire moyenne. Ayant pris une ligne *FM*, moyenne proportionnelle entre les deux demi-axes de l'orbite, on décrira du foyer *F* comme centre un cercle *MN* fur le rayon *FM*, & ce cercle aura une furface égale à celle de l'ellipfe, comme on le démontre dans les fections coniques. Suppofons un corps qui décrive le cercle *MN* dans un temps égal à celui de la révolution de la planète dans fon ellipfe, fa vîteffe angulaire fera conftamment égale à la vîteffe angulaire moyenne de la planète, par exemple, de 59′ 8″ pour le foleil ; l'aire décrite dans le cercle fera toujours égale à l'aire décrite en même temps dans l'ellipfe, puifque les aires totales font égales & parcourues en temps égaux, les durées des révolutions étant les mêmes, & les aires partielles de l'ellipfe proportionnelles aux parties du temps : par exemple, fi le foleil décrit en un jour une aire *DFR* de fon ellipfe égale à la 365ᵉ partie de la furface elliptique, l'aire *EFO* decrite dans le cercle, fera auffi la 365ᵉ partie de l'aire du cercle, (qui eft égal à l'ellipfe) ; la vîteffe vraie du foleil (ou l'angle *DFR*) fera donc égale à la vîteffe moyenne en *M*, c'eft-à-dire à l'angle *DFO* ; car ce font deux fecteurs égaux qui ont la même longueur *FM*, la même furface, & par conféquent le même angle ; d'ailleurs les triangles égaux *MED*, *MRO*, qui font l'un en dehors du cercle, l'autre en dedans, font voir que le fecteur elliptique eft égal au fecteur circulaire qui a le même angle en *F*. Ainfi pour trouver le point de la vîteffe moyenne, il faut trouver l'interfection *M* de l'ellipfe & du cercle qui lui eft égal en furface. Ayant tiré du point *M* à l'autre foyer *B* de l'ellipfe une ligne *MB*, l'on aura un triangle *BFM*, dans lequel on connoît les trois côtés, favoir *BF* qui eft le double de l'excentricité, *FM* qui eft la moyenne proportionnelle entre les deux demi-axes, & *BM* qui eft la différence entre *FM* & le grand axe, (parce que les deux lignes *FM* & *MB* font entre elles la valeur du grand axe) ; ainfi réfolvant le triangle

BFM on cherchera l'angle *F* qui eft l'anomalie vraie de la planète au temps de la plus grande équation.

Par exemple fi le demi-axe *CA*=38710, & le demi-axe conjugué = 37883 , comme dans l'orbite de Mercure, on aura *CF*=7960, *BF*= 15920, *FM* fera = 38294 ; on ré-foudra le triangle *BFM* : on aura l'angle *BFM* de 81° 4′ 52″; c'eft l'anomalie vraie au temps de la plus grande équation ; d'où l'on peut conclure (493) l'anomalie moyenne 104° 45′ 41″; ainfi leur différence qui eft l'équation du centre, fera 23° 40′ 49″; ce doit être la plus grande équation de l'orbe de Mercure.

498. Aprés avoir indiqué la maniere de calculer l'équation , nous parlerons de la maniere de l'obferver. Si l'on a deux longitudes vraies d'une planète obfervée en *G* & en *M*, elles différeront entre elles de la quantité de l'angle *GFM*, qui eft la fomme des deux anomalies vraies ; mais la fomme des deux anomalies moyennes *ABM, ABG*, fera plus grande du double de l'équation, puifque chaque diftance vraie eft plu petite que la diftance moyenne , de la quantité de la plus grande équation. Il eft aifé de calculer en tout temps la fomme des deux anomalies moyennes , quoiqu'on ne con-noiffe pas le lieu de l'aphélie *A* , parce que la fomme des deux anomalies moyennes eft égale au mouvement moyen de la planète , dans cet intervalle de temps , & on le trouve aifément quand on connoît la durée de la révolution ; ainfi l'excès du mouvement moyen calculé , fur le mouvement vrai obfervé, donne le double de la plus grande équation , pourvu que l'on ait fait ces deux obfervations en *M* & en *G*, c'eft-à-dire , aux temps de la vîteffe moyenne.

497. Ce fera le mouvement vrai qui fera le plus confidé-rable, fi l'on prend la premiere obfervation avant le périhé-lie & la feconde après , comme dans l'exemple fuivant (500).

499. Pour difcerner les temps & les obfervations conve-nables à cette recherche, un Obfervateur ifolé qui ne con-noîtroit en aucune façon la fituation de l'orbite de la planète & des points *G* & *M* , n'auroit qu'à raffembler un grand

nombre de positions observées, les comparer deux à deux, & voir combien le mouvement vrai observé différeroit du mouvement moyen calculé pour chaque intervalle ; la plus grande de toutes les différences lui donneroit le double de la plus grande équation ; car entre une moyenne distance & l'autre, le mouvement vrai diffère du mouvement moyen à raison de l'équation soustractive dans l'une & additive dans l'autre ; donc si l'on a des observations faites dans tous les points de l'orbite, on en trouvera deux où le mouvement vrai sera moindre ou plus grand que le mouvement moyen, du double de la plus grande équation. Actuellement que l'on connoît, à très-peu près, les lieux des apsides & des moyennes distances de toutes les planètes, on n'a qu'à choisir du premier coup les observations faites avant & après l'aphélie, vers le temps de la plus grande équation, comme dans l'exemple suivant.

500. EXEMPLE. le 7 Octobre 1751, le vrai lieu du soleil observé par M. l'Abbé de la Caille, avant le périgée, en y faisant entrer trois jours d'observations discutées & comparées entre elles fut trouvé de . . . . . . 6ˢ 13° 47′ 15″
Le 28 Mars 1752 cette longit. vraie fut de 0   8   9 26

La différence de ces deux longitudes, ou
    le mouvement vrai du soleil est donc . 5 24 22 11
Mais dans cet intervalle le mouvement
    moyen avoit dû être par le calcul . . . 5ˢ 20° 31′ 43″

Différence, double de la plus grande équat.   3 50 28
Dont la moitié est l'équation de l'orbite.   1 55 14
    Un grand nombre d'observations l'ont fait établir de 1° 55′ 32″.

501. Comme il est extrêmement rare d'avoir deux observations qui soient faites précisément dans les points *M* & *G* de la vitesse moyenne, on ne trouve guères dans un premier calcul la quantité exacte de la plus grande équation ; mais après qu'on a trouvé à peu-près l'équation & le lieu de l'apside (506), on calcule pour les deux temps d'observa-

tions l'équation de l'orbite , & l'on calcule aussi la plus grande (497) , on sait alors combien l'équation donnée par les observations , devoit différer de la plus grande ; c'est ainsi que dans l'exemple précédent M. de la Caille avoit trouvé 18″ , 6 , qu'il falloit ajouter pour avoir la véritable quantité de la plus grande équation , résultante de ces deux observations.

502. On peut aussi trouver la plus grande équation sans connoître le lieu de l'apside ; il n'y a qu'à prendre pour époque une longitude quelconque & lui comparer beaucoup d'autres longitudes pour avoir le mouvement vrai observé: on calculera pour chacun de ces intervalles le mouvement moyen par la durée connue de la révolution , l'on aura des différences additives , & des différences soustractives ; la plus grande différence additive & la plus grande soustractive étant ajoutées donneront le double de la plus grande équation de l'orbite , si l'on a eu des observations en un assez grand nombre , pour que les deux points de la plus grande équation s'y soient trouvés.

503. Quand on a trouvé par observation la plus grande équation , & qu'on veut en conclure l'excentricité , le plus commode est d'employer une règle de fausse position , ou de supposer d'abord connue l'excentricité que l'on cherche , pour en conclure la plus grande équation (497). Si elle se trouve trop grande , on diminuera l'excentricité supposée , & l'on recommencera le calcul ; cette méthode de déterminer l'excentricité par le moyen de la plus grande équation est souvent plus commode que celle dont se servit Képler pour trouver l'excentricité de Mars (468).

504. La méthode dont je me suis servi pour trouver l'excentricité de Mercure , consiste à supposer que le lieu de l'aphélie soit connu (508) ; alors deux observations éloignées entre elles d'environ une demi-révolution & les plus éloignées des apsides , suffisent pour trouver l'excentricité. En effet , connoissant bien le lieu de l'aphélie , on a deux anomalies vraies , bien connues ; on les convertit en anomalies moyennes ; celles-ci ne peuvent être exactes , à moins que

l'excentricité ne foit bien connue ; fi donc la différence des deux anomalies moyennes trouvées n'eft pas égale à celle qui eft connue par l'intervalle des deux obfervations, on en conclud que l'excentricité employée eft défectueufe, & l'on fait une feconde fuppofition. Par de femblables tentatives on parvient à trouver l'excentricité qui fatisfait aux deux obfervations qu'on a choifies.

505. On emploie auffi les plus grandes digreffions de Mercure & de Vénus pour trouver l'excentricité ; fi la terre eft en *B* (*fig. 50*) & Mercure en *C* dans fa plus grande digreffion, & dans fon aphélie, l'angle *SBC* étant obfervé avec foin, l'on peut en conclure la diftance aphélie *SC* de Mercure au Soleil. On fait une femblable opération dans une autre digreffion

	Excentricités.	*Equations.*		
☿	7960	23ᵈ	40′	49″
♀	510	0	48	30
☉	1680	1	55	32
♂	14208	10	41	47
♃	25277	5	34	1
♄	53210	6	23	19
☽	0,0547	6	18	32

où Mercure fe trouve dans fon périhélie, & l'on trouve de même fa diftance périhélie ; la différence des deux diftances eft le double de l'excentricité. J'ai fait ufage de cette méthode dans ma théorie de Mercure (*Mémoires Académ.* 1767. *p.* 544. La table ci-deffus eft le réfultat de tous mes calculs fur les planètes, elle fuppofe la diftance moyenne de la terre au foleil 100000, exceptés celle de la lune, qui fuppofe que fa diftance moyenne foit l'unité.

Détermination des Aphélies.

506. L'APHÉLIE d'une planète peut fe déterminer par différentes méthodes : voici la plus directe, elle a fervi principalement pour le foleil, elle peut fervir auffi pour les planètes fupérieures. Lorfqu'on a plufieurs obfervations d'une planète, faites en différens points de fon orbite, & réduites au foleil, il faut chercher celles qui donnent deux longitudes héliocentriques diamétralement oppofés ; & fi les temps de ces obfervations different exactement d'une demi-révolution, on fera sûr que ces deux obfervations font l'une

dans l'aphélie, & l'autre dans le périhélie ; ainsi en comparant deux à deux un grand nombre d'observations, on ne pourra manquer de tomber sur celles qui indiqueront la place des apsides.

Soit l'aphélie d'une planète en A (*fig.* 58), & le périhélie en P, la partie ABP de l'ellipse est égale à la partie AFP, elles sont parcourues l'une & l'autre dans l'espace du temps de la demi-révolution, par exemple, en 182ʲ 15ʰ 7′ 40″, s'il s'agit du soleil. Nous prenons ici la révolution anomalistique (515), c'est-à-dire, par rapport à l'apogée ; mais dans une premiere approximation l'on se contenteroit de la révolution tropique (454), en supposant l'aphélie immobile pendant une demi-révolution.

Si l'on prend un autre point quelconque D avec le point E qui lui est opposé, la partie DFE de l'ellipse exigera moins de temps que la partie EBD, parce que la premiere renferme le périhélie, c'est-à-dire, l'endroit où le mouvement de la planète est le plus rapide, tandis qu'au contraire la partie EBD, dans laquelle se trouve l'aphélie, doit être parcourue d'un mouvement plus lent & en plus de temps.

Ainsi les points A & P des deux apsides sont les seuls qui étant diamétralement opposés par rapport au foyer de l'ellipse, fassent aussi deux intervalles de temps égaux ; on sera donc assuré de connoître le lieu des apsides, si l'on trouve deux longitudes qui étant diamétralement opposées comme A & P, répondent aussi à des temps éloignés d'une demi-révolution, c'est-à-dire, de la moitié du temps qu'il faut à la planète pour revenir à son apside ; il suffira donc de chercher dans le nombre des observations d'une planète, les deux qui satisferont à la fois à cette double condition. Cette maniere de déterminer le lieu de l'aphélie d'une planète fut employée pour la premiere fois par Képler dans son livre *de Stella Martis.*

507. On peut aussi trouver l'aphélie en employant deux observations dont l'une soit vers les apsipes & l'autre vers les moyennes distances, pourvu qu'on suppose l'équation du centre exactement connue ; car si l'on fait une supposition

pour le lieu de l'aphélie, & qu'on convertisse les deux anomalies vraies qui en résultent en anomalies moyennes, on ne sauroit avoir une différence qui soit égale au mouvement moyen connu d'ailleurs, à moins que l'aphélie n'ait été bien supposé.

508. La troisieme méthode pour trouver le lieu de l'aphélie d'une planète, a lieu pour Mercure ou pour Vénus ; c'est celle que j'ai donnée dans les Mémoires de l'Académ. pour 1766, à l'occasion de ma théorie de Mercure, & qui m'a fait trouver, soit pour les temps les plus anciens, soit pour le temps où nous sommes, le lieu de l'aphélie de Mercure. Je suppose qu'on ait observé la plus grande digression de Mercure dans le temps qu'il est vers les moyennes distances au soleil, & que la distance ou le rayon vecteur change rapidement ; si l'on connoît déja la moyenne distance & l'excentricité, l'on calculera facilement à quel endroit il faut placer l'aphélie, pour que le rayon sur lequel se trouve la planète, soit précisément de la longueur convenable à la digression observée.

Soit F (*fig.* 58) le lieu de Mercure dans sa moyenne distance, vu de la terre T sur le rayon TF qui touche l'orbite ; la plus grande digression étant alors l'angle STF, & la distance à l'aphélie ASF. Si dans les tables dont nous nous servons le lieu de l'aphélie étoit mal indiqué, ensorte que l'aphélie y fût marqué en C, en faisant avancer le point C en A la ligne SF arriveroit en SG, & l'élongation de Mercure seroit égale à l'angle STG, plus grande par conséquent que l'élongation STF ; si donc on a trouvé par le calcul des tables une élongation trop petite, il n'y a qu'à rapprocher l'aphélie du lieu de l'observation en laissant toujours Mercure à la même longitude ou sur la même ligne SF, ou si l'on veut en conservant la même longitude moyenne.

Le 24 Mai 1764 à 8^h $7'$ $50''$ temps moyen, j'observai la longitude de Mercure 2^s $26°$ $50'$ $35''$, il étoit alors dans sa plus grande digression à $22°$ $51'$ $12''$ du soleil, notre rayon visuel touchoit son orbite à la moyenne distance vers 9^s $8°$ d'anomalie ; je calculai cette longitude par les tables de M.

Halley , & je la trouvai trop grande de 1′ 14″ ; mais en augmentant dans ces tables la longitude de l'aphélie de 14′ ½ fans changer la longitude de Mercure , l'anomalie devenoit plus petite auffi-bien que le rayon vecteur , l'élongation de Mercure devenoit auffi moindre , & la longitude de Mercure fe trouvoit d'accord avec l'obfervation (*Mem. Acad.* 1766 , *pag.* 458). Delà il s'enfuit que la longitude de l'aphélie étoit trop petite dans les tables de M. Halley , auffi je l'ai augmentée de 10′ dans mes tables , & je l'ai fuppofée de 8ˢ 13° 49′ . ″ pour 1764. Ayant calculé de la même maniere les 16 obfervations anciennes de Mercure qui font rapportées dans l'Almagefte de Ptolomée , j'ai reconnu qu'il y avoit plufieurs degrés à ôter du lieu de l'aphélie que les tables donnoient pour ces temps-là.

Méthode pour corriger à la fois les trois élémens d'une Orbite.

509. Nous avons vu féparément , les méthodes que l'on peut fuivre pour trouver l'équation & les apfides d'une planète (498 , 506) ; nous allons raffembler l'efprit de ces méthodes & en tirer la maniere de trouver par trois obfervations les trois élémens d'une orbite , favoir l'excentricité , le lieu de l'aphélie , & l'époque du lieu moyen qui en réfulte néceffairement ; je fuppofe les trois obfervations réduites au foleil , & comptées fur l'orbite même de la planète : je fuppofe auffi les élémens déja à peu-près connus.

Pour bien faire fentir l'efprit de cette méthode , je rappellerai ici trois chofes qui doivent être familieres à tous ceux qui s'occupent du calcul aftronomique ; 1°, l'équation de l'orbite eft la plus grande qui foit poffible vers trois fignes & quelques degrés d'anomalie moyenne ; alors elle eft à fon *maximum* ; elle augmente à peine en paffant d'un degré à l'autre , enforte que l'anomalie moyenne peut être alors plus ou moins grande , fans que l'équation en foit affectée ; ainfi dans ces cas-là on pourroit fe tromper fur le lieu de l'aphélie , fans qu'il en réfultât aucune erreur fur l'équation,

ni

ni fur la longitude calculée : 2°, l'équation de l'orbite, ou la différence entre la longitude moyenne & la longitude vraie, eft additive depuis le périhélie jufqu'à l'aphélie, c'eft-à-dire, dans les fix derniers fignes d'anomalie : on l'ajoute alors à la longitude moyenne pour avoir la longitude vraie ; elle eft fouftractive depuis l'aphélie jufqu'au périhélie, c'eft-à-dire, qu'on retranche l'équation de la longitude moyenne pour avoir la longitude vraie : 3°, le mouvement moyen d'une planète dans l'efpace d'une ou de deux révolutions, eft affez bien connu pour qu'on puiffe toujours le fuppofer exact ; car les moyens mouvemens fe déterminent par la comparaifon des obfervations les plus anciennes ; ainfi il ne peut y avoir d'erreur fenfible dans l'efpace de quelques années ; d'où il réfulte que fi l'erreur de l'époque, ou de la longitude moyenne d'une planète eft connue pour un des points de fon orbite, elle eft également connue, ou plutôt elle eft la même dans tous les autres points, elle ne fait que fe combiner avec les erreurs qui proviennent des autres élémens, fans que cette erreur de l'époque, prife en elle-même, foit différente.

510. Si l'on avoit deux obfervations faites précifément dans les moyennes diftances, c'eft-à-dire, à trois fignes d'anomalie moyenne, & à neuf fignes, il feroit aifé de corriger par ces deux obfervations, 1°, l'époque des moyens mouvemens, 2°, l'équation du centre : en effet, fi l'équation du centre eft bonne, c'eft-à-dire, fi celle qu'on a employée dans le calcul des tables eft exacte, il n'y aura entre le calcul & l'obfervation, d'autre différence que celle de l'époque des moyens mouvemens, puifque le lieu de l'aphélie n'influe point dans le calcul des longitudes prifes vers les moyennes diftances : s'il n'y a d'autre erreur que celle de l'époque, elle fera égale dans les deux obfervations, car nous fuppofons le moyen mouvement exactement connu ; ainfi l'erreur des tables étant trouvée égale à 3ˢ & à 9ˢ d'anomalie, ce fera une preuve que l'équation du centre eft exacte ; mais que l'erreur des deux calculs vient uniquement de l'époque de la longitude qui eft mal établie.

P

511. Si l'équation du centre est aussi défectueuse, l'erreur sera plus ou moins grande, parce qu'à 3ˢ d'anomalie l'équation du centre se retranche de la longitude moyenne pour avoir la véritable, mais à 9ˢ elle s'ajoute; ainsi dans l'une des deux observations l'erreur de l'équation du centre augmentera celle de l'époque, & dans l'autre observation elle la diminuera; par ce moyen l'erreur totale sera plus grande dans une observation que dans l'autre, & cela du double de l'erreur qu'il y a eu dans l'équation du centre.

512. Si, par exemple, l'erreur de l'époque est—5′, c'est-à-dire, qu'il y ait dans l'époque des tables 5′ de trop, & que l'erreur de la plus grande équation soit—2′, alors ces deux erreurs s'accumuleront à 9ˢ d'anomalie moyenne, parce que l'équation y est additive, ensorte qu'on aura ajouté 2′ de trop, à raison de l'équation qui est trop grande, & 5′ de trop, à raison de l'époque qui est trop avancée; la longitude calculée aura donc 7′ de trop. Au contraire vers 3ˢ d'anomalie on n'aura que 3′ de trop, c'est-à-dire, que l'erreur des tables ne sera que de 3′, parce que l'équation qui est trop grande de 2′, étant souftractive, dans ce cas-là on aura ôté 2′ de trop; & l'époque ayant 5′ de plus qu'il ne faut, il ne restera que 3′ d'erreur. La différence entre ces deux erreurs des tables 7′ & 3′ est donc 4′, & cette différence partagée en deux parties donnera 2′, erreur de l'équation du centre. Par ce moyen l'on connoîtra l'erreur de l'équation & celle de l'époque; il sera facile de trouver celle de l'aphélie, en corrigeant ensuite une observation voifine de l'aphélie, de maniere qu'il n'y reste plus d'autre différence que celle qui vient de l'erreur commife fur la pofition de l'aphélie.

513. Quand même les trois obfervations choifies ne feroient pas exactement dans les points que nous avons indiqués, il feroit facile par quelques changemens faits à chacun des trois élémens, de trouver les quantités néceffaires pour fatisfaire aux trois obfervations. Voyez mon *Aftronomie*, art. 1293.

514. La théorie de l'attraction prouve que les apfides

des planètes ne font pas toujours au même point du ciel, & les obfervations de Mars le prouvent fur-tout d'une maniere inconteftable. Ayant difcuté avec le plus grand foin toutes les obfervations anciennes & modernes, j'ai trouvé le progrès annuel des apfides comme dans la table ci-jointe ; il n'y auroit pour chaque planète que 1° 23′ 14″ fi les apfides étoient véritablement fixes ou qu'ils n'euffent d'autre chan-

	Longitude de l'aphélie en 1750	Mouvement feculaire de l'aphélie.
Mercure.	8ˢ 13° 33′ 3″	1° 57′ 40″
Venus.	10 8 13 0	4 10 0
Terre.	9 8 38 4	1 49 10
Mars.	5 1 28 24	1 51 40
Jupiter.	6 10 22 31	1 43 20
Saturne.	8 29 53 30	2 23 20

gement de longitude que celui qui vient de la précеffion des équinoxes, & qui eft purement apparent.

515. La révolution d'une planète par rapport à fon apfide, le temps qu'elle emploie à y revenir, ou l'intervalle d'un paffage par fon aphélie au paffage fuivant, s'appelle la RÉVOLUTION ANOMALISTIQUE, parce que l'anomalie recommence à chaque paffage dans l'apfide : cette révolution anomaliftique eft un peu plus longue que la révolution par rapport aux équinoxes, parce que le mouvement des apfides fe fait fuivant l'ordre des fignes.

Si le lieu de l'apfide de la terre étoit exactement fixe dans le ciel, la révolution anomaliftique feroit égale à la révolution fidérale, dont on a vu la determination (321) ; mais puifque l'apogée du foleil a un petit mouvement felon l'ordre des fignes, comme les obfervations paroiffent le prouver, auffi-bien que la théorie, il faut comparer deux paffages de la planète par fon aphélie, & non pas deux retours à une même étoile, ni deux paffages par l'équinoxe (454) ; c'eft ainfi que l'on trouvera la révolution anomaliftique du foleil de 365ʲ 6ʰ 15′ 20″ ½ plus grande de 6′ 9″ que la révolution fydérale.

Des Nœuds & des Inclinaisons des Planètes.

516. Lorsqu'une planète n'a aucune latitude vue de la terre, elle n'en sauroit avoir vue du soleil, elle est alors dans son nœud, puisqu'elle est dans le plan de l'écliptique; il suffit donc d'observer la longitude géocentrique de la planète, au temps où elle n'a point de latitude, on en conclura sa longitude vue du soleil (442) & ce sera le lieu du nœud.

On peut aussi employer à la recherche du lieu du nœud, des observations faites à égales distances des nœuds, lorsque la latitude héliocentrique d'une planète s'est trouvée de la même quantité, car le milieu entre les longitudes héliocentriques trouvées dans les deux cas sera le lieu du nœud, en le supposant fixe dans l'intervalle des deux observations.

517. Le nœud de Mercure & celui de Vénus se déterminent par leurs passages sur le soleil, qui arrivent nécessairement fort près des nœuds (737).

518. Depuis qu'on observe les nœuds des planètes avec soin, on a reconnu qu'ils ont tous un mouvement rétrograde, insensible dans l'espace de quelques années, mais qui dans l'espace d'un siecle n'a pu échapper aux astronomes ; ce mouvement est une suite nécessaire de l'attraction des autres planètes, comme je l'ai fait voir fort en détail dans les *Mém.* de 1758 & de 1761 ; on en verra la raison quand nous parlerons des effets de l'attraction (1062). Voici la quantité de ce mouvement d'après mes nouvelles tables, avec la position du nœud pour 1750.

	Nœud en 1750.	Mouv. annuel.
Mercure.	1^s 15° 21′ 15″	45″
Venus.	2 14 26 18	31
Mars.	1 17 36 30	40
Jupiter	3 8 16 0	60
Saturne	3 21 31 17	30

519. Le mouvement du nœud d'une planète est le résultat de l'attraction de toutes les autres planètes, car il n'en est aucune qui n'influe plus ou moins sur le nœud de toutes les autres. Mais comme ce mouvement, qui est uniforme sur l'orbite de la planète qui le produit, doit se rapporter dans

nos tables au plan de l'écliptique, il eſt néceſſaire d'y réduire tous ces mouvemens qui ſe font ſur des orbites différentes, pour en compoſer un ſeul mouvement ſur l'écliptique ; c'eſt cete réduction qui rend direct le nœud de Jupiter ; car il eſt naturellement rétrograde ſur l'orbite de Saturne qui en eſt la cauſe principale ; mais il devient direct, quand on le rapporte à l'écliptique ; je vais expliquer ici les principes de ces variations, parce qu'ils m'ont fait découvrir dans les orbites des ſatellites de Jupiter, la cauſe de phénomenes qui juſqu'alors avoient paru inexplicables.

520. Soit CB (*fig. 59*) l'écliptique, CA l'orbite de Jupiter, BA l'orbite de Saturne ; le nœud de Jupiter en C & celui de Saturne en B, la différence CB eſt de 13° 15'. L'inclinaiſon C de l'orbite de Jupiter eſt de 1° 19', & l'inclinaiſon B de l'orbite de Saturne eſt de 2° 30'. En réſolvant le triangle ABC, on trouve AC de 26° 41', & l'angle A ou l'inclinaiſon de l'orbite de Jupiter ſur celle de Saturne 1° 15'. Par l'effet naturel de l'attraction de Saturne ſur Jupiter, le point d'interſection A de l'orbite de Jupiter ſur celle de Saturne, doit rétrograder dans le ſens contraire au mouvement de Jupiter, comme on le verra dans la théorie de l'attraction, mais l'angle des deux orbites ne change point par le mouvement du nœud ; ainſi le nœud ira de A en a, & l'orbite de Jupiter AC paſſera dans la ſituation ac, ſans que l'angle A éprouve aucun changement, les cercles AC & ac reſteront paralleles, dans leurs parties voiſines de Aa, & leur interſection D ſera éloignée du point A de 90°. Ainſi le triangle ABC ſe changera en un triangle aBc, les angles A & B étant conſtans ; & le nœud C de l'orbite de Jupiter ſur l'écliptique paſſera en c ; il aura donc un mouvement direct Cc, quoique le mouvement Aa ait été rétrograde.

521. Ainſi quoique l'action des planètes les unes ſur les autres produiſe dans les nœuds un mouvement *rétrograde* ſur l'orbite de la planète troublante ou de la planète qui, par ſon attraction, produit ce mouvement, cependant le mouvement des nœuds ſur l'écliptique devient quelquefois direct, ou ſuivant l'ordre des ſignes, comme dans le cas du

nœud de Jupiter dont je viens de parler. C'est sur tout lorsque la planète troublante a son angle d'inclinaison *B* plus grand que l'angle *C* de la planète troublée, que le mouvement du nœud de celle-ci est direct sur l'écliptique. Dans l'autre cas le point A tombe à droite du point *C*, c'est-à-dire, de l'autre côté de *C* par rapport au point *B*, dans la figure ; le mouvement du nœud A se faisant vers l'occident, le mouvement *Cc* sur l'écliptique *GB* devient également rétrograde.

Des Inclinaisons.

522. L'INCLINAISON d'une planète est l'angle que le plan de son orbite fait avec le plan de l'écliptique (427) ; la latitude héliocentrique (438) de cette planète, lorsqu'elle est à 90° de ses nœuds, est égale à cette inclinaison, parce que la planète est alors aussi éloignée qu'elle puisse être du plan de l'écliptique. Ainsi pour trouver l'inclinaison d'une orbite il suffit d'observer la latitude de la planète, lorsqu'elle est à 90° des nœuds, & de réduire cette latitude observée ou géocentrique, à la latitude héliocentrique, ou vue du soleil.

523. Mais comme cette derniere réduction suppose connue la parallaxe du grand orbe, on cherche à éviter cette condition par la méthode suivante. On choisit le temps où le soleil est dans le nœud de la planète, c'est-à-dire, nous paroît à la même longitude que la planète quand elle est dans son nœud, parce qu'alors la terre passe en *T* sur la ligne des nœuds *NST* (*fig.* 60), ce qui rend le calcul de l'inclinaison fort simple. Supposons d'abord que la planète se trouve pour-lors au point A de son orbite, & qu'on abaisse la perpendiculaire *AB* sur le plan de l'écliptique, ou de l'orbite de la terre prolongé jusques vers la planète ; que la ligne *TB* qui marque son lieu réduit à l'écliptique soit perpendiculaire à la ligne *TSN* dans laquelle se trouvent le nœud & le soleil ; l'angle d'élongation *BTS* étant de 90° ; alors les lignes A*T* & *BT* sont perpendiculaires à la commune section *TN*, l'une dans le plan de l'orbite, & l'autre dans le plan de l'é-

cliptique ; elles font donc entr'elles le même angle que les
deux plans, c'est-à-dire, un angle égal à l'inclinaison que
l'on cherche (425) : or l'angle *ATB* n'est autre chose que
la latitude même de la planète vue de la terre (427) ; donc
la latitude observée sera elle-même l'inclinaison de l'orbite.

Mais il est rare de rencontrer ces deux circonstances ensemble, c'est-à-dire, le soleil dans le nœud, & la planète à 90°.
du soleil ; d'ailleurs cette derniere condition ne se rencontre
que dans les planètes supérieures, ainsi nous avons besoin
d'une règle plus générale pour la détermination des inclinaisons.

524. Je suppose qu'on ait observé la latitude d'une planète, vue de la terre, quelle qu'elle soit, pourvu que le soleil soit dans le nœud ou à-peu-près ; soit *P* la planète en un
point quelconque *P* de son orbite, la terre étant toujours en
T dans la ligne des nœuds *TSN* ; on abaisse la perpendiculaire *PL* de l'orbite de la planète sur le plan de l'écliptique,
on tire des points *P* & *L* les perpendiculaires *PR* & *LR* sur
la commune section des deux plans ; l'angle *PRL* de ces
deux perpendiculaires sera égal à l'angle des deux plans,
c'est-à-dire, à l'inclinaison de l'orbite sur le plan de l'écliptique (425) ; l'angle *LTP* sera égal à la latitude géocentrique
de la planète, & l'angle *RTL* égal à l'élongation de la planète (442) ; alors la propriété ordinaire des triangles recti-
lignes tels que *RTL* & *PTL* rectangles en *R* & en *L* donnera
les deux proportions suivantes.

$$TL : RL :: R : \text{sin. } RTL.$$
$$TL : PL :: R : \text{tang. } LTP.$$

donc $RL : PL :: \text{sin. } RTL : \text{tang. } LTP.$

Mais dans le triangle *PRL* rectangle en *L* on a cette autre
proportion *RL* : *PL* :: *R* : tang. *PRL* ; donc en comparant
la troisiéme proportion avec cette derniere, on aura sin.
RTL : tang. *LTP* :: *R* : tang. *PRL*, c'est-à-dire, que le *finus
de l'élongation est au rayon comme la tangente de la latitude
géocentrique observée est à la tangente de l'inclinaison.*

EXEMPLE. Le 12 Janvier 1747 à 6ʰ 6′ 33″ du matin,
M. de la Caille observa la longitude de Saturne, 6ˢ 26° 12′.

52″, & sa latitude boréale 2° 29′ 18″, le soleil étoit alors à 9ˢ 21° 47′, c'est-à-dire, dans le nœud de Saturne, ou du moins il n'en étoit éloigné que de 12′ selon les tables de M. Caſſini, ce qui ne peut produire aucune erreur ſenſible dans le réſultat. En appliquant à cette obſervation l'analogie précédente, on trouve l'inclinaiſon de l'orbite de Saturne 2° 2′ 45″ (*Mém. acad.* 1747, *pag.* 135).

525. Lorſqu'on détermine le lieu du nœud d'une planète par le moyen de deux latitudes égales (516), ſoit que ces latitudes ſoient priſes avant & après le paſſage d'une planète par ſes limites, ou qu'elles ſoient priſes avant & après le paſſage par le nœud, les mêmes obſervations peuvent déterminer à la fois non-ſeulement le nœud, mais encore l'inclinaiſon de l'orbite; car dans le triangle ſphérique PAL rectangle en L (*fig.* 49), on connoît les côtés LA & PL, c'est-à-dire, la diſtance au nœud & la latitude vue du ſoleil; on cherchera l'angle A, & l'on aura l'inclinaiſon véritable de l'orbite.

526. Cette méthode qui détermine à la fois l'inclinaiſon & le nœud d'une planète par deux obſervations de latitudes égales, eſt moins exacte que celle où l'on détermine les deux choſes ſéparément, en employant une obſervation faite dans le nœud pour déterminer le nœud, & une obſervation faite dans une des limites pour avoir l'inclinaiſon de l'orbite. En effet ſi les deux obſervations correſpondantes ſont près du nœud, elles déterminent mal l'inclinaiſon de l'orbite; puiſqu'alors la latitude eſt petite & qu'on ne doit pas déterminer une quantité plus grande par le moyen de celle qui eſt moindre; au contraire ſi ces deux obſervations ſont trop éloignées du nœud, elles ſont peu propres à en déterminer la poſition, parce que le changement de latitude d'un jour à l'autre étant peu ſenſible, la moindre erreur dans la latitude en produit une plus grande dans le nœud,

527. J'ai dit que l'attraction de chaque planète fait rétrograder ſur ſon orbite les nœuds de toutes les autres planètes (519), & que l'effet de ce mouvement eſt de déplacer toutes les orbites; il ne peut manquer d'en réſulter un

changement dans leurs inclinaisons sur l'écliptique. Soit *CB* l'écliptique, (*fig. 59*), *AB* l'orbite de Saturne, *AC* celle de Jupiter, *A a* le mouvement du nœud de Jupiter sur l'orbite de Saturne ; ce mouvement du nœud se fait sans aucun changement de l'angle *A*, c'est-à-dire, de l'inclinaison mutuelle des deux orbites ; le triangle *ABC* se change en un triangle *a B c* ; les angles *A* & *B* demeurent constans, mais l'angle *C* ne l'est pas, & l'angle *c* est plus ou moins grand que l'angle *C*. Par exemple, le mouvement du nœud de Mars par l'action de Jupiter étant de 14″ 2 par année, sur l'orbite de Jupiter, (*Mém.* 1758, *pag.* 261, 1761, *p.* 404), l'angle *B* inclinaison de Jupiter, 1° 19′, & la distance *BC* de leurs nœuds 50° 22′, on trouvera pour le changement de l'angle *C*, 24″ 8 par siècle.

Cet effet qui se continue de siècle en siècle, apportera dans la suite une grande différence dans les inclinaisons des orbites, & il y a déja plus de 8 minutes depuis le temps de Ptolomée, quantité qu'on ne doit pas négliger dans la comparaison des différentes observations, mais que les calculs de l'attraction pouvoient seuls indiquer, du moins quant à présent. Ces changemens sont sur-tout sensibles pour les satellites de Jupiter, où ils produisent des variétés singulieres dont personne avant moi n'avoit soupçonné la cause, & qu'il étoit fort important de connoître.

528. Pour savoir si l'inclinaison d'une planète doit augmenter ou diminuer, c'est la situation des nœuds qu'il faut considérer. Soit *AB* (*fig.* 59), l'orbite de la planète troublante, & *AC* l'orbite de la planète troublée, dont le nœud passe de *A* en *a* ; puisque l'inclinaison mutuelle des deux orbites n'est point changée, l'angle *A* & l'angle *a* sont égaux, & vers ce point-là les cercles *AC*, *a c* sont paralleles ; de-là il suit qu'ils vont se rencontrer en un point *D*, éloigné de 90° du point *A* ; car deux grands cercles de la sphère, pris à 90° de leur intersection commune, deviennent sensiblement paralleles, du moins sur un petit espace : or dans le triangle *D C c* on voit évidemment que l'angle *D c C* est plus petit que l'angle *DCE*, c'est-à-dire, que dans ce cas-là l'in-

clinaifon diminue, d'où il eft aifé de conclure que quand le nœud de la planète troublante eft plus avancé que celui de la planète troublée, l'inclinaifon de celle-ci eft diminuée, jufqu'à ce que l'excès foit à-peu-près de 180°. Cette règle eft aifée à appercevoir en figurant les pofitions de différentes orbites les unes par rapport aux autres.

Des Diamètres des Planètes & des Micromètres qui fervent à les mefurer.

529. Le diamètre apparent d'une planète eft l'angle fous lequel il nous paroît ; par exemple, le foleil au commencement de Juillet paroît fous un angle de $31' \frac{1}{2}$, & Vénus quand elle eft le plus près de nous fous un angle d'une minute feulement. Ces diamètres augmentent quand la diftance diminue ; ainfi le foleil étant plus près de nous en hiver qu'en été, d'environ un trentième, fon diamètre eft plus grand en hiver d'une minute & 5 fecondes.

Pour mefurer le diamètre du foleil, le moyen le plus naturel & le plus fimple eft d'obferver, quand il paffe au méridien, le temps qui s'écoule entre les paffages du premier bord & du fecond, s'il s'écoule deux minutes de temps, c'eft une preuve que le foleil auroit 30′ de diamètre, du moins en le fuppofant dans l'équateur. Lorfqu'il n'eft pas dans l'équateur, il faut diminuer la quantité trouvée par une opération que nous allons démontrer.

530. Lemme. *Un arc tiré au-dedans d'un très-petit angle fphérique perpendiculairement aux côtés eft égal à ce petit angle multiplié par le finus de la diftance de l'arc au fommet de l'angle.*

Dem. Suppofons 2 grands cercles EAD, EBC, (*fig 25*), qui faffent entr'eux un angle très-petit en E ; que ED foit de 90 degrés, enforte que CD foit la mefure du petit angle E ; qu'à une diftance quelconque du fommet E l'on tire un arc de grand cercle AF, perpendiculaire fur EAD, qui foit affez petit pour qu'on puiffe le regarder comme une ligne droite, & qu'en même temps EF foit fenfiblement égal à EA ; dans le triangle *EFA* rectangle en *A* & en *F*, on aura cette proportion tirée de la règle la plus commune de la trigonométrie fphérique : le rayon eft au finus de l'hypothénufe *EF*, comme le finus du petit angle *E* eft au finus du petit arc *FA*, ou comme l'angle *E* eft à l'arc *FA*, (parce que les petits arcs font égaux à leurs finus), ou comme l'arc *DC* eft à l'arc *FA* ; ainfi prenant l'unité pour rayon ou finus total, on aura 1 : fin *AE* : : *DC* : *FA*, donc *FA*=*DC* fin *AE*.

531. De-là il fuit 1°. que les diftances *FA*, *DC*, entre deux cercles, font comme les finus des diftances au fommet, *EA*, *FD* 2ᶜ. qu'un petit arc de l'équateur comme *DC*, une petite différence d'afcenfion droite multipliée par le cofinus de la déclinaifon *AD* de l'aftre qu'on obferve, donnera l'effet qui en réfulte dans la région de l'arc, ou le petit arc *FA* compris dans cet endroit-là entre les deux cercles de déclinaifon. Il en feroit de même des différences de longitude. Cette propofition eft d'un ufage continuel dans l'aftronomie.

532. Les diamètres apparens des planètes augmentent quand elles approchent de nous : un objet qui paroît fous un angle d'une minute, paroîtra de deux minutes fi l'on s'en rapproche de moitié, cela eft affez fenfible pour n'avoir pas befoin d'explication. Les diamètres des planètes qu'on trouvera dans la table qui eft à la fin de cet ouvrage, font tous réduits à la diftance qu'il y a du foleil à la terre, voilà pourquoi le diamètre de Jupiter y eft marqué de 3′ 13″, quoiqu'il ne nous paroiffe effectivement que d'environ 37″ dans fes moyennes diftances, parce que cette planète eft toujours beaucoup plus éloignée de nous que le foleil.

533. Les planètes qui ont un très-petit diamètre ne peuvent fe mefurer, comme celui du foleil, par le temps de leur paffage, qui eft trop court ; on y emploie les micromètres dont je vais donner une idée.

LE MICROMÈTRE (*a*) eft un inftrument compofé de plufieurs fils placés au foyer d'une lunette, pour mefurer par leur intervalle la grandeur de l'image qu'on y apperçoit ; la premiere

______

(*a*) Μικρός, *parvus*, parce qu'il fert à mefurer de petits angles qui ne paffent guère un degré.

idée du micromètre fut donnée par Huygens en 1659 (*Syſtema Saturnium* , *pag.* 82). Après avoir parlé des diamètres des planètes qu'il avoit obſervés , il dit que Riccioli avoit trouvé le diamètre de Vénus trois fois plus grand que lui ; & pour juſtifier ſa détermination , il rend compte de la maniere dont il s'y eſt pris pour meſurer les diamètres des planètes : voici à peu près ce qu'il en dit.

« Dans les lunettes formées de deux verres convexes , il » y a un endroit où l'on peut placer un objet auſſi petit & » auſſi fin qu'on voudra , il y paroîtra très-diſtinct , très-» bien terminé . . . . . . Si à ce foyer l'on place d'abord un » anneau dont l'ouverture ſoit un peu plus petite que celle » de l'oculaire , on verra par cet anneau tout le champ de » la lunette , c'eſt-à-dire , tout l'eſpace circulaire qu'on ap-» perçoit dans le ciel en regardant par cette lunette , & cet » eſpace ſera terminé par une circonférence exacte dont le » diamètre eſt facile à meſurer. L'horloge oſcillatoire que » nous avons imaginée depuis peu eſt très-propre à cet effet ; » on fait qu'il paſſe un degré de la ſphère en 4 minutes de « temps , ou 1′ en 4″ de temps ; ſi donc une étoile a emploié » 69″ à parcourir le champ de la lunette , on ſera ſûr que » cette lunette occupe 17′ ½ , & telle eſt celle dont nous nous » ſervons. On prendra alors une ou deux petites plaques ou » lames dont la largeur aille en diminuant ; on percera le » tube de la lunette de chaque côté à l'endroit dont nous » avons parlé , pour y placer les petites lames en travers. » Lorſque l'on voudra meſurer le diamètre d'une planète , » on examinera quelle largeur doit avoir cette lame pour » cacher entiérement la planète , & cette largeur étant com-» parée au diamètre entier de l'ouverture de l'anneau , par » le moyen d'un compas très-fin , fera connoître le diamètre » de la planète en minutes & en ſecondes ».

Ainſi le micromètre d'Huygens ne conſiſtoit qu'en une petite lame qu'il faiſoit gliſſer ſur le diaphragme , ou anneau qui circonſcrit l'ouverture ; cette lame cachoit par ſa largeur l'image qu'on vouloit meſurer , & en donnoit ainſi le diamè-tre. Auzout imagina le premier en 1666 de renfermer l'image entre deux fils qu'on rapprochoit l'un de l'autre ; les premieres obfervations faites avec ce nouvel inftrument furent imprimées & en France & en Angleterre.

534. Depuis ce temps-là on a perfectionné beaucoup le méchanifme des micromètres ; mais ils fe réduifent toujours à un fil qu'on fait mouvoir par le moyen d'une vis, au foyer d'une lunette ; on détermine la valeur de ce mouvement ou les pas de la vis en obfervant avec ces mêmes fils un objet éloigné dont on connoît la grandeur. Par exemple, un objet d'une toife vu à 113 toifes de diftance paroît néceflairement fous un angle de $31' \frac{1}{2}$, comme on le peut trouver par la trigonométrie: fi l'on éloigne les fils du micromètre de maniere à comprendre cet efpace dans la lunette, & fi l'on voit enfuite que le même efpace comprend le diamètre du foleil, on fera fûr que le foleil a $31' \frac{1}{2}$ de diamètre apparent.

M. Bouguer a imaginé en 1748 un micromètre objectif ou héliomètre : il confifte en deux verres de lunette l'un à côté de l'autre dans un même tuyau, qui peuvent s'éloigner l'un de l'autre de la quantité du diamètre du foleil ou de telle autre grandeur qu'on veuille mefurer.

535. Les RÉTICULES nous tiennent fouvent lieu de micromètres ; il y en a deux fortes principales : favoir, le réticule de 45°, & le réticule rhomboïde. Le champ d'une lunette fimple, tel que le cercle *ACBE* (*fig.* 61), eft ordinairement garni d'un chaflis, dans lequel il y a quatre cheveux, ou 4 fils tendus. Le fil *AB* eft deftiné à repréfenter le parallèle à l'équateur ou la direction du mouvement diurne des aftres ; le fil horaire *CE*, qui lui eft perpendiculaire, repréfente un méridien ou cercle de déclinaifon ; & les fils obliques *NO*, *LM*, font des angles de 45° avec les deux premiers.

Lorfqu'on veut mefurer la différence d'afcenfion droite, entre deux aftres, pour connoître la pofition d'une planète par le moyen de celle d'une étoile, on incline le fil *AB*, de manière que le premier des deux aftres qui pafle dans la lunette, fuive le fil & le parcoure exactement ; l'on obferve l'heure, la minute, & la feconde ou l'aftre pafle au centre *P*, ou à l'interfection des fils. Quand le fecond aftre vient à traverfer la lunette à fon tour, il décrit une autre ligne $VFDGR$, parallèle à APB; on compte l'inftant où il arrive en D, c'eft-à-dire, fur le même cercle de déclinaifon $CDPE$, où l'on a obfervé le premier aftre en P, & la différence des temps donne celle des afcenfions droites.

Pour trouver la différence de déclinaifon des deux aftres ou la perpendiculaire PD, comprife entre AB & VR, on compte auffi les moments où le fecond aftre paffe en F & en G; l'intervalle de temps converti en degrés, & multiplié par le cofinus de la déclinaifon de l'aftre ($5 \cdot 1$) donne l'arc FDG, dont la moitié FD eft égale à DP, à caufe de l'angle FPD fuppofé de $45°$. C'eft ainfi qu'on trouve la différence en déclinaifon des deux aftres, par exemple de Vénus quand elle eft fur le foleil, en faifant fuivre un des fils par le bord du foleil, & l'autre par la planète, comme on le voit dans la figure 61.

536. M. Bradley a fubftitué le réticule rhomboïde au réticule de $45°$, & c'eft aujourd'hui le plus ufité parmi les Aftronomes : il eft formé d'un rhombe $BEDF$ (*fig.* 62), tel que l'une des diagonales BD foit double de l'autre. Pour le tracer, nous fuppoferons un carré $AGHC$, dont les côtés AC & GH foient divifés chacun en deux parties égales, en D & en B. Du point B, l'on tirera aux angles A & C les lignes BA, BC, & du point D aux angles G & H, les lignes DG, DH; ces quatre lignes formeront par leurs interfections le rhombe $BEDF$; EF eft la moitié de AC, & par conféquent la moitié de BD; fi l'on tire une ligne ef parallèle à la bafe EF, la perpendiculaire Bd fera toujours égale à la bafe ef, comme BD eft égale à AC, c'eft-à-dire, que la largeur d'une partie quelconque de ce rhombe eft égale à la hauteur.

537. Lorfqu'on veut comparer avec ce réticule une planète à une étoile, on fait enforte que le premier des deux aftres parcoure dans fon mouvement diurne l'efpace EF, qui eft égal à BM, & deflors on connoît la valeur de cette diagonale. Le fecond aftre venant à traverfer auffi la lunette, on compte exactement le temps qu'il a employé à paffer de e en f, on convertit le temps en degrés, minutes & fecon-

des : on diminue ces degrés, en les multipliant par le cofinus de la déclinaifon de cet aftre (531), & l'on a la grandeur de *e f*, ou *B d*, on la retranche de *B M*, ce qui donne *M d*, qui eft la différence en déclinaifon des deux aftres.

538. Ce réticule fert à comparer les planètes, & les comètes aux étoiles fixes, qui ont à peu-près la même déclinaifon, ou bien à comparer les petites étoiles, dont on veut faire un Catalogue, à quelque étoile principale, qui foit à peu-près fur leur parallèle. M. de la Caille, qui s'en eft fervi au Cap de Bonne-Efpérance en 1751, pour dreffer un Catalogue de près de dix mille étoiles dans la partie auftrale du Ciel, l'avoit fixé dans la lunette d'un quart-de-cercle ; on peut également le placer dans une *lunette méridienne*, ou inftrument des paffages qui tourne dans le plan du méridien autour d'un axe horizontal ; ou dans une *lunette parallatique*, c'eft-à-dire, qui tourne autour d'un axe dirigé vers le pole du monde, & incliné, par exemple, de 49° à l'horizon de Paris.

539. Quand on connoît la diftance réelle d'une planète en lieues, il eft aifé de trouver auffi fon diamètre réel qui n'eft que la corde de l'angle du diamètre apparent, & par conféquent fa furface & fa groffeur en mefures connues. J'ai placé à la fin de ce Volume une Table des diamètres des groffeurs & des diftances des planètes, calculée d'après les dernieres obfervations qui nous ont fait connoître les diftances abfolues de toutes les planètes au foleil & à la terre.

LIVRE IV.

Des mouvemens de la Lune, & du Calcul des Parallaxes.

540. La Lune est après le soleil le plus remarquable de de tous les astres ; nous n'avons parlé dans le premier Livre que des apparences les plus générales de son mouvement (55), nous allons en suivre les circonstances, & en donner l'explication détaillée. Après avoir disparu pendant quelques jours, la lune commence à se montrer le soir du côté de l'occident, peu après le coucher du soleil sous la forme d'un filet de lumière, ou d'un croissant dont la lumière est foible, parce qu'elle est diminuée par l'éclat du crépuscule. Hévélius n'a jamais observé la lune plutôt que 40 heures après sa conjonction, ou 27 heures avant, (*Selenographia*, *pag.* 276 & 408). On n'apperçoit guère la lune que le troisième jour après sa conjonction ; quoique Képler ait dit qu'on pouvoit voir la lune, même en conjonction, lorsque sa latitude est de 5 degrés. Ce croissant paroît donc au plus tard le troisième jour du côté du couchant, & le soir à l'entrée de la nuit ; ses pointes sont élevées & tournées à l'opposite du soleil ; il devient un peu plus fort le lendemain, & dans l'espace de cinq à six jours il prend la forme d'un demi-cercle : la partie lumineuse est alors terminée par une ligne droite, & nous disons que la lune est *dichotome*, (ᵃ) ou qu'elle est en quadrature, c'est son Premier Quartier.

Après avoir paru sous la forme d'un demi-cercle lumineux, la lune continue de s'éloigner du soleil & d'augmenter en lumière pendant 8 jours ; elle paroît alors tout-à-fait circulaire ; son disque entier & lumineux brille pendant

______

(a) Διχότομος, *dimidiatus*, Copernic se sert du mot *Luna dividua*,

toute la nuit & c'eft le jour de la PLEINE LUNE, ou de l'oppofition : on la voit paffer au méridien à minuit & fe coucher dès que le foleil fe leve, tout annonce alors qu'elle eft
directement oppofée au foleil par rapport à nous, & qu'elle
brille dans toute fa largeur, parce que le foleil l'éclaire en
face & non pas de côté.

Après la pleine lune, arrive le décours, qui donne les
mêmes phafes & les mêmes figures que nous venons d'indiquer en parlant de l'accroiffement de la lune; elle eft d'abord
ovale, puis *dichotome* ou fous la forme d'un demi-cercle, &
c'eft le DERNIER QUARTIER.

Bientôt le demi-cercle de lumière diminue & prend la
forme d'un croiffant qui devient chaque jour plus étroit, &
dont les cornes font toujours du côté le plus éloigné du foleil; la lune alors fe trouve avoir fait le tour du ciel, & fe
rapproche du foleil; on la voit fe lever le matin un peu
avant le foleil, dans la même forme qu'elle avoit le premier
jour de l'obfervation; elle fe rapproche du foleil & fe perd
enfin dans fes rayons, c'eft ce qu'on appelle la NOUVELLE
LUNE, ou la conjonction, autrefois la néoménie (ª).

541. La mefure la plus naturelle du temps fut celle que
préfentoient ces phafes de la lune ; cet aftre en changeant
tous les jours d'une manière fenfible le lieu de fon lever &
de fon coucher, en variant fans ceffe de figure, & recommençant enfuite un nouvel ordre de changemens tous femblables, offroit une régle publique, & des nombres faciles, fans le fecours de l'écriture, des calculs, des dates,
des almanacs ; les peuples trouvoient dans le ciel un avertiffement perpétuel de ce qu'ils avoient à faire ; les familles
nouvellement formées, & difperfées dans les pleines de Sen-
naar, fe réuniffoient fans méprife au terme convenu de
quelque phafe de la lune.

542. La NÉOMÉNIE fervit à régler les affemblées, les facrifices, les exercices publics ; ce culte & ces fêtes n'a-
voient pas la lune pour objet, mais pour indication. On

____

(ª) Νέος νυους, Μήνη *Luna.*

Q

comptoit la lune du jour qu'on commençoit à l'appercevoir. Pour la découvrir aifément on s'affembloit le foir fur les hauteurs ; quand le croiffant avoit été vu, on célébroit la néoménie ou le facrifice du nouveau mois qui étoit fuivi de fêtes ou de repas. Les nouvelles lunes qui concouroient avec le renouvellement des quatre faifons, étoient les plus folemnelles ; il femble qu'on y reconnoiffe l'origine de nos quatre temps, comme on voit celles de la plupart de nos fêtes dans les cérémonies des anciens. On retrouve dans l'écriture & dans les hiftoires de tous les peuples du monde cette coutume de fe réunir fur les hauts lieux ou dans les déferts, d'obferver la nouvelle lune, de célébrer la néoménie par des facrifices ou des prieres.

543. Il fe paffe à peu-près 29 jours & demi d'une nouvelle lune à l'autre, c'eft une obfervation facile, & les premiers pafteurs ne manquerent pas de la faire ; c'eft ce qu'on appelle *mois lunaire*, LUNAISON, ou révolution fynodique de la lune : nous en verrons bientôt une détermination rigoureufe (557); cette lunaifon fut la plus ancienne mefure du temps.

544. En obfervant avec tant d'exactitude les phafes de la lune, on dut remarquer naturellement que les éclipfes de foleil qui paroiffent au moins tous les 4 ou cinq ans, arrivent entre le dernier croiffant d'un cours de lune fini, & la premiere phafe d'une nouvelle lune, c'eft-à-dire, entre le temps où la lune s'approche le plus du foleil, & celui où elle commence à s'en éloigner par le côté oppofé : on apperçoit alors fur le foleil un corps rond & parfaitement noir, on le voit fe gliffer peu-à-peu devant le difque du foleil & en intercepter la lumière, du moins en partie ; quelquefois fe placer dans le milieu de fon difque, & y paroître environné d'une couronne de lumière ; d'autres fois enfin le couvrir en entier & nous plonger dans les ténèbres, comme en 1724. (art. 635).

Les premiers obfervateurs comprirent bientôt que ce corps obfcur ne pouvoit être autre chofe que celui de la lune qu'on avoit vu les jours précédens s'avancer de plus en plus vers le foleil, & qu'on voyoit enfuite un ou deux jours après se placer de l'autre côté ou à l'orient du soleil, & s'en éloigner avec la même vîtesse.

545. La lune après avoir intercepté la lumière du soleil en plein jour paroissoit absolument noire & opaque ; on comprit par-là qu'elle ne brilloit qu'autant qu'elle étoit éclairée, & que le côté qu'elle tournoit vers nous dans le temps d'une éclipse de soleil ne pouvant recevoir aucune lumière du soleil, ne nous en rendoit aucune. C'est ainsi que les premiers observateurs dûrent comprendre que la lune étoit un globe opaque & massif qui n'avoit pas de lumière par lui-même , & qui ne paroissoit lumineux que dans la partie éclairée par le soleil ; on voyoit d'ailleurs que la lune n'é+ toit jamais plus lumineuse & plus resplendissante que quand elle étoit opposée au soleil, de manière à être vue de face , & à nous réfléchir toute la lumière que le soleil envoyoit sur sa surface ou sur son disque ; preuve qu'elle ne renvoyoit vers nous qu'une lumière empruntée.

546. Quatorze ou quinze jours après une éclipse de soleil , il arrive quelquefois une éclipse de lune. Avant qu'elle commence on voit la lune pleine , ronde, lumineuse & opposée au soleil ; elle se lève le soir au coucher même du soleil , elle passe toute la nuit sur l'horizon ; c'est le temps de l'opposition ou de la PLEINE LUNE , (540) ; mais en peu de temps la lune perd cette grande lumière & disparoît à nos yeux, on voit que la terre placée entre la lune & le soleil est l'obstacle qui empêche la lune d'être alors éclairée par le soleil.

547. Le soleil éclairant toujours la moitié du globe lunaire, nous ne pouvons voir la lune pleine que quand nous appercevons cette moitié qui est éclairée, & que nous l'appercevons toute entière ; si nous sommes placés de côté, en sorte que nous ne puissions voir que la moitié de la partie éclairée, c'est-à-dire, de l'hémisphère exposé au soleil, nous ne verrons que la moitié de ce qui paroissoit dans la pleine lune, c'est-à-dire, que nous ne verrons qu'un demi-cercle de lumière ; la lune paroîtra en quartier, & ainsi des autres situations ; telle est la cause des phases de la lune, que nous allons tâcher de rendre plus sensible.

Q ij

Soit *S* le foleil, (*fig.* 63) *T* la terre autour de laquelle tourne la lune dans fon orbite ; *E O* le globe de la lune placé entre la terre & le foleil , c'eft-à-dire, en CONJONCTION, ou au temps de la nouvelle lune ; alors la partie *E* eft feule éclairée du foleil ; au contraire la partie *O* eft la feule vifible pour nous qui fommes en *T* : ainfi *l'hémifphère éclairé* eft précifément celui que nous ne voyons point , & *l'hémifphère vifible* eft celui qui n'eft point éclairé du foleil ; telle eft la caufe qui rend alors la lune invifible pour nous , vers le temps de la nouvelle lune (540).

Au contraire, quand la lune eft oppofée au foleil , l'hémifphère éclairé *L* eft précifément celui que nous voyons, parce que nous fommes placés du même côté que le flambeau dont elle eft éclairée, & il n'y a rien de perdu pour nous de la lumière que la lune répand ; fon difque vifible *L* eft le même que fon difque éclairé ; c'eft pourquoi la lune nous paroît pleine , c'eft-à dire, ronde & lumineufe , quand elle eft en OPPOSITION.

548. Quand la lune eft éloignée de 90° du foleil ou environ , c'eft-à-dire à peu-prés à moitié chemin de *O* en *L* ou de la *conjonction* à *l'oppofition* , l'hémifphère vifible eft *A Q Z* ; l'hémifphère éclairé par le foleil eft *M Z Q* ; ainfi nous ne voyons que la moitié de cet hémifphère éclairé, qui paroiffoit tout entier & comme un cercle complet dans le temps de l'oppofition ; nous ne voyons donc qu'un demi-cercle de lumière , tel qu'il eft repréfenté féparément en N; la rondeur lumineufe étant toujours du côté du foleil.

549. Lorfque la lune eft à 45° du foleil , nous difons qu'elle eft dans fon PREMIER OCTANT, alors la partie éclairée ou qui regarde le foleil eft *C D F*, la partie vifible eft *B C D* ; ainfi nous n'appercevons que la partie *C D* de l'hémifphère éclairé : alors la lune paroît fous la forme d'un croiffant, tel qu'on le voit en *G*, nous ne voyons alors que la huitième partie du globe lunaire, & la lune eft éloignée du foleil de la huitième partie d'un cercle : c'eft ce qui a fait appeller cette phafe un *octant* ; mais la partie éclairée n'eft qu'à peu-près la feptième partie de la furface de fon difque vifible.

Dans le SECOND OCTANT , qui arrive après la quadrature , l'hémifphère vifible eft HIK , l'hémifphère éclairé par le foleil eft IKP ; ainfi il ne manque à la lune que la petite portion IH , pour que nous puiffions voir la partie éclairée toute entière ; nous verrons alors plus de la moitié du difque lunaire , & la lune paroîtra fous la forme R ; ce qui manque à fon cercle eft de la même grandeur que la partie éclairée dans le premier octant , quand la lune étoit en C.

Le troifième octant V qui arrive 45° au-delà de l'oppopofition eft femblable au fecond octant ; & le quatrième octant Y eft pareil au premier octant G.

550. Pour calculer exactement la portion lumineufe & vifible du difque lunaire, foit S le foleil (*fig.* 64), T le centre de la terre, C le centre de la lune, AE le diamètre de la lune, perpendiculaire au rayon du foleil, & qui fépare la portion éclairée ANE, de la portion obfcure ADE; le diamètre lunaire ND perpendiculaire au rayon TC de la terre, fépare la partie vifible DAN de la partie invifible DEN; on abaiffera de l'extrémité A du demi-cercle lumineux ENA une perpendiculaire AB fur le diamètre ND de la lune, & la ligne NB fera la largeur apparente de la partie vifible de l'hémifphère lumineux ; en effet, de tout l'hémifphère lumineux ANE il n'y a que la partie AN qui foit comprife dans l'hémifphère vifible DAN, & l'arc AN ne peut paroître à nos yeux que de la largeur BN, par la même raifon que le demi cercle entier NAD ne paroît que comme un fimple diamètre NBD, & qu'un hémifphère entier ne paroît que comme le cercle ou plan qui en eft la projection (673). La portion NB du diamètre vifible $NBCD$, eft le finus verfe de l'arc NA; cet arc NA, ou l'angle NCA, eft égal à l'angle CTF, en fuppofant TF parallele à CS; car l'angle NCA eft le complément de l'angle FCT, à caufe de l'angle droit NCT; mais l'angle FCT eft le complément de l'angle FTC à caufe du triangle rectangle CFT; donc l'angle NCA eft du même nombre de degrés que l'angle FTC; cet angle FTC

est égal à l'élongation de la lune ou à la distance de la lune au soleil, parce que le soleil est supposé sur la ligne TF de même que sur la ligne CS, à cause de la distance du soleil qui est prodigieuse en comparaison de CF; donc l'arc NA est égal à l'élongation de la lune; donc dans les différentes phases de la lune *la largeur du segment lumineux de la lune, est égale au sinus verse de l'angle d'élongation*, en prenant pour rayon le rayon même du disque de la lune, ou la demi distance des cornes du croissant. Par exemple, quand la lune, quatre à cinq jours après sa conjonction, est à $60°$ du soleil, sa partie lumineuse NB paroît la moitié du rayon NC ou le quart du diamètre entier ND de la lune, parce que le sinus verse de $60°$ dans un cercle quelconque est la moitié du rayon de ce cercle. Si le disque lunaire est exprimé par un cercle GNH (*fig.* 83), dont C soit le centre, NB égal à la moitié du rayon CN, on aura NB pour la largeur du croissant de la lune, à 60 degrés d'élongation.

551. Les réflexions précédentes font voir que ce n'est pas exactement le sinus verse de l'élongation, mais plutôt le sinus verse de l'angle extérieur du triangle formé au centre de la lune par des rayons qui vont au soleil & à la terre. En effet, nous avons supposé dans la démonstration précédente, que les lignes CS & TF menées au soleil, soit de la terre, soit de la lune, étoient sensiblement paralleles; cela n'est vrai qu'à peu-près, & à cause de la grande distance du soleil qui est 400 fois plus loin de nous que la lune; mais si les rayons ST & SV (*fig.* 65) qui vont du soleil S à la terre T & à la planète ne sont pas paralleles, on aura l'angle extérieur TVO du triangle SVT égal à l'angle NVA: l'un & l'autre étant le complément de l'angle AVT; or la partie éclairée & visible NB est égale au sinus verse de l'angle NVA, donc le diamètre entier est à la largeur de la partie éclairée & visible d'une planète, comme le diamètre du cercle est au sinus verse de l'angle au centre de la planète, extérieur au triangle formé au soleil, à la terre & à la planète.

552. La courbure GBH (*fig.* 66) qui forme l'inté-

rieur du croissant est une *ellipse*, dont le grand axe *G H* est égal au diamètre même du disque lunaire : pour le prouver nous nous contenterons d'observer que *G B H* est la circonférence du cercle *terminateur* de la lumière & de l'ombre, ou du cercle qui sépare l'hémisphère éclairé de l'hémisphère obscur de la lune ; ce demi-cercle est vu de côté, sous une inclinaison qui est le complément de l'angle d'élongation, c'étoit l'angle *A C I* (*fig.* 64) : or un cercle vu obliquement paroît toujours sous la forme d'une ellipse (674) ; donc *G B H* étant une circonférence vue obliquement doit paroître le contour d'une ellipse.

Je dis encore que son grand axe est le diamètre même *G H* du disque lunaire ; car tous les grands cercles d'un globe se coupent en deux parties égales, ainsi le cercle visible *G N H* & le cercle terminateur *G B H* sur le globe de la lune se coupent en deux parties égales, & en deux points diamétralement opposés, donc le diamètre *G C H* est la commune section de ces deux cercles. C'est pourquoi les cornes *G* & *H* du croissant sont toujours éloignées entre elles d'un demi-cercle, & l'on peut en tout temps mesurer le diamètre de la lune en mesurant la distance des cornes.

553. On voit distinctement après la nouvelle lune que le croissant qui en fait la partie la plus lumineuse, est accompagné d'une lumière foible répandue sur le reste du disque, qui nous fait entrevoir toute la rondeur de la lune ; & qu'on appelle LA LUMIÈRE CENDRÉE.

La terre réfléchit la lumière du soleil vers la lune, comme la lune la réfléchit vers la terre : quand la lune est en conjonction pour nous avec le soleil, la terre est pour elle en opposition ; c'est proprement pleine terre pour l'observateur qui seroit placé dans la lune, comme dit Hévélius, & la clarté que la terre y répand est telle que la lune en est illuminée beaucoup plus que nous le sommes par un beau clair de lune qui nous fait appercevoir tous les objets. La lune étant bien plus petite que la terre, la lumière que la terre y répand doit être bien plus grande que celle qu'elle en reçoit, il n'est donc pas étonnant que la lune puisse la réfléchir jusqu'à nous, & que cette lumière nous fasse voir la lune. Nous l'appercevrions toute entière lorsqu'elle est en conjonction, si le soleil que nous voyons en même temps n'absorboit entiérement cette lueur terrestre réfléchie sur le globe lunaire, & n'empêchoit alors de voir la lune ; mais quand le soleil est couché & le crépuscule presque fini, nous appercevons très-distinctement la lumière cendrée.

La lumière cendrée est cause d'un autre phénomène optique fort sensible, c'est la dilatation apparente du croissant lumineux, qui paroît être d'un diamètre beaucoup plus grand que le disque obscur de la lune ; cela vient de la force d'une grande lumière placée à côté d'une petite, l'une efface l'autre & l'absorbe ; le croissant paroît enflé par un débordemement de lumière qui s'éparpille dans la rétine de l'œil, & élargit le disque de la lune ; l'air ambiant éclairé par la lune augmente encore cette illusion.

554. La lumière de la lune n'est accompagnée d'aucune chaleur, M. Tschirnausen avec ses verres brûlans ne put la rendre sensible (*Hist. acad.* 1699). M. de la Hire le fils exposa le miroir concave de l'observatoire qui a 35 pouces de diamètre aux rayons de la pleine lune, & il rassembla ces rayons dans un espace 306 fois plus petit que dans l'état naturel : cependant cette lumière concentrée ne produisit pas le moindre effet sur le thermomètre de M. Amontons, qui étoit très-sensible ; (*Mém. acad.* 1705).

M. Bouguer a trouvé par expérience que la lumière de la lune est 300 mille fois moindre que celle du soleil, & cela en les comparant l'une & l'autre avec la lumière d'une bougie placée dans l'obscurité. (*Traité d'Opt. sur la gradat. de la lumière, in-4°,* 1760).

Des Inégalités de la Lune.

555. Les plus anciens Philosophes comprirent d'abord que la lune tournoit chaque mois tout autour de la terre, qu'elle en étoit la compagne ; &, comme nous disons actuellement, *le Satellite;* Aristote, au rapport d'Averroës,

difoit que la lune lui paroiffoit comme une terre éthérienne ; on peut voir dans Macrobe & dans Plutarque, tout ce que les Philofophes avoient dit à ce fujet.

Les premiers Obfervateurs dûrent reconnoître bien facilement que dans l'efpace de 59 jours la nouvelle lune arrivoit deux fois, en forte que la durée d'une lunaifon étoit de 29 jours & demi ; mais cette règle à peu-près vraie, étoit fujette à plufieurs exceptions & à plufieurs inégalités qu'on ne développa que bien long-temps après.

556. La première connoiffance exacte que l'on ait eue dans la Grèce du mouvement de la lune, ou de la durée exacte de fa révolution, fut celle que donna Méton, qui vivoit environ 430 ans avant J. C. Il avoit reconnu ou plutôt il avoit appris des Orientaux qu'en 19 années folaires il fe paffoit 235 mois lunaires complets ; & cette détermination n'eft en défaut que d'un jour fur 312 ans, auffi cette découverte parut fi belle dans la Grèce qu'on en grava les calculs en lettres d'or ; on s'en fert encore dans le Calendrier, & l'on appelle *Cycle lunaire* la révolution de 19 ans qui ramene les nouvelles lunes aux mêmes jours de l'année civile. Le *Nombre d'or* eft celui qui indique l'année du Cycle lunaire, il eft marqué par l'unité 1, toutes les fois que la nouvelle lune arrive le premier Janvier comme en 1767.

557. Cette période fait voir que le retour de la lune à fa conjonction eft 29 jours 12 heures 44 minutes 3 fecondes, c'eft ce qu'on appelle lunaifon, mois fynodique, ou *révolution fynodique*. Pour que la lune, après avoir fait une révolution entière dans fon orbite, arrive jufqu'au foleil, il faut qu'elle parcoure encore les $29°$ que le foleil a fait dans l'écliptique en 29 jours par fon mouvement annuel ; ainfi quand la lune a atteint le foleil ; il y a plus de deux jours que fa véritable révolution eft finie, & celle-ci ne dure que $27^j 7^h 43' 4'' \frac{1}{2}$, c'eft ce qu'on appelle la *révolution périodique*, il y faut ajouter $7''$ fi l'on veut avoir la révolution fydérale (321) ; mais on ne fait point ufage de celle-ci, parce que c'eft aux équinoxes que fe rapportent les mouvemens céleftes.

558. Les inégalités de la lune dérangent beaucoup l'uniformité de cette révolution moyenne que nous venons

de déterminer. En obfervant chaque jour le lieu de la lune pendant l'efpace d'un mois , il n'étoit pas difficile d'appercevoir qu'au bout de fept jours il y avoit environ fix degrés d'inégalité , qu'après 14 jours l'inégalité difparoiffoit , & qu'au bout de 21 elle revenoit en fens contraire pour difparoître à la fin des 27 jours de la révolution.

559. Mais en faifant la même fuite d'obfervation, en différens mois & en différentes années , on vit encore que les points du ciel où l'inégalité difparoiffoit (496) , c'eft-à-dire l'apogée ou le périgée étoient fort différens, & qu'à chaque révolution ils avancoient de 3 degrés environ. En effet l'apogée de la lune fait le tour du ciel en 3231^j 8^h 34′ 57″$\frac{1}{2}$ par rapport aux équinoxes , & en 3232^j 11^h 14′ 31″ par rapport aux étoiles : c'eft environ 9 ans.

La lune étant plus éloignée de nous dans le temps de fon apogée, fon diamètre apparent eft alors le plus petit, il eft de 29 minutes & demi feulement ; 14 jours après il paroît fous un angle de 33 $\frac{1}{2}$ lorfque la lune eft périgée. Cela feul fuffit pour nous faire juger du temps où la lune eft dans fes apfides ; l'obfervation du diamètre de la lune nous montre en même temps quel eft le lieu de fon apogée dans le ciel, & fuffit pour en faire voir les changemens & la révolution.

560. La premiere inégalité ou l'équation de l'orbite de la lune eft quelquefois de 5 degrés, quelquefois de 7° $\frac{2}{3}$ fuivant les fituations du foleil par rapport à la lune & à fon apogée , comme fi l'orbite de la lune s'allongeoit & devenoit plus excentrique toutes les fois que le foleil répond à l'apogée ou au périgée de la lune. Pour exprimer cette différence les Aftronomes fuppofent d'abord l'equation moyenne de l'orbite de 6° 18′$\frac{1}{2}$, & ils employent une autre équation de 1° 20′$\frac{1}{2}$ fous le nom de feconde inégalité ou *Evection* , celle-ci dépend de la double diftance de la lune au foleil moins l'anomalie moyenne de la lune. Ce fut Ptolomée qui reconnut cette inégalité de la lune vers l'année 120 de J. C. Nous parlerons de la caufe qui la produit à l'art. 1052.

561. La troifième inégalité de la lune dépend encore de la fituation du foleil , dont l'attraction dérange fans ceffe les

mouvemens de la lune. Cette inégalité fut découverte par Tycho-Brahé vers l'an 1600, on l'appelle *variation* : elle est de 37′, & change tous les trois ou quatre jours ; car elle est nulle dans les nouvelles lunes, dans les pleines lunes & dans les quadratures, elle est la plus forte dans les octans, c'est-à-dire à 45 degrés des syzygies & des quadratures.

562. La quatrième inégalité s'appelle *équation annuelle* de la lune, elle fut encore apperçue par Tycho : cette équation n'est que de 11′$\frac{1}{4}$; mais comme elle ne se rétablit que tous les ans son effet étant plus lent devenoit sensible sur un plus grand nombre d'observations, & il étoit difficile de la méconnoître même d'après le simple examen des lieux de la lune observés pendant un an.

563. Lorsque Newton eut reconnu que l'attraction du soleil étoit la cause des trois dernières inégalités de la lune, il comprit bien qu'il devoit y en avoir d'autres à raison du grand nombre de circonstances qui modifient & troublent ces attractions ; les calculs qu'en ont fait les Géomètres, & plus encore l'examen pénible & la comparaison suivie des observations les plus exactes, ont fait reconnoître dix autres inégalités, d'une, de deux, de trois minutes, qui toutes ensemble forment enfin des tables de la lune qui ne s'écartent jamais du ciel de plus d'une minute ; celles de M. Mayer, dont l'exactitude est la plus reconnue, ont déja été imprimées plusieurs fois depuis 1770, elles font dans la seconde édition de mon *Astronomie*, & elles ont mérité une récompense considérable du Parlement d'Angleterre à la veuve de ce célebre Astronome.

564. L'accélération du moyen mouvement de la lune, ou de ses périodes est telle que le mois lunaire paroît actuellement de 22 tierces plus court qu'il n'étoit il y a 2000 ans, ce qui produit un degré d'erreur sur le lieu de la lune, quand on le calcule pour l'année 300 avant J. C. en employant le mouvement de la lune observé dans ce siècle-ci ; j'ai donné les calculs de cette équation séculaire de la lune dans les *Mémoires de* 1757, avec les raisons qui peuvent la faire admettre.

Des Nœuds & de l'Inclinaison de l'Orbite lunaire.

565. L'orbite de la lune est inclinée sur l'écliptique, de même que celles de toutes les autres planètes (422); ainsi la lune traverse l'écliptique deux fois dans chaque révolution, & sept jours après avoir traversé l'écliptique dans un de ses nœuds elle s'en s'éloigne de 5 degrés : sans cette inclinaison nous aurions tous les mois une éclipse de soleil le jour de la conjonction, & une éclipse de lune le jour de l'opposition; mais au contraire il y a des années entières où il n'arrive aucune éclipse de lune (par exemple, en 1763), parce qu'au moment de chaque opposition la lune est trop éloignée de son nœud, & se trouve par conséquent au-dessus ou au-dessous de l'écliptique où restent toujours le centre du soleil, & l'ombre de la terre.

566. Cette inclinaison qui n'est que de 5° dans les nouvelles lunes ou les pleines lunes qui arrivent à 90 degrés des nœuds, se trouve de 5° 17′ ½ dans les quadratures. Ce fut Tycho-Brahé qui fit le premier cette importante observation. On en verra la cause art. 1063 : l'inclinaison moyenne est de 5° 8′ 46″.

567. Le nœud ascendant de la lune ou celui par lequel elle traverse l'écliptique en s'avançant vers le nord s'appelle quelquefois *la tête du dragon*, & se désigne par ce caractère ☊ : le nœud descendant ou queue du Dragon par celui-ci ☋.

568. Ce qu'il y a de plus remarquable dans les nœuds de la lune c'est la promptitude de leur mouvement; si la lune traverse l'écliptique dans le premier point du Bélier ou dans le point équinoxial (comme cela arrivoit au mois de Juin 1764) dix-huit mois après c'est dans le commencement des Poissons qu'elle coupe l'écliptique, c'est-à-dire, que son nœud a retrogradé de 30° ou d'un signe entier; & il fait le tour du ciel dans l'espace de 18 ans. Ce mouvement des nœuds fut aisé à reconnoître en voyant la lune éclipser par exemple la belle étoile du cœur du Lion ou *Regulus* qui est sur l'écliptique même : quand la lune éclipse *Regulus*

(comme cela arrivoit au mois de Juin, 1757) elle eſt evidemment dans ſon nœud, donc alors le nœud eſt à 4ˢ 26ᵈ de longitude comme *Regulus*. Mais quatre ou cinq ans après la lune paſſant au même degré de longitude ſe trouve à cinq degrés au-deſſus ou au-deſſous de l'étoile; cela prouve que le nœud eſt à 90° de l'étoile. Au bout de 18 ans la lune repaſſe vers les mêmes étoiles, & tout recommence dans le même ordre. Après avoir obſervé pluſieurs fois ce retour, on a vu que les nœuds de la lune faiſoient une révolution entière contre l'ordre des ſignes en 18 années communes & 228 jours, ou 6798ʲ 4ʰ 52′ 52″,3 par rapport aux équinoxes, & de 6803ʲ 2ʰ 55′ 18″4 par rapport aux étoiles.

569. Tycho-brahé reconnut auſſi dans le mouvement du nœud une inégalité qui va juſqu'à 1° 46′ en plus & en moins, & il vit que cette inégalité combinée avec celle de l'inclinaiſon ſe réduiſoit à une équation de la latitude de la lune, qui eſt de 8′ 49″ multipliées par le ſinus de deux fois la diſtance entre la lune & le ſoleil moins l'argument de latitude de la lune. Le lieu du nœud de la lune au commencement de 1772 étoit de 7ˢ 4° 46′, cela ſuffiroit pour trouver ſa ſituation en tout temps.

Du Diamètre de la Lune.

570. Le diamètre apparent de la lune varie comme la parallaxe, à raiſon de ſes diverſes diſtances à la terre; le plus grand diamètre périgée eſt de 33′ 34″ dans ſes oppoſitions, & le plus petit diamètre lorſque la lune eſt apogée & en conjonction n'eſt que de 29′ 25‴.

La manière la plus ſimple de le meſurer eſt d'obſerver le temps que le diſque de la lune employe à traverſer le fil d'une lunette, lorſque la lune eſt pleine & qu'on voit les deux bords (529); mais il faut avoir égard au retardement diurne de la lune qui fait qu'elle employe plus de temps que le ſoleil à traverſer le méridien, lors même que ſon diamètre n'eſt pas plus grand. Dans les temps où le diſque n'eſt éclairé qu'en partie, on ne peut employer que les micromètres (533) pour mesurer le diamètre de la lune.

571. Lorsque la lune est plus près du zénit, elle est aussi plus près de nous ; ainsi son diamètre apparent paroît plus grand dans la même proportion. Soit *T* le centre de la terre (*fig.* 67) ; *O* un observateur situé à la surface de la terre ; *Z* la lune située au zénit de l'observateur : si la distance *ZO* de la lune à l'observateur est plus petite d'un soixantième que la distance *ZT* de la lune au centre de la terre, le diamètre apparent vu du point *O* sera plus grand d'un soixantième que le diamètre vu du centre *T* de la terre.

De même si la lune est située en *L*, de manière que sa hauteur au-dessus de l'horizon soit égale à l'angle *LOH*, sa distance au zénit étant égale à l'angle *LOZ*, on voit que la distance *LO* sera plus petite que la distance *LT* au centre de la terre ; le seul cas où cette augmentation sera nulle, est celui où la lune sera dans l'horizon même en *H*, car alors elle sera presque également éloignée du point *O* & du point *T* ; voilà pourquoi l'on appelle *Diamètre horizontal* de la lune, celui qui est vu du centre de la terre, parce qu'il est aussi égal au diamètre que nous observons quand la lune est à l'horizon.

572. Lorsqu'on connoît le diamètre horizontal de la lune, il est aisé de trouver le *diamètre augmenté* à raison de la hauteur sur l'horizon, puisqu'ils sont entr'eux comme le côté *LO* est au côté *LT*. Dans le triangle *LOT*, l'angle *OLT* est ce qu'on appelle la *Parallaxe de hauteur* (580) ; l'angle *LOZ*, ou son supplément *LOT*, qui a le même sinus, est la distance apparente au zénit ; l'angle *LTO* est la distance vraie de la lune au zénit, vue du centre de la terre, ou le complément de la hauteur vraie. Dans tout triangle rectiligne les sinus des côtés sont comme les sinus des angles opposés ; ainsi le côté *LO* est au côté *TL*, comme le sinus de l'angle *OTL* est au sinus de l'angle *LOT* ; donc le diamètre horizontal est au diamètre apparent, comme le sinus de la distance vraie de la lune au zénit, vue du centre de la terre, est au sinus de la distance apparente de la lune au zénit, vue du point *O*.

573. Il est vrai que la lune, quand elle paroît à l'horizon derriere les plaines & les montagnes, semble être beaucoup plus grande qu'à l'ordinaire ; mais c'est une illusion optique, & elle a lieu de même pour les autres astres. Il suffit de regarder la lune dans une lunette quelconque, dans un tube de papier, & même, si l'on veut, au travers d'une carte où l'on a fait un trou d'épingle, pour se convaincre que l'augmentation n'est point réelle, & que le diamètre de la lune est vu au contraire alors sous un plus petit angle, que lorsque la lune est à une plus grande hauteur.

Il est difficile de se former une idée claire de la cause de cette illusion, si ce n'est en admettant avec tous les Opticiens ce jugement tacite, commun, forcé, involontaire, par lequel nous avons coutume d'estimer fort grands les objets que nous jugeons être fort éloignés, en même temps que nous jugeons les objets fort éloignés lorsque nous voyons à la fois beaucoup de corps interposés entre nous & ces objets ; or quand on voit la lune au-delà d'une plaine dont les objets sont encore éclairés, on distingue les objets interposés ; la lune fait alors la sensation que font les objets qu'on a coutume de juger fort éloignés, à cause du grand nombre des objets intermédiaires, & elle excite malgré nous l'idée d'un objet très-grand, sans que pour cela elle paroisse sous un plus grand angle, ni qu'elle peigne sur notre rétine une plus grande image.

De la Parallaxe de la Lune.

574. La Parallaxe (a), est la différence entre le lieu où un astre paroît, vu de la surface de la terre, & celui où il nous paroîtroit, si nous étions au centre ; on l'appelle quelquefois *Parallaxe diurne*, pour la distinguer de la parallaxe annuelle (441).

Tous les mouvemens célestes doivent se rapporter au

(a) παραλλάττω, *transmuto*, Παράλ-λαξις, *differentia* ; la parallaxe vient en effet d'un changement de situation de la | part de l'observateur, & produit un changement dans la situation apparente de l'astre.

centre de la terre pour paroître réguliers , car les différens points de la furface de la terre étant fitués fort différemment les uns des autres , un aftre doit leur paroître dans des afpects différens , c'eft au centre qu'il faut fe tranfporter , afin de voir tout à fa véritable place , & de trouver la véritable loi des mouvemens céleftes ; ainfi nous fommes obligés de calculer fans ceffe la parallaxe , pour réduire le lieu d'une planète obfervé à celui que nous euffions vu du centre de la terre.

575. Soit T le centre de la terre , (*fig. 67*) , O le point de la furface où eft placé l'obfervateur ; TOZ la ligne verticale , ou la ligne qui paffe par le zénit Z , par le point O de l'obfervateur , par le centre T de la terre & par le nadir. Une planète P fituée dans la ligne du zénit , répond toujours au même point du ciel , foit qu'on la regarde du centre T , foit qu'on l'obferve du point O ; le point du ciel qui paroît à notre zénit marque également le lieu de l'aftre dans les deux cas ; ainfi *un aftre qui paroît au zénit n'a point de parallaxe :* c'eft le premier principe qu'il faut confidérer dans cet examen des parallaxes.

576. Si la planète , au lieu d'être fur la ligne du zénit $TOPZ$, paroît fur la ligne horizontale OH , perpendiculaire à la premiere , fa diftance TH au centre de la terre étant la même que la diftance TP , le lieu de la planète H vu du centre de la terre , eft fur la ligne TH , le lieu de la planète , vu du point O , eft fur la ligne OH : ces deux lignes TH & OH ne répondent pas au même point du ciel ; car au-delà du point H , où elles fe croifent , elles iront en s'éloignant l'une de l'autre ; & dans la fphère des étoiles fixes , elles rencontreront deux points différens ; & indiqueront pour l'aftre fitué en H deux fituations différentes ; cette différence eft ce que nous appellons parallaxe.

577. Comparons ces deux différentes fituations , ou ces deux différens points , avec le point du zénit ou le point du ciel qui eft fur la ligne TOZ menée par le centre & par le point O de la furface : l'angle ZOH formé par la ligne verticale

ticale *O Z* , & par la ligne *O H* , fur laquelle paroît la planète, eſt la diſtance apparente de l'aſtre au zénit : ſi nous étions au centre *T*, l'angle *ZTH* feroit la vraie diſtance de l'aſtre au zénit, ou la quantité de degrés dont la ligne *TH*, menée à l'aſtre, différeroit de la ligne *TZ* menée au zénit.

578. La diſtance apparente *Z O H* eſt plus grande que la diſtance vraie *Z T H* , car dans le triangle rectiligne *HTO* , dont le côté *TO* eſt prolongé en *Z* , l'angle extérieur *Z O H* eſt égal aux deux intérieurs *T* & *H*; donc il eſt plus grand que l'angle *T* de la quantité de l'angle *H* : ainſi la diſtance apparente de l'aſtre *H* au zénit eſt plus grande que la diſtance vraie *Z T H*. La différence de ces deux diſtances eſt l'angle *O H T*, qui s'appelle la *Parallaxe horizontale* , ſi la ligne *O H* eſt horizontale , comme nous l'avons ſuppoſée, c'eſt-à-dire, ſi le lieu apparent de l'aſtre qu'on obſerve, eſt ſur *l'horizon apparent O H*, ou ſur la tangente menée par le point *O* de la ſurface terreſtre. Dans le triangle *T O H* rectangle en *O*, on a cette proportion en prenant l'unité pour rayon ou ſinus total ; 1 : ſin. *O H T :: T H : O T :* donc le ſinus de la parallaxe horizontale eſt égal à $\frac{O\,T}{T H}$, c'eſt-à-dire , que le rayon de la terre diviſé par la diſtance de l'aſtre, donne une fraction qui dans les tables des *Sinus* indique la parallaxe.

579. Le parallaxe d'un aſtre eſt donc l'angle formé au centre de l'aſtre par deux rayons , dont l'un va au centre de la terre , & l'autre au point de la ſurface où eſt l'obſervateur ; c'eſt l'inclinaiſon des deux lignes qui partent du centre & de la ſurface, pour aller ſe réunir au centre de la planète ; enfin, c'eſt auſſi l'angle ſous lequel paroît le rayon de la terre , ou la diſtance de l'obſervateur au centre de la terre , lorſque cette diſtance ou ce rayon ſont ſuppoſés vus du centre de la planète.

Le triangle *T O H* s'appelle *Triangle parallactique ;* il eſt toujours ſitué verticalement , puiſque le côté *O T* étant une ligne verticale, le plan du triangle fait ſur *OT*, ne ſauroit être incliné ; ainsi, tout l'effet de la parallaxe se fait de haut en bas, dans le plan d'un cercle vertical. D'ailleurs il est aisé de comprendre que le centre de la terre étant perpendiculairement sous nos pieds, c'est-à-dire, dans le plan de tous les cercles *verticaux*, l'effet de la parallaxe ne peut pas s'écarter de ces cercles ; ainsi la parallaxe est toute en hauteur, c'est-à-dire, qu'elle abaisse les astres du haut en bas, & dans un vertical, sans faire paroître l'astre à droite ni à gauche du vertical. De-là il suit que la parallaxe ne change point l'azimut d'une planète ; de même dans le méridien la parallaxe ne change point l'ascension droite d'un astre, parce que le vertical est alors perpendiculaire à l'équateur, & que tous les points du vertical répondent au même point de l'équateur.

580. Jusqu'ici nous n'avons parlé de parallaxe que pour le cas où l'astre est à l'horizon, c'est-à-dire, où l'angle ZOH est un angle droit, & nous avons appelé *parallaxe horizontale* celle qui a lieu dans ce cas-là (578) : si la planète L se trouve plus près du zénit, ensorte que l'angle ZOL, distance de la planète au zénit, soit un angle aigu, l'angle de la parallaxe OLT deviendra plus petit ; on l'appelle alors *parallaxe de hauteur*.

THÉOREME. *Le finus total est au finus de la parallaxe horizontale, comme le finus de la distance au zénit est au finus de la parallaxe de hauteur* ; en supposant que la distance de la planète au centre de la terre soit la même dans les deux cas, & que la terre soit sphérique.

DÉMONSTRATION. Dans le triangle rectangle HOT on a cette proportion : HT est à TO, comme le finus de l'angle droit O est au finus de l'angle THO ; parce que dans tout triangle rectiligne les côtés font comme les finus des angles opposés. Dans le triangle TOL on a de même cette proportion : TL est à TO comme le finus de l'angle LOT est au finus de l'angle TLO ; dans cette derniere proportion on peut mettre au lieu de TL, son égale à HT, puisque la planète est supposée toujours à même distance du centre de la terre; ainsi l'on a ces deux proportions , en nommant R le sinus de l'angle droit :

$$HT , TO :: R : \text{sin. } H.$$
$$HT : TO :: \text{sin. } LOT : \text{sin. } L.$$

donc $R : \text{sin. } LOT :: \text{sin. } H : \text{sin. } L$;

mais le sinus de l'angle obtus LOT est le même que celui de l'angle LOZ, ou de la distance de la planète au zénit ; donc le rayon est au sinus de la distance au zénit, comme le sinus de la parallaxe horizontale H est au sinus de la parallaxe de hauteur L.

581. Le sinus de la distance apparente au zénit est la même chose que le cosinus de la hauteur apparente, & le rayon est toujours supposé être l'unité ; ainsi , $1 :$ cosin. haut. :: sin. par. horiz. : sin. parall. de hauteur ; donc *le sinus de la parallaxe de hauteur est égal au sinus de la parallaxe horizontale multipliée par le cosinus de la hauteur apparente.*

582. La parallaxe horizontale de la lune, qui est la plus grande de toutes les parallaxes des planètes, ne va qu'à un degré environ ; or entre le sinus d'un degré, & l'arc d'un degré, la différence est à peine de la valeur d'un quart de seconde ; ainsi l'on peut prendre l'un pour l'autre, & dire en général que *la parallaxe de hauteur est égale à la parallaxe horizontale multipliée par le cosinus de la hauteur apparente.* C'est ainsi que j'énoncerai toujours à l'avenir le théorême général de la parallaxe de hauteur, dont je ferai un usage fréquent ; & nommant p la parallaxe horizontale, & h la hauteur apparente , je supposerai qu'on a toujours la parallaxe de hauteur $= p.$ cos. h.

583. La parallaxe horizontale d'un astre est d'autant plus petite que sa distance est plus grande ; car plus le point H se rapprochera du point O, plus l'angle THO augmentera. Dans le triangle THO on a cette proportion , $TH : TO :: R :$ sin. THO ; si l'astre est en N on aura dans le triangle TNO cette proportion $TN : TO :: R :$ sin. TNO ; la premiere proportion donne cette équation, TH sin. $THO = R. TO$; la seconde proportion donne celle-ci, $TN.$ sin. $TNO = R. TO$;

donc TH. fin. $THO = TN$. fin. TNO; donc $TH : TN : :$ fin. TNO : fin. THO; car en réduifant cette derniere proportion en équation ou à l'équation TH. fin. $THO = TN$. fin. TNO; donc la diſtance TH dans le premier cas, eſt à la diſtance TN dans le ſecond cas, comme le ſinus de la parallaxe dans le ſecond cas eſt au ſinus de la parallaxe dans le premier.

La même démonſtration auroit lieu, quelque fût l'angle TOH, pourvu que les points N & H fuſſent ſur une même ligne ONH; ainſi lorſque la hauteur apparente eſt ſuppoſée la même, les ſinus des parallaxes de hauteur ſont en raiſon inverſe des diſtances.

584. La parallaxe d'un aſtre augmente dans le même rapport que ſon diamètre apparent; en effet, lorſqu'un aſtre s'éloigne il diminue de grandeur apparente dans la proportion inverſe de ſa diſtance; mais ſa parallaxe horizontale diminue de la même maniere & dans le même rapport (583); ainſi le parallaxe d'un aſtre eſt toujours comme ſon diamètre. Si ce diamètre apparent diminue de moitié par l'éloignement de la planète, la parallaxe diminuera auſſi de moitié, & le même rapport ſubſiſtera toujours entre le diamètre apparent & la parallaxe horizontale d'un aſtre, quelle que ſoit ſa diſtance : ainſi le diamètre de la Lune eſt toujours les $\frac{6}{1}$ de ſa parallaxe, & le cube de cette fraction marque la groſſeur de la Lune ou ſon volume par rapport à la Terre $\frac{1}{49}$.

585. Lorſqu'on connoît la parallaxe horizontale d'un aſtre, il eſt aiſé de connoître ſa diſtance : en effet, dans le triangle rectangle THO, l'on connoît le demi-diamètre de la terre TO, qui eſt de $1432\frac{1}{2}$ lieues, (chacune de 2283 toiſes), & l'angle HOT qui eſt de 90°, puiſqu'on ſuppoſe la planète dans l'horizon; ſi donc on connoît de plus l'angle THO qui eſt la parallaxe horizontale, il ſera aiſé de réſoudre le triangle TOH, & de connoître la diſtance TH; c'eſt ainſi qu'on a trouvé les diſtances en lieues rapportées à la fin de cet ouvrage; c'eſt ainſi que les aſtronomes parviennent à connoître l'étendue des eſpaces immenſes que les planètes parcourent.

Méthodes pour trouver la Parallaxe horizontale d'une Planète.

586. Les aftronomes ont travaillé dans tous les temps à connoître les diftances des planètes par le moyen de leurs parallaxes , & fur-tout la parallaxe de la lune qui eft la plus fenfible. Les éclipfes de lune fourniffent une méthode qui pouvoit être affez bonne autrefois pour trouver à-peu-près la parallaxe de la lune ; on en verra la démonftration quand nous parlerons des éclipfes (619).

587. On a fur-tout employé la méthode des plus grandes latitudes qui confifte à obferver combien la latitude méridionale de la lune , quand elle paffe au méridien fort près de l'horizon , furpaffe la plus grande latitude boréale quand la lune eft fort haute ; ces deux latitudes qui feroient égales , vues du centre de la terre , ne peuvent différer qu'à raifon de la parallaxe qui augmente l'une & qui diminue l'autre ; anifi quand on a la différence de ces deux latitudes obfervées , on peut en conclure la parallaxe qui a produit cette inégalité. Cette méthode fut autrefois celle de Ptolomée ; Tycho & Flamftéed l'ont employée avec fuccès.

588. On a auffi employé la méthode des afcenfions droites , dont Régiomontanus eut la premiere idée il y a 300 ans ; elle confifte à obferver l'afcenfion droite d'une planète lorfqu'elle eft près de l'horizon à l'Orient , & quelques heures après lorfqu'elle eft du côté du Couchant ; l'afcenfion droite eft augmentée par la parallaxe dans le premier cas , elle eft diminuée dans le fecond , c'eft-à-dire , quand l'aftre eft du côté du Couchant. Cette méthode a été principalement employé par M. Caffini & par Flamftéed pour trouver la parallaxe de Mars , & par conféquent celle du foleil.

589. La troifième méthode pour déterminer la parallaxe eft celle qui fuppofe deux obfervateurs très-éloignés l'un de l'autre , obfervant tout à la fois la hauteur d'un aftre dans le mèridien ; c'eft la plus naturelle & la plus exacte ; c'eft celle que j'ai employée en 1751 lorfque M. l'Abbé de la Caille

étoit au Cap de Bonne-Espérance, & que j'observois en même temps la lune à Berlin, pour trouver la parallaxe de la lune, qui n'avoit jamais été déterminée par une méthode aussi exacte (*Mém. de l'Acad.* 1751, *pag.* 457).

Le cas le plus simple de cette méthode est celui où l'on auroit un observateur en O (*fig.* 67); & un autre en D, qui seroit éloigné du premier de la quantité OD égale à peu-près à un quart de la terre. Le premier étant eo O, il observeroit un astre H à l'horizon; le second étant en D l'observeroit à son zénit; dans ce cas l'angle OHT, qui est la parallaxe horizontale, seroit égale à l'angle HTE, c'est-à-dire au complément de l'arc OD qui est la distance des deux observateurs, ou la différence de leurs latitudes; car je les suppose placés sous le même méridien.

Il est impossible que les circonstances locales nous donnent dans la pratique un cas aussi simple que celui-là; ainsi nous allons voir ce qui arrive quand les deux observateurs sont à une distance quelconque, & que l'astre leur paroît à des hauteurs quelconques.

590. Supposons, comme en 1751, un observateur B, (*fig.* 68) situé à Berlin, & un autre en C ou au Cap de Bonne-Espérance; L la lune que nous observions tous deux en même temps dans le méridien; (il n'importe que ce soit précisément au même instant pourvu qu'on sache de combien a dû varier la hauteur méridienne pendant l'intervalle des deux passages); CLT est la parallaxe de hauteur pour le Cap, BLT est la parallaxe de hauteur à Berlin, la somme de ces deux parallaxes est l'angle CLB, différence totale entre les positions de la lune, vues par les deux observateurs, ou argument total de la parallaxe horizontale; ce seroit leur différence si les Observateurs voyoient tous deux l'astre au Midi, ou tous deux au Nord. Quand on a les parallaxes de hauteur pour deux lieux quelconques, il est aisé d'avoir la parallaxe horizontale, puisqu'il ne faut que les diviser chacune par le cosinus de la hauteur observée; il ne s'agit donc que diviser l'effet total CLB en deux parties qui soient entre elles comme les cosinus des hauteurs, & de

diviser chacune de ces deux parties par le cosinus de la hauteur qui lui répond. C'est par cette méthode que j'ai trouvé la parallaxe de la lune dans les moyennes distances de 58′ 5″; mais elle varie soit à cause de la figure elliptique de l'orbite lunaire, soit à cause de l'attraction du soleil & de la lune. La plus grande parallaxe de la lune, (lorsqu'elle est dans son périgée & en opposition), est de 61′ 25″, la plus petite parallaxe qui a lieu dans l'apogée en conjonction, est de 53′ 53″, sous la latitude de Paris; l'applatissement de la terre fait qu'il y a 9″ de plus sous l'équateur, & 7″ de moins sous les poles, ensorte que la parallaxe équatoriale surpasse de 16″ la parallaxe polaire de la lune (821).

Ces méthodes ont fait trouver aussi que la parallaxe du soleil n'étoit que d'environ 10″; mais le passage de Vénus sur le soleil, observé en 1769, nous a appris avec plus de précision que cette parallaxe n'est que de 8 secondes & demie, d'où il suit que le soleil est 400 fois plus éloigné de nous que la lune, puisque sa parallaxe est 400 fois plus petite.

591. Quand on aura vu ci-après que la terre est applatie (816), on ne pourra s'empêcher d'en conclure que la parallaxe est un peu différente en différens pays, suivant que la distance au centre est plus ou moins grande. Les Astronomes ont cherché pendant bien des années une méthode facile de faire entrer cette considération dans le calcul des parallaxes, voici celle que je donnai dans nos Mémoires de 1764.

L'ellipse *P O E* (*fig.* 69), représente un méridien de la terre, *P* le pole élevé, *O* le lieu de l'observateur, *O N* la verticale ou la perpendiculaire à l'horizon & à la surface de la terre en *O*; *C N H* la méridienne horizontale, ou la commune section du méridien avec l'horizon; *C O N* l'angle de la verticale avec le rayon *C O*, qui est à Paris d'environ 15′, dont on donnera la Table (821), & que j'appelle *a*. La perpendiculaire *O N* est sensiblement égale au rayon *C O*, à cause de la petitesse de l'angle *C O N*; la valeur du rayon *C O* pour différentes latitudes se trouvera dans le huitieme Livre, ainsi que la Table de la quantité, dont la parallaxe à chaque latitude terrestre est plus grande que la parallaxe polaire qui a pour base *C P* (821). La parallaxe qui auroit pour base *N O* seroit plus petite d'un cent millieme que la parallaxe horizontale, qui a pour base *C O*; mais on peut négliger ici cette différence, qui ne va qu'à un trentieme de seconde. Si l'observateur *O* étoit situé en *N*, il verroit encore la lune dans le même vertical où il la voit du point *O*, & au même point d'azimut sur l'horizon; mais cet azimut où la lune paroît, vue du point *O* ou du point N, quand la lune n'est pas au méridien, est différent de celui où elle paroîtroit, si on l'observoit du

centre C de la terre ; les rayons menés du point C & du point N jufqu'à
la lune, font alors un angle que j'appelle la Parallaxe d'azimut. Si
le rayon dirigé vers la lune eft perpendiculaire à CN, cette ligne CN
fera la fous-tendante ou la mefure de la parallaxe d'azimut ; puifque dans les arcs très-petits les finus & les tangentes ne diffèrent pas
fenfiblement des arcs, & fi l'on appelle p la parallaxe horizontale qui
répond au rayon CO ou ON, l'on aura 1 ou CO : fin. a ou CN :: p :
parallaxe d'azimut ; ainfi cette parallaxe qui répond à CN fera $= p$ fin.
a, la lune étant à l'horizon & ayant 90^d d'azimut, c'eft-à-dire, étant
dans le premier vertical.

592. Si la lune s'éloigne vers le nord & que fon azimut compté depuis
le midi foit plus grand que 90^d, l'angle à la lune dont CN eft la bafe,
deviendra plus petit. Soit CN ($fig.$ 70), la même ligne que dans la figure 69, tracée féparément, & qui s'étend horizontalement du midi au
nord depuis le centre de la terre jufqu'à la verticale ; que le rayon CMR
foit dirigé vers le point de l'horizon où la lune répond & qui marque l'a-
zimut de la lune, égal à l'angle NCM que j'appellerai z ; la perpendiculaire MN abaiffée du point N fur CR fera la mefure de la parallaxe
d'azimut, au lieu de CN ; en effet, c'eft la même chofe, quant à cette
parallaxe, que la lune foit vue du point C ou du point M, l'un & l'autre point étant dans un même vertical, & d'ailleurs il vaut mieux quant
à la mefure de cette parallaxe confidérer la lune comme vue du point
M. Or $MN = CN$ fin. NCM, ou CN fin. z ; la parallaxe qui répond
à CN eft p fin. a, donc celle qui répond à MN eft p fin. a fin. z : c'eft la
valeur générale de la parallaxe d'azimut, la lune étant à l'horizon, avec
un azimut égal à z.

593. La parallaxe d'azimut employée dans le calcul des éclipfes,
(710) doit être mefurée fur un arc de grand cercle, tiré par le centre
de la lune, parallélement à l'horizon ou perpendiculairement au vertical ; ce petit arc ne change point, quelle que foit la hauteur de la
lune, parce qu'il eft formé dans tous les cas par la rencontre des lignes
qui font toutes deux menées des points M & N à la lune, ou dans le plan de
l'horizon, ou dans un même plan dont la partie NM eft horizontale, &
qui vont fe réunir à la lune ; ainfi la parallaxe d'azimut pour une hauteur
quelconque de la lune fera encore p fin. a fin. z : on en verra l'ufage
dans le calcul des éclipfes (710).

594. Cette parallaxe d'azimut entraîne un petit changement dans la
parallaxe de hauteur. En effet, fi l'obfervateur étoit fitué en N ($fig.$ 69),
la parallaxe de hauteur feroit mefurée par ON, & feroit p cof. h, fuivant la
règle ordinaire (582) ; mais la hauteur vraie vue du centre C de la terre
eft un peu moindre, fi la lune eft au midi du premier vertical ; & un
peu plus grande fi la lune eft au nord ou du côté du pole élevé, puifque le rayon tiré du point C, & celui qui eft tiré du point N n'ont pas
la même inclinaifon ; il faut donc faire une correction à la parallaxe de
hauteur trouvée par la règle ordinaire.

595. Soit L ($fig.$ 70), la lune hors du méridien ; CML le plan du
vertical dans lequel fe trouve la lune, enforte que l'angle LCM foit la

hauteur de la lune vue du centre de la terre, la ligne CM étant à la fois & dans le plan de l'horizon, & dans le plan du vertical de la lune ; soit aussi le petit arc NM perpendiculaire sur CM. La hauteur de la lune vue du centre C de la terre est plus petite que la hauteur vue du point N ou du point M, de la quantité de l'angle CLM ; en effet, puisque le petit arc NM est perpendiculaire sur CM, il l'est aussi sur LM, parce qu'il est nécessairement perpendiculaire au plan du vertical LMC, & à toutes les lignes tirées au point M de ce plan : ainsi la ligne NM étant comme infiniment petite par rapport à la grande distance LM, les lignes LM & LN sont sensiblement égales ; le point M est donc placé de la même façon & à la même distance de la lune L, que le point N, donc la hauteur de la lune vue du point N ou vue du point M est sensiblement la même. Mais la hauteur de la lune vue du point M, qui est l'angle LMR, est plus grande que la hauteur vue du point C, c'est-à-dire, que l'angle LCM, de la quantité de l'angle CLM, parce que dans le triangle CLM, on a l'angle extérieur LMR égal aux deux intérieurs pris ensemble LCM, CLM ; donc la hauteur de la lune vue du point C est plus petite que la hauteur vue du point N, de la quantité CLM.

596. Lorsque la lune est hors du méridien, cet angle CLM est plus petit que lorsque la lune est dans le méridien, & cela dans le rapport du cosinus de l'azimut au rayon. En effet, lorsque la lune est dans le méridien, (supposant que sa hauteur & sa distance soient les mêmes que dans le cas précédent), le point M tombe en N, l'angle LCN est la hauteur de la lune ; car il faut concevoir le sommet L du triangle CLM relevé en l'air perpendiculairement au-dessus du plan de la figure. Si l'on examine dans ces deux cas la valeur de l'angle CLM, on verra que l'angle CLM a pour base la ligne CM, quand la lune est hors du méridien, & que dans le méridien il a pour base la ligne CN ; comme tout est égal d'ailleurs, soit la distance CL, soit l'inclinaison du rayon CL sur la base CN ou CM, & que les lignes CM & CN sont extrêmement petites, les petits angles seront entre eux comme leurs bases CN & CM ; mais dans le triangle CMN rectangle en N, CN est à CM comme le rayon est au cosinus de l'angle NCM qui est l'azimut de la lune ; donc la différence CLM entre les hauteurs de la lune vues du point N & du point C, quand la lune est hors du méridien, est à cette même différence quand la lune est dans le méridien, à hauteur égale, comme le cosinus de l'azimut est au rayon.

597. L'angle MLC, dans le cas où il seroit le plus grand & où il auroit pour base la ligne entière CN seroit égal à p fin. a (591) ; car il seroit alors la parallaxe d'azimut : si donc il avoit pour base & pour mesure le petit arc CM, nommant z l'azimut NCM, on aura cette proportion ; 1 : cofin. z :: p fin. a : CLM ; donc l'angle CLM seroit égal à p fin. a cofin. z, dans le cas ou CL seroit perpendiculaire à CM, mais à cause de l'obliquité de la ligne CL & de l'angle LCR sur la base CM, qui diminue l'angle CLM, il n'a plus pour mesure que MS qui est à CM, comme le finus de la hauteur MCS est au rayon, ou comme fin. h : 1, donc l'angle CLM est égal à p fin. a cof. z fin. h, équation de la parallaxe de hauteur dans le fphéroïde applati.

598. Cette correction est additive à la parallaxe calculée pour le point N, lorsque la lune est entre le premier vertical & le pole élevé ; dans tous les autres cas, on la retranche de la parallaxe calculée par la méthode ordinaire, & l'on a la véritable parallaxe de hauteur dans le sphéroïde applati. Je donnerai dans le Livre suivant (718) une méthode pour calculer les éclipses par les seules parallaxes de hauteur & d'azimut ; c'est ce qui m'a déterminé à expliquer ici tout tout ce qui concerne ces parallaxes.

599. Quand on calcule la parallaxe de hauteur par la formule p cosin. h (582), on suppose le centre de la terre en N (*fig. 69*) sur la verticale O N, & l'on trouve la différence entre le lieu vu du point O & le lieu vu du point N, avec la même parallaxe horizontale, qui a pour base O N égale à O C, soit sur la terre sphérique, soit dans le sphéroïde ; mais comme c'est au centre C qu'il est nécessaire de réduire le lieu de la lune, on est obligé d'ôter de la parallaxe p cos. h la correction p sin. a. sin. h. cos. z, qui devient additive quand l'azimut compté du point du midi ou du point opposé au pole élevé est plus grand que 90 degrés. C'est ainsi que l'on parvient sur la terre applatie, comme sur la terre sphérique, à réduire au centre C de la terre le lieu vu du point O, par un petit changement de hauteur & d'azimut, quand on connoît les rayons de la terre, & les angles des verticales avec les rayons de la terre, dont on trouvera la Table dans le huitieme Livre (831).

LIVRE V.

Des Eclipſes.

600. Les Eclipſes (ᵃ) de ſoleil arrivent lorſque dans la conjonction la lune cache le ſoleil à nos yeux, & les éclipſes de lune lorſque dans l'oppoſition la terre intercepte la lumière du ſoleil qui éclairoit la lune, ou que la lune entre dans l'ombre de la terre (544).

Si l'orbite de la lune étoit dans l'écliptique ainſi que l'orbite du ſoleil, il y auroit des éclipſes dans toutes les conjonctions & dans toutes les oppoſitions, mais l'orbite de la lune eſt inclinée de $5°$ ſur l'écliptique (565), & ne la coupe que dans les deux points que nous appellons les *nœuds*; ainſi les éclipſes ne peuvent arriver que dans les temps où la lune eſt près de ces nœuds, & qu'elle eſt aſſez près de l'écliptique pour pouvoir nous cacher le ſoleil qui ne quitte jamais l'écliptique, ou entrer dans l'ombre de la terre qui eſt toujours auſſi dans le plan de l'écliptique.

601. Le mouvement du ſoleil, celui de la lune, & celui de ſes nœuds produit dans le retour des éclipſes des inégalités continuelles, que les anciens durent avoir beaucoup de peine à démêler : il paroît que ſix à ſept cents ans ſeulement avant J. C. on commença d'y appercevoir une eſpece de régularité.

602. Les anciens voyant que les éclipſes n'arrivoient point dans des intervalles de temps uniformes & réguliers, chercherent combien il falloit prendre de mois ou de jours pour avoir un mouvement de la lune qui fût toujours de la même quantité dans le même intervalle de temps ; ils trouvèrent 6585 jours & 8 heures, qui font 223 mois lunaires

---

(ᵃ) Ἐκλείπω *deficio*, c'eſt auſſi de-là qu'on a tiré le mot d'écliptique, pour exprimer le cercle près duquel arrivent néceſſairement les éclipſes.

ou 18 ans & 10 jours; il revenoit toujours une éclipse semblable au bout d'un pareil espace de temps, lorsque le soleil avoit fait 18 révolutions avec 10° 40′. Dans cet intervalle, toutes les inégalités de la lune avoient eu leurs cours, & recommençoient toutes ensemble, soit en longitude, soit en latitude (*Almag. IV. 2. p. 77*). M. Halley appelle cet intervalle *Saros*, période *Caldaïque*, ou période de *Pline* : il est probable que si les Anciens parvinrent à prédire des éclipses, comme celle de Thalès 603 ans avant J. C. ce ne pouvoit être que par le moyen de cette période. C'est ainsi que M. Halley prédisit l'éclipse de soleil du deux Juillet 1684. v. s. par le moyen de celle qu'on avoit observée le 22 Juin 1666; cette méthode suffit pour annoncer à peuprès les mois & les jours où il doit y avoir des éclipses, & même pour corriger les Tables & prédire très exactement une éclipse par le moyen de celle qu'on a observée 18 ans auparavant.

603. Connoissant le lieu des nœuds de la lune, on choisit les mois de l'année où le soleil se trouve aux environs de ces nœuds, & l'on cherche les jours de la nouvelle lune & de la pleine lune dans ces mois-là, pour savoir si la latitude de la lune n'est que d'environ un degré, parce qu'alors on a lieu de croire qu'il peut y avoir éclipse.

604. Pour être certain qu'il peut y avoir éclipse dans une nouvelle ou pleine lune, & pour pouvoir en calculer les circonstances, il faut avoir l'heure & la minute de la conjonction ou de l'opposition , c'est-à-dire, l'instant ou le lieu de la lune , calculé par les Tables , est le même que celui du soleil dans l'écliptique : il faut aussi calculer la latitude de la lune pour le moment de la conjonction ; le mouvement horaire de la lune en longitude & en latitude, la parallaxe & les diamètres du soleil & de la lune ; c'est un préliminaire essentiel dans le calcul de toutes les éclipses de soleil ou de lune.

605. Avec les mouvemens horaires de la lune en longitude & en latitude , il faut trouver l'inclinaison de son orbite par rapport à l'écliptique ; d'abord l'inclinaison de l'or-

bite vraie, enfuite celle de l'orbite relative ; cela eft néceffaire pour les éclipfes de lune, & même pour les éclipfes de foleil quand on veut en avoir les phafes pour différens pays de la terre; voilà pourquoi je vais placer cet article au nombre des préliminaires généraux du calcul des éclipfes.

Lorfqu'on calcule une conjonction de deux planètes, ou d'une planète à une étoile, une éclipfe ou un appulfe, on n'a befoin que de connoître la quantité dont un des aftres fe rapproche de l'autre, ou le mouvement relatif. Par exemple, dans une éclipfe de foleil on demande avec quelle vîteffe & dans quelle direction la lune s'approche du foleil ; il fuffit pour cet effet de chercher combien la longitude d'une planète furpaffe celle de l'autre dans l'efpace d'une heure, & combien une latitude excède l'autre dans le même efpace de temps : ce n'eft pas le mouvement réel, total & abfolu, de chacune des deux planètes, mais l'excès d'un des mouvemens fur l'autre qui produit une conjonction ou une éclipfe.

606. On peut donc ne faire aucune attention au mouvement d'une des deux planètes, pourvu qu'on donne à l'autre la différence des deux mouvemens, c'eft-à-dire, qu'en faifant mouvoir feulement l'une des deux on lui faffe changer de longitude & de latitude par rapport à l'autre, autant qu'elle en change réellement par la combinaifon des deux mouvemens pris enfemble ; on aura par ce moyen la conjonction apparente des deux aftres, tout de même que fi l'on confidéroit les deux mouvemens à la fois.

607. Ainfi pour calculer une conjonction de deux planètes, on ne confidère que le mouvement relatif, c'eft-à-dire, le mouvement de l'une par rapport à l'autre, & on fuppofe fixe l'une des deux ; cette fuppofition ne fait que fimplifier le calcul & ne change rien à l'état des chofes; car fi une planète avance par heure de 36 minutes vers l'orient, & l'autre de 2 minutes du même côté, il eft évident qu'elles ne changeront que de 34 minutes l'une par rapport à l'autre, & elles feront à la même diftance que fi l'une étant

fixe, l'autre n'avoit eu que 34′ de mouvement. La distance à laquelle nous paroissent les deux planètes, l'une par rapport à l'autre, est une petite ligne droite, hypothénuse d'un triangle dont les deux côtés sont la différence de longitude & la différence de latitude ; ainsi cette distance sera toujours la même quand on aura les mêmes différences en longitude & en latitude, soit qu'elle soit le résultat de deux mouvemens ou d'un seul.

608. On pourra donc faire un triangle MNO (*fig.* 71), dont les côtés MN & NO soient égaux chacun à la différence des mouvemens horaires en longitude & en latitude, l'angle OMN sera l'inclinaison de l'orbite relative, & MO le mouvement horaire sur cette orbite relative ; on pourra supposer que le soleil étant resté fixe en M, la lune a décrit MO : par le moyen de cette supposition on voit que les deux planètes différeront, soit en longitude, soit en latitude autant que lorsqu'on laissoit à chacune son mouvement particulier ; tout se passera donc entr'elles, & toutes les apparences seront les mêmes qu'auparavant ; la supposition de l'orbite relative MO ne fera que simplifier le calcul, en employant un seul mouvement qui équivaut aux deux autres.

609. Ainsi l'orbite relative MO est celle que l'on peut supposer à la place de l'orbite réelle, & dans laquelle pourroit se mouvoir une des deux planètes sans que ses distances réelles par rapport à l'autre parussent être changées. Dans le triangle MNO on a ces proportions de trigonométrie rectiligne : MN est à NO, comme le rayon est à la tangente de l'angle OMN, & le cosinus de l'angle OMN est au rayon, comme MN est à MO ; ainsi pour trouver l'inclinaison de l'orbite relative & le mouvement horaire relatif, on fera ces deux proportions : *La différence des deux mouvemens horaires en longitude, est à la différence des mouvemens en latitude, comme le rayon est à la tangente de l'inclinaison relative. Ensuite, le cosinus de l'inclinaison relative est au rayon comme la différence des mouvemens horaires en longitude est au mouvement horaire* MO *sur l'orbite relative.*

C'eſt celui dont nous ferons uſage (620) , & nous en donnerons un exemple à l'art. 621 (ᵃ).

610. On ſuppoſe dans ces deux proportions que les planètes vont du même ſens tant en longitude qu'en latitude ;
mais ſi l'une étoit directe & l'autre rétrograde , c'eſt à-dire ,
ſi l'une des longitudes étoit croiſſante & l'autre décroiſſante , il faudroit prendre la *ſomme* des mouvemens horaires
en longitude , au lieu de leur différence. De même ſi l'une
des latitudes étoit croiſſante & l'autre décroiſſante , du même côté de l'écliptique , c'eſt-à-dire , ſi l'une alloit au nord
& l'autre au midi par le mouvement horaire en latitude , il
faudroit prendre la *ſomme* des mouvemens en latitude au
lieu de leur différence ; tout cela peut avoir lieu quand on
calcule les éclipſes des planètes par la lune (725).

611. Dans les éclipſes de lune ce n'eſt pas le ſoleil , mais
le point oppoſé au ſoleil que l'on conſidère comme l'une
des deux planètes ; ce point oppoſé au ſoleil , qui eſt le
centre de l'ombre de la terre , a le même mouvement horaire en longitude que le ſoleil lui-même , & par conſéquent
doit ſe traiter comme le ſoleil. Le ſoleil n'ayant aucun mouvement horaire en latitude , c'eſt celui de la lune ſeule que
l'on emploie dans les deux proportions de l'article 609.

612. Dans le calcul des éclipſes de lune on peut ſe contenter d'ajouter 8 ſecondes à la différence des mouvemens
horaires en longitude , pour avoir le mouvement relatif ou
compoſé , de la lune au ſoleil , & éviter la ſeconde analogie , parce que dans un triangle dont un angle eſt de $5° \frac{1}{2}$, &
l'hypothénuſe d'un demi-degré , le grand côté a environ 8″
de moins que l'hypothénuſe.

613. Dans les éclipſes de ſoleil ou d'étoiles que l'on ne
veut calculer que par une opération graphique (695) , on
n'a beſoin de ſavoir qu'à 5 minutes près , l'inclinaiſon de
l'orbite lunaire , on peut alors ſuppoſer toujours que l'inclinaiſon eſt de 5° 40′ ; pour les éclipſes de ſoleil , & 5° 9′ pour
les éclipſes d'étoiles ; mais ſi l'on veut calculer l'éclipſe ri-

---

a) Il faut bien diſtinguer l'orbite relative de l'orbite apparente (718).

goureufement, & même s'il s'agit d'une éclipfe d'étoile par la lune, il faut chercher le mouvement horaire de la lune en longitude & en latitude, & faire les proportions de l'article 609.

Des Eclipfes de Lune.

614. L'éclipfe de lune eft l'obfcurité produite fur le difque de la lune, par l'ombre de la terre. L'éclipfe totale eft celle où la lune entière eft obfcurcie; l'éclipfe partiale eft celle où une partie du difque de la lune conferve fa lumière. L'éclipfe *centrale* eft celle qui a lieu quand l'oppofition arrive dans le point même du nœud; la lune traverfe alors par le centre même le cône d'ombre.

615. Il y a des années où il n'arrive aucune éclipfe de lune comme en 1767, mais communément il en arrive plufieurs chaque année.

616. Si la lune au moment de fon oppofition vraie eft affez loin de fes nœuds pour que fa latitude furpaffe 64 minutes, il ne fauroit y avoir éclipfe, parce que l'ombre de la terre (618) n'occupe jamais dans l'orbite de la lune plus de 47 minutes, & le demi-diamètre 17': ainfi pour que le bord de la lune puiffe toucher l'ombre de la terre, il faut que la diftance de leurs centres ou la latitude de la lune ne furpaffe pas 64': fi cette diftance furpaffe 30' l'éclipfe ne fauroit être totale.

617. Nous mefurons les mouvemens de la lune par les arcs céleftes qu'elle paroît décrire; il eft donc néceffaire de mefurer de la même manière l'ombre qu'elle traverfe dans les éclipfes, c'eft-à-dire, la largeur de ce cône ténébreux que la terre répand derrière elle, en interceptant la lumière du foleil, comme font tous les corps opaques.

Soit S le centre du foleil (*fig.* 72), T le centre de la terre, L celui de la lune en oppofition, SA le demi-diamètre du foleil, TB le demi-diamètre de la terre, LC le demi-diamètre de l'ombre de la terre dans l'endroit où la lune doit la traverfer; cette ligne LC eft le rayon du cercle qui forme la fection, perpendiculaire à l'axe, du cône de l'ombre dans la région de la lune. L'angle

L'angle C T L formé au centre de la terre & qui a pour base le côté *CL*, est ce qu'on appellera le demi-diamètre de l'ombre ; c'est l'angle sous lequel nous paroît le mouvement de la lune, ou l'arc de son orbite qu'elle décrit pendant la demi-durée de l'éclipse du centre, c'est-à-dire, en traversant l'ombre de C en L.

618. Le triangle rectiligne CAT dont le côté AT est prolongé jusqu'en D a son angle externe C T D, égal aux deux angles internes opposés pris ensemble, c'est-à dire, aux angles BAT & BCT, dont l'un est la parallaxe du soleil, l'autre celle de la lune (579) ; ainsi l'angle C T D est égal à la somme des parallaxes ; si l'on en ôte l'angle LTD il restera l'angle C T L ou le demi-diamètre de l'ombre ; mais l'angle L T D est égal à l'angle opposé A T S, qui mesure le demi-diamètre apparent du soleil ; donc si l'on ôte *de la somme des parallaxes le demi-diamètre apparent du soleil, le reste sera le demi-diamètre de l'ombre*, coupé dans la région de la lune à la distance T L de la terre ; le cercle formé par cette section du cône d'ombre est représenté séparément dans la figure 73 vu de face ; c'est le cercle d'ombre, dont le rayon est L C dans la figure 72 où l'ombre étoit vue de côté.

EXEMPLE. La parallaxe horizontale de la lune au moment de l'opposition du 17 Mars 1764, étoit de 60′ 56″, la parallaxe horizontale du soleil est constamment de 8 ½ secondes (590), la somme des parallaxes est donc 61′ 5″ ; si l'on en ôte le demi-diamètre du soleil 16′ 5″, on aura pour le demi-diamètre de l'ombre 45′ 6″. Il y faudra encore ajouter environ 45″, c'est-à-dire, autant de secondes qu'il y a de minutes à cause de l'atmosphère de la terre qui paroît augmenter l'ombre à peu-près d'un soixantieme.

Le demi-diamètre de l'ombre trouvé par la règle précédente, peut varier depuis 37′ 46″ jusqu'à 46′ 19″ ; il est le plus grand quand la lune est périgée & le soleil apogée.

619. Puisque le diamètre de l'ombre est égal à la somme des parallaxes moins le demi-diamètre du soleil, & que la parallaxe du soleil est fort petite, il est clair qu'en ôtant le

S

demi-diamètre du soleil de la parallaxe de la lune on aura
le demi-diamètre de l'ombre ; fi l'on connoît donc la valeur
de ce ce demi-diamètre par la durée d'une éclipse obfervée, & qu'on y ajoute le demi-diamètre du foleil, on aura
la parallaxe de la lune. Cette méthode a pu fervir à
trouver cette parallaxe lorfqu'elle étoit peu connue (586).

Trouver les Phafes d'une Eclipfe de Lune.

620. Lorfqu'on connoît l'heure de la pleine lune ou de
l'oppofition vraie (604), la latitude de la lune pour ce
temps-là, l'inclinaifon de fon orbite qui dépend du mouvement horaire de la lune tant en longitude qu'en latitude,
on doit chercher le temps du milieu de l'éclipfe.

Soit O (*fig.* 73), le point de l'écliptique oppofé au foleil, ou le centre de l'ombre de la terre à la diftance de la
lune ; O G le demi-diamètre de l'ombre, E L S l'orbite relative de la lune (609) ; L le lieu de la lune au moment de
l'oppofition. O L la latitude de la lune, ou fa diftance à l'é-
cliptique K G ; O M la perpendiculaire abaiffée fur l'orbite
relative E M S. Au moment où l'éclipfe commence, la lune
étant en E, le bord de la lune touche en P le bord de l'ombre ; ainfi E eft le lieu de la lune au commencement de
l'éclipfe ; de même le point S eft le lieu de la lune à la fin
de l'éclipfe, ou à la fortie de l'ombre. Les triangles M O E,
M O S font égaux, puifqu'ils ont un côté commun O M, les
côtés égaux O E & O S, & qu'ils font rectangles l'un & l'autre en M ; ainfi le côté E M eft égal au côté M S ; donc le
point M indique le milieu de l'éclipfe ; au lieu que le temps
de l'oppofition arrive quand la lune eft au point L de fon
orbite fur un cercle de latitude O L perpendiculaire à l'écliptique K G dans le point O qui eft directement oppofé au foleil.

621. Dans le triangle L O M, formé par le cercle de latitude O L & par la perpendiculaire O M, l'angle L O M
eft égal à l'inclinaifon de l'orbite relative de la lune (609) ;
puifque la perpendiculaire à l'orbite & la perpendiculaire à
l'écliptique, font néceffairement le même angle que l'orbite

fait avec l'écliptique ; avec cet angle on a aussi le côté L O latitude en opposition ; on trouvera donc L M en faisant cette proportion : *Le rayon est au sinus de l'inclinaison, comme la latitude O L est à l'intervalle L M.* On le réduira en temps à raison du mouvement horaire de la lune, en disant : *Le mouvement horaire relatif* (609) *est à* 1^h *ou* 3600″, *comme l'espace M L est au temps qu'il y aura entre la conjonction & le milieu de l'éclipse.* On retranchera cet intervalle de temps, du moment de l'opposition, si la latitude de la lune est croissante ; on l'ajoutera au temps de l'opposition, si la latitude est décroissante, ou que la lune aille en se rapprochant de l'écliptique & du nœud, & l'on aura le milieu de l'éclipse.

622. Exemple. Dans l'éclipse de lune du 17 Mars 1764, on trouve par les tables que la pleine lune ou l'opposition vraie devoit arriver à 12^h 6′ 12″ ; le mouvement horaire de la lune étoit de 37′ 23″ en longitude, & 3′ 26″ en latitude, le mouvement horaire du soleil 2′ 29″ ; la différence des mouvemens horaires, 34′ 54″, est au mouvement en latitude 3′ 26″, comme le rayon est à la tangente de l'inclinaison relative 5° 37′ : le cosinus de cette inclinaison 5° 37′ est au rayon, comme la différence des mouvemens horaires en longitude, 34′ 54, est au mouvement horaire de la lune sur son orbite relative 35′ 4″.

La latitude de la lune en opposition étoit de 38′ 42″ ; le rayon est au sinus de l'inclinaison 5° 37′, comme la latitude 38′ 42″ est à l'intervalle M L, qu'on trouve de 3′ 47″ en parties de degrés. Le mouvement horaire relatif 35′ 4″ est à 60′ 0″, comme 3′ 47″ sont à 6′ 28″ de temps ; on ajoutera cet intervalle, parce que la latitude étoit décroissante, la lune n'étant pas encore arrivée à son nœud ; & comme le temps de l'opposition est 12^h 6′ 12″, on aura le milieu de l'éclipse à 12^h 12′ 40″, c'est-à-dire, le 18 Mars, 0^h 12′ 40″ du matin.

623. Les mêmes quantités qui ont servi à trouver la différence L M entre la conjonction & le milieu de l'éclipse, serviront à trouver la plus courte distance O M de

l'orbite lunaire au centre de l'ombre ; car dans le triangle L O M rectangle en M, on connoît L O qui est la latitude au temps de la conjonction, & l'angle L O M égal à l'inclinaison de l'orbite relative de la lune, on trouvera le côté O M de 38′ 31″.

624. Pour trouver le commencement & la fin de l'éclipse, soit E le centre de la lune à son entrée dans l'ombre, lorsque l'éclipse commence ou que le premier bord de la lune touche en P le bord de l'ombre. La distance O E des centres de la lune & de l'ombre, est composée des quantités O P & P E ; dont l'une O P est le demi-diamètre de l'ombre (618), & l'autre le demi-diamètre de la lune E P ; de même la distance O S, à la fin de l'éclipse, est composée des quantités O R & R S, c'est-à-dire, qu'elle est aussi égale à la somme du demi-diamètre de l'ombre & de celui de la lune ; dans notre exemple ce sera 1° 3′ 19″.

625. Dans le triangle O E M, rectiligne rectangle en M, on connoît la perpendiculaire O M (623)., & la somme O E des demi-diametres de la lune & de l'ombre ; on cherchera le troisième côté M E : l'on convertira ce côté M E en temps par la proportion suivante. Le mouvement horaire de la lune sur son orbite relative, 35′ 4″ est à 1 heure ou 3600″, comme le côté trouvé M E, 50′ 15″ est à la demi-durée de l'éclipse, 1ʰ 25′ 59″.

626. Cette demi-durée de l'éclipse est le temps que la lune employoit à aller de E en M ; mais le milieu de l'éclipse en M a été trouvé 12 heures 12′ 40″ (622) ; si l'on en retranche 1 heure 25′ 59″, on aura pour le commencement de l'éclipse 10 heures 46′ 41″ ; & si on l'ajoute, on aura la fin de l'éclipse 13 heures 38′ 39″.

627. Dans les éclipses de lune qui sont totales, on a encore deux autres phases à chercher, qui sont l'IMMERSION & l'EMERSION, en N & en R (*fig.* 74), le centre de la lune est en D à l'instant où elle est assez avancée dans l'ombre, pour que son dernier bord N touche le bord intérieur de l'ombre ; on a un nouveau triangle O M D, dont l'hypothénuse O D est égale à la différence entre les demi-dia-

mètre de l'ombre O N , & le demi diamètre D N de la
lune; mais l'opération est la même que dans l'article 625 ;
la demi-durée de l'éclipse totale se retranche du milieu
de l'éclipse , pour avoir l'immersion qui arrive en D , & elle
s'ajoute pour avoir l'émersion qui arrive en V.

628. Lorsqu'on a la plus courte distance des centres O M
(*fig.* 73), le demi-diamètre de l'ombre O A, & le demi-
diamètre de la lune M B , il est aisé de trouver la partie
éclipsée de la lune, c'est à-dire, la quantité A C. Car A M
est égale à OA — OM , si l'on y ajoute M C, l'on aura AC ;
donc A C est égale à O A ╪ M C — O M , c'est-à-dire, que
*la partie éclipsée est égale à la somme des demi-diamètres de
la lune & de l'ombre, moins la plus courte distance.* Il en
seroit de même de la partie A C (*fig.* 74), qu'on appelle
aussi la grandeur de l'éclipse , en y comprenant la partie de
l'ombre qui déborde la lune.

EXEMPLE. Dans l'éclipse du 17 Mars 1764 , la somme
des demi-diamètres est 63′ 19″, la plus courte distance est
38′ 31″, la différence 24′ 48″ est la partie éclipsée A C. On
a coutume de l'exprimer en doigts ou en douzièmes parties
du diamètre de la lune ; on fera donc cette proportion : le
diamètre apparent de la lune 33′ 18″ est à 12 doigts 0
minutes , comme 24′ 48″ font à un quatrieme terme, qu'on
trouvera 8^d 56′ $\frac{1}{2}$: ainsi la grandeur de l'éclipse sera de huit
doigts , & 56′ $\frac{1}{2}$ de doigts.

629. ON PEUT DÉTERMINER encore sans calcul, avec
la règle & le compas, toutes les circonstances d'une éclipse de lune, aussi-tôt qu'on a calculé par les tables le temps
de la conjonction, la latitude, la parallaxe , & le mouvement horaire. Cette méthode est même très-suffisante ,
lorsqu'il ne s'agit que d'annoncer les éclipses qui doivent
arriver : car on ne sauroit se tromper d'une minute dans
l'opération graphique, si la figure a seulement un pied de diamètre ; & l'on ne peut être assuré d'une plus grande exactitude dans la prédiction d'une éclipse de lune ; à peine peut-
on être sûr de l'observation même à une minute près. Ainsi
je crois qu'on peut très-bien se contenter de l'opération graphique dans toutes les éclipses de lune.   S iij

630. EXEMPLE. Le demi-diamètre de l'ombre de la terre dans la région lunaire ayant été trouvé de 46′ (618); je divise le rayon O G (*fig.* 73) en 46 parties; je prends O L égale à la latitude de la lune 38′$\frac{1}{3}$; & au point L, je tire l'orbite de la lune E L S, inclinée de 5° 37′, ou si l'on veut de 5° 40′ (613), sur la parallèle à l'écliptique. Le mouvement horaire relatif étant de 35′, je prends 35′ sur les divisions de O G, je les porte sur l'orbite de L en X; & ayant marqué en L le temps de la conjonction 12 heures 6′, je marque 11 heures 6′ au point X éloigné du point L de la quantité du mouvement horaire; je divise X L en 60′ de temps, & les mêmes ouvertures de compas servent à diviser le reste de l'orbite E L M S. Je prends une ouverture de compas égale à la somme des demi-diamètres de l'ombre & de la lune, 1° 3′, & la portant de O en S sur l'orbite relative, je trouve sur ses divisions que le point S répond à 13 heures 39 minutes, comme on l'a trouvé par le calcul (626).

631. LA PENOMBRE est une obscurité moindre que celle du cône d'ombre; c'est une lumière foible, causée par une portion du disque du soleil, qui éclaire encore la lune lors même que le centre ne l'éclaire plus. Le point E (*fig.* 72), qui est sur le côté O E P du cône d'ombre, est dans une entière obscurité, parce qu'il n'est éclairé par aucun rayon du soleil. Le point F, qui est sur la ligne A G F, menée par le bord supérieur A du soleil, & par le bord inférieur G de la terre, jouit d'une lumière parfaite, parce qu'il voit le disque entier A O du soleil; mais tous les points situés entre E & F ne voient qu'une partie du disque solaire, ils ne reçoivent qu'une partie de la lumière du soleil, & forment la pénombre; c'est ce qui fait que le commencement d'une éclipse de lune est si douteux, que l'on s'y trompe quelquefois de plusieurs minutes.

632 On observe dans la couleur des éclipses de lune des différences considérables : lorsque la lune est apogée, elle traverse le cône d'ombre plus près de son sommet; elle paroît alors plus rouge, plus lumineuse que lorsque les éclip-

fes arrivent dans le périgée ; car dans le périgée, les rayons rompus par l'atmofphère, qui fe difperfent dans le cône d'ombre, & qui en diminuent l'obfcurité, ne parviennent pas jufqu'au centre de l'ombre ou à l'axe du cône, qui eft trop large dans ce point-là ; & la lune étant plus près de la terre, l'obfcurité qu'elle produit fur la lune eft plus entiere.

633. Voilà pourquoi l'on a vu des éclipfes où la lune difparoiffoit entièrement ; comme le 15 Juin 1620, ou le 9 de Décembre 1601 : fuivant Képler on ne diftinguoit pas le bord éclipfé. Hévélius en parlant de l'éclipfe du 25 Avril 1642, affure qu'on ne diftinguoit pas, même avec des lunettes, la place de la lune, quoique le temps fût affez beau pour voir les étoiles de la cinquième grandeur ; mais il eft fort rare que la lune difparoiffe ainfi totalement dans les éclipfes.

DES ECLIPSES DE SOLEIL.

634. Les éclipfes de foleil font produites par l'interpofition de la lune, qui dans fes conjonctions paffe quelquefois directement entre nous & le foleil : elle nous le cache alors en tout ou en partie. Les éclipfes TOTALES font celles où le foleil paroît entièrement couvert par la lune, le diamètre apparent de la lune étant plus grand que celui du foleil. Les éclipfes ANNULAIRES font celles où la lune paroît toute entière fur le foleil ; alors le diamètre du foleil paroiffant le plus grand, excède de tout côté celui de la lune, & forme autour d'elle un anneau ou une couronne lumineufe : telle fut l'éclipfe du premier Avril 1764, que l'on vit annulaire à Cadix, à Rennes, à Calais & à Pello en Laponie. Les éclipfes *centrales* font celles où la lune n'a aucune latitude au moment de la conjonction apparente ; fon centre paroît alors fur le centre même du foleil & l'éclipfe eft totale ou annulaire, en même temps qu'elle eft centrale.

635. Les plus anciens auteurs nous ont configné comme des événemens remarquables les grandes éclipfes de foleil. Il

en eft parlé dans Ifaïe, chap. 13 , dans Homère & Pindare , dans Pline, liv. II , chap. 12 ; dans Denis d'Halicarnaffe , liv. II. Ce dernier dit qu'à la naiffance de Romulus , & à fa mort, il y eut des éclipfes totales de foleil dans lefquelles la terre fut dans une obfcurité auffi grande qu'au milieu de la nuit. Hérodote nous apprend que dans la fixième année de la guerre entre les Lydiens & les Mèdes , il arriva pendant la bataille que le jour fe changea en une nuit totale ; Thalès le Miléfien l'avoit annoncé pour cette année-là. Pline (Liv. II , chap. 2) parle auffi de la prédiction de Thalès , & M. Coftard prouve que cette éclipfe fut celle du 17 Mai 603, avant J. C. (*Philof. tranf.* 1753 , *pag.* 23). On trouve de femblables éclipfes dans les années 431 , 190 , & 50 ans avant J. C., & dans les années après J. C. 59, 100, 237, 360 , 787, 840 , 878, 957, 1133, 1187, 1191, 1241 , 1415, 1485, 1544, 1560, (*Kepl. aftron. pars opt. pag.* 290 , &c). On trouve un catalogue exact de toutes les éclipfes arrivées depuis l'ere vulgaire, dans *l'art de vérifier les dates*, in-folio 1770.

636. C'eft en effet, une chofe très-finguliere que le fpectacle d'une éclipfe totale de foleil. Clavius, qui fut témoin de celle du 21 Août 1560 à Conimbre, nous dit que l'obfcurité étoit, pour ainfi dire, plus grande ou du moins plus fenfible & plus frappante que celle de la nuit ; on ne voyoit pas où pouvoir mettre le pied , & les oifeaux retomboient vers la terre par l'effroi que leur caufoit une fi trifte obfcurité.

637. Il n'y a eu depuis très-long-temps à Paris d'autre éclipfe totale, que celle du 22 Mai 1724 ; l'obfcurité totale dura $2'\frac{3}{4}$; on apperçut à la vue fimple le foleil, Mercure & Vénus qui étoient fur la même ligne : il parut peu d'étoiles à caufe des nuages. La premiere petite partie du foleil qui fe découvrit lança un éclair fubit & très-vif, qui parut diffiper l'obfcurité entière (*Hift. de l'Acad.* 1724) ; l'éclipfe de 1706 fut de dix doigts & 58 minutes : il reftoit environ $\frac{1}{12}$ du diamètre du foleil, fa lumiere étoit à la vérité d'une pâleur effrayante & lugubre ; cependant tous

les objets se distinguoient, aussi facilement que dans le plus beau jour (*Hist. acad.* 1706). Cette éclipse fut totale à Montpellier, & l'on y remarqua autour de la lune une couronne d'une lumière pâle, large de la douzième partie du diamètre de la lune, dans sa partie la plus sensible ; mais qui diminuant peu à peu s'appercevoit encore à 4 degrés tout autour de la lune.

638. Dans l'éclipse de soleil du 23 Septembre 1699, il ne resta que $\frac{1}{150}$ du diamètre du soleil à Gripswald en Poméranie, l'obscurité y fut si grande, qu'on ne pouvoit lire ni écrire ; il y eut des personnes qui virent quatre étoiles, ce devoit être Mercure, Vénus, Régulus & l'Epi de la Vierge (*Hist. acad.* 1700).

639. Les éclipses de soleil sont beaucoup plus rares que les éclipses de lune, pour un lieu déterminé : la raison en est évidente ; la lune étant beaucoup plus petite que la terre, ne peut couvrir qu'une très-petite partie de notre globe ; souvent même la pointe du cône d'ombre n'arrive pas jusqu'à nous, comme dans les éclipses *annulaires*. Il arrive toutes les années plusieurs éclipses, quelquefois jusqu'à six, en comptant celles de lune & de soleil ; mais on ne les voit pas toutes dans un même lieu ; car depuis 1755 jusqu'en 1764 inclusivement, on ne trouve que quatre éclipses de soleil visibles à Paris, tandis qu'on y a dû voir onze éclipses de lune.

Le Roi ayant desiré de savoir s'il y auroit à Paris des éclipses totales, dans l'espace de quelques années, j'engageai M. du Vaucel à se livrer à cette recherche : il trouva que d'ici à l'année 1900, il y auroit 59 éclipses visibles à Paris, sans qu'aucune y soit totale, & une seule annulaire qui sera celle du 9 Octobre 1847 (*Mém. présentés, &c. tom. V, pag.* 575).

640. Le calcul des éclipses de soleil est beaucoup plus difficile & plus long que celui des éclipses de lune, à cause des parallaxes qui y entrent nécessairement ; les parallaxes diffèrent pour chaque point de la terre, ensorte qu'une éclipse de soleil paroît d'une manière différente à différens

pays : au contraire les éclipfes de lune paroiffent de la même manière, & font parfaitement les mêmes pour tous ceux qui les voyent ; car la lune perdant alors véritablement fa lumière, devient obfcure pour tout le monde.

641. J'ai cru qu'il falloit diminuer la difficulté en employant d'abord une méthode, pour ainfi dire, mécanique, & telle que les yeux puffent foulager l'imagination ; je vais donc expliquer une opération graphique, avec laquelle on pourra calculer une éclipfe de foleil, pour la terre en général, avec la même facilité que l'on a calculé une éclipfe de lune (629), & même trouver à peu près, pour chaque pays de la terre, les circonftances de l'éclipfe par le moyen d'un globe terreftre, pourvu qu'on ait fait feulement les calculs préliminaires (604).

642. Pour faire fentir les raifons & les principes de cette opération graphique, je vais montrer la maniere dont les éclipfes de foleil arrivent fur la furface de la terre, dans le cas le plus fimple. Je fuppoferai un principe qu'il ne faut pas perdre de vue, favoir que le foleil eft affez éloigné de nous, pour que les rayons qui partent du centre du foleil, & qui vont aux différens points de la terre, foient fenfiblement parallelles. Du point T (*fig.* 75) que je fuppofe le centre de la terre, on voit le centre du foleil par un rayon TS ; le point E qui eft à la furface de la terre, voit le centre du foleil par un autre rayon E O, qui ne fait avec le précédent qu'un angle de $8'' \frac{1}{2}$ (590), & qui va par conféquent le rencontrer à une diftance prodigieufe, ainfi ce rayon eft fenfiblement parallèle au précédent : on peut donc fuppofer que la ligne E A O parallèle à T L S, eft celle par laquelle le point E de la terre voit le centre du foleil.

643. Si la lune eft en L au moment de la conjonction, l'obfervateur placé en K fur la furface de la terre, verra une éclipfe centrale de foleil (634), puifque le centre de la lune lui paroîtra fur le rayon même T K L S, par lequel il voit le centre du foleil. Soit A L une portion de l'orbite lunaire décrite avant la conjonction, en allant de A en L,

ou d'occident vers l'orient : puiſque le point E de la terre voit le centre du ſoleil ſur la ligne E A O (642), il s'enſuit évidemment que quand la lune ſera au point A de ſon orbite, elle couvrira le ſoleil, & formera une éclipſe centrale pour l'obſervateur placé en E, puiſqu'alors le centre de la lune, auſſi bien que celui du ſoleil paroîtront ſur une même ligne E A O.

Si la lune emploie une heure à parcourir la portion A L de ſon orbite, l'éclipſe aura lieu pour le point E de la terre, une heure avant qu'elle ait lieu pour le point K, ou pour le centre T de la terre, c'eſt-à-dire, une heure avant la conjonction, que je ſuppoſe arriver au point L.

644. Je ſais que l'on a d'abord quelque peine à ſe figurer ainſi le ſoleil, répondant au même inſtant à divers points de l'orbite lunaire pour différens lieux de la terre ; mais qu'on réfléchiſſe à ce qui ſe paſſé dans une allée de jardin, où l'on ſe promene en voyant le ſoleil ſur ſa droite ; toutes les ombres des arbres ſont paralleles entr'elles ; quand on eſt ſur la premiere ombre, on voit le ſoleil répondre au premier arbre ; quand on a fait quelques pas on voit le ſoleil répondre à l'arbre ſuivant ; & s'il y a quatre perſonnes en même temps qui ſoient entre elles à la même diſtance que les quatre arbres ſont entr'eux, elles verront répondre le ſoleil aux quatre arbres différens ; c'eſt ainſi que l'obſervateur qui eſt en D voit le ſoleil répondre au point C de l'orbite de la lune ou de la projection ; tandis que l'obſervateur qui eſt en K voit le ſoleil au point L ([a]), comme celui qui eſt en F voit le ſoleil au point H.

645. Le point E de la terre eſt le premier point d'où l'on verra la lune ſur le ſoleil ; il aura l'éclipſe centrale quand la lune ſera en A (643), le centre de la lune répondant au centre du ſoleil ; mais avant que d'être en A, le centre de la lune a été en un point M, tel qu'alors le bord B de la lune touchoit le bord du ſoleil, parce que le centre du ſoleil

---

(a) Il n'eſt pas beſoin d'avertir que les points E, F, K, de la terre ne ſont point fixes ; ils tournent par le mouvement de rotation de la terre ; mais dans ces preli-minaires généraux, nous n'examinons pas quels pays de la terre occupent les divers points du globe, il ſuffit de conſidérer ces points en général.

paroissant en A, le bord de son disque paroissoit en B éloigné du centre A d'environ 16′ qui est l'angle sous lequel nous voyons le rayon solaire ; le centre M de la lune étoit alors éloigné du centre A du soleil d'une quantité égale à la somme des demi-diamètres AB & BM, du soleil & de la lune, & c'étoit le commencement de l'éclipse pour l'observateur situé en E, ou le premier instant où il a vu le bord de la lune toucher le bord du soleil. La distance de la lune au point L de la conjonction, ou à la ligne des centres, étant égale à la somme des demi-diamètres du soleil & de la lune plus la quantité AL, égale à ET, l'observateur qui au lever du soleil étant en E aura vu l'attouchement des bords de la lune & du soleil, verra l'éclipse centrale d'un autre point de l'espace absolu, différent du point E ; & ce sera l'habitant de la terre qui sera arrivé à son tour au bord E du cercle d'illumination qui verra l'éclipse centrale lorsque la lune sera parvenue en A.

646. La partie AL de l'orbite lunaire égale au rayon ET de la terre paroît sous un angle AEL, égal à l'angle ELT qui est la parallaxe horizontale de la lune (578) ; la partie ML paroît donc égale à la somme du demi-diamètre BM de la lune, du demi-diamètre BA du soleil, & de la parallaxe horizontale de la lune qui est égale à AL. Ainsi le point E de la terre verra commencer l'éclipse aussi-tôt que la distance ML de la lune au point L de la conjonction sera égale à la somme des demi-diamètres du soleil & de la lune, & de la parallaxe horizontale de la lune. De même le point G, le dernier & le plus oriental de la terre, verra finir entièrement l'éclipse, lorsque la lune, après avoir passé la conjonction, sera éloignée du point L de la même quantité, c'est-à-dire, de la somme des demi-diamètres du soleil & de la lune, & de la parallaxe horizontale de la lune.

Si la lune est en C, de maniere que AC soit aussi égal à la somme des demi-diamètres du soleil & de la lune, le point E de la terre verra aussi le centre C de la lune éloigné du centre A du soleil, de la somme des demi-diamètres, c'est-à-dire, qu'il verra les bords du soleil & de la lune se toucher,

& l'éclipse finir ; puisqu'alors le centre du soleil paroît en A & celui de la lune en C , à une distance C A égale à la somme des demi-diamètres.

Mais dans le temps que la lune est en C , & que le point E de la terre voit finir l'éclipse, un autre point D de la terre, qui voit le centre du soleil sur le rayon D C parallele à T S , voit le centre de la lune sur celui du soleil, c'est-à-dire, qu'il a une éclipse centrale ; il en est de même de tous les autres points de la terre qui répondent perpendiculairement sous différens points de la ligne A C L.

647. En même temps que le point E de la terre voit finir l'éclipse par le contact des deux bords , lorsque le centre de la lune est en C , & que le point D voit l'éclipse centrale, les points de la terre situées entre E & D , voient l'éclipse de différentes grandeurs ; ainsi le point F de la terre qui voit le centre du soleil sur la parallele F H , voit la distance apparente de la lune C au soleil H de la quantité C H ; si nous supposons que la ligne C H , prise sur l'orbite lunaire L C H A M , soit plus petite que la somme des demi-diamètres, la lune anticipera d'autant sur le soleil ; si elle est plus petite d'un doigt , le bord de la lune sera d'un doigt sur le soleil, on dira que l'éclipse est d'un doigt. Si C H est supposée moindre de six doigts solaires , que la somme des demi-diamètres, il faut nécessairement que cette somme , qui forme la distance des centres de la lune & du soleil au commencement de l'éclipse ait été retrécie d'autant ; elle n'a pu l'être, que parce que le disque lunaire a anticipé d'autant sur celui du soleil ; donc dans la supposition de C H moindre que C A de six doigts pour le point F , il doit y avoir six doigts du diamètre du soleil , couverts par la lune pour l'observateur F , & par conséquent l'on verra du point F le bord de la lune sur le centre même du soleil. De même si C H est plus petite que cette somme , & cela de trois doigts seulement , ou d'un quart du diamètre solaire , la lune anticipera ou mordra sur le soleil de trois doigts seulement , & l'éclipse ne sera que de la même quantité.

648. Ainsi pour trouver le point F de la terre où l'éclip-

fe doit paroître de trois doigts, à un inftant donné où l'on fuppofe la lune en C, il faut, en partant du point C où eft la lune, 1°, prendre CA égale à la fomme des demi-diamètres du foleil & de la lune ; 2°, en partant du point A, prendre A H de trois doigts, &c; 3°, abaiffer une perpendiculaire HFN fur la terre, (c'eft-à-dire, fur le plan G E du cercle de la terre, qui eft perpendiculaire à la ligne des centres), & l'on aura le point F de la terre où l'éclipfe doit paroître de 3 doigts, la lune étant en C, puifque le foleil paroiffant alors en H & la lune en C, leur diftance eft plus petite de 3 doigts, que la fomme des demi-diamètres du foleil & de la lune.

649. J'ai fuppofé jufqu'ici que l'orbite LBM de la lune paffoit par la ligne SLT, qui joint les centres du foleil & de la terre, & que la lune en conjonction n'avoit aucune latitude ; voyons ce qui arrivera dans les cas où la lune en conjonction aura une latitude. Il faut confidérer d'abord que tout ce que j'ai dit du point M (645), doit s'entendre également de tout autre point qui feroit à la même diftance du point T & du point L ; fuppofons que la ligne LM (égale à la parallaxe de la lune, plus la fomme des demi-diamètres du foleil & de la lune), tourne autour du point L, & décrive un cercle dont le plan foit perpendiculaire à LT, & au plan de notre figure, enforte que tous les points de ce cercle foient à égales diftances du point T ; c'eft ce cercle décrit dans la région lunaire perpendiculairement à la ligne des centres que nous appellerons le *Cercle de projection*, parce qu'on y rapporte & qu'on y projette la terre & le foleil ; & nous allons le confidérer feul dans la fuite du difcours, en y rapportant tout ce que nous venons de dire fur la *figure 75*. Il eft évident que les différens points du cercle placé dans la région de la lune & décrit fur LA, répondent aux différens points de la circonférence de la terre, de la même maniere que le point A répond au point E de la terre, & le point L au point K ; chaque point de la terre a fa projection ou fon image à l'extrémité de la ligne qui va tomber perpendiculairement fur le *Plan de projection*,

que je fuppofe dans la région de la lune.

650. Suppofons une ligne L B (*fig.* 76), de même longueur que la fomme L M du rayon de proj_ction & des demi-diamètres du foleil & de la lune dans la *fig.* 75 ; décrivons un cercle B C G D fur le plan de projection ; décrivons auffi un autre cercle A E F R, dont le rayon L A foit égal à la parallaxe de la lune, comme L A dans la figure 75 formoit le rayon de projection égal au rayon de la terre & vu fous un angle égal à la parallaxe de la lune ; lorfque la lune approchera affez de la conjonction pour que fon centre vienne à fe trouver fur quelque point K de la circonférence B C D, l'éclipfe commencera pour quelque point de la furface de la terre (646).

De même, lorfque le centre de la lune fera fur quelque point V de la circonférence A V E du cercle de projection, le centre de la lune paroîtra répondre fur le centre du foleil, & l'éclipfe commencera d'être centralé pour quelque point de la furface de la terre, c'eft à-dire, pour celui qui fe trouvera directement fous le point V, ou qui aura fa projection au point V.

651. L'Éclipse générale de foleil eft celle que l'on calcule pour la terre en général, fans examiner à quel pays elle fe rapporte ; c'eft par où nous commençons, à l'exemple de Képler (*Epitome pag.* 373), avant de chercher les circonftances d'une éclipfe de foleil pour chaque lieu déterminé de la terre. Au moment où la diftance L K du centre de la projection au centre de la lune eft égale à la fomme des trois demi-diamètres du foleil, de la lune, & de la projection, l'éclipfe de foleil commence pour un point de la terre qui répond perpendiculairement au point I (645), ou dont la projection eft en I ; c'eft le commencement de l'éclipfe générale ; de même, lorfque la lune eft parvenue au point G de fon orbite, affez éloigné pour que la diftance L G foit encore égale aux trois demi-diamètres, le bord de la lune quitte le bord du foleil pour le dernier de tous les pays de la terre où il peut y avoir éclipfe, c'eft la

fin de l'éclipfe générale. De même, la perpendiculaire L M
abaiſſée ſur l'orbite, marque le milieu de l'éclipfe générale, comme dans le cas des éclipfes de lune (620).

652. Pour connoître le temps du milieu de l'éclipfe générale, on ſuppoſe les mêmes calculs préliminaires, & l'on
ſuit la même méthode que pour une éclipfe de lune (620);
L A B repréſente une portion de l'écliptique; L le point
où eſt le ſoleil au moment de la conjonction, L H la latitude de la lune en conjonction, K M G l'orbite relative
(609). Dans le triangle L M H rectangle en M, on connoît
l'angle H L M égal à l'inclinaiſon de l'orbite relative, &
l'hypothénufe H L égale à la latitude de la lune; on cherchera le côté H M; on le convertira en temps à raiſon du
mouvement horaire de la lune ſur l'orbite relative, & l'on
aura l'intervalle entre la conjonction & le milieu de l'éclipfe;
cet intervalle ſe retranchera du moment de la conjonction,
arrivé en H, ſi la latitude de la lune eſt croiſſante, c'eſt-à-
dire, ſi la lune a paſſé ſon nœud; mais il s'ajoutera au temps
de la conjonction, ſi la lune va en ſe rapprochant de ſon
nœud; & l'on aura le temps du milieu de l'éclipfe générale
en M; comme dans l'exemple de l'article 622.

653. Le cercle de projection A E R repréſente le difque
de la terre, ou l'image de l'hémifphère éclairé de la terre
tranſporté dans l'orbite ou dans la région de la lune; la
ligne V X eſt la portion de l'orbite lunaire qui ſera décrite
pendant la durée de l'éclipfe totale, comme la ligne K G eſt
la portion d'orbite qui ſera décrite depuis le premier moment où la pénombre (631) touchera le difque de la terre
en quelque point I, c'eſt-à-dire, où quelque point de la
terre verra un commencement d'éclipfe, jufqu'au dernier
inſtant où la pénombre abandonnera la terre au point F, le
centre de la lune étant alors en G, & l'éclipfe finiſſant pour
le dernier de tous les pays où elle ſera viſible. Ainſi la
longueur K G de l'orbite lunaire compriſe entre les points
K & G, nous fera connoître la durée de l'éclipfe; comme
le milieu M de la ligne K G nous fera trouver le temps du
milieu

milieu de l'éclipse générale: la ligne K G est coupée en deux parties égales par la perpendiculaire L M, parce que les côtés L K & L G sont égaux ; il en est de même de la corde V X ; ainsi le point M indique le milieu de l'éclipse générale, dont la durée est exprimée par K G ; & la durée de l'éclipse centrale est représentée par V X.

654. EXEMPLE. Dans l'éclipse du premier Avril 1764, le temps vrai de la conjonction étoit à 10^h 31' 23" du matin, à Paris ; la latitude pour ce temps-là 39' 36" boréale ; le mouvement horaire de la lune en longitude 29' 39", celui du soleil 2' 27"$\frac{2}{3}$, l'inclinaison de l'orbite relative 5° 44' 26", le mouvement horaire relatif ou composé 27' 19"$\frac{1}{2}$; on fera comme dans les éclipses de lune (625) ces deux proportions : R : 39' 36" : : sin. 5° 44' 26" : 3' 58", valeur de H M, & ensuite 27' 19"$\frac{1}{2}$: 60' 0" : : 3' 58" : 8' 42" de temps, on retranchera ces 8' 42" de l'heure de la conjonction, parce que la latitude de la lune alloit en augmentant, & l'on aura 10^h 22' 41" pour le temps du milieu de l'éclipse générale, compté au méridien de Paris.

Le même triangle H L M fera trouver la perpendiculaire L M 39' 24" ; c'est la plus courte distance de la lune au centre de la projection dans le temps du milieu de l'éclipse ; cette perpendiculaire L M nous servira pour trouver le commencement & la fin.

655. Le commencement de l'éclipse générale compté au méridien de Paris, se trouve de la même manière que le commencement d'une éclipse de lune (625) ; dans le triangle L K M rectangle en M, on connoît la perpendiculaire L M (654) & l'hypothénuse L K égale à la somme des trois demi-diamètres du soleil, de la lune, & de la projection (645) ; on cherchera le côté M K, on le convertira en temps à raison du mouvement horaire, & ce temps ôté de celui du milieu de l'éclipse en M, donnera le temps du commencement de l'éclipse générale en K ; étant ajouté il donnera la fin de l'éclipse en G.

EXEMPLE. Dans l'éclipse de 1764, le côté L M est de

39' 24''; la parallaxe de la lune de 54' 0'' (a) pour Paris, le demi-diamètre horizontal de la lune 14' 47'', celui du soleil 16' 1''; on trouvera le commencement de l'éclipse générale à 7ʰ 37' 48'' du matin, & la fin à 1ʰ 7' 34'' après-midi; sa durée sur toute la terre étoit donc de 5 heures 29 minutes 46 secondes.

656. Le commencement de l'éclipse centrale arrive lorsque la lune est au point V, où son orbite coupe le cercle de projection; car alors le centre de la lune, le centre du soleil & le bord de la terre sont sur une même ligne, & le point de la terre dont la projection est en V, voit le centre de la lune sur le centre du soleil.

Dans le triangle LMV, rectangle en M, on connoît la perpendiculaire LM (654) & la ligne LV qui est la parallaxe ou le rayon de la projection; l'on cherchera le côté MV, on le convertira en temps, c'est-à-dire, on cherchera le temps que la lune emploie à parcourir VM, & ce temps étant ôté de celui du milieu de l'éclipse générale, on aura le temps qu'il étoit à Paris quand l'éclipse commençoit à être centrale pour quelque point V de la terre.

Exemple. Dans l'éclipse de 1764, supposant LV = 54' 0'' = 3240''; LM = 39' 24'', on trouvera MV = 36' 56'', qui réduite en temps donne 1ʰ 21' 5''; cette demi-durée étant ôtée du milieu de l'éclipse 10ʰ 22' 41'' (654) donnera le commencement de l'éclipse centrale 9ʰ 1' 36'', & ajoutée au milieu de l'éclipse donnera la fin 11ʰ 43' 46''. Le temps que le centre de l'ombre employoit à traverser la terre étoit donc de 2ʰ 42' 10''.

657. Les calculs que nous venons de faire pour l'éclipse générale, peuvent s'exécuter graphiquement comme ceux des éclipses de lune (629); on fera une grande figure dont le rayon LA soit égal à la parallaxe, ou divisé en au-

____

(a) J'en ai ôté la parallaxe du soleil, afin qu'il ne restât que la quantité dont la lune est abaissée plus que le soleil; c'est de cette seule différence dont on a besoin pour calculer une éclipse.

tant de minutes qu'en contient cette parallaxe ; on prendra la ligne L H égale à la latitude de la lune, & l'angle M L H égal à l'inclinaifon relative de l'orbite lunaire (609) ; on prendra fur la même échelle une quantité égale au mouvement horaire de la lune fur fon orbite relative, que l'on portera de H en N ; on marquera en H l'heure & la minute de la conjonction, & en N une heure de moins ; on divifera par ce moyen l'orbite G K en heures & minutes, & l'on verra à quelle heure la lune s'eft trouvée en K, en V, en M, en X & en G ; comme on l'a trouvé par les calculs des articles précédens.

658. Il s'agit actuellement de connoître quels font les différens pays de la terre qui font en V, en X, au moment où la lune y arrive, c'eft à-dire, leurs longitudes géographiques, & leurs latitudes ; c'eft ce que nous allons exécuter par le moyen d'un globe. Je ne confeillerois pas aux aftronomes de faire ces calculs par la trigonométrie, fi ce n'eft dans des cas extraordinaires, & pour des obfervations importantes : le temps qu'exigent ces calculs rigoureux, eft bien mieux employé à calculer des obfervations déja faites, pour en tirer des conféquences, qu'à annoncer avec une précifion fi fcrupuleufe celles qui doivent arriver ; les opérations graphiques font fuffifantes pour tracer des cartes femblables à celle de la planche XI. que l'on met ordinairement en abrégé dans les éphémérides. Ce fut M. Caffini qui en donna l'idée & le modèle, à l'occafion de l'éclipfe de foleil qu'il avoit obfervée à Ferrare en 1664.

659. Je ne fuppofe qu'un globe terreftre qui ait au moins 6 pouces de diamètre, & une règle avec deux pieds, repréfentée par G V A E (*fig.* 77), dont la longueur V A foit égale au diamètre du globe dont on fe fert, & la hauteur égale au rayon du globe, ou un peu plus, afin d'être placée fur fon horizon G E ; le rayon de ce globe doit repréfenter le rayon de la terre, ou la parallaxe de la lune, comme L A dans la figure 76, c'eft-à-dire, qu'il faut le fuppofer, par exemple, de 54′ parce que la parallaxe de la lune dans l'éclipfe de 1764 étoit de 54′.

T ij

660. Comme l'on n'eſt pas maître de changer le dia‑ mètre de ſon globe dans les différentes éclipſes de ſoleil , il faudra calculer les différentes parties de la figure , c'eſt‑ à‑dire , le mouvement horaire de la lune & les diamè‑ tres du ſoleil & de la lune , en les réduiſant à cette échelle ; ſi le globe a 8 pouces de diamètre , & que la parallaxe actuelle , ſoit , par exemple de 54', on tirera une ligne égale au rayon du globe , on la diviſera en 54 parties , & l'on prendra 27 $\frac{1}{3}$ de ces mêmes parties pour faire le mouvement horaire.

661. Pour placer ſur le globe l'orbite de la lune , il faut avoir fa't une figure , telle que la *fig.* 76 , où la ligne B L D repréſente une portion de l'écliptique , & X V l'or‑ bite relative ; on y ajoutera une ligne O L Q pour repré‑ ſenter une portion de l'équateur ; en faiſant l'angle A L O égal à l'angle de poſition (693) , ou au complément de l'angle de l'écliptique avec le méridien ; l'équateur ſera au midi ou au‑deſſous de l'écliptique à l'orient du globe , dans les ſignes aſcendans , c'eſt‑à‑dire , quand la conjonction ar‑ rivera depuis le 21 Décembre juſqu'au 21 Juin. La ſomme de l'angle A L O & de l'inclinaiſon de l'orbite relative , ou leur différence , ſuivant les cas , donnera l'angle de la per‑ pendiculaire L M avec le méridien univerſel L P , ou le méridien du globe , que l'on ſuppoſe immobile ; cet angle eſt le même que l'angle de l'orbite avec l'équateur. On prendra ſur la figure avec un compas les arcs O V , Q X , & l'on marquera un pareil nombre de degrés ſur l'horizon du globe , à compter depuis les vrais points d'orient & d'oc‑ cident , c'eſt‑à‑dire , depuis les interſections de l'équateur & de l'horizon du globe , en allant du côté du nord , ſi la latitude de la lune eſt boréale , ou du côté du midi , ſi elle eſt auſtrale.

662. On élevera le pole du globe ſur ſon horizon , du nombre de degrés que la déclinaiſon du ſoleil indiquera ; ſi la déclinaiſon eſt boréale , c'eſt le pole boréal qu'il faut élever ; on placere le ſupport G V A E (*fig.* 77) , de ma‑ nière qu'un bord de la règle ſupérieure V A réponde per‑

pendiculairement au-deffus des deux points marqués fur l'horizon du globe ; dans cet état, cette traverfe V A repré-fentera l'orbite de la lune, placée fur l'horizon du globe, comme elle l'étoit fur le cercle de projection dans la figure 76.

Il faut prendre encore fur la figure 76 les temps de l'orbite lunaire qui répondent en V & en X, c'eft-à-dire, au commencement & à la fin ; on les écrira fur le fupport V A, que je fuppofe couvert d'une petite bande de papier collé, & l'on aura un intervalle A V, qu'on divifera en minutes de temps, comme l'on a divifé l'orbite V X de la lune (657), ou bien l'on fe fervira du mouvement horaire, & l'on marquera feulement le temps du milieu de l'éclipfe fur le milieu L de la règle , une heure de plus à une diftance égale au mouvement horaire ; une heure de moins à l'occident ou à la droite , & le refte dans l'intervalle.

663. Il ne s'agira plus que de placer le globe fur l'heure qui lui convient ; par exemple, dans l'éclipfe de 1764, la lune devant être en A à 9ʰ 2′, qui eft le commencement de l'éclipfe centrale (656), on tournera le globe de manière que Paris foit en C, 2ʰ 58′ à l'occident du *Méridien univerfel* M P ; c'eft ce méridien dans lequel le foleil eft fuppofé fixe, tandis que tous les pays de la terre paffent fucceffivement devant lui par la rotation du globe d'occident en orient.

Le globe terreftre étant ainfi difpofé pour l'heure de Paris, tous les autres pays font également à leur place pour ce moment, & la lune étant fuppofée en A, le point de la terre qui répond perpendiculairement fous la lune, eft celui où l'éclipfe paroît centrale dans ce même moment (645) ; on n'a donc qu'à abaiffer un à-plomb du point A , fi l'horizon du globe eft bien de niveau, ou placer l'œil perpendiculairement au-deffus du point A, ou enfin, fe fervir d'une petite équerre, & l'on verra fur le globe le point de la terre que l'on cherchoit, perpendiculairement au-deffous de A dans l'horizon même du globe ; l'on marquera la longitude & la latitude de ce point-là ; ce fera le premier point de l'éclipfe centrale, marquée A fur la carte de la *planche XI*.

664. Au point A l'on placera le centre d'un cercle dont le rayon A D foit égal à la fomme des demi-diamètres du foleil & de la lune prife fur l'échelle des 54 minutes. On pourra faire un cercle de carton, qu'on placera parallèlement à l'horizon du globe, fon centre étant en A ; ou bien l'on fera circuler un compas dont l'ouverture foit égale à la fomme des demi-diamètres, & dont une pointe foit en A, on remarquera tous les points du globe qui fe trouveront répondre perpendiculairement fous la circonférence de ce cercle, ce font ceux qui verront les bords du foleil & de la lune fe toucher au même inftant, & celui de ces points qui fe trouvera dans l'horizon du globe verra le contact des deux bords au lever du foleil.

665. On fera un autre cercle dont le rayon foit plus petit que le précédent, d'un quart du diamètre du foleil, c'eft-à-dire, de 3 doigts (ce fera 8′ en 1764), ou bien on échancrera de la même quantité une portion du même cercle qui a fervi pour la premiere phafe, comme dans le limaçon de la *figure* 79 ; ou fi l'on veut on diminuera feulement l'ouverture du compas dont on s'eft fervi dans l'opération précédente ; alors la circonférence du cercle, ainfi diminuée de trois doigts, ou l'ouverture du compas, promenée tout autour du point A (*fig.* 77), indiquera fur le globe, par le moyen de l'à-plomb, tous les points de la terre où le foleil eft éclipfé dans ce moment-là de 3 doigts feulement ; on en comprendra la raifon en réfléchiffant fur les articles 647 & 648.

666. On pourra faire de même d'autres cercles pour l'éclipfe de 2, 3, 4, 5 doigts, &c. en diminuant de 2, 3 doigts, &c. le rayon du cercle de la *pénombre*, c'eft-à-dire, du cercle dont le rayon étoit égal à la fomme des demi-diamètres du foleil & de la lune ; on pourra échancrer un feul cercle dont la circonférence foit divifée en 12 parties, & le rayon de même en 12 parties, & dont les 12 fecteurs aillent en diminuant comme le limaçon d'une mon-

tre à répétition (*fig.* 79), chacun étant plus petit que le précédent, d'un doigt ou d'une douzième partie du diamètre solaire, pris sur la même échelle que la parallaxe horizontale & le mouvement horaire (660) ; en promenant un à-plomb sur les circonférences de ces secteurs, il marquera sur le globe les pays qui pour cet instant-là auront l'éclipse d'un doigt, ou de 2, &c.

667. Si l'on place en L, sur le milieu de la traverse AV, le centre de ces cercles, & qu'on fasse la même opération, après avoir fait tourner le globe pour amener la rosette P du globe sur 10^h 23′, qui est l'heure du milieu de l'éclipse générale au méridien de Paris, on trouvera tous les pays qui à 10^h 23′ ont l'éclipse d'un doigt, de deux, &c. C'est ainsi qu'on peut tracer sur un globe, ou sur une carte géographique, la figure de tous les points qui auront une éclipse centrale, ou qui auront l'éclipse d'un doigt, de deux, &c. Il est bon d'observer que tous ces pays qui dans un instant donné voient l'éclipse d'un doigt, n'ont pas cependant la grandeur de l'éclipse d'un doigt ; car ce n'est pas la plus grande phase qu'on trouve par cette opération, c'est seulement la phase qui a lieu pour moment donné ; mais on pourroit trouver celui pour qui cette phase est la plus grande, en remarquant le point de la terre qui est le plus éloigné du point A (*fig.* 77), ou qui par un petit mouvement du globe & de la lune conserve la même distance à la lune.

Trouver les phases d'une éclipse de soleil par le moyen des projections.

668. La méthode que je viens d'expliquer pour trouver, par le moyen d'un globe, les pays de la terre qui doivent voir une éclipse de soleil, ne seroit pas assez exacte pour trouver, à une ou deux minutes près, le commencement & la fin de l'éclipse en un lieu quelconque, à moins qu'on n'eût un globe très-grand & très-parfait ; mais nous y parviendrons aisément au moyen d'une figure de projec-

tion & d'une ellipfe tracée avec foin ; cette opération graphique avec la règle & le compas fera plus exacte, & auffi fimple que celle du globe. Avant que d'en donner les règles, je vais tacher d'en faire comprendre la théorie en expliquant avec plus de foin les principes de la projection ortographique ; j'en ai déja fait quelque ufage (art. 643 & fuiv.), mais je vais en expliquer ici tous les fondemens & toutes les circonftances. Flamfteed dit que Wren eft le premier qui ait connu vers 1660 la manière de trouver les phafes d'une éclipfe fans calculer les parallaxes ; il ajoute que M. Haley , avant fon depart pour Sainte Helene en 1666, lui parla de la conftruction des éclipfes , mais en lui cachant la méthode , à laquelle Flamfteed n'avoit pas alors beaucoup de confiance.

669. Projetter une figure, c'eft la rapporter à un autre plan, par des lignes tirées de chaque point de la figure à chaque point du plan. On diftingue plufieurs fortes de projections, mais la plus fimple de toutes eft la projection *ortographique* (a), formée par des lignes perpendiculaires au plan de projection ; c'eft celle dont on fe fert avec un très-grand avantage pour les éclipfes fujettes aux parallaxes.

670. Soit une ligne A B (*fig.* 78), & un plan quelconque P L , différent de cette ligne; fi des extrémités A & B de la ligne donnée on abaiffe fur le plan P L des perpendiculaires A a , B b , l'efpace ab qu'elles occuperont fur le plan P L , fera la projection ortographique de la ligne A B , & le plan P L fur lequel on a abaiffé ces perpendiculaires, s'appellera le *plan de projection*.

671. La projection ortographique ab d'une ligne A B faite fur un plan de projection P L par les perpendiculaires A a , B b eft le cofinus de fon inclinaifon. Car ayant tiré A C parallèle à P L , l'angle B A C eft égal à l'inclinaifon de la ligne A B fur le plan de projection P L, & A C $= ab$ eft la projection de la ligne A B; or A B : A C :: R : cof. B A C. Ainfi le rayon eft au cofinus de l'in-

___
(a) Ὀρθὸς, *rectus*, parce que cette projection fe fait par des lignes à angles droits.

clinaifon, comme la ligne A B eft à fa projection A C.
Donc fi l'on prend le rayon pour l'unité, on trouvera que
*la projection d'une ligne eft égale à cette ligne multipliée par
le cofinus de fon inclinaifon fur le plan de projection.*

672. LA PROJECTION d'un arc tel que F I eft égale
à fon finus. Soit la circonférence D F H (*fig.* 80), du demi-cercle dont on demande la projection, fitué dans un plan
perpendiculaire au plan de projection, toutes les lignes
perpendiculaires F C abaiffées de chaque point de la circonférence fur le rayon C H, feront perpendiculaires au plan
& marqueront les projections des mêmes points ; le point
K fera la projection du point I ; ainfi la ligne C K fera la
projection de l'arc F I ; mais fi C eft le centre du cercle,
C K égale à I L eft le finus de l'arc F I : ainfi les finus des
arcs F I feront les projections de ces arcs ; fi l'on prend
leur origine au point F qui répond perpendiculairement au
centre C. Cette propofition fera d'un grand ufage dans le
calcul des éclipfes.

673. LA PROJECTION ortographique d'un cercle incliné
eft toujours une ellipfe. Soit D F H le cercle dont on cherche la projection ; D H celui de fes diamètres qui eft dans
le plan de projection, ou parallèle à ce plan ; fi l'on incline ce demi-cercle en le faifant tourner autour du diamètre D H, de maniere que toutes les lignes I K faffent avec
le plan de projection un angle quelconque, toutes ces lignes auront pour projections des lignes K G qui feront égales chacune à leur correfpondante I K multipliée par le cofinus de l'angle d'inclinaifon (671), enforte que K G fera
par-tout à I K comme le cofinus de l'angle d'inclinaifon eft
au rayon ; or, telle eft la propriété d'une ellipfe démontrée dans les fections coniques, que toutes fes ordonnées
K G foient aux ordonnées I K d'un cercle de même diamètre dans un rapport conftant ; donc les lignes K G formeront une ellipfe ; donc enfin la projection d'un demi-cercle D F H fera la circonférence d'une ellipfe D G H, dont
le grand axe D H eft le même que celui du demi-cercle ;
& le petit axe, plus petit en raifon du cofinus de l'inclinai-

fon. Il en feroit abfolument de même quand le diamètre DH du cercle projetté feroit à une certaine diftance au-deffous du plan de projection.

674. Un cercle vu obliquement paroît donc fous la forme d'une ellipfe; car on fait qu'une ligne AB (*fig.* 81), vue obliquement du point O paroît de la même grandeur que la ligne perpendiculaire AC=AB fin. ABC; ainfi dans un cercle CAD (*fig.* 82), vu obliquement toutes les ordonnées AB, EF paroiffant plus petites dans le même rapport, le cercle paroît une ellipfe CGD, dont le petit axe eft au grand comme le finus de l'inclinaifon eft au rayon. Cette propofition revient au même que la précédente; mais il eft néceffaire de s'accoutumer à comprendre que le cercle vu obliquement, paroît en forme d'ellipfe; car nous ferons un ufage continuel de cette propofition.

675. Les principales lignes de la projection d'une éclipfe font repréfentées dans la *fig.* 83 ; ST eft la ligne menée du centre du foleil au centre de la terre, que nous appellons fimplement la ligne des centres; IL un plan qui paffe par le centre de la terre perpendiculairement à la ligne des centres. Ce plan forme le *cercle d'illumination*, & fépare la partie éclairée IDL de la partie obfcure LOVI. Nous allons rapporter à ce plan les différentes parties de la projection ; & tout ce que nous dirons à ce fujet pourra s'appliquer au plan de projection, lors même que nous le placerons dans la région de la lune (682), parce qu'il fera toujours parallèle & égal au cercle d'illumination. La ligne PO eft l'axe de la terre, EQ le diamètre de l'équateur, PELOQIP le *méridien univerfel* (661), c'eft-à-dire, celui qui paffe continuellement par le foleil, & que les différens pays de la terre atteignent fucceffivement par la rotation diurne de notre globe ; ED eft la déclinaifon du foleil ou fa diftance à l'équateur ; l'arc PI eft l'élévation du pole au-deffus du plan de projection ; cette hauteur eft égale à la déclinaifon du foleil, car fi des angles droits ou quarts de cercle PE & DI on ôte la partie commune PD, on aura PI=DE qui eft la diftance du foleil

à l'équateur E, ou fa déclinaifon. Cette élévation eft auſſi égale à l'inclinaifon de tous les parallèles terreſtres, par rapport à la ligne des centres, & le complément de leur inclinaifon par rapport au plan de projeƈtion.

Ayant pris depuis l'équateur les arcs E G & Q F égaux à la latitude d'un lieu de la terre, tel que Paris, la ligne G H perpendiculaire à l'axe P O, & qui eft le cofinus de la latitude E G, fera le rayon du parallèle de Paris, ou du cercle que Paris décrit chaque jour par la rotation diurne de la terre; G F fera le diamètre du parallèle. Des points G, F & H, qui font les extrémités & le centre du parallèle de Paris, nous abaiſſerons des perpendiculaires G M, F R, H N; les points M, R, N où ces perpendiculaires rencontreront le cercle de projeƈtion I L, feront les projeƈtions des extrémités & du centre du parallèle.

676. La diftance T M du centre T de la projeƈtion au bord intérieur M de la projeƈtion du parallèle de Paris, eft égale au finus de l'arc G D ou de la différence entre E G qui eft la latitude de Paris, & D E qui eft la déclinaifon du foleil; la diftance T R du centre T de la projeƈtion à l'extrémité la plus éloignée R du parallèle de Paris, eft égale au finus de l'arc D F, ou V F; cet arc V F eft égal à la fomme des arcs V Q & Q F dont l'un eft égal à la déclinaifon du foleil, & l'autre à la latitude de Paris; ainfi *la diftance du centre de la projeƈtion au fommet du parallèle, eft égale au finus de la fomme de la latitude du lieu & de la déclinaifon du foleil.*

677. La projeƈtion du pole P fe trouvera en abaiſſant une perpendiculaire du point P fur la ligne T I; elle marque un point éloigné du centre T d'une quantité égale à T P cof. P T I ou T P cof. déclin. ⊙ (671).

678. La diftance T N ou l'efpace de la projeƈtion compris entre le centre T de la projeƈtion, & le centre N du parallèle eft égal à T H. cof. H T N (671); mais T H eft le finus de la latitude de Paris, H T N eft égal à P I ou à D E, c'eft-à-dire, à la déclinaifon du foleil; donc T N eft égale au produit du finus de la latitude du lieu, par le co-

finus de la déclinaifon du foleil pour le moment donné, en prenant pour rayon le rayon même de la projection.

679. Le point D de la terre eft celui qui a le foleil au zénit ; un autre point quelconque E qui en eft éloigné de la quantité D E, a donc le foleil éloigné de fon zénit de la même quantité D E ; de-là il fuit qu'une ligne T A étant prife fur la projection, & étant convertie en arc pour avoir D E, elle donnera dans les finus la diftance du foleil au zénit ou le cofinus de fa hauteur pour le lieu de la terre qui eft projetté au point A ; c'eft-à-dire que la ligne T A, finus de l'arc D E, en eft la projection.

680. Il fuit auffi de-là que T A exprime la parallaxe de hauteur pour le lieu de la terre qui eft projetté en A ; car T L qui eft la parallaxe horizontale (646), eft encore le finus total ; donc T A qui eft le cofinus de la hauteur fera auffi la parallaxe de hauteur, qui eft toujours $= p.$ cof. h (1582) ; donc en général *la diftance d'un Pays de la terre au centre de la projection, eft égale à la parallaxe de hauteur ;* le rayon de la projection étant pris pour la parallaxe horizontale.

681. Le parallèle de Paris ou le cercle dont H eft le centre (*fig.* 83), & G F le diamètre, étant rapporté ou projetté fur le plan I T L y devient une ellipfe (673), & c'eft cette ellipfe qu'il eft néceffaire de décrire fur le plan, pour y rapporter les phafes de l'éclipfe ; mais auparavant je dois faire obferver que l'on peut tranfporter dans la région de la lune le plan de projection I T L, & que l'ellipfe y fera parfaitement la même que fur le plan I T L qui paffe par le centre de la terre ; en effet elle fera comprife entre des lignes parallèles à la ligne des centres T D S, & qui s'étendent jufqu'à la lune, où elles forment une projection de la terre, égale à la terre elle-même (642), puifque L A eft égale à T E (*fig.* 75).

682. Nous choififfons pour plan de projection celui qui eft dans la région de l'orbite lunaire & qui paffe à la diftance de la lune, quoiqu'on pût choifir d'autres plans qui pafferoient ou par le foleil ou par la terre (*Mém. Acad.* 1744. *p.* 191) ; mais celui qui paffe par la lune me paroît le plus

commode, parce que le mouvement de la lune & ſon diamètre y ſont tels que nous les obſervons réellement de la terre ; le rayon même de la terre y paroît d'une grandeur connue & donnée par les Tables, qui eſt la parallaxe horizontale de la lune. En employant un plan de projection tel que le propoſoit Képler & Boulliaud, qui paſſeroit par le centre de la terre, on eſt obligé de ſuppoſer l'œil de l'obſervateur placé dans la lune, ce qui peut donner quelque difficulté de plus à ceux qui commencent à s'occuper de ces matières.

683. Ayant choiſi la région lunaire pour y placer notre projection, voyons comment on doit y rapporter les parallèles terreſtres. La projection de la terre entière ſera un cercle parallèle & égal au cercle d'illumination, comme nous l'avons déjà dit ; mais le parallèle de Paris n'étant point parallèle au plan de projection, il ne peut s'y projetter que ſous une forme elliptique (673). C'eſt cette ellipſe que nous allons décrire ; elle eſt la même ſur le plan de projection qui paſſe par la lune que ſur le plan qui paſſeroit par le centre de la terre, c'eſt-à-dire ſur le plan du cercle d'illumination, puiſque ces deux ellipſes ſont renfermées entre des lignes parallèles ; ainſi tout ce qui vient d'être dit à l'occaſion de la Figure 83 (*art.* 675), aura lieu pour l'ellipſe que nous allons décrire ſur le cercle de projection qui paſſe dans l'orbite lunaire.

684. Dans les obſervations ſuivantes, il ne faut pas oublier que la diſtance de la lune au point de la projection qui repréſente un lieu de la terre, marque la diſtance apparente des centres du ſoleil & de la lune pour ce lieu-là. Je ſuppoſe un point E de la terre (*fig.* 75), projetté en A par un rayon EA ; le même lieu E de la terre voit le ſoleil ſur la ligne EA (643) ; ſi le centre de la lune répond alors au point L de la projection, l'Obſervateur ſitué en E verra la lune éloignée du ſoleil de la quantité AL ; ainſi la diſtance apparente ſur le plan de projection entre la lune L & le point A qui répond au point E de la terre, ſera AL. Il faut bien concevoir que le point A étant la projection du

lieu E de la terre, c'est au point A de la projection que l'on rapporte le soleil quand on l'observe du point E ; ainsi l'on peut indifféremment dire qu'un point A de la projection marque le lieu E de la terre, par exemple, la situation de Paris, ou qu'il marque le lieu du soleil vu de Paris (644).

685. Au moyen des propositions démontrées dans les articles 675 & suiv. il est aisé de tracer l'ellipse de projection pour un lieu & pour un jour donné. Soit A O B (*fig.* 85) le cercle d'illumination, ou le cercle de la terre qui est perpendiculaire au rayon du soleil ou à la ligne des centres ; il faut supposer le soleil au-dessus de la figure, répondant perpendiculairement au-dessus du centre C de la terre. La ligne O P D C est un diamètre du méridien universel dans lequel on suppose le soleil immobile ; mais ce diamètre diffère de l'axe de la terre d'une quantité égale à la déclinaison du soleil. A C B est un diamètre de l'équateur, perpendiculaire au méridien universel ; P est la projection du pole, c'est-à-dire, le point du plan de projection sur lequel le pole répond perpendiculairement (677) ; on prendra les arcs B L & A K égaux à la latitude du lieu ; ensuite K M, K N, L R, L V, égaux à la déclinaison du soleil ; on tirera les lignes M E R, N F V, l'on aura C E égale au sinus de B R ou de la somme de la latitude du lieu & de la déclinaison de l'astre, & la ligne C F égale au sinus de B V ou A N, c'est-à-dire de la différence des mêmes arcs. Ainsi les points E & F seront les extrémités de la projection du parallèle (675) ; donc l'ellipse qui représente le parallèle aura E F pour petit axe, & divisant E F en deux parties égales au point G, l'on aura le centre de l'ellipse ; car le centre doit être nécessairement à égales distances des deux extrémités E, F, du petit axe.

686. Il est vrai que le point G est différent du point D par lequel passe le diamètre K L du parallèle de Paris ; mais cela vient de ce que le cercle A O B, sur lequel nous avons pris les arcs B L & A K égaux à la latitude de Paris, n'est pas un méridien ni un cercle sur lequel se comptent les latitudes ; l'axe est incliné au cercle de projection ; le méridien est incliné au cercle A O B, le point de l'axe par lequel

paſſe le parallèle de Paris, eſt bien à une diſtance du centre
égale à CD ; mais ce point rapporté ſur le cercle de projection répond perpendiculairement en G, enſorte que CG eſt
égale à CD multipliée par le coſinus de la déclinaiſon (671).
Ainſi l'opération que nous venons de faire pour trouver le
point G eſt ſeulement une conſtruction par laquelle on a les
grandeurs CE & CF telles que nous avons fait voir qu'elles
devoient ſe trouver, mais où la ligne KDL n'eſt point
employé comme diamètre du parallèle.

687. Le grand axe de l'ellipſe eſt le diamètre du parallèle ; ayant pris déjà les arcs AK & BL égaux à la latitude du lieu pour lequel on veut dreſſer la projection, la
ligne droite KL ſera le diamètre même du parallèle, qui
n'eſt autre choſe que le coſinus de la latitude du lieu. Ayant
la grandeur de l'axe on tirera par le centre G que nous
avons déterminé, une ligne SGX parallèle & égale à KL,
qui eſt égale au diamètre du parallèle de Paris ; SGX ſera
le grand axe de l'ellipſe qu'il s'agit de décrire.

688. Connoiſſant le grand axe SX & le petit axe EGF
(685) de l'ellipſe que nous cherchons, il ſera aiſé de la
décrire, c'eſt-à-dire, d'en trouver tous les points d'heure
en heure. On décrira ſur le grand axe SX un cercle SHXQ,
qui repréſentera le parallèle de Paris, quoique ſitué dans un
plan différent ; ce cercle étant diviſé en 24 heures aux
points marqués 1, 2, 3, &c. on ſera ſûr que chaque point
g du parallèle paroîtra ſur la ligne gf perpendiculaire au
grand axe SX, tirée par chaque point de diviſion ; car
quelle que ſoit l'inclinaiſon du cercle SHX, & l'obliqutié
ſous laquelle il ſera vu, pourvu qu'il paſſe par les points S
& X, le point g de ſa circonférence répondra toujours perpendiculairement au point h du grand axe, & l'abſciſſe Gh
de l'ellipſe ſera toujours le ſinus même de l'arc Hg du parallèle, ou de la diſtance au méridien.

689. Pour trouver auſſi l'ordonnée bh de l'ellipſe, au
même point, on remarquera que la ligne gh du parallèle
étant vue obliquement, doit paroître d'une longueur bh,
plus petite que gh dans le même rapport que GE eſt plus

petit que G H, ou le petit axe plus petit que le grand axe ; il s'agit donc de diminuer le cofinus *g h* d'un angle horaire de 15°, &c. dans ce même rapport.

690. Pour trouver aifément ces cofinus ainfi diminués, on peut fe fervir d'un compas de proportion, ou bien l'on décrira du centre G un autre cercle E Y F fur le petit axe, on le divifera comme le cercle H X Q en 24 parties, fi l'on fe contente de 24 heures, ou en 48, fi l'on veut avoir une ellipfe divifée en demi-heures. Par les points de divifion du grand cercle, on tirera des lignes *g b h* parallèles au petit axe, & par les points de divifions du petit cercle, qui correfpondent aux mêmes heures, on tirera des lignes comme *a b* parallèles au grand axe ; celles-ci étant prolongées iront rencontrer les premières dans des points tels que *b*, qui formeront l'ellipfe que l'on cherche. Par exemple, la feconde ligne parallèle au petit axe, & qui va du point 30 ou g au point *f*, coupe la feconde ligne *a b*, tirée également à 30° du point E parallélement au grand axe G X, dans le point *b* ; ce point eft celui de l'ellipfe qui eft à deux heures du méridien, puifque *b h* eft le cofinus de 30° dans le petit cercle, ou le cofinus *g h* diminué dans le rapport des axes. Le point correfpondant *c* à gauche marque deux heures après midi. C'eft ainfi qu'on a pour chaque heure la projection du parallèle de Paris, & la fituation de Paris fur le cercle de projection, à toutes les heures du jour.

691. On voit dans la figure 87 une ellipfe tracée par la méthode précédente pour 26 degrés de déclinaifon, mais dans laquelle on a fupprimé toutes les lignes qui ont fervi à la décrire. La partie inférieure de l'ellipfe a lieu quand la déclinaifon eft feptentrionale ; car alors la partie éclairée du parallèle, telle que C B dans la figure 83, paroît la plus baffe ou la plus méridionale par rapport au rayon folaire S T. Mais foit qu'on fe ferve de la partie fupérieure ou de la partie inférieure de l'ellipfe, il faut toujours confidérer Paris ou le lieu de l'obfervateur, comme allant vers la gauche, c'eft-à-dire à l'orient, dans la partie vifible du parallèle, ou dans la partie qui eft tournée vers l'étoile.

La

La partie droite ou occidentale de l'ellipſe, (*fig.* 87), ſert pour les heures du matin, dans les éclipſes de ſoleil ; mais ſi c'eſt une éclipſe d'étoile fixe, cette partie ſert avant le paſſage de l'étoile au méridien, puiſque le mouvement de la terre ſe fait vers l'orient, ſoit ſur la terre, ſoit ſur la projection qui en eſt l'image ; on marque o^h ou 12^h aux ſommets du petit axe, lorſqu'il s'agit du ſoleil : mais l'on y marque l'heure du paſſage de l'étoile au méridien, lorſqu'il s'agit d'une éclipſe d'étoile par la lune.

692. On voit au bas de la figure 87 les diamètres des ellipſes qu'on trouveroit pour différentes déclinaiſons en employant le même rayon de projection. On y voit auſſi à quelle diſtance paſſeroient toutes ces ellipſes du ſommet S de la projection, c'eſt-à-dire, la valeur de S V. J'ai marqué au milieu de l'ellipſe les lieux des centres de ces différentes ellipſes ; chacun pourra les tracer toutes ſur autant de cartons différens, pour calculer les éclipſes de toutes les étoiles par la lune.

693. La ſituation du cercle de latitude par rapport au cercle de déclinaiſon C G (*fig.* 84), peut ſe trouver par le moyen du calcul de l'angle de poſition (313) ; mais pour abréger, autant qu'il eſt poſſible, l'opération graphique dont nous allons parler, on peut ſe ſervir de la méthode ſuivante. Je ſuppoſe que F G H ſoit un arc du cercle de projection égal au double de l'obliquité de l'écliptique, c'eſt-à-dire, que du point G où ſe termine le méridien C G de la projection, on ait pris les arcs G F & G H, chacun de 23° 28′ ; ſur la tangente G V de l'arc G F & du centre G, l'on décrira un cercle X M V qu'on diviſera en 12 ſignes, comme l'écliptique, en commençant au point X du côté de l'occident, où l'on marquera le Bélier, c'eſt-à-dire, o^s de longitude, & continuant de X en M, V, B. L'on prendra ſur ce cercle un arc X M égal à la longitude du ſoleil ou de l'étoile dont on calcule l'éclipſe ; on abaiſſera ſur le diamètre V X la perpendiculaire M N ; & le point N de la tangente G N X où paſſera cette perpendiculaire M N, ſera le point où l'on devra tirer le cercle de latitude C N.

V

En effet, G N eſt le coſinus de l'arc X M ou de la longitude du ſoleil, pour le rayon G X, donc G X : R :: G N : coſ. long. ☉; c'eſt-à-dire, G N = G V coſ. longit. mais par la conſtruction G M = tang. 23° ½ pour le rayon que nous ſuppoſons égal à l'unité, c'eſt-à-dire, C G ou C H, donc G N = tang. 23° ½ coſ. long., cela revient à la proportion de trigonométrie ſphérique, par laquelle on trouve l'angle de poſition quand on connoît la longitude du ſoleil & l'*obliquité* de l'écliptique : le rayon eſt au *coſinus* de l'hypothénuſe ou de la longitude du ſoleil, comme la tangente de l'angle qui eſt l'obliquité de l'écliptique eſt à la cotangente de l'autre angle ou à la tangente de l'angle de poſition. Donc l'angle N C G eſt celui que doit former le cercle de latitude C N avec le méridien C G.

694. On pourroit auſſi faire une conſtruction ſemblable pour les étoiles fixes que la lune rencontre; il eſt vrai qu'on ſuppoſeroit le coſinus de la latitude égal au rayon, mais l'erreur eſt inſenſible; car la latitude de la lune ne va pas à 6°, il n'y a pas $\frac{1}{180}$ d'erreur à craindre, ce qui ne fait pas 8 minutes de degré ſur l'arc A F : or 8′ ſont inſenſibles même ſur une figure d'un pied de rayon, telle que j'ai coutume de l'employer. J'ai marqué ſur la circonférence de la figure 87 les points où il faut tirer le cercle de latitude pour différentes étoiles, telles que γ ♍, c'eſt-à-dire, l'étoile γ de la conſtellation de la Vierge, &c. On voit que toutes celles dont la longitude eſt dans le premier ou le dernier quart de l'écliptique, c'eſt-à-dire, dans les ſignes aſcendans, ſont à la droite du meridien C S, les autres ſont à la gauche; parce que dans la figure 84, les trois premiers & les trois derniers ſignes de longitude ſont à droite ou à l'occident du point G; cela eſt aiſé à appercevoir ſur un globe; la direction de l'écliptique tend à l'orient dans tous les cas; ſi en même temps elle ſe rapproche du nord, la perpendiculaire doit décliner du côté oppoſé à la direction de l'écliptique, c'eſt-à dire, à l'occident, quand on la conſidère du côté du nord.

Trouver les phases d'une Eclipse de soleil ou d'étoile, avec la règle & le compas.

695. Les constructions précédentes suffisent pour faire trouver avec l'exactitude d'une minute de temps le commencement & la fin d'une éclipse, sans calculer les parallaxes. On voit dans a figure 87 un demi cercle d'environ $5\frac{1}{2}$ pouces de rayon, qui représente la projection de la terre dans l'orbe de la lune (649); le rayon C R est divisé en autant de minutes qu'en contient la parallaxe; le diamètre T R est parallèle à l'équateur, C S est une portion du méridien universel ou du cercle de déclinaison qui passe par le soleil ou par l'étoile; C K est la distance du centre de projection au centre de l'ellipse, trouvée ci dessus (678); K F est le demi-axe de l'ellipse (687), égal au cosinus de la latitude du lieu pour lequel on calcule une éclipse, par exemple, de Paris. La ligne K V ou K Q est la moitié du petit axe de l'ellipse, qui est au grand axe comme le sinus de la déclinaison de l'astre est au rayon (674). Cette ellipse dans la figure 87 représente le parallèle de Paris, ou la trace décrite sur le plan de projection par le rayon mené de Paris à *Antarès*, dont la déclinaison est de 26°.

696. La partie supérieure de l'ellipse est l'arc diurne, ou celui dont on doit faire usage quand la déclinaison du soleil est méridionale; la partie inférieure F Q H, est celle qui sert pour les déclinaisons septentrionales (691): le cercle de latitude est représenté par C L (694).

697. La latitude de la lune au moment de la conjonction étant prise sur les divisions de la ligne C R, qui sert d'échelle, & portée de C en L sur le cercle de latitude, le point L est celui où doit passer l'orbite de la lune, en lui donnant l'inclinaison convenable. Pour cet effet on tirera par le point L de la conjonction une ligne L M perpendiculaire au cercle de latitude; on prendra la quantité du mouvement horaire de la lune en longitude, moins celui du soleil, sur les divisions de C R, & l'on portera ce mou-

vement de L en M ; on prendra auſſi le mouvement horaire en latitude, on le portera de M en N parallèlement au cercle de latitude ; au midi du point M, ſi la lune ſe rapproche du nord ; au nord, ſi la lune s'approche du midi, c'eſt-à dire, ſi la latitude eſt auſtrale croiſſante ou boréale décroiſſante. Par les points N & L, on tirera l'orbite relative I N L ; on marquera au point L l'heure & la minute de la conjonction ; on marquera en N une heure de moins ; l'on diviſera N L en 60 minutes de temps, & l'on portera les mêmes diviſions à gauche du point L, pour avoir la ſituation de la lune de minutes en minutes, une heure avant la conjonction, & une heure après, ou même davantage.

698. On marquera ſur l'ellipſe les heures du ſoleil ou de l'étoile qui répondent aux diviſions qu'on a trouvées (690) ; en prenant la partie inférieure de l'ellipſe ſi le ſoleil ou l'étoile déclinent du côté du pole élevé (691). Quand il s'agit d'une éclipſe d'étoile, c'eſt l'heure du paſſage au méridien que l'on écrit ſur le méridien, en V ou en Q.

699. On prendra ſur les diviſions de C R la ſomme des demi-diamètres du ſoleil & de la lune, ou le demi-diamètre ſeul de la lune, s'il s'agit d'une éclipſe d'étoile. Le compas étant ouvert de cette quantité, on verra ſi le moment de la conjonction marqué en L, & la même minute de temps priſe ſur les diviſions de l'ellipſe, ſont éloignés entre eux de cette quantité des demi-diamètres ; ſi cela arrivoit, le temps de la conjonction ſeroit auſſi le temps du commencement ou de la fin de l'éclipſe ; ce ſeroit le commencement ſi le point trouvé ſur le parallèle étoit à l'orient du point L ; ce ſeroit la fin ſi le point de l'ellipſe marqué de la même heure que le point L, étoit à l'occident ou à la droite du point L.

Si cette diſtance des points correſpondans ſur l'ellipſe & ſur l'orbite de la lune n'eſt pas égale à la ſomme des demi-diamètres, on placera le compas à la droite ou à la gauche du point L ſur l'orbite de la lune comme en I ; on verra ſi le point A de l'ellipſe marqué du même nombre d'heures & de minutes que le point I de l'orbite, est à la gauche de celui-ci de la quantité des demi-diamètres ; s'il est trop éloigné, on promenera la branche droite du compas, sans changer l'ouverture, jusqu'à ce que la branche gauche trouve un point A de l'ellipse marqué du même nombre de minutes que le point de l'orbite où est la branche droite.

Quand on aura ainsi trouvé deux temps correspondans, l'un sur l'orbite, l'autre sur le parallèle, tels que I & A, marqués de la même heure & de la même minute, & éloignés de la quantité I A, de manière que le point I de l'orbite soit à la droite ou à l'occident du point A du parallèle, on sera sûr que ce moment est celui du commencement de l'éclipse ; car on a vu que l'éclipse commence pour Paris, quand la distance entre le point de la projection où Paris voit le soleil, c'est-à-dire, auquel Paris répond, & celui où se trouve la lune au même instant, est égale à la somme des demi-diamètres du soleil & de la lune (646).

700. La lune avance vers l'orient dans son orbite de I en E, & Paris avance sur son parallèle de A en B ; mais beaucoup plus lentement, puisqu'il faut 12 heures pour décrire la demi-ellipse du parallèle de Paris, tandis que la lune en deux heures de temps ou environ fait dans son orbite un chemin aussi considérable : ainsi la lune arrivera de l'autre côté ou à l'orient de Paris, & se trouvera en E lorsque Paris ne sera arrivé qu'en B ; ils seront encore une fois à la même distance l'un de l'autre, c'est-à-dire, à une distance B E, égale à la somme des demi-diamètres de la lune & du soleil, la lune abandonnant le soleil ; & quand on aura trouvé deux points B & E marqués de la même minute, on sera sûr d'avoir la fin de l'éclipse.

701. Le milieu de l'éclipse est à-peu-près le milieu de l'intervalle de temps écoulé entre le commencement & la fin : ainsi l'on cherchera la minute ou le point D qui tient le milieu entre ces momens marqués en I & en E, & la minute ou le point G qui tient aussi le milieu entre A &

B. La diſtance de ces deux points D & G, dont l'un eſt ſur l'orbite, l'autre ſur le parallèle de Paris, donnera la plus courte diſtance des centres de la lune & du ſoleil, ou leur diſtance, dans le temps du milieu de l'éclipſe.

702. Cette diſtance étant portée avec le compas ſur les diviſions du rayon C R, ſe trouvera exprimée en minutes & en ſecondes de degré ; car ſur une échelle d'un pied de rayon, chaque minute occupe plus de deux lignes, & l'on y diſtingue facilement un intervalle de 5 à 6″ : ainſi l'on aura en minutes & en ſecondes la plus courte diſtance du centre de la lune au centre du ſoleil ou de l'étoile, au temps du milieu de l'éclipſe. Si le point D de l'orbite eſt au-deſſous ou au midi du point G du parallèle, ce ſera une preuve que la lune paſſe au midi de l'étoile.

703. Pour éviter de diviſer chaque fois le rayon C R de la projection, en autant de parties qu'en contient la parallaxe ; c'eſt-à-dire, tantôt en 54′, tantôt en 61′, ſans compter les fractions de minutes, on forme une échelle E F (fig. 88), de 60 minutes dont les lignes ſont plus longues que le rayon du cercle, lorſque la parallaxe eſt plus petite que 60′ ; mais ſont plus petites quand la parallaxe excéde 60′ : par exemple, ſi la parallaxe eſt de 54′, c'eſt-à-dire, plus petite d'un ſixième que le rayon de la projection qu'on ſuppoſe toujours de 60′, il faut avoir une échelle où le compas puiſſe indiquer 54′ au lieu de 60′ ; car la même ouverture de compas qui valoit 10′ quand la parallaxe étoit de 60′, ne doit valoir que 9′ quand cette parallaxe n'eſt que de 54′ ; il faut donc avoir une échelle plus grande d'un ſixième ; cette échelle, quoique diviſée en 60 parties, n'en fera trouver que 54 quand on y portera le rayon de projection, parce qu'elle eſt plus grande que ce rayon, & que ſes parties ont plus d'étendue.

704. Le demi-diamètre de la lune étant toujours les $\frac{3}{11}$ de la parallaxe (584), on pourra tirer une ligne droite C D ſur l'échelle, de manière qu'elle intercepte les $\frac{3}{11}$ de toutes les échelles de parallaxe, en comptant de la ligne marquée 10, 10 ; on prendra facilement ſur cette échelle le

demi-diamètre de la lune qui eft, par exemple, de $16'\frac{1}{2}$ fi la parallaxe eft de 61′; de $14'\frac{2}{3}$ fi elle eft de 54′, & ainfi des autres ; on le prendra avec le compas fans avoir befoin d'en favoir la valeur.

705. Quand on a la plus courte diftance G D des centres du foleil & de la lune, & qu'on en veut conclure la grandeur de l'éclipfe en doigts (628), il faut retrancher cette diftance de la fomme des demi-diamètres, & porter le refte fur le diamètre du foleil, divifé en 12 parties ou 12 doigts ; l'on y verra la partie éclipfée du foleil, en doigts & fractions de doigts.

706. Lorfqu'il s'agit d'une éclipfe d'étoile, on fuit le même procédé que pour les éclipfes de foleil, en obfervant, 1°, que CL eft la différence entre la latitude de la lune & celle de l'étoile ; 2°, que LN eft le mouvement horaire de la lune feule, puifque l'étoile n'a aucun mouvement propre ; 3°, que fur les points V ou Q de l'ellipfe on marque l'heure du paffage au méridien, ou plus exactement, la différence entre fon afcenfion droite & celle du foleil, convertie en temps, pour l'heure de l'éclipfe ; 4°, que l'on prend la diftance I A égale au feul diamètre de la lune.

707. EXEMPLE. Le 7 Avril 1749, Antarès fut en conjonction avec la lune à $2^h 22'$ du matin ; la parallaxe de la lune étoit alors de $57'\frac{1}{4}$, fon mouvement horaire 33′ 12″ en longitude, & 1′ 56″ en latitude décroiffante ; la latitude au moment de la conjonction étoit de 3° 45′ 22″, celle de l'étoile étoit de 4° 32′ 12″ ; ainfi la lune étoit au nord de l'étoile de 46′ 50″.

Je commence par tirer l'axe de l'écliptique ou le cercle de latitude CL au point qui convient à la longitude d'Antarès 8^s 6° 16′ (693), je prends fur la ligne qui répond à 57′ dans l'échelle des parallaxes (*fig.* 88), une quantité de 46′ 50″, & je la porte de C en L fur le cercle de latitude ; au point L je tire la perpendiculaire LM (*fig.* 87.

Je prends fur la même ligne de l'échelle des parallaxes

le mouvement horaire de la lune 33′ $\frac{1}{7}$, & je le porte de L en M sur la perpendiculaire au cercle de latitude ; je porte aussi 2′ au-dessous du point M, parce que la lune s'avançoit de 2′ par heure vers le nord, & le point N marque le lieu de la lune une heure avant la conjonction, ou à 1ʰ 22′ du matin : ayant donc marqué en L le moment de la conjonction 2ʰ 22′, je marque en N 1ʰ 22′, & divisant l'intervalle LN en 60 parties, je marque la situation de la lune de 10 en 10′, comme on le voit dans la figure 87 depuis 0ʰ 50′ jusqu'à 2ʰ 30′.

L'heure du passage d'Antarès au méridien de Paris est 3ʰ 11′ (363), je la marque au sommet V de l'ellipse, & je marque 2ʰ 11′, 1ʰ 11′, &c. sur les autres divisions de l'ellipse ; je subdivise les intervalles de 10 en 10′, du moins dans les heures où il paroît que l'éclipse peut arriver, c'est-à-dire, qui approchent de l'heure de la conjonction.

Je prends sur l'échelle le demi-diamètre de la lune, depuis la ligne 10, 10, jusqu'à la ligne CD, & cela sur la ligne de 57′ ; cette ouverture de compas étant promenée sur l'orbite de la lune & sur l'ellipse, je vois qu'une des pointes étant en I sur 1ʰ 1′, l'autre pointe tombe en A sur l'ellipse, & y rencontre aussi 1ʰ 1′ : ainsi la lune étant en I à 1ʰ 1′, & la projection de Paris, ou le lieu apparent de l'étoile en A, il doit se faire une éclipse, la distance de la lune à l'étoile étant précisément égale au demi-diamètre de la lune, ce qui suppose un contact de l'étoile au bord de la lune.

Je promène la même ouverture de compas de l'autre côté en avançant vers l'orient, & je trouve qu'une des pointes étant en E sur 2ʰ 11′, l'autre pointe tombe aussi à 2ʰ 11′ sur l'ellipse en B, c'est le moment de l'émersion, la lune a donc parcouru la portion IE de son orbite, depuis le moment de l'immersion jusqu'à celui de l'émersion, & le lieu apparent de l'étoile a changé de la quantité AB. C'est vers le milieu de cet intervalle, la lune étant en D & l'étoile en G, qu'est arrivée la plus courte distance ; on s'en assurera en mesurant la distance de minute en minute ; car l'on verra qu'aux environs de $1^h 36'$ elle cesse de diminuer, après quoi elle augmente; cette plus courte distance D G étant portée sur la ligne 57 de l'échelle des parallaxes, se trouvera de $6'$, ce qui m'apprend que le centre de la lune a passé $6'$ au midi de l'étoile, au temps de la plus courte distance. Si c'est une éclipse de soleil, on prend la somme des demi-diamètres du soleil & de la lune pour la porter sur les divisions de l'orbite & de l'ellipse.

708. Il seroit facile de réduire au calcul les opérations graphiques, dont on vient de voir l'explication ; mais on a encore d'autres méthodes pour calculer rigoureusement les phases d'une éclipse de soleil ; on en peut voir le détail dans *mon Astronomie* ; je ne puis donner ici qu'une idée de celle que j'ai adoptée & perfectionnée, & que j'appelle la méthode des angles parallactiques.

Soit S le soleil (*fig.* 86) ou l'étoile dont on calcule l'éclipse, Z C S D le vertical du soleil, P B S E le cercle de latitude tiré du pole de l'écliptique par le soleil, O S le cercle de déclinaison tiré du pole de l'équateur. Connoissant la déclinaison du soleil, & l'heure pour laquelle on veut calculer la distance apparente des centres, l'état ou la phase de l'éclipse; on cherchera la hauteur du soleil (368), & son angle parallactique O S Z (369), on en retranchera l'angle de position O S P (313, 318) formé au centre du soleil par le cercle de déclinaison & le cercle de latitude ; on l'ajoutera si le pole de l'écliptique est situé de l'autre côté du point O, ce qui peut s'appercevoir aisément avec un globe que l'on auroit placé convenablement pour le jour & l'heure proposée (192); on aura l'*angle parallactique* proprement dit formé par le vertical & le cercle de latitude.

709. Connoissant pour le même instant la longitude vraie de la lune & celle du soleil, on a leur différence, qu'il faut multiplier par le cosinus de la latitude de la lune, & qui dans cet état est représenté par la ligne A B parallèle à l'écliptique, ou perpendiculaire au cercle de latitude. On connoît aussi la latitude vraie de la lune pour le même ins-

tant, c'eſt l'arc SB du cercle de latitude compris entre le ſoleil & le point B auquel la lune A répond perpendiculairement. Dans le triangle AB S rectangle en B, on connoît les deux côtés A B & B S, on cherchera par la trigonométrie rectiligne l'angle de conjonction A S B, & la ligne A S qui eſt la vraie diſtance de la lune au ſoleil. On retranchera l'angle parallactique P S C de l'angle de conjonction A S B, ou bien on prendra leur ſomme ſi le point A eſt ſitué de l'autre côté de B S, & l'on aura l'angle d'azimut A S C; connoiſſant cet angle avec l'hypothénuſe A S, on cherchera S C qui eſt la différence de hauteur entre le ſoleil & la lune, & A C qui eſt leur vraie différence d'azimut. Cette différence de hauteur étant ajoutée avec la hauteur du ſoleil donnera la hauteur vraie de la lune. Connoiſſant la parallaxe horizontale, on calculera la parallaxe de hauteur (582), qui retranchée de la hauteur vraie donnera la hauteur apparente. La différence entre cette hauteur apparente & celle du ſoleil, donnera l'arc S D du vertical, qui déſignera la ligne horizontale D L ſur laquelle doit ſe trouver le lieu apparent L de la lune. La différence apparente d'azimut D L eſt un peu plus grande que la différence vraie C A; mais la différence ne va jamais qu'à 30″, & peut ſe négliger dans bien des cas; on pourroit la trouver facilement, puiſque C A eſt à D L comme le ſinus de la diſtance vraie au zénit eſt au ſinus de la diſtance apparente. J'en donné une table dans la connoiſſance des temps de 1764. On corrigera encore la différence d'azimut D L par la parallaxe d'azimut (592), & ſi l'on veut employer une extrême préciſion dans le calcul, on appliquera auſſi à la parallaxe de hauteur C D l'équation qui vient de l'applatiſſement de la terre (594). Connoiſſant par ce moyen D L avec D S on réſoudra le triangle D S L, & l'on trouvera l'hypothènuſe S L qui eſt la diſtance apparente des centres du ſoleil & de la lune.

710. Si cette diſtance eſt égale à la ſomme des demi-diamètres apparens du ſoleil & de la lune (ou de la lune ſeule s'il s'agit d'une éclipſe d'étoile); c'eſt une preuve

que les deux bords se touchent & que l'éclipse commence
ou bien qu'elle finit : si cette distance est plus petite, par
exemple, de 5′ on est assuré que la lune anticipe sur le soleil de 5′ ou qu'il y a 5′ d'éclipse. En abaissant une perpendiculaire L E du lieu apparent L de la lune sur le cercle de latitude B S E, on a la latitude apparente de la
lune S E, & la différence de longitude apparente E L.
Ainsi la quantité B E est la *parallaxe de latitude*, & la différence entre A B & L E est la *parallaxe de longitude*, en
supposant que le point L & le point A soient l'un & l'autre
du même côté du cercle de latitude B S E.

711. Quand on a fait le même calcul pour deux ins-
tans différens, on a deux latitudes apparentes, & deux
différences de longitudes entre la lune & le soleil; on
pourra tracer *l'orbite apparente* affectée par la parallaxe,
& calculer les phases d'une éclipse de soleil, comme nous
avons calculé celles d'une éclipse de lune en traçant l'orbite
relative vraie (620).

Usage des Eclipses pour trouver les longitudes géographiques.

712. La méthode la plus exacte que nous ayons pour
connoître les longitudes des lieux de la terre (47), ou
les différences des méridiens (51, 54), est certainement
celle des éclipses de soleil ou d'étoiles ; le seul inconvénient
de cette méthode est la longueur des calculs qu'elle exige, mais cela n'empêche pas que nous n'en fassions un
usage continuel pour le bien de la géographie.

713. Lorsqu'on a observé le commencement & la fin
d'une éclipse de soleil, l'immersion & l'émersion d'une
étoile cachée par la lune, ou celle d'une planète, il faut en
déduire le temps de la conjonction vraie ; & quand on a
le temps de la même conjonction pour chacun des deux
pays, la différence des temps est évidemment celle des
méridiens (*Képler, astron. pars. optica* 395). Cette méthode est la plus directe, la plus élégante & la plus sûre dont

on puiſſe faire uſage. Je choiſis, pour exemple, le caſ-
cul d'une éclipſe d'étoile, comme renfermant quelques conſidérations de plus que celui d'une éclipſe de ſoleil; mais
j'y ajouterai toujours les modifications qu'exigent les éclipſes de ſoleil.

714. Soit S (*fig.* 90), le ſoleil, ou l'étoile éclipſée, L
la ſituation apparente du centre de la lune, par rapport au
ſoleil au commencement de l'éclipſe; F le lieu apparent
du centre de la lune au moment de l'émerſion; L F le
mouvement apparent de la lune par rapport au ſoleil ou
à l'étoile, dans l'intervalle de la durée de l'éclipſe; S H le
cercle de latitude qui paſſe par l'étoile, G H I un arc de
l'écliptique, D S E une ligne perpendiculaire à S H, paſſant par l'étoile & ſenſiblement parallèle à l'écliptique; ſuppoſons encore F A parallèle à D E, l'on aura le mouvement apparent en latitude A L, & le mouvement relatif apparent en longitude F A ſur un arc de grand cercle; cet arc ſe confond ſenſiblement avec le parallèle à
l'écliptique, mais il eſt plus petit de quelques ſecondes que
l'arc G I de l'écliptique; ce mouvement apparent eſt la
première choſe qu'il s'agit de trouver.

715. On connoît par les tables l'heure de la conjonction vraie, calculée, de même que les longitudes & les latitudes vraies de la lune, & de l'aſtre éclipſé, au commencement & à la fin de l'éclipſe; on calcule pour les mêmes inſtans la différence des parallaxes en longitude & en latitude
(710); on ajoute chaque parallaxe à la longitude vraie,
ou bien on la retranche ſuivant que le lieu apparent de
la lune eſt plus ou moins avancé que le lieu vrai, & l'on a
les longitudes apparentes ou affectées de la parallaxe, dont
la différence eſt le mouvement apparent de la lune ſur l'é-
cliptique; on en retranche le mouvement du ſoleil, ou de
l'aſtre éclipſé (s'il eſt rétrograde on les ajoute); & l'on
a la valeur de G I mouvement relatif apparent ſur l'é-
cliptique.

716. On applique de même la différence des parallaxes
en latitude pour chacun des deux inſtans, à la latitude

vraie de la lune calculée par les tables (ou à la distance au pole boréal de l'écliptique), & l'on a les deux latitudes apparentes I L, G F, au commencement & à la fin de l'éclipse; la différence de ces latitudes apparentes (ou leur somme, si l'une étoit australe & l'autre boréale), est le mouvement apparent de la lune en latitude; on en ôte le mouvement en latitude de l'astre éclipsé, si sa latitude change dans le même sens que celle de la lune, & l'on a la valeur de A L mouvement relatif apparent de la lune. On multiplie la différence des longitudes apparentes, c'est-à-dire, G I, par le cosinus de la latitude apparente qui tient le milieu entre les latitudes I L & G F (531), & l'on a la valeur du mouvement F A mesuré dans la région de l'éclipse.

717. Dans le triangle F A L rectangle en A, l'on connoît les deux côtés F A & A L, on trouvera l'angle L F A & l'hypothènuse F L, c'est-à-dire, l'inclinaison de *l'orbite apparente*, & le mouvement apparent en ligne droite, sur l'orbite apparente de la lune relativement à l'astre S, qui est toujours supposé immobile pendant la durée de l'éclipse.

718. Dans le triangle L S F, on connoît trois côtés, le mouvement apparent F L en ligne droite, la somme des demi-diamètres de la lune & de l'astre éclipsé, celui de la lune étant augmenté à raison de sa hauteur sur l'horizon (572); la somme des demi-diamètres pour le commencement est S L, pour la fin c'est S F; on cherchera les angles, S L F & S F L; commençant par l'analogie ordinaire de la trigonométrie rectiligne : le mouvement F L est à la somme des deux distances observées, ou des deux sommes des demi-diamètres, S L & S F, comme leur différence est à la différence des segmens B L & B F; la moitié de cette différence trouvée, étant ajoutée avec la moitié du mouvement F L donnera le plus grand des deux segmens ; cette demi-différence retranchée de la moitié du mouvement F L donnera le plus petit des deux segmens.

719. Quand on aura les deux fegmens, il fera facile de trouver les angles comme BLS, BFS; l'un de ces angles ajouté avec celui de l'inclinaifon apparente LFA, & l'autre retranché, donneront les complémens des angles de conjonction apparente, c'eft-à-dire, les angles DSF, LSE.

Le rayon eft à la fomme des demi-diamètres apparens SF, qui répond à la plus grande latitude, comme le cofinus de l'angle DSF eft à SD; cette quantité divifée par le cofinus de la latitude HS de l'aftre S (fi ce n'eft pas le foleil), donnera la diftance HG à la conjonction apparente, pour celle des deux obfervations qui répond à la plus grande des deux latitudes apparentes de la lune, c'eft-à-dire, à DF. On ôtera cette diftance de la longitude vraie du foleil ou de l'étoile, fi c'eft le commencement de l'éclipfe auquel répond la plus grande latitude, on l'ajoutera avec la longitude de l'étoile, fi c'eft la fin de l'éclipfe, & l'on aura la longitude apparente de la lune obfervée. Cette longitude obfervée étant comparée à celle qu'on avoit calculée, donnera l'erreur des tables en longitude.

720. La parallaxe de longitude étant appliquée à la longitude apparente donnera la longitude vraie de la lune; la différence entre cette longitude vraie & celle de l'étoile S convertie en temps à raifon du mouvement horaire fur l'écliptique, fera trouver l'heure de la conjonction vraie, pour le lieu de l'obfervation. L'on fera le même calcul pour une autre obfervation, & l'on aura pour ce nouveau méridien l'heure de la conjonction vraie; elle différera de la premiere d'une quantité qui fera la différence des méridiens entre les deux pays où l'obfervation a été faite.

721. La manière de déterminer les longitudes des différens pays de la terre par la conjonction vraie calculée pour les deux pays, eft la plus exacte que nous ayons; le feul inconvénient comme je l'ai dit eft la longueur du calcul qu'elle fuppofe; c'eft un très-grand obftacle, à caufe du peu de perfonnes qui s'occupent de ces recherches,

Cependant depuis quelques années on a déterminé les longitudes d'un très-grand nombre de villes par des obfervations d'éclipfes de foleil, & j'en ai rapporté beaucoup dans la *connoiſſance des temps* pour 1774.

722. Les étoiles dont on obferve les immerfions paroiffent fouvent pendant quelques fecondes être entiérement fur le difque de la lune. Il eft probable que cette apparence eft occafionnée par l'irradiation ou le débordement de lumière de la lune ; tous les corps lumineux font ainfi bordés, & comme enflés par la lumière qui les environne.

723. L'atmofphère de la lune produit un autre phenomène, que M. du Séjour paroît avoir démontré dans les Mémoires de l'académie pour 1767, c'eft une INFLEXION de $4''\frac{1}{2}$ égale au double de la réfraction horizontale qui a lieu dans l'atmofphère de la lune ; pour tenir compte de cette inflexion, il faut dans les éclipfes de foleil diminuer le demi-diamètre de la lune de cette quantité, en même-temps qu'on diminue celui du foleil de $3''$, à caufe de l'irradiation : la circonftance la plus favorable pour conftater cette inflexion feroit celle d'une éclipfe qui feroit totale pour les pays où la lune feroit fort élevée fur l'horizon, & annulaire dans les pays où la lune feroit la plus bafe ; telle a dû être l'éclipfe du 23 Septembre 1699.

724. Les éclipfes des planètes par la lune fe calculent de la même manière que les éclipfes de foleil ou d'étoiles, pourvu qu'on ait égard à leurs mouvemens en longitude & en latitude, qui augmente ou qui diminue celui de la lune, & qui influe fur la fituation de l'orbite relative.

725. Les planètes font quelquefois aſſez proches l'une de l'autre pour s'éclipfer mutuellement ; Mars parut éclipfer Jupiter le 9 Janvier 1591, & il fut éclipfé par Vénus le 3 Octobre 1590, (*Képler, Aftron. Pars Optica, page* 305) ; Mercure fut caché par Vénus le 17 Mai 1737, (*Philof. Tranfaƈt.* N°. 450). On trouve auffi dans les ouvrages des Aftronomes plufieurs exemples des occultations d'étoiles par les planètes : Saturne couvrit l'étoile *o* de la

fixieme grandeur qui eſt à la corne auſtrale du Taureau, le 7 Janvier 1679, ſuivant M. Kirch, (*Miſcell. Berolin, pag.* 205).

DES PASSAGES DE VÉNUS ET DE MERCURE
ſur le ſoleil.

VÉNUS & Mercure qui tournent autour du ſoleil à une moindre diſtance que la terre, (art. 393), ſe trouvent entre nous & le ſoleil à chaque révolution ſynodique ; & ſi ces planètes n'ont alors que peu de latitude, on voit ſur le ſoleil une tache noire & ronde, dont la largeur paroît occuper environ la trentième partie de celle du ſoleil, ſi c'eſt Vénus, & ſeulement la 150e partie ſi c'eſt Mercure.

726. Averrhoës crut avoir apperçu Mercure ſur le Soleil, mais Albategnius & Copernic ne penſoient pas qu'il fût poſſible de l'y voir à la vue ſimple, & ils avoient raiſon. Képler crut auſſi avoir apperçu Mercure ſur le ſoleil à la vue ſimple ; mais il reconnut enſuite que ce ne pouvoit être qu'une tache du ſoleil ; il s'en trouve quelquefois d'aſſez groſſes pour qu'on puiſſe les entrevoir ſans lunettes ; Galilée aſſuroit en avoir vu & les avoir montré à d'autres à la vue ſimple, & nous en citerons des exemples (936, 941). Mais à l'égard de Mercure qui n'a que $12''$ de diamètre, il eſt impoſſible qu'on l'ait jamais apperçu ſur le ſoleil ; c'eſt tout ce que l'on pouvoit faire, en 1761, que d'y appercevoir Vénus, qui avoit $58''$ de diamètre. Il n'eſt donc pas étonnant qu'avant la découverte des lunettes, on n'eût jamais obſervé Mercure ni même Vénus ſur le ſoleil.

727. Ces paſſages n'arrivent que lorſque Vénus & Mercure dans leur conjonction inférieure, n'ont pas une latitude plus grande que le demi-diamètre du ſoleil, c'eſt-à-dire, lorſque la conjonction arrive fort près du nœud, tout au plus, à la diſtance de $1° \frac{3}{4}$ pour Vénus.

728. Ces paſſages ſont importans ; ils fourniſſent un moyen de déterminer exactement le lieu du nœud N de Mercure, ou de Vénus (*fig. 91*), quand on a vu la ſituation

OR de l'orbite de la planète ; ils donnent la longitude héliocentrique indépendamment de la parallaxe du grand orbe ; puisque la conjonction de la planète avec le soleil S prouve que la longitude de la planète vue du soleil est la même que la longitude de la terre ; mais les passages de Vénus ont sur-tout l'avantage singulier de pouvoir faire connoître exactement la parallaxe du soleil (735), d'où dépendent les distances de toutes les planètes entr'elles & par rapport à nous (585) ; c'est ce qui leur a donné une si grande célébrité, & qui a fait écrire tant de mémoires & entreprendre tant de voyages à ce sujet.

729. Il y a dans les passages de Vénus trois choses qui concourent à donner de l'avantage & du mérite à ces sortes d'observations ; 1°, la grande précision avec laquelle on observe le contact de deux objets, dont l'un est obscur & placé sur celui qui est lumineux ; il n'y a dans l'Astronomie que ce seul cas où l'on puisse observer un angle de distance à un dixième de seconde près ; 2°, le rapport connu de la parallaxe de Vénus au soleil, avec celles de toutes les autres planètes ; 3°, la grandeur de cette parallaxe qui produit plus d'un quart-d'heure de différence entre les observations, & qui est plus que double de celle du soleil.

730. Képler fut le premier qui en 1627 après avoir dressé sur les observations de Tycho ses tables Rudolphines, osa marquer les temps où Vénus & Mercure passeroient devant le soleil ; il annonça même un passage de Mercure pour 1631, & deux passages de Vénus, l'un pour 1631, & l'autre pour 1761, dans un avertissement aux Astronomes, publié à Leipsic en 1629 : Képler n'avoit pas pu donner à ses tables un degré de perfection assez grand, pour annoncer d'une manière exacte & infaillible ces phénomènes, qui tiennent à des quantités fort petites ; le passage qu'il annonçoit pour 1631 n'eut pas lieu ; & Gassendi qui s'y étoit rendu fort attentif à Paris ne l'avoit point apperçu ; mais aussi il y eut en 1639 un passage de Vénus que Képler n'avoit point annoncé & qui fut observé en Angleterre. Képler mourut quelques jours avant celui du passage de Vénus

qu'il avoit annoncé pour 1631 ; mais le paſſage de Mercure fut obſervé, comme il l'avoit prédit.

731. Examinons d'abord pourquoi les paſſages de Mercure & ſur-tout ceux de Vénus ſur le ſoleil, ſont ſi rares ; Vénus revient toujours à ſa conjonction inférieure au bout d'un an & 219 jours (454) ; il ſembleroit donc qu'à chaque conjonction Vénus devroit paroître ſur le ſoleil, étant placée entre le ſoleil & nous ; mais il en eſt de ces éclipſes comme des éclipſes de lune (600), il ne ſuffit pas que Vénus ſoit en conjonction avec le ſoleil, il faut qu'elle ſoit vers ſon nœud, & que ſa latitude vue de la terre n'excède pas le demi-diamètre du ſoleil, c'eſt-à-dire, environ 16'. Soit S, le centre du ſoleil (*fig.* 91), S N l'écliptique, O R N l'orbite de Vénus ; au moment où elle répond perpendiculairement au point S, de l'écliptique où eſt le ſoleil, S V eſt la latitude géocentrique de Vénus ; ſi cette latitude eſt plus petite que le rayon SA du ſoleil, il eſt évident que Vénus paroîtra ſur le diſque OAR du ſoleil ; il en eſt de même de Mercure.

732. Lorſqu'on connoît la révolution ſynodique moyenne de Mercure ou le retour de ſes conjonctions au ſoleil, qui eſt de 115ʲ 21ʰ 3′ 22″ 3 (454), on peut trouver pour un intervalle quelconque toutes les conjonctions inférieures de Mercure au ſoleil ; on choiſit celles qui arrivent quand le ſoleil eſt près du nœud de Mercure, c'eſt-à-dire, vers le commencement de Mai & de Novembre, & en les calculant avec plus de ſoin comme les conjonctions de la lune, on voit bientôt ſi la latitude géocentrique au moment de la conjonction vraie n'excède pas le demi diamètre du ſoleil, & ſi Mercure peut paroître ſur le diſque du ſoleil. C'eſt ainſi que M. Halley calcula, en 1691, pluſieurs paſſages de Mercure ſur le ſoleil, qui ſont rapportés dans les tranſactions phloſophiques. On y trouve les calculs que M. Halley avoit faits de 29 paſſages tant pour le dernier ſiècle que pour celui-ci. Il y employoit des périodes de 6 ans, de 7, de 13, de 46 & de 265, qui fort ſouvent ramènent les paſſages de Mercure ſur le ſoleil au même nœud, & qui ſuffiſent pour indiquer les années où il peut y en avoir. M.

Halley avoit fait la même chose pour les passages de Vénus ; il y reconnut des périodes de 8 ans, de 235 & de 243, qui ramènent les passages de Vénus sur le soleil, & il calcula 17 passages de Vénus, depuis l'an 918 jusqu'à l'année 119.

733. La première observation que l'on ait eu d'un semblable phénomène, est le passage de Mercure observé à Paris par Gassendi, le 7 Novembre 1631 au matin. Depuis ce temps-là on en a observé 12 autres, y compris celui du 9 Novembre 1769, qui a été vu en Amérique & aux Indes ; nous en attendons d'autres pour 1776, 1782, 1786, 1789, 1799, &c.

734. Vénus fut observée sur le soleil en 1639, elle l'a été sur-tout en 1761 & 1769, elle y passera encore en 1874, 1882, 2004, 2012, 2117, 2125, &c ; le passage de Vénus, observé en 1769, est une des observations les plus importantes que les Astronomes ayent jamais faites, par la connoissance qu'elle nous a donnée de la véritable parallaxe du soleil ; ce fut M. Halley qui fit cette remarque intéressante en 1677 ; si la parallaxe qui abaisse les astres fait paroître Vénus le long de la ligne BC au lieu de l'orbite OR, elle décrira sur le soleil une corde moins longue, & la durée de son passage sera moindre ; ainsi la durée observée peut nous faire juger de la parallaxe de Vénus. Aussi nous attendions avec impatience les passages de Vénus annoncés pour 1761 & pour 1769 : la plupart des Souverains & des Académies de l'Europe se sont empressés de procurer des voyages dans des lieux éloignés pour que l'effet de la parallaxe fût plus considérable, & ces voyages ont réussi, surtout en 1769, de manière à ne laisser presque rien à desirer.

La Société Royale de Londres, secondée par le Roi d'Angleterre, envoya des Observateurs au Fort du Prince de Galles sur la Baye d'Hudson & à l'Isle de Taïti dans le milieu de la mer du sud ; l'Abbé Chappe se transporta en Californie ; le P. Hell à Wardhus qui est à l'extrémité la plus septentrionale de la Laponie. M. Planman s'étoit placé à Cajanebourg en Finlande, & ces cinq observations qui ont réussi complettement, nous ont appris que la parallaxe du foleil étoit de 8″ 5 ou 8″ 6, c'eſt-à-dire, huit fecondes ſix dixièmes.

735. Pour parvenir à cette connoiſſance, il ſuffit de calculer le commencement & la fin d'un paſſage de Vénus, en y employant la parallaxe par une méthode ſemblable à celle que nous avons expliquée ci-deſſus à l'occaſion des éclipſes de foleil (710). On trouve que la durée du paſſage de 1769, vue du centre de la terre, devoit être de 5ʰ 41′ 56″ entre les deux contacts intérieurs, c'eſt-à-dire entre le moment où le diſque de Vénus ſe trouva tout entier ſur le ſoleil & le premier inſtant où elle commença d'en ſortir; mais en calculant ces mêmes phaſes pour Wardhus, & en employant une parallaxe de 8″ 5 pour le foleil, ce qui donne pour ce jour-là 21″ $\frac{12}{100}$ pour l'excès de ia parallaxe de Vénus ſur celle du foleil, on trouve que la durée du paſſage devoit y être plus grande de 10′ 52″ de temps. Au contraire à l'Iſle de Taïti elle devoit être plus petite de 11′ 43″. De-là il ſuit que ſi l'on a véritablement obſervé à Taïti une durée plus petite de 22′ 35″ qu'à Wardhus, la parallaxe du foleil eſt réellement de 8″ 5; or le P. Hell obſerva cette durée de 5ʰ 53′ 14″, & MM. Green, Cook & Solander l'obſerverent à Taïti de 5ʰ 30′ 4″ plus petite que la premiere de 23′ 10″; cette quantité diffère à la vérité de 35″, mais ſur une différence totale de 23′ 10″ cela ne fait pas $\frac{1}{50}$ de différence; d'ailleurs ayant comparé de même toutes les autres obſervations, j'ai trouvé qu'elles s'accordoient aſſez avec la parallaxe de 8″ 6, pour prouver qu'il n'y a pas un ſoixantième d'incertitude ſur le total de cette détermination. On peut voir toutes les obſervations, les calculs, la méthode & les réſultats, dans mon *Mémoire ſur le paſſage de Vénus*, imprimé ſéparément en 1772 (à Paris, chez Lattré, Graveur, rue S. Jacques); cet ouvrage, que tout le monde peut conſulter, me diſpenſera d'entrer ici dans un plus grand détail. On trouve chez le même graveur une Mapemonde dans laquelle j'ai déſigné par des cercles l'effet de la parallaxe dans tous les pays de la terre, avec une explication où j'indiquois toutes les ſtations où il importoit de faire

l'observation pour que le résultat fût plus concluant : j'ai eu la satisfaction de voir toutes mes indications suivies , & le succès répondre aux espérances que j'en avois conçues.

736. La manière d'observer les passages de Mercure & de Vénus consiste à déterminer avec un quart de cercle ou avec un réticule la différence d'ascension droite & de déclinaison , pour en conclure la différence de longitude (946) & l'heure de la conjonction. Ces passages de Mercure & de Vénus sur le soleil servent encore à trouver le lieu du nœud avec une très-grande précision lorsqu'on a observé la différence d'ascension droite & de déclinaison entre Vénus & le soleil (535 , 946). On en conclud la distance S M à laquelle Vénus a paru dans le milieu de son passage éloignée du centre du soleil , & sa latitude géocentrique S V , on la réduit au soleil ; alors dans le triangle S N V connoissant l'inclinaison N de son orbite & le côté N V , l'on en conclud la distance S N entre le soleil & le nœud de la planète.

LIVRE VI.

Des Réfractions.

737. L'ATMOSPHERE (ᵃ), c'est-à-dire, la masse d'air qui environne la terre, affoiblit la lumière, la disperse, la décomposé, & change sa direction. Il est prouvé par un grand nombre d'expériences, qu'on trouve dans tous les livres d'optique, que les rayons de lumiere qui entrent obliquement d'un milieu moins dense dans un milieu plus compact, changent de direction, & se rapprochent de la perpendiculaire, comme s'ils étoient plus fortement attirés par la matiere la plus dense ; ce changement des rayons de lumiere est différent suivant l'obliquité du rayon, & les tables qui en contiennent l'effet, s'appellent *Tables de Réfractions*, ou *Tables Anaclastiques* (ᵇ).

Soit ABD la surface de la terre, (*fig.* 92) ; EKG la surface extérieure de l'atmosphère qui environne la terre, & dont la densité est sensible jusqu'à quelques lieues de hauteur ; A le lieu de l'observateur, & MK un rayon de lumière qui entre obliquement dans l'atmosphère en K ; ce rayon plié & courbé dans l'atmosphère, parvient au point A, comme s'il avoit suivi la ligne droite NKA ; l'œil reçoit l'impression de la lumière suivant la direction NKA du rayon qui arrive à l'œil en A ; l'observateur rapporte sur le rayon AKN l'astre qui est véritablement en M, ensorte que la réfraction fait paroître l'astre plus élevé de la quantité de l'angle NKM, que nous appellons la RÉFRACTION ASTRONOMIQUE.

738. Le rayon CKR étant perpendiculaire à la surface réfringente en K, on appelle ANGLE D'INCIDENCE l'angle

<hr>

(*a*) Ἀτμος , *Vapor*, Σφαιρα , *Globus.*
(*b*.) Ce mot vient de Κλάω , *frango.*

MKR, que forme le rayon incident avec la perpendiculaire, avant la réfraction, & l'on appelle ANGLE DE RÉFRACTION, l'angle NKR, ou son égal AKC que forme ce rayon avec la même perpendiculaire, après la réfraction ; les sinus de ces deux angles ont entre eux un rapport constant, qu'on appelle le *Rapport de Réfraction*, & que Newton suppose ici être de 3201 à 3200 ; aussi n'y a-t-il point de réfraction quand le rayon est perpendiculaire à la surface réfringente, car un des angles étant nul, l'autre s'évanouit nécessairement ; d'ailleurs le rayon perpendiculaire à une surface plus dense, ne change pas de direction pour en être plus attiré, puisqu'il y arrive le plus directement possible, & par le plus court chemin. Delà il suit que la réfraction se fait toujours dans un plan vertical ; car le rayon rompu n'ayant de tendance que pour se rapprocher de la ligne verticale ou du zénit, ne se détournera ni à droite ni à gauche de cette ligne, le rayon rompu sera dans le même plan que le rayon direct & la ligne du zénit ; ainsi le lieu vrai & le lieu apparent seront dans le même vertical.

739. On trouvera les loix, les propriétés & les effets de la réfraction, & ceux de la lumière, dans plusieurs livres d'optique, sur-tout dans celui qui a pour titre : *A compleat System of Optiks by* Robert SMITH, Cambridge, 1738, 2 vol. *in-4°*. Il y en a deux éditions Françoises d'Avignon & de Brest, données par le P. Pézenas & par M. le Roy.

Les anciens connurent très bien le phénomène des réfractions en général : Aristote dans un de ses problêmes parle de la courbure apparente d'une rame dans l'eau, & Archimède passe pour avoir écrit un traité sur la figure d'un cercle vu sous l'eau ; on croyoit alors que les angles de réfraction étoient proportionels aux angles d'incidence : Snellius & Descartes ont fait voir que la proportion n'avoit lieu qu'entre les sinus de ces angles.

La réfraction astronomique ne fut même pas inconnùe à Ptolomée, quoiqu'il n'en ait pas fait usage dans ses calculs ; il dit sur la fin du VIII.e livre de l'Almageste, qu'il y a des différences dans le lever & le coucher des aftres, qui dépendent des changemens de l'atmofphère : il en faifoit mention d'une manière plus détaillée dans fon *Optique*, Ouvrage qui ne nous eft pas parvenu, (Montucla, *Hiftoire des Mathématiques*, I. 308) Alhazen, Opticien Arabe du dixième fiècle, qu'on foupçonne généralement d'avoir pris dans Ptolomée prefque toute fon optique, en parle décidément & fort au long ; il donne même la manière de s'en affurer par l'expérience.

Prenez, dit il, un inftrument compofé avec des cercles ou armilles qui tournent autour des poles ; mefurez la diftance d'une étoile au pole du monde, lorfqu'elle paffe près du zénit dans le méridien ; & lorfqu'elle fe lève près de l'horizon, vous trouverez la diftance au pole plus petite dans ce dernier cas ; Alhazen démontre enfuite que cela doit arriver par l'effet de la réfraction ; il ne dit point, à la vérité, quelle eft la quantité qui en réfulte fur les obfervations ; mais ce paffage d'Alhazen fait voir de quelle manière on obferva l'effet de la réfraction, & comment on parvint d'abord à le reconnoître. De même quand les Anciens obfervoient l'équinoxe avec ces armilles, ils pouvoient l'appercevoir deux fois en un même jour, par l'effet des réfractions, (Flamftéed, *Prolegom. pag.* 21), cet effet pouvoit auffi fe reconnoître facilement par les étoiles circompolaires ; car fi l'on obferve deux étoiles, comme γ d'Andromède & l'étoile polaire, éloignées l'une de l'autre de 47°, on trouvera leur diftance plus grande d'un demi-degré, quand la première paffera par le méridien, près du zénit, que quand elle paffera fous le pole, près de l'horizon ; & toutes les diftances des étoiles entre elles changeront ainfi plus ou moins.

Snellius, en publiant les obfervations de Waltherus, remarqua que ces obfervations étoient fi exactes, qu'elles avoient appris à Waltherus l'augmentation de hauteur que caufe la réfraction ; mais Tycho fut le premier qui la détermina d'une manière à en dreffer des tables : voici l manière dont il raconte lui-même cette découverte aftronomique (*Progymnafmata, pag.* 15).

740. Il avoit déterminé avec un ou deux inftrumens affez bien faits, la hauteur du pole par les hauteurs fupérieures & inférieures de l'étoile polaire (33), il la détermina auffi par les hauteurs du foleil dans les deux folftices (70), & il trouva la feconde plus petite de 4′; il eut d'abord un foupçon fur la bonté de fes inftrumens, il continua d'en faire conftruire jufqu'à dix de différentes grandeurs & de différentes formes, travaillés avec plus grand foin, & il trouva toujours le même réfultat; il ne pouvoit plus alors attribuer cette différence au défaut des obfervations; il penfa férieufement à chercher une caufe de ce phénomène, & il imagina enfin, qu'il provenoit d'une réfraction confidérable que le foleil devoit éprouver au folftice d'hiver, n'étant élevé que de 11° pour lui. Cette explication étoit d'acord avec les démonftrations de l'optique, cependant il avoit peine à fe perfuader que cette réfraction fût affez confidérable pour produire une fi grande erreur; il jugeoit qu'il y avoit au moins 5′ de réfraction (ᵃ) à la hauteur de 11°; c'eft pourquoi Tycho fit faire encore des armilles de dix pieds de diamètre, dont l'axe répondoit exactement au pole du monde, & avec lefquelles il mefuroit la déclinaifon des aftres hors du méridien, il reconnut alors que, même en été, la réfraction, quoique infenfible à la hauteur méridienne du foleil, devenoit fenfible près de l'horizon, & que l'effet alloit à un demi-degré.

Tycho-Brahé crut que la réfraction du foleil devenoit nulle à 45° de hauteur, & celle des étoiles à 20°; quoiqu'à cette hauteur elle foit de 2′¼; cette erreur fubfifta long-temps: le P. Riccioli, même en 1665, fuppofoit encore que les réfractions n'avoient plus lieu au-delà de 20° de hauteur, ou environ; quoiqu'elle foit encore de deux minutes.

741. Ce fut M. Caffini qui vers l'an 1660, entreprit de former une nouvelle table de réfractions, en même temps que les nouvelles tables du foleil, qui repréfentèrent les

______

(ᵃ) Il n'y en a réellement que 4¼, mais Tycho en augmentoit l'effet par la parallaxe du foleil qu'il fuppofoit de 2′ 30″ à cette hauteur au lieu de 8″.

obfervations avec une juftefle beaucoup plus grande qu'on ne l'avoit fait avant lui. Mais pour éprouver la juftefle de fa nouvelle table de réfractions, M. Caflini fouhaita d'avoir des obfervations du foleil faites au zénit, où tout le monde convenoit qu'il n'y avoit point de réfraction; par-là il pouvoit vérifier fi les obfervations qui y feroient faites ne feroient pas beaucoup mieux repréfentées par fes nouvelles tables du foleil, que par les Tychoniciennes; car dès lors il n'y avoit plus de doute que les tables du foleil & celles des réfractions, ne fuffent préférables à celles de Tycho, repréfentant mieux les obfervations faites, & dans les cas où il y a réfraction & dans ceux où il n'y en a point.

Louis XIV, & le grand Colbert, dont le zèle pour la gloire des fciences avoit déja paru tant de fois, laiffoient à l'Académie le choix des entreprifes : elle jugea qu'il n'y avoit point de lieu plus commode pour de pareilles obfervations que l'Ifle de Cayenne qui eft à 5° de l'équateur, & où la France envoyoit des vaiffeaux plufieurs fois l'année. Les hauteurs méridiennes du foleil devoient être, en tout temps, exemptes de réfractions, fi cette réfraction étoit nulle au-deffus de 45°; car la plus petite hauteur du foleil y eft de 61°, on devoit donc trouver l'obliquité de l'écliptique, fans aucune diminution de réfractions, mais au contraire, augmentée par l'effet de la parallaxe du foleil dans les deux folftices; ainfi dans les hypothèfes Tychoniciennes, la diftance des deux tropiques devoit fe trouver à Cayenne de plus de 47° 3′, & felon M. Caflini qui diminuoit la parallaxe & fuppofoit de la réfraction, même dans les grandes hauteurs, cette diftance ne devoit paroître à Cayenne que de 46° 58′; il y avoit donc entre ces hypothèfes une différence de 5′ qui pouvoit s'obferver exactement à Cayenne, & décider à la fois ces trois objets, la parallaxe, la réfraction & l'obliquité de l'écliptique. Ces feuls motifs étoient plus que fuffifans pour faire entreprendre le voyage de Cayenne. Il y avoit encore d'autres objets intéreffans à conftater, tels que la longueur du pendule, la parallaxe de la Lune, de Mars & du Soleil, la théorie de Mercure, les longitudes géographiques, la position des étoiles australes, les marées, les variations du baromètre; tels furent les motifs curieux du voyage qu'entreprit M. Richer. Il partit de Paris au mois d'Octobre 1671, & il séjourna à Cayenne depuis le 22 Avril 1672, jusqu'à la fin de Mai 1673; ses observations furent publiées en 1679, & sont aussi rapportées dans le recueil d'observations que l'Académie donna en 1693.

Les choses arrivèrent à Cayenne à peu-près comme M. Cassini l'avoit prévu; l'obliquité apparente de l'écliptique y parut de 23° 28′ 32″, c'est-à-dire, beaucoup plus petite qu'elle ne devoit être, suivant Tycho-Brahé; elle ne différa que de 5″ de celle qu'il devoit y avoir, en adoptant pour les réfractions, & pour la parallaxe du soleil, les tables de M. Cassini; il n'eut d'autres conséquences à tirer des observations de Cayenne, si ce n'est que les élémens par lesquels il avoit représenté les observations faites en Europe, représentoient avec la même justesse les observations faites en Amérique; ce que ne faisoient point les élémens dont s'étoit servi Tycho - Brahé à l'égard de l'obliquité de l'écliptique, de la parallaxe du soleil & des réfractions astronomiques.

Méthodes pour observer la quantité des Réfractions Astronomiques.

742. Après avoir tracé l'histoire de la réfraction, je passe aux méthodes qui ont été employées successivement pour l'observer. On a vu celle des déclinaisons (740) : voici celle des hauteurs. La réfraction étant la différence entre la hauteur apparente & la hauteur vraie, il s'agit de pouvoir calculer celle-ci pour le moment où l'on a observé la première.

Lorsqu'on n'avoit pas l'usage des horloges, on employoit l'azimut ou l'angle Z (*fig.* 31), pour résoudre le triangle P Z S, & trouver la véritable hauteur; l'angle Z ou P Z S ne dépend point de la réfraction & n'en est point affecté, puisque le lieu vrai & le lieu apparent, sont dans un feul & même vertical ZS (739), & par conféquent au même degré d'azimut ; ainfi dans le triangle PZS, on connoîtra pour l'inftant donné les côtés PZ & PS avec l'angle Z oppofé à l'un d'eux ; l'on trouvera par la trigonométrie fphérique, le troifième côté ZS, dont le complément eft la hauteur vraie, qui comparée avec la hauteur apparente, obfervée en même temps que l'azimut, donne la quantité de la réfraction. (Tycho, *Progymn. pag.* 93). Cette méthode des azimuts n'eft point ufitée actuellement.

743. Les hauteurs correfpondantes du foleil, ou d'une étoile font le moyen le plus propre à faire connoître la quantité de la réfraction, fi elles font prifes avec un grand quart-de-cercle & une pendule excellente. Je fuppofe, par exemple, que la hauteur du foleil obfervée à fix heures de diftance du méridien, le matin & le foir, fe foit trouvée de 9° précifément, & que fuivant le calcul (368), elle ne doive être réellement que de 8° 54'; on faura dès-lors qu'à la hauteur apparente de 9° il y a 6' de réfraction, & que le foleil paroît trop élevé de 6'.

Dans le triangle PZS (*fig* 31), formé au pole, au zénit & au foleil, on fuppofe connues la diftance PZ du pole au zénit, & la diftance PS du foleil au pole boréal du monde, indépendamment des réfractions ; mais l'erreur qui peut en réfulter fur les grandes réfractions eft très-petite ; on connoît auffi, par l'obfervation des hauteurs correfpondantes, l'heure qu'il eft, & l'angle horaire ZPS : ainfi l'on trouvera par la réfolution du triangle PZS la diftance au zénit, ou ZS ; c'eft le complément de la hauteur vraie, puifque les deux côtés PZ & PS, auffi bien que l'angle P, font des quantités vraies, & données indépendamment des réfractions. Cette hauteur vraie, trouvée par le calcul, eft toujours plus petite que la hauteur apparente obfervée avec le quart-de-cercle, & la différence eft la quantité de réfraction qui convient à la hauteur obfervée. Cette méthode fut employée autrefois par M. Picard, & l'a été en 1751 par M. de la Caille ; l'on a reconnu par ce moyen que la réfraction horizontale, ou la plus grande de toutes les réfractions aftronomiques, eſt d'environ 32 minutes & demie.

744. M. de la Caille, avant ſon voyage en Afrique, avoit auſſi entrepris de déterminer les réfractions par le moyen des angles horaires & des hauteurs correſpondantes du ſoleil, & des étoiles fixes les plus brillantes; il eſt le premier qui ait eu l'avantage d'employer cette méthode d'une manière indépendante des hypothéſes; car à ſon retour du Cap, connoiſſant les déclinaiſons des étoiles obſervées près du zénit du Cap, indépendamment des réfractions, il avoit le côté P S avec une extrême exactitude; il a donc calculé à ſon retour la plupart de ces hauteurs correſpondantes; elles lui ont ſervi à dreſſer une table de réfractions, plus exacte & plus certaine qu'on ne l'avoit eu juſqu'alors.

745. Il y a un moyen de trouver la réfraction à de certaines hauteurs, ſans ſuppoſer connu l'angle P; elle conſiſte à obſerver une étoile qui paſſe au méridien, par le point même du zénit, ou fort près de-là, & qui paſſe enſuite au méridien ſous le pole. La réfraction étant nulle au zénit, on aura la vraie diſtance de l'étoile au pole; environ 12 heures après, paſſera au méridien ſous le pole & fort près de l'horizon, on trouvera ſa diſtance au pole beaucoup moindre, parce qu'elle ſera accourcie par la réfraction qui élevoit l'étoile, & l'on aura la quantité de la réfraction à cette hauteur.

EXEMPLE. La Claire de Perſée paſſoit il y a quelques années à ſix minutes du zénit de Paris; ainſi l'on étoit ſûr que ſa diſtance au pole étoit de 41° 4′, par conſéquent elle devoit paſſer au méridien ſous le pole à 41° 4′ du pole, ou à 7ᵈ 46′ de hauteur vraie. On l'obſervoit cependant à 7° 52′ 25″; ainſi l'on étoit aſſuré que la réfraction élevoit cette étoile de 6′ 25″ à 7° 52′ ½ de hauteur apparente.

746. M. de la Caille trouva auſſi une méthode ingénieuſe de déterminer les réfractions lorſqu'il étoit au Cap de Bonne-Eſpérance, en comparant les obſervations des étoiles qui étoient fort près de ſon zénit, tandis qu'elles étoient preſque à l'horizon de Paris, & de celles qui étoient vers notre zénit, tandis qu'il les voyoit à l'horizon.

747. Lorsqu'on eut ainsi observé les réfractions à divers degrés de hauteurs. Il étoit facile d'appercevoir que depuis le zénit jusqu'à plus de 80° de distance, elles suivoient les rapports des tangentes des distances au zénit ; mais ce fut M. Bradley qui vers l'année 1760 étendit cette regle, guidé par les recherches de M. Simpson sur la trajectoire des rayons de lumière ; il fit voir qu'en diminuant chaque distance au zénit de 3 fois la réfraction, la tangente du reste étoit exactement comme la réfraction même : d'après cette loi M. Bradley construisit une table de réfractions qui diffèrent peu de celles de M. de la Caille ; elles font plus petites de 14″ à 6° de hauteur, de 26″ à 20°, & de 11″ à 40°.

748. M. Bouguer observa au Pérou en 1740 que la réfraction horizontale étoit de 27′, au lieu de 32′ ½ que nous trouvons en Europe ; mais cette diminution n'a lieu que dans la Zone Torride, & l'on trouve en Laponie & jusques sous le cercle polaire, que les réfractions font les mêmes qu'à Paris. M. de la Caille les a trouvées à peu-près les mêmes au Cap de Bonne-Espérance.

M. Picard reconnut par les hauteurs méridiennes du soleil en 1669, que les réfractions étoient plus grandes en hiver qu'en été : il les trouva aussi plus grandes la nuit que le jour. Il étoit naturel d'en conclure que lorsque l'air devenoit plus ou moins dense, les réfractions devoient être plus ou moins considérables, & que ces variations devoient suivre celles du baromètre & du thermomètre. M. Mayer trouva en 1753 que la réfraction moyenne augmentoit d'une vingt-deuxième partie, toutes les fois que le baromètre montoit de 15 lignes, ou que le thermomètre descendoit de 10 degrés sur la division de M. de Réaumur.

Les vapeurs qui bordent l'horizon & qui changent par l'humidité, par les vents & autres circonstances très-variables, affectent sensiblement les réfractions ; aussi les Astronomes évitent le plus qu'ils peuvent de faire des observations trop près de l'horizon.

749. La refraction augmente toutes les hauteurs des astres, elle diminue aussi leurs distances respectives ; & toutes

les fois qu'on mefure fur la mer l'arc de diftance entre la lune & une étoile, pour trouver la longitude du vaiſſeau, il eft néceſſaire de faire une correction à cette diftance ob-fervée.

La réfraction fait paroître le foleil & la lune d'une forme ovale, dont un diamètre eft plus petit que l'autre de 4′ 21″; elle fait paroître auſſi les objets terreſtres trop élevés, & l'on eft obligé d'en tenir compte dans les nivellemens d'une certaine étendue, où l'on veut mettre beaucoup de pré-cifion.

750. Les rayons en traverſant obliquement l'atmoſphère fe difperfent, enforte que l'intenfité de la lumière du foleil, lorſqu'il eft à l'horizon, eft 1354 fois moindre que lorſqu'il eft au zénit, fuivant les expériences de M. Bouguer : voyez fon Livre intitulé : *Traité d'Optique fur la gradation de la lumière.*

751. LE CRÉPUSCULE ou la lumière crépufculaire qu'on apperçoit vers l'horizon, après que le foleil eft couché, de même que l'aurore qui nous annonce fon lever (108), font encore des effets femblables à celui de la réfraction ; c'eft l'atmoſphère qui réfléchit & qui difperfe les rayons du foleil, enforte qu'il en parvient jufqu'à nos yeux une partie aſſez forte pour nous empêcher de diftinguer les aftres, quoique le foleil foit déja au-deſſous de l'horizon.

752. L'ARC D'ÉMERSION d'un aftre eft la quantité dont le foleil eft abaiſſé fous l'horizon dans un vertical, lorſque l'on commence à appercevoir cet aftre à la vue fimple. On eftime ordinairement l'arc d'émerfion de 5° pour Vénus, quoique dans certains temps il foit abfolument nul, & qu'on la voie en plein jour; de 10° pour Mercure & Jupiter; de 11 à 12 pour Mars, Saturne & les étoiles de première grandeur. Cependant Sirius fe voit en plein jour dans les Pays méridionaux; M. de la Nux l'a vu fouvent à l'Ifle de Bourbon; *Canopus* eft une étoile auſſi grande en apparence que Sirius, du moins dans une belle nuit; mais fa lumière eft un peu moins blanche, ou un peu plus terne, & on ne la voit pas auſſi fçailement dans le crépufcule. L'arc d'émer-

fion, fuivant Ptolomée, eft de 14° pour les étoiles de 3.e grandeur ; enfin il eft d'environ 18° pour les petites étoiles , puifqu'on ne les apperçoit diftinctement à la vue fimple , que quand le foleil eft abaiffé de 18° ; c'eft ce qu'on appelle l'abaiffement du cercle crépufculaire ; les plus petites étoiles paroiffent alors ; ainfi l'arc d'émerfion eft de 18° pour les petites étoiles. Mais on fent que cette quantité varie beaucoup : il y a des pays méridionaux ou l'air eft fi pur dans certains temps, que l'on apperçoit Sirius en plein jour ; à Paris même on diftingue Vénus à la vue fimple, en été lorfque le temps eft bien net, & qu'elle eft affez éloignée du foleil & affez près de la terre pour que fon éclat foit le plus vif.

753. La hauteur de l'atmofphère indiquée par ces 18° eft d'environ 15 lieues fuivant le calcul de M. de la Hire (*Mém. Acad.* 1713) ; mais à onze lieues d'élévation ou 25100 toifes , l'air eft déja fi rare que le baromètre ne s'y foutiendroit qu'à une ligne de hauteur, au lieu de 27 pouces. Si l'on divife 25275 pieds par le nombre de lignes qui exprime la hauteur du mercure dans le baromètre, on a la quantité dont il faut s'élever pour que le baromètre varie d'une ligne ; ce nombre de pieds fuppofe le thermomètre à la température de dix degrés. Voyez le grand ouvrage de M. de Luc intitulé : *Recherches fur les modifications de l'at-mofphère* , *en 2 vol. in-4°* , dans lequel il a approfondi tout ce qui concerne le thermomètre & le baromètre, la chaleur de l'air , & les réfractions , avec la fagacité du plus habile Phyficien.

LIVRE VII.

Des mouvemens des Etoiles fixes.

754. ON doit confidérer fix efpèces de mouvemens dans les étoiles fixes, la préceffion, l'aberration, la nutation, le changement général de latitude, les changemens particuliers à différentes étoiles, & la parallaxe annuelle que plufieurs Aftronomes y ont foupçonnée. Nous avons déja parlé de la préceffion (320), c'eft à-dire, de ce changement annuel d'environ $50'' \frac{1}{3}$ par année, qui s'obferve dans les longitudes de toutes les étoiles fixes. Il en réfulte des changemens fur les afcenfions droites & fur les déclinaifons, dont les Aftronomes font un ufage fréquent. Mais il eft facile, quand on connoît la longitude & la latitude d'un aftre, de trouver par la trigonométrie fphérique l'afcenfion droite & la déclinaifon (318), par conféquent d'avoir le changement de l'une quand on connoît le changement de l'autre.

755. Cette préceffion générale vient de la rétrogradation des points équinoxiaux le long de l'écliptique immobile; elle ne fuppofe par conféquent aucun changement dans les latitudes des étoiles fixes : on peut imaginer à cet égard que tout le ciel ait un petit mouvement autour des poles & de l'axe de l'écliptique, & que toutes les étoiles foient tranfportées vers l'orient, parallélement à l'écliptique de $50'' \frac{1}{3}$ par année.

Cette rétrogradation des points équinoxiaux vient, comme nous le dirons en parlant de l'attraction, de la figure aplatie de la terre qui donne prife à l'attraction latérale du foleil & de la lune ; ces deux aftres attirant de côté l'équateur terreftre, le déplace infenfiblement, de forte qu'il ne répond plus aux mêmes étoiles ; il en eft à peu-près

Y

comme si les étoiles avoient eu un mouvement par rapport à l'équateur, en avançant parallèlement à l'écliptique.

756. Depuis la découverte de l'attraction, on a reconnu que toutes les planètes devoient avoir un mouvement dans leurs nœuds (1062) aussi-bien que la lune; l'observation l'a constaté (518). Il s'ensuivoit que la trace ou l'orbite de chaque planète étoit changée ou déplacée par l'attraction des autres: l'orbite de la terre devoit l'être à son tour.

M. Euler remarqua en 1748 que l'attraction de Jupiter sur la terre devoit être sensible, & qu'elle suffisoit pour expliquer la diminution de l'obliquité de l'écliptique, & le changement de la latitude des étoiles fixes par rapport à l'écliptique dont Tycho-Brahé avoit déja parlé.

757. Eratosthène, Hyparque & Ptolomée avoient trouvé l'obliquité de l'écliptique de 23° 50'; Albategnius vers l'an 880 l'observa de 23° 35'$\frac{2}{3}$; Tycho-Brahé en 1587 de 23° 31' 30", nous ne la trouvons actuellement que de 23° 28' 0", ensorte qu'il est difficile de se refuser à admettre une diminution dans l'obliquité de l'écliptique. Cette diminution doit être accompagnée d'un changement dans la latitude des étoiles fixes, & d'une petite inégalité dans leurs longitudes: je l'ai expliqué fort au long dans le XVIe Livre de mon *Astronomie*.

758. Les mouvemens généraux que nous venons d'expliquer affectent toutes les étoiles; mais il y en a quelques-unes qui forment exception à ces règles, & qui ont eu un mouvement propre, un dérangement physique dont on ignore la cause, & qu'on tâche de déterminer par observation.

M. Halley en fit la remarque en 1718; ARCTURUS est de toutes les étoiles celle dont le mouvement propre est le plus sensible. Suivant les observations de Flamstéed, la déclinaison d'Arcturus au commencement de 1690, étoit de 20° 49' 0", &, suivant les observations de M. de la Caille, elle étoit au commencement de 1750 de 20° 29' 39", la différence est de 19' 21", tandis qu'elle ne devroit être que de 17' 7" 2, suivant les loix connues de la précession des équinoxes ; il y a donc 2′ 13″ 8 de plus, pour le mouvement propre de cette étoile en déclinaison dans l'espace de 60 ans, ou 22″ 3 tous les dix ans.

759. Les étoiles de la premiere grandeur telle que *Sirius*, *Aldébaran* & *Rigel*, paroissent avoir éprouvé de semblables dérangemens, quoique d'une moindre quantité. Nous ne pouvons les attribuer qu'à l'attraction des autres étoiles, ou des planètes de quelques systêmes voisins ; mais les étoiles sont si éloignées de nous qu'il est impossible de rien affirmer sur cette matière.

760. LA PARALLAXE ANNUELLE, dont nous avons vu les effets sur le mouvement des planètes (441), auroit de l'influence sur le mouvement des étoiles, si elles n'étoient pas très-éloignées de la terre. On a cru pendant long-temps, qu'elles devoient avoir une parallaxe annuelle ; mais quoiqu'il soit démontré actuellement que la parallaxe annuelle est absolument insensible & comme nulle dans les étoiles fixes, j'ai cru qu'il étoit nécessaire de donner au moins une idée d'une question qu'on a traitée si souvent, & même en 1760.

761. Soit S le soleil (*fig.* 93), A B le diamètre du grand orbe que la terre décrit chaque année (413), A le point où se trouve la terre au premier Janvier, B le point où elle est au premier Juillet, E une étoile qu'on apperçoit sur le rayon A E ; la ligne A B étant dans le plan de l'écliptique, & l'orbe de la terre étant conçu perpendiculaire au plan de la figure, ensorte qu'on ne le voye que sur son épaisseur, l'angle E A B est la latitude de l'étoile ; mais quand la terre sera en B l'étoile étant en opposition par rapport au soleil, elle paroîtra sur le rayon B E & sa latitude apparente sera l'angle E B C ; cette latitude E B C est plus grande que la première, & la différence est l'angle A E B ; enfin l'angle A E S qui est sensiblement la moitié de A E B à cause de l'extrême petitesse de A B est la *parallaxe annuelle* en latitude.

762. Si la distance S E de l'étoile fixe est deux cent mille fois plus grande que la distance S A du soleil à la terre, l'angle A E S sera d'une seconde, & la latitude E A S

d'une étoile en conjonction sera plus petite de 2″ que la latitude EBC de l'étoile observée dans son opposition ; en supposant que la latitude de l'étoile soit à peu-près de 90°, Copernic en démontrant par plusieurs raisons le mouvement de la terre ne dissimula pas cette objection, (Cop. *L. I, c.* 10). Pour que la latitude des étoiles paroisse la même en tout temps de l'année, malgré le mouvement de la terre, il faut que la distance des étoiles soit si grande que l'orbite de la terre n'y ait aucun rapport sensible, & que l'angle A E S soit comme infiniment petit ; mais, dit-il, « je pense qu'on » doit plutôt admettre cette grande distance des étoiles que » la grande quantité de mouvemens qui auroient lieu si la » terre étoit immobile » ; d'ailleurs la grande distance des étoiles est un fait que rien ne contredit, & qu'il est très-aisé de concevoir (404).

763. Si la parallaxe annuelle étoit sensible, par exemple, de 20″, une étoile située réellement au pole de l'écliptique, paroîtroit décrire chaque année un petit cercle de 20″ de rayon, parce qu'elle paroîtroit toujours de l'autre côté du pole, & toujours de 20″, ainsi elle seroit toujours placée à la partie opposée de ce petit cercle par rapport au lieu de la terre. M. Picard avoit remarqué en 1672 quelques variations dans l'étoile polaire, elles n'étoient point conformes à cet effet de la parallaxe annuelle, mais elles étoient exactes, & ce célèbre Observateur a eu la gloire, en faisant la première découverte de l'Astronomie moderne sur les étoiles fixes, de jetter les fondemens de toutes celles que l'on a faites depuis.

764. Le Docteur Hook, célèbre dans presque tous les genres de littérature, & qui se regardoit lui-même comme le plus savant homme de l'Angleterre, voulut aussi avoir l'honneur de déterminer ces variations en 1669. Il avoit placé au college de Gresham à Londres une lunette de 36 pieds, avec laquelle il observa les distances au zénit de γ du Dragon ; & les observations qu'il rapporte sont aussi exactement d'accord avec la théorie des parallaxes, que si on les y eût ajustées par avance, en supposant que la pa-

rallaxe de γ du Dragon fût de 15″, cependant tout cela s'eſt trouvé faux,

765. M. Picard voulut vérifier cette obſervation ; mais la hauteur méridienne de la lyre obſervée dans les deux ſolſtices, lui parut la même , ce qui étoit contraire aux obſervations de M. Hook , comme il le remarqua lui même dans l'aſſemblée de l'Académie, le 4 Juin 1681. (*Hiſt. céleſte , page* 252).

Flamſtéed, ayant obſervé l'étoile polaire avec ſon quart-de-cercle mural en 1689 , & dans les années ſuivantes , trouva que la déclinaiſon étoit plus petite de 40″ au mois de Juillet , qu'au mois de Décembre ; ces obſervations étoient juſtes , mais elles ne prouvoient point la parallaxe annuelle , comme le fit voir M. Caſſini , (*Mém. Académ.* 1699). Au reſte , quoique Flamſtéed crût reconnoître l'effet de la parallaxe annuelle dans les différences qu'il avoit obſervées , il avoit quelques doutes ſur ſes obſervations , & il ſouhaitoit que quelqu'un voulût faire conſtruire un inſtrument de 15 à 20 pieds de rayon , ſur un fondement inébranlable , pour éclaircir une queſtion qui , ſans cela , diſoit-il , pourroit être bien long-temps indéciſe. M. Caſſini crut trouver dans Sirius une parallaxe de 6″, (*Mém. Acad.* 1717, *pag.* 265).

766. La découverte de l'aberration dont nous allons parler , a fait voir que les inégalités apperçues dans les étoiles ont une cauſe toute différente de la parallaxe annuelle ; car cette nouvelle cauſe ſatifait ſi bien à toutes les obſervations , qu'elle exclut toute idée de parallaxe.

767. La connoiſſance de la paral'axe annuelle nous conduiroit à celle de la diſtance des étoiles , ſi cette parallaxe pouvoit s'obſerver ; mais puiſqu'elle eſt inſenſible nous en tirerons au moins par excluſion une des limites de cet éloignement. Si la parallaxe abſolue d'une étoile ou l'angle APS (*fig.* 93) étoit de 1″, le côté PS ſeroit 206264 foi plus grand que le rayon AS de l'orbe annuel , qui eſt 'ui-même de 34 millions de lieues. La diſtance moyenne du ſoſei AS, contient 22198 fois le demi-diamètre de la terre , en ſup-

pofant la parallaxe 9″; donc fi la parallaxe annuelle d'une étoile étoit feulement de 1″, fa diftance feroit 4727200000, ou 4727 millions de fois plus grande que le rayon de la terre, c'eft-à-dire, de 6771770 millions de lieues. Mais la parallaxe des étoiles n'étant pas d'une feconde, même pour les étoiles les plus proches de la terre, leur diftance doit être encore plus confidérable, c'eft-à-dire, plus de 6771770000000 de lieues.

768. La grandeur apparente des étoiles que l'on croyoit d'une minute, avant la découverte des lunettes, eft incomparablement plus petite : il eft prouvé aujourd'hui que 4 étoiles de la première grandeur, Régulus, Aldébaran, l'Epi de la Vierge & Antarès, n'ont pas 1″ de diamètre : car lorfque ces étoiles font éclipfées par la lune, elles n'emploient pas deux fecondes de temps à fe plonger fous le difque de la lune ; ce qui arriveroit néceffairement fi le diamètre de ces étoiles étoit de 1″. En effet, la lune emploie environ 2″ de temps à avancer d'une feconde de degré; ainfi pendant l'efpace de 2″ de temps, on verroit une étoile diminuer de grandeur & difparoître peu-à-peu ; or, il n'en eft pas ainfi : les étoiles difparoiffent en une demi-feconde, elles reparoiffent avec la même promptitude & comme un éclair ; donc le diamètre n'eft pas d'une feconde.

769. Si l'on voit dans les lunettes une lumière éparfe qui environne les étoiles, qui les amplifie & les fait paroître comme fi elles avoient 5 à 6″ de diamètre, on doit attribuer cette apparence à la vivacité de leur lumière, à l'air environnant & illuminé, à l'aberration des verres, à l'impreffion trop vive qui fe fait fur la rétine.

770. Si le diamètre d'une étoile étoit d'une feconde, & fa parallaxe annuelle d'une feconde, le diamètre réel de l'étoile feroit égal au rayon du grand orbe, c'eft-à-dire, de 34 millions de lieues ; mais il peut fe faire que les parallaxes des étoiles foient plus grandes que leurs diamètres apparens, enforte que le diamètre réel foit beaucoup plus petit que 34 millions de lieues ; nous ne pouvons rien décider là-deffus ; peut-être un jour les Aftronomes feront-ils plus inftruits.

771. L'extrême petitesse du diamètre apparent des étoiles fixes eſt probablement la cauſe du mouvement de ſcintillation qu'on y remarque ; cette ſcintillation qui n'a point lieu dans les planètes , vient de ce que le diamètre des étoiles étant extrêmement petit , la moindre molécule de vapeur qui paſſe devant l'étoile en cache une partie , de façon que la diſparition & la réapparition continuelle des étoiles reſſemble à un mouvement de vibration dans leur lumière.

DE L'ABBERRATION DES ETOILES.

772. L'Aberration des étoiles eſt un mouvement apparent découvert en 1728 dans les étoiles fixes , par lequel elles ſemblent décrire des ellipſes de 40″ de diamètre ; il eſt cauſé par le mouvement de la lumière , combiné avec le mouvement annuel de la terre (783). La définition de la *Nutation* ſe trouvera ci-après (794) ; l'Hiſtoire de la découverte de ces deux mouvemens exige que l'on ſe rappelle ce qui a été dit à l'occaſion de la parallaxe annuelle (763).

773. Flamſtéed avoit cru non-ſeulement d'après les obſervations du Docteur Hook (765), mais encore d'après les ſiennes propres , qu'il y avoit une parallaxe annuelle dans les étoiles fixes ; cependant la quantité & la loi en étoient peu connues ; *Samuel Molyneux* , Irlandois , entreprit vers l'an 1725 , de vérifier ce qu'on avoit dit là-deſſus , & de déterminer avec plus de ſoin les circonſtances de ces mouvemens ; c'eſt au projet de Molyneux que nous ſommes redevables de toutes les connoiſſances qui vont faire la matière de ce Chapitre ; mais M. Bradley eut la gloire d'exécuter ce que Molyneux n'avoit fait qu'entreprendre.

774. Molyneux fit conſtruire un inſtrument dans le même goût & choiſit les mêmes étoiles que le Docteur Hook ; *Georges Graham* , cet Horloger célèbre dans les arts, autant par ſon génie que par ſon zèle , contribua plus que tout autre à ce travail : il fit conſtruire pour Molyneux un ſecteur de 24 pieds , dont l'exactitude ſurpaſſoit de beaucoup tout ce qui avoit jamais été fait pour parvenir à meſurer dans le ciel de petits arcs. Y iv

Le secteur de Molyneux fut placé à Kew, près de Londres, & le 3 Décembre 1725, il observa au méridien l'étoile γ à la tête du Dragon ; il marqua exactement sa distance au zénit ; il répéta cette observation le 5, le 11, le 12 du même mois, il ne trouva pas de grandes différences ; & comme on étoit dans un temps de l'année où la parallaxe annuelle de cette étoile ne devoit pas varier, il crut qu'il étoit inutile de continuer pour lors les mêmes observations.

775. M. Bradley se trouva dans ce temps-là à Kew, il eut la curiosité d'observer aussi la même étoile le 17 Décembre 1725, & ayant disposé l'instrument avec soin, il vit que l'étoile passoit un peu plus au sud que dans les premiers jours du mois ; d'abord les deux Astronomes ne firent pas grande attention à cette différence, elle pouvoit venir des erreurs d'observation ; cependant le 20 Décembre l'étoile avoit encore avancé vers le sud, & elle continua les jours suivans, sans qu'on pût attribuer ce progrès au défaut des observations.

776. Cette différence paroissoit d'autant plus surprenante qu'elle étoit dans un sens contraire à l'effet que devoit avoir la parallaxe annuelle ; & comme on ne concevoit aucune autre cause qui pût produire un pareil changement, on craignit qu'elle ne vînt de quelque altération dans les parties de l'instrument ; il fallut donc s'assurer par diverses expériences de son exactitude ; mais l'étoile alloit toujours vers le sud ; on ne songea plus qu'à mesurer exactement ce progrès, pour tâcher d'en découvrir les circonstances & la cause. Au commencement du mois de Mars 1726 l'étoile se trouva parvenue à 20″ du lieu où on l'avoit observée trois mois auparavant, alors elle fut pendant quelques jours stationaire ; vers le milieu d'Avril elle commença de remonter vers le nord, & au commencement de Juin elle passa à la même distance du zénit que dans la première observation faite six mois auparavant ; sa déclinaison changeoit alors de 1″ en trois jours ; d'où il étoit naturel de conclure qu'elle alloit continuer d'avancer vers le nord ; cela arriva comme on l'avoit conjecturé ; l'étoile se trouva au mois de Septem-

bre de 20″ plus au nord qu'au mois de Juin, & 39″ plus qu'au mois de Mars ; delà l'étoile retourna vers le fud, & au mois de Décembre 1726, elle fut obfervée à la même diftance du zénit que l'année précédente, avec la feule différence que la préceffion des équinoxes devoit produire.

777. Par-là il étoit bien prouvé que le défaut de l'inftrument n'étoit pas la caufe des différences obfervées ; d'un autre côté, l'effet étoit trop régulier pour pouvoir être attribué à une fluctuation irrégulière de la matière éthérée, comme Manfredi l'avoit foupçonné dans un temps où l'on n'avoit que de mauvaifes obfervations ; mais la difficulté étoit de trouver une explication fuffifante.

778. La première idée fut d'examiner fi cela ne provenoit point de quelque nutation dans l'axe de la terre, produite par l'action du foleil ou de la lune, à caufe de l'aplatiffement de la terre, ainfi que cela devoit avoir lieu par l'attraction (794); mais d'autres étoiles obfervées en même-temps ne permettoient pas d'adopter cette hypothèfe : une petite étoile qui étoit à même diftance du pole, & oppofée en afcenfion droite à γ du Dragon auroit dû avoir par l'effet de cette nutation le même changement en déclinaifon ; cependant elle n'en avoit eu qu'environ la moitié, comme cela parut en comparant jour par jour les variations de l'une & de l'autre, obfervées en même-temps ; c'étoit la trente-cinquieme étoile de la Giraffe. Pour éclaircir mieux les faits, M. Bradley fit conftruire un autre fecteur, qui fut placé en 1727, & M. Bradley commença d'examiner foigneufement quelles étoient les variations des étoiles, fuivant leur différente fituation.

779. Il vit alors que chaque étoile paroiffoit ftationaire ou dans fon plus grand éloignement vers le nord ou vers le fud lorfqu'elle paffoit au zénit vers fix heures du foir ou du matin ; que toutes avançoient vers le fud lorfqu'elles paffoient le matin, & vers le nord lorfqu'elles paffoient le foir, & que le plus grand écart étoit à peu-près comme le finus de la latitude de chacune. Enfin, lorfqu'au bout d'une année il eut vu toutes les étoiles reparoître, chacune au même lieu où

elle avoit d'abord paru, M. Bradley, muni d'un affez grand nombre d'obfervations, entreprit de chercher la caufe de ces variations. Il falloit trouver une caufe annuelle, & conftante, égale pour les étoiles foibles & pour les plus brillantes, dont le plus grand effet du nord au fud fût comme le finus de la latitude de l'étoile, c'eft-à-dire, nul pour les étoiles fituées dans l'écliptique; & contraire à l'effet de la parallaxe, & dont la plus grande valeur fût de 40″.

780. M. Bradley apperçut heureufement que cette diffé-rence de 40″ étoit précifément le chemin que la terre parcourt dans fon orbite en 16 minutes de temps, il fe rappe'la que la lumière employoit le même temps à parcourir le diamètre de l'orbite de la terre, fuivant la découverte faite par Romer en 1675 (838). M. Bradley put d'abord imaginer que l'on voyoit les étoiles 16′ plus tard, à caufe de leur éloignement, quand elles étoient en conjonction que lorfqu'elles étoient en oppofition, & que par-là on les voyoit de 40″ moins avancées; mais fuivant ce raifonnement il n'y auroit point eu d'aberration pour l'étoile fituée au pole de l'écliptique, dont la diftance eft toujours la même.

781. Cependant l'étoile γ du Dragon avoit une aberration de 20″ au nord & au fud, qui croiffoit comme les finus des diftances au point où elle étoit nulle. M. Bradley jugea que cette étoile décrivoit un cercle femblable à celui qui auroit lieu par une parallaxe de 20″; mais qu'elle le décrivoit de manière à être toujours avancée de 20″ verfle côté où va la terre. Tel eft le phénomène qui étoit indiqué par les obfervations de M. Bradley; nous en parlerons plus au long (791). Il reftoit donc à chercher un moyen pour faire enforte que l'étoile parût toujours du côté où alloit la terre.

782. Enfin M. Bradley eut l'idée heureufe de combiner le mouvement de la lumière avec celui de la terre, fuivant les loix de la décompofition des forces; il effaya cette hypothèfe, & voyant qu'elle s'accordoit parfaitement avec toutes les obfervations, il rendit compte de fa découverte au mois de Décembre 1728 (*Philofophical tranfactions*).

Pour faire voir combien fon hypothèfe s'accordoit avec fes obfervations, M. Bradley difpofa dans une table 15 obfervations de γ du Dragon faites dans tous les mois de l'année; on y voit combien à chaque jour elle devoit être plus méridionale, fuivant le calcul rigoureux fait d'après les principes que nous allons indiquer, & combien elle avoit paru l'être par l'obfervation, la différence ne va jamais au-delà d'une feconde & demie.

Le même accord que l'on voyoit dans cette table de γ du Dragon, parut par toutes les autres étoiles; ainfi M. Bradley dut regarder cet accord des obfervations, comme une démonftration de fon hypothèfe, ou plutôt il dut ceffer de regarder comme hypothèfe une théorie qui s'accordoit fi bien, & avec le mouvement des étoiles & avec la propagation fucceflive de la lumière déja connue par les éclipfes des fatellites (838).

783. Je paffe donc à l'explication de la caufe que M. Bradley affigna aux phénomènes qu'il avoit obfervés, & comme on a ordinairement quelque peine à la bien concevoir, je ferai mes efforts pour la mettre hors de doute, & en rendre le principe auffi évident que doit l'être une propofition de pure géométrie; je vais donc le préfenter fous différentes formes; toutes fuppofent néanmoins que l'on ait une idée de la décompofition des forces dans les parallélogrammes (479), telle qu'on la trouve dans tous les livres élémentaires de Mécanique. Soit E une étoile (*fig.* 94), qui lance vers nous un rayon de lumière, confidéré comme un corpufcule qui va de E en B; foit A B une petite portion de l'orbite de la terre, de 20″ par exemple (l'on verra dans un inftant pourquoi nous choififfons ce nombre 20″), & C B l'efpace que le rayon a parcouru pendant que la terre décrivoit A B; ainfi le corpufcule de lumière B étoit en C lorfque la terre étoit en A, & arrive au point B en même temps que la terre; par ce moyen C B & A B expriment les vîteffes de la lumière & de la terre en 20″ de temps.

784. Je tire la ligne C D parallèle & égale à A B, & je

termine le parallélogramme DBA ; suivant le principe si connu de la composition & décomposition des forces, on peut regarder la vîtesse CB de la lumière comme résultante de deux vîtesses suivant les directions CD & CA ; la vîtesse CD étant du même sens & de la même quantité que la vîtesse AB de la terre, ne sauroit être apperçue, elle est détruite pour nous ; l'œil ne sauroit voir en vertu d'un rayon qui seroit poussé du même sens & avec la même vîtesse que l'œil. Ainsi la seule partie CA de la vîtesse de la lumière subsistera pour nous ; le rayon parviendra à notre œil sous la direction CA, & nous appercevrons l'étoile dans la ligne AC, ou suivant BD qui lui est parallèle ; l'angle CBD est ce que nous appellons l'Aberration ; c'est la quantité ou l'angle CBD dont une étoile paroît éloignée de sa véritable place, ou de la ligne BCE, par un effet du mouvement de la terre & de celui de la lumière.

785. L'on peut encore se représenter le même effet sous une autre forme, le corpuscule de lumière B vient rapper notre œil avec la vitesse CB ; mais puisque l'œil avance en même temps de A en B, avec la vîtesse AB, il vient aussi frapper le rayon, ensorte qu'il y a un double choc tout à la fois, celui de la lumière qui vient contre l'œil avec la vîtesse CB, celui de l'œil qui va contre la lumière avec la vîtesse AB. A la place de ce dernier choc, on peut imaginer (sans rien changer à l'effet qui en résultera), que le corpuscule soit venu de F en B, frapper l'œil avec une vîtesse FB, égale à AB ; ainsi l'œil reçoit une impression suivant CB, & une suivant FB : de ces deux impressions faites suivant les côtés CB & FB du parallélogrammes CF, il en resulte une impression unique & composée, qui se fait sentir suivant la diagonale DB, donc l'on appercevra l'étoile dans la direction BD, & non dans la direction BCE.

786. Un exemple familier fera peut-être encore mieux comprendre le mécanisme de ces impressions composées. Soit un vaisseau GCFA (*fig. 95*), qui va de droite à gauche ; que d'un angle C de ce vaisseau on ait jetté une pierre à l'autre angle A, & que dans le temps où elle a par-

couru C A, le vaiſſeau ait avancé de la quantité C D ou A B ; celui qui eſt dans le vaiſſeau en A ſe trouvera alors parvenu au point B, & ſera frappé de la même manière que ſi le vaiſſeau n'avoit eu aucun mouvement ; la pierre lui paroîtra venir de l'angle D ſuivant D B, comme elle lui auroit paru venir de C ſuivant C A, ſi le vaiſſeau eût été immobile ; l'impreſſion ſera la même, puiſque la relation du point C au point A, leur ſituation, leur diſtance ne dépendent en aucune façon du mouvement de ce vaiſſeau ; ce mouvement eſt commun à la pierre & au vaiſſeau ; & il eſt nul par rapport au choc. Néanmoins dans l'eſpace abſolu cette pierre eſt venue de C en B ; ainſi elle a fait le même chemin réel qu'auroit fait une pierre qui du rivage R, eût été jettée directement en B. Voilà donc deux pierres, l'une qui vient du rivage R, & qui a parcouru la ligne C B, l'autre qui eſt partie du point C, angle du vaiſſeau, & qui a de même parcouru C B, à cauſe du mouvement de ce vaiſſeau : or celle-ci s'eſt fait ſentir ſuivant la direction D B, donc celle qui auroit été jettée du rivage R, ſe feroit fait ſentir réellement auſſi dans la direction D B, à celui qui étant à l'angle A du vaiſſeau ſe feroit trouvé tranſporté de A en B, tandis que la pierre venoit de C en B.

787. L'aberration de 20″ répond à 8′ 7″ $\frac{1}{2}$, dans la table des mouvemens du ſoleil ; ainſi l'on eſt aſſuré à moins de 5″ près, qu'il faut 8′ 7″ à la lumiere du ſoleil pour arriver juſqu'à nous dans ſes moyennes diſtances ; d'où il ſuit que la vîteſſe de la lumière eſt 10313 fois plus grande que la vîteſſe moyenne de la terre ([a]).

788. Avant que d'entrer dans l'explication détaillée des phénomènes de l'aberration, je dois avertir que le plan E C B A (*fig.* 94), qui joint la ligne A B décrite par la terre avec l'étoile E, s'appelle *plan d'aberration*, parce que c'eſt dans ce plan que l'aberration ſe fait ; le lieu appa-

____

([a]) La vîteſſe de la terre dans ſon orbite eſt de 23531 lieues par heure, ou 6 $\frac{1}{2}$ lieues par ſeconde ; mais celle de la rotation diurne n'eſt que de 238 toiſes par ſeconde, à peu près comme la vîteſſe d'un boulet de canon.

rent de l'étoile, son lieu vrai, l'œil de l'observateur, & l'espace qu'il décrit en 8′ de temps se trouvent tous ensemble dans ce plan, ensorte que l'aberration ne peut faire paroître l'étoile dans un autre plan. On appelle aussi *triangle d'aberration* le triangle CBA formé par le chemin de la lumière avec celui de la terre, & dont le petit angle C mesure l'aberration. Voyons ce qui arrive quand le triangle d'aberration est rectangle ou obtus-angle.

789. On doit être convaincu par les démonstrations précédentes (783), qu'une étoile nous paroît toujours plus avancée du côté où nous marchons, & cela de la quantité de l'angle BCA ; la valeur de cet angle dépend du rapport de la vitesse AB de la terre, à la vitesse CB de la lumière, ce rapport est celui de 1 à 10313 (787) ; ce qui donne un angle de 20″ dans le cas où CB est perpendiculaire à AB ; ainsi l'aberration sera toujours de 20″ quand la route de l'œil sera perpendiculaire au rayon de l'étoile : mais lorsque CB (*fig. 99*), est inclinée sur la route AB de l'œil, alors l'angle ACB d'aberration devient moindre, & parce que CB est à AB, comme le sinus de l'angle A est au sinus de l'angle C, il suit que le sinus de l'arc d'aberration, ou l'aberration même, est comme le sinus de l'inclinaison du rayon CA sur la route de l'œil, qui est toujours un petit arc de l'orbite terrestre ; c'est-à-dire, qu'il est égal à 20″ multipliées par le sinus de l'angle que fait la route de l'œil, avec le rayon de lumière. Enfin, si la ligne CA s'inclinoit jusqu'à se confondre avec la ligne ABD, l'angle C s'évanouiroit, & il n'y auroit plus d'aberration ; ce qui d'ailleurs est évident, puisqu'alors le rayon de lumière arriveroit toujours à nous sous la même direction.

790. Supposons maintenant que l'œil au lieu d'avancer de A en B, avance de B en A, ensorte que le rayon arrive en A en même temps que l'œil ; si l'on décompose la vitesse CA (784), suivant CE & CB on verra aisément que la vitesse CE est détruite par la vitesse BA de la terre, & qu'il ne reste que CB ou sa parallèle EA ; ainsi dans ce cas l'étoile paroîtra s'élever au-dessus de la ligne que l'œil dé-

crit, au lieu qu'elle paroissoit s'abaisser dans le cas précédent ; elle paroîtra en E au lieu de paroître en C : toujours l'aberration porte une étoile du côté où va la terre. Quand la terre est au point G de son orbite GHD (*fig. 96*), & ensuite au point K, elle paroît aller en deux sens opposés : dans le premier cas, l'étoile est en opposition, & paroît à gauche du lieu moyen E : dans le second cas, la terre allant de D en K, l'étoile est en conjonction avec le soleil, & paroît de 20 secondes à droite, c'est-à-dire, à l'occident du point E sur une ligne DS. Quand la terre décrit le petit arc FL, l'aberration diminue, parce qu'il n'y a que la valeur de la perpendiculaire LN qui cause de l'aberration, & cette partie LN est plus petite que LF dans le même rapport que le cosinus de l'arc GL de l'élongation est plus petit que le rayon, ou SV plus petit que SL, à cause des triangles semblables LFN, SVL, qui donnent cette proportion LF : LN :: SL : SV. Ainsi l'aberration en longitude qui dépend du mouvement BG, ou NL de la terre perpendiculairement au rayon mené vers l'étoile, est proportionnelle au sinus de la distance au point où elle est nulle, c'est-à-dire, au point H de la quadrature. Par la même raison, l'aberration en latitude dépend du chemin ou du mouvement de la terre dans la direction perpendiculaire à celle-là, c'est-à-dire, du petit mouvement FN, & elle est proportionnelle au sinus de la distance GL, ou à la ligne LV, à cause des mêmes triangles LFN, LVS, dans lesquels LF : FN :: SL : LV.

791. Si cette étoile étoit au pole de l'écliptique, on la verroit toujours 20 secondes en avant du côté où va la terre ; & par conséquent la terre décrivant un cercle, l'étoile paroîtroit en décrire un, c'est ce que M. Bradley remarqua du moins à très-peu-près sur l'étoile γ du Dragon.

Si l'étoile est plus près du plan de l'écliptique, & qu'on la voie par un rayon oblique, l'effet de l'aberration perpendiculairement au plan de l'écliptique deviendra plus petit, à raison du sinus de l'obliquité (789) ; mais il restera le même dans le sens parallèle à l'écliptique, ainsi le cercle deviendra une ellipfe comme LAK (*fig. 98*). Le grand axe LK parallélement à l'écliptique fera toujours de 40″, parce que quand l'étoile eft en conjonction ou en oppofition, l'aberration eft toujours de 20″, foit que l'étoile ait une latitude où qu'elle n'en ait point, la route BG de la terre (*fig. 96*) étant toujours perpendiculaire au rayon de l'étoile ; mais le petit axe AF de l'ellipfe fera moindre à raifon du finus de la latitude.

Le point L qui eft le plus à gauche ou à l'occident eft le lieu où paroît l'étoile lorfqu'elle eft en oppofition ; le point K eft celui de la conjonction ; le point A fi c'eft une étoile auftrale, ou le point F fi c'eft une étoile boréale, c'eft-à-dire, le point de l'ellipfe qui eft le plus près de l'écliptique, marque le lieu apparent de l'étoile trois mois après la conjonction. L'aberration en longitude étant comme le cofinus de l'élongation de l'étoile dans le cercle circonfcrit à l'ellipfe, & qui forme l'ellipfe par fon inclinaifon, fi l'on marque en K le lieu du foleil qui eft égal à la longitude de l'étoile, & qu'on divife le cercle circonfcrit en 360°, les perpendiculaires abaiffées de chaque degré de longitude fur le grand axe LEK, marqueront fur l'ellipfe tous les points où l'étoile doit paroître aux mêmes temps ; c'eft ainfi que j'ai marqué fur l'ellipfe ALFK les lieux d'*Arcturus* fur fon ellipfe d'aberration pour le premier jour de chaque mois.

792. Arcturus eft à l'extrémité occidentale du grand axe de fon ellipfe à droite, le 13 Octobre jour de fa conjonction ; il eft à l'extrémité inférieure ou méridionale F du petit axe, le 11 Janvier jour de la première quadrature. L'ellipfe d'Arcturus eft inclinée par rapport à la ligne horizontale AB, que je fuppofe parallèle à l'équateur, de la quantité de l'angle de pofition (318) ; il fuffiroit d'abaiffer des perpendiculaires fur AB pour voir dans les différens temps de l'année, l'aberration en afcenfion droite & en déclinaifon. On voit dans cette même ellipfe l'effet de la parallaxe (763), qui feroit paroître l'étoile aux mêmes points de l'ellipfe trois mois plutôt que ne fait l'aberration, en fuppofant que la plus grande parallaxe fût de 20″

20″ comme l'aberration ; c'eſt en dedans de l'ellipſe que j'ai marqué les ſituations que donneroit la parallaxe annuelle quatre fois l'année.

793. L'aberration en longitude, que l'on prendroit dans cette figure ſur le parallèle de l'étoile en ſuppoſant EL de 20″, doit être réduite à l'écliptique pour les uſages aſtronomiques, c'eſt à-dire, qu'il faut la diviſer par le coſinus de la latitude de l'étoile (531), de-là vient que l'aberration abſolue qui eſt toujours de 20″ de grand cercle, ſi on la prend dans la région d'une étoile, devient très-grande pour les étoiles voiſines du pole, ſi on la meſure ſur l'équateur, ou qu'on ait égard au changement qui en réſulte ſur l'aſcenſion droite ; j'ai donné des tables d'aberration pour un grand nombre d'étoiles dans pluſieurs volumes de la *Connoiſſance des temps.*

DE LA NUTATION.

794. La nutation ou *déviation* eſt un mouvement apparent de 9″ obſervé dans les étoiles fixes, dont la période eſt de 18 ans, cauſé par l'attraction de la lune ſur le ſphéroïde de la terre. On verra dans le XIIe. livre que la préceſſion des équinoxes qui eſt de 50″ par an, eſt produite par l'action du ſoleil & de la lune ſur la partie de la terre que l'on conçoit relevée vers l'équateur du ſphéroïde (1064). De ces 50″ il y en a au moins 36 qui ſont produites par l'action ſeule de la lune ; or, la lune ne peut pas produire ces 36″ de préceſſion d'une manière uniforme, puiſque ſes nœuds changent continuellement de place & que ſon inclinaiſon par rapport à l'équateur, d'où ſon effet dépend, varie de dix degrés ; il en doit réſulter nonſeulement une inégalité dans la préceſſion annuelle des équinoxes à différentes années, mais auſſi un balancement ou une nutation dans l'axe de la terre. Par l'effet de cette nutation les étoiles doivent paroître ſe rapprocher & s'éloigner de l'équateur, puiſque l'équateur répond à différentes étoiles.

Z

Nous voyons que Flamstéed avoit espéré vers l'an 1690, au moyen des étoiles voisines du zénit, de déterminer la quantité de cette nutation qui devoit suivre de la théorie de Newton ; mais il abandonna ce projet, parce que, dit-il, si cet effet existe il doit être insensible jusqu'à ce qu'on ait des instrumens bien plus longs que 7 pieds, plus solides & mieux fixés que les miens (*Hist. cél. tom. III, pag.* 113).

M. Horrebow rapporte un passage formel, tiré des manuscrits de Romer, par lequel on voit qu'il soupçonnoit aussi une nutation dans l'axe de la terre, & qu'il espéroit d'en donner la théorie : *Basis astronomiæ* 1733, *pag.* 66.

Ces idées de nutation devoient se présenter naturellement à tous ceux qui avoient apperçu dans les étoiles des changemens de déclinaisons, & nous avons vu que les premiers soupçons de M. Bradley en 1727, furent qu'il y avoit quelque nutation de l'axe de la terre qui faisoit paroître l'étoile γ du Dragon plus ou moins près du pole (778) ; mais la suite des observations l'obligea de chercher une autre cause pour les variations annuelles ; ce ne fut qu'au bout de quelques années qu'il reconnut le second mouvement dont il s'agit ici.

795. Pour bien expliquer la découverte de la nutation par M. Bradley, il faut remonter au temps où il observoit les étoiles pour découvrir l'aberration ; il vit en 1728, que le changement annuel de déclinaison dans les étoiles voisines du colure des équinoxes étoit un peu plus grand qu'il ne devoit résulter de la précession des équinoxes supposée de 50″, & calculée à la manière ordinaire ; sans que cette différence pût être attribuée à l'instrument, parce que les étoiles voisines du colure des solstices ne donnoient point la même différence.

En général les étoiles situées proche le colure des équinoxes avoient changé de déclinaison d'environ 2″ plus qu'elles n'auroient fait par la précession moyenne des équinoxes, qui est très-bien connue ; & les étoiles voisines du colure des solstices moins qu'elles n'auroient dû faire ; mais, ajoute M. Bradley « soit que ces petites variations

» viennent d'une caufe régulière, ou qu'elles foient occa-
» fionnées par quelque changement dans le fecteur, je
» ne fuis pas encore en état de les déterminer ». M. Bradley n'en fut que plus ardent à continuer fes obfervations
pour déterminer la période & la loi de ces variations ;
il demeura prefque toujours à Wanfted jufqu'en 1732,
qu'il fut obligé d'aller à Oxford, pour remplacer M. Halley ; il continua d'obferver avec la même exactitude toutes
les circonftances des changemens de déclinaifon fur un
grand nombre d'étoiles. Chaque année il voyoit les périodes de l'aberration fe rétablir fuivant les règles que
l'on a vues ci-deffus ; mais d'une année à l'autre il y avoit
d'autres différences ; les étoiles fituées entre l'équinoxe du
printemps & le folftice d'hiver fe trouvoient être plus près
du pole boréal, & les étoiles oppofées s'en étoient éloignées ; il commença de foupçonner que l'action de la lune
fur l'équateur, c'eft-à-dire, fur la partie la plus relevée
de la terre pouvoit caufer une variation ou un balancement
dans l'axe de la terre : fon fecteur étant demeuré fixe à
Wanfted, il continua d'y venir obferver fouvent, & il
s'eft trouvé en état en 1747, de prononcer fur la caufe
de ce phénomène ; nous allons rendre compte de cette
nouvelle découverte d'après M. Bradley lui-même (*Phil.*
tranfactions, Janv. 1748).

796. En 1727, le nœud afcendant de la lune concouroit avec l'équinoxe du printemps, de forte que la lune s'é-
cartoit de l'équateur dans fes plus grandes latitudes de
28° $\frac{1}{2}$; en 1736, le nœud afcendant s'étant trouvé dans
l'équinoxe de la balance, la lune ne pouvoit plus s'écarter
de l'équateur que de 18° $\frac{1}{2}$; de forte que fon orbite étoit
plus éloignée de l'équateur de 10° en 1727, qu'en 1736,
ce qui rendoit fon attraction plus fenfible fur l'équateur.

M. Bradley obferva en 1727, par le changement de
déclinaifon des étoiles voifines du colure des équinoxes
que la préceffion des équinoxes paroiffoit avoir été plus
grande que la moyenne (795), & cependant les étoiles
fituées proche le colure des folftices, paroiffoient fe mou-

Z ij

voir d'une manière contraire aux effets de cette augmentation ; les étoiles opposées en ascension droite étoient affectées de la même manière ; γ du Dragon, & la 35ᵉ étoile de la Giraffe avoient éprouvé le même changement en déclinaison, l'une vers le nord, l'autre vers le sud ; cela s'accordoit très-bien avec une nutation de l'axe de la terre, qui doit évidemment produire la même différence sur les étoiles opposées en ascension droite.

En 1732, le nœud de la lune avoit rétrogradé jusqu'au solstice d'hiver ; alors les étoiles situées proche le colure des équinoxes parurent changer leur déclinaison suivant la précession de 50″. Dans les années suivantes, ce changement diminua, jusqu'en 1736, que le nœud ascendant parvint à l'équinoxe de la balance.

Les étoiles situées vers le colure des solstices changerent leur déclinaison depuis 1727, jusqu'en 1736, de 18″ moins que n'exigeoit la précession de 50″ ; de sorte que le pole du monde ou l'axe de la terre avoit éprouvé une nutation de 18″ pendant une demi-révolution des nœuds de la lune. En 1745, au bout de 18 ans les nœuds étant revenus à leur première situation, les étoiles reparurent toutes aux mêmes points, ayant égard à la précession des équinoxes ; on vit les mêmes phénomènes qu'en 1727, & M. Bradley ne douta plus que la nutation de l'axe terrestre n'en fût la véritable cause.

797. M. Machin, secretaire de la société Royale, à qui il envoya ses conjectures, vit bientôt qu'il suffisoit pour expliquer, & la nutation & le changement de la précession, de supposer que le pole de la terre décrivoit un petit cercle, comme Tycho l'avoit supposé pour l'orbite lunaire. En donnant 18″ au diamètre de ce cercle, & supposant qu'il étoit décrit par le pole dans l'espace de la révolution observée par M. Bradley, & qui étoit celle des nœuds de la lune, il expliquoit, & le changement de la précession annuelle, tel que les étoiles voisines du colure des équinoxes l'avoient indiqué, & la nutation de l'axe de la terre démontrée par les étoiles voisines du colure des solstices.

Pour faire voir l'accord de sa théorie avec les phénomè-nes, M. Bradley rapporte grand nombre d'observations faites depuis 1727, jusqu'en 1747, sur différentes étoiles & sur-tout γ du Dragon. De plus de 300 observations qu'il avoit faites de celle-ci, il ne s'en est trouvé que onze qui différassent de la moyenne de 2″.

798. Soit E le pole de l'écliptique (*fig.* 97), P le pole de l'équateur qui en est éloigné de 23°½, & autour du point P un petit cercle, dont le rayon PB soit de 9″. Au lieu du point P qui est le lieu moyen du pole, on suppose que le vrai pole décrive un cercle A B C D, qu'il soit en A lorsque le nœud de la lune est dans l'équinoxe du printemps, ou sur le colure des équinoxes P γ, & qu'il continue de se mouvoir d'A en B de la même manière que le nœud ; ensorte que quand le pole du monde est en O l'arc A O soit égal en degrés à la longitude du nœud de la lune ; le lieu du vrai pole sera toujours plus avancé de 3 signes en ascension droite dans le cercle A B C que le lieu du nœud de la lune dans l'écliptique, & le pole sera en D lorsque le nœud sera en ♋. Puisque le pole rétrograde de A en B il doit se rapprocher des étoiles qui sont dans le colure P B γ des équinoxes ; de sorte que la précession paroîtra plus grande, en occasionnant dans les étoiles qui sont sur le colure des équinoxes, un changement de déclinaison plus grand de 9″ qu'il ne devoit être, & cela dans l'espace de 4 ans & 8 mois que le nœud employera à venir du Bélier au Capricorne, & le pole à venir de A en B ; en même-temps le pole paroîtra s'être approché des étoiles qui sont vers le solstice d'hiver ou du côté de E ; telles sont en effet les circonstances que M. Bradley avoit observées (796).

799. Le premier effet général de la nutation, celui qui est le plus facile à appercevoir, est le changement de l'obliquité de l'écliptique ; cet angle augmente de 9″ quand le nœud ascendant de la lune est dans le Bélier ; puisqu'alors le pole est en A, & que la distance des poles E A devient plus grande de 9″ que quand le nœud est dans la Balance

L'obliquité de l'écliptique étoit en 1764 de 23° 28′ 15″ ; elle n'étoit en 1755 que de 23° 28′ 5″, non-seulement elle n'a pas diminué de 8″ comme elle auroit dû faire (758) ; mais elle a augmenté de 10″, ce qui fait 18″ de plus pour le seul effet de la nutation, qui est égal à A C.

Quand le pole de la terre est arrivé de A en O, l'obliquité de l'écliptique est E O ou E H, & la nutation se trouve égale à P H ; l'arc A O ou l'angle A P O est égal à la longitude du nœud, & P H en est le cosinus ; or P H = 9″ sin. O B ou 9″ cos. A O, donc la nutation P H = + 9″ cos. nœud, ou 9″ multipliées par le cosinus de la longitude du nœud de la lune. Cette nutation doit se retrancher de l'obliquité moyenne ou uniforme, tant que le nœud de la lune est entre 3 & 9 signes ; elle s'ajoute dans le premier & le quatrieme quart de la longitude du nœud.

La nutation change également les longitudes, les ascensions droites & les déclinaisons des astres ; il n'y a que les latitudes qu'elle n'affecte point, puisque le pole E de l'écliptique est immobile dans la théorie de la nutation : l'hypothèse précédente suffit pour calculer ces changemens ; car il ne s'agit que de prendre O pour le pole de l'équateur, E O pour colure des équinoxes au lieu de E P ; du point O considéré comme pole du monde, l'on tire un arc O S vers une étoile S, alors O S est le complément de sa déclinaison, l'angle S E O le complément de sa longitude, l'angle S O E le complément de son ascension droite, l'arc S E le complément de sa latitude ; c'est la seule quantité qui ne varie point dans le triangle E S P, qui devient le triangle E S O ; il est aisé de calculer par la trigonométrie sphérique toutes ces variations, dès qu'on connoît la position du colure E O, par rapport au colure moyen E P qui auroit lieu sans le phénomène de la nutation.

LIVRE VIII.

De la Figure de la Terre.

800. On a vu dans le premier Livre la méthode par laquelle on a trouvé la grandeur de la terre (39) ; mais les anciens étoient peu certains de leurs mesures : suivant les dimensions rapportées dans Pline, le degré de la terre étoit de 100 stades, & les stades de Pline avoient 91 toises $\frac{3}{4}$, ainsi le degré étoit de 66000 toises ; suivant d'autres, on n'en trouvoit que 8999 (art. 39). Par des mesures faites vers l'an 830, par ordre du Calife Almamon, le degré se réduisoit à 47000 toises. Fernel en 1550 avoit trouvé 56746 toises, Snellius en 1617, 55021, Norwood en 1635, 57424, & Riccioli, 62900 toises ; telle étoit l'incertitude de nos connoissances à cet égard, lorsque l'Académie des Sciences entreprit de connoître la véritable grandeur de la terre en mesurant un degré au milieu de la France. Il eût été long & difficile de mesurer toise à toise, d'un bout à l'autre un espace de 25 lieues, quoique cela se soit fait dans l'Amérique septentrionale (*Phil. trans.* 1768). M. Picard aima mieux employer la trigonométrie, & se contenta de mesurer avec soin un espace de deux lieues, du chemin de Ville-juive à Juvisy, qui étoit déja pavé en droite ligne, & il en conclud tout le reste par des triangles. Depuis ce temps, l'Académie a fait élever à Ville-juive & à Juvisy, deux pyramides, dont les axes sont exactement à 5717 toises l'un de l'autre, suivant la mesure que nous avons faite en 1756.

801. La toise qui nous a servi pour cette opération, est déposée au cabinet de l'Académie, & l'on en a envoyé des modeles exacts dans toutes les généralités du Royaume, afin qu'il n'y eût plus à l'avenir de difficultés, sur la véritable toise de France, comme il y en avoit eu

jufqu'à préfent, & comme il y en a même en Angleterre ; où l'on n'eft pas encore convenu d'une mefure certaine ; la toife de l'Académie eft de toutes les mefures de l'Univers la mieux conftatée, & la plus célèbre dans tous les pays où il a des favans. J'ai donné dans la *Connoiffance des temps*, pendant plufieurs années une table des mefures étrangeres comparées avec la nôtre.

802. Le premier triangle formé par M. Picard fur la bafe de Ville-juive, fe terminoit au clocher de Brie-comte-Robert ; le fecond avoit pour bafe la diftance de Ville-juive à Brie-comte-Robert, & fe terminoit à la tour de Montlhéry ; ce fecond triangle lui fit trouver la diftance de Brie à Montlhéry 13121 $\frac{1}{2}$ toifes. En continuant ainfi de triangle en triangle, il parvint jufqu'au clocher de Notre-Dame d'Amiens, qui eft plus feptentrional que la façade méridonale de l'obfervatoire de 60390 toifes (*Méridienne vérifiée*, p. 46 & 50), mais dont la latitude eft auffi plus avancée de 1° 3′ 9″ ; ce qui donne pour la longueur d'un degré jufte 57069 toifes. La 25ᶜ partie de ce degré eft ce que l'on eft convenu affez généralement d'appeller une lieue ; la lieue eft donc de 2283 toifes, enforte que la circonférence entière de la terre eft de 9000 mille lieues, chacune de 2283 toifes. Les lieues marines font de 20 au degré ou 2853 toifes, on les compte ainfi fur la mer pour que 3 minutes qui font trois milles marins d'Angleterre & d'Italie faffent une lieue marine de France, & que les Navigateurs de tous les pays puiffent s'entendre plus aifément.

DE LA FIGURE DE LA TERRE,
ET DE SON APLATISSEMENT.

803. Le degré mefuré par M. Picard, entre Paris & Amiens, fuffifoit pour connoître la grandeur de la terre entière, en la fuppofant fphérique ; mais fi la terre n'eft pas ronde, & qu'elle foit plus convexe dans une partie de fa circonférence que dans l'autre, les 360 degrés doivent être différens entre eux, & celui des environs de Paris ne fera

plus la 360ᵉ. partie de la circonférence de la terre ; ce fut
pour s'en affurer que l'Académie des Sciences de Paris fongea en 1683 à fe procurer la mefure de plufieurs degrés
fous différentes latitudes, afin de voir fi ces degrés étoient
égaux, comme ils devoient l'être en fuppofant la terre fphérique.

804. Je ne fais pas à qui l'on dut la première conjecture
qui donna naiffance à toutes ces recherches ; je trouve
feulement que M. Picard, dans l'article IV de fa mefure de
la terre, publiée en 1671, parle d'une conjecture *qui avoit
deja été propofée dans l'affemblée, que fuppofé le mouvement
de la terre, les poids devroient defcendre avec moins de force
fous l'équateur que fous les poles,* & M. Picard obferve que
delà il réfulteroit une différence fur les pendules qui battent
les fecondes, & qui iroient plus vîte là où il y auroit plus
de pefanteur, ou moins de force centrifuge. Il ajoute qu'on
a fait à Londres, à Lyon & à Bologne en Italie quelques
expériences, d'où il femble qu'on pourroit conclure que les
pendules à fecondes doivent être plus courts à mefure qu'on
avance vers l'équateur, mais qu'on n'eft pas fuffifamment
informé de la jufteffe de ces expériences pour en conclure
quelque chofe ; d'ailleurs, dit-il, on doit remarquer qu'à la
Haye, où la hauteur du pole eft plus grande qu'à Londres,
la longueur du pendule exactement déterminée par le
moyen des horloges a été trouvée la même qu'à Paris.

805. On ne favoit donc encore rien de pofitif en 1671,
fur la figure de la terre & fur la diminution du pendule fous
l'équateur ; mais la même année M. Richer fut envoyé à
Cayenne (742), & parmi les objets de fon voyage nous
voyons qu'il étoit chargé par l'Académie d'obferver la longueur du pendule à fecondes. Dans le chapitre X des obfervations qu'il fit imprimer à fon retour, il donne un article
exprès fur la longueur du pendule, & il dit que c'eft l'une des
plus confidérables obfervations qu'il ait faites. « La même
» mefure qui avoit été marquée en Cayenne fur une verge
» de fer fuivant la longueur qui s'étoit trouvée néceffaire
» pour faire un pendule à fecondes de temps, ayant été

» apportée en France, & comparée avec celle de Paris, leur
» différence a été trouvée d'une ligne & un quart, dont
» celle de Cayenne est moindre que celle de Paris, laquelle
» est de 3 pieds 8 lignes ⅖; cette observation a été réitérée
» pendant dix mois entiers, où il ne s'est point passé de se-
» maine qu'elle n'ait été faite plusieurs fois avec beaucoup
» de soin. Les vibrations du pendule simple dont on se servoit
» étoient fort petites, elles duroient fort sensibles jusqu'à
» 52 minutes de temps, & ont été comparées à celles d'une
» horloge très-excellente dont les vibrations marquoient les
» secondes de temps ». (*Recueil d'observations faites en plusieurs voyages, in-fol.* 1693). D'ailleurs le pendule de l'horloge de M. Richer qui battoit les secondes à Paris, retar-
doit à Cayenne de 2 minutes par jour ; ce qui prouvoit que
la pesanteur de la lentille étoit moindre à Cayenne, & que
la lentille y descendoit vers la terre avec moins de vîtesse
(*Regiæ scient. academiæ historia,* L. 1).

806. Depuis ce temps-là on a observé la longueur du
pendule en divers pays, & l'on a trouvé les quantités suivantes en pouces, lignes, & centiemes de lignes.

Sous l'équateur à 2434 toif. de hauteur (M. Boug. fig. de la t. p. 342). . . 36^P 6^{li} 70
Sous l'équateur à 1466 toifes, par le même. 36 6 83
Sous l'équateur au niveau de la mer, par le même. 36 7 07
A Portobelo latit. 9° 34', par le même. 36 7 16
Au Petit Goave dans l'Ifle de S. Domingue 18° 27', par le même. . . . 36 7 33
Au Cap de Bonne-Efpérance 33° 55' (Mém. Acad. 1751, p. 438). . . . 36 8 07
A Genève 46° 12'; par M. Mallet, avec le pendule invariable. 36 8 17
A Paris 48° 50' (Mém. Acad. 1735), par M. de Mairan. 36 8 52
Par M. Bouguer, après les réductions faites. 36 8 67
A Leyde 52° 9', par M. Lulofs. 36 8 71
A Péterfbourg 59° 56', par M. Mallet. 36 8 97
A Pello 66° 48' (M. de Maupertuis, fig. de la terre, p. 180). 36 9 17
A Ponoi en Laponie 67° 4', par M. Mallet. 36 9 17

807. Ainsi la première expérience qui prouva démonstra-
tivement que la terre tournoit sur son axe, fut celle du
pendule en 1672. Huygens soupçonna dès-lors qu'en vertu
de la force centrifuge qui rendoit la pesanteur des corps sous
l'équateur moindre qu'à Paris (1011), il pouvoit très-bien
se faire que les parties de la terre y fussent aussi plus relevées
& plus éloignées du centre, ce qui devoit donner à la terre

la figure d'un sphéroïde aplati vers les poles; le disque de Jupiter, dont M. Cassini avoit déja observé l'aplatissement, même avant l'année 1666, étoit une grande raison de croire aussi la terre aplatie ; comme il le dit lui-même, (*Mém. Acad.* 1701 , *pag.* 180).

808. Voyons donc la manière dont les Astronomes pouvoient s'assurer de cet aplatissement, par la mesure des degrés de la terre sous différentes latitudes. Si la terre n'est pas ronde, la mesure de ses degrés doit se faire autrement que sur le globe. Soit E P Q O (*fig.* 100) la circonférence aplatie de la terre ; E D F Q celle d'un cercle circonscrit, & qui a le même diamètre ECQ ; ayant pris un arc DF de ce cercle, qui soit $\frac{1}{360}$ de la circonférence entière, c'est-à-dire, un degré, l'angle DCF sera aussi d'un degré ; mais l'arc GH de la terre n'est point ce qu'on doit appeller un degré de la terre, quoiqu'il soit compris entre les lignes DGC & FHC qui font un angle d'un degré au centre de la terre.

809. Je supposerai d'abord comme un principe d'hydrostatique démontré par l'expérience & par le raisonnement que la pesanteur agit toujours perpendiculairement à la surface de la terre, quelle que soit sa figure. Les niveaux à bulle d'air, les niveaux d'eaux, les niveaux formés par un fil à-plomb, donnent toujours le même résultat dans les nivellemens, cela prouve que le fil à-plomb est exactement perpendiculaire à la surface de l'eau qui marque la surface de la terre, & qui prend nécessairement la figure que la gravité donne à la terre. Les eaux de la mer ont toujours été nécessairement disposées perpendiculairement à la direction de la pesanteur ; car du premier instant où elles auroient pu ne l'être pas, elles auroient coulé du côté où la pesanteur inclinoit ; elles seroient venu chercher l'équilibre, qui ne peut avoir lieu que quand la pesanteur est exactement perpendiculaire à la surface de l'eau , & n'a aucune action latérale.

810. Le fil à-plomb qui , dans nos instrumens , marque la ligne du zénit , & auquel nous rapportons les hauteurs des astres , est donc perpendiculaire à la surface de la terre ; & si un observateur en P (*fig.* 101), par exemple, à Paris,

voit une étoile, comme la Claire de Perfée, paffer au méridien préciféinent par le zénit, il la verra fur la ligne BPZ, qui eft perpendiculaire à la furface de la terre, & qui ne va point fe diriger au centre C de la terre, à moins que la terre ne foit parfaitement fphérique. Un autre obfervateur fitué en A, par exemple, à Amiens, voit une étoile fur un rayon A S, qui eft parallèle à PZ à caufe de la grande diftance des étoiles ; cette étoile paroît éloignée de fa verticale XAB d'un angle SAX. Si avec les inftrumens exacts qu'on emploie à ces obfervations, on trouve que la Claire de Perfée paffe à un degré du zénit d'Amiens, il s'enfuit que l'angle SAX eft d'un degré, ainfi l'angle PBA qui eft égal à SAX fera auffi d'un degré ; dans ce cas là, nous dirons que l'arc A P de la terre, compris entre Paris & Amiens, eft un degré de la terre ; d'où réfulte la définition fuivante.

811. Le degré *du fphéroïde terreftre* (quelle que foit fa figure) *eft l'efpace qu'il faut parcourir fur la terre pour que la ligne verticale ait changé d'un degré.* Ainfi les degrés que nous mefurons par obfervation, font des angles B qui n'ont point leur fommet au centre C de la terre, mais au point de concours des verticales ZPB & XAB perpendiculaires à la terre en A & en P, c'eft-à-dire, aux deux extrémités du degré. Cette manière de concevoir & de mefurer les degrés nous eft donnée par la nature même, à caufe du fil à-plomb qui s'emploie néceffairement dans les obfervations, & qui feul peut nous faire trouver les diftances des étoiles au zénit, & par conféquent les degrés de la terre.

812. Il fuit de cette définition que dans les endroits les plus aplatis de la terre les degrés doivent être les les plus longs ; en effet, plus un arc PA (*fig.* 102) aura de convexité ou de courbure, l'angle F étant toujours fuppofé d'un degré, plus cet arc PA fera court ; fi au lieu de PA nous prenons l'arc PD, plus convexe & plus courbe que PA, DG étant parallèle à A F, & l'angle PGD d'un degré, auffi-bien que PFA, cet arc PD fera plus court,

quoiqu'il ait la même amplitude , c'eſt-à-dire, qu'il ſoit auſſi d'un degré ; ſa longueur en toiſes ſera plus petite que celle de **P A**. Dans une ellipſe & dans toutes les courbes qui lui reſſemblent, la courbure eſt la plus grande au ſommet du grand axe , & la moindre au ſommet du petit axe ; donc ſi la terre eſt aplatie vers les poles, l'arc d'un degré aura plus de longueur , renfermera un plus grand nombre de toiſes à meſure qu'on approchera des poles où l'aplatiſſement eſt le plus grand.

813. Il ſuffiſoit donc de meſurer l'étendue d'un degré , à différentes diſtances des poles , pour juger ſi la terre étoit ronde : En conſéquence l'Académie obtint en 1683 des ordres du Roi pour continuer la méridienne de Paris , au Nord & au Sud , depuis l'Océan juſqu'à la Méditerranée ; M. Caſſini partit pour aller au Midi , accompagné de MM. Sedileau , Chazelles , Varin , Deshaies & Pernim ; M de la Hire alla au Nord de Paris avec MM. Potenot & le Fevre. L'ouvrage avançoit lorſqu'il fut ſuſpendu tout-à-coup par la mort du grand Colbert arrivée le 6 Sept. 1683.

814. Ce travail ne fut repris qu'en 1700 ; mais comme il ne s'étendoit pas au-delà du Royaume, & que la différence d'un degré à l'autre eſt très-petite , on diſputa juſqu'en 1733 ſur l'inégalité des degrés. M. de la Condamine repréſenta pour lors qu'on leveroit toute difficulté & de la façon la plus ſûre , en meſurant un degré aux environs de l'équateur, par exemple , à Cayenne ; il s'offrit de l'entreprendre lui-même. En 1734, M. Godin lut auſſi un Mémoire ſur les avantages qu'on pourroit tirer d'un voyage à l'équateur , qu'il offrit d'entreprendre avec M. de Fouchy. M. de Maurepas , Miniſtre d'Etat , fit agréer au Roi ce voyage que MM. Godin , de la Condamine & Bouguer entreprirent ef-fectivement. Ces trois Académiciens partirent au mois de Mai 1735 ; peu après leur départ M. de Maupertuis repréſenta à M. le Comte de Maurepas qu'on détermineroit avec une préciſion bien plus grande l'inégalité des degrés , & par conſéquent la figure de la terre, ſi l'on alloit meſurer auſſi un degré dans le nord, le plus loin qu'il ſeroit poſſible

de l'équateur ; l'Académie reçut les ordres du Roi, & choifit pour ce voyage du Nord MM. de Maupertuis, Clairaut, &c ; ils partirent en 1736 pour la Suéde , & ils arrivèrent à Torneo vers la fin de l'hiver.

815. Cette entreprife fut exécutée avec autant de promptitude que de foin ; car l'année fuivante le 13 Novembre 1737 dans l'affemblée publique de l'Académie des Sciences, M. de Maupertuis lut un Difcours qui contenoit la relation & le réfultat de ce voyage célèbre , comme il en avoit lu 18 môis auparavant le motif & le projet ; cette relation eft imprimée dans fon Livre qui a pour titre : *La Figure de la Terre, &c*, où l'on voit que le degré du méridien qui coupe le cercle polaire eft de 57422 toifes, plus grand de 353 toifes que le degré de Paris. Cette augmentation forma dèslors une démonftration complete de l'aplatiffemnt de la terre.

816. Les trois Académiciens envoyés au Pérou trouvèrent plus de difficultés dans leur mefure , & y employèrent plus de temps , ce ne fut qu'en 1741 qu'elle fut terminée. Ils trouvèrent que le premier degré du méridien étoit de 56750 toifes (*Mefure de 3 prem. degrés du meridien dans l'hémifphère Auftral, &c*, par M. de la Condamine). Ce fut une nouvelle confirmation de la diminution des degrés en allant vers le midi, & de l'aplatiffement en allant vers le nord. Cet aplatiffement de la terre eft auffi confirmé par la diminution du pendule (805), par la figure de Jupiter dont on voit que le difque eft fenfiblement aplati ; il eft d'ailleurs une fuite du mouvement de la terre fur fon axe , & de la force centrifuge qui tend à foulever les parties de l'équateur (1010).

817. Newton & après lui Maclaurin & Clairaut, dans la Théorie de la figure de la terre , ont démontré qu'en fuppofant la terre homogène & fluide , elle a dû prendre une figure elliptique & aplatie de $\frac{1}{232}$; la différence des degrés que nous venons de rapporter eft un peu plus confidérable ; mais plufieurs autres degrés mefurés en Allemagne, en Italie , au Cap de Bonne-Efpérance & en Amérique , nous perfuadent que l'aplatiffement n'eft pas

plus confidérable ; il eft peut-être encore moindre, & le P. Bofcovich ne le trouve que de $\frac{1}{311}$, en corrigeant tant foit peu les différens degrés pour les concilier enfemble, fuivant les règles de la probabilité.

818. Quand on fuppofe la terre elliptique on peut, avec deux degrés mefurés à des latitudes quelconques, trouver l'aplatiffement. Si l'on fuppofe que N & M foient les deux degrés, & que s & t foient les finus des latitudes géographiques vers le milieu de ces deux degrés, on aura pour la fraction qui exprime l'aplatiffement, $\dfrac{N-M}{3 M (ss - tt)}$ (*Mém. de l'Acad.* 1735). Si le degré M fe trouve mefuré fous l'équateur même, on aura $t = 0$, & $\dfrac{N-M}{3 M s s}$ pour l'aplatiffement cherché. Cette expreffion fait voir que dans l'hypothèfe de la terre elliptique, les accroiffemens des degrés font à très-peu-près comme les carrés des finus des latitudes, car $N - M$ eft proportionnel à ss, dès que la fraction $\dfrac{N-M}{3 M s s}$ eft conftante.

Si l'un des degrés M étant fitué fous l'équateur, l'autre degré N fe trouve exactement au pole, l'on aura $\dfrac{N-M}{3 M}$ pour l'aplatiffement ; ainfi la différence des diamètres de la terre n'eft que le tiers de celle des degrés ; par exemple, les deux degrés extrèmes différant entre eux de $\frac{1}{77}$, les diamètres de la terre ne différeront que de $\frac{1}{231}$.

819. En fubftituant dans cette formule les degrés mefurés en France & au Pérou, M. de la Condamine trouve que l'aplatiffement de la terre eft de $\frac{1}{304}$; mais en y fubftituant le degré du Nord & celui du Pérou, il ne trouve que $\frac{1}{210}$. Cette différence de réfultat fait croire que la terre n'a pas une figure réguliérement & parfaitement elliptique ; ou qu'il y a dans les degrés mefurés quelque imperfection ou quelqu'autre raifon d'inégalité, fans quoi l'on auroit le même degré d'aplatiffement, par ces deux différentes comparaifons ; le P. Bofcovich en a conclu que le degré du Nord étoit un peu trop grand.

820. Quand on a trouvé le degré d'aplatiffement ; il eft facile de calculer l'angle de la verticale avec le rayon de la terre fous une latitude quelconque. Suppofons le demi-petit axe CF (*fig.* 101) $= 1$, le demi-grand axe $= 1 + \beta$, la lettre β exprimant la fraction de l'aplatiffement : le carré de $1 + \beta$ fera $1 + 2\beta$, car à caufe de la petiteffe de β l'on peut négliger le terme β^2 ; foit l'abfciffe $CM = x$, la fous-normale MK fera $= x \cdot \dfrac{1}{1 + 2\beta}$ par la propriété de l'ellipfe $= x (1 - 2\beta)$ en négligeant encore les termes fuivans ; donc $CK = 2\beta x = 2\beta \cos.$ latit. La petite perpendiculaire KD abaiffée fur $CO = CK \cdot \sin. KCD = CK \sin.$ latit. $= 2\beta \cos.$ lat. fin. lat. $= \beta$ fin. 2 lat. & le finus de

l'angle KOD, $= \dfrac{DK}{DO}$ ou $\dfrac{DK}{CO} = \beta$ fin. 2 lat. Nous fuppofons OD fenfiblement égal au demi-petit axe, car il n'en diffère que d'une quantité qui n'introduiroit rien de fenfible dans cette formule. C'est ainfi que l'on peut calculer la feconde colonne de la table fuivante ou les angles tels que COK formés par le rayon CO, & par la ligne verticale OK perpendiculaire à la furface en fuppofant $\frac{1}{230}$ d'aplatiffement.

821. On démontre par les mêmes principes que dans l'hypothèfe de la terre elliptique, les excès des rayons de la terre fur le petit axe font comme les carrés des finus des latitudes; par exemple, que OA (*fig.* 100) eft à KM, comme le carré du finus total eft au carré du finus de l'arc EL, en fuppofant toujours les différences des degrés extrêmement petites. En effet, par la propriété de l'ellipfe $OA : KL :: CA : BL$ ou $\beta : KL :: 1 :$ fin. lat.; donc $KL = \beta$ fin. lat., mais à caufe des triangles femblables BKC, MKL, on a $KL : KM :: CK : BK$, ou β fin. lat. $: KM :: 1 :$ fin. lat. Donc $KM = \beta$ fin.

latit.	angles de la vertic.		augm, de la paral.
0°	0'	0''	15''8
10	5'	6''	15''3
20	9	36	13,9
30	12	58	11,8
40	14	44	9,2
42	14	52	8,7
44	14	58	8,2
46	14	58	7,6
48	14	52	7,0
50	14	44	6,5
55	14	4	5,2
60	12	58	4,0
65	11	26	2,8
70	9	36	1,9
80	5	6	0,5
90	0	0	0,0

lat.², c'eft à-dire, que la différence entre le rayon de l'équateur, & le rayon CK pour une latitude donnée, eft égal à l'aplatiffement multiplié par le carré du finus de la latitude. C'eft fur ce principe que font calculés les nombres de la Table ci-jointe qui font les augmentations de la parallaxe de la lune à différentes latitudes, dépendantes de l'inégalité des rayons CE, CP. Ainfi la parallaxe horizontale de la lune fous le pole, qui a pour bafe CP étant fuppofée de 60' 0'' ou de 3600''. On voit dans cette Table qu'à 50° de latitude il faut y ajouter $6''\frac{1}{2}$ pour avoir la parallaxe qui convient au rayon CG fous cette latitude; & l'angle de la verticale avec le rayon de la terre fous cette latitude eft de 14' 44''. On fe fert de cet angle pour corriger les diftances au zénit obfervées, & pour les réduire au centre de la terre.

822. On a remarqué dans les accroiffemens des degrés, en allant de l'équateur vers les poles, quelques irrégularités qui viennent peut être des circonftances locales, plus que de l'irrégularité de la terre : on trouve, par exemple, que le degré mefuré en Italie eft plus petit, & que celui du Cap eft plus grand qu'il ne devroit être fuivant la loi établie par les trois degrés, mefurés fous l'équateur, en France & au cercle polaire; mais une partie de cette différence peut venir de l'attraction latérale des montagnes fur le fil à-plomb. Par les obfervations que M. Bouguer & M. de la

Condamine

Condamine firent avec grand foin en 1737 au Pérou, près de la montagne de Chimboraço, le fil à-plomb étoit détourné de 8″ par la maſſe de cette montagne. On a éprouvé de ſemblables effets dans les Pyrénées, dans les Alpes & dans l'Apennin.

823. Si l'on ſuppoſe elliptique la figure de la terre, que l'on décrive un ſphéroïde ſur les deux diamètres de la terre, dont l'un eſt de 6562024 toiſes ou de 2874 $\frac{1}{2}$ lieues, l'autre de 6525376 toiſes ou 2858 $\frac{2}{7}$ lieues, ſon volume ou ſa ſolidité ſera 12366044000 lieues cubes, la ſurface de ce ſphéroïde ſeroit de 25858089 lieues carrées, d'où il eſt aiſé de conclure la ſurface de chaque zone (139).

Pour avoir une idée de la maſſe ou du poids total de la terre, ſuppoſons qu'elle ſoit compoſée intérieurement d'une matière à peu-près analogue à l'argille, dont le pied cube pèſe environ 140 livres; la toiſe cube pèſera 30240 livres, la lieue cube 35977520000000, & le poids de la terre entière ſera 4448994000000000000000 livres, ce nombre étant compoſé de 25 chiffres. Si l'on vouloit pouſſer le calcul juſqu'à avoir le nombre de grains de ſable dont cette maſſe eſt compoſée; chaque grain de ſable ſenſible ne peut avoir moins d'un vingtième de ligne, on trouveroit qu'il doit y avoir en tout *dans la maſſe du globe terreſtre* … 759121212000000000000000000000000 grains de ſable, ce nombre étant compoſé de 33 chiffres.

824. L'abaiſſement du niveau vrai par rapport au niveau apparent eſt l'effet le plus connu de la courbure de la terre. Si la ligne A H (*fig. 92*) eſt horizontale, & qu'à une diſtance A O il y ait une montagne O H, on ne verra du point A, que le ſommet H de la montagne ſur la ligne horizontale A H, & O H eſt l'abaiſſement du niveau vrai O par rapport au niveau apparent H. Il eſt aiſé de calculer O H, ou C H, puiſqu'on connoît le rayon C A de la terre & l'arc A O de la terre ou l'angle A C O. Cette courbure O H eſt d'un pied pour 1050 toiſes, ou, ce qui eſt plus aiſé à retenir, elle eſt d'une aune pour une lieue (3 pieds 8 pouces pour 2000 toiſes), mais elle augmente comme le carré des diſtances (988), &

à 4000 toifes elle eft de $14^{\text{pieds}} 8^{\text{pouces}}$. C'eft ce qui déter-mine la diftance de l'horizon fenfible (12) du moins en pleine mer ; car fi l'obfervateur eft en H, la ligne HA va toucher la mer à l'extrémité de l'horizon fenfible ; & il varie à raifon de la hauteur O H.

LIVRE IX.

Des Satellites de Jupiter & de Saturne.

LES Satellites de Jupiter font quatre petites planètes qui tournent autour de Jupiter, comme nous l'avons indiqué dans la figure 42 ; Galilée les appelloit *Medicea Sydera* ; Hé-vélius les nommoit *Circulatores Jovis*, *Jovis comites* ; ils fervent continuellement aux Aftronomes pour déterminer les différences de longitudes entre les différens pays de la terre (54) ; il importoit donc beaucoup d'avoir une théo-rie fûre & exacte de leurs mouvemens, & plufieurs Aftro-nomes y ont travaillé avec la plus grande affiduité.

825. Les quatre fatellites de Jupiter furent apperçus par Galilée le 7 Janvier 1610, peu après la découverte des lu-nettes d'approche ; Simon Marius prétendit les avoir vus dès le mois de Novembre précédent ; Gaffendi affure dans la vie de M. de Peirefc, que celui-ci fut un des premiers après Galilée & Reineri, qui entreprit conjointement avec Morin, de réduire en tables les mouvemens des fatellites. Mais on n'eut de tables un peu exactes des mouvemens des fatellites qu'en 1668, par M. Caffini. Celles dont nous nous fervons aujourd'hui pour calculer les éclipfes des fa-tellites de Jupiter, font de M. Wargentin ; il en avoit donné une première édition en 1746 dans les Mémoires d'Upfal, fes nouvelles tables font imprimées dans mon *Af-tronomie.*

826. La première chofe qu'on doit faire pour conftruire les tables, eft de déterminer les temps des révolutions ; on

pourroit y parvenir en obfervant plufieurs fois le moment où chaque fatellite paroîtroit en conjonctions vu de la terre ; pourvu qu'elles foient les mêmes que les conjonctions vues du foleil, il faut donc choifir pour déterminer ces révolutions, les conjonctions des fatellites qui arrivent quand Jupiter eft en oppofition ; car alors fi le fatellite paffe au-deffus, ou au-deffous du difque de Jupiter, le moment où il répond au centre de Jupiter eft celui de la conjonction vue du foleil & vue de la terre. On a encore d'une manière plus facile & plus commode les conjonctions vues du foleil, par le moyen des éclipfes ; car lorfqu'un fatellite eft au milieu de l'ombre que Jupiter répand derrière lui, il eft évident que le fatellite eft en conjonction avec Jupiter, puifqu'il eft fur la ligne menée du foleil à Jupiter. L'intervalle d'une éclipfe à l'autre fera la durée d'une RÉVOLUTION SYNODIQUE (557) ; c'eft-à-dire, d'une révolution par rapport au foleil ; & ce font prefque les feules révolutions dont on faffe ufage. On a foin de comparer entre elles des conjonctions très-éloignés, pour mieux compenfer les inégalités des fatellites, celles de Jupiter, & les erreurs inévitables dans les obfervations ; on trouvera ces révolutions calculées avec le plus grand foin, à l'art. 860, & telles que M. Wargentin les a déduites des obfervations les plus récentes.

827. LA RÉVOLUTION PÉRIODIQUE eft le retour d'un fatellite au même point de fon orbe, ou au même point du ciel vu de Jupiter, après avoir fait 360° ; cette révolution périodique eft un peu plus courte que la révolution fynodique ; car elle ne le rameneroit pas jufqu'à l'ombre de Jupiter qui pendant ce temps-là s'eft avancé lui-même, d'une certaine quantité dans fon orbite, tout ainfi que nous l'avons expliqué pour la lune (557). Nous ne parlerons guères que des révolutions fynodiques ; ce font les feules que nous puiffions immédiatement obferver, & celles dont dépendent les éclipfes qui font aujourd'hui les feules chofes que l'on obferve ; cependant on trouvera dans la table des élémens (860), les révolutions périodiques des quatre fatellites par rapport aux équinoxes. Pour avoir les révolutions périodi-

qu es par le moyen des révolutions synodiques observées, il faut faire la proportion suivante ; 360° plus le mouvement de Jupiter, pendant une révolution synodique, sont à la durée de cette révolution synodique observée, comme 360° seulement sont à la durée de la révolution périodique.

828. Connoissant les révolutions des satellites, il faut aussi connoître leurs distances par rapport au centre de Jupiter, en les mesurant dans le temps de leur plus grande élongation, avec un micromètre ; il suffit même de mesurer la distance d'un seul, les autres distances se calculent aisément par le rapport constant qu'il y a entre les carrés des temps & les cubes des distances (830).

C'est ainsi qu'on a trouvé les distances ou les élongations telles que je les ai rapportées, dans la table de l'article 860. Celle du 4ᵉ. satellite a été trouvée par M. Pound de 8′ 16″ avec un micromètre appliqué à une lunette de 15 pieds, & celle du 3ᵉ. satellite de 4′ 42″ avec une lunette de 123 pieds. Les deux autres ont été conclues par le calcul, de 2′ 56″ 47‴, & 1′ 51″ 6‴. (Newton, Liv. III.).

Comme il est plus commode d'exprimer ces distances en demi-diamètres de Jupiter, & en centièmes de ce même rayon, c'est aussi la forme que l'on emploie ; on trouvera ces distances dans la table des élémens (860), telles qu'elles furent déterminées par M. Cassini ; par exemple, la distance du premier satellite est de 5, 67, c'est-à-dire, 5 demi-diamètres de Jupiter, & 67 centièmes, ou deux tiers. On en déduiroit aisément leurs distances réelles, car le diamètre de Jupiter est environ onze fois plus grand que celui de la terre. Il suffiroit donc de multiplier par 11 les distances que nous donnons en demi-diamètres de Jupiter, pour les avoir en demi-diamètres de la terre, ou par 16132 pour les avoir en lieues.

829. Le diamètre de Jupiter vu du centre du soleil dans ses moyennes distances au soleil, ou vu de la terre dans ses moyennes distances à la terre, est de $37'' \frac{1}{4}$, son demi-diamètre est donc $18'' \frac{5}{8}$. Si l'on multiplie cette quantité par les distances exprimées en demi-diamètres de Jupiter, on aura ces mêmes distances en minutes & en secondes, telles qu'on

les obferve quand Jupiter eft dans fes moyennes diftances à la terre ; mais elles peuvent augmenter enfuite ou diminuer d'un cinquième à caufe de la diftance de Jupiter, plus ou moins grande par rapport à la terre. Les diftances des fatellites en minutes & en fecondes, peuvent fervir à comparer les diftances de ces fatellites avec celles des planètes au foleil ; fuppofons, par exemple, qu'on veuille prendre la diftance de Vénus au foleil pour unité, ou pour échelle commune, & qu'on demande la diftance du quatrième fatellite par rapport au centre de Jupiter ; on fera cette proportion : la diftance de Vénus au foleil 723 (art. 450), eft à celle de Jupiter comme 1 eft à 7, 1903 diftance de Jupiter au foleil ; on dira enfuite le rayon eft au finus de 8'. 16", élongation du fatellite, comme 7, 1903 eft à 0, 01729, diftance du fatellite, en parties de celle de Vénus ; nous en ferons ufage fous cette forme-là (1020).

830. En comparant les diftances des fatellites avec les durées de leurs révolutions périodiques, on remarqua bientôt que la loi de Képler (469) y étoit obfervée, auffi bien que dans les planètes. En effet, fi l'on prend le carré de 1ⁱ 18ʰ 28', & celui de 16ⁱ 16ʰ 32', ou plus exactement les temps périodiques du premier & du 4ᵉ. fatellite par rapport aux étoiles fixes ; & fi l'on prend auffi les cubes de leurs diftances 5, 67 & 25, 30, on aura (en ne prenant que les premiers chiffres), les nombres 6642, 5775, 1820, 1619, qui font véritablement en proportion.

831. Les révolutions des fatellites étant additionnées fucceffivement jufqu'à ce qu'elles forment des nombres femblables, on trouve à peu-près les périodes fuivantes.

247 révolutions du I. font 437ⁱ 3ʰ 44'
123 révolutions du II. font 437 3 42
 61 révolutions du III. font 437 3 36
 26 révolutions du IV. font 435 14 16

832. Ainfi dans l'intervalle de 437 jours, les 3 premiers fatellites reviennent à une même fituation entre eux, à 8' près ; cette période nous fervira quand nous parlerons des

attractions réciproques des satellites (845) & des inégalités qui en résultent, sur-tout dans les trois premiers.

Inégalités des Satellites.

833. La plus grande inégalité qu'on ait remarqué dans
les révolutions des satellites, par rapport au disque de
Jupiter, est celle qui est produite par la parallaxe annuelle
(441); soit S le soleil (*fig.* 103), I le centre de Jupiter,
B un satellite en conjonction sur la ligne des centres, ou sur
l'axe de l'ombre, T le lieu de la terre, TIG le rayon mené
de la terre par le centre de Jupiter; l'angle TIS égal à
l'angle BIG est la parallaxe annuelle de Jupiter, qui peut
aller à 12°; il faut alors que le satellite arrive de B en G &
parcoure 12° de son orbite, pour nous paroître en conjonction sur la ligne TIG, quoique sa véritable conjonction soit arrivée au point B; ces 12°, font 1ʰ 25′ de temps
pour le premier satellite, 2ʰ 50′, 5ʰ 44′ & 13ʰ 24′ pour les
autres; telle est l'inégalité qu'on trouve entre les révolutions des satellites, ou leurs retours observés de la terre, quand
on les compare au disque apparent de Jupiter, & qu'on
observe les passages des satellites sur ce disque; mais quand
on se sert des éclipses pour connoître les révolutions, on
n'est point exposé à cette inégalité.

834. Passons aux inégalités qui ont lieu par rapport à la
ligne des centres SIB, & qui affectent les retours des satellites à leurs conjonctions, & les intervalles des éclipses.
Nous avons supposé dans la recherche des périodes (826),
qu'on avoit pris un intervalle de temps assez long pour que
les inégalités fussent fondues & compensées; si dans la recherche des révolutions ou des moyens mouvemens, on
ne prenoit que l'intervalle d'une seule révolution du satellite, le résultat seroit affecté des inégalités de Jupiter, &
de celles du satellite; mais si l'on compare des observations
éloignées d'une période entière de Jupiter, ou de plusieurs,
c'est-à-dire, de 12, de 24 ans, &c. tout sera compensé, &
l'on aura exactement le mouvement moyen, abstraction

faite de l'inégalité des retours ; on parvient enfuite à connoître ces équations en comparant entre eux les intervalles
des différentes éclipfes ; intervalles qui ne diffèrent entre
eux qu'à raifon des inégalités dont il s'agit.

835. La plus grande inégalité dans les retours des conjonctions & des éclipfes, eft celle qui vient de l'inégalité du
mouvement de Jupiter ; car la différence entre le retour
d'une conjonction & une révolution périodique complète du
fatellite, dépend du mouvement de Jupiter vu du foleil,
dans cet intervalle de temps, ou de l'arc que le fatellite doit
parcourir pour revenir à fa conjonction avec le foleil ; ce
mouvement eft irrégulier, ainfi les éclipfes par cela feul ne
reviendront point dans des intervalles de temps égaux.
L'intervalle entre deux éclipfes eft égal à une révolution du fatellite, plus le temps qu'il lui faut, pour atteindre
l'ombre de Jupiter, qui s'eft avancée autant que Jupiter
lui-même, mais inégalement ; or l'équation de Jupiter étant
de $5°\ 34'$, tantôt additive, tantôt fouftractive, la fomme
de tous les petits intervalles dont chaque révolution fynodique excède chaque révolution périodique, peut faire une
différence de $11°$ entre deux obfervations.

836. Soit A B P (*fig.* 104), l'orbite de Jupiter, S le
foleil, F le foyer fupérieur de l'ellipfe, autour duquel le
mouvement de Jupiter eft fenfiblement uniforme (495) ;
fuppofons un fatellite qui dans une période de Jupiter faffe
un nombre complet de révolutions périodiques ; que Jupiter ait fait le quart de fa révolution en temps, c'eft-à-dire, que l'angle A F B qui exprime l'anomalie moyenne, foit
de $90°$; le fatellite doit auffi avoir achevé le quart des révolutions périodiques qu'il peut faire pendant une période
de Jupiter, & être parvenu au point H qui répond dans le
ciel au même point que le lieu moyen de Jupiter ; mais
le fatellite arrivera en K, où fe fait la conjonction avec
Jupiter, & fera éclipfé, long-temps avant que d'être arrivé
en H ; la différence K H mefure l'angle K B H égal à l'angle
F B S, qui eft l'équation du centre de Jupiter, c'eft-à-dire,
$5°\ 34'$, le premier fatellite emploie $0^h\ 39'\ 25''$ à parcourir

5° 34′ de son orbite ; ainsi les éclipses que l'on observe devront avancer de 9′ 25″ au bout de 3 ans ; six ans après, lorsque Jupiter sera dans la partie opposée de son orbite elles retarderont d'autant.

837. Pour trouver la quantité de cette équation dans chaque orbite des satellites on fait cette proportion : 360° sont à la durée de la révolution synodique, comme 5° 34′ 1″ sont à un quatrième terme qui se trouve de 39′ 22″ ; 1ʰ 19′ 13″, 2ʰ 39′ 42″ ; & 6ʰ 12′ 59″. Tel est le fondement de la plus grande inégalité des conjonctions & des éclipses des satellites.

L'inégalité qui dépend de l'excentricité de Jupiter, & que je viens d'expliquer, fut la première que M. Cassini employa dans ses tables pour le calcul des éclipses ; mais il remarqua bientôt qu'elle ne suffisoit pas pour expliquer toutes les différences qui s'observoient entre les retours de ces éclipses. Il employa d'abord dans ses éphémérides certaines équations empiriques, c'est-à-dire, que l'observation lui indiquoit, sans en connoître la loi ni le principe ; & nous en employons encore pour ainsi dire de semblables (846).

838. La première inégalité dont on ait apperçu la véritable cause, est celle qui vient de la propagation successive de la lumière. Soit S (*fig.* 104) le soleil ; A B P l'orbite de Jupiter, T V R l'orbite de la terre dont le diamètre T R est de 69 millions de lieues ; la lumière que Jupiter nous réfléchit, est un corps dont l'impression doit arriver jusqu'à nous, pour nous faire appercevoir Jupiter & ses satellites ; le mouvement de ce corps ne sauroit être d'une vitesse infinie, il lui faut un certain temps pour arriver de T en R ; ainsi quand la terre est en T, Jupiter étant en opposition, sa lumière arrive plutôt à nos yeux que quand la terre est en R, Jupiter aprochant de sa conjonction ; on observa en effet que les éclipses des satellites arrivoient environ un quart-d'heure plus tard quand la terre étoit vers R, que quand elle étoit en T.

839. Nous voyons dans l'histoire de l'Académie que le 22 Août 1675, M. Cassini publia un petit écrit pour annoncer les configurations des satellites, & qu'il y parloit de

la propagation fucceffive de la lumière, fur laquelle M. Romer lut fa differtation à l'Académie le 22 Novembre fuivant, voici les termes de M. Caffini.

« M. Romer expliqua très ingénieufement une de ces iné-
» galités, qu'il avoit obfervée pendant quelques années
» dans le premier fatellite, par le mouvement fucceffif de
» la lumière, qui demande plus de temps à venir de Jupiter
» à la terre lorfqu'il en eft plus éloigné, que quand il en
» eft plus près; mais il n'examina pas fi cette hypothèfe
» s'accommodoit aux autres fatellites qui demanderoient la
» même inégalité de temps : il m'eft arrivé fouvent, qu'ayant
» établi les époques des fatellites dans les oppofitions
» avec le foleil, ou les inégalités fynodiques doivent ceffer,
» & les ayant comparées enfemble pour avoir le moyen
» mouvement, lorfque je calculois fur ces époques, & fur
» ce moyen mouvement les éclipfes arrivées près de l'une
» & de l'autre quadrature de Jupiter avec le foleil, le moyen
» mouvement calculé au temps de ces quadratures s'eft trouvé
» différer d'un degré entier, ou un peu plus, du vrai mou-
» vement trouvé par des obfervations immédiates ; de forte
» que les fatellites dans les quadratures avoient environ un
» degré d'équation fubftractive à l'égard du mouvement
» établi dans les oppofitions, d'où l'on pouvoit inférer que
» cette équation feroit doublée dans les conjonctions ».

840. Cette inégalité étoit fur-tout bien fenfible dans le premier fatellite ; mais la découverte de l'aberration (782) ayant prouvé invinciblement la propagation fucceffive de la lumière, il a été reconnu que cette équation devoit être commune aux 4 fatellites. M. Maraldi trouvoit en 1741 que les tables du 3ᵉ. étoient fort rapprochées de l'obfervation par le moyen de cette équation, & M. Wargentin s'affura en 1746 de cette équation de la lumière, par la comparaifon d'un grand nombre d'obfervations.

841. La vîteffe avec laquelle les rayons de lumière parviennent depuis le foleil jufqu'à nos yeux, eft telle que pendant le même temps la terre fait dans fon orbite un arc de 20″ (787); or la terre décrit un arc de 20″ en

0^h 8′ 7″ $\frac{1}{3}$ de temps à peu-près ; la lumière met donc 8′ à parvenir du foleil à la terre. Lorfque la terre fera en R, Jupiter étant en conjonction avec le foleil, c'eft-à-dire, en A, la lumière mettra pour venir jufqu'à nous 16′ 15″ de plus qu'elle n'en employoit lorfque la terre étoit en T, & Jupiter en oppofition dans le point A ; ainfi les éclipfes des fatellites arriveront 16′ 15″ plus tard dans les conjonctions que dans les oppofitions, & dans les autres temps à proportion ; c'eft l'objet de l'équation principale de la lumière.

842. On fuppofe jufqu'ici que Jupiter foit dans fes moyennes diftances ; mais à caufe de l'excentricité de fon orbite, Jupiter eft quelquefois plus ou moins éloigné du foleil, & la différence des diftances eft quelquefois égale à la moitié de SR ; enforte que quand Jupiter en conjonction ou en oppofition, eft en même temps aphélie, il y a 4′ 5″ de plus que quand il eft périhélie ; cette petite équation de la lumière dépend de l'anomalie de Jupiter.

843. La grande équation qui eft caufée par l'excentricité de Jupiter (835), & les deux équations de la lumière, font des caufes d'inégalités communes à tous les fatellites ; mais il y a d'autres équations particulières à chacun d'eux ; on les a reconnues par obfervation ; on en a déterminé les quantités à quelques minutes près, fans en connoître parfaitement la caufe, & l'on applique une de ces équations empiriques à chacun des quatre fatellites : favoir 3′ $\frac{1}{2}$ pour le premier, 16′ $\frac{1}{2}$ pour le 2e, 8′ pour le 3e, & 1^h 0′ pour le 4e.

844. La manière de déterminer ces équations particulières à chaque fatellite, confifte uniquement à comparer beaucoup d'obfervations avec le calcul des tables, où l'on a employé les inégalités précédentes ; car alors la différence entre le calcul & l'obfervation forme l'équation que l'on cherche ; quand on a fait cette comparaifon un grand nombre de fois, l'on eft en état de former une table de l'inégalité & d'en voir la période.

845. L'équation du premier fatellite eft de 3′ 30″ de temps, en plus & en moins, ce qui répond à un demi-degré de fon orbite ; M. Bradley apperçut en 1719 que dans

les années 1682, 1695 & 1718, c'est-à-dire, environ tous les 12 ans, les éclipses du premier satellite duroient environ 2^h 20$'$, tandis que dans l'autre nœud, en 1677 & 1689 ces durées n'étoient que de 2^h 14$'$; cette différence paroissoit prouver que dans le premier cas le satellite avoit un mouvement plus lent, & se trouvoit par conséquent à une plus grande distance de Jupiter, ce qui indiquoit une excentricité dans son orbite; cependant M. Bradley regardoit l'attraction des satellites comme étant la principale cause de cette inégalité, & il indiqua la période de 437 jours (*Philos. transf.* 1726). M. Wargentin détermina par les observations la loi & la quantité de cette équation du premier satellite, & il la fit entrer dans ses premieres tables publiées en 1746; ce qui leur donna un très-grand degré d'exactitude.

Depuis ce temps-là on a reconnu que toutes les inégalités sensibles du premier satellite sont dûes à l'action du second, mais que la plus considérable de toutes est en effet de 3$'$ 30$''$ de temps, comme l'a trouvé M. Wargentin, avec une période de 437 jours.

846. Le second satellite est celui de tous qui a les plus grandes inégalités; l'excentricité de son orbite peut bien y entrer pour quelque chose; cependant on approche beaucoup de l'observation par l'équation seule de 16$'\frac{1}{2}$, dont la période est de 437 jours 20^h, & qui paroît provenir de l'attraction du premier & du troisieme satellite. M. Bradley indiqua le premier cette période de 437 jours, en assurant qu'elle ramenoit les erreurs des tables à peu-près dans le même ordre. Il ajoutoit cependant que les dernières observations indiquoient encore une excentricité dans cette orbite.

Le troisieme satellite est celui dont les inégalités sont les moins connues; il paroît qu'il y en a une qui dépend de son excentricité, & d'autres qui dépendent des attractions du premier, du second & du quatrieme; tout cela fait environ 8$'$ de temps en plus & en moins : mais on les partage en plusieurs équations dont les périodes sont de

437 jours, de 12½ ans & de 14, pour les ajuster aux obfervations.

L'inégalité du quatrième fatellite qui va jufqu'à 1ʰ de temps, ne dépend que de l'excentricité de fon orbite ; & les attractions des autres fatellites n'y font pas fenfibles.

L'Académie ayant propofé, à ma follicitation, cette matière pour le fujet du prix de 1766, M. de la Grange compofa fur l'effet de toutes ces attractions un Mémoire intéreffant qui paroîtra bientôt dans le IXᵉ Volume des Pieces qui ont remporté le prix de l'Académie.

Des Eclipfes des Satellites.

847. Les éclipfes des fatellites font un phénomène fi important pour la géographie, que nous croyons néceffaire d'en développer ici les principales circonftances. La première chofe qu'il faut connoître, c'eft *le diamètre de l'ombre de Jupiter en temps*, ou la durée du paffage de chaque fatellite au travers de l'ombre de Jupiter, quand il la traverfe par le centre ; la moitié de cette quantité ou le demi-diamètre de l'ombre fe trouve dans la table ci-jointe.

1	1ʰ	7′	55″
2	1	25	40
3	1	47	0
4	2	23	0

848. Si les orbites des fatellites étoient toujours dans le même plan que l'orbite de Jupiter autour du foleil, chaque fatellite feroit éclipfé à toutes fes révolutions, & la demi-durée de chaque éclipfe feroit comme dans la table précédente ; mais auffi tôt qu'on eût obfervé plufieurs fois ces éclipfes, on s'apperçut bientôt que la durée n'en étoit pas toujours égale ; quelquefois le 3ᵉ fatellite n'eft éclipfé que pendant 1ʰ 17′, quelquefois 3ʰ 34′. On vit même que le 4ᵉ fatellite dans certains temps s'éclipfoit à chaque révolution, & qu'après quelques années il paffoit au-deffus de Jupiter fans être éclipfé. Cela fit juger que les orbites des fatellites n'étoient pas couchées dans le même plan que l'orbite de Jupiter ; car fi cela eût été, tous les fatellites auroient été éclipfés à chaque révolution, & tou-

jours pendant le même temps ; ces différences dans la durée des éclipses font la feule méthode qu'on emploie pour connoître les inclinaifons des orbites.

849. Il eft néceffaire d'expliquer ici la manière dont l'inclinaifon des orbites produit l'inégalité dans les durées des éclipfes, & fuivant quelle loi varie cette durée. Lorfqu'un fatellite traverfe le cône d'ombre par fon centre, il eft exactement dans la ligne droite qui joint les centres de Jupiter & du foleil ; ainfi il eft dans la commune fection de fon orbite avec celle de Jupiter, car il fe trouve à la fois & dans le plan de fon orbite (puifqu'il ne la quitte jamais), & dans celui de l'orbe de Jupiter, puifque la ligne menée du foleil à Jupiter eft toujours dans le plan de cette orbite. Le fatellite étant alors dans la commune fection de fon orbite & de celle de Jupiter, il eft évident que Jupiter y eft auffi ; l'on peut donc alors dire que Jupiter eft dans le nœud de fon fatellite ; ainfi quand Jupiter eft au degré de longitude, où répond un des nœuds de l'orbe d'un fatellite (vu du centre de Jupiter), le fatellite traverfe l'ombre par le centre, & la durée de fon éclipfe eft la plus longue.

850. Soit S O (*fig.* 105) la ligne des nœuds, ou la ligne fur laquelle étoit Jupiter, quand le plan de l'orbite du fatellite étoit dirigé vers le foleil, & que les fatellites traverfoient l'ombre par le centre ; fuppofons que Jupiter ait avancé de O en I avec l'orbite du fatellite autour de lui, cette orbite reftera toujours parallèle à elle-même, puifque rien ne tend à la déranger, & la ligne des nœuds fera fur une direction A C parallèle à S O. Ainfi quand Jupiter s'éloigne du nœud, la ligne de l'ombre n'eft plus dans la commune fection des orbes de Jupiter & du fatellite ; donc le fatellite venant à fe trouver en oppofition au point M ne fera pas dans le plan de l'orbite de Jupiter, & ne fera pas fur la ligne des centres, mais au-deffus ou au-deffous.

851. Quand Jupiter eft dans le nœud d'un de fes fatellites, un obfervateur fuppofé dans le foleil fe trouve

dans le plan de l'orbite du satellite, & il la voit en forme de ligne droite; pour qu'il la vît toujours droite il faudroit qu'elle passât toujours par son œil, que la commune section ou la ligne des nœuds passât toujours par le soleil, pour cela il faudroit qu'elle fît le tour du ciel aussi bien que Jupiter en douze ans, ce qui n'arrive point; la ligne des nœuds est à peu-près fixe dans le ciel; c'est-à-dire, parallèle à elle-même, & dirigée sensiblement vers le même point du ciel; quand Jupiter y a passé une fois il s'écoule six années avant qu'il y revienne.

852. Soient donc NCIA la ligne des nœuds, ABCD l'orbite du satellite qui traverse en A & en C le plan de l'orbite de Jupiter; il faut concevoir que l'orbite du satellite est relevée en B au-dessus du plan de la figure, & se trouve un peu vers le nord; au contraire en D elle est un peu vers le midi, ou au-dessous du plan de la figure; depuis A jusqu'en B, le satellite va toujours en s'élevant au-dessus du plan de l'orbite de Jupiter; depuis B jusqu'en C, il revient vers ce plan, & depuis C jusqu'en D, il descend au-dessous du plan, & il y revient depuis D jusqu'en A. Puisque B est la limite, le point de la plus grande latitude, ou de la plus grande élévation du satellite au-dessus du plan de l'orbe de Jupiter, ce satellite arrivé en M dans sa conjonction supérieure où il est éclipsé, ne sera pas encore à sa plus grande latitude, & il sera d'autant moins éloigné du plan de la figure ou de l'orbite de Jupiter, que l'angle AIM sera moindre, ou son égal SIN. Or l'angle SIN, qui est la distance du satellite à son nœud, est égal à l'angle ISO, ou à la distance qu'il y a entre le lieu I de Jupiter, & la ligne SO supposée fixe, à laquelle la ligne des nœuds IN reste toujours parallèle, quel que soit le lieu de Jupiter; ainsi la latitude du satellite en M dépendra de l'arc AM, ou de l'angle IOS, distance de Jupiter à la ligne des nœuds SO, qui répond toujours vers le milieu de l'onzième signe de longitude.

853. La quantité dont le point M s'élève au-dessus

du plan de l'orbite de Jupiter, eft à la quantité dont la limite B s'en éloigne, comme le finus de AM eft au finus de l'arc AB, c'eft-à-dire, au rayon; car fi deux cercles fe coupent en A & en C; leur diftance en différens points, tels que M, perpendiculairement au cercle incliné, ou à l'orbite du fatellite, eft comme le finus de la diftance au point A, c'eft-à-dire, à l'interfection des deux cercles (531). Ainfi la latitude du fatellite en M, eft comme le finus de la diftance de Jupiter au nœud du fatellite.

854. Lorfque par le mouvement de Jupiter dans fon orbite le rayon SI eft devenu perpendiculaire à la ligne des nœuds SO ou IN; le point M de la conjonction fupérieure concourt avec le point B, qui eft la limite de la plus grande latitude; alors l'angle de l'orbite avec le rayon vifuel SIM, eft égal à l'inclinaifon du fatellite, par exemple, 3°; & l'orbite vue du foleil paroît fous la forme d'une ellipfe, dans laquelle le grand axe eft au petit comme le rayon eft au finus de 3° (674) en ne confidérant pas le mouvement de Jupiter pendant la durée de la révolution du fatellite, ou bien en confidérant le fatellite feulement par rapport à Jupiter. Soit S le foleil (*fig.* 108), I le centre de Jupiter, IH le rayon de l'orbite d'un fatellite qui eft dans un plan perpendiculaire à l'orbite de Jupiter, & qui eft incliné fur le rayon folaire de la quantité de l'angle SIH; on aura IH : KH : : R : fin. KIH, donc KH = IH fin. KIH, c'eft la quantité dont le fatellite paroîtra s'élever au-deffus du plan de l'œil, dans le temps où l'ellipfe fera la plus ouverte. Dans les autres pofitions de Jupiter par rapport au nœud, cette quantité diminuera comme le finus de la diftance de Jupiter au nœud (853); ainfi appellant I la plus grande latitude, ou l'inclinaifon du fatellite, D la diftance de Jupiter au nœud du fatellite, comptée fur l'orbite de Jupiter, & R la diftance du fatellite à fa planète, ou le rayon de fon orbite, on aura R . fin. I . fin. D pour la quantité dont le fatellite paroîtra élevé au-deffus du plan de l'orbite de Jupiter,

perpendiculairement à l'orbite du satellite, dans le moment de sa conjonction supérieure ; il n'en faut pas davantage pour calculer les durées des éclipses.

855. Cette élévation du satellite au-dessus de Jupiter est égale à son abaissement dans le point opposé ; l'ellipse qu'il paroît décrire est donc plus ou moins ouverte, suivant que Jupiter s'éloigne de la ligne des nœuds ; quand le petit axe de cette ellipse devient plus large que le cône d'ombre, le satellite passe au-dessus de l'ombre, comme on le voit dans la figure 106 ; c'est ce qui arrive toujours au 4ᵉ satellite de Jupiter environ deux ans après le passage de Jupiter dans les nœuds des satellites. Quand Jupiter est à 30 degrés de la ligne des nœuds, l'ellipse (*fig.* 107) a la moitié de l'ouverture qu'elle avoit dans le cas précédent, parce que le sinus de 30° est la moitié du sinus total ; alors le satellite traverse l'ombre malgré l'obliquité de son orbite.

856. La section de l'ombre de Jupiter dans la région du satellite est représentée par le cercle E D B F (*fig.* 109) que je suppose perpendiculaire à la ligne des centres du soleil & de Jupiter ; il est traversé par un diamètre Q B, qui est une portion de l'orbite C N de Jupiter ; E D est une portion de l'orbite du satellite, N le nœud ou l'intersection, C A est la perpendiculaire sur cette orbite ; c'est un arc qui vu du centre de Jupiter n'est autre chose que la latitude du satellite ; son sinus seroit égal à sin. I . sin. D, par la propriété ordinaire du triangle sphérique rectangle C A N.

857. Quand on connoît C A, il faut le comparer au rayon C D ou C B, dont la valeur est connue par observation en secondes de temps, parce que c'est le demi-diamètre de l'ombre (847) ; c'est-à-dire, la demi-durée des éclipses, qui est la plus grande de toutes, & qui est exprimée par C B ; nous exprimerons même la distance du satellite à Jupiter, ou le rayon de son orbite, en parties semblables, ou en secondes de temps, en mettant au lieu de R le temps que le satellite emploie à parcourir un

arc

arc de même longueur que le rayon de son orbite, c'est-à-
dire, un arc de 57°; car il n'importe pas que cette distance qu'on prend pour unité, soit en temps, en degrés,
ou en demi-diamètres de Jupiter, ni même que le mouvement de Jupiter rende plus long le temps des 57°, parce
que nous ne cherchons ici que le rapport entre la distance &
l'arc parcouru pendant l'éclipse. Pour connoître le temps
qui répond à un arc d'environ 57°, il suffit de faire cette
proportion 360° sont à la révolution synodique, comme
57° ou 206265″ sont au temps cherché que j'appelle *t*.
Ayant multiplié sin. I sin. D par ce nombre de secondes de
temps, on aura C A en secondes de temps $= t$ sin. I sin.
D; on a aussi le rayon C D ou C B en secondes de temps,
c'est la demi-durée de la plus grande éclipse, celle qui a
lieu quand Jupiter est dans le nœud du satellite; enfin,
c'est le demi-diamètre de l'ombre en temps (847); on
cherchera le côté A D exprimé de même en secondes de
temps, & l'on aura la demi durée de l'éclipse.

858. Ainsi la durée des éclipses quand elle est la moindre de toutes, nous fait trouver l'inclinaison de l'orbite,
& quand elle est la plus grande, elle nous apprend le
lieu du nœud; mais un phénomène bien singulier, & qui
a long-temps exercé les Astronomes, c'est un changement
dans les inclinaisons du second & du troisieme satellite;
la premiere change depuis 2° 48′ jusqu'à 3° 48′, & la
période de cette inégalité est de 30 ans; le troisième satellite change depuis 3° 2′ jusqu'à 3° 26′; il paroît que la
période est de 132 ans, & que l'angle étoit le plus grand
en 1765. On n'avoit aucune idée de la cause de ces variations singulières, lorsque je fis voir en 1762 que les nœuds
des satellites devoient avoir un mouvement tantôt direct
& tantôt rétrograde par rapport à l'orbite de Jupiter, en
vertu de leurs attractions mutuelles, & qu'il en résultoit
une variation dans leurs inclinaisons (*Mém. acad.* 1762, *pag.*
233); on a vu à l'occasion des planètes la manière dont
le mouvement des nœuds produit ce changement d'inclinaison (527); mais cette découverte a mis le dernier degré

de perfection à la théorie des satellites de Jupiter.

859. Celle du premier satellite est constamment de 3° 18′ 38″, & celle du quatrieme de 2° 36′ 0″. Le mouvement du nœud paroît nul pour le premier & le troisieme satellite, il est de 2′ 3″ par année pour le second satellite, & de 4′ 19″ pour le quatrieme, mais ce mouvement est sujet à des inégalités analogues à celles de l'inclinaison.

860. *Élémens qui servent à la théorie & au calcul des quatre Satellites de Jupiter.*

	I.	II.	III.	IV.
Révolution périodique.	1j 18ʰ 27′ 33″	3j 13ʰ 13′ 42″	7j 3ʰ 42′ 33″	16j 16ʰ 32′ 8″
Révolution synodique.	1 18 28 36	3 13 17 54	7 3 59 36	16 18 5 7
Diff. en demi-diam.	5,965	9,494	15,141	26,630
Diff. en min. dans les moy. diff. de Jupiter.	1′ 51″	2′ 57″	4′ 42″	8′16″
Long. moy. jovic. 1700.	2ˢ 12° 12′ 10″	2ˢ 12° 28′ 11″	5ˢ 12° 47′ 16″	7ˢ 17° 5′ 44″

861. La parallaxe annuelle dont nous avons vu l'effet pour les planètes (441), a lieu également pour les satellites (833); & comme elle peut aller jusqu'à 12°, il en résulte des différences très-sensibles sur la situation apparente que nous observons de la terre, lorsqu'un satellite est au même point de son orbite; voilà pourquoi les satellites lors même qu'ils sont en conjonction, & qu'ils sont éclipsés, nous paroissent quelquefois assez éloignés de Jupiter. Le temps où il importe le plus de connoître la situation apparente des satellites, est celui des immersions & des émersions ; c'est pourquoi je vais parler séparément des effets de la parallaxe annuelle sur la situation des satellites au temps des éclipses; ils peuvent se représenter par une simple figure avec une précision suffisante pour l'usage des observateurs.

862. Soit I, le centre de Jupiter (*fig.* 112), environné des orbes de ses quatre satellites ; IG la ligne des syzygies ou l'axe du cône d'ombre qui va du soleil à Jupiter, & ensuite au-delà du côté du point G de l'opposi-

tion ; GE un arc de 11°, pris sur la circonférence de l'orbite du 4ᵉ satellite ; cet arc étant égal à la plus grande parallaxe annuelle de Jupiter , dans ses moyennes distances, la ligne IE marquera la direction du rayon visuel de la terre quand Jupiter est dans sa quadrature , entre l'opposition & la conjonction, passant au méridien à 6ʰ du soir ; car alors nous voyons Jupiter 11° à l'occident de son vrai lieu héliocentrique , marqué par la ligne IG. Si par les points G, F, *g*, *f*, sur lesquels se trouvent les satellites en conjonction, on tire des parallèles à la ligne IE, telles que GD, FC, *g*B, *f*A, l'on aura les 4 points, A, B, C, D, où les satellites doivent paroître à côté de Jupiter , au moment de leur conjonction héliocentrique ; c'est sur la droite de Jupiter , après l'opposition dans une lunette qui renverse, de même que dans la figure 112.

863. Dans les autres temps de l'année & lorsque la parallaxe annuelle sera moindre que 11°, on trouvera la position du rayon visuel IE, qui est la ligne des conjonctions géocentriques, en décrivant sur l'arc EG comme rayon, un demi-cercle, divisé en degrés , ou en heures ; on prendra 30° en partant du point E de 6 heures, l'on y marquera 4ʰ & 8ʰ, parce que Jupiter étant éloigné de 30° de sa quadrature, passe au méridien environ à 8ʰ du soir , où à 4ʰ du soir ; & l'on tirera vers ce point de 4ʰ la ligne telle que IE ; il est plus commode pour les astronomes d'avoir ce demi-cercle divisé en temps que de l'avoir en degrés, parce que le temps du passage au méridien se trouve calculé dans les éphémérides , & que les astronomes en font un usage continuel.

Lorsque Jupiter , après la conjonction passe au méridien le matin, c'est du côté droit ou dans la partie orientale qu'on doit tirer la ligne IE de la conjonction géocentrique ; & les satellites nous paroîtront à gauche ou à l'occident de Jupiter dans le temps de leurs conjonctions héliocentriques.

864. On trouvera par le moyen de cette figure la distance des satellites au moment de l'émersion , en prenant

du côté de l'orient, c'est-à dire, à droite des points A, B, C, D, une quantité égale au demi-diamètre de l'ombre, qui est à peu-près égal au demi-diamètre I H de Jupiter, & l'on aura la distance des satellites par rapport au bord de Jupiter, pour le temps de leurs émersions; ou bien l'on examinera la distance I A d'un satellite au centre de Jupiter, pour le temps de la conjonction, & ce sera sa distance au bord occidental H, pour le temps de l'immersion, & au bord oriental X, pour le temps de l'émersion. Ces distances au bord X sont rapportées au-dessous de la figure, elles sont de $\frac{5}{10}$, $\frac{8}{10}$, $1\frac{1}{2}$, & $2\frac{1}{2}$ diamètres de Jupiter, dans les émersions qui arrivent au temps des quadratures de Jupiter, c'est-à-dire, quand il est à 90° du soleil, & qu'il passe au méridien à 6 heures du soir.

DES SATELLITES DE SATURNE.

865. M. Huygens, le 25 Mars 1655, observant Saturne avec des lunettes de 12 & de 23 pieds, apperçut le 4ᵉ satellite pour la première fois ; c'est le plus gros de tous, & le seul qu'on puisse voir avec des lunettes ordinaires de 10 à 12 pieds ; M. Cassini apperçut le cinquième sur la fin d'Octobre 1671, avec une lunette de 17 pieds; il vit ensuite le troisième avec des lunettes de 35 & 70 pieds, le 23 Décembre 1672, & il publia pour lors un petit ouvrage à ce sujet. Au mois de Mars 1684, il observa les deux intérieurs, c'est-à-dire, le premier & le second, avec des lunettes de Campani de 34, 47, 100 & 136 pieds, avec celles de Borelli de 40 & de 70, & avec celles d'Artonquelli qui étoient encore plus longues. (*Journal des Sav.* 15 Mars 1677 & 1686. *Phil. trans.* n°. 133, 154, 181. *Mém. acad.* 1714).

866. L'on doutoit en Angleterre de l'existence des quatre satellites que M. Cassini avoit découverts ; mais en 1718 M. Pound ayant fait élever au-dessus du clocher de Paroisse l'excellent objectif de 123 pieds de foyer Huygens avoit donné à la société Royale de Lon-

dres, il les obferva tous les cinq; & l'on vérifia les élémens de leur théorie, comme M. Caffini l'avoit fait à Paris en 1714. Dans le même temps M. Hadley, Vice-Préfident de la fociété Royale, ayant trouvé le moyen de faire d'excellens télefcopes, à l'inftigation de Newton, ce fut avec ces télefcopes qu'on continua d'obferver les fatellites de Saturne. (*Philof. tranf.* 1723).

867. Le premier & le fecond fatellite ne fe voyent qu'à peine avec des lunettes ordinaires de 40 pieds, le troifième eft un peu plus gros, quelquefois on l'apperçoit pendant tout le cours de fa révolution; le 4e eft le plus gros de tous, auffi fut-il découvert le premier. Le 5e furpaffe les trois premiers quand il eft vers fa digreffion occidentale, mais quelquefois il eft très petit, & difparcît même entièrement. M. Wargentin m'a affuré les avoir vu tous avec une lunette acromatique de dix pieds.

868. On détermine les révolutions des fatellites en comparant enfemble des obfervations faites lorfque Saturne eft à peu-près dans le même lieu de fon orbe, & les fatellites à même diftance de la conjonction; on choifit auffi les temps où leurs ellipfes font les plus ouvertes, c'eft-à-dire, où Saturne eft à 90° de leurs nœuds, parce qu'alors la réduction eft nulle, & le lieu du fatellite fur fon orbite eft le même que fon vrai lieu réduit à l'orbite de Saturne ; c'eft ainfi que M. Caffini a déterminé en 1714 leurs périodes vues de Saturne à l'égard de l'équinoxe, telles qu'on les voit dans la table ci-jointe. Il détermina auffi les époques de leurs longitudes, vues du centre de Saturne, & comptées le long des plans de leurs orbites, je les

Satell.	Révol. périod.
I	1^j 21^h $18'$ $27''$
II	2 17 44 22
III	4 12 25 12
IV	15 22 34 38
V	79 7 47 0

ai rapportées dans la table de l'article fuivant, pour l'année 1760, afin qu'on puiffe trouver aifément leur pofition en tout autre temps, comme on les trouveroit par les tables détaillées, qui font dans les mémoires de l'académie de 1716, ou dans le livre des tables de M. Caffini. Si l'on veut avoir ces positions avec exactitude, il faut les réduire au plan de l'orbite de Saturne, comme nous avons réduit les planètes au plan de l'écliptique (431). L'argument de latitude se trouve en retranchant de la longitude du satellite vue de Saturne celle du nœud, qu'on verra ci-après (873), c'est-à-dire, $5^s 4°$ pour le 5e, & $5^s 22°$ pour les quatre autres ; quand on connoît aussi l'inclinaison de l'orbite on resout un triangle pour trouver la latitude du satellite vue de Saturne ; c'est aussi l'angle que fait l'orbite avec notre rayon visuel ; & par conséquent la valeur du petit axe de l'ellipse que le satellite paroît décrire, le grand axe ou le diamètre de l'orbite étant pris pour unité.

869. On a employé plusieurs méthodes pour déterminer les distances des satellites au centre de Saturne : il est fort difficile de les voir avec Saturne dans le même champ de la lunette, pour mesurer leurs plus grandes digressions ; d'ailleurs cette méthode ne peut guères servir que pour les deux premiers satellites. L'on emploie pour les autres l'intervalle de temps qui s'écoule entre le passage de Saturne & celui du satellite par un fil horaire placé au foyer d'un télescope. M. Cassini observa que la règle de Képler (469) se vérifioit très-bien dans les cinq satellites, (*Mém. acad.* 1716). M. Pound s'en servit pour trouver, par la distance du 4e, celles des autres satellites ; il détermina, au moyen de l'objectif de 123 pieds, le plus exactement & le plus souvent qu'il fût possible la distance du 4e au centre de Saturne dans ses plus grandes digressions, qu'il trouva de 8, 7 demi-diamètres de l'anneau (971), & connoissant d'ailleurs la durée de leurs révolutions, il en conclut par la règle de Képler les distances des 4 autres, comme je vais les rapporter en demi-diamètres de l'anneau, & en demi-diamètres de Saturne, ceux-ci étant entre eux comme 7 est à 3.

SATELLITES.	Longit. en 1760, fuiv. M. Caffini.	Mouvement diurne.	Diſt. en demi-d. de l'Anneau fuivant M. Bradley.	Diſt. en min. & fec. déduites de celle du quatrième.
I.	1 ſs 5ᶜ 41′	6ˢ 10° 41′ 51″	2,097	0′ 43″ ½
II.	9 10 18	4 11 32 5	2,686	0 56
III.	4 25 57	2 19 41 25	3,752	1 18
IV.	0 0 43	0 22 34 37	8,698	3 0
V.	7 20 36	0 4 32 18	25,348	3 42 ½

870. Les diſtances en demi-diamètres de l'anneau étant multipliées par 33364 ½, donneroient les diſtances en lieues; mais il faudra rejetter trois chiffres du produit, à cauſe des trois décimales qui ſont jointes dans la table précédente au nombre des demi-diamètres.

Le 9 Juin 1719, à 10ʰ, M. Pound avec la lunette de 123 pieds, & un excellent micromètre, trouva que le 4ᵉ ſatellite, parvenu à peu-près à ſa plus grande digreſſion orientale, étoit à 3′ 7″ du centre de Saturne; ainſi la diſtance du ſatellite à Saturne étoit à la diſtance moyenne du ſoleil à la terre, comme 825 eſt à 100000; d'où il ſeroit aiſé de conclure les quatre autres diſtances, en parties de celle du ſoleil.

871. En comparant les ſatellites avec l'anneau de Saturne en divers points de leurs orbites, & en examinant l'ouverture de ces ellipſes; on a vu que les quatre premiers paroiſſoient à l'œil décrire des ellipſes ſemblables à l'anneau, & ſituées dans le même plan, c'eſt-à-dire, inclinées d'environ 31° ½ à l'écliptique ou 30° ſur l'orbite de Saturne. En effet le petit axe des ellipſes que décrivent ces ſatellites, lorſqu'elles paroiſſent les plus ouvertes, eſt à peu-près la moitié du grand axe, de même que le petit diamètre de l'anneau eſt alors la moitié de celui qui paſſe par les anſes; ces ſatellites dans leurs plus grandes digreſ-

fions font toujours fur la ligne des anſes ; tout cela prouve qu'ils ſe meuvent dans le plan de l'anneau. Or, M. Maraldi trouva, en 1715, que le plan de l'anneau de Saturne coupoit le plan de l'orbite de Saturne ſous 30° d'inclinaiſon (972) Ainſi l'angle des orbites des 4 premiers ſatellites avec l'orbite de Saturne eſt de 30°.

872. A l'égard du cinquième ſatellite, M. Caſſini le fils, reconnut en 1714, que ſon orbite n'étoit inclinée, ſoit ſur l'orbite de Saturne, ſoit ſur le plan de l'anneau que de 15° ½ (*Mém. acad.* 1714), & il vit ce ſatellite décrire une ligne droite qui paſſoit à peu-près par le centre de Saturne, pendant que les autres s'en écartoient ſenſiblement au-deſſus & au-deſſous; ainſi l'orbite du 5e ſatellite étoit inclinée de 15 à 16° ſur l'écliptique, & autant ſur le plan de l'anneau & ſur celui des orbites des 4 ſatellites intérieurs, mais dans un autre ſens.

873. M. Maraldi détermina en 1716 la longitude du point d'interſection de l'anneau ſur l'orbite de Saturne 5ˢ 19° 48′ ½, & ſur l'écliptique 5ˢ 16° ⅓. Telle eſt la longitude du nœud des 4 premiers ſatellites. On a cru reconnoître en 1744, que les nœuds de l'anneau avoient eu un moment rétrograde; il eſt difficile d'en juger ſur un ſi petit intervalle de temps, cependant il eſt naturel de croire que les attractions des ſatellites ſur cet anneau y produiſent un ſemblable effet, puiſque la lune le produit ſur le ſphéroïde terreſtre (1064); on s'en aſſurera mieux cette année 1773, Saturne ſe trouvant dans le nœud de l'anneau, & des ſatellites, enſorte que leurs orbites paroîtront des lignes droites leurs plans paſſant par notre œil.

Le nœud du 5e ſatellite fut trouvé en 1714 par M. Caſſini à 5ˢ 4° ſur l'écliptique, c'eſt-à-dire, moins avancé de 17° que le nœud des 4 autres ſatellites ſur l'orbite de Saturne qu'il ſuppoſoit à 5ˢ 21° ſur l'écliptique, (*Mém. acad.* 1714, *pag.* 374). M. Caſſini le détermina ainſi en obſervant le lieu de Saturne le 6 & le 7 Mai 1714; le 5e ſatellite paroiſſoit alors ſe mouvoir en ligne droite, & nous étions par conſéquent dans ſon plan & dans le nœud de fon anneau. On croit auffi qu'il y a un mouvement dans ce nœud du cinquieme fatellite.

874. Le Satellite de Vénus, que M. Caffini avoit cru appercevoir, a été foupçonné par M. Short, & par d'autres Aftronomes (*Hift. de l'acad. pour* 1741 , *Philof. tranf. n°.* 459, *Encyclopédie, tom. XVII. pag.* 837); mais les tentatives inutiles que j'ai faites pour l'appercevoir, de même que plufieurs autres aftronomes, me perfuadent que c'eft une illufion optique formée par les verres des téléfcopes & des lunettes ; c'eft ce que penfent le Pere Hell à la fin de fes Ephémérides pour 1766 , & le P. Bofcovich dans fa cinquieme differtation d'optique : M. Short à qui j'en parlai à Londres en 1763 , me parut lui-même ne pas croire l'exiftence d'un fatellite de Vénus.

875. On peut fe former une idée de ce phénomène d'optique, en confidérant l'image fecondaire qui paroît par une double réflexion, lorfqu'on regarde au travers d'une feule lentille de verre un objet lumineux placé fur un fond obfcur, & qui ait un fort petit diamètre; pour voir alors une image fecondaire femblable à l'objet principal, mais plus petite, il fuffit de placer la lentille de manière que l'ojet tombe hors de l'axe du verre; cette image fecondaire , qu'on a prife pour un fatellite de Vénus, paroît du même côté que l'objet, ou du côté oppofé, & elle eft droite ou renverfée, fuivant les diverfes fituations de la lentille, de l'œil & de l'objet. Si l'on joint deux lentilles, on aura plufieurs doubles réflexions de la même efpèce, du moins dans certaines pofitions; mais elles font infenfibles la plupart du temps , parce que leur lumière eft éparfe, & que leur foyer eft trop près de l'œil, ou qu'elles tombent hors du champ de la lunette ; mais il y a bien des cas où ces rayons fe réuniffent & forment une fauffe image qu'on a pu prendre pour un fatellite de Vénus.

LIVRE X.

DES COMETES.

Les Comètes (a) font des corps céleftes qui paroiffent de temps à autre avec différens mouvemens, & qui pour l'ordinaire font accompagnés d'une lumière éparfe. Leur mouvement apparent differe beaucoup de celui des autres planètes ; mais quand il eft rapporté au foleil, il fe trouve fuivre les mêmes loix ; car on verra que les comètes tournent autour du foleil dans des ellipfes fort excentriques (910), fuivant les règles expliquées dans le troifieme livre.

876. C'eft le mouvement des comètes qui les diftingue des étoiles nouvelles ; car dans celles-ci l'on n'a jamais remarqué de mouvement propre (287) ; d'ailleurs la lumière des comètes eft toujours foible & douce, c'eft une lumière du foleil qu'elles réfléchiffent vers nous, auffi-bien que les planètes ; cela eft prouvé fpécialement par une phafe obfervée dans la comète de 1744, dont la partie éclairée n'étoit vifible qu'à moitié (*Mém. acad.* 1744, *pag.* 304). Si ces phafes ne s'obfervent pas toujours, c'eft que l'atmofphère épaiffe, où la plupart des comètes font noyées, difperfe la lumière, enforte qu'elles nous femblent toujours d'une forme à peu-près ronde. On diftingue principalement les comètes par ces traînées de lumière dont elles font fouvent entourées & fuivies, qu'on appelle tantôt la *chevelure*, tantôt la *queue* de la comète (923) ; cependant il y a eu des comètes fans queue, fans barbe, fans chevelure ; la comète de 1585, obfervée pendant un mois par Tycho, étoit ronde, elle n'avoit aucun veftige de queue,

(a) En Grec Κομήτης, qui vient de Κόμη, *Coma*, parce que les plus remarquables ont paru entourées d'une efpèce de chevelure,

feulement fa circonférence étoit moins lumineufe que le noyau, comme fi elle n'eût eu à fa circonférence que quelques fibres lumineufes. La comète de 1665 étoit fort claire, fuivant Hévélius, & il n'y avoit prefque pas de chevelure; enfin la comète de 1682, au rapport de M. Caffini, étoit auffi ronde & auffi claire que Jupiter (*Mém. acad.* 1699); ainfi l'on ne doit pas regarder les queues des comètes, comme leur caractère diftinctif.

877. R i c c i o l i dans fon énumération des comètes n'en compte que 154 citées par les Hiftoriens, jufqu'à l'année 1651 où il compofoit fon Almagefte, & la dernière étoit celle de 1618. Mais dans le grand ouvrage de *Lubienietz*, où les moindres paffages des auteurs font fcrupuleufement rapportés toutes les fois qu'ils ont le moindre rapport aux comètes, on en voit 415 jufqu'à celle de l'année 1665, qui parut depuis le 6 jufqu'au 20 Avril, entre Pégafe & les cornes du Bélier. Depuis ce temps-là on en a obfervé 39, en comptant celle qui a paru au mois de Février 1772.

878. Mais de toutes ces apparitions de comètes, nous n'en trouvons aucune dont la route foit décrite d'une façon circonftanciée, avant l'année 837, & le nombre de celles, dont on a pu avoir affez de circonftances pour calculer leur orbite, fe réduit jufqu'ici à 6', en ne comptant que pour une feule comète celles de 1456, de 1531, 1607, 1682 & 1759, qui font bien reconnues pour n'être qu'une feule & même planète (912); j'ai réuni de même celles de 1532 & de 1661, & celles de 1264 & de 1556, dont nous parlerons, art. 914.

879. Au refte nous devons être perfuadés qu'il a paru de tous les temps beaucoup de comètes dont nos Hiftoriens ne parlent point; & qu'il y en a eu beaucoup plus encore qui n'ont point été apperçues; les Anciens même le favoient, car Pofidonius avoit écrit, fuivant Sénèque (*Quæft. nat. l. VII, c.* 20), qu'à la faveur de l'obfcurité produite par une éclipfe de foleil on avoit vu une comète très-proche du foleil, c'étoit vers l'an 60 avant J. C.;

ce qui donne lieu de croire que dans de pareilles circonſtances on en verroit ſouvent. Depuis l'année 1757 qu'on a attendu & cherché la comète de 1682, & que l'attention des obſervateurs s'eſt tournée de ce côté-là, on a obſervé ſept autres comètes, dans l'eſpace de 7 ans, M. Meſſier s'eſt occupé ſur-tout à les chercher & ſouvent il les a vues le premier ; il y a lieu de croire que quand on prendra la peine de les chercher dans le ciel, on en trouvera un grand nombre.

Alſtedius obſerve que dans les années qui précédèrent & qui ſuivirent 1101, date de la 223ᵉ comète, on en vit preſque toutes les années (*Lubieniecii theat. cometicum*).

Il eſt même arrivé plus d'une fois que l'on a vu en même temps pluſieurs comètes. Riccioli en rapporte pluſieurs exemples. Le 11 Février 1760, on en voyoit deux (*Mém. acad.* 1760, *pag.* 168).

880. Les comètes dont l'apparition a été la plus longue, ſont celles qui ont paru pendant 6 mois ; la première du temps de Néron, l'an 64 de J. C. (*Sen. l.* 7, *c.* 21) ; la ſeconde vers l'an 603, au temps de Mahomet ; la troiſième en 1240, lors de l'irruption du grand Tamerlan. De nos jours la comète de 1729 a été obſervée pendant ſix mois, depuis le 31 Juillet 1729 juſqu'au 21 Janvier 1730 ; celle de 1769 pendant près de 4 mois. *Riccioli* nous donne une table de la durée de beaucoup d'autres comètes, ſuivant différens Hiſtoriens ; on y voit 4 comètes de 4 mois, ſavoir celles des années 676, 1264, 1363, 1433.

881. Toutes les comètes paroiſſent tourner comme les autres aſtres par l'effet du mouvement diurne (art. 2) ; mais elles ont encore un mouvement propre, auſſi bien que les planètes, par lequel elles répondent ſucceſſivement à différentes étoiles fixes. Ce mouvement propre ſe fait tantôt vers l'orient, comme celui des autres planètes, tantôt vers l'occident, quelquefois le long de l'écliptique ou du zodiaque, quelquefois dans un ſens tout différent & perpendiculairement à l'écliptique.

La comète de 1472 fit en un jour 120 degrés, ayant rétrogradé depuis l'extrémité du figne de la Vierge, jufqu'au commencement du figne des Gémeaux, fuivant l'obfervation de Regiomontanus. La comète de 1760 entre le 7 & le 8 de Janvier, changea de 41° ½ en longitude ; on pourroit citer d'autres exemples d'une très-grande vîteffe obfervée dans le mouvement apparent des comètes : on verra ci-après (920), qu'elle pourroit aller bien plus loin, fi une comète paffoit plus près de la terre.

882. Quelquefois les comètes paroiffent fi peu de temps que dans la durée de leur apparition leur fituation ne change pas beaucoup ; mais il y a des comètes dont le mouvement eft fort étendu, celle de 1664 parcourut 164 degrés par un mouvement rétrograde en apparence, du 20 Décembre jufqu'au 6 Janvier 1665, & en 17 jours, elle parcourut 113° ; celle de 1769 parcourut 8 fignes ou 240°, tant avant qu'après fa conjonction ; celle de 1556 un demi-cercle environ, ou 180° ; celle de 1472 fit environ 170° ; celle de 1618 ne parcourut que 107° ½ ; mais ce fut dans l'efpace de 28 jours (*Riccioli, alm. II*, 28).

883. Les Anciens n'ont parlé communément de la grandeur des comètes qu'en faifant attention au fpectacle de leur queue, ou de leur chevelure, nous en parlerons plus bas (923) ; cependant il y a des comètes dont le diamètre apparent femble avoir été très-confidérable, indépendamment de la queue. Après la mort de Démétrius, roi de Syrie (146 avant Jefus-Chrift), il parut une comète auffi groffe que le foleil (*Sen. VII*, 15). Celle qui parut à la naiffance de Mithridate, répandoit, fuivant Juftin, plus de lumière que le foleil.

La comète de 1006 (rapportée par erreur à l'an 1200 dans quelques livres), étoit quatre fois plus groffe que Vénus, & jettoit autant de lumière que le quart de la lune pourroit faire ; cette comète paroît être la même que celles de 1682 & 1759 (art. 911).

Cardan dit la même chofe de celles de 1521 & 1556. Nous n'avons rien de bien déterminé fur la grandeur apparente des comètes avant celle de 1577 ; fon diamètre apparent, fuivant Tycho, étoit de 7', c'eft-à-dire, felon lui, le double du diamètre de Vénus.

Différentes opinions fur les Comètes.

884. APRÈS avoir parlé des principales circonftances qui ont rendu les comètes remarquables, je vais parler des différens fyftêmes auxquels elles ont donné lieu. Il y a eu de tout temps des Philofophes perfuadés que les comètes étoient des planètes dont le mouvement devoit être perpétuel & les révolutions conftantes; on a attribué peut-être mal à propos, ce fentiment aux anciens Caldéens; mais ce fut réellement celui des Pythagoriciens & de plufieurs autres, tels que Apollonius le Myndien, Hippocrates de Chio, Æfchyle, Diogènes, Phavorinus, Artemidore & Démocrite, qui au jugement de Cicéron (*Tufc. l. 5*) & de Sénèque (*Quæft. nat. lib.* 7), fut le plus fubtil de tous les anciens Philofophes. On peut voir au fujet des fyftêmes anciens, Pline, *l. II. c. 25.* Arift. *Meteor. I. 6.* Plutarque *de Plac. Phil. 3. 2.* Aulu-Gelle 14. 1. Sen. *l. VII. c.* 13. Riccioli, *Alm. II. 35,* & ce que j'ai dit moi-même dans les *Mém. de 1759, pag.* 1, & fuiv. Mais on doit, fur-tout à Sénèque, ce témoignage qu'aucun auteur n'a parlé des comètes d'une manière auffi fublime que lui dans le VIIᵉ. livre de fes queftions naturelles. Un aftronome auroit peine à s'exprimer aujourd'hui d'une manière plus philofophique.

885. Malgré des idées auffi lumineufes, on a vu des hommes célèbres regarder les comètes, comme des corps nouvellement formés & d'une exiftence paffagère. Tels furent Ariftote, Ptolomée, Tycho, Bacon, Galilée, Hévélius, Longomontanus, Képler, Riccioli, M. de la Hire (*Mém. acad.* 1702, *pag.* 112). Plufieurs d'entr'eux les regarderent comme des corps fublunaires, ou des météores de l'atmofphère; M. Caffini lui-même avoit cru que les comètes étoient formées par les exhalaifons des autres aftres. (*Abrégé des obfervations fur la Comète de 1680, p. XXXI*).

Ce fut fur-tout le fentiment qui domina dans les écoles , pendant les fiècles d'ignorance ; auffi les Aftronomes s'occupèrent très - peu à déterminer leurs mouvemens. Tycho-Brahé fut le premier qui ayant obfervé long-temps , & avec foin la comète de 1577 , parce qu'on obfervoit tout dans fon château d'Uranibourg , compofa un ouvrage confidérable à cette occafion ; il trouva qu'on pouvoit affez bien repréfenter fes apparences , en fuppofant qu'elle avoit décrit autour du foleil une portion de cercle qui renfermoit les orbites de Mercure & de Vénus.

Tycho faifant voir dans cet ouvrage que les comètes étoient des corps fort élevés au-deffus de la moyenne région , renverfoit le fyftême ancien des cieux folides ; comme Newton fe fervit enfuite des comètes pour détruire le plan de Defcartes & l'hypothèfe des tourbillons.

Képler ayant trouvé que les obfervations de la comète de 1618 , s'accordoient mieux avec une ligne droite qu'avec un cercle , crut que les comètes avoient un mouvement purement rectiligne. M. Caffini crut que ce mouvement fe faifoit autour de la terre ; mais Hévélius dans fa cométographie , imprimée en 1668 , fit voir que la route des comètes approchoit plus d'une parabole décrite autour du foleil.

886. Ce fut la découverte de l'attraction qui ouvrit , pour ainfi dire , aux Philofophes , un nouveau ciel ; Newton , en voyant les autres planètes foumifes à la force centrale du foleil , penfa que les comètes devoient être du nombre des planètes , & fuivre les mêmes loix dans leur mouvement autour du foleil : il falloit pour cela que leurs orbites fuffent fort excentriques , c'eft-à-dire , très-alongées , afin d'expliquer une très-longue difparition.

Pour voir fi cela s'accorderoit avec les obfervations , Newton examina l'orbite de la comète de 1680 ; il trouva qu'une portion d'ellipfe très-alongée , ou ce qui revient au même , une portion de parabole , convenoit parfaitement avec toutes les obfervations , pourvu qu'on fuppofât les aires proportionnelles aux temps , comme dans les mouvemens planètaires (472) ; dès-lors il ne douta plus que les comètes ne fuſſent des planètes auſſi périodiques & auſſi anciennes que les autres.

M. Halley appliqua ces principes à différentes comètes (908), en choiſiſſant celles qui avoient été les mieux obſervées ; peu-à-peu il étendit ſes calculs à 24 comètes, & en 1705 il publia les élémens de ces 24 paraboles dans ſa cométographie que j'ai publiée de nouveau en François, dans une nouvelle édition des tables de Halley, en 1759.

887. Depuis ce temps-là le nombre des comètes obſervées & calculées s'eſt augmenté juſqu'à 61 (908), pluſieurs de ces comètes ont été obſervées pendant des mois entiers, ſur une très-grande portion de la circonférence du ciel, avec des inégalités apparentes extrêmement conſidérables, & cependant quand on les réduit à une parabole décrite autour du ſoleil, on trouve entre les obſervations un accord ſi parfait, qu'il n'y a aucune autre hypothèſe, ni aucune autre loi qui pût approcher de cette exactitude ; ainſi nous allons expliquer le mouvement des comètes, dans une orbite parabolique dont les dimenſions ſont données ; & nous chercherons enſuite la maniere de trouver ces dimenſions, ou l'orbite d'une comète qui paroît pour la première fois.

Du mouvement parabolique des Comètes.

888. LE calcul parabolique dont nous allons nous ſervir, à l'exemple de Newton & de Halley, n'eſt qu'une approximation ; on l'adopte à cauſe de la facilité des calculs, & du peu de différence qu'il y a entre une parabole & une ellipſe fort alongée. L'avantage conſiſte en ce que toutes les paraboles ſont des courbes ſemblables ; elles donnent une même proportion entre les rayons vecteurs ſemblablement placés, & il ſuffit de connoître les diſtances périhélies de différentes comètes pour les calculer toutes par une ſeule & même table (899). On verra ci-après

la

la conftruction de cette table générale où l'anomalie vraie eft donnée pour chaque jour, & qui fert pour toutes les comètes, au lieu que les ellipfes exigent chacune une table particulière.

889. La table générale fuppofe une comète dont l'orbite foit la parabole $PCOD$ (*fig.* 110), le foleil S occupe le foyer; P eft le périhélie de la comète ou le fommet de la parabole, SP eft la diftance périhélie, que l'on fuppofe égale à la diftance moyenne de la terre au foleil, qu'on prend toujours pour échelle de toutes les diftances céleftes.

Cette comète dont la diftance périhélie SP eft égale à la diftance moyenne du foleil à la terre emploie 109 jours à aller de P en O, ou du périhélie jufques à l'extrémité de l'ordonnée SO perpendiculaire à SP (894). Je l'appellerai, pour abréger, comète de 109 jours, & je ferai voir comment on peut y rapporter toutes les autres comètes, en changeant feulement les temps : je fuppofe la nature & les propriétés générales de la parabole qui font dans les livres de fections coniques, & celles qui fe trouvent auffi démontrées dans ma *théorie des comètes* (*Tables aftr. de* Halley, *1759, pag.* 70 & fuiv.).

890. La première chofe que nous avons à faire pour calculer le mouvement des comètes confifte à déterminer la vîteffe qui doit avoir lieu dans des paraboles de différentes grandeurs; car une comète dont la parabole eft plus grande emploie plus de temps à parcourir un angle de 90°, tel que l'angle PSO, c'eft-à-dire, à aller de P en O, tout ainfi que Saturne emploie 30 fois plus de temps à décrire un degré de fon orbite que la terre n'en emploie à décrire un degré de la fienne; voici un théorême fondamental que je démontre d'une manière très-fimple.

891. Le rapport *des vîteffes dans la parabole & dans le cercle eft celui de* $\sqrt{2}$ *à* 1.

Dém. Suppofons une comète en P, qui décrive la parabole PO à la diftance SP du foleil, & la terre en T décrivant un cercle TLM, dont le rayon ST foit égal à SP : la force centrale, ou l'attraction du foleil pour retenir la comète, & la terre, chacune dans fon orbite, eft égale, puifque la diftance eft la même, & que le foleil ne peut pas avoir plus de force fur la comète que fur la terre à la même diftance. Je fuppofe un petit arc PC de la parabole, & un petit arc TL de l'orbite de la terre, tels que l'abfciffe PB de la parabole & de l'abfciffe TI du cercle foient égales; ou que l'écart de la tangente par rapport à la courbe foit le mê-

C c

me dans la parabole & dans le cercle, ces abfciffes ou les écarts de ces tangentes expriment la force centrale du foleil ; puifqu'elles font la quantité dont la planète obéit à l'action du foleil en fe détournant de la ligne droite (1005); elles font donc égales dans les mêmes temps, quand la force eft la même ; donc fi les abfciffes font égales, les arcs PC & TL font décrits en temps égaux, & expriment les vîteffes de la comète & de la terre. Je vais partir de cette fuppofition que les deux inflexions font égales pour trouver les arcs eux-mêmes.

Les arcs ne peuvent pas être égaux, puifque deux arcs égaux pris fur des courbes très-différentes ne fauroient avoir des inflexions égales, & que quand les inflexions font égales les arcs ne font pas égaux ; j'en conclurai le rapport des arcs, ce fera celui des vîteffes, puifque le temps eft le même de part & d'autre. Par la propriété du cercle l'on a $TI = \dfrac{IL^2}{2ST^2}$ (988); mais par la propriété de la parabole on a le carré de l'ordonnée BC égal au produit de l'abfciffe PB par le paramètre, qui eft quadruple de SP ; donc $PB = \dfrac{BC^2}{4SP} = \dfrac{BC^2}{4ST}$; or $PB = TI$ par l'hypothèfe, donc $\dfrac{IL^2}{2ST} = \dfrac{BC^2}{4ST}$; ou $2IL^2 = BC^2$; donc $IL\sqrt{2} = BC$, ce qui donne cette proportion ; $BC : IL :: \sqrt{2} : 1$; or IL eft égal à l'arc TL, ou du moins il n'en diffère que d'une quantité infiniment plus petite ; ainfi IL eft la vîteffe de la terre ; de même BC eft la vîteffe de la comète ; donc la vîteffe de la comète eft à celle de la terre à même diftance du foleil, comme la racine de 2 eft à 1.

892. Delà il fuit que la vîteffe de la comète en P fur la parabole PO, fera les $\frac{7}{5}$ de la vîteffe de la terre ; car $\sqrt{2} = \frac{7}{5}$ environ ; donc l'aire décrite en une feconde de temps par la comète, fera $\frac{7}{5}$ de l'aire décrite par la terre ; mais les aires font toujours égales en temps égaux ; (472), ainfi à quelque diftance que la comète parvienne par rapport au foleil dans fa parabole PO, l'aire décrite en une feconde de temps, fera toujours $\frac{7}{5}$ de l'aire décrite par la terre, & l'aire décrite par la terre fera égale à l'aire de la comète divifée par $\frac{7}{5}$ ou $\sqrt{2}$. Je vais me fervir de cette propofition pour démontrer que la comète doit employer 109 jours à aller de P en O, ou à parcourir 90° d'anomalie.

893. Soit la diftance périhélie SP ou $ST = 1$, la circonférence du cercle TM, ou le nombre 6, 283 $= c$, l'aire de ce cercle fera $\dfrac{c}{2}$, l'aire parabolique PSO, qui eft les deux tiers du produit de SP par SO, fera $\frac{4}{3}$; cette aire de la comète, divifée par $\sqrt{2}$, donnera $\dfrac{4}{3\sqrt{2}}$ pour l'aire que la terre décrit (892), dans le même temps que la comète va de P en O ; mais fi l'on appelle A la longueur ou la durée de l'année, on aura cette proportion : l'aire totale $\dfrac{c}{2}$ de l'orbite terreftre eft au temps

A, comme l'aire $\dfrac{4}{3\sqrt{2}}$ eſt au temps qui lui répond, & qui ſera $\dfrac{8A}{3c\sqrt{2}}$; c'eſt la valeur du temps que la comète emploie à décrire l'arc parabolique PO ou les 90° d'anomalie vraie.

894. La durée de l'année ſydérale eſt 365ʲ 6ʰ 9′ 10″, ou 11″ (321) ; c'eſt à-dire. 365ʲ 256379 ; ſi de ſon logarithme on ôte celui de $\sqrt{2}$, avec celui de trois fois la circonférence ; & qu'on y ajoute le logarithme de 8, on aura celui de 109ʲ 6154, ou 109ʲ 14ʰ 46′ 20″ pour le temps qui répond à PO.

Il ne ſuffit pas d'avoir trouvé le temps employé à décrire ces 90° d'anomalie, il faut, pour calculer le lieu d'une comète en tout temps, connoître le nombre de jours qui répond à chaque portion de la parabole, comme PD, ou à chaque angle d'anomalie vraie compté depuis le périhélie, en ſuppoſant toujours les aires proportionnelles au temps, c'eſt la matière du problême ſuivant.

895. CONNOISSANT *l'anomalie vraie dans une parabole, trouver le temps écoulé depuis le périhélie.* Je ſuppoſe que la parabole $PCOD$ eſt donnée, c'eſt-à-dire, qu'on connoît la diſtance périhélie SP, & le temps employé à parcourir l'arc PO ; on demande le temps employé à parcourir un autre arc PD, ou un autre angle PSD d'anomalie vraie ; on tirera la ligne DP, & ayant pris SE & SR égales au rayon vecteur DS, l'on tirera DR & DE, dont l'une ſera la normale, & l'autre la tangente de la parabole.

896. Si nous prenons pour l'unité la ſous-normale RQ, c'eſt-à-dire, la moitié du paramètre, nous aurons le paramètre égal à 2, & $PQ = \dfrac{DQ^2}{2}$; le ſegment parabolique $DOPQ$ qui eſt les deux tiers du produit des co-ordonnées, ou $\tfrac{2}{3}DQ \cdot PQ$ ſera $\tfrac{1}{3}DQ^3$; le triangle DPQ eſt égal à $\tfrac{1}{2}DQ \cdot PQ = \tfrac{1}{4}DQ^3$, donc en le retranchant du ſegment $DOPQ$, il reſtera le ſegment $DOPD = \tfrac{1}{12}DQ^3$; on y ajoutera la ſurface du triangle $PDS = \dfrac{PS \cdot DQ}{2} = \dfrac{DQ}{4}$, & l'on aura $\tfrac{1}{12}DQ^3 + \tfrac{1}{4}DQ$ pour l'aire $PSDOP$.

897. La ligne RQ étant priſe pour l'unité, DQ eſt la tangente de l'angle $DRQ = \tfrac{1}{2}DSE$, c'eſt-à-dire, la tangente de la moitié de l'anomalie vraie. Si nous appellions cette tangente t, nous aurons l'aire parabolique $PSDOP$, égale à $\dfrac{t^3}{12} + \dfrac{t}{4}$; l'aire de 90° PSO ſera alors $= \tfrac{1}{12} + \tfrac{1}{4} = \tfrac{1}{3}$. Mais il faut prendre l'aire PSO pour unité, & pour lors l'aire $PSDOP$ devient $\dfrac{t^3}{4} + \dfrac{3t}{4}$, car $\dfrac{t^3}{12} + \dfrac{t}{4}$ eſt à $\tfrac{1}{3}$, comme $\dfrac{t^3}{4} + \dfrac{3t}{4}$ eſt à 1 ; ainſi l'aire de 90° étant connue, & la tan-

gente d'une demi-anomalie vraie étant t, l'on multipliera l'aire de 90e par $\frac{t^3}{4} + \frac{3t}{4}$, & l'on aura l'aire décrite par la comète depuis son passage par le périhélie : mais les aires sont proportionnelles aux temps ; ainsi l'on aura de même le temps qui répond à P D, en multipliant les 109 jours, ou en général le temps de 90° par le quart de $t^3 + 3t$.

898. EXEMPLE. La comète qui emploie 109 jours à parcourir 90° d'anomalie, ayant 47° d'anomalie vraie ; l'on demande combien de jours il s'est écoulé depuis le périhélie. La tangente t de $23^\circ \frac{1}{2}$ est $0,434824$, donc $t^3 = 0,0829$, & le quart de $t^3 + 3t = 0,3467$; il faut donc multiplier par $0,3467$ les 109 jours, ou le temps pour 90° (894), l'on trouvera 38 jours ; ainsi la comète de 109 jours se trouvera à 47° de son périhélie au bout de 38 jours.

On trouveroit de même pour chaque degré d'anomalie vraie, les jours correspondans ; ordinairement on a quelques fractions décimales plus, parce qu'il est très-rare qu'à un degré précis d'anomalie on ait un nombre complet de jours ; mais avec des parties proportionnelles on trouve facilement les anomalies vraies qui répondent à chaque jour complet.

899. C'est ainsi qu'on a calculé une table générale des orbites paraboliques ; on y voit l'anomalie vraie qui répond à chaque jour de distance au périhélie pour la comète de 109 jours. On pourroit faire ce même calcul par une méthode directe, en résolvant l'équation $t^3 + 3t = a$ (a exprime le quadruple du temps par PO), pour trouver l'inconnue t ; mais il est plus facile de trouver le temps par le moyen de l'anomalie vraie, & il est superflu de chercher une autre méthode pour construire la table.

Cette table générale s'applique facilement à toutes les comètes ; en effet, si l'on considère différentes comètes dans d'autres paraboles, à un même degré d'anomalie vraie, les temps écoulés depuis le passage au périhélie, seront entre eux comme les temps employés à aller du périhélie jusqu'à 90°, par exemple, quand $\frac{1}{4}t^3 + \frac{1}{4}t$ sera égal à $\frac{1}{2}$, le temps sera la moitié du temps pour 90°, dans toutes les paraboles possibles ; delà il suit que pour une comète quelconque si je connois le temps des 90°, j'aurai (avec une simple regle de trois) le temps pour tout autre angle d'anomalie vraie, en me servant de la table calculée pour la comète de 109 jours. Il ne reste donc plus qu'à chercher le temps des 90° pour des paraboles plus ou moins grandes, ou le nombre de jours qu'exigera l'arc P O, quand la distance périhélie S P ne sera plus égale à la moyenne distance de la terre au soleil.

900. Les carrés des temps qui répondent à une même anomalie vraie dans différentes paraboles, sont comme les cubes des distances périhélies. Cette loi analogue à celle du mouvement des planètes (469), est tout de même une suite nécessaire des forces centrales ; en effet, nous avons démontré que sur le rayon de l'orbite terrestre décrit en 365, on avoit un quart de parabole de 109 jours (894) ; ainsi le temps de la parabole est environ $\frac{1}{12}$ de celui du cercle ; mais si l'on considère différens cercles ou différentes planètes, à d'autres distances du soleil, on aura différentes révolutions dont les carrés des temps seront comme les cubes des distances (464, 1022) ; donc les temps des paraboles qui en sont toujours les $\frac{1}{12}$ seront aussi dans la même proportion ; donc les temps qui répondent à P O, sont comme les racines carrées des cubes des distances périhélies S P.

901. Une seule table servira donc pour trouver l'anomalie vraie dans toutes les paraboles, pourvu que l'on augmente les temps en raison de la racine carrée du cube de la distance périhélie ; en effet, pour un même degré d'anomalie vraie, les carrés des temps de différentes paraboles doivent augmenter comme les cubes des distances périhélies, ou les temps comme les racines carrées des cubes des distances périhélies ; ainsi à 90° d'anomalie vraie répondent 109 jours quand la distance périhélie est 10 (894), & 126 jours quand la distance périhélie est 11, parce que la racine carrée du cube de 11 est plus grande dans le même rapport ; il faut donc augmenter aussi à proportion les autres nombres de jours, quand on cherchera dans la table générale, les anomalies pour la comète de 126 jours.

J'ai mis dans la table ci-jointe, à côté de chaque distance périhélie, le nombre par lequel il faut multiplier les jours de la table générale, pour avoir les jours qui dans d'autres comètes répondent à une même anomalie; je suppose la distance du soleil à la terre divisée en dix parties, & j'ai calculé le nombre des jours pour l'arc PO

Diff. périhel. en dixièmes de celle du Soleil.	Nomb. par lesq. on multiplie les jours de la table.	Jours pour 90°.
1	0,035	3,5
2	0,089	9,8
3	0,164	18,0
4	0,253	27,7
5	0,353	38,8
7	0,465	50,9
8	0,585	64,2
9	0,715	78,4
10	0,854	93,6
11	1,000	109,6
16	1,152	126 3

dans onze paraboles différentes. On voit aussi dans la figure 112 plusieurs paraboles divisées en jours, & l'on peut y appercevoir avec quelle vitesse chacune de ces comètes s'éloigneroit du soleil ou de la terre dont l'orbite est A B C.

502. On voit par cette table que quand la distance périhélie d'une comète, est $\frac{1}{10}$ de celle de la terre au soleil, il faut, au lieu des jours de la table générale, en prendre d'autres qui ne soient que 0, 25 ou le quart ; voilà pourquoi cette comète dont la distance est 4 n'emploie que 28 jours à parcourir les 90° d'anomalie, & nous pouvons l'appeller la comète de 28 jours, comme nous avons appellé comète de 109 jours (pour abréger), celle qui emploiroit environ 109 jours à aller du périhélie jusqu'à 90° d'anomalie.

Donc pour chaque degré d'anomalie, au logarithme des jours de la table, il faudra ajouter une fois & demie le logarithme de la distance périhélie d'une comète donnée, l'on aura le nombre de jours qui répond à cette comète donnée, pour le même degré d'anomalie ; ou réciproquement l'anomalie pour un nombre de jours donné, à compter du périhélie.

903. Le rayon vecteur SD de la comète ou sa distance au soleil est égal à la distance périhélie SP, divisée par le carré du cosinus de la

moitié de l'anomalie vraie, car en abaissant sur la tangente *ED* une perpendiculaire *SX* on aura le triangle *ESD* partagé en deux parties égales,
l'angle *DRQ* est donc la moitié de l'anomalie vraie. Le triangle rectangle *RDE* donne cette proportion *RQ* : *RD* :: *RD* : *RE*, ou 2 *PS* : *RD* :: *RD* :
2 *SD*, donc *PS* : *SD* :: *RQ²* : *RD²* :: (cof. *QRD*)² : 1, ou comme le
carré du cosinus de la moitié de l'anomalie *SD* est au carré du rayon.
Ainsi quand pour un temps donné l'on a trouvé l'anomalie vraie d'une
comète dans sa parabole (901), on a le rayon vecteur *SD* en divisant
la distance périhélie *SP* par le carré du cosinus de la moitié de
cette anomalie, & si l'on a un rayon vecteur avec l'anomalie corres-
pondante, on peut également trouver la distance périhélie.

904. Quand on connoît deux rayons vecteurs d'une parabole, avec
l'angle compris, on peut trouver la distance périhélie & les deux anomalies qui répondent aux rayons vecteurs. Soient *b* & *c* les deux rayons
vecteurs d'une parabole, dont 1 est la distance périhélie, *a* le quart de
la somme des deux anomalies vraies, *x* le quart de la différence de ces
deux anomalies, on aura cette proportion : $\sqrt{b} + \sqrt{c} : \sqrt{b} - \sqrt{c} ::$
cotang. *a* : tang. *x*.

Dém. Le carré du cosinus de la moitié d'une anomalie vraie est au
carré du rayon, comme 1 est au rayon vecteur (903); mais la plus
grande des deux anomalies est 2 *a* + 2 *x*, la plus petite 2 *a* — 2 *x*; ainsi
$\sqrt{b} : \sqrt{c} ::$ cof. (*a* — *x*) : cof. (*a* + *x*); or cof. (*a* — *x*) = cof. *a*
cof. *x* + sin. *a* sin. *x*, & cof. (*a* + *x*) = cof. *a* cof. *x* — sin. *a* sin. *x*,
comme on le démontre dans la trigonométrie ; ainsi $\sqrt{b}$. cof. *a* cof. *x* —
$\sqrt{c}$. cof. *a*. cof. *x* = $\sqrt{b}$ sin. *a* sin. *x* + $\sqrt{c}$ sin. *a* sin. *x* : donc $\sqrt{b} + \sqrt{c}$:
$\sqrt{b} - \sqrt{c} ::$ cof. *a* cof. *x* : sin. *a* sin. *x* :: $\dfrac{\text{cof. } a}{\text{sin. } a} : \dfrac{\text{sin. } x}{\text{cof. } x}$ :: cot. *a* : tang. *x*,

c'est-à-dire, que la somme des racines des rayons vecteurs est à leur
différence, comme la cotangente de la demi-somme des demi-anoma-
lies vraies est à la tangente de leur demi-différence. Quand on a la somme
& la différence, il est aisé d'avoir chacune des anomalies vraies, & par
le temps qui leur répond, le temps du passage par le périhélie, en même
temps que le lieu du périhélie.

905. Au moyen des théoremes précédens on peut trouver une parabole qui satisfasse à deux longitudes d'une
comète observées de la terre ; supposons que la terre soit
en *T* à une distance *TS* du soleil, & qu'elle voie la comète réduite à l'écliptique sur un rayon *TD*, ensorte que
l'angle *STD* soit l'angle d'élongation ou la différence entre
la longitude du soleil & celle de la comète. On ne connoît dans le triangle *STD* qu'un côté & un angle, on
est obligé de faire une supposition ou une hypothèse sur
la valeur du côté *SD* distance accourcie de la comète au

foleil ; d'après cette fuppofition, arbitraire fi l'on veut ; mais qui fera vérifiée ou démentie par la fuite du calcul, on cherche l'angle au foleil en réfolvant le triangle TSD, & l'on a la longitude héliocentrique de la comète , fa latitude héliocentrique (443), fa diftance vraie (445), ou le rayon vecteur.

On fait la même chofe pour une feconde obfervation ; & l'on a deux longitudes héliocentriques , & par conféquent l'angle des deux rayons vecteurs, qui eft néceffairement la fomme ou la différence de deux anomalies vraies ; on en conclura chacune des deux anomalies (904), & par conféquent le lieu du périhélie ; la diftance périhélie (903), & le temps qui répond à ces deux anomalies (902), dans l'hypothèfe qu'on a faite fur la diftance S D de la comète au foleil ; mais fi l'intervalle de temps trouvé par le moyen de ces deux anomalies, n'eft pas d'accord avec l'intervalle donné des deux obfervations, c'eft une preuve qu'une des deux diftances au foleil qui ont été fuppofées doit être changée ; on en confervera une & l'on fera varier l'autre par diverfes fuppofitions, jufqu'à ce qu'à la fin du calcul on trouve un intervalle de temps égal à celui des deux obfervations : alors on aura la parabole qui fatisfait à toutes deux.

906. Mais il ne fuffit pas d'avoir une parabole qui fatisfaffe à l'intervalle de deux obfervations ; il y en a une infinité ; car à chaque hypothèfe qu'on aura faite fur la première diftance S D de la comète au foleil, on trouvera par les diverfes fuppofitions de la feconde diftance ou de la diftance au foleil dans la feconde obfervation une parabole qui fatisfera aux deux mêmes obfervations. La difficulté qui refte eft de fe déterminer par une troifième obfervation entre toutes ces paraboles qui repréfentent les deux premières , mais dont une feule s'accorde avec la troifieme obfervation.

907. Quand on a trois obfervations d'une comète, on peut déterminer fon orbite au moyen des théorèmes précédens ; car l'on eft en état de trouver qu'elle eft la para-

bole qui fatisfait à trois obfervations, quand on en a qui fatisfont à deux de ces obfervations. On choifit d'abord deux longitudes & deux latitudes géocentriques obfervées, on cherche des paraboles qui puiffent fatisfaire à ces deux obfervations ; quand on a deux ou trois paraboles, c'eft-à-dire, deux ou trois hypothèfes qui s'accordent également bien avec les deux obfervations, on calcule dans chacune de ces trois hypothèfes le lieu de la comète au temps de la troifième obfervation ; en cherchant le lieu du périhélie (904), la diftance périhélie (903), l'anomalie vraie (902), le rayon vecteur, la longitude héliocentrique, & enfin la longitude géocentrique (842), comme pour les planètes ; celle des différentes hypothèfes qui s'accorde le mieux avec la troifième obfervation eft la meilleure, & une fimple proportion fuffit quelquefois pour trouver une autre hypothèfe qui fatisfaffe exactement à toutes les trois obfervations. Cette méthode indirecte & de fauffe pofition me paroît plus fimple, & plus commode, que les méthodes plus directes & plus élégantes, données par MM. Euler, Fontaine, &c. J'en ai donné les détails, les préceptes & les exemples dans le XIXe livre de mon ASTRONOMIE, je ne pouvois donner ici que l'efprit de la méthode.

908. C'eft par des effais à peu-près femblables, mais bien plus longs, fans doute, que M. Halley détermina par les anciennes obfervations 24 paraboles ou orbites cométaires, y compris celle de 1698. M. Bradley, M. Maraldi, M. de la Caille, M. Struick, M. Pingré & moi, en avons calculé plufieurs autres ; enforte que le nombre s'eft accru jufqu'à 61 , y compris celle de 1772. Mais je ne compte que pour une feule toutes les apparitions de celles dont les périodes font connues.

909. Les élémens d'une comète font les fix articles qui déterminent la fituation & la grandeur de l'orbite qu'elle décrit, & qui établiffent fa théorie : le lieu du nœud vu du foleil, l'inclinaifon, le lieu du périhélie, la diftance périhélie, & le temps moyen du paffage par le périhélie, qui tient lieu d'époque ; enfin la direction de fon mouvement qui peut être direct ou rétrograde.

Du retour des Comètes.

910. Lorsque Newton eut reconnu que la comète de 1680 avoit décrit fenfiblement une parabole pendant le temps de fon apparition, avec des aires proportionnelles au temps (888), il fut perfuadé que cette comète étoit une véritable planète, & que l'orbite qui paroiffoit une parabole n'étoit réellement que la partie inférieure d'une ellipfe très-grande & très-alongée (*Princip. math. pag. 506, édit. de 1687*). Il favoit que ces ellipfes très-excentriques reffemblent à très peu-près à des paraboles, & en approchent d'autant plus que la diftance périhélie eft plus petite par rapport au grand axe de l'ellipfe.

911. Ce fut Halley qui en 1705 eut la gloire de vérifier, par le calcul des anciennes obfervations, ce que Newton avoit préfumé d'après les loix de fa phyfique ; Halley démontra la reffemblance ou plutôt l'identité de la comète de 1607, & de celle de 1682, & il annonça fon retour pour 1759 ; prédiction qui s'eft vérifiée fous nos yeux. J'ai donné dans ma théorie des comètes, à la fuite de celle de Halley, l'hiftoire du retour de cette comète fameufe ; on peut voir auffi ce que j'en ai dit dans les *Mémoires* de 1759. Il me fuffira de retracer ici en peu de mots la marche des inventeurs.

912. Lorfque M. Halley eut calculé par obfervations (908) les paraboles de 24 comètes, il s'en trouva trois qui fe reffembloient beaucoup, celles de 1531, de 1607 & de 1682 ; les trois paraboles étoient fituées de même, les diftances périhélies étoient égales, & les intervalles de temps étoient de 75 à 76 ans ; il penfa dès lors que ce pouvoit être la même comète ; cependant la différence des inclinaifons & des périodes lui paroiffoit un peu trop grande, & il n'ofoit prononcer fur l'identité ; mais lorfqu'après les recherches qu'il fit des anciennes comètes il en eut trouvé trois autres, dont il eft parlé dans les hiftoriens fous les années 1305, 1380, 1456, à des inter-

valles de temps toujours à peu-près égaux, il ne douta plus que le retour ne fût certain, & il rejetta fur les attractions mutuelles des corps céleftes les différences qu'il trouvoit entre les diverfes périodes de cette comète.

913. Tel fut donc le progrès de nos connoiffances en ce genre : d'anciens philofophes regardèrent les comètes comme des corps céleftes & périodiques (884). Newton en conclut qu'elles pouvoient décrire des ellipfes très-excentriques, & reparoître à chaque révolution ; Halley vérifia cette belle idée en calculant plufieurs comètes, parmi lefquelles il s'en trouva trois qui avoient décrit exactement la même orbite ; ce qui annonçoit trois apparitions ; & cela s'eft trouvé pleinement confirmé quand cette comète a reparu en 1759 dans la même orbite & après le même efpace de temps.

914. Il y a encore deux comètes dont la période paroît connue, & dont on efpère le retour ; celle de 1532 & de 1661 qu'on attend pour 1789 ou 1790 ; celle de 1264 & de 1556 pour 1848 (*Mémoires de l'acad.* 1760, *pag.* 192). La grande comète de 1680, fuivant M. Halley, devroit reparoître l'an 2254, il croit que c'eft celle qui parut du temps de Céfar ; & elle auroit paru dans les années 619 & 2349 avant J. C., enforte qu'elle pourroit fervir à ceux qui veulent expliquer phyfiquement le déluge, comme M. Whifton (*New theory of the earth*, *pag.* 186) ; mais il faut convenir qu'il y a des doutes fur la période de cette comète de 1680, & j'ai reconnu qu'il y a huit autres comètes qui peuvent approcher bien davantage de la terre, & y caufer de plus grandes révolutions (Voy. mes *Réflexions fur les comètes*, à Paris, chez Gibert, 1773).

915. Dans tous les corps qui tournent autour du foleil, les carrés des temps font comme les cubes des diftances ; ainfi dès qu'on connoît la période d'une comète, par deux retours obfervés, on trouve par une fimple proportion le grand axe de fon orbite, & l'on calcule fon lieu vrai de la même manière que celui des autres planètes (493, 441).

916. Si l'on avoit vu une comète affez long-temps, & qu'on l'eût obfervée avec une grande précifion, on pourroit avoir une idée de la durée de fa révolution, ou déterminer fon ellipfe par des méthodes indirectes femblables à celles que j'ai employées dans la parabole ; mais le calcul en feroit fi long, & le réfultat fi peu fufceptible de précifion, que je ne penfe pas devoir entrer dans ce détail. J'obferverai feulement qu'en pareil cas la méthode la plus commode fera peut-être celle-ci. On déterminera d'abord dans l'hypothèfe parabolique la diftance périhélie, & le temps du paffage au périhélie par des obfervations qui n'en foient pas fort éloignées, afin que cette diftance périhélie convienne également & à l'ellipfe & à la parabole, & foit indépendante de l'hypothèfe ; on calculera enfuite la différence entre la parabole & l'ellipfe pour les obfervations les plus éloignées, dans différentes hypothèfes de révolutions elliptiques ; les différences calculées étant comparées avec l'erreur obfervée, c'eft-à-dire, avec la différence qu'il y a entre l'obfervation & le réfultat de l'hypothèfe parabolique, on jugera laquelle des différentes ellipfes fuppofées convient à ces obfervations éloignées.

917. J'ai reconnu par un calcul fait feulement à peu-près pour la comète de 1759, que fi l'on eût déterminé le périhélie par trois obfervations faites le 12 Mars, le 1 Avril & le 1 Mai, on auroit trouvé le 31 Mai 2' d'erreur pour 3 ans de différence fur la révolution ; ce qui prouve qu'il n'eft pas impoffible de trouver la période d'une comète à trois années près, par une feule apparition de trois mois.

Diverfes Remarques fur les Comètes.

918. On peut repréfenter l'inégalité du mouvement des comètes dans des ellipfes fort excentriques, par le moyen d'une machine affez fimple, que M. Defaguliers a donnée fous le nom d'*Inftrument cométaire* ; il a été auffi dé-

crit par M. Ferguson (*Astronomy explained* , 1764, *pag.* 288). Il consiste en deux poulies elliptiques , mobiles chacune autour de leur foyer , l'une conduit l'autre par le moyen d'une corde qui les embrasse toutes deux en se croisant entre elles ; les poulies se touchent continuellement , d'où il résulte que si la première tourne uniformément , la seconde tournera plus vîte quand son périhélie touchera l'aphélie de la première , que quand son aphélie touchera le périhélie de la première. Si la seconde ellipse qui tourne inégalement , porte une alidade au-dehors de la boîte , & que cette alidade enfile un petit globe retenu dans une coulisse elliptique , il représentera très-bien la vîtesse du périhélie & la lenteur de l'aphélie ; les aires seront même proportionelles aux temps.

919. On avoit reconnu long-temps avant Tycho , que le mouvement apparent des comètes observé pendant la durée de leur apparition , n'étoit pas uniforme ; cependant Tycho n'étoit pas assez frappé de ces inégalités pour y reconnoître l'effet de la parallaxe annuelle & du mouvement de la terre ; mais Képler l'y reconnut très-bien , & dans son traité des comètes il dit qu'ayant supposé le mouvement de celle de 1618 dans une ligne droite , avec une diminution uniforme , on reconnoissoit l'effet du mouvement de la terre , soit sur la longitude , soit sur la latitude de la comète , & que le mouvement qui parut tortueux , ne pouvoit le paroître qu'à raison de celui de la terre ; il termine même son premier livre en disant : Autant qu'il y a de comètes dans le ciel , autant il y a de preuves du mouvement de la terre autour du soleil , indépendamment de celui que l'on tire du mouvement des planètes.

920. La comète de 1729 , que M. Cassini observa pendant plusieurs mois , après avoir fait plus de 15° vers l'occident , depuis la tête du petit Cheval jusques sur la constellation de l'Aigle , se courba subitement pour retourner vers l'orient , ce qui montroit d'une manière frappante l'effet de la parallaxe annuelle. Il pourroit arriver

des cas où cet effet feroit bien plus grand : fi une comète rétrograde dont la diftance à la terre feroit égale à la
diftance moyenne de la lune, fe trouvoit périhélie & en
oppofition, elle auroit 140° de mouvement par heure ;
on pourroit voir une comète aller depuis l'horizon jufqu'au
zénit en moins de trois quart d'heure, & employer enfuite plus de quatre heures à gagner l'horizon occidental, ou d'autres fingularités de même efpece.

Les inégalités dont je viens de parler, font purement
apparentes, mais je dois dire un mot d'une autre irrégularité qu'on a reconnue en 1759, & qui affecte le mouvement réel & intrinféque de toutes les comètes dans
leurs ellipfes, c'eft l'attraction des autres corps céleftes ;
celle de Jupiter & de Saturne eft la plus remarquable ;
mais il y a grande apparence que les attractions des autres planètes & des autres comètes peuvent y influer fenfiblement. Cette attraction s'eft manifeftée de la maniere
la plus frappante dans le retour de la comète de 1682,
obfervé en 1759. Sa période entre le paffage par le pé-
rihéle du 26 Octobre 1607, & celui du 14 Septembre
1682, a été plus petite de 585 jours que la période fuivante
qui s'eft terminée au 13 Mars 1759.

921. Lorfqu'on commençoit à parler en 1757 du retour de cette comète prédite par M. Halley, on s'apperçut que l'inégalité de fes périodes précédentes nous laif-
foit près d'une année d'incertitude fur le temps de fon
apparition ; M. Halley avoit remarqué que cette comète
en 1681 paffant fort près de Jupiter en avoit dû être
fortement attirée, & que cela pourroit retarder l'apparition fuivante jufqu'au commencement de 1759. Mais cette
confidération étoit trop vague pour qu'on dût y compter,
& M. Halley n'y comptoit pas lui-même ; je propofai à
M. Clairaut d'y appliquer fa théorie de l'attraction, ou
du problème des trois corps, en lui offrant tous les calculs aftronomiques dont il avoit befoin ; je lui donnai les
fituations de la comète, & les forces que Jupiter & Saturne
avoient exercées fur elle pendant l'efpace de 150 ans ;

ou de deux révolutions, soit dans la direction des rayons vecteurs, soit perpendiculairement aux rayons, avec les ordonnées & les surfaces de toutes les courbes qui repréfentoient les intégrales des équations du problème. Par ce moyen M. Clairaut trouva que la révolution de la comète devoit être de 611 jours plus grande que celle de 1607 à 1682, dont 100 jours pour l'action de Saturne, & 511 pour celle de Jupiter. Suivant ces premiers calculs la comète devoit paller dans son périhélie au milieu d'Avril ; elle y passa le 13 Mars, & malgré l'immensité des calculs que nous fîmes à cette occasion, M. Clairaut & moi, les quantités négligées produisirent environ un mois d'erreur dans la prédiction. Voy. la *Théorie du mouvement des comètes*, par M. Clairaut, & les *Opuscules mathématiques* de M. d'Alembert, t II.

922. Parmi les 60 comètes que nous connoissons, je trouve qu'il y en a plusieurs qui peuvent approcher assez de la terre pour y produire des effets fensibles ; & parmi le grand nombre de celles que nous ne connoissons pas, il pourroit y en avoir qui fussent également capables d'y cauler des révolutions prodigieuses. Une comète de la groffeur de la terre qui feroit feulement à 13290 lieues de nous auroit la force nécessaire pour produire une marée ou une élévation de 2000 toiles dans les eaux de la mer ; si elle y reftoit affez long-temps elle pourroit fubmerger les quatre parties du monde, comme je l'ai fait voir plus en détail dans mes réflexions fur les comètes, imprimées en 1773 ; il eft difficile qu'il n'arrive pas un jour quelque révolution de cette efpece : mais il eft impollible d'en fixer le temps. Nous ne connoissons pas probablement le quart des comètes, & parmi les 60 qu'on a observées, il y en a 7 ou 8 qui peuvent approcher de la terre, & même la choquer fi la terre fe rencontroit dans le nœud au moment qu'une des comètes y paflera, enforte que le nœud fût alors précifément fur la circonférence de l'orbite de la terre ; mais ces trois circonftances font fi difficiles à réunir, que l'on a dû regarder comme une folie, la terreur générale qui

s'étoit répandue au mois de Mai dernier à l'occasion de mon mémoire.

La comète de 1680, n'étant éloignée du soleil dans son périhélie que de la 6e partie du diamètre solaire, il pourroit arriver par la résistance de l'atmosphère du soleil, & l'attraction des autres comètes dans son aphélie, qu'elle retombât dans le soleil ; c'est ainsi, dit Newton que la belle étoile de 1572 a pu paroître tout d'un coup, étant ranimée & augmentée par une abondance de matière nouvelle.

923. Les anciens ont tiré le nom des comètes de cette lumière inégale dont elles paroissent communément environnées, & ils les ont distinguées par ce moyen en plusieurs espèces (Pline, II. Hévélius, *in cometographia*). Cependant il a paru quelquefois des comètes sans queue ni chevelure ; mais celles dont les queues ont paru les plus longues, sont les suivantes. Celle dont parle Aristote, qui vers l'an 371 avant J. C. occupoit le tiers de l'hémisphère, ou environ 60°. Celle dont parle Justin (Liv. 37), & qui parut à la naissance de Mithridate, 130 ans avant J. C. étoit si terrible qu'elle sembloit embraser tout le ciel, elle occupoit 45°. Une autre comète, au rapport de Séneque (*VII.* 15), couvroit toute la voie lactée, vers l'an 135. La comète de 1456 occupoit 2 signes ou 60° (Pontanus, *in centiloquio*); & celle de 1460 en occupoit environ 50, suivant le même auteur. La comète de 1618 avoit une queue au moins de 70°, suivant Képler, & même de 104°, suivant Longomontanus, le 10 Décembre 1618. On peut voir les mesures d'un grand nombre d'autres queues de comètes dans le P. Riccioli (*Almag. II.* 25); mais depuis ce temps-là on a vu la comète de 1680, l'une des plus étonnantes qui eût jamais paru, par l'étendue de sa queue (Voyez le traité de M. Cassini sur la comète de 1680 & 1681).

924. La comète de 1744 s'est montrée de nos jours avec une lumière en éventail ou une queue divisée en plusieurs branches, qui étoit très-remarquable, & qui s'étendit le 19

Février

Février jusqu'à 30°. Voyez *le Traité de la comète de* 1744, *par M. de Chefeaux.* Dans les pays méridionaux où l'on jouit d'un ciel pur & ferein, les queues de comètes fe diftinguent mieux & paroiffent plus longues ; la comète de 1680 avoit une queue de 62° à Paris, fuivant M. Caffini, & de 90° à Conftantinople ; celle de 1759 parut à Paris prefque fans queue, on avoit beaucoup de peine à en diftinguer une légère trace d'un ou de deux degrés ; tandis qu'à Montpellier, fuivant M. de Ratte, la queue avoit 25° le 29 Avril, la partie la plus lumineufe étant de 10°. M. de la Nux, correfpondant de l'académie, à l'Ifle de Bourbon, la vit même beaucoup plus grande. Enfin la queue de la comète de 1769 paroiffoit d'environ 10° à Paris, de 40° à Marfeille, de 70° à Bologne, de 90° à M. Pingré qui étoit fur mer, entre Ténériffe & Cadix ; mais elle étoit très-foible ; c'eft ainfi que dans la Zone torride la lumière zodiacale paroît conftamment, & de plus de 100 degrés de longueur.

925. Séneque favoit que les queues des comètes font tranfparentes, & qu'on voit les étoiles au travers, (*liv. VII. c.* 18). Newton fait voir qu'elles font d'une fubftance infiniment plus tenue & plus rare qu'on ne fauroit l'imaginer.

926. Appian fut le premier qui prouva que les queues des comètes étoient toujours à peu-près oppofées au foleil (*Aftronomicum Cæfareum,* 1540) ; cette règle fut confirmée alors par Gemma Frifius, Cornelius Gemma, Fracaftor, Cardan ; cependant Tycho-Brahé ne croyoit pas qu'elle fût bien générale ni bien démontrée ; mais cette loi eft actuellement reconnue. On apperçoit feulement une courbure qui eft une fuite de la pofition de la terre hors du plan de l'orbite de la comète, & du mouvement de celle-ci (*Hevelius, in cometog.* Caffini, fur la comète de 1680, *pag.* X. Newton, *l. III*).

927. La queue des comètes, fuivant Newton, vient de l'atmofphère propre de chaque comète (*Princ. mat. lib. III. prop.* 41). Les fumées & les vapeurs peuvent s'en éloigner, dit-il, ou par l'impulfion des rayons folaires,

comme le penſoit Képler , ou plutôt par la raréfaction que la chaleur produit dans ces atmoſphères.

928. Il confirme ce ſentiment par la comète de 1680, qui au mois de Décembre après avoir paſſé fort près du ſoleil, répandoit une lumiere beaucoup plus longue & plus brillante qu'elle n'avoit fait au mois de Novembre avant ſon périhélie ; cette regle eſt même générale , & lui paroît ſuffiſante pour prouver que la queue des comètes n'eſt qu'une vapeur très-légère, élevée du noyau de la comète par la force de la chaleur. M. Euler y ajoute l'impulſion de la lumiere (*Mém. de Berlin*, année 1746, *pag.* 121), & M. de Mairan l'atmoſphere du ſoleil , ou la lumiere zodiacale.

929. On n'a guère vu de queue plus grande que celle de la comète de 1680, parce qu'on n'a guère vu de comète paſſer ſi près du ſoleil : le 18 Décembre 1680 elle en étoit 166 fois plus près que la terre. Cette comète recevoit une chaleur 28000 fois plus grande que celle que nous éprouvons au ſolſtice d'été ; la chaleur de l'eau bouillante eſt trois fois plus grande que celle qu'une terre ſeche reçoit alors du ſoleil , & la chaleur d'un fer rouge trois ou quatre fois plus grande que celle de l'eau bouillante , ſuivant l'eſtimation de Newton ; ainſi la comète de 1680 dut être échauffée environ deux mille fois plus qu'un fer rouge , & un globe de fer de même diamètre auroit conſervé ſa chaleur plus de 50000 ans. M. de Buffon eſtime que ce calcul de Newton doit être réformé dans pluſieurs points , & il ſe propoſe de publier des expériences très-curieuſes ſur la chaleur & la durée du refroidiſſement des métaux , qui dépend de leur fuſibilité.

LIVRE XI.

De la Rotation des Planètes, & de leurs Taches.

930. ON a vu le soleil tourner sur son axe dès le temps où l'on a découvert les lunettes d'approches. Nous savons que la terre tourne chaque jour par un mouvement de rotation (384) : nous sommes très-assurés que la Lune, Jupiter & Mars tournent aussi sur leurs axes ; d'ailleurs il est difficile de concevoir que le mouvement imprimé aux planétes, & par lequel elles décrivent leurs orbites ne soit pas accompagné d'un mouvement de rotation : il faudroit que la direction passât tellement par le centre qu'il n'y eût pas la plus petite différence.

Cependant la rotation, quant à sa durée, est indépendante de la révolution ; une planète peut suivre son orbite par un mouvement de translation d'occident en orient, sans tourner sur son axe ; & elle peut tourner sur un axe quelconque, en sens contraire, & avec une vîtesse quelconque (405) ; ainsi le mouvement de rotation est absolument indépendant du mouvement de révolution que nous avons considéré dans le IIIe livre ; ce n'est que par les observtions qu'on peut le déterminer, & c'est ce que nous allons entreprendre.

931. Jean Bernoulli dans un mémoire de Dynamique, où il considère les centres spontanés de rotation, fait voir qu'une force de projection appliquée, non pas au centre de la terre, mais un peu plus loin du soleil, & cela de $\frac{1}{150}$ du rayon, donneroit à la terre, supposée ronde & homogene, deux mouvemens assez conformes à ceux que l'on observe ; pour Mars il trouve $\frac{1}{418}$; pour Jupiter $\frac{7}{13}$, (Bern. *Opera. T. IV, pag.* 283) ; pour la lune on

trouve $\frac{1}{150}$. Si l'impulsion primitive eût été appliquée à de plus grandes distances de chaque centre, le mouvement de rotation seroit plus rapide, cette vîtesse tient sans doute à la cause de l'impulsion primitive, & il est probable que tous les corps qui ont un mouvement de révolution ont aussi un mouvement de rotation : le soleil même tourne sur son axe, & il est probable que les étoiles sont dans le même cas.

932. La rotation du soleil est la premiere qui ait été découverte, & c'est aussi la plus sensible ; les taches qui paroissent de temps en temps sur le soleil ont fait découvrir ce mouvement, & nous servent encore à l'observer. La premiere découverte des taches du soleil est contenue dans un grand ouvrage de Scheiner intitulé : *Rosa Ursina*, & publié en 1630.

933 Le P. Scheiner étoit Professeur de Mathématiques à Ingolstadt au mois de Mars 1611, lorsqu'en regardant un jour le soleil avec une lunette d'approche, au travers de quelques nuages, il apperçut pour la premiere fois les taches du soleil, & les fit voir au P. Cysati & à plusieurs de ses Disciples ; le bruit s'en répandit bientôt : on sollicita le P. Scheiner de publier cette découverte ; mais comme ce phénomene paroissoit fort contraire aux principes de la Philosophie péripattéicienne de ce temps-là, ses supérieurs craignirent qu'il ne vînt à les compromettre, & ses premieres observations ne furent publiées que sous un nom supposé, *Appelles post tabulam*, par un Magistrat d'Augsbourg, nommé Velser.

934. Galilée l'accusa de plagiat & prétendit avoir découvert ces taches le premier ; Scheiner s'en justifie fort au long dans son ouvrage ; Jean Fabricius, fils de David Fabricius, les avoit aussi observées à Vitemberg, & il en publia même la relation au mois de Juillet 1611, Képler pense qu'il les avoit vues avant le P. Scheiner. Weidler, (*Hist. Astronomiæ*, p. 435).

935. Les taches du soleil sont des parties noires irrégulieres qu'on apperçoit de temps en temps sur le soleil,

& qui paroiffent tourner uniformément en 25 jours & 14 heures autour du foleil (959); on en voit une repréfenté en N (*fig.* 114), fur le difque du foleil.

Les facules dont Scheiner & Hévélius parlent fouvent, me paroiffent n'être autre chofe que le fond lumineux du foleil qu'on apperçoit quelquefois dans les interftices des taches ou des ombres, & qui femblent être comme des points plus lumineux que le refte du foleil. M. Caffini dit cependant auffi qu'on a vu fur le foleil des points plus brillans que le refte de fa furface (*Elem. d'aft.* 403), mais il appelle facules des taches légères & foibles que l'on apperçoit quelquefois à l'endroit même où une tache a difparu (*Anciens mém. de l'acad. tom. X. pag.* 661).

Les ombres font une nébulofité blanchâtre qui environne toujours les grandes taches; Hévélius les compare à l'impreffion que l'haleine fait fur une glace de miroir en terniffant fon éclat (*Selenographia, pag.* 84); quelquefois, dit-il, cette atmofphère des taches eft jaunâtre *inftar halonis,* & il en donne un exemple; quelquefois ces ombres fe trouvent toutes feules, & donnent enfuite naiffance à des taches, comme il l'obferva au mois d'Août 1643; ces ombres font fouvent d'une très-grande étendue. Hévélius en a vu une au mois de Juillet 1643 qui occupoit près du tiers du diamètre du foleil (*pag.* 506).

936. Les taches du foleil fervent à expliquer divers phénomènes racontés dans les hiftoriens. Ainfi dans les annales de France imprimées à Paris en 1588 (*Vie de Charlemagne, pag.* 62), on trouve que l'an 807, XVI. *kal. April.* Mercure parut fur le foleil comme une petite tache noire, qu'on apperçut en France pendant 8 jours, & que les nuages empêcherent d'obferver dans quel temps fe fit l'entrée & la fortie. Ce ne pouvoit être autre chofe qu'une tache (727); il en faut dire autant de ce que crut voir Képler le 28 Mai 1607. Scheiner explique auffi par le moyen des taches du foleil plufieurs fingularités qu'on trouve dans les hiftoriens fur la diminution de lumière dans le foleil.

937. C'est à d'énormes taches du soleil qu'il faut rapporter, si on veut les admettre, les deux faits qui sont dans Abulfarad e (*Hyf. Dynaft.*). L'an 535 le soleil eut une diminution de lumière, qui dura 14 mois, & qui étoit très-sensible ; l'an 626 la moitié du disque du soleil fut obscurcie, & cela dura depuis le mois d'Octobre jusqu'au mois de Juin : on voit souvent ces taches à la vue simple avec un verre fumé (941).

938. Après la découverte des taches du soleil, le P. Scheiner les observa assidûment ; il avoit soin de rapporter à l'écliptique les taches dont il observoit la situation par rapport au vertical, ou aux parallèles à l'équateur ; par ce moyen il décrivoit sur un carton la route d'une tache pendant les 13 jours de son apparition. On en trouve un très-grand nombre de gravées dans son ouvrage, depuis 1618, jusqu'en 1627 ; & elles lui firent reconnoître les regles suivantes (*Rofa Urf. pag.* 225).

939. A la fin de Mai & au commencement de Juin, les taches décrivent des lignes droites inclinées sur l'écliptique du nord au sud, c'est-à-dire, qu'elles vont de A en B (*fig.* 113). A la fin de Novembre ou au commencement de Décembre, elles décrivent des lignes droites en allant du midi au septentrion, ou de C en D ; pendant l'hiver & le printemps, leur route est concave vers le midi, & convexe du côté du nord ; mais dans les six autres mois, ou depuis le commencement de Juin, jusqu'au commencement de Décembre, la concavité est tournée vers le nord, comme dans l'ellipse R X V M O.

La plus grande ouverture de ces ellipses arrive au commencement de Mars & de Septembre ; alors le petit axe de chaque ellipse est $\frac{13}{100}$ du grand axe. Toutes les taches du soleil, même les ombres & les facules décrivent des routes semblables, depuis le moment où elles paroissent jusqu'à celui de leur disparition ; on observe la même chose dans les petites & dans les grandes, dans celles qui ne durent que quelques jours, comme dans celles qui font plusieurs révolutions ; dans celles qui traversent le soleil par le centre, comme dans celles qui sont près de ses poles. Cette régularité suffit seule pour démontrer que ces taches sont adhérentes au corps du soleil, & qu'elles n'ont d'autre mouvement que celui du soleil même autour de son axe. Les taches prouvent donc la rotation du soleil, & le P. Scheiner en tira bientôt cette conclusion.

Presque toutes les observations de Scheiner furent ensuite confirmées par celles d'Hévélius ; M. Cassini les observa beaucoup aussi ; & l'on en trouve beaucoup d'observations dans plusieurs volumes des mémoires de l'académie, au commencement de ce siecle.

940. Il résulte de toutes ces observations que les taches du soleil sont très-variables ; Scheiner en a vu changer de forme, croître, diminuer, se convertir en ombres, disparoître totalement. M. de la Hire a vu aussi des taches se dissiper sur le disque apparent du soleil (*Mém.* 1702, *pag.* 137). Il y a des taches qui après avoir disparu long-temps reparoissent au même endroit ; M. Cassini pensoit que la tache du mois de Mai 1702, étoit encore la même que celle du mois de Mai 1695 (*Mém. Acad.* 1702, *pag.* 140), c'est-à-dire, qu'elle étoit au même endroit. On n'en a guère vu qui ayent paru plus long-temps que celle qui fut observée à la fin de 1676 & au commencement de 1677 ; elle dura pendant plus de 70 jours, & parut dans chaque révolution (M. Cassini, *Elémens d'Astr. pag.* 81).

941. Les apparitions des taches du soleil n'ont rien de régulier : vers l'année 1611 qu'elles furent découvertes, on ne trouvoit presque jamais le soleil sans quelques taches ; il y en avoit souvent un très-grand nombre. Le P. Scheiner en a compté 50 tout à la fois. Bientôt elles devinrent plus rares : depuis l'année 1650, jusqu'en 1670 il n'y a pas de mémoire qu'on en ait pu trouver plus d'une ou deux, qui furent observées fort peu de temps. Depuis 1695 jusqu'en 1700 l'on n'en vit aucune ; depuis 1700 jusqu'en 1710, les volumes de l'académie en parlent continuellement ; en 1710 on n'en vit qu'une seule ; en 1711

& 1712, on n'en obferva point du tout ; en 1713 on n'en vit qu'une, au mois de Mai ; depuis ce temps-là, on en a prefque toujours vu : M. Caffini écrivoit en 1740 ; « elles font préfentement fi fréquentes qu'il eft très-rare » d'obferver le foleil fans en appercevoir quelques-unes, » & même fouvent un affez grand nombre à la fois » : pour moi je puis dire que depuis 1749, jufqu'à 1773, je ne me rappelle pas d'avoir jamais vu le foleil fans qu'il y eût des taches fur fon difque, & fouvent un grand nombre. C'eft vers le milieu du mois de Septembre 1763, que j'ai apperçu la plus groffe & la plus noire que j'euffe jamais vue ; elle avoit une minute au moins de longueur, enforte qu'elle devoit être trois fois plus large que la terre entiere ; j'en ai vu auffi de très groffes le 15 Avril 1764, & le 11 Avril 1766.

942. Les taches du foleil paroiffent fur le bord oriental de fon difque extrêmement étroites, comme un trait fort délié, ce qui prouve qu'elles ont peu de hauteur, ou plutôt qu'elles font à la furface même du foleil ; il faut cependant confidérer que quand elles auroient une très-grande hauteur elles pourroient bien ne paroître pas au bord ou à l'extrémité du foleil, parce qu'elles n'ont aucune lumière, & qu'on ne les voit que quand elles interrompent la lumière du difque folaire ; mais du moins fi elles avoient une certaine hauteur, on verroit la hauteur toute entière auffi-tôt qu'elle commenceroit à être toute projettée fur le foleil.

943. Quelques Phyficiens crurent autrefois que les taches du foleil étoient des corps folides qui faifoient leur révolution autour du foleil (a) ; mais fi cela étoit, les taches nous cacheroient à peu-près la même portion du foleil foit fur les bords, foit au milieu ; & le temps qu'elles paroiffent fur le foleil feroit plus court que le temps où on les perd de vue, au lieu que nous voyons ces taches employer autant de temps à parcourir la partie antérieure

(a) Tarde les nomma *Sydera Borbonia*, & un autre nommé Maupertuis *Sydera Auftriaca* (*Hevelii Selen. pag.* 83).

du foleil, que la partie poftérieure, fauf la petite différence que doit produire la groffeur du diamètre du foleil, & la proximité de ces taches à l'un des poles du foleil; enfin ces planètes ne pourroient pas devenir invifibles pendant des années entieres (941), & faire leurs révolutions toutes dans le même intervalle de temps.

Galilée, qui n'étoit point attaché au fyftême de l'in-corruptibilité des cieux, penfa que les taches du foleil étoient une efpece de fumée, de nuage, ou d'écume qui fe formoit à la furface du foleil, & qui nageoit fur un océan de matière fubtile & fluide ; **Hévélius** étoit auffi de cet avis (*Selen. pag.* 83), & il réfute fort au long à cette occafion le fyftême de l'incorruptibilité des cieux.

944. Mais il me paroît évident que fi ces taches étoient auffi mobiles que le fuppofent Galilée & Hévélius, elles ne feroient point auffi régulières qu'elles le font dans leur cours ; d'ailleurs la force centrifuge que produit la rotation du foleil, les porteroit toutes vers un même endroit, au lieu que nous les voyons, tantôt aux envions de l'équateur folaire, tantôt du côté des poles ; enfin elles reparoiffent quelquefois précifément au même point où elles avoient difparu ; ainfi je trouve beaucoup plus probable le fenti-ment de M. de la Hire (*Hift. Acad.* 1700, *pag.* 118. *Mem.* 1702, *pag.* 138). Il penfe que les taches du foleil ne font que les éminences d'une maffe folide, opaque, irrégulière, qui nage dans la matière fluide du foleil & s'y plonge quel-quefois en entier. Peut-être auffi ce corps opaque n'eft que la maffe du foleil recouverte communément par le fluide igné, & qui par le flux & le reflux de ce fluide fe montre quelquefois à la furface, & fait voir quelques-unes de fes éminences. On explique par-là d'où vient que l'on voit ces taches fous tant de figures différentes pendant qu'elles pa-roiffent, & pourquoi après avoir difparu pendant plufieurs révolutions elles reparoiffent de nouveau à la même place qu'elles devroient avoir fi elles euffent continué de fe montrer. On explique par-là les facules, & cette nébulofité blanchâtre dont les taches font toujours environnées & qui

font les parties du corps folide fur lequel il ne refte plus
qu'une très-petite couche de ce fluide. Cependant M. de la
Hire penfoit d'après quelques obfervations qu'il falloit admettre plufieurs de ces corps opaques dans le foleil, ou fuppofer que la partie noire pouvoit fe divifer & enfuite fe
réunir.

De l'Equateur folaire, & de la Rotation du Soleil.

945. Les taches du foleil ont fait connoître que le foleil
tournoit fur lui-même autour de deux points, qu'on doit
appeller les poles du foleil. Le cercle du globe folaire qui
eft à la même diftance des deux poles (15) s'appellera l'é-
quateur folaire ; c'eft par le mouvement apparent des taches
qu'on déterminera la fituation de cet équateur, c'eft-à-dire,
fon inclinaifon & fes nœuds fur l'écliptique, nous allons expliquer fa méthode.

946. La manière d'obferver les taches du foleil eft la
même que pour les paffages de Vénus ; on y emploie le
quart de cercle ou le réticule. Scheiner & Hévélius rece-
voient l'image du foleil dans une chambre obfcure au travers d'une lunette. Nous préférons aujourd'hui de regarder
directement le foleil , & de déterminer la différence de
hauteur & d'azimut ou la différence d'afcenfion droite & de
déclinaifon entre la tache & le centre du foleil , pour en
déduire la différence de longitude & de latitude à laquelle il
faut toujours en venir. Soit D (*fig.* 111) une tache , ou le
difque de Vénus , N M le diamètre vertical du foleil : quand
on a obfervé le paffage du bord du foleil & de la tache par
un fil vertical P B, ou H D, on a la différence horizontale
D B & par conféquent D E ; le paffage à un fil horizontal
M G, E B, nous donnent la différence de hauteur D G &
par conféquent C E ; dans le triangle C E D l'on trouve
l'angle E C D & le côté C D. L'angle du vertical avec le
cercle de latitude L C I, ou l'angle M C I étant retranché
de l'angle E C D il refte l'angle de conjonction D C K , &
connoiffant C D avec l'angle adjacent il eft facile de trou-

ver la latitude C K de la tache & la différence de longitude
K D entre le soleil & la tache.

947. Quand on aura observé plusieurs jours de suite (946)
la différence de longitude & de latitude entre la tache
& le centre du soleil on les rapportera sur un carton ,
pour juger de leur progrès ; soit S (*fig.* 114) le centre du
disque solaire ; S E une portion de l'écliptique, M une
tache, M L la différence de latitude entre le soleil & la tache ; X, V, M, O, les positions successives de la tache sur
son parallèle apparent R O, l'on verra facilement que ces
positions forment à peu-près une ellipse, si ce n'est vers
le commencement de Juin & de Décembre où cette ellipse
se réduit à une ligne droite.

948. L'ouverture apparente des ellipses que décrivent
les taches du soleil est proportionnelle à l'inclinaison du
rayon visuel , ou à l'élévation de la terre au-dessus du
plan de l'équateur solaire , & cette élévation doit se mesurer au centre du soleil ; soit S le centre du soleil (*fig.* 115),
E A Q V le plan de l'équateur solaire , S T la ligne dirigée
vers la terre qui est toujours dans le plan de l'écliptique, &
qu'il faut concevoir relevée au-dessus de la figure ; l'angle
T S V est l'élévation de notre œil au-dessus du plan de l'é-
quateur solaire ; c'est l'obliquité sous laquelle nous voyons
ce cercle équatorial ; & le sinus de cet angle sera le petit
axe de l'ellipse, le grand axe étant le sinus total (674).
Ainsi en voyant que le petit axe de ces ellipses est $\frac{13}{100}$ de
leur grand axe, au temps où elles font les plus ouvertes ,
c'est-à-dire, au commencement de Mars & de Septembre ,
on en peut conclure que l'équateur du soleil n'est jamais incliné à notre œil de plus de 7° $\frac{1}{2}$. L'angle T S V est la latitude héliocentrique de la terre par rapport à l'équateur du
soleil ; l'argument de cette latitude est la distance de la terre
au nœud de l'équateur solaire , ou au 10$_e$ degré du Sagittaire (959). Pour trouver en tout temps l'ouverture des
ellipses que décriront les taches, il suffit de multiplier le
sinus de 7° $\frac{1}{2}$ par le sinus de la distance de la terre ou du
soleil à l'un des nœuds.

949. La règle précédente, pour trouver l'ouverture de ces ellipses, suppose que la terre soit immobile pendant la durée de l'apparition d'une tache ; mais le mouvement de la terre rend le grand axe en apparence plus long, ou plutôt il empêche que la trace ne soit réellement une ellipse ; & les règles précédentes ne sont exactes qu'après qu'on a réduit les observations à ce qu'elles donneroient si la terre ou le soleil eussent été immobiles pendant l'intervalle de ces observations. En effet, la terre qui s'élève continuellement au dessus du plan de l'équateur solaire, ne permet pas que le cercle décrit par la tache paroisse jamais exactement sous la forme de la ligne droite, ni de l'ellipse qui auroit lieu si la terre étoit immobile, ou du moins c'est une ellipse qui change tous les jours de forme ; ainsi cette trace apparente, ou cette courbe décrite sur un carton ne nous sert qu'à reconnoître le progrès ou l'exactitude des observations, & à nous conduire dans le calcul.

950. La différence de longitude S L (*fig.* 114), & la différence de latitude L M étant connues (946), on en déduira la ligne S M, & l'angle L S M ; cette ligne droite S M prise sur le disque apparent du soleil est la projection ou le sinus d'un arc du globe solaire dont le centre est au centre S de ce globe ; tout ainsi que nous avons vu dans le calcul des éclipses de soleil que les arcs de la circonférence de la terre projettés sur un plan devenoient égaux à leurs sinus (672). Pour connoître l'arc du globe du soleil qui répond à la ligne droite S M, ou l'arc de distance, on fera cette proportion, le rayon du soleil réduit en secondes est au cosinus du demi-diamètre du soleil, comme la longueur S M, est au sinus de l'arc qui lui répond, & l'on aura l'arc ou l'angle sous lequel un observateur situé au centre du soleil verroit la tache M éloignée de la terre ; car la terre paroît répondre au point S, ou au pole même du cercle A R O B D, qui est le limbe du soleil vu de la terre.

951. Pour sentir la vérité de la règle précédente, il faut considérer le rayon T G (*fig.* 116) qui touche le disque solaire en G, & forme avec C A T l'angle du demi-diamètre

apparent CTG; fi cet angle eft de 15′, l'angle TCG eft de 89° 45′, & c'eft exactement la perpendiculaire GH ou le finus de 89° 45′ qui répond à 15′ ou à 900″; ainfi il faudra dire, 900″ eft au finus de 89° 45′, comme le nombre de fecondes obfervé pour une diftance BE eft au finus des degrés & minutes de l'arc AB qui lui répond.

952. Nous pouvons actuellement déterminer la longitude héliocentrique de la tache, & fa latitude vue du foleil. Soit P & E (*fig. 117*) les poles de l'écliptique fur le globe du foleil, PREK le grand cercle qui fépare l'hémifphère tourné vers la terre de l'hémifphère oppofé; T le point du globe folaire où répond la terre, c'eft-à-dire, le point qui a la terre à fon zénit, ou qui nous paroît répondre au centre même du difque folaire, M le point où eft la tache, TM l'arc de diftance déterminé par le calcul précédent (950); l'angle MTP formé par le cercle de latitude PT & par le cercle TM qui joint le lieu de la terre avec celui de la tache, eft compofé d'un angle droit PTL, & de l'angle fphérique LTM qui eft le même que l'angle plan LSM de la figure 114, déterminé par obfervation (950). Dans le triangle fphérique MTP formé fur la convexité du globe folaire, l'on connoît PT qui eft toujours de 90°, TM qui eft l'arc de diftance, & l'angle PTM; on cherchera l'angle TPM au pole de l'écliptique, c'eft la différence de longitude entre le lieu de la terre & le lieu de la tache qui répond au point L de l'écliptique; l'on trouvera auffi PM qui eft la diftance de la tache au pole boréal de l'écliptique, & l'on aura la latitude héliocentrique LM de cette tache.

953. On ajoutera la différence de longitude trouvée avec la longitude de la terre (c'eft-à-dire, celle du foleil augmentée de 6 fignes); fi le point L eft réellement à la droite ou à l'occident du centre du foleil (*fig. 114 & 117*); on la retranchera fi la tache eft dans la partie orientale du foleil, c'eft-à-dire, fi elle n'a pas encore paffé fa conjonction apparente, & l'on aura la longitude de la tache, vue du centre du foleil, c'eft-à-dire, le point de l'écliptique, où

un obſervateur ſitué au centre du ſoleil verroit répondre cette tache.

954. Lorſque par cette méthode on a déterminé trois poſitions de la tache vue du ſoleil, on connoît par longitudes & latitudes 3 points X, V, M, (*fig.* 117) d'un petit cercle R X V M, qui eſt parallèle à l'équateur ſolaire, on peut déterminer le pole de ce petit cercle; & c'eſt auſſi le pole de l'équateur ſolaire G H K, auquel le cercle M R eſt parallèle.

955. Si la longitude héliocentrique d'une tache étoit la même dans les trois obſervations; ce ſeroit une preuve que le ſoleil ne tourne point ſur ſon axe; car le centre du ſoleil ne peut voir une tache répondre toujours au même point du ciel ſi cette tache eſt entraînée par la circonférence du ſoleil; la longitude héliocentrique d'une tache que nous venons de déterminer (952) ne change donc que par le mouvement du ſoleil; mais elle ne change pas uniformément, parce que l'écliptique, ſur laquelle nous comptons les longitudes, n'eſt pas l'équateur même du ſoleil, autour duquel ſe fait le mouvement du ſoleil, & ſur lequel on a des progrès uniformes.

956. Si la latitude héliocentrique d'une tache dans les trois obſervations étoit conſtante, tandis que la longitude change, on ſeroit aſſuré que la tache tourne parallèlement à l'écliptique, c'eſt-à-dire, autour des poles mêmes de l'écliptique, qui dans ce cas ſeroit confondue avec l'équateur du ſoleil.

957. Mais ſi la longitude & la latitude de la tache changent tout à la fois; c'eſt une preuve que la tache décrit un parallèle à quelqu'autre cercle de l'écliptique; d'où il ſuit que l'équateur du ſoleil eſt incliné ſur l'écliptique.

958. Si nous avons une ſuite d'obſervations d'une tache pendant une demi-révolution autour du ſoleil dans le temps où le ſoleil eſt dans les nœuds de ſon équateur, nous verrons cette tache à ſa plus grande & à ſa plus petite latitude; la différence de ces deux latitudes donnera le double de l'inclinaiſon de l'équateur ſolaire; car ſoit A B (*fig.* 114) le

diamètre de l'équateur solaire, K E l'écliptique, R O le parallèle de la tache, les latitudes O E & K R de cette tache (quand elle est sur le cercle AROE de ses plus grandes latitudes) diffèrent entr'elles du double de E B, c'est-à-dire, du double de l'inclinaison de l'équateur solaire, puisque dans l'une des observations, la latitude E O de la tache est plus grande que B O de la quantité B E, & que dans l'autre observation la latitude K R est au contraire plus petite que A R ou B O de la même quantité A K = E B.

C'est ainsi que nous trouverons l'inclinaison de l'équateur lunaire, parce que les taches de la lune peuvent s'observer pendant toute la durée d'une rotation lunaire. Mais comme nous voyons rarement les taches du soleil pendant une moitié de leur révolution, nous ne pouvons pas avoir immédiatement l'inclinaison de l'équateur solaire par les deux latitudes extrêmes ; on la déduit de l'inégalité des trois latitudes observées.

959. Il a plusieurs méthodes directes pour y parvenir, mais il est évident qu'on peut très-bien se passer de ces méthodes, en faisant quelques fausses suppositions sur le lieu du nœud & sur l'inclinaison de l'équateur, jusqu'à ce qu'on soit parvenu à une supposition qui donne exactement les trois longitudes héliocentriques & deux des latitudes déduites des observations. On trouve par ce moyen que le nœud de l'équateur solaire est à 2ˢ 10° de longitude, que l'inclinaison de cet équateur sur l'écliptique est d'environ 7°, & que sa rotation véritable est de 25ʲ 14ʰ 8′ ; ce qui fait que les taches du soleil reviennent par rapport à nous au même point du disque solaire en 27ʲ 12ʰ 20′.

L'équateur solaire paroît accompagné d'un atmosphère très-vaste qu'on observe sous le nom de lumière zodiacale (297).

De la Rotation lunaire, & de la Libration.

960. La lune présente toujours à la terre à peu-près la même face ; mais nous sommes au-dedans de son orbite ; si nous étions placés à une très-grande distance au-delà de

l'orbite lunaire, nous verrions fucceffivement tous les points
de fa circonférence ; d'où il fuit que la lune tourne fur fon
axe , & qu'elle a un mouvement de rotation.

961. Il paroît que ce mouvement de rotation eft uniforme ; & comme le mouvement de révolution ne l'eft pas ,
il en réfulte une *libration* ou un petit changement de 7 à 8
degrés dans la partie vifible du difque lunaire , & cette différence va quelquefois à un huitieme de la largeur du difque
de la lune.

Galilée qui le premier obferva les taches de la lune après la
découverte des lunettes , (*Nuncius Sydereus* 1610), fut auffi le
premier qui remarqua la libration de la lune. Il comprit dès-
lors qu'il y avoit une libration en latitude qui vient de l'inclinaifon de l'orbite lunaire & du parallélifme conftant de
fon axe : je commence donc par l'explication de celle-ci ,
comme la première dont l'inventeur ait parlé. Il obferva
que des deux taches de la lune appellées *Grimaldi* & *mer des
Crifes* dans les figures du difque lunaire , l'une fe rapprochoit du bord de la lune quand l'autre s'éloignoit du bord
oppofé vers lequel elle eft fituée.

962. Suppofons , pour l'expliquer , que la lune préfente
toujours la même face au même point du ciel , & qu'un de
fes diamètres , que nous appellerons l'*axe de la lune* , foit
toujours incliné de 2° fur l'écliptique. Soit T la terre (*fig.*
118), T E le plan de l'Ecliptique TC une ligne inclinée
de 2° fur l'écliptique , L le centre de la lune dont l'axe
I L K foit perpendiculaire à TC ; lorfque la latitude de
la lune ou l'angle L T E eft de 5° , l'angle L T C eft de
3° auffi-bien que l'angle G L D , & une tache fituée en G,
fur l'équateur lunaire paroît éloignée du centre apparent D
de la lune, de 3° ou de $\frac{1}{19}$ du rayon de la lune ; mais 14
jours après quand la lune M a 5° de latitude auftrale, l'angle E T M étant de 5° & l'angle C T M de 7° , la tache
qui étoit en G fe trouve en Q , & fa diftance F Q au
centre apparent F de la lune eft l'arc F Q égal à l'angle
C T M , $= 7°$; ainfi la tache fituée dans l'équateur paroît
à 7° au midi du centre apparent F de la lune, tandis qu'auparavant

paravant elle paroiſſoit 3° plus au nord ; donc la tache de la lune paroît de 10° plus au midi, ou plus près du bord méridional de la lune , que lorſque la latitude étoit ſeptentrionale en L. Cela ſuppoſe que la ligne T C , à laquelle l'axe eſt perpendiculaire ſoit immobile , ou que l'axe K ſoit toujours parallèle à lui-même : nous verrons bientôt qu'il a un mouvement (967) ; mais il n'eſt pas ſenſible en 14 jours.

963. La cauſe de la libration en latitude ſe trouvant ainſi expliquée , il ne me reſte qu'à expliquer auſſi la libration en longitude par l'inégalité du mouvement de la lune dans ſon orbite. Ce fut Riccioli qui parla le premier en 1651 de cette hypothèſe. « La troiſième hypothèſe , dit-il , ſeroit » fondée ſur l'excentricité de la lune , ſi nous imaginions que » la lune préſente toujours la même face , non à la terre , » mais au centre de l'excentrique , enſorte que la ligne me» née du centre du globe lunaire au entre de l'excentrique » qu'elle parcourt , paſſeroit toujours par le même point du » globe lunaire ». Cette hypothèſe fut employée par Hévélius qui l'avoit imaginée , dit-il , en 1648 ; Newton & Caſſini l'adoptèrent également , & je vais l'expliquer en peu de mots.

964. Suivant la théorie du mouvement elliptique , le foyer ſupérieur F de l'orbite lunaire A L P (*fig.* 119), eſt celui autour duquel la lune a un mouvement preſque uniforme (495) : ſi donc la rotation de la lune eſt auſſi uniforme , comme le prouve l'obſervation , la lune après le quart de la durée de ſa révolution , préſentera au foyer F le point B de ſa ſurface , qui dans l'apogée A , étoit dirigé ſuivant A F T , & par conſéquent vers la terre ; mais dans cette poſition du rayon L B F , l'angle F L T étant de 6 ou 7° , le point C de la lune qui eſt dirigé vers la terre & qui forme le centre apparent de la lune , eſt différent du point B , de 7° de la circonférence de la lune ; ainſi la tache qui eſt en B (& qui paroiſſoit au centre apparent du diſque lunaire quand la lune étoit apogée) , en paroîtra éloignée de 7° , ou d'environ une huitième partie du rayon

E e

de la lune du côté de l'occident ; c'est ce que l'on obferve réellement ; on en conclud que la durée de la rotation de la lune eft uniforme, & égale à celle de fa révolution, fans participer aux inégalités de celle-ci.

965. Il n'eft pas aifé de comprendre la raifon de cette parfaite égalité entre les durées de la rotation & de la révolution de la lune. Newton ayant trouvé par l'attraction de la terre fur la lune, que le diamètre de la lune dirigé vers la terre doit furpaffer de 280 pieds, les diamètres perpendiculaires à notre rayon vifuel, en conclud que le plus grand diamètre doit être toujours à peu-près dirigé vers la terre; & il eft vrai que l'équateur lunaire doit être en effet allongé dans le fens du diamètre qui va de la lune à la terre, parce que l'attraction de la terre eft plus grande fur les parties qui en font les plus voifines.

D'un autre côté, la rotation de la lune autour de fon axe, doit en faire un fphéroïde aplati par les poles, & rendre les méridiens elliptiques ; ainfi dans la lune, les méridiens, l'équateur & les parallèles doivent être des ellipfes; & le corps de la lune doit être, pour ainfi dire, comme un œuf qu'on auroit aplati par les côtés, indépendamment de fon allongement naturel.

966. M. de la Grange, dans la pièce qui a remporté le prix de l'Académie en 1764, fuppofe avec Newton que la lune eft un fphéroïde allongé vers la terre, & il trouve que cette planète doit faire autour de fon axe une efpèce de balancement ou d'ofcillation, par lequel fa vîteffe de rotation eft tantôt accélérée, tantôt retardée ; qu'alors la lune doit nous montrer toujours à peu-près la même face, quoiqu'elle ait pû recevoir dans le principe une rotation dont la durée ne feroit point, par elle feule, égale à celle de la révolution. Il fait voir auffi que la figure de la lune peut être telle que la préceffion de fes points équinoxiaux, ou la rétrogradation des nœuds de l'équateur lunaire, foit à peu-près égale au mouvement rétrograde des nœuds de l'orbite lunaire, ainfi que les obfervations le prouvent.

967. On détermine les nœuds & l'inclinaifon de l'équa-

teur lunaire par trois obfervations d'une tache, de la même manière que nous l'avons expliquée pour l'équateur folaire (959). C'eft au centre de la lune qu'il faut réduire les longitudes des taches, & choifir pour déterminer l'inclinaifon de l'équateur lunaire les temps où les taches font le plus au nord ou au midi. On a trouvé par ce moyen l'inclinaifon de deux degrés, & l'on a reconnu que le nœud de l'équateur lunaire eft toujours fenfiblement d'accord avec le nœud de l'orbite lunaire fur l'écliptique.

968. Je terminerai ce qui concerne la félénographie, en difant un mot de la hauteur des montagnes de la lune. Hévélius obferva des fommets de montagnes dans la lune, qui étoient quelquefois éclairés, quoiqu'éloignés de la ligne de lumiere de la treizieme partie du rayon de la lune; delà on peut conclure que ces montagnes ont de hauteur la 338e partie du rayon lunaire, ou une lieue de France. En effet, foit B M (*fig.* 120), le rayon folaire qui éclaire la lune en quadrature, B E le côté éclairé, B H le côté obfcur, H M une montagne lunaire; quand le rayon B M commencera à éclairer le fommet M, fi l'on connoît le côté T B & le côté $BM = \frac{1}{13}$ du rayon T B, il eft aifé de réfoudre le triangle T B M & de trouver T M, dont l'excés fur le rayon eft H M. Le rayon de la lune eft $\frac{3}{11}$ de celui de la terre, qui lui-même eft de 3281000 toifes; avec ces données on trouve H M de 2643 toifes, c'eft-à-dire, plus d'une lieue commune.

969. Galilée fuppofoit cette hauteur encore plus grande, car il difoit avoir obfervé la diftance B M des points lumineux de $\frac{1}{10}$ du rayon de la lune; mais on doit préférer à cet égard les obfervations d'Hévélius qui ont été plus répétées, plus détaillées & plus exactes.

De la Rotation & de la figure des autres Planètes.

970. La rotation du foleil & celle de la lune font les plus faciles à obferver, mais les autres planètes ont auffi donné matiere a de femblables obfervations. M. Caffini

ayant remarqué des taches dans Vénus, jugea que cette planète tournoit fur fon axe, dans l'efpace de 13 heures; mais la durée de cette rotation n'eft point auffi facile à obferver que celle de Jupiter, que l'on voit diftinctement tourner fur fon axe en 9 heures 56'. Il paroît que l'équateur de Jupiter, n'eft incliné que de 2 ou 3° fur l'orbite de cette planète, à peu-près comme celle des fatellites. L'aplatiffement de Jupiter eft très-fenfible, fon axe eft plus petit que le diamètre de fon équateur de $\frac{1}{14}$, & c'eft une fuite naturelle de la force centrifuge qui naît d'une rotation auffi rapide.

La rotation de Mars obfervée par M. Caffini en 1666 lui parut être de 24 heures 40'.

La rotation de Mercure & de Saturne ne peut s'obferver, l'un eft trop près du foleil pour que l'on puiffe en diftinguer les taches; l'autre eft trop éloigné de nous.

971. Les phafes de Saturne font une des chofes les plus fingulières que l'on ait obfervé dans le ciel, quelquefois il paroît tout rond, & quelquefois on y diftingue deux anfes; les Aftronomes difputèrent long-temps fur ces fingulières apparences, jufqu'à ce que M. Huygens en 1659 en donna l'explication.

Saturne eft environné d'un anneau fort mince, prefque plan concentrique à Saturne, également éloigné dans tous fes points; il eft foutenu par la pefanteur naturelle & fimultanée de toutes fes parties, tout ainfi qu'un pont qui feroit affez vafte pour environner toute la terre, fe foutiendroit fans piliers.

972. Le diamètre AB de l'anneau de Saturne (*fig.* 121) eft à celui du globe de Saturne CD, comme 7 eft à 3, fuivant les mefures de M. Pound; l'efpace E qu'il y a entre le globe & l'anneau eft à peu-près égal à la largeur de l'anneau; ou tant foit peu plus grand, fuivant M. Huygens; ainfi la largeur de l'anneau eft à peu-près $\frac{1}{3}$ du diamètre de Saturne, auffi bien que les efpaces vides & obfcurs E, que l'on voit entre le globe & les anfes. Il eft incliné fur l'écliptique de 31° 23', & il la coupe à 5ˢ 17° de longitude.

973. L'anneau de Saturne disparoît quelquefois , & il y a trois causes qui peuvent occasionner cette phase ronde. Lorsque Saturne est vers le 20ᵉ degré de la Vierge & des Poissons , le plan de son anneau se trouve dirigé vers le centre du soleil , & ne reçoit de lumiere que sur son épaisseur , qui n'est pas assez considérable pour être apperçue de si loin ; Saturne alors paroît rond & sans anneau , cela doit arriver vers le 22 du mois d'Octobre de cette année 1773 ; dans ce cas là , on distingue une bande obscure qui traverse Saturne par le milieu , & qui est formée par l'ombre de l'anneau sur son disque. Cette disparition dure environ un mois.

974. L'anneau de Saturne disparoît encore lorsque le plan de l'anneau passe par notre œil , étant dirigé vers la terre ; nous ne voyons alors que son épaisseur qui est trop petite , ou qui réfléchit trop peu de lumiere pour que nous puissions l'appercevoir ; enfin cet anneau peut disparoître lorsque son plan passe entre le soleil & nous ; car alors la surface éclairée n'est point tournée vers nous ; tant que Saturne est entre 11ˢ 20° & 5ˢ 20° de longitude , le soleil éclaire la surface méridionale de l'anneau : si la terre est alors élevée sur la surface septentrionale , elle ne peut voir la lumiere de l'anneau , & ce sera un des temps de la phase ronde ; ainsi l'on peut voir disparoître les anses deux fois dans la même année & les voir reparoître deux fois , comme on l'a véritablement observé (*Mém. Acad.* 1715).

975. Par exemple , en 1773 la terre doit se trouver le 10 Octobre dans le plan de l'anneau , & nous cesserons de l'appercevoir , même 8 jours auparavant. Nous ne le reverrons ensuite que le 23 Janvier 1774 , le soleil ayant passé à son tour au nord de l'anneau dès le 8 ; car il lui faut à peu-près 15 jours pour que le soleil étant assez élevé sur le plan de l'anneau y répande une lumiere suffisante , & que nous puissions l'appercevoir ; mais comme Saturne sera en conjonction avec le soleil le 8 Septembre ; il sera difficile de bien observer la premiere

difparition le 24 Mars, la terre revenant vers le plan
de l'anneau il difparoîtra pour la feconde fois jufqu'au 11
Juillet que la terre dépaffera de nouveau le même plan,
après quoi cet anneau ne difparoîtra plus pendant 15 ans.
J'en ai donné les preuves & les calculs, qui paroîtront
dans les *Mém. de l'Acad.* pour 1773.

De la pluralité des Mondes.

975. La reffemblance que l'on a vue entre les planètes & la terre dans le cours de ce livre, a fait croire
aux plus grands Philofophes que les planètes étoient def-
tinées à recevoir des êtres vivans comme nous, & qu'elles étoient habitées. La pluralité des mondes fe trouvoit
déja dans les Orphiques, ces anciennes poéfies Grecques
attribuées à Orphée (Plut. *de Plac. phil.* L. 2, *c.* 13),
les Pythagoriciens tels que Philolaüs, Nicetas, Heracli-
des, enfeignoient que les aftres étoient autant de mondes
(Plut. L. 2, c. 13 & 30), Achilles Tatius, *Ifag. ad Arati
phœn. c.* 10. Diog. Laërt. *in Emped.*). Plufieurs anciens
Philofophes admettoient même une infinité de mondes
hors de la portée de nos yeux. Epicure, Lucrece (*L.*
2, *v.* 1069), tous les Epicuriens étoient du même fentiment ; & Métrodore trouvoit qu'il étoit auffi abfurde de
ne mettre qu'un feul monde dans le vide infini, que de
dire qu'il ne pouvoit croître qu'un feul épi de bled dans une
vafte campagne (Plut. *L.* 1, *c.* 5) : Xenophanes, Zenon
d'Elée, Anaximenes, Anaximandre, Leucippe, Democri-
te, le foutenoient de même. Enfin il y avoit auffi des
Philofophes qui en admettant que notre monde étoit unique, donnoient des habitans à la lune ; tels étoit Anaxagore
(Macrob. *Somn. Scip.* L. 1, *c.* 11), Xenophanes (Cic. *Ac.
qu.* L. 4) ; Lucien (Plutarque *de Oracul. defectu ; de facie
in orbe lunæ*). On peut voir une lifte beaucoup plus ample
de ces opinions des Anciens fur la pluralité des mondes,
dans Fabricius (*Bibliot. Gr. tom.* 1, *c.* 20), & dans le Mémoire de M. Bonamy, (*Acad. des infcr. tom.* IX). Hévélius

appelle les habitans de la lune *Selenitæ*, & il examine tous les phénomènes qui s'obfervent dans leur planète (*Sélénogr. p.* 294), à l'exemple de Képler (*Aſtron. lunaris*).

977. La pluralité des mondes fut enſuite ornée par M. de Fontenelle de toutes les graces & de tout l'eſprit qu'on peut mettre dans des conjeures phyſiques ; M. Huygens (mort en 1695) dans ſon livre intitulé : *Coſmotheoros*, diſſerta auſſi fort au long ſur cette matière. En effet, la reſſemblance y eſt ſi parfaite entre la terre & les autres planètes, que ſi nous ſuppoſons la terre faite pour être habitée, nous ne pouvons douter que les planètes ne le ſoient également ; & ſi nous concevons quelque rapport néceſſaire entre l'exiſtence du globe terreſtre & celle des hommes, nous ſommes forcés de l'étendre aux planètes ; celui qui voudroit s'y refuſer feroit auſſi inconſéquent que celui qui dans un troupeau de moutons auroit vu les uns avoir des entrailles d'animaux, & croiroit que les autres peuvent ne contenir que des pierres.

978. Nous voyons ſix planètes autour du ſoleil, la terre eſt la troiſieme ; elles tournent toutes les ſix dans des orbites elliptiques ; elles ont un mouvement de rotation comme la terre ; elles ont, comme elle, des taches, des inégalités, des montagnes ; il y en a trois qui ont des ſatellites, & la terre en eſt une ; Jupiter eſt aplati comme la terre ; enfin, il n'y a pas un ſeul caraere viſible de reſſemblance qui ne s'obſerve réellement entre les planètes & la terre : eſt-il poſſible de ſuppoſer que l'exiſtence des êtres vivans & penſans ſoit reſtrainte à la terre ; ſur quoi feroit fondé ce privilege, ſi ce n'eſt peut-être ſur l'imagination étroite & timide de ceux qui ne peuvent s'élever au-delà des objets de leurs ſenſations immédiates ? Ce que je dis des ſix planètes qui tournent autour du ſoleil, s'étendra naturellement à tous les ſyſtêmes planétaires qui environnent les étoiles ; chaque étoile paroît être, comme le ſoleil, un corps lumineux & immobile : ſi le ſoleil eſt fait pour retenir & éclairer les planètes qui l'environnent, on doit préſumer la même choſe des étoiles ; & ſi l'on ſup-

poſe que l'exiſtence des habitans de la terre ait quelque rapport néceſſaire avec celle du globe terreſtre, on doit ſuppoſer des habitans dans les autres planètes.

979. Il y a eu des écrivains auſſi timides que religieux, qui ont reprouvé ce ſyſtême comme contraire à la Religion ; c'étoit mal ſoutenir la gloire du Créateur : ſi l'étendue de ſes ouvrages annonce ſa puiſſance, peut-on en donner une idée plus magnifique & plus ſublime ? Nous voyons à la vue ſimple, pluſieurs milliers d'étoiles ; il n'y a aucune région du ciel où une lunette ordinaire n'en faſſe voir preſque autant que l'œil en diſtingue dans tout un hémiſphère ; quand nous paſſons à de grands téleſcopes, nous découvrons un nouvel ordre de choſes, & une autre multitude d'étoiles qu'on ne ſoupçonnoit pas avec les lunettes ; & plus les inſtrumens ſont parfaits, plus cette infinité de nouveaux mondes ſe multiplie & s'étend : l'idée perce au-delà du téleſcope, & découvre une nouvelle multitude de mondes, infiniment plus grande que celle dont nos foibles yeux appercevoient la trace ; l'imagination va plus loin, elle cherche inutilement des bornes ; quel étonnant ſpectacle.

LIVRE XII.

De la Pesanteur, ou de l'Attraction des Planètes.

LA pesanteur est cette force que nous éprouvons à chaque instant, par laquelle tous les corps tiennent au globe de la terre, & y retombent d'eux-mêmes aussi-tôt qu'on les en éloigne & qu'ils sont libres.

980. Cette pesanteur est l'effet d'une force universelle répandue dans toute la Nature, & qui réside dans tous les corps aussi bien que dans le globe de la terre, comme nous le démontrerons bientôt (989) ; mais il faut commencer par examiner ses effets sur la terre, avant de la considérer dans le reste de l'univers.

981. Le premier phénomène qu'on observe dans la pesanteur des corps terrestres, c'est la vîtesse avec laquelle ils tombent vers la terre : tous les corps, grands ou petits, quels que soient leur étendue, leur volume, leur densité & leur masse, commencent à tomber avec une vîtesse de 15 pieds par seconde (ou plus exactement 15,0515 sous l'équateur) ; mais après avoir parcouru 15 pieds dans la premiere seconde de temps, ils en parcourent trois fois autant dans la suivante, cinq fois autant dans la troisieme ; les espaces parcourus sont comme les nombres impairs, 1 , 3 , 5 , 7 , 9 , &c. Galilée reconnut le premier cette loi, confirmée ensuite par toutes les expériences.

982. Delà il résulte évidemment que les espaces parcourus sont comme les carrés des temps ; car le corps qui n'avoit parcouru qu'une perche à la fin de la premiere seconde, se trouve en avoir parcouru quatre au bout de deux secondes, neuf après trois secondes, seize, &c. donc les espaces parcourus dans la chûte des corps sont comme

les carrés 1, 4, 9, 16 des temps 1, 2, 3, 4, que la chûte a duré.

983. Ce fait qui eſt prouvé par expérience eſt indiqué par la nature même de la choſe; la gravité étant une force continue, agit ſans interruption ſur le corps qui y eſt ſoumis, pendant la durée de ſa chûte; dès-lors les eſpaces qu'elle lui fait parcourir doivent être comme les carrés des temps. En effet, exprimons les inſtans que dure la chûte par les portions d'une ligne BK (*fig.* 122), croiſſante également, & diviſée en parties égales BG, GM; les vîteſſes du corps qui tombe croiſſent dans la même proportion, puiſque à chaque inſtant il ſurvient un nouveau degré de vîteſſe égal au précédent, qui ne le détruit point, mais qui ſe joint avec lui; ces vîteſſes peuvent donc s'exprimer légitimement par les ordonnées GH, KL du triangle, puiſque ces ordonnées croiſſent uniformément, ou comme les temps BG, BK. Les eſpaces parcourus à chaque inſtant doivent être d'autant plus grands que l'inſtant eſt plus long & la vîteſſe plus grande; mais puiſque les inſtans ſont exprimés par BG ou BK, & les vîteſſes par GH ou par KL, la valeur abſolue des eſpaces parcourus pourra être exprimée par le produit des lignes BG & GH, ou par celui des lignes BK & KL, c'eſt-à-dire, dans chaque cas par la ſurface du triangle; mais la ſurface du petit triangle eſt à celle du grand, comme le carré de BG eſt à celui de BK; donc les eſpaces parcourus ſont comme les carrés des temps.

984. Les eſpaces étant comme les carrés des temps, & les vîteſſes comme les temps pendant leſquels elles ont été acquiſes, les eſpaces ſont comme les carrés des vîteſſes; donc les vîteſſes ſont comme les racines des eſpaces parcourus, c'eſt-à-dire, des hauteurs d'où les graves doivent tomber pour acquérir ces vîteſſes. On peut dire également que les vîteſſes ſont comme les racines des hauteurs doubles, c'eſt à-dire, des eſpaces qui ſeroient parcourus uniformément avec les mêmes vîteſſes acquiſes.

985. On doit étendre cette proposition à toute force attractive conſtante, c'eſt-à-dire, à toute force qui agit uniformément, conſtamment, & ſans interruption; les eſpaces parcourus ſont néceſſairement alors comme les carrés des temps; on fait ſouvent uſage de cette remarque, on ſuppoſe toujours que ſi f eſt la force, dt le petit intervalle de temps, & de le petit eſpace, on doit avoir $f d t^2 = d e$; ainſi pour comparer la force d'une planète quelconque avec la force que la terre exerce ſur les corps graves, f étant ſuppoſée la force accélératrice d'une autre planète, comme la lune, enſorte que f ſoit $\frac{1}{70}$ de la force de la terre, à pareille diſtance, & dt un nombre de ſecondes comme $4''$, on aura l'eſpace que cette force f feroit parcourir en $4''$ égal à $f d t^2 = \frac{1}{70}.16$, ou $\frac{16}{70}$ des 15 pieds que la terre fait parcourir aux corps terreſtres (981). Si la force n'eſt pas conſtante & uniforme, l'augmentation de la viteſſe eſt à chaque moment en raiſon compoſée de la force, & du temps pendant lequel cette force s'exerce.

986. De ce que toutes les forces accélératrices conſtantes font parcourir des eſpaces qui ſont comme les carrés des temps, j'ai auſſi conclu que les équations ſéculaires doivent être comme les carrés des temps (455), & cela ſuit des mêmes raiſonnemens; car ſi la cauſe agit toujours également, & que ſon effet ne ſoit jamais détruit, cet effet croîtra comme les carrés des temps.

987. La même loi s'obſerve dans les mouvemens céleſtes; une planète ne ſe meut dans une orbite, que parce qu'elle eſt ſans ceſſe retenue par une force centrale, (479 & ſuiv.); auſſi l'écart de la tangente, ou la petite ligne A B (*fig.* 123) qui marque l'effet de la force centrale, & la quantité dont cette force retire la planète du mouvement rectiligne P A eſt comme le carré des temps, qui ſont exprimés par les petits arcs décrits, tels que P B; c'eſt ce que nous allons démontrer dans le lemme ſuivant.

988. Le ſinus verſe A E (*fig.* 124), d'un arc infiniment petit A P eſt égal à $\frac{A P^2}{A D}$; car par la propriété connue du cercle, $E P^2 = A E . E D$, donc $A E = \frac{E P^2}{E D}$, mais E D ou E D $+$ E A, c'eſt-à-dire, A D ſont abſolument la même choſe, puiſque A E eſt infiniment petit, donc $A E = \frac{E P^2}{E D}$. A la place de E P nous pouvons mettre l'arc A P

qui n'en diffère que d'un infiniment petit du troisieme ordre, donc nous aurons $AE = \frac{AP^2}{DA}$; c'est-à-dire, que les sinus verses ou les écarts des tangentes sont comme les carrés des petits arcs correspondans. Nous avons déja fait usage plusieurs fois de cette propriété des arcs infiniment petits ; & il en résulte sur-tout que l'effet d'une force centrale en vertu de laquelle une planète décrit un cercle, est comme le carré de l'arc décrit, ou comme le carré du temps.

989. Après avoir vu l'effet de la pesanteur sur la terre, examinons si cette force a lieu dans les autres corps célestes. Leur figure ronde suffit d'abord pour démontrer qu'il y a dans chaque planète une pesanteur semblable à celle qu'on éprouve sur notre globe. La terre s'est arrondie dès l'instant de sa formation, & la mer qui l'environne s'arrondit également, parce que toutes les parties tendent vers un centre commun, autour duquel elles se disposent & s'arrangent pour trouver l'équilibre : nous faisons abstraction du petit aplatissement produit par la force centrifuge (1009). Cet équilibre ne pourroit avoir lieu si une partie de l'océan étoit plus éloignée du centre que l'autre (809) ; voilà pourquoi la pesanteur mutuelle des parties d'un corps, doit nécessairement y produire la rondeur.

990. Il y a donc dans toutes les planètes une pesanteur semblable à celle qu'on éprouve sur la terre ; ainsi la matiere de la terre n'est pas la seule qui soit douée de cette faculté de retenir & d'attirer les corps environnans ; delà il étoit naturel de conclure qu'il y avoit dans la matiere en général une force attractive, & que par-tout où il y avoit de la matiere, il y avoit une attraction. Suivons donc le progrès de nos connoissances, & voyons comment a dû se découvrir cette fameuse loi de l'attraction universelle, source de tant d'autres découvertes, & d'où l'on tire encore chaque jour les conséquences les plus singulieres & en même temps les plus conformes à l'observation.

991. Anaxagore, Démocrite, Epicure admettoient déja cette tendance générale de la matiere vers des centres communs, foit fur la terre, foit ailleurs ; Plutarque en parle d'une maniere bien claire, dans l'ouvrage fur la ceflation des oracles, où il explique comment chaque monde a fon centre particulier, fes terres, fes mers, & la force nécef- faire pour les affembler & les retenir autour du centre.

Copernic avoit la même idée de l'attraction générale, car il attribuoit la rondeur des-corps céleftes à la tendance qu'ont leurs différentes parties à fe réunir (*de Revol. c. 9*), d'où il fuivoit que cette tendance avoit lieu dans chaque planète, auffi bien que fur la terre. Tycho lui- même admettoit une force centrale dans le foleil (407), pour retenir les planètes dans leurs orbites autour de lui, quoique cette attraction fût difficile à concilier avec fon fyftéme. Képler, génie plus vafte & plus hardi que tous ceux qui l'avoient précédé, porta fes idées plus loin, il fentit que l'attraction étoit générale & réciproque, & que l'attraction du foleil devoit s'étendre jufqu'à la terre (*De Stella Martis*, 1609. *Epit. Aftron. Cop.* 1618, *pag.* 555. *Hift. des Math.* par M. Montucla, 1758, *tom.* II. *pag.* 213, 527, 538). Dans la préface de ce livre fameux, où Képler démontra le premier que les orbites des pla- nètes n'étoient point circulaires (468); il dit précifément que fi la lune & la terre n'étoient pas en mouvement, elles s'approcheroient l'une de l'autre, & fe réuniroient à leur centre de gravité commun. Il dit ailleurs que l'action du foleil produit les inégalités de la lune ; que l'ac- tion de la lune produit le flux & le reflux de la mer ; que le foleil attire les planètes, & en eft attiré.

992. Et comment ne pas tirer cette conféquence des phénomènes que l'on obfervoit ; la pefanteur des corps terreftres s'étend fur le fommet des montagnes, elle s'é- tend jufqu'au plus haut des airs, d'où la grêle tombe avec violence auffi tôt que le froid l'a formée ; il étoit donc évident que cette pefanteur devoit s'étendre plus loin que la terre, & au-delà des nuages qui l'environnent; la lune

n'eft pas fort éloignée de la terre, dut dire Képler, elle tourne autour de la terre, elle y préfente toujours le même côté ; n'y auroit-il point vers la lune un refte de cette pefanteur qui ramene tout à la terre ? Les corps qui tournent en rond s'échappent bientôt par la tangente, s'ils ne font retenus (479) ; la lune devroit s'échapper de fon cercle (comme une goutte d'eau s'échappe de deffus une meule), fi la terre n'avoit affez de force pour l'en empêcher. Ce même raifonnement fit trouver enfuite à Newton quelle étoit la loi de cette pefanteur (997).

993. Képler ayant une fois conçu que la lune étoit attirée par la terre, & confidérant que chaque planète a fa pefanteur (989), devoit en conclure que la lune attiroit auffi la terre ; mais en confidérant les eaux de la mer qui fe foulevent tous les jours quand la lune paffe au méridien, il ne douta plus que ce ne fût-là un effet de l'attraction lunaire.

C'eft fur-tout dans fa nouvelle phyfique célefte (468) que Képler s'exprime fur la gravité, d'une façon bien remarquable pour ce temps-là. Il voyoit d'une maniere frappante & lumineufe pour lui, toutes les planètes affujetties au foleil, & la lune à la terre, comme les corps terreftres que nous avons continuellement fous les yeux ; il fentoit que l'attraction étoit générale entre tous les corps de l'univers ; que deux pierres fe réuniroient par leur attraction mutuelle fi elles étoient hors de la fphère d'activité de la terre ; que les eaux de la mer s'éléveroient vers la lune fi la terre ne les attiroit, & que la lune retomberoit vers la terre fans la force avec laquelle elle décrit fon orbite.

La comparaifon entre les attractions céleftes & celle de l'aimant paroiffoit d'autant plus naturelle à Képler, que Gilbert Phyficien Anglois venoit de faire voir en 1600 que le globe de la terre étoit comme une efpece de grand aimant. *Perbellum equidem attigi exemplum magnetis, & omnino rei conveniens, ac parum abeft quin res ipfa dici poffit. Nam quid ego de magnete tanquam de exemplo? Cùm ipfa tellus,*

*Gulielmo Gilberto, Anglo, demonſtrante, magnus quidam ſit
magnes (cap. 34, p. 176)*

994. La lecture des ouvrages de Képler fuffifoit pour
perfuader aux favans, que cette attraction de la matiere
étoit univerfelle ; auffi voyons-nous qu'en Angleterre &
en France, même avant Newton, plufieurs auteurs en
parlèrent difertement.

On trouve dans Fermat le paffage fuivant ; (*Var. op.
Math. pag.* 24). « La commune opinion eſt que la pefan-
» teur eſt une qualité qui réfide dans le corps même qui
» tombe ; d'autres font d'avis que la defcente des corps
» procède de l'attraction d'un autre corps qui attire celui
» qui defcend, comme la terre. Il y a une troifieme opi-
» nion *qui n'eſt pas hors de vraifemblance,* que c'eſt une
» attraction mutuelle entre les corps, caufée par un defir
» naturel que les corps ont de s'unir enfemble, comme
» il eſt évident au fer & à l'aimant, lefquels font tels que
» fi l'aimant eſt arrêté, le fer ne l'étant pas l'ira trouver,
» & fi le fer eſt arrêté, l'aimant ira vers lui ; & fi tous
» deux font libres ils s'approcheront réciproquement l'un
» de l'autre, enforte toute fois que le plus fort des deux
» fera le moins de chemin ».

995. Bacon, dans ce livre fameux qui a pour titre
Inſtauratio magna ou *Novum organum (Liv. II. art.* 36,
45 & 48), parle fouvent de l'attraction magnétique de
la terre fur les corps graves, de la lune fur les eaux de
la mer, du foleil fur Mercure & Vénus ; il propofe des
expériences propres à vérifier ces attractions ; & quoiqu'il
m'ait paru à la lecture de cet ouvrage que l'auteur n'é-
toit point au fait de l'aſtronomie, on voit cependant que
ce qu'il dit des attractions céleſtes étoit propre à fournir
des idées très-lumineufes & très-phyfiques fur la gravité
univerfelle.

Galilée reconnoiffoit auffi cette fympathie de la lune
avec la terre : Hévélius attribuoit au foleil une force femblable à l'occafion des comètes.

L'attraction générale étoit fur-tout le principe fondamental du livre que Roberval publia en 1644, intitulé *Ariflarchi Samii de mundi fyftemate liber*; il attribue à toutes les parties de matiere dont l'univers eft compofé, la propriété de tendre les unes vers les autres; c'eft pour cela, dit-il, qu'elles fe difpofent fphériquement, non par la vertu d'un centre, mais par leur attraction mutuelle, & pour fe mettre en équilibre les unes avec les autres.

996. On voit encore l'attraction mutuelle de tous les corps céleftes indiquée d'une maniere pofitive dans un livre du Docteur Hook que j'ai cité (765). « J'expli- » querai, dit-il, *p.* 27, un fyftéme du monde qui differe à » plufieurs égards, de tous les autres, mais qui s'accorde » parfaitement avec les regles ordinaires de la mécani- » que; il eft fondé fur ces trois fuppofitions; 1°. Que » tous les corps céleftes, fans en excepter aucun, ont une » attraction ou gravitation vers leur propre centre, par » laquelle, non-feulement ils attirent leurs propres *parties* » & les empéchent de s'écarter, comme nous le vcyons » fur la terre; mais attirent encore les autres corps cé- » leftes qui font dans la fphére de leur activité. .... 2°. » Que tous les corps qui ont reçu un mouvement fimple » & direct, continuent à fe mouvoir en ligne droite juf- » qu'à ce que par quelqu'autre force effective ils en foient » détournés & forcés à décrire un cercle, une ellipfe ou » quelqu'autre courbe compofée; 3°. Que les forces attrac- » tives font d'autant plus puiffantes dans leurs opérations, » que le corps fur lequel elles agiffent eft plus près de » leur centre. Pour ce qui eft de la *proportion*, fuivant » laquelle ces forces diminuent à mefure que la diftance » augmente, j'avoue que je ne l'ai pas encore vérifiée.... » Je donne cette ouverture à ceux qui ont affez de loi- » fir & de connoiffances pour cette recherche ». Cette loi qu'il propofoit de trouver, fut précifément celle que cher- cha Newton; auffi voyons-nous qu'il cite le Docteur Hook, au commencement de fon livre *de Mundi Syftemate*, (*Newtoni, Opufcula*, 1744, II, 6). *Voyez* la traduction de Newton par Madame du Châtelet, & l'*Hiftoire des Math.*

Math. de M. Montucla, 1758, tom. II, pag. 527.

Il ne manquoit donc plus à l'attraction qu'un Géomètre qui découvrît la loi suivant laquelle elle décroît, Pythagore l'avoit connue comme l'observe Gregori dans la préface de ses élémens d'astronomie; mais elle étoit oubliée; elle n'étoit point démontrée, il falloit la découvrir de nouveau & sur-tout la démontrer, & Newton étoit plus que personne en état de le faire; s'il n'eût pas trouvé cette loi, je crois qu'avant la fin du dernier siecle d'autres Géomètres l'auroient apperçue; les choses étoient trop avancées pour qu'on pût l'ignorer plus long-temps; mais Newton en eut la gloire. Je vais tracer l'histoire de cette découverte, en traduisant un passage d'Henri Pemberton, contemporain & ami de Newton.

997. « Les premieres idées qui donnerent naissance au » livre des principes de Newton, lui vinrent en 1666, » lorsqu'il eut quitté Cambridge à l'occasion de la peste. » Il se promenoit seul dans un jardin, méditant sur la pe-« santeur, & sur ses propriétés : cette force ne diminue » pas sensiblement quoiqu'on s'éleve au sommet des plus » hautes montagnes; il étoit donc naturel d'en conclure » que cette puissance devoit s'étendre beaucoup plus loin. » Pourquoi, disoit-il, ne s'étendroit-elle pas jusqu'à la lune ? » Mais si cela est, il faut que cette pesanteur influe sur le » mouvement de la lune; peut-être sert-elle à retenir la » lune dans son orbite ? Et quoique la force de la gravité » ne soit pas sensiblement affoiblie par un petit changement » de distance, tel que nous pouvons l'éprouver ici-bas, » il est très-possible que dans l'éloignement où se trouve » la lune, cette force soit fort diminuée. Pour parvenir à » estimer quelle pouvoit être la quantité de cette dimi- » nution, Newton songea que si la lune étoit retenue dans » son orbite par la force de la gravité, il n'y avoit pas » de doute que les planètes principales ne tournassent au- » tour du soleil en vertu de la même puissance. En com- » parant les périodes des différentes planètes avec leurs » distances au soleil, il trouva que si une puissance sem-

» blable à la gravité les retenoit dans leurs orbites, fa
» force devroit diminuer en raifon inverfe du carré de la
» diftance (1012). Il fuppofa donc que le pouvoir de la
» gravité s'étendoit jufqu'à la lune & diminoit dans le même
» rapport, & il calcula fi cette force feroit fuffifante pour
» retenir la lune dans fon orbite. Il faifoit ces calculs dans
» un temps où il n'avoit point fous fa main les livres qui
» lui auroient été néceffaires ; & il fuppofoit, fuivant l'ef-
» time commune employée per les Géographes & par nos
» Marins, avant la mefure de la terre faite par Norwood
» (800), que 60 milles d'Angleterre faifoient un degré
» de latitude fur la terre ; mais comme cette fuppofition
» étoit très-défectueufe, (puifque chaque degré doit con-
» tenir $69\frac{1}{2}$ milles), le calcul ne répondit point à fon at-
» tente ; il crut alors qu'il y avoit au moins quelqu'autre
» caufe jointe à la pefanteur qui agit fur la lune, & il
» abandonna fes recherches fur cette matiere. Quelques
» années après, une lettre du Docteur Hook lui fit recher-
» cher quelle eft la vraie courbe décrite par un corps
» grave qui tombe, & qui eft entraîné par le mouvement
» de la terre fur fon axe. Ce fut une occafion pour Newton
» de reprendre fes premieres idées fur la pefanteur de la
» lune. Picard venoit de mefurer en France le degré de
» la terre (802), & en fe fervant de fes mefures, il vit
» que la lune étoit retenue dans fon orbite par le feul pou-
» voir de la gravité (1014), d'où il fuivoit que cette
» gravité diminuoit en s'éloignant du centre de la terre, de
» la même manière que notre auteur l'avoit autrefois con-
» jecturé. D'après ce principe, Newton trouva que la ligne
» décrite par la chûte d'un corps étoit une ellipfe dont le
» centre de la terre occupoit un foyer ; or les planètes prin-
» cipales décrivent auffi des ellipfes autour du foleil (468);
» il eut donc la fatisfaction de voir que cette folution, qu'il
» avoit entreprife par pure curiofité, pourroit s'appliquer
» aux plus grandes recherches. En conféquence, il compofa
» une douzaine de propofitions relatives au mouvement des
» planètes principales autour du foleil. Plufieurs années après,

» le Docteur Halley étant allé voir Newton à Cambridge,
» l'engagea dans la conversation à reprendre ses méditations
» à ce sujet, & fut l'occasion du grand Ouvrage des *Prin-*
» *cipes* qui parut en 1687, (*a Wiew of Sir Isaac Newton's*
» *Philosophy*, London 1728 in-4°. *Préface*) ».

998. J'ajouterai que Newton avoit dès-lors sous les yeux
plusieurs indications de cette attraction ; la diminution du
pendule observée à Cayenne (805) ; l'applatissement de
Jupiter ; la libration ou le balancement de l'apogée de la
lune indiquée par l'observation des diamètres de la lune que
Picard & Auzout avoient mesurés avec leurs nouveaux micromètres ; tout cela formoit des indices de l'attraction.

Depuis ce temps-là les effets de cette force ont été si bien
reconnus que cette attraction universelle des planètes , la
tendance réciproque de l'une à l'autre , a été prouvée par les
faits de tant de façons différentes , elle se retrouve dans des
circonstances si éloignées ; enfin toutes les conséquences
qu'on en tire sont si bien d'accord avec les phénomènes ,
qu'il n'est plus possible de la révoquer en doute.

999. Voici une énumération succinte des phénomènes
observés , qui chacun séparément suffiroit pour prouver
l'attraction , quand on ignoreroit tous les autres , & qui
fournissent au moins quinze espèces de preuves différentes
de cette attraction universelle. I. Le flux & le reflux de
la mer, qui fournit deux fois le jour la preuve la plus
palpable & la plus frappante , pour tous les yeux , de
l'attraction lunaire , & dont tous les phénomènes s'accordent réellement avec le calcul des attractions du soleil & de
la lune, comme nous l'expliquerons bientôt (1082). II. Les
inégalités de la lune qui dépendent visiblement du soleil
(563). III. Le mouvement des planètes autour du soleil
(479) avec cette loi que les cubes des distances sont comme les carrés des temps (1012). IV. La figure elliptique
des orbites de la lune autour de la terre , de toutes les
planètes , & même des comètes autour du soleil. V. La
précession des équinoxes (1064). VI. La nutation de l'axe
de la terre , produite par l'action de lune (1069). VII. Les

inégalités que Jupiter, Saturne & toutes les planètes éprou-vent dans leurs différentes positions. VIII. Les inégalités prodigieuses de la comète de 1759, dont la dernière ré-volution s'est trouvée de 585 jours plus longue que la pré-cédente, suivant le calcul des attractions de Jupiter & de Saturne (921). IX. L'aplatissement de Jupiter & de la terre (1074). X. L'attraction des montagnes sur le pendule (822). XI. Le changement de latitude & de longitude des étoiles fixes (757). XII. La diminution de l'obliquité de l'écliptique (758). XIII. Les mouvemens des apsides des planètes (514), sur-tout de l'apogée de la lune (559), qui s'observe incontestablement dans le ciel. XIV. Le mouve-ment des nœuds de toutes les planètes (518), sur-tout des nœuds de la lune, qui est si considérable & si sensible que dans neuf ans l'orbite de la lune se renverse, & qu'elle passe à 10° des étoiles qu'elle couvroit auparavant (568). XV. Les inégalités des satellites de Jupiter. (845).

De ces quinze espèces de phénomènes, la plupart sont inexplicables dans le système des tourbillons & du plein, & c'est avoir démontré d'une manière complète l'impossi-bilité du système des Cartésiens, que d'avoir prouvé l'exis-tence de ces phénomènes & la manière dont ils résultent de l'attraction. Il ne peut y avoir actuellement un Géo-mètre ou un seul Astronome passablement instruit des phénomènes & des nouvelles théories, qui croie encore aux systêmes des tourbillons & du plein, ou qui rejette l'attraction Newtonienne.

1000. Plusieurs Physiciens célèbres se sont efforcés d'ex-pliquer la loi universelle de l'attraction, par une cause im-pulsive, par un fluide, par le mouvement des atômes, &c. (ᵃ). Mais en seroit-on plus avancé ? il resteroit à expliquer la cause de ce mouvement primitif; or les causes premières sont au-dessus de notre entendement.

Pour moi je pense avec M. de Maupertuis & la plupart

(a) Voyez sur-tout l'*Essai de Chymie Mécanique*, par M. le Sage, Citoyen de Ge-nève, qui a remporté le prix de l'Académie de Rouen, & la lettre du même auteur ; dans le Mercuréde Mai 1756.

des Métaphysiciens Anglois , que l'attraction dépend d'une propriété intrinsèque de la matière. Si cette propriété étoit métaphysiquement impossible , dit M. de Maupertuis (ª) , « les phénomènes les plus pressans de la nature ne pour- » roient pas la faire recevoir ; mais si elle ne renferme ni » impossibilité, ni contradiction , on peut librement exa- » miner si les phénomènes la prouvent ou non. ; car dès- » lors l'attraction n'est plus qu'une question de fait , & c'est » dans le système de l'univers qu'il faut aller chercher si » elle est un principe qui ait effectivement lieu dans la na- » ture. Or certainement il n'y a point d'impossibilité méta- » physique ni de contradiction dans la loi de l'attraction ; » c'est-à-dire , que rien ne démontre la proposition con- » tradictoire : *Les corps célestes ne s'attirent point.* Je me flatte » qu'on ne m'objectera pas que cette propriété dans les » corps, de peser les uns vers les autres , est moins con- » cevable que celles que tout le monde y reconnoît. La » manière dont les propriétés résident dans un sujet est tou- » jours inconcevable pour nous ; on ne s'étonne point de » voir un mouvement communiquer ce mouvement à d'au- » tres corps , l'habitude qu'on a de voir ce phénomène em- » pêche qu'on en voie le merveilleux ; mais au fond la force » impulsive est aussi peu concevable que l'attractive. Qu'est- » ce que cette force impulsive ? comment réside-t-elle dans » les corps ? Qui eût pu deviner qu'elle y réside , avant » que d'avoir vu les corps se choquer ?

» L'existence des autres propriétés dans les corps n'est » pas plus aisée à concevoir , & nous sommes par-tout obli- » gés de supposer des loix primitives , dont nous ne con- » noissons ni la cause , ni l'origine ; leur existence est la » seule chose qui soit du ressort de l'esprit humain , mais » sur-tout de la géométrie ».

1001. Supposons donc l'existence de l'attraction univer- selle , & cherchons les effets qui doivent en résulter ; leur accord avec les phénomènes observés & connus , nous fera

(ª) Discours sur les différentes figures des Astres , par *M. de Maupertuis* , 1732. in-8°.

voir par-tout la certitude & l'évidence de cette loi.

Nous fuppoferons, comme on a coutume de le faire, que l'attraction eft proportionnelle à la maffe ou à la quantité de matière qui attire ; on ne peut pas le démontrer par les faits, car nous ne pouvons juger de la quantité de matière que par le poids ou l'attraction ; mais à moins qu'on ne pût démontrer le contraire, il eft très-naturel de fuppofer que chaque particule eft douée de la même propriété ; c'eft-à-dire, que l'attraction de deux particules fera double de l'effet d'une feule, & qu'en général l'attraction eft proportionnelle à la matière qui attire.

La force avec laquelle une planète eft attirée ne dépend point de la maffe de cette planète attirée ; car fi une feule particule de matière eft attirée avec une force f, toutes les particules que vous placerez près d'elle feront attirées chacune avec la même force f ; il n'y a aucune raifon pour que la feconde foit attirée moins que la première ; & la préfence de la feconde ne change rien à la force qui agiffoit fur la premiere ; donc la force attractive ne dépend que de la maffe qui attire, & non pas de celle qui eft attirée.

1002. Il y a dans la géométrie nouvelle des expreffions abrégées, qu'un ufage fréquent difpenfe les Géomètres d'expliquer, mais qui embarraffent néanmoins ceux qui entrent dans la carrière ; telle eft l'expreffion qu'on emploie en difant que $\frac{S}{r^2}$ eft la force que le foleil, dont la maffe eft fuppofée S, exerce à la diftance r fur une planète quelconque ; il s'agit d'une force attractive, & on la fuppofe égale à une maffe S divifée par le carré d'une diftance r : or les forces, les maffes & les diftances font des chofes fort hétérogènes & de natures fort différentes ; on ne voit pas d'abord comment il peut y avoir égalité entre des chofes fi difparates.

Pour le concevoir, il faut confidérer que quand on eft convenu du choix des unités, toutes les autres quantités de même efpèce peuvent être prifes pour des fractions de ces mêmes unités, & que des fractions égales n'expriment qu'une proportion réduite en équation. On ne calcule l'effet d'une force qu'en la comparant avec une autre force ; ainsi en prenant la terre poùr terme de comparaison, la masse S du soleil étant supposée 365412 fois plus considérable que celle de la terre, & son rayon r 113 fois plus grand que le rayon de la terre , $\frac{S}{r^2}$ sera $\left(\frac{365412}{(113)^2}\right) = 29$ à peu-près ; cela veut dire que l'attraction du soleil sur les corps solaires placés à sa surface est 29 fois plus grande que celle de la terre sur les corps terrestres , & qu'au lieu de parcourir 15 pieds en une seconde (981. 1009) , ils en parcourent 434 ; car la masse seule à distance égale feroit parcourir 5500000 pieds, mais à une distance 113 fois plus grande l'attraction agit 12720 fois moins (1012) , donc le soleil fera parcourir vers sa surface 434 pieds par seconde , au lieu de 15, & la force $\frac{S}{r^2}$ vaut 29 en supposant que celle de la terre est l'unité.

1003. Si l'on cherche les dérangemens que la force du soleil cause à la lune, c'est en examinant le rapport qu'il y a entre la force du soleil pour tirer la lune de son orbite, & la force de la terre pour l'y retenir, ou la quantité dont la force du soleil peut balancer ou contrarier celle-ci. En faisant cette comparaison des forces, on prend pour unité la masse d'une planète & l'on exprime les autres masses en parties de cette unité ; on prend aussi une distance pour unité & l'on exprime toutes les autres distances en unités ou en fractions de cette premiere distance, c'est-à-dire, qu'on compare une fraction avec une autre. Par exemple , on peut faire cette proportion, la force du soleil sur la lune, que nous appellerons S, est à la force de la terre sur la lune dans sa moyenne distance , en raison composée de la masse du soleil à la masse de la terre , & du carré de la distance moyenne de la lune à la terre , au carré de la distance moyenne du soleil à la lune , c'est-à-dire, comme la masse du soleil divisée par le carré de sa distance à la lune , ou par r^2 , est à la masse de la terre divisée par le carré desa distance moyenne à la lune. Prenon-

pour l'unité des masses, la masse de la terre; pour unité des distances, celle de la lune à la terre, & pour unité des forces celle que la terre exerce sur la lune dans ses moyennes distances. Alors la proportion précédente donnera pour la force du soleil sur la lune l'expression $\frac{S}{r^2}$.

1004. Lorsqu'il s'agit des troubles qu'une planète éprouve par l'attraction d'une autre, on emploie les mêmes expressions; par exemple, la masse du soleil qui est 1, retient la terre dans son orbite à une distance qui est 1. Jupiter trouble cette action avec une masse environ 1000 fois plus petite que celle du soleil (1020); ainsi sa masse ou sa force peut s'appeller $\frac{1}{1000}$; & comme il agit encore à une distance environ 5 fois plus grande que le soleil (450), son action est 25 fois plus petite que celle du soleil, ainsi il faut encore rendre 25 fois plus petite la force $\frac{1}{1000}$, c'est-à-dire, qu'il faut écrire $F = \frac{1}{25000}$, pour avoir la force de Jupiter sur la terre; cette force n'est autre chose qu'une vingt-cinq millième partie de la force du soleil sur la terre; c'est la force dont on cherche l'effet par le calcul intégral en résolvant le problême des trois corps, c'est-à-dire, que l'on cherche combien le mouvement de la terre doit être altéré par une force qui est à chaque instant $\frac{1}{25000}$ de celle qui retient la terre dans son orbite, mais dont la direction varie continuellement.

DE LA FORCE CENTRALE
DANS LES ORBITES CIRCULAIRES.

1005. Les orbites des planètes sont des ellipses (468), mais les loix de l'attraction auroient lieu de la même manière dans les mouvemens circulaires, car les cercles sont aussi des ellipses dont l'excentricité est infiniment petite; & comme la considération des orbites circulaires est beaucoup plus facile, je m'en tiendrai à celle-ci. Soit une planète P (*fig.* 123), qui décrit autour du soleil S l'orbite circulaire PEB, à raison de la force ou de l'attraction du soleil & se courbe en B, au lieu de suivre la ligne droite PA (479). C'est un principe reconnu qu'un corps en mouvement continue de se mouvoir fur une même ligne droite, s'il ne rencontre aucun obftacle, & qu'un corps mû circulairement s'échappe par la tangente auffi-tôt qu'il ceffe d'être contraint & affujetti à tourner dans le cercle (479); ainfi la planète décriroit PA fi elle n'étoit forcée par l'attraction du centre S à defcendre de A en B; donc AB eft l'effet ou la mefure de la force centripete, pendant le temps que mefure l'arc PEB; cela eft également vrai quelle que foit la nature de cet arc PB, circulaire, parabolique, &c. puifque c'eft la quantité dont la planète eft détournée de la ligne droite, ou approchée du centre, & qu'elle fercit également rapprochée fi la planète deftituée de toute force de projection eût defcendu directement vers le foleil : la force de projection perpendiculaire au rayon folaire ne peut empêcher que l'attraction du foleil n'ait tout fon effet, ne lui étant pas oppofée.

1006. En effet, fi la planète P n'avoit reçu aucun mouvement de projection de P en A, ou que ce mouvement qui tend à lui faire parcourir PA vînt à être détruit, la planète P livrée à la feule force centrale qui agit de P en S defcendroit avec la même vîteffe PC égale à BG ou à BA : car fi l'on conçoit le côté PB de la courbe comme infiniment petit, il fera la diagonale du parallélogramme CA; BA eft l'efpace que feroit décrire la force centrale fi elle agiffoit feule, donc le finus verfe PC de l'arc PEB décrit en une feconde de temps exprime la force centrale, dont il eft l'effet Le finus verfe eft comme le carré de l'arc PB (988) donc la force centrale eft comme le carré de la vîteffe, c'eft-à-dire, que pour retenir une planète dans la même orbite, fi la vîteffe doubloit il faudroit une force quadruple.

1007. La quantité BA eft auffi l'effet de la force centrifuge, c'eft-à-dire, de la force par laquelle les corps qui tournent autour d'un centre tendent à s'en écarter (479); puifque c'eft l'efpace que le corps parcourroit en s'éloignant du centre S s'il étoit libre : or BA $=$ PC, $=$

$\frac{CB^2}{2CS} = \frac{BP^2}{2PS}$ (988) ; donc le mouvement circulaire produit une force centrifuge qui eſt égale au carré de la vî-
teſſe, diviſé par le diamètre du cercle, la force de projection étant priſe pour unité ; ainſi la force centrifuge,
auſſi-bien que la force centripete, eſt comme le carré de
la vîteſſe.

On emploie pour exprimer la vîteſſe d'une planète un
arc infiniment petit, parce que c'eſt le ſeul qui ſoit parcouru uniformément, & que l'uniformité eſt néceſſaire pour
la meſure du mouvement. Or un arc infiniment petit ne
ſe courbe que d'un infiniment petit du ſecond ordre A B ou
B G, ainſi la force centrale ne peut être exprimée que
par un infin. petit du ſecond ordre, ce qui prouve la néceſſité des ſecondes différences & du calcul infinitéſimal
pour ces ſortes de recherches.

1008. Si l'on examine les forces centrifuges des différentes parties d'une ſphère qui tourne ſur ſon axe, on
verra qu'elles ſont proportionnelles aux rayons de chaque
parallèle ; car la vîteſſe de chaque partie eſt alors comme
le rayon du cercle qu'elle décrit, c'eſt-à-dire, que P B eſt
proportionnel à P S, donc la force centrifuge eſt proportionnelle à $\frac{PS^2}{2PS}$, c'eſt-à-dire, à P S, qui devient l'ordonnée parallèle au grand axe de l'ellipſe du méridien, quand
on ſuppoſe la terre aplatie.

1009. La force centrifuge ſous l'équateur de la terre eſt
$\frac{1}{287}$ de la peſanteur qu'on y éprouve ; car cette peſanteur
fait parcourir en une ſeconde de temps moyen 15,051
pieds (981) ; la force centrifuge eſt meſurée par le petit
écart de la tangente qui pour un arc de 15″, eſt ſuivant
les tables des ſinus = 0,0000000264,4249 ; il faut les
augmenter dans le rapport du carré des heures ſolaires
moyennes & des heures du premier mobile, ou de la rotation de la terre, qui ſont plus courtes que les heures ſolaires (349), & multiplier par le rayon de la terre (802)
réduit en lignes ; on aura 7 lignes 5581 qui ſont contenus

286,77 fois dans les 15 pieds que les corps parcourent en tombant, & environ 288 fois dans l'espace total que les corps graves décriroient sous l'équateur, sans la force centrifuge.

Ainsi un corps qui se trouveroit dégagé de la force de pesanteur, s'échapperoit à l'instant par la tangente, & s'éloigneroit de 7 lignes de la surface de la terre dans la première seconde ; & cette tendance à s'échapper, qui vient de la rotation de la terre diminue de $\frac{1}{288}$ la pesanteur qui auroit lieu sous l'équateur. De-là il suit que si les corps graves parcourent en une seconde 15,0515 pieds par seconde, ils en parcourroient sans le mouvement de rotation 15,104.

1010. Quand on s'éloigne de l'équateur, cette force centrifuge diminue dans le même rapport que la grandeur des parallèles diminue, c'est-à-dire, comme le cosinus de la latitude, quand on la considère dans le plan de chaque parallèle (1008) ; mais elle diminue comme le carré du cosinus de la latitude, quand on la considère dans la direction du centre de la terre ; soit TA (*fig.* 124) l'axe de la terre, PG l'effet de la force centrifuge sous le parallèle PE, & qui est proportionnel à PE ; cette force suivant PG décomposée dans la direction GT devient plus petite encore dans le rapport du sinus de AP au sinus total, ou de PE à PT, à cause des triangles semblables GPD, PET ; donc cette force centrifuge GD est à la force qui a lieu sous l'équateur, comme $PE^2 : PT^2$.

1011. Cette force centrifuge diminue celle de la pesanteur, & par conséquent rend la longueur du pendule à secondes plus petite qu'elle ne seroit si la terre étoit immobile ; par exemple, il faut ajouter une ligne $\frac{53}{100}$ à la longueur du pendule à secondes, observée sous l'équateur, pour avoir celle qui s'observeroit si la terre étoit immobile. Sous une latitude de 60° où le parallèle n'est que la moitié de l'équateur, la quantité qu'il faut ajouter au pendule observé n'est que le quart de $1^{lig.}$ 53 ou $0^{lig.}$, 38, & si l'on multiplie $1^{lig.}$ 53 par le carré du cosinus de la latitude, on aura la correction pour toute autre latitude. (M.

Bouguer, *fig. de la Terre, pag.* 346) ; & de-là vient une partie de la différence qu'on a vue ci-deſſus dans la longueur du pendule.

1012. *La force centrale qui retient les planètes dans leurs orbites eſt en raiſon inverſe du carré de la diſtance.*

Démonstration. La première preuve que Newton apperçut de cette fameuſe loi (997), eſt celle qui ſe tire de la loi de Képler (469) ; le Docteur Hook avoit compris que la peſanteur devoit diminuer à meſure qu'on s'éloignoit du centre des graves ; il avoit propoſé aux Géomètres de trouver ſuivant quelle proportion cette force devoit diminuer (996). Newton avoit eu la même idée, au rapport de Pemberton. Voici la manière dont je crois qu'il dut s'y prendre pour chercher cette proportion , par le moyen de la loi de Képler, & reconnoître, par exemple, que la force du ſoleil pour retenir Saturne dans ſon orbite eſt cent fois plus petite que la force avec laquelle le ſoleil retient la terre dans la ſienne , la diſtance de Saturne étant dix fois plus grande que la diſtance de la terre. J'ai fait voir comment Képler découvrit cette loi , d'où nous allons partir (469) ; ainſi je crois qu'il ne manquera rien à l'Hiſtoire de cette grande & importante découverte de l'attraction.

Je vais d'abord faire voir en nombres comment cette proportion s'apperçoit & ſe vérifie dès qu'on a la loi de Képler. Soient deux orbites circulaires & concentriques PB, TV, (*fig.* 123), dans leſquelles tournent deux planètes , par exemple , Saturne & la terre ; ſuppoſons les arcs PB & TV infiniment petits & ſemblables, c'eſt-à-dire, compris entre les rayons STP, SVB ; ces arcs PB & TV ſeroient parcourus en temps égaux , ſi les révolutions des deux planètes étoient égales ; mais la planète ſupérieure P ayant une révolution 30 fois plus lente que la terre T, ne décrira qu'un arc PE, tandis que la terre , décrira l'arc TV ; alors PD ſera l'effet de la force centrale que le ſoleil exerce ſur cette planète, tandis que TR eſt l'effet de la force centrale qu'il exerce ſur la terre T (1006) ; & nous n'avons à chercher que le rapport de PD à TR. On voit que P E évalué en degrés eſt 30 fois moindre que P B, donc P D eſt 900 fois moindre que P C (988) ; mais ſi la diſtance S P eſt 9 ou 10 fois plus grande que S T , comme nous l'apprenons par la loi de Képler , P C eſt auſſi plus grand que R T 9 ou 10 fois , donc P D eſt ſeulement 100 fois plus petit que R T , or 100 eſt le carré de 10 qui eſt la diſtance de Saturne , donc la force centrale diminue comme le carré de la diſtance.

Pour prouver cette propoſition plus généralement j'obſerve que ſuivant la propoſition démontrée (988), $PD : PC :: PE^2 : PB^2$; mais la planète ſupérieure auroit parcouru PB, ſi la durée de ſa révolution que j'appelle t, étoit égale à la durée 1 de la révolution de la terre ; donc $PE : PB :: 1 : t :$ ainſi $PD : PC :: 1 : t^2$; donc $PD = \dfrac{PC}{t^2}$. Or $PC : TR :: PS : TS :: r : 1$, puiſque les arcs PB & TV ſont ſemblables , donc $PC = r . TR$, & puiſque $PD = \dfrac{PC}{t^2}$, il eſt auſſi $= \dfrac{r\,TR}{t^2}$, donc $\dfrac{PD}{TR} = \dfrac{r}{t^2}$. Mais ſuivant la loi de Képler (469) $t : 1 :: r^3 : 1$; ou $r^3 = t^2$, donc $\dfrac{PD}{TR} \left(= \dfrac{r}{t^2} \right)$ ſera auſſi égal à $\dfrac{r}{r^3}$ ou $\dfrac{1}{r^2}$. Donc $PD : TR :: 1 : r^2$; c'eſt-à-dire, que l'effet de la force centrale eſt en raiſon inverſe du carré de la diſtance.

1013. Il étoit donc facile à Newton de reconoître ce progrès de l'attraction , par le moyen de la loi de Képler. Quand il eut trouvé ce rapport dans l'attraction du ſoleil ſur les planètes , il le vérifia bientôt ſur la lune (997) , & il reconnut que la force centrale néceſſaire pour retenir la lune dans ſon orbite , n'eſt autre choſe que la gravité naturelle des corps terreſtres , diminuée en raiſon inverſe du carré de la diſtance de la lune à la terre. En effet , les corps graves parcourent 15 pieds en une ſeconde de temps (981), la lune décrit un arc de ſon orbite qui eſt de $0''549$, ou environ $33'''$, & dont le ſinus verſe eſt à peu-près $\frac{1}{240}$ de pied ; donc la lune eſt retenue vers la terre , ou rapprochée de la terre 3600 fois moins que les corps terreſtres ; or elle eſt environ 60 fois plus loin du centre de la terre , donc la force qui agit ſur la lune diminue comme le carré de la diſtance.

1014. On s'est ensuite servi de ce principe reconnu vrai d'ailleurs pour trouver la distance de la lune, & sa parallaxe, avant qu'elle eût été observée avec exactitude. Soit e le demi–diamètre de l'équateur terrestre réduit en pieds, x le rapport entre ce rayon & la distance moyenne de la lune, égal environ à 60, ensorte que la distance de la lune soit ex; f la force de la terre, exprimée par les 15 pieds qu'elle fait parcourir en une seconde, à sa surface; u le sinus verse de l'arc décrit par la ☾ en une seconde de temps où la quantité dont la lune est détournée & ramenée vers nous en une seconde; cet espace est donc exprimé en pieds par uex. Mais par le principe des forces centrales, le même espace est aussi égal à $\frac{f}{x^2}$ (1013), donc égalant ces deux quantités on a $\frac{1}{x} = \sqrt[3]{\frac{ue}{f}}$, c'est le sinus de la parallaxe horizontale de la lune sous l'équateur, ou le rayon de la terre divisé par celui de la lune. Pour réduire en nombres cette quantité l'on prend le logar. du sinus verse de l'arc décrit par la lune en une seconde de temps; on y ajoute celui du rayon de l'équateur (823) réduit en pieds, on a le log. de $eu = 5,8434490$; on en ôte celui de 15 pi. le tiers du reste est le logarithme du sinus de 57′ 18″; c'est la parallaxe sous l'équateur, qui ne surpasse que de 6 ou 7″; celle qui résulte des meilleures observations (589). & qui est de 57′, 12″.

1015. Ainsi la loi de l'attraction, ou ses changemens en raison inverse du carré de la distance furent prouvés de deux manières très-différentes & très-bien d'accord entr'elles. Une autre considération différente dut encore apprendre à Newton qu'il falloit que l'attraction fût en raison inverse du carré de la distance : toutes les qualités sensibles, comme les émanations, la lumière, diminuent de densité & de force en raison inverse du carré de la distance. Enfin la suite de ses calculs lui en donna de nouvelles preuves dans toutes les parties du système solaire.

1016. Il est vrai qu'on a soupçonné dans les corps terrestres une attraction en raison inverse du cube des distances, mais cela n'est point de mon sujet; on peut voir ce qu'ont dit là-dessus M. de Maupertuis (*Mém. Acad.* 1732, *pag.* 362). M. Keill dans un petit traité composé de 30 propositions, qui se trouve à la fin de ses ouvrages; M. d'Alembert dans l'Encyclopédie au mot attraction, *tom.* 1, *pag.* 850. le P. Boscovich dans l'ouvrage qui a pour titre, *Philosophiæ naturalis theoria redacta ad unicam legem virium in natura exiſtentium. Viennæ*, 1758 *in-*4°. & *Venetiæ*, 1764.

1017. L'élévation des fluides dans les tubes capillaires eſt encore une ſuite néceſſaire de l'attraction des corps terreſtres, comme je l'ai fait voir dans un Mémoire ſur les tubes capillaires, (*chez Deſaint*, 1770). *Voyez* Muſſenbroek, Cours de Phyſique, tom. II. *pag.* 1, édition de 1769 ; le Dictionnaire de Chymie de M. Macquer, au mot *Peſanteur.*

1018. La maſſe des planètes, c'eſt-à-dire, leur quantité de matière, ou leur force attractive, ſe déduit du principe de l'attraction, & l'on en conclud aiſément leur denſité intérieure, ou leur peſanteur ſpécifique. Cette découverte qui paroît d'abord bien ſingulière, eſt cependant une ſuite naturelle de la loi d'attraction, puiſque la force attractive eſt un indice certain de la quantité de matière. Prenons pour terme de comparaiſon la maſſe ou la force attractive de la terre dont les effets nous ſont connus & familiers, & cherchons quelle eſt la maſſe de Jupiter par rapport à celle de la terre. Le premier ſatellite de Jupiter fait ſa révolution à une diſtance de Jupiter qui eſt la même que celle de la lune à la terre (du moins elle n'eſt que d'un douzième plus petite). Si ce ſatellite tournoit auſſi autour de Jupiter dans le même eſpace de temps que la lune tourne autour de la terre, il s'enſuivroit évidemment que la force de Jupiter pour retenir ce ſatellite dans ſon orbite, ſeroit égale à celle de la terre pour retenir la lune, & que la quantité de matière dans Jupiter, ou ſa maſſe, ſeroit la même que celle de la terre ; dans ce cas-là il faudroit que la denſité de la terre fût 1479 fois plus grande que celle de Jupiter, car la groſſeur (ou le volume) de Jupiter contient 1479 fois la groſſeur de la terre (539) ; or ſi le poids eſt le même, la denſité eſt d'autant plus grande que le volume eſt plus petit. Mais ſi le ſatellite tourne 16 fois plus vîte que la lune, il faut pour le retenir 256 fois plus de force (16 fois 16 = 256), car la force centrale eſt comme le carré de la vîteſſe (1006) ; une vîteſſe double exige & ſuppoſe une force

centrale quadruple à diſtances égales ; & la vîteſſe du ſatellite 16 fois plus grande que celle de la lune , quoique
dans une orbite égale , ſuppoſe dans Jupiter une énergie ou
une maſſe 256 fois plus grande que celle de la terre ; dans
ce cas l'on trouve un volume 1479 fois plus grand & une
peſanteur ſeulement 256 plus grande que celle de la terre,
donc le volume de Jupiter conſidéré par rapport à celui
de la terre eſt cinq fois plus grand que la quantité de matière réelle & effective , par rapport à celle de la terre ;
donc la denſité de la terre eſt cinq fois plus grande que
çelle de Jupiter.

1019. Tel eſt l'eſprit de la méthode par laquelle Newton
a calculé les maſſes & les denſités des planètes qui ſeront à
la fin de ce Livre : plus un ſatellite eſt éloigné de ſa planète , & plus il tourne rapidement , plus auſſi il indique de
force & de matière dans la planète principale qui le retient;
je vais y appliquer le calcul rigoureux , & je prendrai le ſoleil pour terme de comparaiſon , parce que les Aſtronomes s'en ſervent pour le calcul des attractions céleſtes.

1020. Soit la diſtance de Jupiter au ſoleil , priſe pour
unité , $= 1$.

La durée de la révolution de Jupiter , $= 1$.
La force du ſoleil ſur Jupiter , $= 1$.
La diſtance d'un de ſes ſatellites , $= r$.
La durée de la révolution du même ſatellite , $= t$.

La force actuelle de Jupiter ſur ſon ſatellite ſera $\frac{r}{t^2}$, comparée à celle du ſoleil ſur Jupiter (1012). Si ce ſatellite
étoit auſſi éloigné de Jupiter que Jupiter l'eſt du ſoleil , il
faudroit que la force dans ce cas-là fût à la force actuelle
qui eſt $= \frac{r}{t^2}$, comme $r^2 : 1$, c'eſt-à-dire , en raiſon inverſe
du carré de la diſtance ; donc alors à pareille diſtance , la
force ſeroit $\frac{r^3}{t^2}$; telle eſt donc en effet la force abſolue de
Jupiter (par rapport à celle du ſoleil , conſidérée à égale
diſtance) , c'eſt-à-dire , ſa maſſe totale ou la quantité de
matière

matière qu'il contient ; donc en général pour connoître la masse d'une planète, en prenant celle du soleil pour unité, il suffit de diviser le cube de la distance d'un satellite de cette planète par le carré du temps qu'il emploie à tourner, pourvu que l'on ait pris l'unité des distances & des temps, dans l'une des planètes qui tournent autour du soleil.

1021. Exemple. La révolution de Vénus autour du soleil, qui est de 5393^h, est 13 fois plus longue que celle du 4e satellite de Jupiter qui est $400^h\frac{1}{2}$, donc $t = 0,0742716$; la distance du 4e satellite à Jupiter vue du soleil, est de $8'$ $16''$, d'où il est aisé de conclure la distance du satellite à Jupiter, celle de Vénus au soleil étant prise pour unité, où la valeur de $r = 0,017290$. Si l'on prend le cube de r & le carré de t, qu'on divise r^3 par t^2, on trouve $0,0009370$, ou $\frac{1}{1067}$, qui est la masse de Jupiter, celle du soleil étant $= 1$. On trouveroit de même celle de la terre $\frac{1}{365412}$ que Newton supposoit $\frac{1}{169282}$, parce que les élémens qu'il employoit n'étoient pas assez exacts.

1022. Cette force ou cette masse d'une planète étant divisée par le volume, exprimé de même en prenant pour unité le volume du soleil donne la densité de la planète cherchée par rapport à la densité du soleil ; c'est ainsi que Newton trouva que la terre étoit environ quatre fois plus dense que le soleil, quatre fois & un quart plus dense que Jupiter, & six fois plus dense que Saturne. (Newton, *L.* *III. prop.* 8. ou Mac-laurin, *Expof. des déc.* de Newton, *pag.* 309). Ces densités sont calculées plus exactement dans la table qui est à la fin de ce volume. Nous pouvons les comparer avec des objets familiers : on sait que l'antimoine est quatre fois plus dense que l'eau, & six fois plus dense que le bois de prunier ; ainsi en supposant que les substances du soleil & de Jupiter aient la densité de l'eau, la terre aura celle de l'antimoine, & Saturne aura la légéreté du bois ; il me paroît même que ces substances répondent assez bien à ce que j'ai voulu exprimer par leur moyen. On trouveroit à peu-près le même rapport entre l'acier, l'ivoire & le bois le plus pesant, comme l'ébène ; il suffira de

G g

confulter la table des pefanteurs fpécifiques, donnée par M. l'Abbé Nollet dans fes Leçons de Phyfique, ou la Phyfique de Muffenbroëk.

1023. Les denfités de Vénus, de Mercure & de Mars ne peuvent fe trouver par la méthode précédente, puifque ces planètes n'ont point de fatellites, qui puiffent nous indiquer l'intenfité de leur attraction; mais voyant dans les trois planètes dont les denfités font connues, une augmentation de denfité quand on approche du foleil, il eft très-probable que cet accroiffement a lieu également pour les trois autres planètes : en effayant de reconnoître une loi dans ces augmentations, on voit que les denfités font prefque proportionnelles aux racines des moyens mouvemens; par exemple, le mouvement de la terre eft environ 11, 86, celui de Jupiter étant 1 ; la racine de ce nombre eft $3\frac{1}{2}$, & la denfité de la terre eft en effet 3 fois $\frac{1}{2}$, celle de Jupiter, ou environ : on peut donc fuppofer la même proportion dans les autres planètes ; & c'eft ainfi que j'ai calculé les denfités rapportées dans ma Table.

1024. Connoiffant la maffe & le diamètre d'une planète, il eft aifé de trouver l'effet de la pefanteur à fa furface, c'eft-à-dire, la force accélératice des graves dans la planète, car cette force eft en raifon de la maffe & en raifon inverfe du carré du rayon. C'eft ainfi que j'ai calculé dans la Table qui eft à la fin de ce Livre la vîteffe des graves pour chaque planète pour la première feconde en pieds & centièmes de pieds; ce n'eft autre chofe que la vîteffe des corps terreftres fous l'équateur 15^{pi}, 104 (art. 1009) multipliée par la maffe de chaque planète, & divifée par le carré du rayon, en prenant pour unités la maffe & le rayon de la terre (1002).

1025. La maffe de la lune, & par conféquent fa denfité font difficiles à déterminer exactement, parce qu'elles fe manifeftent par des phénomènes que nous ne pouvons mefurer avec affez d'exactitude ; les hauteurs des marées nous apprennent que la force de la lune eft $2\frac{1}{2}$ fois celle du foleil (1090) ; pour en conclure la maffe de la lune il fuffit de favoir quelle eft fa force , à la diftance du foleil.

1026. La force centrale en général diminue en raifon in-verfe du cube de la diftance , quand on la décompofe fur une direction différente de fa direction primitive (1050) ; il faut donc multiplier la force actuelle de la lune par le cube du rapport des diftances ou du rapport des paral-laxes $\frac{8''\,5}{57'\,3''}$, & l'on aura la maffe de la lune , celle du foleil étant prife pour unité ; mais la maffe de la terre eft feulement $\frac{1}{365412}$ de celle du foleil (1021) ; il faut donc encore divifer la maffe trouvée par cette fraction , & l'on aura $\frac{1}{71}$ qui eft la maffe de la lune , celle de la terre étant prife pour unité.

1027. On peut encore confidérer ainfi la chofe : la maffe de la terre $\frac{r^3}{t^2}$ (1020) eft $\left(\frac{9''}{57'}\right)^3 \cdot \left(\frac{365}{27}\right)^2$, celle du foleil étant l'unité ; la maffe de la lune eft $\left(\frac{9''}{57'}\right)^3 \cdot 2\frac{1}{2}$, elles font donc comme $\frac{2}{5}\left(\frac{365}{27}\right)^2 : 1$; donc le carré de la durée de l'année 365_j, divifé par celui de la durée du mois 27^j, & multiplié par $\frac{2}{5}$ qui eft la force de la lune, donnera le nombre 71,49 qui exprime combien de fois la terre contient la lune ; ainfi la maffe de la lune fera 0,013991, de celle de la terre.

1028. La maffe de la lune étant divifée par fon volume qui eft $\frac{1}{49}$, ou 0,0204 (584) , donne fa denfité 0,68706 ; c'eft-à-dire , que la denfité de la lune eft feulement $\frac{7}{10}$ de celle de la terre , comme on le verra marqué dans la table des denfités.

1029. *LA VITESSE de projection , telle que* PA , *néccf-faire pour décrire un cercle* PB , *eft en raifon inverfe de la racine du rayon* SP.

DÉMONSTRATION. Suppofons que deux planètes P & T (*fig.* 123) décrivent autour du foleil S les cercles PB , TV, & que SP foit quadruple de ST , je dis que la vîteffe PE fera la moitié de la vîteffe TV. En effet PC fera quadruple de TR , parce que les figures PBC , TVR font comme les rayons ; mais la gravité en P étant 16 fois moindre qu'en T, il faut prendre PD 16 fois moindre que TR, ou 64 fois moindre que PC, pour avoir l'espace PE que la planète P pourra décrire, étant retenue par la force centrale du soleil ; alors PE sera un huitième de PB, puisque les finus verses sont comme les carrés des arcs (988) ; donc PE sera la moitié de TV, dans un même espace de temps ; c'est-à-dire, que la vîtesse d'une planète doit être en raison inverse de la racine de fa distance, pour que la force centrale, qui est en raison inverse du carré de la distance, puisse la retenir. Voilà pourquoi Jupiter qui a une orbite cinq fois plus grande que celle de la terre, emploie 12 fois plus de temps à la parcourir, fa vîtesse absolue n'étant pas la moitié de celle de la terre.

1030. Si la vîtesse de projection qu'une planète a reçue primitivement en partant de son aphélie, s'est trouvée plus petite que celle qui étoit nécessaire pour décrire un cercle PB, la force centrale étant trop grande, a dû prendre le dessus, & la planète se rapprocher du soleil : voilà pourquoi les planètes en partant de leur aphélie se rapprochent du soleil ; mais nous démontrerons bientôt qu'après avoir parcouru 180°, la même planète doit s'éloigner du soleil autant qu'elle s'en étoit rapprochée, parce que la force centrifuge devient plus grande que la force centripete, à mesure que la planète se rapproche du soleil. On a vu que la vîtesse périhélie est à la vîtesse aphélie en raison inverse des distances (473) ; il s'ensuit que la force centrifuge augmente plus que la force centripete ; c'est ce que je vais démontrer.

1031. *La force centrifuge augmente en raison inverse du cube de la distance, lorsque la vîtesse est en raison inverse des distances.*

Démonstration. Suppofons que SP foit double de ST ; l'arc PB fera double de l'arc TV, la ligne PC double de TR, & la force centrifuge en P double de la force centrifuge en T (^{a}) ; mais fi la vîtesse en P, au lieu d'être double de la vîtesse en T, n'en est que la

---

(a) C'est le premier des Théorèmes de la force centrifuge, que M. Huygens donna en 1673, dans fon Livre *de Horolog. oscillatorio.*

moitié, c'est-à-dire, si P E est 4 fois moindre que P B, le sinus verse P D sera 16 fois moindre que P C, puisqu'il est comme le carré de l'arc (988); donc P D sera 8 fois moindre que T R, c'est-à-dire, que la force centrifuge est en raison inverse des cubes des distances S P & S T, que nous avons supposées être comme 1 à 2.

En général, on voit que $PB : TV :: SP : ST$, à cause des arcs semblables; donc si $TV : PE :: SP : ST$ (473), l'on aura en multipliant terme à terme, $PB : PE :: SP^2 : ST^2$; or $PC : PD :: PB^2 : PE^2$; donc $PC : PD :: SP^4 : ST^4$; mais $PC : TR :: SP : ST$; donc divisant terme à terme, $TR : PD :: SP^3 : ST^3$; ce qui fait voir en général que l'effet de la force centrifuge est en raison inverse du cube de la distance, quand la vitesse est en raison inverse des distances. C'est le cas d'une planète, quand on la considère dans son aphélie & dans son périhélie; & cette proportion nous servira bientôt (1035) à faire voir pourquoi les planètes s'éloignent du soleil après s'en être approchées, quoiqu'elles soient toujours attirées vers le soleil.

1032. Si la force de projection qui anime les planètes & & leur fait décrire des orbites, étoit détruite lorsqu'elles sont dans leurs moyennes distances au soleil, la force centrale les précipiteroit vers le soleil; Mercure y arriveroit en 15 jours & 13 heures; Vénus en 39 jours 17h; la terre en 64j 10h; Mars en 121j; Jupiter en 290j; Saturne en 767j: une pierre tomberoit au centre de la terre, si le passage étoit libre, en 21' 9". (Whiston, *Astronomical principes of religion*, p. 66). La règle qui sert à faire ces calculs, consiste à dire, la racine carrée du cube de 2 est à 1, comme la demi-durée de la révolution d'une planète, est au temps de sa chûte jusqu'au centre de l'attraction (*Frisi de gravitate*, pag. 100).

Du Mouvement elliptique des Planètes.

1033. LA FORCE CENTRALE en raison inverse du carré de la distance, ne peut avoir lieu dans des orbites planét...

taires, à moins qu'elles ne foient des fections coniques. Newton, dans le premier Livre de fes *Principes* démontra que fi les planètes décrivoient des fections coniques, la force centrale dont elles étoient animées, devoit être en raifon inverfe du carré de la diftance ; mais M. J. Bernoulli démontra le premier que la propofition inverfe eft également vraie, & que la force centrale étant fuppofée en raifon inverfe du carré de la diftance, l'orbite eft néceffairement une fection conique (*Mém. Acad.* 1710 & 1711. (*Œuvres de J. Bernouïli, Tom. I, pag.* 469). Ces deux fortes de démonftrations pour les forces centrales dans les fections coniques en général, font trop compliquées pour pouvoir trouver place ici.

1034. Mais il eft néceffaire de faire voir d'une manière plus palpable la caufe du mouvement alternatif, qu'on a fouvent peine à bien concevoir. Il femble, dit-on, qu'une planète fans ceffe attirée vers le foleil, & qui s'en eft approchée à un certain point, devroit s'en approcher toujours, puifque le foleil ne ceffe point de l'attirer ; cependant les planètes defcendues à leur périhélie, s'éloignent du foleil & retournent à leur aphélie : voici donc la caufe de ce mouvement alternatif. Une planète qui a été projettée de fon aphélie, avec une vîteffe trop petite pour décrire un cercle à une fi grande diftance (1030), ou avec une force de projection trop petite par rapport à la force centrale, fe rapproche du foleil ; mais en fe rapprochant elle augmente en vîteffe, fans quoi les aires ne feroient plus proportionnelles au temps ; fuppofons qu'elle eft arrivée à 180° du point de départ, c'eft-à-dire, à fon périhélie, & que fa diftance au foleil eft le quart de la diftance aphélie ; fa vîteffe eft quadruple de la vîteffe aphélie, car la vîteffe augmente en raifon inverfe des diftances (473); mais la vîteffe qui feroit néceffaire dans le périhélie pour décrire un cercle, eft feulement deux fois plus grande que la vîteffe qui étoit néceffaire pour décrire un cercle dans l'aphélie, parce qu'elle augmente feulement en raifon inverfe de la racine de la diftance (1029), donc la planète a acquis, en descendant de l'aphélie au périhélie, une vîtesse double de celle qui lui seroit nécessaire pour décrire un cercle du rayon SP égal à la distance périhélie. Elle sortira donc de ce cercle pour s'écarter du soleil, & remonter vers l'aphélie : cette première raison fait voir qu'il est nécessaire que la planète, après s'être approchée du soleil, s'en éloigne ensuite : voici une seconde manière de démontrer la même chose.

1035. Supposons toujours une planète projettée en A *fig.* 128 avec une vîtesse trop petite pour décrire un cercle du rayon SA, ensorte qu'elle soit obligée, dès le premier moment, de descendre dans une orbite plus courbée, en se rapprochant du soleil. Lorsqu'elle sera arrivée en un point P, à une distance quatre fois moindre, la force centrale ou l'attraction du soleil sera seize fois plus grande (1012), parce qu'elle est en raison inverse du carré de la distance ; mais la force centrifuge sera soixante-quatre fois plus grande (1031), parce qu'elle augmente, soit par le carré de la vîtesse, soit par la diminution de la distance ; donc la force centrifuge est alors beaucoup plus grande que la force centrale ; il n'est donc pas étonnant que la planète commence à s'écarter du soleil.

1036. On croira peut-être que la planète devroit cesser de s'approcher du soleil aussi-tôt que la force centrifuge se trouve égale à la force centripete ; mais il faut considérer que dans cet instant, qui arrive lorsque la planète est vers sa moyenne distance M au soleil, la direction MN de son mouvement est trop oblique au rayon vecteur MS, & fait un angle NMS, trop petit pour que cet angle puisse devenir tout de suite un angle droit ; il faut que la planète descende de plus en plus, & que la courbure de sa route se soit arrondie assez pour que le rayon vecteur SP soit perpendiculaire au mouvement de la planète ; c'est alors que l'excès de la force centrifuge, sur la force centrale, sera employé tout entier à écarter la planète du soleil, & cela n'arrive que dans le point P qui est diamétralement opposé au point A. En partant du point P la planète emploira pour perdre son excès de force centrifuge, autant de temps qu'il lui en a fallu pour l'acquérir ; voilà pourquoi la seconde partie de l'ellipse sera égale à la partie descendante A L M N P , & décrite dans le même intervalle de temps.

Des Inégalités produites par l'Attraction.

1037. Si chaque planète , en tournant autour d'un centre , n'éprouvoit d'autre force que celle qui la porte vers ce centre , elle décriroit un cercle , ou une ellipse dont les aires seroient proportionnelles aux temps (480) ; mais chaque planète étant attirée par toutes les autres, dans des directions différentes & avec des forces qui varient sans cesse , il en résulte des inégalités & des perturbations continuelles. C'est le calcul de ces perturbations qui occupe depuis quelques années les Géomètres & les Astronomes ; Newton commença par celles de la lune ; M. Euler, M. d'Alembert , M. Clairaut , ont perfectionné cette théorie. M. Euler a calculé les inégalités de Saturne dans une pièce qui a remporté le prix de l'Académie en 1748 ; M. Clairaut & M. d'Alembert ont donné des recherches sur les inégalités de la terre ; j'ai examiné moi-même celles de Mars & de Vénus (*Mém. Acad.* 1758 , 1760 & 1761) , qui se sont trouvées assez considérables pour mériter d'être employées dans les calculs astronomiques. Les inégalités de Jupiter ont été calculées par M. Euler dans la pièce qui a remporté le prix en 1752 : (*Recueil des Pièces qui ont remporté les prix ,* T. VII.) , & ensuite par M. Mayer ; M. Wargentin en a fait usage dans les Tables de Jupiter , qui par-là se sont trouvées beaucoup plus exactes , de même que celles des satellites ; mais je ne puis donner ici que les premiers principes & la plus légère idée de ces immenses calculs.

1038. Si deux planètes , dont l'une tourne autour de l'autre , étoient attirées également, & suivant des directions parallèles, par une troisième , cette nouvelle attraction ne changeroit rien à leur système , à leur mouvement , à leur situation relative ; ce feroit la même chofe que fi l'efpace même, ou le plan dans lequel fe fait le mouvement avoit changé de pofition ; mais ce qui avoit lieu dans l'efpace ou dans le plan que l'on tranfporte, continue d'avoir lieu comme auparavant, & la planète vue du centre de fon mouvement paroît toujours décrire une ellipfe.

1039. Ainfi deux attractions égales & parallèles ne changent jamais rien dans un fyftême de corps ; ce n'eft que la différence des attractions qui produit une inégalité ou une différence de mouvement ; la lune n'eft troublée dans fon mouvement autour de la terre, que parce qu'elle eft attirée par le foleil, un peu plus ou un peu moins que la terre ; la mer n'eft agitée deux fois le jour par la lune, que parce que la lune attire les eaux plus qu'elle n'attire la terre, quand elle domine fur les eaux, & qu'enfuite elle attire ces mêmes eaux moins que la terre, 12^h après.

1040. Quand on veut calculer les troubles qu'une attraction étrangère apporte au mouvement d'une planète, dans fon orbite autour du foleil, il faut favoir combien elle agit fur le foleil & fur la planète ; c'eft la différence des deux actions qui eft la force perturbatrice ; c'eft cette différence dont on calcule les effets ; car fi le foleil & la planète qui tourne autour de lui, étoient attirés également, & fuivant des directions parallèles, la planète ne cefferoit pas de décrire autour du foleil la même ellipfe qu'auparavant ; fes longitudes héliocentriques & fes rayons vecteurs feroient les mêmes, & dans l'ufage de l'Aftronomie nous n'aurions à tenir compte d'aucune différence, l'obfervation ne nous indiqueroit aucun dérangement.

1041. Cette confidération étant bien méditée, fera fentir pourquoi la pefanteur de la lune fur la terre, c'eft-à-dire, la force centrale qui retient la lune dans fon orbite eft diminuée dans les deux fyzygies, foit quand la lune eft en conjonction, foit quand elle eft en oppofition ; c'eft une chofe que les adverfaires de l'attraction n'ont jamais comprife, & qui cependant influe beaucoup dans l'explication des phénomènes. Il en eft de la lune comme des eaux de la mer, qui s'élèvent deux fois le jour vers notre zénir, une fois quand la lune domine fur les eaux, ou qu'elle eſt au zénit, & une fois quand elle eſt au nadir ; les obſervations prouvent que la lune tend à s'éloigner de la terre également (ou à très-peu-près) dans les deux fyzygies, & à s'en rapprocher dans les deux quadratures ; mais on le démontre auſſi par le raiſonnement qui ſuit. Quand la lune eſt en conjonction, elle eſt plus près du ſoleil que n'eſt la terre, de $\frac{1}{380}$; elle eſt donc plus attirée que la terre de $\frac{1}{190}$ de la force du ſoleil ſur la terre, (car la différence des carrés eſt double de celle des racines) ; ſa peſanteur vers la terre eſt donc affoiblie de $\frac{1}{190}$. Quand la lune eſt pleine, ou en oppoſition, elle eſt attirée, il eſt vrai, du même côté, ſoit par le ſoleil, ſoit par la terre ; mais il ne s'enſuit pas que ſa peſanteur ſoit augmentée ; en effet, ſi dans ce cas la lune & la terre étoient attirées par le ſoleil, préciſément avec la même force, il n'en réſulteroit aucun changement dans la peſanteur de la lune vers la terre, ni dans ſon mouvement autour de la terre, quoique la lune fût toujours attirée du même côté par cette ſomme de deux forces ; mais la terre eſt plus attirée que la lune de $\frac{1}{190}$; donc la terre tend à fuir la lune, autant que la lune tendoit à s'éloigner de la terre quand elle étoit nouvelle ; leur liaiſon, leur union mutuelle, leur tendance réciproque, leur ſympathie, leur attraction, ſont autant diminuées quand le ſoleil éloigne la terre de la lune, que quand il éloigne la lune de la terre ; donc en conjonction, comme en oppoſition, la peſanteur eſt diminuée, & la lune tend à s'éloigner de la terre ; c'eſt par la même raiſon que nous voyons les eaux de la mer tendre vers le zénit, quoique la lune ſoit au nadir (1075).

1042. La force du ſoleil ſur une planète, que nous appellons $\frac{S}{r^2}$ (1002), n'eſt pas la ſeule qu'il faille conſidérer lorſqu'on veut avoir le mouvement d'une planète autour du ſoleil, ou le mouvement tel qu'il ſeroit vu par un Obſervateur ſitué au centre du ſoleil. La planète T, (fig. 125), attire aussi le soleil en sens contraire, avec une force $\frac{T}{r^2}$, & si l'on veut supposer le soleil fixe, il faut attribuer à la planète un nouveau mouvement vers le soleil, égal à celui que le soleil a vers la planète, ou, ce qui revient au même, il faut supposer que le soleil attire la planète avec une force $\frac{S+T}{r^2}$, c'est-à-dire, avec la somme des deux masses du soleil & de la planète.

1043. L'effet de cette attration de la planète T sur le soleil S, est de faire décrire au soleil une petite ellipse autour du centre de gravité commun du soleil & de la planète, (Newton, *L. 1. prop. 67*, *L. 111. propr.* 13); du moins en supposant que le soleil ait reçu lui-même une impulsion autour du centre (*Frisi, pag.* 113). Cette attraction produit une partie des petites inégalités du mouvement apparent du soleil, qui se calculent en prenant la différence des attractions que chaque planète exerce sur le soleil & sur la terre. Suivant Newton le soleil doit être déplacé d'une petite quantité par les attractions planétaires ; mais la forme de calcul usitée dans l'Astronomie fait qu'on suppose toujours le soleil fixe, & qu'on transporte à chaque planète le mouvement qu'elle produit sur le soleil, de sorte que la situation respective de la planète au soleil soit toujours la même.

1044. L'expression $\frac{S}{r^2}$ de la force attractive, est celle qui a lieu quand l'action se fait directement & toujours dans le sens du rayon vecteur ; mais les planètes sont attirées les unes par les autres obliquement & en tout sens, selon des directions qui changent perpétuellement, tandis qu'elles sont toujours attirées directement vers le centre autour duquel elles tournent ; ainsi, pour connoître l'effet des perturbations & des attractions célestes, il faut décomposer leur force absolue, (qui est la masse divisée par le carré de la distance), pour trouver son effet sur la direction même de la force centrale. J'ai dit, par exemple, que l'action de

Jupiter fur la terre étoit $\frac{1}{25000}$ de celle du foleil fur la terre, par une attraction directe (1004); mais ces deux forces qui agiffent fur la terre fe contrarient, & ont fouvent des directions différentes ; la force de Jupiter, qui dans l'attraction directe eft $\frac{1}{25000}$ de celle du foleil, fera beaucoup moins d'effet quand elle agira de côté ; par exemple, elle fera moindre quand elle agira fous un angle de 60°.

1045. UN CORPS follicité fuivant des directions AB, AC (*fig.* 126), qui font entr'elles un angle BAC, par deux puiffances qui foient entr'elles comme les lignes AB, AC, décrira la diagonale AD du parallélogramme BACD, dans le même temps qu'il auroit employé à parcourir AB ou AC, étant mû féparément par une des deux puiffances (479). Ainfi la force exprimée par la direction & par la longueur de la diagonale AD, équivaut à deux forces AB, AC qui auroient agi à la fois ; & lors même qu'elle eft unique dans le principe, elle peut du moins être prife pour la réunion des deux autres, auxquelles elle eft tout-à-fait équivalente ; c'eft à-dire, que la force AD peut fe décompofer fuivant AC & AB.

La même ligne AD eft auffi la diagonale du parallélogramme A*b*D*c*, & la force AD réfulteroit également de l'affemblage de deux forces A*b*, A*c* ; donc fur une ligne donnée AD, l'on peut faire des triangles quelconques ABD, A*b*D, de grandeur ou de forme arbitraire, & il fera toujours permis de fubftituer à la force AD deux forces qui ayent pour expreffions les côtés d'un de ces triangles quelconques.

Ainfi la force AD, que nous nommerons F, décompofée fuivant AB & AC, donnera deux forces proportionnelles à ces deux lignes, & parce que AC eft égale à BD, ces deux forces feront, l'une égale à $F \frac{AB}{AD}$, qui agira fuivant AB, l'autre fera $F \frac{BD}{AD}$, & agira fuivant AC, ou parallélement à BD. Je dis que la force fuivant AB fera $F \frac{AB}{AD}$, car, puifque les lignes AB, AC, AD, font proportionnelles aux forces qu'elles expriment, la force suivant A B est à la force suivant A D, qui est F, comme la ligne A B est à la ligne A D ; donc la force suivant A B $= F . \frac{AB}{AD}$.

1046. Si le parallélogramme donné est rectangle en B (*fig.* 127), B D est le sinus de l'angle B A D, en prenant A D pour rayon, ou pour unité ; A B en est le cosinus ; ainsi dans ce cas la force suivant A B $= F . \cos. B A D$, & la force suivant A C ou B D $= F . \sin. B A D$; ces deux forces A C, A B, sont équivalentes à la force donnée A D, qu'il s'agissoit de décomposer ; nous ferons bientôt usage de cette dernière décomposition (1048).

Par le moyen de cette décomposition des forces attractives, on peut rapporter les forces perturbatrices, qui agissent sur une planète, à la direction même de son mouvement. Je prendrai pour exemple la terre qui est attirée par l'action de Jupiter comme si je cherchois l'inégalité qui en résulte dans le mouvement de la terre.

1047. Soit A T (*fig.* 125) l'orbite de la terre, qui est la planète troublée, B R celle de Jupiter ou de la planète troublante, & supposons-les dans un même plan pour simplifier nos calculs. Soit M la masse de la planète troublante, i l'angle R S T ou l'angle de commutation (442) ; Jupiter situé en R attire la terre T avec une force $\frac{M}{RT^2}$ (1002) ; nous ne mettons point ici la somme des masses de Jupiter & de la terre, parce que nous négligerons totalement les troubles de Jupiter.

La force $\frac{M}{RT^2}$ doit se décomposer en deux autres, dont l'une agisse de T en G, ou de S en R, afin qu'on puisse en retrancher la force de Jupiter sur le soleil (1041) ; & l'autre de T en S ; la première est $M \frac{RS}{RT^3}$, elle tend à éloigner la planète du soleil dans la direction de T G ou de S R qui lui est parallèle ; & pour cela nous lui donnons le signe négatif; la 2e force eft $\frac{M \cdot TS}{RT^3}$ (1045); elle tend à rapprocher la terre du foleil, & nous la mettrons pour cette raifon en $+$. De ces deux nouvelles forces la feconde eft dans la direction du rayon vecteur TS, auquel nous avons intention de rapporter le mouvement de la terre, ainfi elle n'a befoin d'aucune décompofition nouvelle.

1048. La force $\frac{M \cdot RS}{RT^3}$ ou $\frac{M \cdot TG}{RT^3}$ n'étant point dans la direction du rayon vecteur, ni dans la direction du mouvement de la terre, il faut la rapporter à cette direction; mais il faut auparavant en fouftraire la force du foleil; parce que la force TG n'agit, pour troubler le mouvement de la terre, qu'à raifon de ce qu'elle eft plus ou moins grande que celle qui agit en même-temps fur le foleil de S en R; mais cette force fur le foleil eft $\frac{M}{SR^2}$ (1042), il faut donc la retrancher de la force TG, qui eft $\frac{M \cdot SR}{RT^3}$, & nous aurons $\frac{M \cdot SR}{RT^3} - \frac{M}{SR^2}$ pour la force perturbatrice, fuivant SR ou TG; il faut la décompofer fuivant TE & TB, en la multipliant par le cofinus & par le finus de l'angle GTE ou RST (1046), c'eft-à-dire, de l'angle t. La force fuivant TE agira dans la direction STE du rayon vecteur de la terre, mais en fens contraire de la force centrale du foleil; c'eft pourquoi elle fera négative; la force centrale du foleil étant fuppofée pofitive, parce qu'elle eft toujours la plus grande. L'autre force agira de T en B, & tendra à diminuer la vîteffe de la terre, qui eft fuppofée aller de A en T, c'eft pourquoi elle fera auffi négative. La première eft donc $- \left(\frac{M \cdot SR}{RT^3} - \frac{M}{SR^2} \right)$ cof. t (1046), force dirigée vers le foleil, & l'autre $- \left(\frac{M \cdot SR}{RT^3} - \frac{M}{SR^2} \right)$ fin. t; celle-ci eft la force qui agit perpendiculairement au rayon vecteur.

1049. Quant à la force dirigée vers le foleil, il faut fe

rappeller que nous en avons trouvé une partie $+\dfrac{M.TS}{RT^3}$ (1047), à laquelle il faut ajouter celle qu'on vient de trouver, puisqu'elle eſt dans la même direction, & l'on aura enfin la force perturbatrice dirigée vers le centre du ſoleil $=+\dfrac{M.TS}{RT^3}-\left(\dfrac{M.SR}{RT^3}-\dfrac{M}{SR^2}\right)$ coſ. *t*. La première partie de cette expreſſion eſt proportionnelle à TS, & augmente par conséquent à meſure que la planète troublée s'éloigne du centre de ſon mouvement.

1050. La valeur $\dfrac{M.TS}{RT^3}$ nous fait voir que la force perturbatrice qui agit dans la direction TS du rayon vecteur, & qui modifie la force centrale de la planète, diminue en raiſon inverſe du cube des diſtances, comme je l'ai ſuppoſé (1026). Voilà pourquoi l'on verra (1091) que la force de la lune pour élever les eaux de la mer, ſeroit plus petite ſi elle étoit à la diſtance du ſoleil, & cela autant que le cube de la diſtance du ſoleil eſt plus grand que le cube de la diſtance de la lune, parce que la force qui ſoulève les eaux de la mer eſt une force décompoſée dans la direction TS du rayon de la terre.

1051. La force d'une planète ſur une autre étant ainſi décompoſée & exprimée d'une manière générale, il eſt queſtion de ſavoir quel effet il en réſulte ſur le mouvement de la planète troublée ; c'eſt peu de ſavoir pour un certain moment que la force de Jupiter pour déranger le mouvement de la terre eſt $\dfrac{1}{25000}$ de celle du ſoleil qui retient la terre dans ſon orbite ; il faut ſavoir combien cette force après avoir agi pendant une infinité de momens, c'eſt-à-dire, après un temps fini, aura produit d'effet ſur le mouvement de la terre ; de combien elle aura augmenté ou diminué la vîteſſe de la terre dans ſon orbite, de combien elle aura changé le plan de cette orbite, tout cela exprimé en minutes & en ſecondes, ſuivant la forme de nos tables aſtronomiques ; on connoît aiſément la force perturbatrice à chaque inſtant, mais il faut chercher 1°. ſon effet au même inſtant pour altérer l'orbite, 2°. la ſomme de ces effets répétés une multitude de fois ; c'eſt ce qui rend ici le calcul des infiniment petits abſolument néceſſaire ; on connoît l'effet d'un moment & il s'agit de connoître l'effet de trois mois, d'un an, d'une révolution entière, ou d'un eſpace quelconque de temps, pendant lequel cet effet n'eſt point uniforme ni proportionnel au temps. C'eſt en quoi conſiſte la ſolution du problême des trois corps donnée principalement par MM. Euler, Clairaut, d'Alembert, mais dans laquelle il entre trop de calcul infinitéſimal pour pouvoir en donner ici même une légère idée ; on en trouvera les principes dans le XXIIe Livre de mon Aſtronomie.

1052. Ainſi nous ne pouvons ſuivre ici l'explication des inégalités que produiſent ces forces perturbatrices, mais comme la plupart des lecteurs aiment à entrevoir à peu-près les raiſons générales des réſultats que le calcul démontre, je vais tâcher d'expliquer la manière dont la perturbation du ſoleil produit les trois principales inégalités de la lune, l'évection, la variation & l'équation annuelle.

L'Evection eſt la principale inégalité que le ſoleil produiſe dans la lune (560) ; elle équivaut à un changement d'excentricité dans l'orbite lunaire. Lorſque le ſoleil répond à l'apogée ou au périgée de la lune, ou lorſque la ligne des apſides de la lune concourt avec la ligne des ſyzygies, la force centrale de la terre ſur la lune qui eſt la plus foible dans la ſyzygie apogée reçoit la plus grande diminution (1049), & la force centrale qui eſt la plus forte dans la ſyzygie périgée y reçoit la moindre diminution, donc la différence entre la force centrale périgée, & la force centrale apogée ſera alors la plus grande ; donc la différence des diſtances augmentera, c'eſt-à-dire, que l'excentricité ſera plus grande ; auſſi l'obſervation prouve qu'alors la plus grande équation de la lune eſt $7° \frac{2}{3}$, tandis qu'elle n'étoit pas de 5°, lorſque la ligne des quadratures concouroit avec celle des ſyzygies (560).

1053. Le mouvement alternatif de l'apogée qu'on obſerve

ferve en même-temps vient de ce que la force centrale eft diminuée (1056); il doit donc être le plus grand quand la ligne des fyzygies concourt avec la ligne des apfides, ou lorfque le foleil répond à l'apogée ou au périgée de la lune, parce qu'il produit alors la plus grande diminution de la pefanteur de la lune. Quand l'apogée eft dans les quadratures fon mouvement eft au contraire le plus lent, parce que la diminution totale de la force centrale eft la plus petite; quand le foleil eft à 45° des apfides le mouvement vrai de l'apogée eft égal au mouvement moyen, parce que le foleil eft placé dans le terme moyen des deux actions extrêmes, mais le vrai lieu de l'apogée eft alors le plus différent du lieu moyen, & l'équation eft la plus forte, parce qu'elle eft le réfultat de de tous les degrés de vîteffes que l'apogée a reçus jufques-là (ª), c'eft-à-dire, depuis le temps où le foleil étoit dans l'apogée.

1054. LA VARIATION (561) eft l'inégalité de la lune, qui fur une orbite fuppofée circulaire, a lieu dans les octans, à caufe de la force tangentielle qui tend à accélérer ou à retarder fon mouvement; foit C (*fig.* 116), le centre de la terre, T le centre du foleil, A G F l'orbite de la lune; lorfque avant la conjonction la lune eft en G, elle eft plus attirée que la terre, & elle eft attirée dans la direction G T; alors fa vîteffe s'accélère jufqu'à ce qu'elle foit en A dans fa conjonction, où la vîteffe de la lune fur fon orbite eft la plus grande; lorfqu'elle eft vers P, 45° degrés après la conjonction, fa longitude vraie eft la plus avancée, d'une quantité appellée *variation*, qui eft de 37′ additive (561); il eft vrai que la vîteffe de la lune ceffe d'accélérer & commence à retarder dès que la lune a paffé le point A, parce que le foleil ayant attiré la lune plus qu'il n'attiroit la

---

(a) Il faut bien obferver que l'effet de ces fortes d'accélérations ne commence à avoir lieu réellement & dans l'obfervation, que quand la caufe eft la plus forte, & il eft le plus grand quand la caufe ceffe d'agir; c'eft ainfi que dans le mouvement elliptique des planètes le vrai lieu eft le plus avancé au temps où l'accélération finit, & où commence le retardement (497), c'eft-à-dire, à 9 fignes d'anomalie; j'ai vu quelques auteurs donner des idées fauffes des inégalités de la lune, pour avoir perdu de vue cette confidération.

H h

terre pendant qu'elle alloit de H en A, a augmenté sa vîtesse de plus en plus, jusqu'en A où il cesse de l'augmenter ; mais c'est en A que cette vîtesse s'est trouvée la plus
grande, puisqu'elle n'a pas cessé d'être accélérée jusques-là.
Depuis ce point A le soleil retirant vers O tend à diminuer
la vîtesse ; mais l'excès de la vîtesse acquise sur la vîtesse moyenne, dure jusques dans l'octant P, 45° après
la conjonction, où la vîtesse vraie est égale à la moyenne ;
c'est pourquoi l'équation de la variation est additive, & la
plus grande qu'elle puisse être, à 45° de la conjonction où
la vîtesse est la plus forte, (*voy. la note précédente*).

1055. L'ÉQUATION ANNUELLE de la lune qui va jusqu'à
$11'\frac{1}{4}$ (562), vient de ce que le soleil quand il est périgée
agit plus sur la lune que quand il est apogée ; & comme son
effet le plus considérable pendant une révolution entière de
la lune, est de diminuer la force centrale de la lune vers la
terre, cette force est la plus diminuée quand le soleil est périgée ; alors le diamètre de l'orbite lunaire devient plus
grand, car la lune étant moins attirée vers la terre s'en
éloigne nécessairement ; son orbite devenue plus grande rend
la durée de la révolution plus longue, car les carrés des
temps des révolutions sont toujours comme les cubes des
diamètres des orbites ; le mouvement de la lune est donc
rallenti dans le périgée du soleil, & l'équation annuelle
commence alors à étre soustractive, par la raison expliquée dans la note précédente.

Du Mouvement des Apsides.

1056. L'observation prouve que les aphélies de toutes
les planètes ont un petit mouvement selon l'ordre des signes
(514) ; l'apogée de la lune a un mouvement très-rapide
(559) ; ces mouvemens sont une suite de l'attraction. Chaque planète décriroit naturellement une ellipse si elle n'é-
toit attirée que par le corps autour duquel elle tourne ; mais
elle est continuellement détournée de cette orbite par les
attractions des autres planètes, ensorte que sa trace n'est
jamais véritablement une ellipse ; cependant les Astronomes

suppofent pour fimplifier les calculs , qu'une planète refte
toujours fur une ellipfe , mais que cette ellipfe eft mobile.

1057. Soit S le foyer (*fig.* 128), & A l'aphélie d'une
planète , dont l'orbite eft A M P O , & fuppofons que la
planète ait été de A en B dans une ellipfe immobile A B P ,
avec la force centrale du foleil S. Si l'attraction d'une autre
planète P , qui tend à l'éloigner du foleil, la fait parvenir en
un point C , & à une diftance S C du foleil , on pourra
fuppofer que ce point eft placé dans une autre ellipfe C D E
égale à l'orbite A B P , dont l'apfide au lieu d'être encore en
A foit parvenue en C ; l'on ajufte , pour ainfi dire , fur le
point C où eft arrivée la planète , l'ellipfe A B P dont la planète
eft véritablement fortie , & en faifant mouvoir cette ellipfe on
réduit le calcul du vrai mouvement de la planète à lafimpli-
cité du calcul elliptique. Toutes les fois que la planète s'éloigne
du foyer S, ou que fa force centrale eft diminuée , on eft
obligé de concevoir un mouvement progreffif dans fon apfide
pour fatisfaire à cette diminution , c'eft ce qui a lieu dans
le fyftème planétaire.

1058. Il y a deux autres caufes qui peuvent produire un
mouvement dans les apfides : la première a lieu pour la
lune & pour les fatellites , c'eft la figure aplatie de la planète principale. La feconde eft la petite réfiftance qu'on peut
imaginer dans la matière éthérée où les planètes fe meuvent ; cette refiftance , fi elle avoit lieu , pourroit changer la grandeur , la figure & la fituation des orbites après
un certain nombre de révolutions. *Voyez* M. d'Alembert
(*Recherches fur le fyftème du Monde*, T. *11.*) ; on peut confulter auffi les *Recherches* de M. l'Abbé Boffut , qui remporta
le prix de l'Académie en 1762 fur cette matière , & celles
de M. Albert Euler, qui eut l'*acceffit*. elles font dans le VIIIe
Volume des Pièces des prix. Mais je dois avertir que l'examen des plus anciennes obfervations ne nous fait appercevoir dans les orbites aucun changement qui puiffe indiquer la réfiftance de la matière éthérée ; le mouvement des
apfides qu'on y remarque eft produit par l'attraction mutuelle des planètes ; car on trouve que la réfiftance du

fluide produiroit un mouvement de l'aphélie beaucoup moins fenfible que le changement de durée dans la révolution, or celui-ci n'a pas lieu, du moins fenfiblement ; donc le mouvement obfervé dans les apfides ne vient pas de la réfiftance.

1059. Je dis qu'on ne voit pas de changement dans la durée des révolutions, je l'ai prouvé pour la terre & pour Mars, (*Mém. Acad.* 1757, *pag.* 418 & 445); Saturne paroît au contraire avoir retardé (455) ; donc fi l'on obferve une accélération dans Jupiter, elle vient de l'action de Saturne, & de la pofition de fes apfides, (M. Caffini, *Mém. Acad.* 1746, *pag.* 465). Si cela eft, les chofes reviendront par la fuite au même état où elles font actuellement, & l'accélération fe convertira en un retardement. Quant à l'accélération de la lune (564), elle n'eft pas conftatée d'une manière abfolument évidente, & je ne doute pas qu'on ne trouve dans l'attraction de quoi fatisfaire à l'équation féculaire qu'on croit y remarquer. Ainfi rien ne prouve jufqu'ici la réfiftance de la matière éthérée ; tous les Aftronomes doivent donc convenir que fi les corps céleftes ne font pas dans un vide abfolu, ils font au moins dans une matière dont l'effet eft infenfible, & qui eft pour nous comme le vide ; cela feul fuffiroit pour diffiper le fyftême des tourbillons & du plein, que nous avons déja réfuté par les preuves de l'attraction (999).

Du Mouvement des nœuds des Planètes.

1060. Si toutes les planètes tournoient autour du foleil dans un même plan, ce plan ne changeroit point par leur attraction réciproque, une planète ne pouvant faire fortir l'autre d'un plan où elles font toutes deux ; mais toutes ces orbites font inclinées les unes fur les autres, & dans des fituations fort différentes ; chaque planète eft tirée fans ceffe hors du plan de fon orbite par toutes les autres planètes, & change à tout inftant d'orbite. Les Aftronomes, pour repréfenter méthodiquement ces inégalités, fuppoſent que la planète eſt toujours dans le même plan ou ſur la même orbite , mais que cette orbite change de ſitua-tion ; on peut en effet repréſenter tous les mouvemens d'une planète hors du plan de ſon orbite primitive , en don-nant à ce plan un changement d'inclinaiſon , avec un mouve-ment dans ſes nœuds , qui ſoit tel que le plan qu'on adopte , ſuive la planète dans toutes ſes inégalités.

1061. On ſentira même ſans aucune démonſtration qu'il eſt impoſſible q'une planète attirée , dont l'orbite eſt dans un autre plan que celle de la planète perturbatrice vienne jamais traverſer le plan de celle-ci , au même point où elle l'avoit traverſé dans la révolution précédente : elle doit à chaque fois le traverſer plutôt qu'elle n'eût fait , ſi la planète perturbatrice ne l'eût point attirée vers ce plan ; elle a ſans ceſſe une détermination ou une force vers le plan où ſe trouve la planète qui l'attire , & elle ne peut obéir à cette force qu'en arrivant à ce plan un peu avant la fin de ſa révolution.

1062. Soit DN (*fig.* 129) l'écliptique ; LABN l'orbite de la lune , c'eſt-à-dire , l'orbite dans laquelle la lune étoit d'abord, en parcourant l'arc LA ; le ſoleil étant placé dans le plan de l'écliptique DN , il eſt clair qu'en tout temps la force attractive du ſoleil tend à rapprocher la lune du plan de l'écliptique ou de la ligne DN , dans laquelle ſe trouve le ſoleil ; ainſi lorſque la lune tend à parcourir dans ſon orbite un ſecond eſpace AB égal à l'eſpace LA qu'elle venoit de parcourir , la force du ſoleil tend à la rapprocher de l'é-cliptique ND d'une quantité AE ; il faut néceſſairement que la lune par un mouvement compoſé décrive la diago-nale AC , du parallélogramme AECB , enſorte que ſon orbite devienne ACM , au lieu de LABN ; c'eſt pour-quoi le nœud N de cet orbite change continuellement de poſition & va de N en M dans un ſens contraire au mou-vement de la lune , que je ſuppoſe dirigé de A vers N ; donc le mouvement du nœud d'une planète eſt toujours rétro-grade par rapport à l'orbite DN de la planète qui produit ce mouvement.

H h iij

1063. La même figure fait voir pourquoi l'attraction du soleil change l'inclinaison de l'orbite lunaire (566) : la lune obligée de changer sa direction primitive L A B N en une direction nouvelle , A C M , rencontrera l'écliptique NMD au point M sous un nouvel angle A M D différent de l'inclinaison A N D que la lune affectoit auparavant ; mais ce changement d'inclinaison étant insensible dans les autres planètes , je ne m'en occuperai point ici. D'ailleurs ce changement est périodique , & il ne s'accumule point ; car si l'orbite troublée A C M fait en M un plus grand angle d'inclinaison que l'orbite primitive en N , il arrivera le contraire quand la planète aura passé le nœud N , ensorte que l'inclinaison se rétablira par les mêmes degrés ; il n'y a que les nœuds dont le mouvement est toujours du même sens , & qui rétrogradent de plus en plus , soit que la lune tende à son nœud , soit qu'elle s'en éloigne. Ce mouvement des nœuds produit des changemens dans les inclinaisons des orbites planétaires lorsqu'on les rapporte à l'écliptique (527).

1064. La précession des équinoxes ou l'effet des attractions qu'exercent le soleil & la lune sur le sphéroïde terrestre (756) , est un effet de même espèce que le mouvement des nœuds , mais c'est une des parties les plus difficiles du calcul des attractions célestes ; Newton s'y étoit mépris : M. d'Alembert a le premier résolu complétement ce problême , M. Euler , M. Simpson , M. le Chevalier d'Arcy , M. de Silvabelle, le P. Walmesley & plusieurs autres, se sont exercés sur cette matière , & je l'ai traitée avec la plus grande clarté possible dans le XXIIe Livre de mon Astronomie.

1065. La théorie du mouvement des nœuds fait voir qu'une planète qui tourne dans le plan de son orbite , en est sans cesse retirée par les autres planètes (1062) ; il en est de même des parties du sphéroïde terrestre , qui étant relevées vers l'équateur , & tournant chaque jour avec lui , sont détournées de leur mouvement naturel par les attractions latérales du soleil & de la lune , comme si la portion de matière (ou cette espèce de menisque) dont on peut concevoir que le globe de la terre eſt ſurmonté, étoit compoſée d'un grand nombre de planètes qui tournaſſent en 24 heures autour de la terre.

1066. Ainſi pour calculer cette préceſſion, l'on commence à chercher la force avec laquelle le ſoleil attire chaque particule de la terre ; enſuite la force totale qui en réſulte pour faire tourner un méridien, & de-là le ſphéroïde tout entier. Quand on connoît la force pour un inſtant donné, on en conclud le mouvement par le moyen du calcul intégral. C'eſt ainſi que l'on trouve environ 20ĺ. dont l'équateur terreſtre doit retrograder chaque année par l'action ſeule du ſoleil, en ſuppoſant la terre homogène

1067. La lune, en agiſſant ſur le ſphéroïde, tout ainſi que le ſoleil, y produit un mouvement ſemblable : la préceſſion produite par le moyen de la lune ſe déduit facilement de celle du ſoleil ; mais comme la lune par le mouvement de ſes nœuds en 18 ans change beaucoup ſa diſtance à l'équateur, & par conſéquent la direction & l'obliquité de ſon attraction ſur les parties relevées de l'équateur terreſtre, elle produit non-ſeulement une rétrogradation continue, mais encore une inégalité périodique dont le retour eſt de 18 ans, & une nutation (795) qui fut obſervée par M. Bradley.

1068. Si nous ſuppoſons avec M. Bradley que la nutation obſervée eſt de 18″, la plus grande équation de la préceſſion doit être de 16″ 8, la préceſſion cauſée par le ſoleil de 16″ 3 & celle de la lune 33″ 7 ; dans ce cas la force de la lune ſeroit 2,09, c'eſt-à-dire, un peu plus que le double de celle du ſoleil. Mais ſi la nutation obſervée étoit ſeulement de 19″ on auroit 17″ 8 pour l'équation, 14″ 5 pour la préceſſion ſolaire, 35″ 5 pour celle que cauſe la lune, & 2 $\frac{1}{2}$ pour la force de la lune. Par ce moyen l'on concilieroit les obſervations des marées (1090) avec celles de la nutation. J'ai ſuppoſé, dans le cours de cet ouvrage, que la force de la lune étoit deux fois & demie celle du ſoleil ; on peut, par une eſpèce de milieu, ne la ſuppoſer que 2 $\frac{1}{4}$; il en réſultera toujours que la préceſſion caufée par le foleil n'eft pas de 21″ comme le donne la théorie, mais de 15″ ½ ; cela fembleroit indiquer que la terre n'eft pas homogène ; mais nous ne fommes pas encore en état de prononcer avec certitude fur la difpofition intérieure des couches de la terre.

1069. Les 35″ de préceffion moyenne, qui font l'effet de la lune, feroient produites d'une manière auffi uniforme que celles dont le foleil eft la caufe, fi la lune étoit toujours à la même déclinaifon quand elle répond au même point de l'équateur ; mais à caufe du mouvement de fes nœuds (568), il arrive que dans fes différentes révolutions elle s'éloigne plus ou moins de l'équateur, & agit fur lui avec plus ou moins de force. Quand le nœud afcendant eft dans le Bélier, le plus grand éloignement de la lune par rapport à l'équateur, va jufqu'à 28° ¼ ; mais quand le nœud afcendant eft dans la Balance, neuf ans après, la lune ne s'éloigne jamais de l'équateur que de 18° ¼ à chaque révolution ; alors fon attraction totale fur le fphéroïde, dans le cours d'une révolution, eft beaucoup moindre, puifqu'on fent bien qu'elle dépend de la déclinaifon ; c'eft pourquoi la préceffion annuelle eft fi inégale dans l'efpace de 18 ans, & la nutation fi confidérable.

1070. On obferve par un effet de cette nutation que l'obliquité de l'écliptique augmente de 9″ quand la longitude du nœud de la lune eft zéro, c'eft alors que la lune s'éloigne le plus de l'équateur, & qu'elle a le plus d'action pour changer le plan de l'équateur, & par conféquent l'obliquité de l'écliptique : foit ♈ G ♎ l'écliptique (*fig.* 130), ♈ M ♎ l'équateur ; E G l'orbite de la lune ; cette planète s'écarte beaucoup au nord de l'équateur quand fon nœud afcendant G eft dans le Bélier ; alors la lune attire l'équateur terreftre de ce côté-là avec plus de force. Il femble qu'alors l'équateur E M devroit fe rapprocher de l'écliptique E G ; c'eft cependant alors même que l'angle eft le plus grand, & que l'obliquité de l'écliptique, au lieu d'être de 23° 28′ 0″, fe trouve de 23° 28′ 9″.

1071. Pou avoir le dénouement de cette difficulté, il faut confidérer que ce n'eft pas au point où agit la lune fur l'équateur terreftre que fe fait le plus fort déplacement de l'équateur, mais à 90° plus loin. Ainfi quand la lune, en parcourant L A (*fig.* 131), agit le plus fur l'équateur ♈ Q vers les points folftitiaux, c'eft cependant vers les équinoxes ♈ & ♎ que cet effet devient fenfible, parce que le changement de direction des parties de la terre leur fait prendre une diagonale dont l'écartement eft le plus fenfible à 90° plus loin. Cet effet produit vers les équinoxes ne changera pas l'obliquité de l'écliptique ou la diftance du point E de l'écliptique au point Q de l'équateur : voyons dans quel temps fe fait le plus grand changement.

1072. Quand le nœud de la lune eft en G (*fig.* 130) dans le folftice, la lune traverfant l'équateur en E, n'agit point pour incliner l'équateur ; car pour agir il faut qu'elle en foit à une certaine diftance, & plus elle en eft éloignée, plus elle agit. La lune étant en G, la plus éloignée de l'équateur qu'il eft poffible, c'eft-là où elle attire le plus ; fi M O eft le mouvement diurne de l'équateur terreftre en 1″ de temps, & O F la quantité de force que la lune exerce perpendiculairement à fon plan, l'équateur prendra la direction M F ; donc fur le colure des folftices N S où fe mefure l'obliquité de l'écliptique, l'équateur M S paroîtra plus éloigné de l'écliptique N ; donc l'obliquité de l'écliptique paroîtra augmentée par l'action de la lune.

1073. Pendant tout le temps que le nœud afcendant G fera dans la partie boréale de l'écliptique ou dans les fignes afcendans, cet effet aura lieu ; voilà pourquoi il s'accumule de plus en plus, & enfin quand le nœud G de la lune par fon mouvement rétrograde arrive en ♈, l'action eft nulle, mais l'équation réfultante de l'effet qui a été produit jufqu'à ce moment-là, eft la plus grande, tout ainfi que dans le mouvement elliptique des planètes, l'équation eft la plus grande quand la vîteffe ceffe d'augmenter (497) ; voilà pourquoi l'obliquité de l'écliptique eft la plus grande dans le temps où véritablement l'action de la lune fur l'équateur eft fituée le moins avantageufement pour produire cette augmentation, & qu'elle fembleroit devoir faire tout le contraire.

Du Flux & du Reflux de la Mer.

1074. Il y a dans les marées trois phénomènes principaux, très-remarquables ; le premier revient deux fois le
jour, le second deux fois le mois, le troisième deux fois
l'année. Tous les jours au passage de la lune par le méridien, ou quelque temps après, on voit les eaux de l'O-
céan s'élever sur nos rivages ; on assure qu'à S. Malo cette
hauteur va jusqu'à plus de 45 pieds. Parvenues à cette
hauteur les eaux se retirent peu-à peu ; environ six heures
après leur plus grande élévation elles sont à leur plus grand
abaissement ; après quoi elles remontent de nouveau lorfque la lune passe à la partie inférieure du méridien, enforte
que la haute mer & la basse mer, le *Flot* & le *Jusan* s'ob-
servent deux fois le jour, & retardent chaque jour de 48',
plus ou moins, comme le passage de la lune au méridien.

1075. Le second phénomène consiste en ce que les marées
augmentent sensiblement au temps des nouvelles lunes &
des pleines lunes, ou un jour & demi après, & l'augmentation est sur-tout très-sensible quand la lune est périgée.
Enfin le troisième phénomène des marées est l'augmentation qui arrive vers les deux équinoxes ; enforte que le cas
ou les marées sont les plus fortes de toutes est celui d'une
syzygie périgée qui arrive dans le temps de l'équinoxe :
nous expliquerons encore mieux les phénomènes en expliquant leur cause.

1076. Le plus ancien Auteur qui ait parlé des marées,
comme l'observe Strabon (vers les deux tiers de son premier Livre), est Homère (Odyss. XII. 105), à l'occasion
de Charibde ; Homère dit qu'elle s'élève & se retire trois
fois le jour ; Strabon pense que le mot τρὶς a été mis à cause
de la figure poëtique, pour le mot δὶς, deux fois ; on
pourroit croire aussi qu'Homère étoit mal informé ou qu'il
y a eu corruption dans le texte. (*Costard, Hist. of Astron.*
pag. 256, 268).

1077. Hérodote en parlant de la mer Rouge, & Dio-

dore de Sicile font mention d'un flux grand & rapide ; mais
fans rien dire de la caufe, ῥῦν δὲ πολὺν χαὶ σφοδρόν. Le premier des Grecs qui fit attention à la caufe des marées, fut
Pytheas de Marfeille ; il avoit été en Angleterre, comme le
dit Strabon, & il avoit dû y obferver les marées de l'O-
céan ; Plutarque nous apprend qu'il les regardoit, en effet,
comme étant réglées en quelque forte par la lune ; il eft vrai
qu'il ne parle que d'une marée par mois, mais c'eft fans
doute une faute de Plutarque. Les marées du Golphe Ara-
bique ou de la mer Rouge étant très-fortes pourroient
fervir, dit M. Coftard, à expliquer le paffage des Ifraélites,
dont il eft parlé dans l'Exode ch. xiv, fur-tout fi l'on fuppofe qu'un vent de *N. E.* pouvoit augmenter encore la
chûte ou l'abaiffement des eaux.

1078. Ariftote, dans la multitude de fes ouvrages de
Phyfique, faits 300 ans avant J. C. ne parle prefque pas
des marées, on n'y trouve que trois paffages fort courts à
ce fujet ; le premier, où il dit qu'il y a un grand flux des
eaux qui font vers le Nord ou du côté de l'Ourfe, (Météorol.
L. ii.) ; le fecond, où il dit qu'on parle d'élévations de la
mer réglées fur la lune (*De Mundo*, c. 4. *in fine*) ; le troifième, où il obferve que la marée d'une grande mer eft plus
forte que celle d'une mer plus petite (*Probl. fect.* 23). Nous
ne voyons rien qui annonce qu'Ariftote fe foit occupé de
ces phénomènes au point d'être mort du défefpoir que fa
curiofité lui caufa ; comme l'ont écrit S. Juftin & S. Grégoire de Nazianze. En général les Grecs furent très-peu au fait
des marées, & l'on voit dans Quinte-Curce combien les
foldats d'Alexandre en furent étonnés en arrivant aux Indes
quand ils virent les vaiffeaux à fec.

1079. C'eft au temps de Céfar, que les Romains inftruits par
leurs conquêtes commencent à montrer des connoiffances dans
cette partie de la Phyfique ; Céfar en parle dans fes Commentaires (L. iv). Strabon explique d'après Pofidonius, que
le mouvement de l'Océan imite celui des cieux, qu'il y a un
mouvement diurne, un menftruel, un annuel ; que la mer
s'élève quand la lune eft dans le méridien, foit au-deffus

foit au-deffous de l'horizon, & qu'elle eft baffe au lever & au coucher de la lune. Que les marées augmentent dans les nouvelles & dans les pleines lunes, & dans le folftice d'été.

1080. Pline explique non-feulement les phénomènes, mais la caufe, quand il dit : *Caufa in fole lunaque . . . . . ut ancillantes fyderi avido trahentique fecum hauftu maria*, L. II. c. 97, &c. Senèque en parle avec exactitude (*Quæft. nat.* III. 28. *Quare bonis viris mala accidant* c. 1). Macrobe, auteur du 4ᵉ fiècle décrit très-bien les mouvemens de l'Océan, à l'occafion de la période de 7 jours (*Somn. Scip.* I. 6).

1081. Les différentes manières dont on a cherché en dif-férens temps à expliquer l'effet de la lune fur les marées font fi peu fatisfaifantes, que je ne crois pas devoir même les indiquer. V. Plutarque, *de Plac. phil.* L. III. c. 17. Ga-lilée, *de Syft. mundi*, Dial. 4. Riccioli, *Almag.* II. p. 374. Gaffendi, *Op. II. pag.* 27. *Wallis opera*, &c. Képler fut le premier qui apperçut l'effet de l'attraction univerfelle dans les marées ; il en parle d'une manière éloquente dans fon ouvrage : *De Stella martis*.

1082. Newton, après la découverte du principe & de la loi générale de l'attraction, apperçut facilement les effets que le foleil & la lune devoient produire fur les marées, & il traita cette matière dans fon Livre des principes avec fa fupériorité ordinaire. Enfin, l'Académie des Sciences ayant réfolu vers 1738 de traiter tout de nouveau & d'ap-profondir les branches du fyftême du monde que Newton n'avoit pu épuifer, propofa pour le prix de 1740 la quef-tion des marées ; les pièces de MM. Bernoulli, Euler & Mac-Laurin, qui partagèrent le prix font d'excellens traités fur cette matière.

1083. La première chofe qui fe préfente à démontrer, c'eft que l'attraction de la lune ou du foleil confidérée féparé-ment, agiffant fur une couche de fluide très-mince qui en-vironne un globe, doit faire prendre à ces eaux une figure elliptique ; M. Mac-Laurin le démontra d'une manière in-génieufe dans fa pièce de 1740 ; M. Clairaut le prouve dans la *Théorie de la figure de la Terre* ; & il eſt aiſé d'appliquer aux marées la même démonſtration, parce que la force du ſoleil & de la lune ſur les différentes particules de la terre eſt de même eſpèce que la force centrifuge, & produit auſſi-bien qu'elle une figure elliptique dans ſes eaux : je l'ai dé-démontré fort au long dans le XXIIᵉ Livre de mon *Aſtronomie.*

Les eaux s'élèvent non-ſeulement vers le côté où eſt l'aſtre qui les attire, mais encore du côté oppoſé, parce que ſi l'aſtre at-tire les eaux ſupérieures plus qu'il n'attire le centre de la terre, il attire auſſi le centre de la terre plus qu'il n'attire les eaux infé-rieures, & celles-ci reſtent en arrière du centre autant que les eaux ſupérieures vont en avant du côté de l'aſtre qui les attire. Les Cartéſiens n'ont jamais voulu comprendre cette double marée, quoique ce ſoit un effet inconteſtable de l'attraction. Tous les cercles de la terre qui ont leur commune ſection dirigée vers la lune prennent également la forme elliptique, ainſi le globe aqueux ſe change en un ellipſoïde allongé, dont le grand axe eſt dirigé vers l'aſtre qui attire les eaux.

1084. Le degré d'ellipticité d'un pareil ſphéroïde eſt égal à $\frac{5}{4}$ de la force perturbatrice au point où elle eſt la plus grande, enſorte qu'ayant calculé la force attractive du ſoleil ſur les eaux on trouve que l'aplatiſſement de ce ſphé-roïde eſt de 23 pouces, c'eſt la quantité dont la force ſeule du ſoleil eſt capable d'élever les eaux de la mer ſous l'é-quateur. Nous verrons bientôt que la lune peut en produire trois fois autant ; ce qui feroit en tout 8 pieds de marée dans une mer libre ; mais cette hauteur eſt ſouvent diminuée par la réſiſtance du fond ; car elle n'eſt que de 3 pieds à l'Iſle de Sainte-Hélene, au Cap de Bonne-Eſpérance, dans les Philippines & les Molucques ; & d'un pied dans le milieu de la mer du Sud ; au contraire elle eſt ſouvent augmentée par la ſituation & la figure des côtes, puiſqu'à Saint-Malo, il y a juſqu'à 45 pieds de marée, & quelquefois davantage.

1085. Ce n'eſt pas préciſément vers le ſoleil ou vers la lune qu'eſt dirigé le ſommet de cet ellipſoïde aqueux, car on obſerve que la marée n'arrive qu'environ $2^h\frac{1}{2}$ après leur paſſage au méridien dans les mers libres ; c'eſt ainſi que M. de la Caille l'a obſervé au Cap (*Mém. Acad.* 1751). M. Maskelyne, à $2^h\frac{1}{4}$ à l'Iſle de Sainte-Hélene, (*Phil. tranſ.* 1762). Ainſi quand nous parlerons dans les articles ſuivans de l'aſtre qui produit la marée, il faudra entendre un point qui eſt à 35° environ plus oriental que le vrai lieu de l'aſtre. Et à l'égard des côtes qui ſont plus reculées, la marée eſt encore plus retardée, comme on le voit par la table de l'*Etabliſſement du Port*, qui eſt dans la *Connoiſ-ſance des Temps*, dans l'Architecture hydraulique de Béli-dor & dans tous les livres de Navigation, tels que ceux du P. Fournier, de Bouguer, de Robertſon.

1086. Dans une ellipſe peu aplatie les excès des rayons ſur le petit demi-axe ſont comme les carrés des ſinus des diſtances au petit axe (821) ; ainſi le ſphéroïde aqueux faiſant ſucceſſivement avec le ſoleil tout le tour de la terre, les pays ſitués ſous le grand axe ſeront inondés, ceux qui ſeront ſous le petit axe auront baſſe mer, & la différence entre la baſſe mer & la hauteur de l'eau pour un moment quelconque ſera l'excès d'un des rayons ſur le petit axe de l'ellipſe.

La hauteur de la marée au-deſſus des baſſes eaux, en un lieu quelconque, eſt donc égale à la plus grande hauteur de l'eau multipliée par le carré du coſinus de la diſtance de l'obſervateur au ſommet de l'ellipſoïde; c'eſt-à-dire de la diſ-tance entre le zénit du lieu & l'aſtre qui produit la marée, en ſuppoſant l'ellipſoïde dirigé à l'aſtre même ; ainſi la plus baſſe mer arrive quand l'aſtre eſt à l'horizon, & la plus haute mer quand l'aſtre eſt au méridien.

1087. Delà il ſuit que ſi le lieu donné & l'aſtre qui pro-duit la marée ſont tous deux ſous l'équateur, la hauteur de la marée eſt comme le carré du coſinus de l'angle horaire ; & l'élévation croît à peu-près comme les carrés des temps aux environs du méridien; c'eſt auſſi ce que l'obſervation a fait voir (*Mém. Acad.* 1720, *pag.* 360).

Si le lieu donné eſt éloigné de l'équateur, la hauteur de

la marée eft comme le carré du cofinus de la latitude ; mais auffi-tôt que la latitude eft affez grande pour que la lune ne fe couche point dans certains temps , il n'y a plus qu'une feule marée dans les 24 heures ; parce que la lune n'approche qu'une fois de l'horizon. Sous le pole même il n'y a point de marée diurne, puifque la lune refte fenfi-blement pendant toute la journée à la même diftance du zénit, & le fphéroïde aqueux tourne , fans s'élever à une heure plus qu'à une autre. Dans les autres cas , il y a deux ma-rées , l'une répond à peu-près au paffage fupérieur de la lune par le méridien, l'autre au paffage inférieur ; mais elles font fort inégales.

1088. Si l'aftre n'eft pas dans l'équateur, la marée pour un pays fitué fous l'équateur fera comme le carré du cofinus de la déclinaifon , parce que cette déclinaifon fera elle-mê-me la diftance de l'aftre au zénit , ou la diftance du point donné au fommet de l'ellipfoïde. Si le lieu donné n'eft pas dans l'équateur , la marée fupérieure fera la plus grande , fuivant la théorie, quand l'aftre paffera le plus près du zénit ; c'eft à dire, quand la déclinaifon de l'aftre fera du côté du pole élevé ; mais la marée inférieure fera plus petite que quand l'aftre étoit dans l'équateur, parce que le point op-pofé à l'aftre fera plus éloigné du zénit que de l'équateur , quand l'aftre fera dans la partie inférieure du méridien.

1089. L'on obferve cependant que les marées en Eu-rope font plus grandes en général après les équinoxes que vers le folftice d'été , cela vient probablement de quelques circonftances particulières ; 1°. Les vents du Sud & de l'Oueft font alors plus fréquens & plus forts ; 2°. La marée du folftice eft plus gênée entre les continens de l'Afrique & de l'Amérique , & plus refferrée que celle des équinoxes ; elle peut donc être moins fenfible fur nos côtes ; 3°. Dans les folftices il y a deux marées , dont une forte & l'autre foible , & qui fe compenfent mutuellement , au lieu que dans le temps des équinoxes il y en a deux à peu-près égales, dont l'effet total eft plus fenfible. Ajoutons ce-pendant qu'il n'eft point auffi général qu'on le dit communément que les marées des équinoxes foient les plus grandes de l'année, & que les marées les plus grandes & les plus extraordinaires dont on ait connoiffance ne font point arrivées vers les équinoxes, comme on le verra dans un Mémoire que j'ai lu à l'Académie en 1772 fur les marées des équinoxes.

1090. Si la force du foleil eft capable de changer la furface des eaux de l'Océan en un fphéroïde allongé dont le fommet eft dirigé vers le foleil, la lune doit produire un effet femblable ; auffi les marées qu'on obferve participentelles des mouvemens du foleil & de la lune. Dans les fyzygies, c'eft-à-dire, les nouvelles lunes & les pleines lunes, le fphéroïde aqueux produit par la force du foleil, & celui qui eft produit par la force de la lune, font dirigés dans le même fens ; ainfi l'allongement du fphéroïde eft égal à la fomme des allongemens que le foleil & la lune font capables de produire féparément ; mais dans les quadratures les axes de ces deux fphéroïdes font à angles droits, & le grand axe du fphéroïde folaire augmente le petit axe du fphéroïde lunaire. Ainfi les marées des fyzygies font la fomme des effets du foleil & de la lune, tandis que les marées des quadratures en font la différence. Les hauteurs des marées peuvent donc nous faire connoître le rapport des forces du foleil & de la lune. M. Daniel Bernoulli fuppofant qu'à Saint-Malo la mer varioit de 50 pieds dans les marées moyennes des fyzygies, & de 15 pieds dans celles des quadratures, en conclut que le rapport des deux forces du foleil & de la lune eft celui de 13 à 7 ; mais après avoir examiné diverfes obfervations, fur-tout les intervalles des marées dont nous allons parler (1092), il en conclud que la force de la lune eft $2\frac{1}{2}$ fois celle du foleil, dans les moyennes diftances.

1091. Quand la lune eft apogée fa force diminue comme le cube de fa diftance augmente (1050), enforte que fi la force moyenne de la lune eft $2\frac{1}{2}$, la plus grande force dans le périgée fera égale à 3, & la plus petite $= 2$ feulement, dans l'apogée. En effet, les cubes des parallaxes extrêmes,

trêmes, ou de $53'\ 51''$, & de $61'\ 29''$ font à peu-près comme 2 eft à 3. Cette augmentation des marées dans le périgée de la lune eft parfaitement d'accord avec les obfervations.

Les cubes des diftances du foleil à la terre en hiver & en été font entre eux comme 1 eft à 1 , 106. La force du foleil eft donc plus grande en hiver d'un dixième , & fi fur 22 ou 23 pieds de marée qu'il y a à Breft quand la lune eft périgée, il y en a $5\frac{1}{4}$ pour l'action du foleil, il doit y avoir en hiver 7 pouces d'élévation à Breft de plus qu'en été , par le feul effet des diftances du foleil à la terre ; cette quantité eft trop peu fenfible pour qu'on puiffe en être bien affuré par les obfervations.

1092. Jufqu'ici nous n'avons parlé des marées que pour le cas des fyzygies ou des quadratures ; examinons ce qui fe paffe dans les temps intermédiaires. Quand la lune & le foleil font à quelque diftance l'un de l'autre, chacun produit une élévation différente dans un lieu donné , & la fomme de ces deux élévations eft la hauteur de la marée qu'il s'agit de déterminer. La force de la lune étant deux ou trois fois plus grande que celle du foleil, le point de la haute mer approche deux ou trois fois plus de la lune que du foleil, & n'eft jamais éloigné de la lune de $15°$. Ainfi le paffage de la lune au méridien eft ce qui influe le plus fur le temps de la haute mer; auffi la différence entre le paffage de la lune & le moment de la haute mer n'eft jamais de plus de $63'$ de temps , lors même que la lune eft périgée & qu'elle eft à $60°$ du foleil. M. Bernoulli a déterminé, par fes formules, le *maximum* de cette différence entre le paffage de la lune & la haute mer ; mais il eft aifé de le déterminer par le calcul aftronomique, à l'aide de quelques fauffes pofitions , pour toutes les élongations de la lune. Soit ABM *fig.* 128 le fphéroïde aqueux dont le fommet ou le point de la haute mer eft en A , le foleil répondant au point H , la lune au point L ; & la diftance LH du foleil à la lune étant fuppofée de $60°$, LA eft la diftance de la lune au point de la haute mer ; AH la diftance du foleil au même point. La hauteur de la plus grande marée par l'action seule du soleil étant appellée 1, l'on aura cof. AH^2 pour la hauteur en A, produite par le soleil (1086), & 3 cof. LH^2 pour la hauteur produite en A par l'action de la lune périgée. Si l'on suppose LA de 9° & AH de 51°, l'on trouvera ces deux termes 0,3961 & 2,9266; ainsi la hauteur totale de la marée sera 3,3227. Si lon suppose LA 9° $\frac{1}{2}$ on aura 2,9183 & 0,4046, ce qui fait 3,3229; si l'on suppose LA = 10° l'on aura 2,9095 & 0,4132, ce qui donne la marée 3,3227; il est facile de voir que le *maximum* de leur somme est à 9° $\frac{1}{2}$; c'est donc la plus grande hauteur de la marée quand le soleil & la lune font à 60° l'un de l'autre, & que la lune est périgée.

1093. Pour savoir combien de temps le point A doit passer au méridien plutôt que la lune, on considérera que le retardement diurne de la lune périgée étant de $1^h 6'$, ces 9° $\frac{1}{2}$ font 40' de temps, ainsi la haute mer précédera de 40' le passage de la lune au méridien. Quand la lune est apogée & que sa force est seulement double de celle du soleil, le *maximum* pour 60° de distance est de 2,3660 & ce point est à 15° de la lune; ces 15° font 62' $\frac{3}{4}$ en temps lunaire; ainsi dans l'apogée de la lune il y a $1^h 3'$ de différence entre le passage au méridien & l'heure de la haute mer; il y a une table de cette différence pour tous les degrés de distance de la lune au soleil, que j'ai mise plusieurs fois dans ma *Connoissance des Temps*.

1094. Cette différence entre le passage de la lune au méridien, & l'heure de la marée a encore servi à M. Bernoulli à déterminer le rapport des forces de la lune & du soleil. Supposons que dans les moyennes distances H A réponde à 34' de temps; & que A L soit de 14', il est aisé de sentir que ces deux quantités font en raison inverse des forces du soleil & de la lune, d'où il résultera que ces forces font entre elles comme 14 est à 34 ou à peu-près comme 1 est à 2 $\frac{1}{2}$.

1095. De tous les principes établis dans les articles précédens, il résulte une règle générale pour calculer la hauteur de la marée dans un lieu & un temps quelconque. Il faut trouver 1°, le lieu du foleil & de la lune, & leurs diftances à la terre ; 2°, calculer leurs déclinaifons, leurs hauteurs pour le lieu donné (368), fuppofant l'angle horaire plus grand de $3^h \frac{1}{4}$ fi c'eft à Breft, 6^h à Saint-Malo ou à Plymouth, &c. plus ou moins fuivant l'*heure du Port.* Quand cette hauteur calculée fera zéro, l'on aura la baffe mer dans le lieu donné, car le fommet du fphéroïde fera dans l'horizon. Hors delà le carré du finus de cette hauteur du fommet du fphéroïde aqueux, multiplié par le plus grand effet de la lune à la diftance donnée (1091), donnera la hauteur de la marée, ou la différence de la plus baffe mer lunaire à celle qui a lieu au moment donné ; on fera le même calcul pour le foleil, & l'on ajoutera enfemble les deux hauteurs pour avoir la marée totale.

1096. Il eft bon de la rapporter au point fixe ou au niveau naturel pour la combiner avec celle du foleil rapportée au même niveau ; pour avoir ce point de niveau, c'eft-à-dire, avoir un point fixe pour y rapporter les hauteurs de l'eau, il faut le prendre au-deffus des baffes eaux, d'un tiers feulement de la différence entre la baffe mer & la haute mer ; parce qu'il eft démontré que la montée eft double de la defcente dans les fyzygies. A Breft il y a 23 pieds de marée dans les cas les plus favorables ; le tiers eft 7 pieds 8 pouces, c'eft la hauteur du niveau naturel de la mer au-deffus des baffes eaux ; plufieurs Obfervateurs fe font trompés en prenant le milieu pour terme moyen.

1097. On objecte fouvent aux attractionnaires que fi l'attraction étoit la caufe des marées, elle devroit avoir lieu dans les petites mers comme dans les grandes ; mais il eft démontré que dans de petites mers la marée doit être infenfible. Suppofons que R M (*fig.* 132), foit une partie du globe terreftre, S M une portion du fphéroïde aqueux qui auroit lieu fi la mer étoit libre & couvroit toute la terre ; s'il y a un petit efpace de mer qui n'ait que la largeur Z X d'orient en occident, les eaux ne peuvent pas prendre la courbure V S, car n'y ayant pas des eaux environnantes pour prendre la

place de celles qui s'éléveroient, elles font réduites à prendre une courbure femblable O R, enforte que V O foit égale
à S R, la furface C O R étant toujours égale à la furface
C Z X. Par-là on voit fans aucun calcul que la marée y
fera d'autant moins fenfible que la longueur de la mer en
longitude fera moindre, puifque la furface du triangle
Z C X diminue comme Z X, & que l'inclinaifon des lignes
O R, Z X, ne fauroit jamais être plus grande que l'angle
formé par le cercle & par l'ellipfe en M ; auffi M. Bernoulli
démontre par fes formules que la marée totale de cette mer
eft à celle qui auroit lieu dans la mer libre, comme la longueur Z X de cette mer d'orient en occident eft au finus
total.

M. Bernoulli prouve également que fi la mer avoit 90°
d'étendue, la marée y feroit plus petite d'un fixième feulement que dans la mer libre ; & elle y arriveroit 1ʰ 5′ plus
tard que fi toute la terre étoit inondée.

On voit auffi par ce qui précède que dans une mer
étroite lorfque l'eau s'élève vers un rivage R, elle s'abaiffe
vers le rivage oppofé en O.

1098. Je ne parlerai pas ici des modifications particulières que la loi générale des marées éprouve en différens
pays par la fituation des mers & des rivages ; on peut voir
ce que Newton dit de Batsham dans le Tunquin, où il n'y
a qu'une marée par jour ; ce qu'on a écrit fur les marées
extraordinaires de l'Euripe ; dans le fecond Tome des Voyages de Spon, dans le Dictionnaire de la Martinière, dans
les Lettres de M. Buc'hoz ; fur celles du Détroit de Gibraltar, on pourra voir les *Tranf. Philof.* de 1762.

1099. Quant au détail des obfervations qu'on a faites en
France fur les marées, on les trouvera fur-tout dans les Mémoires de l'Académie, années 1710, 1712, 1713, 1714,
1720, & dans un Traité particulier que je me propofe de
publier fur cette matière.

Je n'ai pu donner dans ce XIIᵉ Livre qu'une idée générale de l'attraction ; cette matière étant hériffée des calculs
les plus abftraits, ne fauroit être à la portée des Lecteurs à

qui cet ouvrage eſt deſtiné ; mais ils y trouveront peut-être de quoi exciter leur curioſité & les diſpoſer à une étude plus approſondie.

1100. Il manque à cette Introduction un traité du Calcul aſtronomique, mais ceux qui auront aſſez de curioſité dans ce genre pour vouloir ſe livrer aux détails & aux opérations de l'Aſtronomie, ne pourront ſe diſpenſer de recourir à mon ASTRONOMIE en 3 vol. *in-4.°*, édition de 1771, qui forme un Cours plus ſatisfaiſant & plus complet de cette vaſte ſcience.

EXPLICATION

de la Table qui contient le Réſultat de toute l'Aſtronomie.

LA Table ſuivante renferme tous les élémens qui n'ont pas été mis à leur place dans le cours de cet Ouvrage, afin que le rapprochement en fût plus commode pour le Lecteur. Par exemple, les révolutions tropiques auroient pu être placées à l'Article 454 où j'en ai donné l'explication, auſſi la Table renvoie à cet Article dans le titre même de la colonne des révolutions.

Les diamètres, les groſſeurs & les diſtances des Planètes qui ſe trouvent dans la Table ſuivante, ſont calculés ſur les derniers réſultats de la parallaxe du Soleil, que je trouve de 8 ſecondes & demie ; ainſi cette Table eſt meilleure que celle que j'ai donnée dans le ſixieme Livre de mon *Aſtronomie*, & qui fut imprimée avant que nous euſſions reçu les obſervations les plus concluantes du paſſage de Vénus obſetvé en 1769.

Il pourroit arriver que la parallaxe moyenne du Soleil, que je ſuppoſe de $8''\frac{1}{2}$ en nombres ronds, fût tant ſoit peu plus grande ; M. Lexell qui s'eſt occupé de ces recherches poſtérieurement aux miennes, & qui a mis tout le ſcrupule poſſible dans ſes calculs, trouve 8″63 au lieu de 8″55 que j'avois fixées dans mon Mémoire ; & voilà, ce me ſemble, à quoi peut ſe réduire l'incertitude actuelle ſur cet élément.

c'eft-à-dire , à un douzieme de feconde , & je n'ai pas trouvé que cette différence valût la peine de recalculer ma Table , quand même elle feroit bien avérée.

Ces révolutions font comptées en années communes de 365 jours feulement, en jours , heures , minutes , fecondes, & dixiemes de fecondes de temps moyen.

Le diamètre du Soleil eft ici plus petit de quelques fecondes que celui que j'ai déterminé par les plus exactes obfervations ; mais il m'a paru par les durées des éclipfes que le véritable diamètre du Soleil eft amplifié par l'irradiation de fa lumiere. Les chiffres qui font après les virgules indiquent des décimales ; par exemple , le diamètre de la Lune eft de 4″642 , c'eft-à-dire , 4 fecondes & fix dixièmes , 4 centièmes , 2 millièmes , ou 642 millièmes de feconde.

De même la vîteffe des graves à la furface de la terre eft de 15 pieds & 1038 dix millièmes de pied ; j'ai ajouté à la vîteffe qui s'obferve en effet fous l'équateur à la furface de la terre , la quantité dont la force centrifuge la diminue , afin d'avoir la véritable vîteffe qui auroit lieu fi la terre étoit immobile ; il en eft de même des autres Planetes.

En calculant la denfité de Saturne , j'ai pris un milieu entre les maffes qui réfultent des diftances des cinq Satellites obfervées par M. Caffini ; d'autres Aftronomes fe contentent de la diftance du quatrième Satellite qui eft la mieux connue. J'ai auffi négligé la maffe de l'Anneau , & je l'ai fuppofée réunie au globe de Saturne , parce que fon épaiffeur eft fort petite ; d'ailleurs fa maffe étant abfolument inconnue , cet élément ne pouvoit entrer dans le calcul.

Avec les diftances moyennes qui font à la fin de cette Table , on peut avoir la plus grande & la plus petite diftance de chaque planete à la terre , par exemple , pour Mercure qui eft éloigné du Soleil de 13 millions de lieues , le Soleil étant éloigné de la Terre de 34 , la fomme 47 eft la plus grande diftance de Mercure ; la différence 21 eft la plus petite. Pour Saturne la fomme de 34 & 331 millions nous apprend que fa plus grande diftance à la Terre eft de 375 millions ; la différence 297 eft fa plus petite diftance.

TABLE qui contient le Résultat des observations les plus récentes sur les révolutions, les grandeurs & les distances des Planètes.

PLANETES.	Révol. tropique (454). ans J. H. M. S. D.						Révol. sidérale (321). ans J. H. M. S. D.						Révol. Synod. (557). ans J. H. M. S				
Le Soleil,	1	0	5	48	45,5		1	0	6	9	11,2		.	.	.	.	.
La Lune,	0	27	7	43	4,6		0	27	7	43	11,5		29	12	44	3	
Mercure,	0	87	23	14	25,9		0	87	23	15	37,0		115	21	3	22	
Vénus,	0	224	16	41	32,4		0	224	16	49	12,7		583	22	7	6	
Mars,	1	321	22	18	27,3		1	321	23	30	43,3		779	22	28	26	
Jupiter,	11	315	8	58	27,3		11	317	8	51	25,6		398	21	15	45	
Saturne,	29	164	7	21	50,0		29	176	14	36	42,5		378	2	8	8	

	Diametres en minutes & sec. (532).		Diametres en lieues (534).	Diametres par rapport à la terre.
Le Soleil,		31′57″,5	323155	Cent & treize diam. de la terre ou 112,79
La Terre,		17,0	2865	 1,000
La Lune,		4,642	782	Un quart, ou $\frac{3}{11}$ du diam. de la terre 0,2730
Mercure,		7,0	1180	Deux cinquiemes 0,41176
Vénus,		16,52	2785	Plus petite d'un trente-troisieme ... 0,97196
Mars,		11,4	1921	Deux tiers, ou 0,67059
Jupiter,	3	13,7	32644	Onze diametres & un tiers 11,393
Saturne,	2	51,7	28936	Dix diametres de la terre 10,100
Ann. de ♄.	6	40,6	67518	Vingt-trois diametres & demi . . 23,567

	Grosseur ou volume par rapport à la terre, à peu-près.	Plus exacte-ment & en décimales.	Densité par rapport à la terre (1021).
Le Soleil,	Quatorze cent mille fois plus gros,	1435025	0,25463 *
La Lune,	La quarante-neuvieme de la terre,	0,02036	0,68706 *
Mercure,	Sept centiemes,	0,06081	2,0377
Vénus,	Onze douziemes de la terre,	0,91822	1,2750
Mars,	Trois dixiemes,	0,30155	0,72917
Jupiter,	1479 fois aussi gros que la terre,	1479	0,22984 *
Saturne,	1030 fois aussi gros que la terre,	1030	0,10450 *

	Masse par rapport à la terre (1019).	Vîtesse des graves à leur surface (1024).		Distance à la terre en lieues de 2283 toises (585). Moyenne.	Les Distances moyennes
Le Soleil,	365412	433 pi.	81	34761680	de Mercure & de Vénus
La Terre,	1	15	1038	. . . . .	sont marquées ici par
La Lune,	0,01399	2	83	86324	rapport au Soleil; car,
Mercure,	0,14228	12	673	13456204	par rapport à la terre,
Vénus,	1,1707	18	717	25144250	elles sont les mêmes que
Mars,	0,21988	7	39	52966123	la distance du soleil à la
Jupiter,	340,00	39	55	180794791	terre, ou de 34761680
Saturne,	106,90	15	83	331604504	lieues.

L'incertitude qu'il peut y avoir fur la diftance du Soleil & des autres Planètes à la Terre, eft environ d'une deux centieme partie du total, peut-être même deux cent mille lieues pour le Soleil. Mais la diftance de la Lune eft beaucoup mieux connue, il n'y a pas 50 lieues d'incertitude fur 86 mille lieues de diftance.

TABLE
DES MATIERES.

Les Chiffres marquent les numéros, & non les pages.

Fin de la Table des Matieres.

Le Privilege se trouve à la fin de l'ASTRONOMIE *in-4°.*

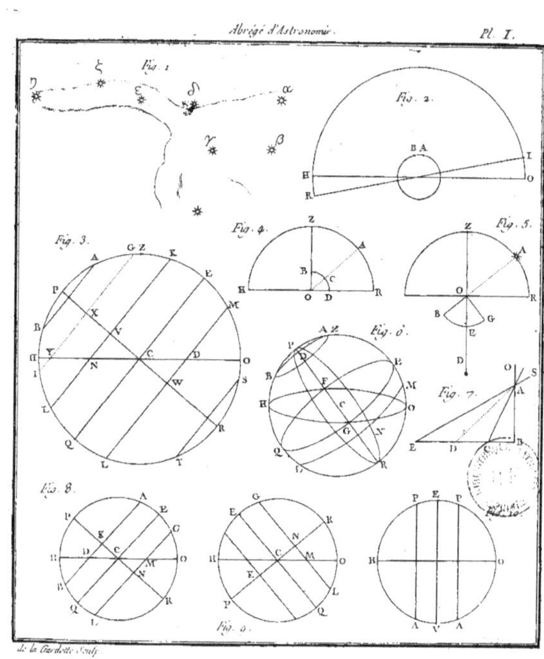
Fig. 1.
Fig. 2.
Fig. 3.
Fig. 4.
Fig. 5.
Fig. 6.
Fig. 7.
Fig. 8.
Fig. 9.

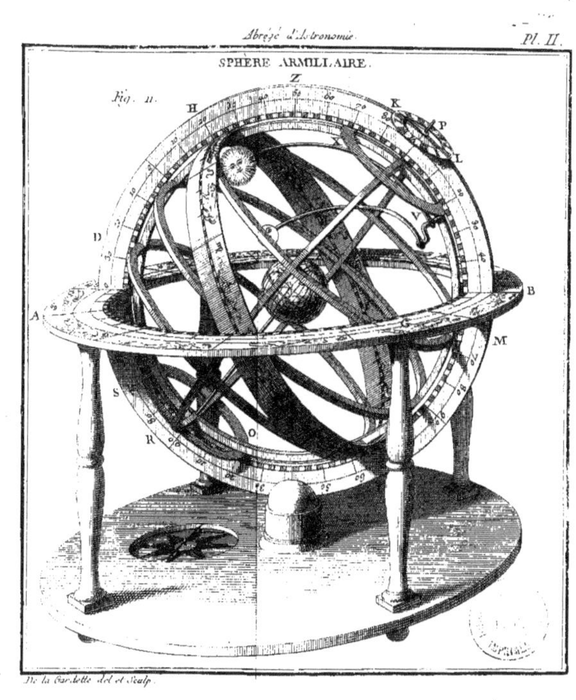

Abrégé d'Astronomie.
Pl. II.
SPHERE ARMILLAIRE.
Fig. 11.
De la Gardette del et Sculp.

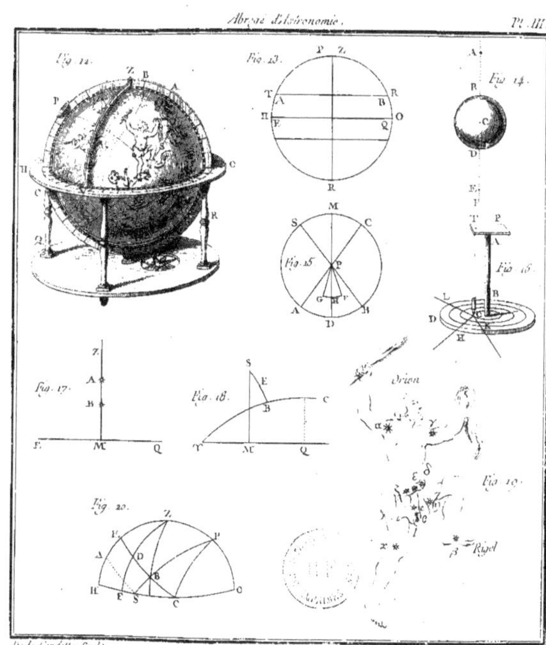

De la Gardette Sculp.

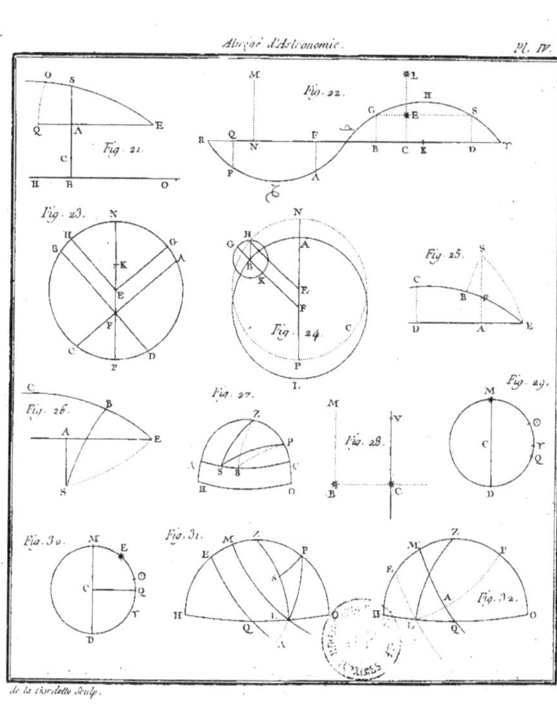

Fig. 21.
Fig. 22.
Fig. 23.
Fig. 24.
Fig. 25.
Fig. 26.
Fig. 27.
Fig. 28.
Fig. 29.
Fig. 30.
Fig. 31.
Fig. 32.

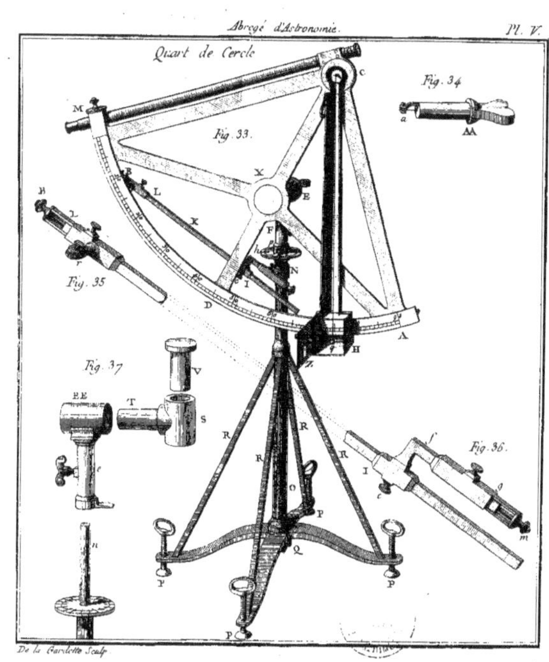

Abrégé d'Astronomie.
Pl. V.
Quart de Cercle
Fig. 33.
Fig. 34.
Fig. 35.
Fig. 36.
Fig. 37.
De la Gardette Scalp.

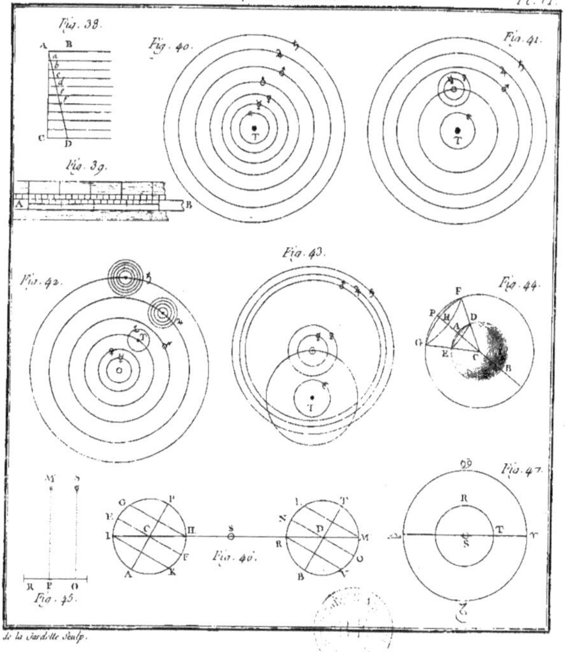

Abrégé d'Astronomie.
Pl. VI.
Fig. 38.
Fig. 39.
Fig. 40.
Fig. 41.
Fig. 42.
Fig. 43.
Fig. 44.
Fig. 45.
Fig. 46.
Fig. 47.
de la Jardette Sculp.

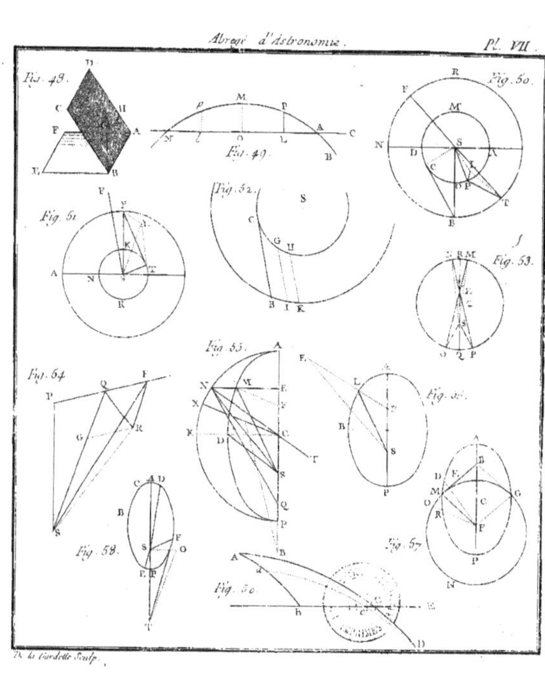

Fig. 48.
Fig. 49.
Fig. 50.
Fig. 51.
Fig. 52.
Fig. 53.
Fig. 54.
Fig. 55.
Fig. 56.
Fig. 57.
Fig. 58.
Fig. 59.

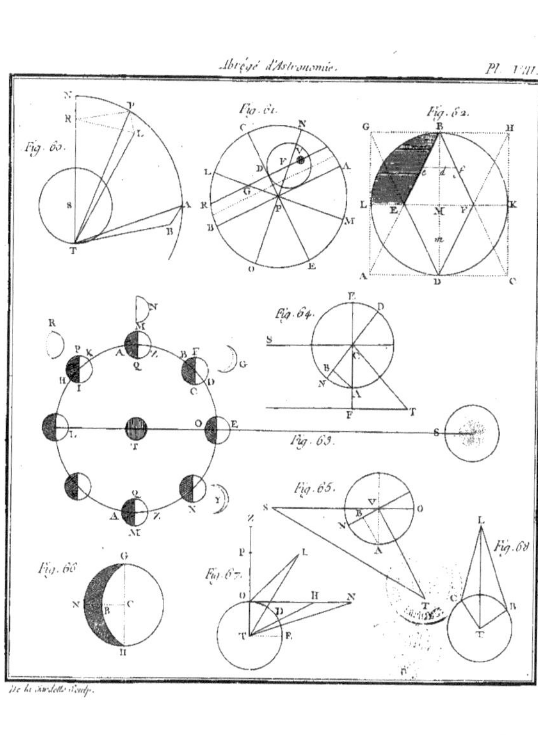
Fig. 60.
Fig. 61.
Fig. 62.
Fig. 63.
Fig. 64.
Fig. 65.
Fig. 66.
Fig. 67.
Fig. 68.

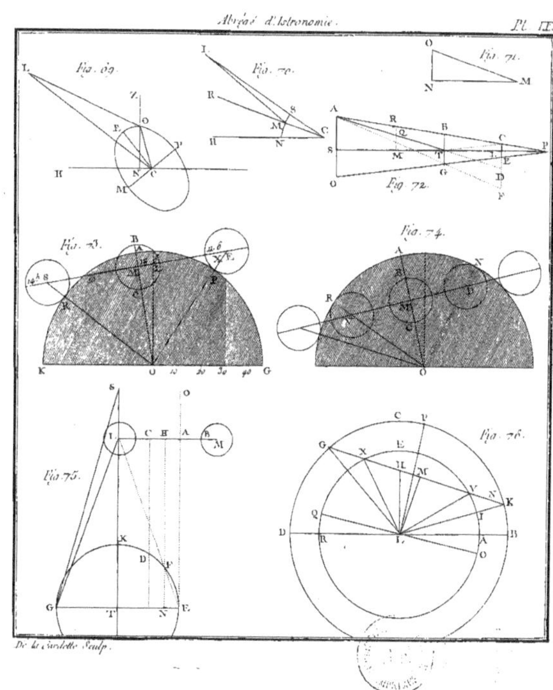
Fig. 69.
Fig. 70.
Fig. 71.
Fig. 72.
Fig. 73.
Fig. 74.
Fig. 75.
Fig. 76.

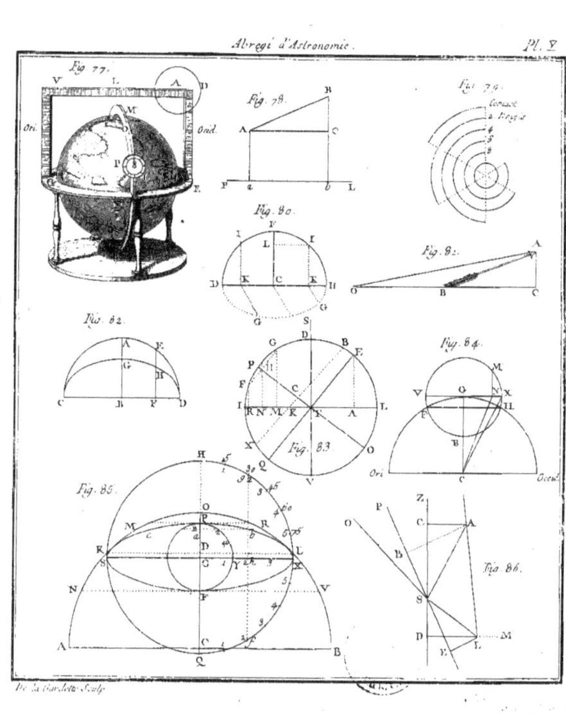
Fig. 77.
Fig. 78.
Fig. 79.
Fig. 80.
Fig. 81.
Fig. 82.
Fig. 83.
Fig. 84.
Fig. 85.
Fig. 86.
Ori.
Occid.
Orient.

Figure du Passage de la Pénombre de la Lune sur la Surface de la Terre pendant l'Eclipse de Soleil du 1.er Avril 1764.

De la Jardette Sculp.

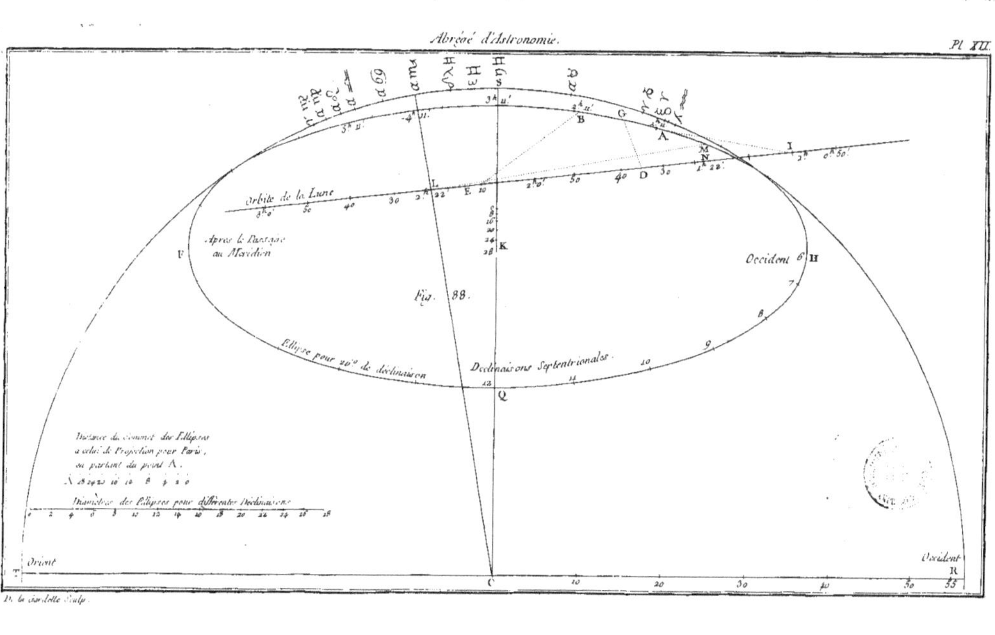

Orbite de la Lune
Après le Passage au Méridien
Ellipse pour 20.° de déclinaison
Déclinaisons Septentrionales.
Occident
Orient
Occident
Fig. 88.
B
G
A
I
M
N
D
L
E
K
Q
H
Distance du sommet des Ellipses
à celui de Projection pour Paris,
en partant du point A.
Diamètres des Ellipses pour différentes Déclinaisons

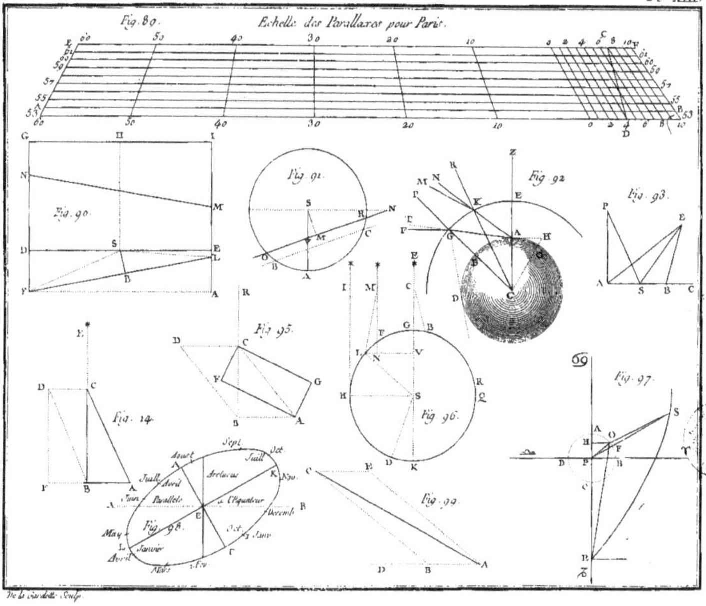

Pl. XIII.
Fig. 89.
Echelle des Parallaxes pour Paris.
Fig. 90.
Fig. 91.
Fig. 92.
Fig. 93.
Fig. 94.
Fig. 95.
Fig. 96.
Fig. 97.
Fig. 98.
Fig. 99.
De la Gardette Sculp.

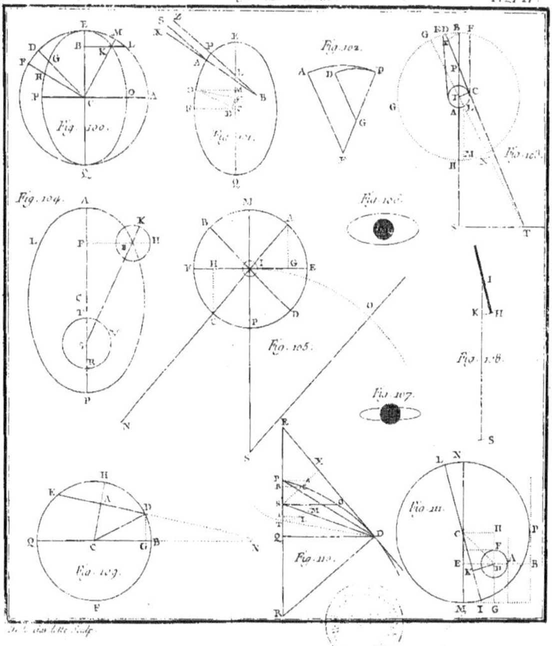

Fig. 100.
Fig. 101.
Fig. 102.
Fig. 103.
Fig. 104.
Fig. 105.
Fig. 106.
Fig. 107.
Fig. 108.
Fig. 109.
Fig. 110.
Fig. 111.

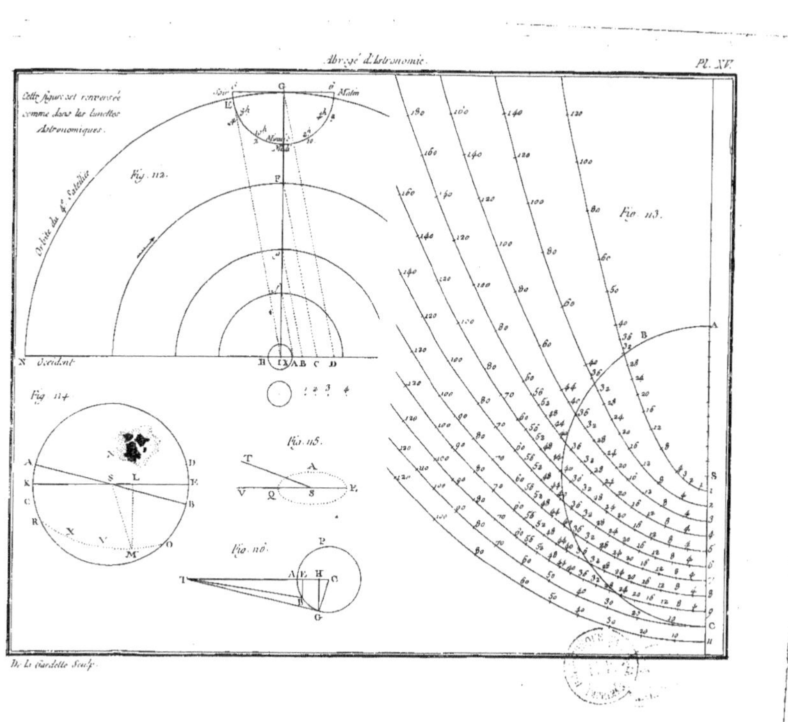
Cette figure est renversée
comme dans les lunettes
Astronomiques.
Orbite du 4.e Satellite
Fig. 112.
Soir
Matin
Midi
G
F
N Occident
B
Fig. 114
A
D
K
E
C
B
R
X
V
M
O
S
L
1 2 3 4
Fig. 115.
T
A
V
Q
S
V.
Fig. 116.
P
T
A F H C
E
G
Fig. 113.
180 160 140 120
160 140 120 100
160 140 120 100 80
140 120 100 80 60
140 120 100 80 60 40
120 100 80 60 40
120 100 80 60 40 20
A
B

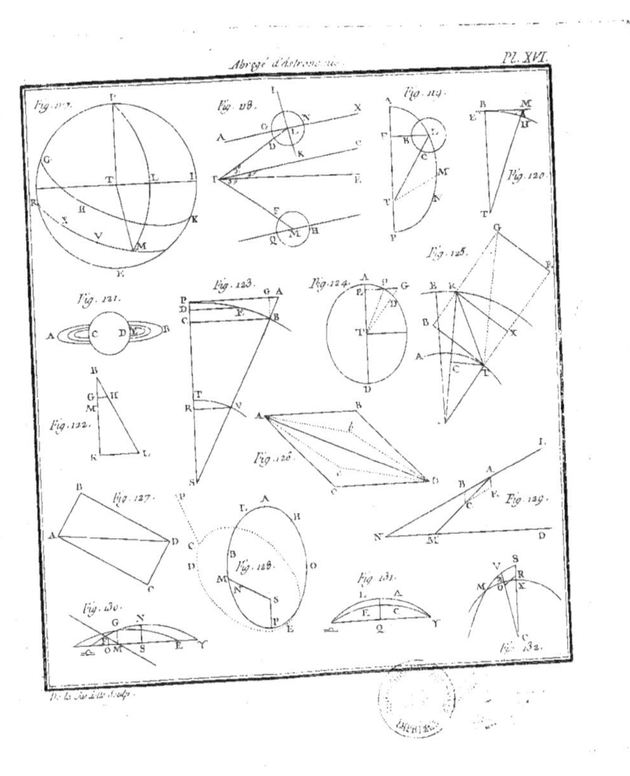
Fig. 117.
Fig. 118.
Fig. 119.
Fig. 120.
Fig. 121.
Fig. 122.
Fig. 123.
Fig. 124.
Fig. 125.
Fig. 126.
Fig. 127.
Fig. 128.
Fig. 129.
Fig. 130.
Fig. 131.
Fig. 132.